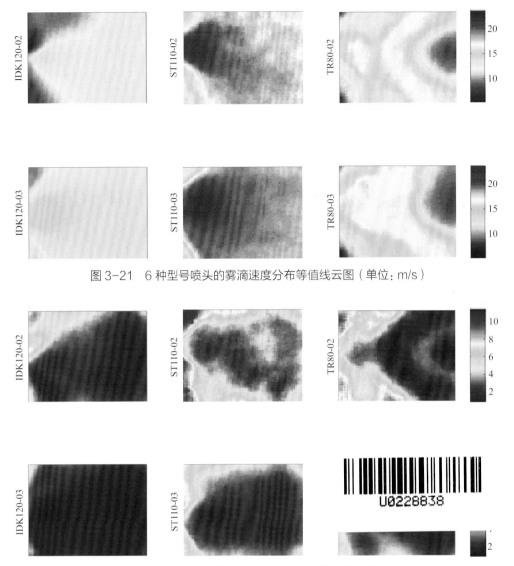

图 3-21　6 种型号喷头的雾滴速度分布等值线云图（单位：m/s）

图 3-23　各喷头雾化区的速度波动分布等值线云图（单位：m/s）

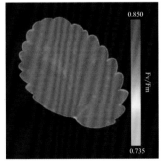

图 11-28　对照草莓叶片
荧光成像图

(a)　　　　　　　　(b)　　　　　　　　(c)

图 11-29　腈菌唑处理草莓叶片荧光成像图

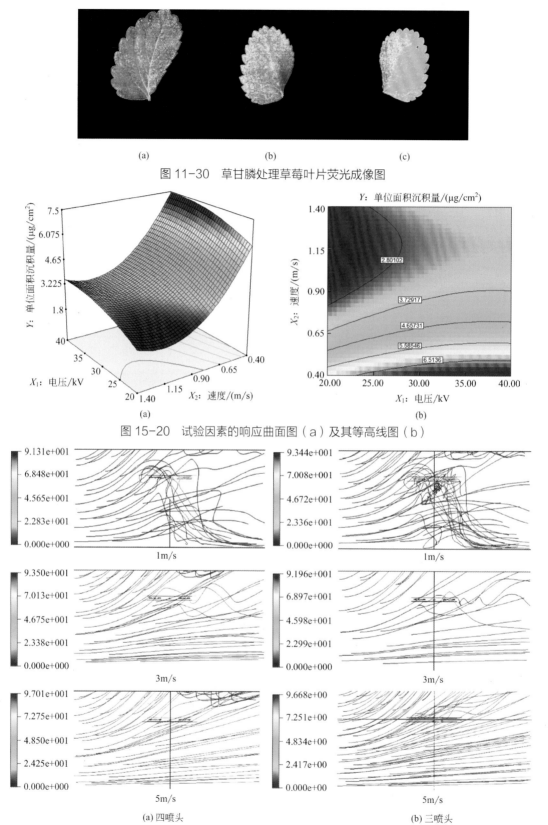

(a)　　　　　　　　　　(b)　　　　　　　　　　(c)

图 11-30　草甘膦处理草莓叶片荧光成像图

(a)　　　　　　　　　　　　　　　　　　(b)

图 15-20　试验因素的响应曲面图（a）及其等高线图（b）

(a) 四喷头　　　　　　　　　　　　　　　　(b) 三喷头

图 20-29　不同风速下两种喷头分布情况的速度流线图（单位：m/s）

国家科学技术学术著作出版基金资助项目

农药雾滴雾化沉积飘失
理论与实践

The Theory and Application: Atomization,
Deposition and Drift of Pesticide Droplets

何雄奎　著

化学工业出版社

·北京·

内容简介

本书首次系统阐述了农药施用过程中的雾滴雾化沉积飘失理论及其相关应用实践，包括按此理论生产的高效农药喷施机具及其相应的施药技术等，以及相继开发的一系列新农药助剂等产品。另外，还专门强调了当前热门的植保无人机等施药技术，以及适合植保无人机"飞防"助剂产品的选择与应用等，具有较高的学术价值和创新价值。

本书适合广大从事农药创制、农药应用、植物病虫害防治领域的相关人员，特别是农药植保器械研究与应用人员使用，也可供高等院校相关专业师生阅读。

图书在版编目（CIP）数据

农药雾滴雾化沉积飘失理论与实践 / 何雄奎著.
—北京：化学工业出版社，2022.4
ISBN 978-7-122-40818-1

Ⅰ.①农⋯　Ⅱ.①何⋯　Ⅲ.①农药施用-研究
Ⅳ.①S48

中国版本图书馆 CIP 数据核字（2022）第 027280 号

责任编辑：刘　军　冉海滢　　　　　　　　　　装帧设计：王晓宇
责任校对：宋　玮

出版发行：化学工业出版社（北京市东城区青年湖南街 13 号　邮政编码 100011）
印　　装：三河市延风印装有限公司
787mm×1092mm　1/16　印张 34¾　彩插 1　字数 860 千字　2022 年 8 月北京第 1 版第 1 次印刷

购书咨询：010-64518888　　　　　　　　　　售后服务：010-64518899
网　　址：http://www.cip.com.cn
凡购买本书，如有缺损质量问题，本社销售中心负责调换。

定　　价：188.00 元

农药雾滴雾化沉积飘失与新型植保装备及高效施药技术创制是一项复杂的、从基础理论到应用的多学科交叉的系统工程，具有周期长、难度大、投资大、风险高等特点，研究、开发的难度和风险不断加大。施药技术基础理论研究难、装备创制更不易，新型装备创制与高效施药技术创制通常是通过装备在不同产区各种作物全程生长期内进行室内外的方法评价来实现农药对杂草、病菌和害虫的控制能力；新型植保装备与高效施药技术的研发是建立在农药雾滴雾化沉积飘失理论与实践的基础上。因此，需要利用多种多样的技术寻找新的农药高效利用的方法，例如新型雾化装置与施药机械的研发，不同专业作物与专业化的农药，已知专利文献，源自科研院所或供应商的机械结构，源自植物或动物保护研究的新农药结构、理化特性、喷雾靶标特征、气象学与工程技术等。其他还包括智能传感技术、计算机技术与物联网技术相关的研究。虽然有些报道，但大多尚没有系统化的理论、适合专业化作物防治的全程成套产业化装备与高效施药技术出现，正因为如此，探索一种有效的、适宜的新型药械与施药技术及理论创新更显得尤为重要。

《农药雾滴雾化沉积飘失理论与实践》是中国农业大学药械与施药技术研究中心何雄奎教授通过30余年的研究实践，在总结前人研究成果的基础上对新型植保装备与高效施药技术及理论创新进行系统研究的成果。实质就是利用研发创新理论、新型雾化装置与机具，从高效利用农药与提高农药利用率出发，实现农药减量、农产品安全、农药使用人员与环境安全的目标。

何雄奎教授长期从事新型植保装备与农药高效施用技术相关工作，在创制方面具有丰富的研究经验和成果，创制了多个商品化的施药药械品种。该著作原创性强，具有很高的学术价值和较好的应用价值，出版后必将为新型植保装备与农药施用研究人员提供理论、方法学以至具体生产实践的指导。

中国工程院院士，贵州大学校长

2022 年 3 月

序

二

　　农药是保障农业稳产增产的必不可少的农业生产战略物资，在农业现代化中的作用不可替代。在化学植保过程中农药是"子弹"，植保机械是"枪"，施药技术就是"用装满子弹的枪打倒病虫草害的技术"，在整个农药使用过程中缺一不可。新型植保装备与高效施药技术的研发是建立在农药雾滴雾化沉积飘失理论与实践的基础上，在农药的复杂使用过程中将上述三者有机结合成为一个完整的系统体系，指导施药技术与新型药械研发应用，既能实现较高的防效、农药利用率，又能保障喷雾作业效率、农产品质量与农药使用人员的人身安全。

　　何雄奎教授在系统总结30余年的新型植保装备与高效施药技术创新研究成果的基础上，结合植保机械、专业作物、农药等不同专业内容，从农药雾滴雾化沉积飘失的基础理论出发，系统阐述了当前新农药雾化特性研究与新型雾化喷头创制的途径和方法、雾滴雾化力学模型、农药雾滴雾化沉积可视化、新型雾化装置与高效施药装备创制等内容。

　　目前，国内外尚未有关于农药使用中农药雾滴雾化沉积飘失方向的理论专著。何雄奎教授长期从事新型植保装备创制与高效施药技术及理论的教学和科研工作，并在这一领域进行了系统深入的研究，积累了丰富的研究经验和成果。何雄奎教授对其研究成果进行总结，编著出版本书，系统介绍农药雾滴雾化沉积飘失与防飘技术方法、应用和最新进展特点，将为植保机械与农药使用研究人员提供思路与方法、理论与实践指导，具有重要的现实意义与应用价值。

中国工程院院士

2022 年 2 月

　　农药是防治农业上病、虫、草、鼠害不可缺少的重要物资，为保障农业生产丰收做出了巨大的贡献。农药雾滴雾化沉积飘失理论研究与高效植保装备创制一直是我国科技发展中面临的重大科学技术问题，研究具有自主知识产权的新型雾化装置与高效施药装备、提高农药利用率及其环境友好性与科学安全新型施药技术，一直是我国植保装备生产者、农药研究者与使用者努力奋斗的目标。为促进我国新型植保装备与高效施药技术的创制研究，推动我国农业机械与农药工业的科技进步，系统总结我国多年来在新型植保装备与高效施药技术创制中所取得的新成果、新技术、新方法与新思路，本书在笔者科研团队多年来在新植保装备与新农药创制中所取得的大量研究成果的基础上（特别是笔者首创性提出的"自动对靶仿形喷雾技术"及其研究应用成果），分 20 章详细介绍了农药雾滴雾化、雾滴沉积、雾滴飘失与防飘技术应用等内容。

　　本书系统阐述了"农药雾滴雾化沉积飘失理论与高效植保装备创制"及其研究应用成果，重点介绍农药雾滴雾化沉积飘失、农药高效利用、高效植保装备创制的途径和方法。第一部分"农药雾滴雾化"，包括农药雾滴雾化可视化与新型雾化喷头研制等 8 章内容。第二部分"农药雾滴沉积"，包括农药雾滴沉积模型、农药雾滴沉积聚并行为、作物冠层与内外气象因子对农药雾滴沉积的影响、自动对靶仿形喷雾技术与装备创制等 6 章内容。第三部分"农药雾滴飘移与防飘技术"，包括雾滴飘移与防飘模型、防飘喷头、导流防飘技术与装备研发应用、植保无人机的农药雾滴沉积飘失控制技术等共 5 章内容。希望本书能够为推动国内外新植保装备、新农药的创制和发展贡献绵薄之力，为我国自 2015 年开始至 2025 年实施的"农药减量计划"与"农药负增长计划"的实施提供新思路和理论指导。另外，本书不仅适用于新型植保装备与高效施药技术创制，还适用于新农药、新材料、环境与毒理学等的创新研究，兼具学术价值与应用价值。

　　本书还从农药使用全过程出发，以提高农药利用率与高效、科学合理使用农药为目标，如从农药雾滴雾化过程开始，通过研究雾化参数与喷头结构相互关系特性、制剂与助剂对雾化雾滴谱特性曲线的影响等来实现减少特粗雾滴与特细雾滴的产生；通过靶标冠层特征、靶标叶面特性与雾滴大小、雾滴理化特性相结合来研究提高农药雾滴在靶标上的沉积与湿润；通过防飘喷雾技术的研究研发出两相流雾化与静电雾化喷头与防飘装备；通过对靶标特性的研究开发出自动对靶喷雾机与植保无人机等新型高效植保装备，使喷雾效率与农药利用率实现质的飞跃。

本书充分反映了当前我国新型植保装备与高效施药技术创制的前沿技术和研究水平，对国内外新型植保装备与高效施药技术研究具有一定的指导价值。既可作为药械与施药技术创制的参考书，也可作为农业机械学、农药学、植物保护、应用化学、环境化学与毒理学、农学与园艺专业的教学参考书。在多个国家基金项目的支持下，"十五"至"十三五"期间，笔者研究团队在本研究领域共发表核心期刊文章 152 篇，其中 SCI 与 EI 文章 82 篇，申请发明专利 35 项，获得国家发明专利授权 20 项。因此，本书也是"十五"至"十三五"期间中国农业大学药械与施药技术研究中心主要研究工作的系统总结，系统分析了农药雾化、沉积与飘失各个环节的关键问题，讨论了高效植保装备与施药技术的若干问题，并在我国主要粮食与经济作物各产区进行了试验示范。

特别感谢宋宝安院士、陈学庚院士为本书作序。本书在编写过程中还得到了众多专家、同事、朋友的鼓励与帮助，宋坚利、李煊、赵辉、谢晨、张文君、杨西娃、周继中、王双双、王潇楠、王昌陵、王士林等专家与学者提供了部分素材，在此一并表示衷心的感谢。

由于参考资料较少，同时限于笔者水平与编写时间，疏漏与不当之处在所难免，敬请各位专家、同行批评指正，望广大读者阅后，提出宝贵意见。

何雄奎

2021 年 12 月

目　录

第1章　绪论 ··· 001

1.1　国内外植保机械的发展历史 ································· 001

1.2　喷雾药液雾化理论 ··· 004

　　1.2.1　液力式雾化 ··· 004

　　1.2.2　离心式雾化 ··· 004

1.3　雾滴沉积理论 ··· 005

　　1.3.1　润湿模型 ··· 005

　　1.3.2　雾滴碰撞模型 ······································· 006

　　1.3.3　雾滴铺展动力学 ····································· 007

　　1.3.4　雾滴聚并机理 ······································· 007

1.4　农药雾滴飘移及防飘方法 ··································· 008

　　1.4.1　农药雾滴飘移的影响因素 ····························· 009

　　1.4.2　减少雾滴飘移的研究 ································· 010

参考文献 ··· 012

第2章　农药雾滴雾化沉积飘移特性 ····························· 015

2.1　农药雾滴雾化与喷雾方法 ··································· 015

　　2.1.1　雾化的基本原理 ····································· 015

　　2.1.2　雾滴雾化 ··· 015

　　2.1.3　喷雾方法 ··· 018

　　2.1.4　喷头的雾化特性曲线 ································· 019

　　2.1.5　雾滴分布特性曲线 ··································· 020

2.2　农药雾滴沉积特性 ··· 023

　　2.2.1　雾滴的运行 ··· 023

2.2.2 雾滴在作物冠层中的穿透特性 ⋯⋯⋯⋯⋯⋯⋯⋯⋯⋯⋯ 025

2.2.3 农药雾滴在喷雾靶标上的沉积 ⋯⋯⋯⋯⋯⋯⋯⋯⋯⋯ 029

2.2.4 农药的使用剂量与喷施部位对沉积的影响 ⋯⋯⋯⋯⋯ 033

2.3 农药雾滴的飘移特性 ⋯⋯⋯⋯⋯⋯⋯⋯⋯⋯⋯⋯⋯⋯⋯⋯⋯⋯ 034

参考文献 ⋯⋯⋯⋯⋯⋯⋯⋯⋯⋯⋯⋯⋯⋯⋯⋯⋯⋯⋯⋯⋯⋯⋯⋯⋯⋯ 037

第 3 章　农药雾滴雾化过程 ⋯⋯⋯⋯⋯⋯⋯⋯⋯⋯⋯⋯⋯⋯⋯⋯⋯⋯ 038

3.1 农药雾滴雾化研究背景与现状 ⋯⋯⋯⋯⋯⋯⋯⋯⋯⋯⋯⋯⋯ 038

3.1.1 农药雾滴雾化影响评价参数 ⋯⋯⋯⋯⋯⋯⋯⋯⋯⋯⋯ 038

3.1.2 国内外雾化过程研究现状 ⋯⋯⋯⋯⋯⋯⋯⋯⋯⋯⋯⋯ 039

3.2 雾滴雾化力学模型 ⋯⋯⋯⋯⋯⋯⋯⋯⋯⋯⋯⋯⋯⋯⋯⋯⋯⋯⋯ 041

3.2.1 液膜破碎机理 ⋯⋯⋯⋯⋯⋯⋯⋯⋯⋯⋯⋯⋯⋯⋯⋯⋯ 041

3.2.2 雾滴分布规律 ⋯⋯⋯⋯⋯⋯⋯⋯⋯⋯⋯⋯⋯⋯⋯⋯⋯ 045

3.3 雾滴雾化参数 ⋯⋯⋯⋯⋯⋯⋯⋯⋯⋯⋯⋯⋯⋯⋯⋯⋯⋯⋯⋯⋯ 049

3.3.1 雾滴雾化的粒径分布 ⋯⋯⋯⋯⋯⋯⋯⋯⋯⋯⋯⋯⋯⋯ 050

3.3.2 雾滴的雾化过程 ⋯⋯⋯⋯⋯⋯⋯⋯⋯⋯⋯⋯⋯⋯⋯⋯ 057

3.4 不同影响因子对药液雾化特性的影响 ⋯⋯⋯⋯⋯⋯⋯⋯⋯ 064

3.4.1 农药剂型对雾化过程的影响 ⋯⋯⋯⋯⋯⋯⋯⋯⋯⋯⋯ 064

3.4.2 喷雾助剂对雾化过程的影响 ⋯⋯⋯⋯⋯⋯⋯⋯⋯⋯⋯ 068

3.4.3 雾化压力对雾化过程的影响 ⋯⋯⋯⋯⋯⋯⋯⋯⋯⋯⋯ 072

3.5 综合研究结论 ⋯⋯⋯⋯⋯⋯⋯⋯⋯⋯⋯⋯⋯⋯⋯⋯⋯⋯⋯⋯⋯ 076

参考文献 ⋯⋯⋯⋯⋯⋯⋯⋯⋯⋯⋯⋯⋯⋯⋯⋯⋯⋯⋯⋯⋯⋯⋯⋯⋯⋯ 077

第 4 章　农药雾滴雾化可视化 ⋯⋯⋯⋯⋯⋯⋯⋯⋯⋯⋯⋯⋯⋯⋯⋯⋯ 082

4.1 雾化过程分析方法 ⋯⋯⋯⋯⋯⋯⋯⋯⋯⋯⋯⋯⋯⋯⋯⋯⋯⋯⋯ 084

4.1.1 雾滴图像分析技术——PDIA ⋯⋯⋯⋯⋯⋯⋯⋯⋯⋯⋯ 084

4.1.2 数码成像技术——DIA ⋯⋯⋯⋯⋯⋯⋯⋯⋯⋯⋯⋯⋯⋯ 086

4.1.3 高速摄影图像分析技术——HSCIA ⋯⋯⋯⋯⋯⋯⋯⋯ 087

4.2 雾化过程可视化 ⋯⋯⋯⋯⋯⋯⋯⋯⋯⋯⋯⋯⋯⋯⋯⋯⋯⋯⋯⋯ 090

4.2.1 PDIA 雾滴粒径可视化 ⋯⋯⋯⋯⋯⋯⋯⋯⋯⋯⋯⋯⋯⋯ 090

4.2.2 DIA 可视化 ⋯⋯⋯⋯⋯⋯⋯⋯⋯⋯⋯⋯⋯⋯⋯⋯⋯⋯⋯ 093

4.2.3 HSCIA 可视化 ⋯⋯⋯⋯⋯⋯⋯⋯⋯⋯⋯⋯⋯⋯⋯⋯⋯⋯ 093

4.2.4 研究结论 ⋯⋯⋯⋯⋯⋯⋯⋯⋯⋯⋯⋯⋯⋯⋯⋯⋯⋯⋯⋯ 095

4.2.5 扇形雾喷头雾化特性 ⋯⋯⋯⋯⋯⋯⋯⋯⋯⋯⋯⋯⋯⋯ 096

4.3 综合研究结论 ⋯⋯⋯⋯⋯⋯⋯⋯⋯⋯⋯⋯⋯⋯⋯⋯⋯⋯⋯⋯⋯ 102

参考文献 ⋯⋯⋯⋯⋯⋯⋯⋯⋯⋯⋯⋯⋯⋯⋯⋯⋯⋯⋯⋯⋯⋯⋯⋯⋯⋯ 102

第5章 双扇面喷雾施药雾化特征 105

5.1 国内外研究现状 105
5.1.1 技术发展状况 105
5.1.2 喷头的研究进展 106
5.1.3 雾滴雾化的研究 107
5.2 双扇面组合喷头雾化特征 108
5.2.1 新型双扇面组合喷头 108
5.2.2 双扇面组合喷头雾滴雾化过程 108
5.2.3 雾滴雾化分布特性 111
5.2.4 研究结果 112
5.3 雾滴雾化粒径 113
5.3.1 雾滴雾化粒径研究平台构建 113
5.3.2 研究结果 114
5.4 综合研究结论 116
参考文献 117

第6章 防飘喷头雾化 119

6.1 防飘IDK喷头与标准ST喷头雾化特性曲线 120
6.1.1 雾化特性曲线研究平台构建 120
6.1.2 雾化特性曲线研究方法 120
6.1.3 研究结果与分析 120
6.2 IDK喷头与ST喷头雾化特征 124
6.2.1 雾化特征研究平台构建 124
6.2.2 雾化模型建立 125
6.2.3 研究结果 126
6.2.4 研究结论 132
6.3 综合研究结论 134
参考文献 134

第7章 气液两相流雾化 137

7.1 气液两相流喷头的结构设计 137
7.2 气助式感应荷电喷头 138
7.2.1 气助式感应荷电喷头原理 138
7.2.2 气助式感应荷电喷头的建模与分析 140
7.3 气液两相流喷头的雾化特征 141

7.3.1　气液两相流喷头的雾化特性曲线 ……………………………… 141

7.3.2　气液两相流喷头的雾锥角 ……………………………………… 142

7.3.3　气液两相流喷头的气液比 ……………………………………… 143

7.3.4　雾滴雾化粒径 …………………………………………………… 144

参考文献 …………………………………………………………………… 147

第8章　静电雾化 ……………………………………………………… 148

8.1　静电喷头的研发与雾化效果 …………………………………… 148

8.2　静电喷雾雾化理论分析 ………………………………………… 155

8.2.1　静电雾化方式 …………………………………………… 155

8.2.2　雾滴最大荷电量 ………………………………………… 155

8.2.3　雾滴荷电机理 …………………………………………… 156

8.2.4　荷电雾滴的输运过程 …………………………………… 163

8.3　静电雾化喷头静电电场模拟 …………………………………… 170

8.3.1　基于JMAG对感应式静电喷头静电电场的模拟 ……… 170

8.3.2　其他的模拟条件 ………………………………………… 176

8.3.3　计算域 …………………………………………………… 177

8.3.4　模拟结果 ………………………………………………… 178

8.3.5　雾化模拟结果 …………………………………………… 180

8.4　感应式静电雾化系统设计 ……………………………………… 182

8.4.1　雾化系统的组成 ………………………………………… 182

8.4.2　荷质比测量装置 ………………………………………… 182

8.4.3　高压电源的设计 ………………………………………… 185

8.4.4　感应式静电喷头的研制 ………………………………… 186

8.4.5　感应静电喷头的荷电性能测试 ………………………… 187

8.5　静电喷头雾化性能研究 ………………………………………… 189

8.5.1　感应环 …………………………………………………… 190

8.5.2　电导率对感应荷电喷雾的影响 ………………………… 190

8.5.3　流量对荷电效果的影响 ………………………………… 193

8.5.4　气压对荷电效果的影响 ………………………………… 194

8.5.5　喷头与靶标距离对荷质比的影响 ……………………… 194

8.6　综合研究结论 …………………………………………………… 195

参考文献 …………………………………………………………………… 195

第9章　药液理化特性对雾化的影响 ………………………………… 200

9.1　理化参数对农药雾化特性影响 ………………………………… 200

  9.1.1 药液的动态表面张力 ·· 200

  9.1.2 喷液表面张力对雾化的影响 ································ 203

 9.2 综合研究结论 ··· 209

 参考文献 ·· 210

第10章 农药雾滴沉积 ··· 212

 10.1 农药雾滴沉积行为研究 ·· 212

  10.1.1 雾滴在靶标表面的碰撞状态 ····························· 212

  10.1.2 雾滴沉积行为影响因素 ································· 213

  10.1.3 雾滴特性对药液沉积分布影响 ························· 213

 10.2 雾滴沉积模型 ··· 214

  10.2.1 润湿模型 ·· 214

  10.2.2 力学模型 ·· 216

  10.2.3 能量模型 ·· 222

  10.2.4 数学模型 ·· 224

 10.3 影响雾滴撞击固体表面行为的因素 ························· 224

 参考文献 ·· 225

第11章 农药雾滴沉积聚并行为 ································· 227

 11.1 雾滴聚并行为可视化研究 ····································· 229

  11.1.1 雾滴聚并行为可视化研究平台构建 ··················· 229

  11.1.2 聚并行为可视化研究方法 ····························· 229

  11.1.3 研究结果与分析 ·· 230

  11.1.4 研究结论 ·· 232

 11.2 不同因子对雾滴聚并流失的影响 ··························· 232

  11.2.1 靶标表面特性以及喷雾助剂对雾滴聚并流失行为的影响 ··· 232

  11.2.2 施药液量、靶标倾角对雾滴聚并行为的影响 ············ 238

  11.2.3 喷头种类对雾滴聚并行为的影响 ····················· 240

  11.2.4 研究结论 ·· 242

 11.3 雾滴聚并行为对药效的影响 ································· 242

  11.3.1 雾滴聚并行为对沉积量的影响 ························· 242

  11.3.2 雾滴聚并行为对农药吸收的影响 ····················· 245

  11.3.3 研究结论 ·· 248

 11.4 综合研究结论 ··· 248

 参考文献 ·· 249

第12章 农药理化特性对雾滴沉积的影响 ·········· 251

12.1 雾滴在靶标上的沉积特性 ·········· 251

12.1.1 沉积特性研究平台构建 ·········· 251

12.1.2 沉积测试方法 ·········· 252

12.1.3 研究结果与分析 ·········· 252

12.2 模拟喷雾条件下雾滴的沉积规律 ·········· 256

12.2.1 雾滴沉积规律研究平台构建 ·········· 256

12.2.2 雾滴沉积规律研究方法 ·········· 256

12.2.3 研究结果与分析 ·········· 257

参考文献 ·········· 261

第13章 气象因子对农药雾滴沉积的影响 ·········· 263

13.1 气象因子对农药雾滴沉积影响研究 ·········· 263

13.1.1 影响农药沉积的主要气象因素 ·········· 263

13.1.2 国内外关于环境条件对雾滴沉积影响的研究 ·········· 264

13.2 温度、湿度对雾滴沉积影响 ·········· 265

13.2.1 温湿度对雾滴沉积影响研究 ·········· 265

13.2.2 研究结果与数据分析 ·········· 266

13.2.3 研究结论 ·········· 270

13.3 风速对雾滴沉积影响 ·········· 270

13.3.1 风速对雾滴沉积影响研究 ·········· 271

13.3.2 研究结果与分析 ·········· 271

13.3.3 研究结论 ·········· 273

13.4 棉花冠层温度变化规律及其对雾滴沉积影响 ·········· 274

13.4.1 冠层温度对沉积影响研究 ·········· 275

13.4.2 研究结果与数据分析 ·········· 275

13.4.3 研究结论 ·········· 278

13.5 综合研究结论 ·········· 278

参考文献 ·········· 278

第14章 作物冠层与叶片表面结构特征对雾滴沉积的影响 ·········· 280

14.1 典型作物冠层及叶片表面特性研究 ·········· 280

14.1.1 作物冠层特性 ·········· 280

14.1.2 冠层特性研究 ·········· 282

14.1.3 叶片表面微结构形态及描述 ·········· 283

14.2　农药雾滴在典型作物叶片上的沉积 ····················· 292

14.2.1　雾滴在水稻、小麦与棉花叶片上的沉积 ··········· 292

14.2.2　玉米叶片上的农药雾滴沉积 ·························· 294

参考文献 ·· 296

第 15 章　静电喷雾沉积特性 ································· 298

15.1　静电喷雾雾滴沉积特性 ····························· 298

15.1.1　高压电场 ······································· 298

15.1.2　响应面方法 ····································· 300

15.1.3　人工神经网络模型 ······························ 302

15.2　静电喷雾系统及评价 ································· 304

15.2.1　静电喷雾装置 ··································· 304

15.2.2　雾化性能评价 ··································· 307

15.2.3　荷电性能评价 ··································· 311

15.2.4　沉积效果评价 ··································· 313

15.2.5　研究结论 ······································· 313

15.3　基于响应面方法的荷电雾滴沉积回归模型 ··········· 315

15.3.1　响应面回归模型研究 ···························· 315

15.3.2　结果与分析 ····································· 316

15.3.3　回归模型的建立与验证 ·························· 320

15.3.4　研究结论 ······································· 322

15.4　基于 ANN 模型的荷电雾滴沉积函数模型 ············ 322

15.4.1　基于 BP 算法的 ANN 模型设计 ·················· 322

15.4.2　荷电雾滴靶标背部沉积函数 ANN 模型 ··········· 326

15.4.3　ANN 模型与回归模型的比较 ···················· 328

15.4.4　基于 BP 算法的荷电雾滴靶标背部沉积函数 ANN 模型简评 ·· 329

15.4.5　研究结论 ······································· 330

15.5　综合研究结论 ····································· 330

参考文献 ·· 331

第 16 章　农药雾滴飘移与防飘技术 ························· 334

16.1　雾滴飘移与防飘模型 ································· 334

16.1.1　雾滴在流场中的受力与分布 ······················ 334

16.1.2　雾滴飘移潜在指数与能量模型建立 ················ 340

16.1.3　雾滴飘移能量模型验证 ·························· 342

16.2　大型喷杆喷雾机田间作业过程中农药雾滴飘移 ········ 343

16.2.1　喷杆喷雾机雾滴飘移测试系统 ━━━━━━━━━━━━━━━━ 344

16.2.2　雾滴飘移测试系统评估 6 种喷头飘移潜力 ━━━━━━━━ 346

16.2.3　雾滴飘移测试系统评估双喷头组合雾滴飘移潜力 ━━━━ 349

16.2.4　喷杆喷雾机小麦田间雾滴沉积与飘移 ━━━━━━━━━━━ 351

16.2.5　研究结论 ━━━━━━━━━━━━━━━━━━━━━━━━━━ 354

16.3　综合研究结论 ━━━━━━━━━━━━━━━━━━━━━━━━━━━ 354

参考文献 ━━━━━━━━━━━━━━━━━━━━━━━━━━━━━━━━ 355

第 17 章　防飘喷头防飘性能研究与应用 ━━━━━━━━━━━━━━━━━ 360

17.1　飘移及防飘技术研究进展 ━━━━━━━━━━━━━━━━━━━━ 360

17.1.1　影响飘移的因素 ━━━━━━━━━━━━━━━━━━━━━ 360

17.1.2　防飘喷头 ━━━━━━━━━━━━━━━━━━━━━━━━ 360

17.2　防飘扇形雾喷头雾化 ━━━━━━━━━━━━━━━━━━━━━━ 361

17.2.1　射流扇形雾喷头雾化过程分析 ━━━━━━━━━━━━━━ 362

17.2.2　喷头雾化研究平台构建 ━━━━━━━━━━━━━━━━━ 362

17.2.3　喷头雾化研究方法 ━━━━━━━━━━━━━━━━━━━ 362

17.2.4　研究结果与分析 ━━━━━━━━━━━━━━━━━━━━ 362

17.3　防飘射流扇形雾喷头雾滴沉积分布与飘移 ━━━━━━━━━━ 364

17.3.1　雾滴粒径的测定 ━━━━━━━━━━━━━━━━━━━━ 364

17.3.2　雾滴沉积分布与飘失潜力 ━━━━━━━━━━━━━━━ 366

17.3.3　研究结论 ━━━━━━━━━━━━━━━━━━━━━━━ 369

17.4　防飘喷头在小麦玉米田杂草防除上的实际应用 ━━━━━━━ 369

17.4.1　防飘喷头小麦田间杂草防治应用 ━━━━━━━━━━━━ 369

17.4.2　防飘喷头玉米田间杂草防治应用 ━━━━━━━━━━━━ 371

17.4.3　研究结论 ━━━━━━━━━━━━━━━━━━━━━━━ 378

17.5　综合研究结论 ━━━━━━━━━━━━━━━━━━━━━━━━━ 379

参考文献 ━━━━━━━━━━━━━━━━━━━━━━━━━━━━━━━━ 380

第 18 章　导流防飘技术与应用 ━━━━━━━━━━━━━━━━━━━━━ 383

18.1　导流防飘及循环喷雾技术研究现状 ━━━━━━━━━━━━━━ 384

18.1.1　辅助气流喷雾技术 ━━━━━━━━━━━━━━━━━━ 384

18.1.2　罩盖喷雾技术 ━━━━━━━━━━━━━━━━━━━━━ 385

18.1.3　循环喷雾技术 ━━━━━━━━━━━━━━━━━━━━━ 390

18.2　导流防飘机理研究 ━━━━━━━━━━━━━━━━━━━━━━━ 392

18.2.1　气流对雾滴飘失的影响 ━━━━━━━━━━━━━━━━ 392

18.2.2　冠层对雾滴沉积飘失的影响 ━━━━━━━━━━━━━━ 397

18.2.3 导流喷雾的防飘机理 ································· 401

18.2.4 研究结论 ··· 411

18.3 导流喷雾机的研制 ··· 412

18.3.1 挡板导流式喷雾机的设计 ······················· 412

18.3.2 导流喷雾系统的设计 ······························· 412

18.3.3 结构参数的确定 ····································· 414

18.3.4 导流式喷杆喷雾机结构设计 ··················· 420

18.3.5 研究结论 ··· 421

18.4 导流式喷雾机的防飘性能研究 ··················· 421

18.4.1 防飘性能的风洞试验 ····························· 421

18.4.2 防飘性能的田间试验 ····························· 425

18.4.3 喷施除草剂药效对比试验 ····················· 430

18.4.4 研究结论 ··· 430

18.5 循环喷雾机系统设计 ······························· 431

18.5.1 "Π"型循环喷雾机设计要求 ··············· 431

18.5.2 "Π"型循环喷雾机结构与工作原理 ······· 432

18.5.3 喷雾系统 ··· 433

18.5.4 防飘罩盖 ··· 441

18.5.5 喷头上仰角度对回收率和药液沉积的影响 ··· 443

18.5.6 研究结论 ··· 445

18.6 循环喷雾机防飘性能研究 ························· 445

18.6.1 循环喷雾机防飘性能研究场地构建 ········· 446

18.6.2 飘失量测定 ··· 447

18.6.3 循环喷雾机与果园风送喷雾机药液飘失情况比较 ·· 448

18.6.4 研究结果与分析 ··································· 450

18.7 综合研究结论 ··· 450

参考文献 ··· 451

第 19 章 植保无人机防飘防蒸发剂型的研发应用 ·············· 453

19.1 3%吡虫啉·三唑酮超低容量剂的研制 ········· 454

19.1.1 溶剂与助溶剂的筛选 ····························· 454

19.1.2 配方组分确定 ····································· 456

19.1.3 理化性质的测定 ··································· 459

19.1.4 研究结论 ··· 462

19.2 植保无人机静电喷雾系统的研制 ··············· 462

19.2.1 航空静电喷雾系统设计 ························· 463

    19.2.2　航空静电喷雾系统的吸附性 ··················· 465

    19.2.3　航空喷施静电油剂的制备 ····················· 471

    19.2.4　航空喷施静电油剂的雾化与荷电效果 ··········· 473

    19.2.5　研究结论 ································· 476

  19.3　飞防助剂对喷雾液性质的影响 ····················· 476

    19.3.1　供试飞防助剂 ······························ 477

    19.3.2　飞防助剂对蒸发速率的影响 ··················· 478

    19.3.3　飞防助剂对雾化效果的影响 ··················· 479

    19.3.4　飞防助剂对雾滴飘移的影响 ··················· 480

    19.3.5　研究结论 ································· 486

  19.4　低空低量航空喷雾沉积和防治效果研究 ············· 487

    19.4.1　低空低量航空喷雾沉积和防治效果研究方法 ····· 487

    19.4.2　研究结果与分析 ···························· 490

    19.4.3　研究结论 ································· 495

  19.5　综合研究结论 ································· 495

 参考文献 ··· 497

第20章　植保无人机防飘技术与应用 ······················ 501

  20.1　国内外无人机研究现状 ·························· 502

  20.2　无人机流场模拟 ······························· 502

    20.2.1　无人机流场模拟 ···························· 502

    20.2.2　模拟计划 ································· 503

    20.2.3　四旋翼植保无人机的模拟预试验 ··············· 503

  20.3　六旋翼植保无人机的空气流场模拟 ················· 506

    20.3.1　模型建立 ································· 506

    20.3.2　边界条件设置 ······························ 508

    20.3.3　模拟结果及分析 ···························· 508

  20.4　六旋翼植保无人机喷雾的数值模拟 ················· 510

    20.4.1　模型建立 ································· 510

    20.4.2　边界条件设置 ······························ 511

    20.4.3　模拟结果及分析 ···························· 512

  20.5　六旋翼植保无人机喷雾作业的数值模拟 ············· 517

    20.5.1　模型建立 ································· 517

    20.5.2　边界条件设置 ······························ 519

    20.5.3　模拟结果及分析 ···························· 519

  20.6　八旋翼植保机农药雾化系统田间试验 ··············· 527

　　20.6.1　田间试验内容 ·· 527

　　20.6.2　水稻田间试验条件 ·· 527

　　20.6.3　水稻冠层雾滴沉积分布、穿透性 ·· 528

　　20.6.4　水稻田雾滴沉积飘失 ·· 529

　　20.6.5　小麦蚜虫防治药效试验 ·· 531

　　20.6.6　研究结果与分析 ·· 531

20.7　研究结论 ·· 536

　　20.7.1　六旋翼植保无人机流场情况 ·· 536

　　20.7.2　六旋翼植保无人机喷雾情况 ·· 536

参考文献 ·· 538

第1章

绪论

1.1 国内外植保机械的发展历史

农药、植保机械与施药技术为植物化学保护的三大支柱,其中施药技术是连接农药学科和植保机械学科的关键环节,是农药研发到田间应用"最后一公里"的技术。农药科学使用并不是一个简单的选择农药和施药量的药物学问题,而是由植物保护学、生物学、昆虫学、植物病理学、农药学(农药制剂、农药物理化学特性、农药环境行为)、农业机械学、作物学、植物生理生态学、气象学等多学科形成的一个交叉学科,是多学科结合的系统工程。通过研究农药雾滴雾化与运动特性、沉积与分布状态、流失与飘失行为,以及害虫行为与农药雾滴雾化运动和沉积分布关系,总结理论与实践经验,是提高植保机械水平与施药质量、提高农药利用率与防治效果、减轻农药负面影响、保障粮食与食品安全、保护农业生态环境与人居环境最经济、最重要的手段之一。

19世纪初,人们开始进行化学防治,第一个有机磷化合物的研究始于1820年,"威力巨大"的杀虫剂问世,有机氯和有机磷化学农药的大量出现,推动了大型农药工业的发展,对防治病虫害起到了重大作用,也形成了化学农药防治的策略,推动了植保机械和喷洒技术的发展。19世纪中叶,世界上应用植保机械较早的国家——法国,首先用喷雾器喷洒杀菌剂来防治葡萄园的病害。19世纪50~60年代,美国制造了手动喷雾器,1887年出现了第一台马拉地轮驱动的喷雾机,1895年首先制成带风扇的手动喷粉器。

20世纪,农药进入有机合成的高速发展时代。大量有机合成农药纷纷涌现,它们具有类型多、药效高、对作物安全、应用范围宽等特点。1900年出现了带汽油发动机的喷雾机和喷粉机。1925年以后随着中耕型拖拉机的问世,美国开始有拖拉机悬挂式喷雾机。1935年苏联开始使用飞机喷雾。1944年在喷粉器上装了加水喷粉的装置,同时也制造了低量喷雾器用来喷洒高效杀虫剂。1947年除草剂试制成功,因而发展了除草剂喷雾器,出现了一批适合条播作物的喷雾机。

20世纪50~60年代,随着第二次世界大战后人口的急剧增加,农药学科开始迅速发展,各种杀虫剂、杀菌剂、除草剂等的专业剂型应运而生,并被迅速而广泛地应用到农业生产中,为提高作物产量做出了杰出的贡献。大量的农药如何更高效地使用?欧洲发达国家已经认识到农药雾滴雾化是农药科学使用最重要的第一环,这一发展阶段的标志性成果与代表产品,是随着除草剂的成功出世，德国人罗得曼（Rodeman）设计出了扇形雾喷头，借助活塞唧筒产生的液体压力将药液分散成细小的雾滴，这就是现代高效施药液力式喷雾器的雏形。

随后，德国南部施瓦本地区的 Lechler 公司大量生产出能均匀喷施除草剂的系列扇形雾喷头，在欧洲，喷洒覆盖均匀的扇形喷头开始逐渐代替了圆锥雾喷头，将其安装在拖拉机动力驱动的中小型喷杆喷雾机上实现更高效安全的施药。扇形雾喷头的成功研发与产业化应用被称为"植保机械的第一次革命"。这一阶段研发人员的研究重点在探索能将农药更高效雾化的雾化部件、更高效更均匀喷雾的植保机械新产品与新型施药技术。各种喷杆喷雾机得到了很大的发展，喷杆的喷幅由 2～5m 增加到 12m 以上，喷杆喷雾机的药箱由过去不足 100L 迅速增加至 1000L，减少了加水加药的时间，使得植保机械的喷雾生产效率得到更大的提高。这一时期欧洲的丹麦、德国、法国与英国，各种大小的果园风送喷雾机也如雨后春笋般地出现，其用风机产生的高速气流将喷头雾化的雾滴进行第二次雾化，使得雾滴更细，在气流的胁迫下提高了雾滴在高大果树冠层内的穿透性，同时也大大地改善了雾滴在果树叶背的沉积特性。欧洲国家将果园风送喷雾技术称为"植保机械的第二次革命"。在欧洲，这一阶段新型施药技术也得到了长足的发展，从过去传统的大容量、粗放的施药方式与技术向更细小雾滴雾化、低容量与超低容量施药的方向发展。此外，有机合成农药开发了一系列传统剂型，但在其生产使用过程中，人们发现农药高效喷施的同时易发生流失和飘移，从而污染非靶标作物、水源与土壤等，即"农药使用的负效应"。

20 世纪 60 年代末以后，有机农药向高效化方向发展，人们越来越重视农药对生态环境的影响与农药残留导致的农产品安全问题，并强化对农药的全程管理。这一时期，除草剂出现了多种活性高、对作物有选择性但高毒、高残留的品种，采用航空施药会因细小的农药雾滴极易飘移，从而污染非靶标作物、水源与土壤。1962 年，《寂静的春天》在美国问世，农药危害人类环境的观点，引起人们对环境问题的关注，人们认识到科学合理地使用农药是兼顾经济和生态效益的关键。欧美发达国家对农药负效应的研究不断深入，除了传统的"3R 问题"（农药残留、害虫抗性、害虫再增猖獗）外，更是加强了植保机械喷洒农药对环境及环境生物影响的研究。

20 世纪 60～70 年代，欧洲国家的技术人员已重点开展了农药雾化、沉积与飘失的基础理论研究，低容量与超低容量施药技术进一步发展，小雾滴应用技术进一步普及，突破并减少了大容量施药技术造成的药液流失问题，显著提高了农药利用率。至 70 年代末，农业发达国家逐步形成大型农场专业化生产方式，建立了以大型地面植保机械和有人驾驶的航空植保机械为主体的防治体系。为减少农药使用量以及流失和飘失，进行标准化作业，如每公顷 150～300L 施药量，用 200μm 左右的雾滴喷雾，流失飘失少、雾滴沉积穿透性好，是提高农药利用率最经济最有效的措施。

20 世纪 80 年代，欧美国家开始了由大容量喷雾向低容量喷雾的转型，普遍推行喷杆喷雾机 150～300L/hm^2、风送弥雾机 100～150L/hm^2 施药量进行农药喷洒防治，大大降低了药液流失量，从而提高农药利用率。

20 世纪 80 年代中后期，低容量小雾滴覆盖密度大，防治效果好，但小雾滴极容易受到气候条件的影响，有人驾驶航空施药致使农药雾滴飘失引起的环境污染和农药药害问题备受关注，欧洲共同体计划禁止易产生飘移的航空施药，此间丹麦哈迪公司成功研出全球首款风幕防飘喷雾机，利用风囊形成的风幕阻止了雾滴的飘失，并胁迫雾滴向作物冠层沉积，增大雾滴的沉积和穿透力，节省施药量 40%～70%。

20世纪90年代，人们越来越重视农药流失和飘失导致的生态环境以及农产品的安全问题，德国Lechler公司率先成功研发出防飘空气射流喷头，利用射流原理形成"小气泡"的大雾滴，不仅能提高雾滴穿透性，而且与靶标发生碰撞后碎裂成更多更细的雾滴，进一步提高了雾滴的覆盖率，显著减少90%以上的飘移，并逐步取代制造成本高、制造难度大的风幕式喷雾机。此后，随着罩盖喷雾技术、循环喷雾技术、静电喷雾技术等的成熟和广泛应用，在减少雾滴的飘失方面取得了重大成效。90年代后期，"有的放矢"的精准施药技术有了新的发展，通过传感器获取靶标信息，有选择性地对靶施药能够显著减少农药损失。

进入21世纪，欧美国家对农药雾化沉积飘移的研究更加深入，从本质上提高农药利用率、作物靶标上的附着率，真正实现降低农药用量、农产品残留，减少农药在非处理区的飘移，推动农药使用向高效安全、精量对靶、自动化、智能化发展。通过遥感技术、地理信息系统、全球卫星定位系统的集成应用，利用现代电子计算机技术，大力发展能根据生物靶标而自动对靶喷雾的智能施药技术。如2000年美国学者Tian、Lee、Solanelles和丹麦科技大学研制了基于机器视觉的杂草自动识别和喷雾控制系统，根据作物长势和密度，控制除草剂喷施量，实现高空精确喷施。2002年，美国研究者Gerhards等采用GPS技术设计了田间除草剂精确喷药系统和除草剂喷雾机，减少了除草剂的使用量。2006年，美国Patchen公司、Biller、Gil和Belforte等分别采用叶色素光学传感器、光电传感器和超声波传感器设计了Weed Seeker喷雾系统、除草剂喷药装置和多喷嘴气流式喷雾器，均可大量减少农药损失。

纵观我国植保机械和施药技术的发展，先期开发可追溯到20世纪30年代，其代表是上海农业药械厂研发的"工农牌"系列施药机具产品。20世纪50～60年代，我国植保机械行业得到了快速发展，虽然多以手动背负式喷雾机为主，但以北京东方红药械厂、苏州药械厂、泰山药械厂、邯郸农药药械厂等大型国有企业为代表生产的悬挂与牵引式喷杆喷雾机和多种果园风送喷雾机，将农药雾化均匀性水平提高至85%以上。

20世纪70年代中期，我国先后研制成多种型号的手持电动离心喷雾机，极大地推动了我国超低容量喷雾技术的发展。20世纪80年代中后期，北京农业大学化学植保技术研究室李秉礼教授成功研发出离心雾化技术与离心喷头，北京农业大学应用化学系尚鹤言教授将径向进液式圆锥雾喷头的喷孔由1.3mm减小为1mm与0.7mm，成功研发出低容量高效施药技术与背负式弥雾机静电喷雾技术，并获得国家科技进步二等奖。小喷量施药技术的改进，将施药液量降至每亩（1亩≈666.7m²）15～25L，离心喷头的成功研发将每亩施药液量降至1L以下，这些技术可以显著减少流失量，提高农药利用率，提高工效，大大降低防治成本。中国农业科学院植物保护研究所研究员屠豫钦，根据双流体雾化原理设计了一种新型手动吹雾器。在0.03MPa的空气压力下，通过特制的气力式环孔喷头可产生50～100μm的细雾，雾体为25°～30°的窄幅实心圆锥雾。亩施药液量仅需1～2L，沉积量和农药利用率显著提高。尚鹤言教授牵头研究静电喷雾技术，通过高压静电发生装置使喷出的雾滴带电，从而增加雾滴在作物表面的附着能力，可显著提高雾滴的沉积量，而且不易滚落，可将农药利用率提高到90%。20世纪90年代，国家非常重视小型施药机械的质量问题。1996年，中央领导对我国小型施药机械落后的情况作了批示，要求有关部门一定要解决施药机械落后，"跑冒滴漏"严重的问题。农业部认真贯彻国务院的指示精神，积极采取措施，开发试验了多种小型施药机械以及施药技术。

20世纪末至今，我国植保机械发展较快，特别是大型植保机械与智能植保装备。随着人们环境保护意识的增强、"可持续发展"基本国策的全面落实，避免施药操作过程中农药对机手的污染以及减少农药流失、飘移对生态环境的污染，是现代植保机械先进程度的重要标志。因此，当前农药使用技术的主要发展方向是：降低农药施用量；提高农药在靶标上的附着率；减少农药对人体和环境的污染。国内各大科研院所设计生产出很多新型植保机械和施药技术，如 2002 年何雄奎团队研制出水旱两用风送低量喷杆喷雾机，2003 年又成功研制出了基于红外技术的果园自动对靶喷雾机。2004 年江苏大学邱白晶等研制了一种基于地理信息系统的变量喷雾控制装置。中国农业机械化科学研究院、南京农业机械化研究所等还开发了大型高地隙自走式宽幅喷雾机、防飘喷雾机等新型高效植保机械装备。2010 年以来，植保无人机低空低量航空施药在我国发展迅速，但飞机大量喷洒农药的施药方式是对非靶标生物产生影响的一个重要原因，农药飘移问题较大，我国目前在林业和农垦区域仍然还在使用有人驾驶飞机施药，尤其是林业上使用的有些农药对蜜蜂或鸟类高毒，如吡虫啉、阿维菌素、甲氨基阿维菌素苯甲酸盐等。目前，"无人机飞防"正呈现爆发式增长，年施药面积达到几亿亩，由此带来的非靶标区的药害与环境污染问题引起了农药与制剂厂家、政府管理部门、广大农户的高度关注。

至此，国内外对农药雾滴雾化、沉积与飘失的研究在不断深入，为农药"最后一公里"施药技术提供了重要的理论支持、技术手段与装备支撑。

1.2 喷雾药液雾化理论

雾化过程是农药实际田间生产应用的关键第一步，影响农药雾滴的沉积利用与防治效果。至今约有 90% 以上的农药是经过液力雾化的方式进行田间喷雾，农药雾滴雾化方式有液力式雾化、离心式雾化、气力式雾化、撞击式雾化、超声雾化和热力式雾化等方法。

1.2.1 液力式雾化

液力式雾化是使喷雾药液在压力的作用下，通过雾化关键工作装置——液力式喷头喷出，使喷雾药液获得足够的速率与能量，并通过与空气的力学作用而迅速不断地分散与扩散。药液刚从喷头喷出时不是直接就能产生雾滴，第一阶段扩散而出的药液先是形成薄膜状，第二阶段是进一步与空气在力学作用下形成液丝，第三阶段是液丝再进一步与空气发生力学作用，扩散成为不稳定的、大小不均的喷雾雾滴。几十年的理论研究与实践表明，喷雾液膜的破裂方式有 3 种，即波浪式破裂、穿孔破裂和周缘破裂三种形式。液力式雾化的机理将在第 3 章液膜破碎机理部分详细阐述。

喷头结构对雾化液膜的形态、尺寸和速率等参数具有显著的影响，同时液膜的形态和尺寸也决定最终雾化后雾滴的大小和速度，喷雾药液的理化性质如黏度、动态表面张力等对雾化机理也有较大的影响。

1.2.2 离心式雾化

与液力式喷头雾化效果相比，离心雾化喷头雾化产生的雾滴粒径更小且均匀，是低容量喷雾、超低容量喷雾和静电喷雾法常采用的雾化方式。离心喷头从形状结构上主要有转盘式、转杯式、转刷式和转笼式等主要形式，其中以转盘式应用最为广泛。转盘式离心喷头经过多年的发展，在结构设计上进行了多方面的改进，最初设计的离心喷头转盘边缘并不包含齿，因此其雾化效果一般。Bals 等设计了边缘带齿的转盘，使喷雾液在雾化过程中能够克服更少的表面张力而提高雾化效果，随后又在转盘的内表面增加了导流液体的沟槽，进一步提高了雾化均匀度。离心喷头雾化时利用转盘的高速旋转而产生离心力，转盘内的药液在离心力的作用下脱离喷头转盘的边缘，并在周围气流相对剪切力和摩擦力的作用下雾化为粒径均匀的小雾滴。离心式雾化的方式有如下三种：①直接雾化为雾滴。当喷雾药液流量很低时，喷雾药液在离心力的作用下首先于转盘的边缘形成半球状，并最终受离心力的影响克服喷雾药液的黏度和表面张力而变成单个雾滴，直接从喷头的转盘甩出。②丝状断裂为雾滴。当喷雾药液流量较大且圆盘转速较快时，喷雾药液在脱离转盘时被拉成许多丝状或带状射流，这些丝状或带状液体极其不稳定，在离转盘不远处即被断裂雾化成雾滴。③膜状分裂为雾滴。随着喷雾流量的增加，由此产生的液丝的数量与尺寸也在继续增大，当喷雾流量到达某一固定值后其产生的液丝彼此间连成膜状，这些膜状液体在离心力的作用下脱离喷头的转盘后分裂为丝状并进一步雾化成雾滴。这种雾化方式与液力式喷头相似，产生雾滴的尺寸范围也较宽。

在一些特定的喷雾流量下，由离心喷头雾化出的雾滴可能由两种雾化方式共同产生，这时由离心喷头产生的液滴、液丝、液带（膜）等可相互转变。离心喷头产生雾滴的均匀性受其转盘转速与喷雾药液滴加速度的影响，雾化转盘的转速越快，喷雾药液的滴加速度越小，越有利于产生细小的液滴。从转盘雾化出的雾滴，按照粒径大小可分为主雾滴和卫星雾滴，Walton 和 Prewett 就转盘产生的单个雾滴的粒径给出了近似计算公式，Mantripragada 等根据转盘处液膜的厚度建立了雾滴粒径预测模型。随着航空施药技术的进一步发展，研究人员在离心喷头的转盘处增加了扇叶，改装为风助式离心喷头。Bals 等给出了风助式离心喷头雾化雾滴粒径上限的计算公式，为了研究离心雾化后雾滴的运动状态，研究人员分析了由雾化盘甩出雾滴的最大距离。一般认为，空气阻力越大，运动距离越短，雾滴的最终甩出距离与雾滴的粒径成正比。在一定的范围内，雾滴被甩出去的距离（S）与雾化盘的直径（D）、该雾滴粒径（d）乘积的平方根成正比。此外，李永娜研究了离心喷头的喷雾流量、转盘转速与雾滴粒径之间的关系，分析了离心喷头倾斜角度、进液口位置对离心喷头沉积均匀性的影响。研究发现，雾滴的粒径与离心喷头的转速成反比，与喷雾流量成正比。10°～30°的倾角有利于提高雾滴的沉积范围，而进液口的位置会影响沉积分布均匀性和雾滴粒径。

1.3　雾滴沉积理论

经喷头雾化后的雾滴在各种作用力下最终可能会飘失到靶标区域以外，也可能沉降到作用靶标上润湿、碰撞和铺展。由于雾滴的粒径、沉降速度和物理化学性质不同，以及靶标角度和界面性质等因素，沉降到靶标的雾滴可能会发生滚落、弹跳、破碎，而只有最终有效铺展到靶标上的药液才有可能发挥防治作用。

1.3.1　润湿模型

当液体与固体接触时，液体沿着固体界面进行铺展的现象被称为润湿，通常用液体与固体界面的接触角 θ 来表征液体的润湿性。接触角是指在固、液、气三相交汇处，固、液界面与气、液界面的夹角。关于液体在固体界面润湿的研究可追溯到1905年，Young提出的杨氏方程适用于均一、光滑的固体界面，固、液、气三相接触界面之间表面张力和接触角之间的关系。但在自然界中，几乎所有的固体界面都不是均一、光滑的，尤其是施药作业的靶标界面，都存在一定程度的微观粗糙表面形态，这极大地限制了杨氏方程的实际应用价值。对此，Wenzel等将固体界面的粗糙程度考虑在内，引入了表面粗糙系数用于表征固体界面的粗糙度。由此建立了粗糙界面的表观接触角和本征接触角之间的关系。与Wenzel不同的是，Cassie将液滴与粗糙界面的接触归为复合接触，他认为液体并不能充分填满固体粗糙界面上的凹槽，在液滴下方和凹槽之间应存在截留空气，Cassie在杨氏润湿理论的基础上建立了表观接触角表达式。随后Cassie和Baxter对自然界中大量的超疏水界面进行了研究，总结了Cassie-Baxter润湿模型，并从热力学的角度出发提出了适用于所有复合表面接触的Cassie-Baxter方程。Edward Bormashenko等介绍了在粗糙表面上发生的润湿状况，对雾滴在粗糙界面上的润湿突变进行了研究。并讨论了粗糙表面润湿转换的物理机制，解决了湿润过渡的时间和能量缩放。同时讨论了Cassie模型在固有的疏水和亲水表面上润湿的稳定性问题，详细论述Cassie和Wenzel模型润湿状态的障壁分离的起因和影响力，将润湿机制总结为四种形式：Cassieair空气捕获、Wenzel方式、Cassie浸渍、混合方式。

1.3.2　雾滴碰撞模型

雾化后的雾滴在下降的过程中，由于其自身重力和惯性力，以及外界其他因素的影响，最终会出现不同的沉降结果：雾滴流失（大与特大细雾滴）、雾滴沉积（最佳喷雾粒径）、雾滴飘失（细与极细雾滴），仅有一部分雾滴会落到叶片，而这些雾滴与叶片发生碰撞时同样会出现不同的碰撞结果。液体撞击固体表面是一个十分复杂的过程，该过程与流体力学、表面物理、力学和能量转换等密切相关。人们对该过程的研究始于对表面现象的观察。Mercer等对水平叶片的撞击效果进行了观察，最终将雾滴在叶片上的状态归纳为黏附、飞溅和反弹三种状态。蒋勇等以液滴的韦伯数为评判依据，将喷雾药液的碰撞分为黏附、反弹/黏附、飞溅/附壁射流三个相互重叠的形式，并指出了喷雾液碰撞固体界面后的黏附、反弹、飞溅、附壁射流等物理现象与韦伯数的关系：当韦伯数小于一定值时，雾滴黏附到固体界面上；当韦伯数大于一定值时，有一部分液滴会产生飞溅，而另外一部分液滴会在固体界面上形成附壁射流；韦伯数在两个值之间，有一部分液滴反弹，另外一部分液滴黏附在固体界面上。Bai和Gossman等在此基础上将雾滴的碰撞做了进一步的详细划分，将其归纳为黏附、反弹、铺展、沸腾产生破碎、反弹伴随破碎、破碎和飞溅7种形式。宋坚利等对水稻叶片进行扫描电镜表征，对不同生长时期的水稻叶片结构形状做了数据统计与分析，并以水稻叶片润湿性理论为基础，推算出了雾滴在水稻叶片的最大临界脱落直径计算公式。

随着人们环保意识增强，提高农药有效利用率和减量施药技术受到越来越多的关注。研究人员对沉降雾滴的最终沉积结果进行了预测。Mundo等引入了一个无量纲数 K，当 K 满足一定条件时雾滴会破碎发生飞溅，而 K 值与固体界面的粗糙度有关。Yoon等研究发现，固体表面越光滑，K 值越大。Mercer和Forster等同样以韦伯数和雷诺数计算 K 值并与临界值相比较，用于预测沉降雾滴的附着和破碎结果，并用该方法建立了雾滴持留过程驱动模型，用于预测农药雾滴在靶标上的沉积量。该模型经过30年的不断优化发展，基于此模型的雾滴撞击叶片表面后黏附、弹跳、破碎分界线图也被绘制出，现在已经被广泛应用。谢晨结合动能定律与动量公式，根据雾滴与固体界面碰撞过程中的能量变化建立了雾滴沉积的能量模型。张文君在此能量平衡的基础上，在喷雾药液的密度、黏度、表面性质和叶片倾角一定的条件下，研究了不同大小与速度的雾滴在玉米叶片上的碰撞结果，得到了玉米叶片上雾滴的黏附-破碎曲线。王双双也以此建立了农药雾滴在棉花、小麦和水稻叶片上的黏附-破碎曲线。

1.3.3　雾滴铺展动力学

最终能够有效沉积到靶标表面的雾滴会在靶标上润湿铺展。而雾滴在靶标上的铺展过程中，如铺展速度、最终铺展面积都会影响植物或病虫对农药的吸收效果。许多研究采用标准化的"扩散因子"来表征雾滴在靶标上的扩散铺展状况，扩散因子是指靶标上雾滴的扩散直径和其初始直径的比值，扩散之前两者相等。研究人员通过总结不同时间下雾滴扩散情况，并用雾滴铺展至最大面积时的粒径计算扩散因子。Pasandideh-Fard 等通过质量和能量守恒定律，建立了计算液滴在固体界面上的最大铺展直径和扩散因子与液滴的初始直径、雷诺数、韦伯数、前进接触角之间的关系模型。Zhang 等采用最小二乘回归方法确定了雾滴在叶片表面的铺展动力学经验公式，用于计算不同铺展时间下雾滴与作物叶片的接触角，并用其研究了微乳剂在小麦叶面的铺展动力学。

研究人员通过高速摄像机对雾滴的铺展形态和过程做了相关的研究。Werner 等借助高速摄像机研究了不同时间下水和麦芽糖糊精的液滴制剂在无水乳脂表面上的动态铺展过程；崔洁等使用高速摄像仪对比了不同沉降速度下单一雾滴在固体界面上液膜的铺展行为，并分析了雾滴沉降后所形成的液膜边缘特性；陆军军等基于同样的方法分析了不同韦伯数和角度下液滴在干燥固体平面上的铺展效果。郝汉等通过对比油酸甲酯、松脂基植物油、Slvesso 150 作为溶剂制备的二甲戊灵乳油在牛筋草叶片上的雾滴接触角与时间的关系式，得出高温有利于加快雾滴在植物叶片的铺展速率，植物源溶剂油酸甲酯更适合用于作溶剂的结论。

1.3.4　雾滴聚并机理

单纯的液滴聚并指的是两个或多个液滴聚并为一个大液滴的现象。关于液滴聚并的研究主要有液滴变形、界面薄膜化与破裂等。目前液滴聚并应用于工业过程和科学研究等领域，如石油脱水、气泡破裂、喷墨印刷、液液萃取、乳状液的稳定性、涂层工艺、多相流以及微纳米颗粒聚合等。实际上液滴聚并是一个与体系界面性质、界面迁移和两相中扩散等诸多因素有关的复杂过程，其中表面张力和毛细力在该过程中发挥了重要作用。从微观角度分析，当两个液滴相互靠近时，接触面处会形成一层薄液膜，液膜的厚度在几微米到几百微米之间，所以从液滴间的液膜破裂到两个液滴相互融合成一个整体所需的时间很短，几乎瞬间便可以完成。许多研究者认为液滴的聚并过程可由液膜排干现象模型来描述：两个液滴先是慢慢相互靠近，然后彼此相互接触，但此时液滴之间还存在部分连续相液体，阻碍两液滴聚并成大液滴；液滴在发生碰撞后继续相互靠近，逐渐将两者之间的连续相液体排出；当两个相撞液滴间的连续相液体被排到临界值时，两个液滴便发生聚并，整合为一个大液滴。油滴聚并与液滴聚并类似，油水乳状液经过分层、聚集、聚并三个相互连接和平行的过程打破乳状液原有的稳定性。首先，液滴在搅拌或扩散作用下发生运动，当液滴间的斥力较小时液滴会发生絮凝进而聚集成团，液滴间的连续相液膜在范德华引力的作用下逐渐变薄，当液滴间的液膜厚度达到临界值时液膜就会破裂，两个液滴便聚并成一个大液滴。

胡学铮等采用示踪液滴法来探究液滴的聚并过程，发现 Marangoni 效应可以诱导自发的界面变形、界面流和界面活动等，这对液滴的聚并会产生显著影响。李佟茗等主要对界面流变形对小液滴聚并过程的影响进行了考察。从理论上分析了添加表面活性剂后溶液中两个液滴间的聚并行为，并考虑相界面上质量传递对该过程的影响，得到了聚并时间与界面张力、界面黏度、表面活性剂界面扩散系数、连续相和分散相主体性质、范德华力以及液滴半径等因素的关系，最后给出了计算液滴聚并时间的公式。

液滴的物理化学性质不是控制液滴聚并的唯一因素，在电场存在下液滴的聚并主要取决于表面张力、电场强度以及替代电流的频率。Raisin 等报道，界面张力和初始间距对两个液滴的聚并具有重大影响。Ristenpart 等证明，当液滴的表面电荷超过阈值时，不会发生带相反电荷的液滴的聚并。此外，Hamlin 等报道了在带相反电荷的液滴之间发生部分聚并的临界电导率。接下来 Aryafar 和 Kavehpour 进行了系统实验，证明了部分聚并需要一个临界电场，后来被其他研究小组认可。除了带电液滴之间的聚并，研究人员还观察到带电乳液液滴周期性的非聚并、熔融和分裂状态，发现表面张力和电场之间的相互作用在带电液滴之间相互作用中起着关键作用。

聚并现象也常常发生在农药喷施过程中。顾中言等对水稻的研究表明，当将水滴相互靠近地点滴在叶片表面时，由于水滴具有大的表面张力，使得水滴间的吸引力比较大，促使水滴间相互吸引，聚并成大水滴；从喷雾器中喷出的小雾滴能够附着在水稻叶面上，但当喷出雾滴的表面张力大于水稻叶片的临界表面张力，且雾滴内的表面活性剂浓度没有达到临界胶束浓度时，小雾滴就会发生聚并。由于水稻叶片具有较大的倾斜角度，甚至有的叶片几乎呈竖直状态，当发生聚并的雾滴重力超出雾滴与水稻叶片之间的吸附力之后，雾滴就会在叶片上发生滚动，发生滚动的雾滴又吸引叶面上的其他雾滴，越滚越大，最终从叶面滚落，发生流失。

1.4　农药雾滴飘移及防飘方法

农药飘移（drift）是指施药过程中或施药后一段时间，在不受外力控制的条件下，农药雾滴或粉尘颗粒在大气中从靶标区域迁移到非靶标区域的一种物理运动。农药飘移包括蒸发飘移（vapor drift）和随风飘移（airborne drift）。前者是指农药在使用过程中或使用后，气态药物扩散至靶标区域周围的环境中，主要由农药有效成分与分散体系中液体物质的挥发造成；而后者主要是指喷雾扇面中的细小雾滴随气流胁迫运动脱离靶标区域后再沉降的过程。在意识到喷雾飘移产生的危害后，大量学者开展了相关研究，并且研究的重点也随时间有所变化。早期的农药及其施用方式相对简单，人们普遍认为病虫草害的最佳治理方式是全面覆盖，也因此产生了低效率和浪费的情况。对于飘移问题的关注始于其对非靶标区后茬敏感作物的影响，随后研究人员研究了 2,4-D 的蒸发飘移，在这之后关注点又扩大到杀虫剂的蒸发飘移及其对雨水和地下水的污染问题。目前地表水污染和水生生物保护问题受到越来越多的关注，农药地面飘移以及空中飘移也是当前研究的热点课题之一。飘移在大多数情况下仅限于农田边缘，只有在某些特定条件下，飘移运动会影响农田附近或远距离的敏感作物、威胁农户安全。由于飘移的区域很难靠仅凭人为观测划分，因此控制飘移复杂且有难度。

随着对农药飘移潜在风险的逐步了解，越来越多缓解飘移的方法被研究报道。在欧盟报告《水生生物风险评估中的现象和缓解因素》中详细介绍了风险缓解的最新进展。推荐的三种缓解措施包括：①建立施药缓冲区；②减飘技术的应用；③在施药机具上安装挡风板。为了减少施药时飘移对周围敏感作物及水生生物的影响，加拿大、英国、德国等国家先后建立施药缓冲区法律法规，根据农药的毒性、作物的种类以及不同施药条件建立不同宽度的缓冲区。英国在河道周边针对喷施某些农药设置 20m 以上的缓冲区，约有 23 个产品被英国化学品规范理事会列入其中，包括杀虫剂溴氰菊酯以及二甲戊灵系列除草剂等。设置缓冲区的做法有助于延长现有产品的生命周期，并降低排水沟渠中的农药残留。加拿大将施药缓冲区划分为 10m 和 20m，可以有效减少可溶性磷、硝酸盐氮和悬浮颗粒。

1.4.1　农药雾滴飘移的影响因素

影响农药雾滴飘移的因素很多，如施药机具和施药技术、农药的理化特性、气象条件、操作者的操作技能等。风速和风向影响雾滴沉积；温度过高会导致雾滴蒸发速度加快，相对温度和湿度尤其影响小雾滴的粒径；雾滴粒径与飘移密切相关，与此同时雾滴的沉降速度、运动轨迹也会影响雾滴的沉积。雾滴谱的分布与雾滴粒径对飘移的影响最为显著。从喷头喷出的尺寸不同的雾滴，其直径范围及状态称为雾滴谱，可用雾滴体积或数量累计分布曲线及雾滴粒径分布图表示。根据美国农业工程学会（American Society of Agricultural Engineers，ASAE）S-572 号标准（S-572 Spray Tip Classification by Droplet Size），雾滴按照其粒径可分为细小雾滴（小于 100μm），小雾滴（100～175μm），中等雾滴（175～250μm），较大雾滴（250～375μm），大雾滴（375～450μm）和超大雾滴（大于 450μm）。

通常飘移量与细小雾滴的比例有关。雾滴越小，其在空中悬浮的时间越长，也就越容易随风飘移。茹煜等分析了风洞条件下影响雾滴飘移行为的相关因素，结果表明：当雾滴粒径为 60μm 时，雾滴随风洞气流方向的飘移距离最大为 30.25m；当雾滴粒径为 150μm 时，最大飘移距离为 10.76m，飘移量减少了将近 2/3。说明粒径小于 150μm 的雾滴在气流作用下动能比较大，容易随气流沿下风向运动产生飘移。

Butler Ellis 等研究表明，农药助剂及剂型影响喷头雾化性能，助剂的添加会使雾滴粒径和液膜厚度发生显著变化。赵辉研究表明，气象条件是不能忽视的重要部分，风速过大、风向不稳定、温度过高等均不利于雾滴沉积。John 和 Frank 等研究表明，不同喷雾剂型、防飘喷头可减少雾滴飘移 33%～60%。张京等在喷雾机的喷杆上安装挡板，可改变喷头周围的流场，产生垂直向下的气流，降低了雾滴飘移的风险，并通过气流携带雾滴向靶标运动沉积，喷雾液在小麦中、下冠层的沉积量分别增加了 119.2% 和 112.3%，在上冠层总的沉积量增加了 20.3%。Geert 与 Paul 的飘移试验表明，建立 3m 的施药缓冲区可以有效减少水渠中 95% 的飘移沉积，6m 的缓冲区则完全检测不到飘移，因此建立缓冲区可以对水中生态系统提供较好的保护。

综上所述，雾滴的尺寸、药液特性、气象条件与施药技术都对农药雾滴飘移具有很大影响。研究不同施药机具与参数情况下雾滴的运动及飘移规律，对改善农药沉积分布质量、减少雾滴飘移、提高农药利用率有着积极意义。

1.4.2 减少雾滴飘移的研究

国内外学者对农药雾滴飘移的研究主要有：①研究雾滴飘移的影响因素；②测定地面施药机具和航空喷雾时飘移情况；③建立用于预测飘移的模拟和模型；④研究雾滴飘移的收集方法和不同示踪剂；⑤研究减少飘移的技术手段，其主要目的是对雾滴飘移的探索和减少飘移的施药技术的研究及相关产品开发，如静电喷雾、循环喷雾、低容量喷雾、防飘喷雾等技术，从而实现精准施药。近年来，植保机械的发展趋势为：①发展低容量喷雾技术，减少单位面积上的农药使用量，提高利用率，减少对环境的污染；②发展精准施药技术，采用变量施药、气流辅助施药、自动对靶施药、卫星定位系统辅助施药等精准施药技术；③推广自走式、牵引式大中型植保机械高效作业；④药液在线混合技术，减少操作人员和药液的直接接触，提高机械的作业安全性。

（1）气流辅助式防飘移喷雾 气流辅助式喷雾技术是指利用辅助式的气流装置，在进行喷雾时利用风机产生的气流将雾滴输送至靶标；携带有细小雾滴的气流使叶片正反面着药，从而提高药液在靶标上的覆盖密度和均匀度，显著降低施药雾滴的飘移，提高其利用率。主要包括风送式喷雾和风幕式喷雾。May 和 Nordbo 等研究结果表明：气流的辅助作用能增加药液在植物叶片背面和目标物上的沉降效率，改善小雾滴的雾滴谱，并且可以提高机具在小喷量作业条件下低量喷施的稳定性。祁力钧等基于计算流体力学（computational fluid dynamics，CFD）技术建立果园风送式喷雾机雾滴沉积分布模型，研究结果表明：与风扇中心距离增加，雾滴飘移量、沉积量和蒸发量均增加。刘雪美等设计了 3MQ-600 型导流式气流辅助喷杆弥雾机，在风筒内部加装的新型栅格状导流器改变了风筒内的流场，减小了因涡流引起的能量损耗，试验结果证明：雾滴飘移量与无风幕喷雾相比减少 45%以上。Tay 等结合数值模拟对无冠层情况下的风幕气体辅助喷杆喷雾的飘移特性进行研究，确定了最小飘移量时的风幕设计参数。贾卫东等研究了不同工作参数对风幕式喷杆喷雾雾滴粒径和速度分布的影响，运用 PIV 和 Winner318 型激光粒径分析仪测试了风幕式喷杆喷雾气液两相流场，结果表明：风幕出风口与喷头相对位置以及出风口风速显著影响风幕式喷杆喷雾雾滴粒径与雾滴运动速度。

（2）超低量防飘移喷雾 低量喷雾技术是指在单位面积施药液量不变的前提下，通过喷雾药液浓度的提高从而减少农药总喷液量的施药方式，近年来被广泛应用于植物保护。超低量喷雾施药量平均每公顷不到 5L（330mL/亩）就能达到良好的防治效果，其主要原理是使小雾滴在植物各个部位，包括叶片的正反面沉积分布，进而提高农药利用率。刘青等根据流体力学原理和二相流理论，在风筒中加装对称翼形的导流器，改善了 9WZCD-25 型风送式超低量喷雾机的雾滴分布均匀性、增加雾滴密度，使喷幅提高了 22%～46%。彭军等利用FLUENT 软件模拟分析了风送液力式超低量喷雾设备的风筒，结果表明：在风筒中安装起涡器叶片能够改善对液体的雾化作用，同时减少细小雾滴的飘移。

（3）静电防飘移喷雾 静电喷雾技术是利用高压静电在喷头与靶标作物之间建立一个电场，药液雾化后通过静电场，在静电场运动过程中通过不同的充电方法充电形成带电雾滴，然后在静电场力和其他外力的联合作用下，带电荷的雾滴做定向运动被靶标作物吸附，沉积在作物的各个部位。静电喷雾技术可以提高药液在作物冠层的中下部的沉积率以及叶片背面药液的附着能力。与传统的喷雾设备相比，雾滴粒径小、药液附着量大、穿透性强，能够沉降在靶标作物叶片的正反两面，使农药雾滴沉积率提高的同时减少雾滴飘移，改善施药区域周围的生态环境。Castleman 等观察发现，药液在雾化过程中液膜首先破裂成液丝，然后破碎形成雾滴，通过建立数学模型计算出雾滴的直径以及雾滴表面所带的荷电量，通过液体表面张力等性质的改变影响药液雾化过程。杨洲等为了研究不同侧风风速和静电电压条件下对静电喷雾雾滴飘移的影响规律，开展了喷杆式静电喷雾机雾滴飘移试验，通过测定不同静电电压下的雾滴粒径与荷质比，并对比分析雾滴飘移质量中心距离和飘移率，得到以下结论：雾滴粒径随静电电压的增大而减小，雾滴荷质比随静电电压的增大而增大，雾滴的飘移中心距离和飘移率随风速和电压的增加而增大。

（4）防飘移喷头　药液通过喷头雾化成不同大小的雾滴并分布在靶标作物表面上。喷头是植保机械作业中的重要部件，是保障施药效果的重要因素，喷头影响药液雾化过程，其性能直接影响喷雾质量，决定整个施药机具系统运行的可靠性和经济性。喷雾过程中，在一定的工作压力、流速等施药参数条件下，喷头决定了雾滴谱的分布，包括雾滴粒径、密度、分布状况等特性，从而影响药液雾滴在靶标作物上的沉积与飘移。

近年来，美国 Lurmark、德国 Lechler 等公司设计并制造了许多类型的防飘喷头，其中 ID/IDK/IDKT 防飘射流式喷头雾滴覆盖较为均匀并且雾滴飘移量低，在 3～4 级风下防飘效果可以达到 95%以上，5 级风防飘效果仍可以达到 70%以上。目前普遍使用的防飘喷头主要利用射流技术，将空气和药液在喷头内部混合形成二相流后雾化成液滴。当喷雾药液经过喷头内芯的压缩段时流速迅速增加，当喷雾液从压缩段喷射出去后，高速流动的液体带走周围的空气从而在压缩段出口附近形成真空区，空气被吸入后在压缩段与液体混合并进行能量交换，二相流共同进入扩散段，然后再通过喷头喷射出带有气泡的大雾滴，从而降低了易飘移小雾滴的量，达到减少雾滴飘移的目的。

美国 Hoffmann 等利用 5 种喷头产生的不同尺寸的雾滴，比较了粒径大小对雾滴沉积及雾滴飘移的影响。Gary 等对液力式喷头和气吸式喷头雾化后最基本的特征（雾滴大小、雾滴速度、雾化扇面角以及雾滴密度等）进行了比较，发现液力式喷头产生的雾滴小、速度大、雾滴密度大；气吸式喷头产生的雾滴大、速度小、雾滴密度小。张慧春等利用风洞和 SyMPatec 激光粒度仪测试了在不同压力、风速、喷头与激光粒度仪距离情况下多种扇形喷头的雾谱尺寸，作为判定喷头雾谱等级的依据。宋坚利等使用 PDIA 分析仪测试了不同型号扇形雾喷头喷雾扇面空间中各点的雾滴谱及雾滴的运动速度分布。试验表明：喷雾易发生飘移区域主要为在距离喷头 300～500mm 的喷雾扇面中心，喷雾扇面末端、喷雾扇面两侧和喷雾扇面迎流面外层是喷雾雾化后喷雾扇面最易飘移区域。

（5）变量防飘移喷雾　变量喷雾作为实现精准施药的手段之一，近年来受到越来越多的关注。其通过获取田间病虫草害面积、作物行距、株密度等靶标作物的相关信息，以及实时获取施药设备位置、作业速度、喷雾压力等施药参数的相关信息，综合处理作物和喷雾装置的各种信息，从而根据需求实现对靶标作物的精准施药。与传统大容量喷雾技术相比，变量喷施技术可以缓解农药过量使用的问题，在节约农药的同时降低了喷雾过程中雾滴发生飘移的风险，提高农药的防治效率、节省劳动力和作业成本、减轻对环境的污染，促进农业可持续发展。

目前，主要通过以下 3 种方式实现变量施药控制：压力调节式、浓度调节式和 PWM（pulse width modulation，脉冲宽度调节）间歇喷雾流量调节式。1990 年 Giles 等初次将电磁阀和喷头组合实现变量喷雾，并在固定频率下测试了雾滴粒径和雾化过程。随后更多学者和研究人员针对变量施药技术开展了大量的研究工作。Hossein 等在喷雾装置不同高度上安装超声波传感器，实时检测与靶标作物的距离，并利用 MLP 神经网络估算出靶标植株的体积，在系统电子控制单元作用下，通过控制喷头的开闭及流量变化实现变量施药。邓巍等定量比较了压力式、PWM 间歇式和 PWM 连续式变量喷雾对雾化特性的影响。结果表明：压力式变量喷雾对雾化特性的影响最大，PWM 间歇式变量喷雾对雾化特性的影响最小。陈勇等研究开发出一个变量喷雾控制系统，根据机器视觉和模糊控制的原理，综合树冠面积、喷雾距离等信息，模糊判断出靶标树木的大小和远近，根据以上信息选择不同的喷头组合，通过控制喷雾设备的喷雾流量和喷头射程，实现对靶标植物的精准智能喷雾，从而大幅减少农药用量。

（6）农用喷雾助剂　农用喷雾助剂是指一类在喷雾时添加的用于改进药液物理性能的物质。其作用主要有：①改善药液的表面张力和接触角，使其易润湿，提高喷洒药液覆盖面积；②溶解植物叶片表面蜡质层，促进药液的吸收、渗透和传导；③增加喷洒药液在植物叶片上的黏着性和滞留量，减少农药损失；④具有保湿作用，可延缓喷雾液滴的干燥时间，促进药剂的持续吸收；⑤在喷雾过程中，能更有效减少雾滴飘移和蒸发，增加雾滴的有效沉积；⑥提高药液耐雨水冲刷能力。喷雾助剂通过改善雾滴粒径分布和润湿铺展性、增加有效沉积、改善水质等作用最终可达到提高农药利用率、最大限度提高药效的目的，对农药减施增效具有显著作用。

目前美国、澳大利亚等国家在农药喷雾时一般都要加入喷雾助剂（也称桶混助剂），起到沉降、抗飘移、改善水质等不同作用，从而提高农药的使用效果。喷雾助剂在除草剂中使用更加普遍，可降低除草剂用量或在环境不良情况下保证除草效果，对提高农药利用率、减少农药用量具有显著作用。国外喷雾助剂的种类较多，很多大的农用助剂公司都有喷雾助剂产品，常用的如有机硅（赢创德固赛的 240、迈图高新的 Silwet 系列）、植物油类（如澳大利亚的黑森、快得 7、美国的信得宝）、非离子表面活性剂类，还有阳离子表面活性剂类（如诺贝尔公司的 Adsee AB-600）、高分子化合物、无机盐。在欧洲的一些国家，桶混减飘助剂的使用受到了限制。为了得到批准，桶混助剂必须与农药配方混合后进行测试。尽管助剂对飘移的影响显而易见，对其模拟和表征仍至关重要。因为助剂配方影响喷雾液体的物理化学性质和雾滴大小，从而会对田间雾滴飘移的测试结果有所影响。

参考文献

[1] Dombrowski N, Fraser R P. A photographic investigation into the disintegration of liquid sheets. Philosophical Transactions of the Royal Society of London A: Mathematical, Physical and Engineering Sciences, 1954, 247(924): 101-130.

[2] Matsuuchi K. Instability of thin liquid sheet and its break-up. Journal of the Physical Society of Japan, 1976, 41(4): 1410-1416.

[3] 宋坚利. "Π"型循环喷雾机及其药液循环利用与飘失研究. 北京: 中国农业大学, 2007.

[4] 谢晨, 宋坚利, 何雄奎, 等. 两类扇形雾喷头雾化过程比较研究. 农业工程学报, 2013, 29(5): 25-30.

[5] 张文君, 何雄奎, 宋坚利, 等. 助剂 S240 对水分散性粒剂及乳油药液雾化的影响. 农业工程学报, 2014, 30(11): 61-67.

[6] Sirignano W A, Mehring C. Review of theory of distortion and disintegration of liquid streams. Progress in Energy and Combustion Science, 2000, 26(4): 609-655.

[7] Tharakan T J, Ramamurthi K, Balakrishnan M. Nonlinear breakup of thin liquid sheets. Acta Mechanica, 2002, 156(1-2): 29-46.

[8] Negeed E S R, Hidaka S, Kohno M, et al. Experimental and analytical investigation of liquid sheet breakup characteristics. International Journal of Heat and Fluid Flow, 2011, 32(1): 95-106.

[9] Ellis M, Tuck C R, Miller P. How surface tension of surfactant solutions influences the characteristics of sprays produced by hydraulic nozzles used for pesticide application. Colloids & Surfaces A Physicochemical & Engineering Aspects, 2001, 180(3): 267-276.

[10] Thompson J C, Rothstein J P. The atomization of viscoelastic fluids in flat-fan and hollow-cone spray nozzles. Journal of Non-Newtonian Fluid Mechanics, 2007, 147(1):11-22.

[11] Wang S L, He X K, Song J L, et al. Effects of xanthan gum on atomization and deposition characteristics in water and Silwet 408 aqueous solution. Int J Agric & Biol Eng, 2018, 11(2): 29-34.

[12] Bals E J. Rotary atomization. Agricultural Aviation, 1970: 85-90.

[13] Hinze J O, Milborn H. Atomization of liquids by means of a rotating cup. Journal of Applied Mechanics-transactions of the Asme, 1950, 17(2): 145-153.

[14] Walton W H, Prewett W C. Atomization by spinning discs. Proc Phys Soc, 1949, B62:341-350.

[15] Mantripragada V T, Sarkar S. Prediction of drop size from liquid film thickness during rotary disc atomization process. Chemical Engineering Science, 2017, 158:227-233.

[16] 李永娜. 八旋翼电动遥控飞行植保机雾滴沉积飘失特性研究. 北京: 中国农业大学, 2015.

[17] Cassie A B D. Contact angles. Discussion Farady Soc, 1948, (3): 11.

[18] Bormashenko E. Progress in understanding wetting transitions on rough surfaces. Advances in Colloid & Interface Science, 2015, 222:92-103.

[19] Mercer G, Sweatman W, Forster W A. A model for spray froplet adhesion, bounce or shatter at a crop leaf surface. //Fitt A D, Norbury J, Ockendon H, Wilson E, et al. Progress in Industrial Mathematics at ECMI 2008. Springer Berlin Heidelberg, 2010: 945-951.

[20] 蒋勇, 范维澄, 廖光煊, 等. 喷雾碰壁混合三维数值模拟. 中国科学技术大学学报, 2000, 30(3): 334-339.

[21] Bai C, Gosman A D. Development of methodology for spray impingement simulation. SAE Technical Paper, 1995.

[22] 宋坚利, 王波, 曾爱军, 等. 雾滴在水稻叶片上的沉积部位分析与显微试验. 农业机械学报, 2013 (4): 54-58.

[23] Mundo C, Tropea C, Sommerfeld M. Numerical and experimental investigation of spray characteristics in the vicinity of a rigid Wall. Experimental Thermal and Fluid Science, 1997, 15(3): 228-237.

[24] Yoon S S, DesJardin P E, Presser C, et al. Numerical modeling and experimental measurements of water spray impact and transport over a cylinder. International Journal of Multiphase Flow, 2006, 32(1): 132-157.

[25] Mercer G N, Sweatman W L, Forster W A. A model for spray droplet adhesion, bounce or shatter at a crop leaf surface. //Fitt A D, Norbury J, Ockendon H, Wilson E ed. Progress in Industrial Mathematics at EMCI 2008. Mathematics in Industry 15, DOI: 10.1007/978-3-642-12110-4_151. Springer- Verlag, Berlin, Heidelberg, 2010: 937-943.

[26] Forster W A, Mercer G N, Schou W C. Process driven models for spray droplet shatter adhesion or bounce. //Baur P, Bonnet M, Proceedings 9th International Symposium on Adjuvants and Agrochemicals. ISAA 978-90-815702-1-3, 2010.

[27] Forster W A, Mercer G N, Schou W C. Spray droplet impaction models and their use within AGDISP software to predict retention. New Zealand Plant Protection, 2014, 65: 85-92.

[28] 谢晨. 农药雾滴雾化及在棉花叶片上的沉积特性研究. 北京: 中国农业大学, 2013.

[29] 张文君. 农药雾滴雾化与在玉米植株上的沉积特性研究. 北京:中国农业大学,2014.

[30] 王双双. 雾化过程与棉花冠层结构对雾滴沉积的影响. 北京:中国农业大学,2015.

[31] Pasandideh-Fard M, Qiao Y M, et al. Capillary effects during droplet impact on a solid surface. Physics of Fluids, 1996, 8(3): 650-659.

[32] Werner S R L, Jones J R, Paterson A H J, et al. Droplet impact and spreading: Droplet formulation effects. Chemical Engineering Science, 2007, 62(9): 2336-2345.

[33] 崔洁. 撞击液滴形成的液膜边缘特性. 华东理工大学学报(自然科学版), 2009, 35(6): 819-824.

[34] 陆军军, 陈雪莉, 曹显奎, 等. 液滴撞击平板的铺展特性. 化学反应工程与工艺, 2007, 23(6): 505-511.

[35] 郝汉, 冯建国, 陈维韬, 等. 环保溶剂制备的二甲戊灵乳油在叶片表面的铺展动力学. 化学工程, 2015, 43(8): 5-9.

[36] 庞红宇, 张现峰, 张红艳, 等. 农药助剂溶液在靶标表面的动态润湿性. 农药学学报, 2006, 8(2): 157-161.

[37] Raisin J, Reboud J L, Atten P. Electrically induced deformations of water-air and water-oil interfaces in relation with electrocoalescence. Electrostat, 2011. 69(4): 275-283.

[38] Aryafar H, Kavehpour H P. Electrocoalescence: effects of DC electric fields on coalescence of drops at planar interfaces.

Langmuir, 2009, 25(21): 12460-12465.

[39] 顾中言, 许小龙, 韩丽娟. 一些药液难在水稻、小麦和甘蓝表面润湿展布的原因分析. 农药学学报, 2002, 4(2): 75-80.

[40] Hewitt A J. Droplet size and agricultural spraying, Part I: Atomization, spray transport, deposition, drift, and droplet size measurement techniques. Atomization & Sprays, 1997, 7(3): 235-244.

[41] 茹煜, 朱传银, 包瑞. 风洞条件下雾滴飘移模型与其影响因素分析. 农业机械学报, 2014, 45(10): 66-72.

[42] Ellis M C B, Tuck C R, Miller P C H. The effect of some adjuvants on sprays produced by agricultural flat fan nozzles. Crop Protection, 1997, 16(1): 41-50.

[43] Wise J C, Jenkins P E, Schilder A M C, et.al. Sprayer type and water volume influence pesticide deposition and control of insect pests and diseases in juice grapes. Crop Protection, 2010, 29(4): 378-385.

[44] Frank R, Ripley B D, Lampman W, et al. Comparative spray drift studies of aerial and ground applications 1983-1985. Environmental Monitoring and Assessment, 1994, 29(2): 167-181.

[45] 张京, 李伟, 宋坚利, 等. 挡板导流式喷雾机的防飘性能试验. 农业工程学报, 2008, 24(5): 140-142.

[46] Snoo G R De, Wit P J De. Buffer Zones for Reducing Pesticide Drift to Ditches and Risks to Aquatic Organisms. Ecotoxicology & Environmental Safety, 1998, 41(1): 112-118.

[47] Early studies on spray drift, deposit manipulation and weed control in sugar beet with two air-assisted boom sprayers. Bcpc Monograph, 1991.

[48] Nordbo E. The effect of air assistance and spray quality (drop size) on the availability, uniformity and deposition of spray on contrasting targets. Bcpc Monograph, 1991.

[49] 祁力钧, 赵亚青, 王俊, 等. 基于 CFD 的果园风送式喷雾机雾滴分布特性分析. 农业机械学报, 2010, 41(2): 62-67.

[50] 刘雪美, 苑进, 张晓辉, 等. 3MQ-600 型导流式气流辅助喷杆弥雾机研制与试验. 农业工程学报, 2012, 28(10): 8-12.

[51] Vol N. Evaluation of an Air-assisted Boom Spraying System Under a No-canopy Condition Using CFD Simulation. Transactions of the Asae American Society of Agricultural Engineers, 2004, 47(6): 1887-1897.

[52] 贾卫东, 陈龙, 薛新宇, 等. 风幕式喷杆喷雾雾滴特性试验. 中国农机化学报, 2015, 36(3): 91-97.

[53] 刘青, 傅泽田, 祁力钧, 等. 9WZCD-25 型风送式超低量喷雾机性能优化试验. 农业机械学报, 2005, 36(9): 44-47.

[54] 彭军, 李睿远, 柴苍修. 风送液力式超低量喷雾装置内流场的模拟分析. 机械工程与自动化, 2007(2): 53-55.

[55] Kim T, Canlier A, Kim G H, et al. Electrostatic spray deposition of highly transparent silver nanowire electrode on flexible substrate. Acs Applied Materials & Interfaces, 2012, 5(3): 788.

[56] 杨洲, 牛萌萌, 李君, 等. 不同侧风和静电电压对静电喷雾飘移的影响. 农业工程学报, 2015(24): 39-45.

[57] Hoffmann W C, Hewitt A J, Barber J A S, et al. Field Swath and Drift Analyses Techniques. Chinese Journal of Lasers, 2003.

[58] Maghsoudi H, Minaei S, Ghobadian B, et al. Ultrasonic sensing of pistachio canopy for low-volume precision spraying. Computers & Electronics in Agriculture, 2015, 112: 149-160.

[59] 邓巍, 何雄奎, 丁为民. 基于压力变量喷雾的雾化特性及其比较. 江苏大学学报(自然科学版), 2009, 30(6): 545-548.

[60] 陈勇, 郑加强. 精确施药可变量喷雾控制系统的研究. 农业工程学报, 2005, 21(5): 69-72.

第 **2** 章

农药雾滴雾化沉积飘移特性

农药施药技术的关键是将农药雾化成细小的雾滴进行喷雾，其实质是把农药分散为具有适当细度的雾滴，并使其均匀地施用到作物靶标上。施用液态农药制剂，除了浇灌、浸渍、涂抹等不需要喷洒的制剂以外，凡是喷雾用的都必须在喷雾过程中，依赖喷雾机具雾化系统的雾化装置，完成药液的雾化与分散，使之产生一定、适当细度的雾滴，这就是通常所说的喷雾法。

2.1　农药雾滴雾化与喷雾方法

2.1.1　雾化的基本原理

将药液以雾滴的形式分散到大气中，使之形成雾状分散体系的过程称为雾化。农药雾滴雾化的实质是喷雾液体在喷雾机具提供的外力作用下克服自身的表面张力，实现比表面积的大幅度增加。液体雾化过程很复杂，如图 2-1 所示，采用三种方法可实现雾滴的雾化。

第一种是不在液体上加压，让液体一滴滴掉下，通过改变喷头孔径就可以改变雾滴的大小；第二种是在液面上加压，就得到一大一小的雾滴，再用气流将小的雾滴吹去，剩下大雾滴，这是在实验室内使用的一种雾化方法；第三种是再加大对液体的作用压力，直接得到小雾滴。在植保机械上，使用喷头形成雾滴的裂变过程都是先形成膜，然后得到液丝，最后再裂化形成雾滴。

雾滴的大小，也称为雾滴尺寸，指将雾滴从小到大按照体积或数量进行排列统计得出的50%时对应的雾滴直径：体积中值中径（VMD）以及数量中值中径（NMD）。

在雾化过程中，雾滴的尺寸与喷雾机具的性能、施用农药与农药载体物理与化学特性、雾化部件的选择、药液流量的控制、操作人员的技术和技巧、作物冠层内外气象条件密切相关。

2.1.2　雾滴雾化

药液的雾化过程是外界对药液施加一定的能量使其克服表面张力并分散成为细小雾滴的过程。在这一过程中药液逐步展成薄的液膜，而后又延伸成为液丝，最后液丝与空气相互作用断裂，从而形成雾滴。

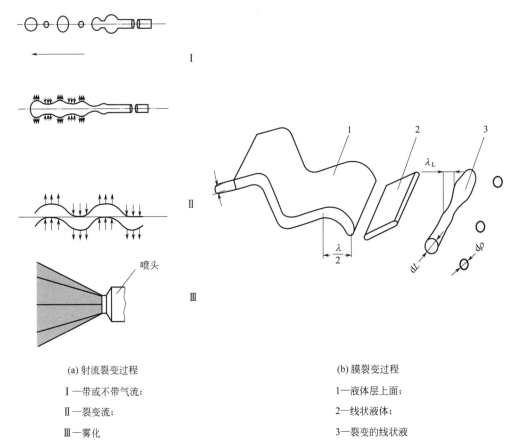

(a) 射流裂变过程

I—带或不带气流；

II—裂变流；

III—雾化

(b) 膜裂变过程

1—液体层上面；

2—线状液体；

3—裂变的线状液

图 2-1　雾滴雾化形成过程

　　按雾化原理，液体农药雾化成雾滴的方式可分为液力式、气力式、离心式和热力式。液力式雾化是使液体在一定的压力下通过雾化装置而雾化，适合水溶性制剂的喷洒，是最常用的雾化方式。气力式雾化是应用压缩气体的压力作用于液体表面，药液通过雾化器使其雾化。离心式雾化利用离心力的作用，液体在一个高速旋转的雾化器上沿径向运动，最后从雾化装置的边缘离心雾化形成雾滴。离心式雾化形成的雾滴大小非常均匀，且可通过调整雾化装置的转速调节雾滴大小。热力式雾化利用热能使药液雾化，主要用于各种熏蒸剂的雾化。

2.1.2.1　液力式雾化

　　液力喷头雾化如图 2-2 所示，药液在液力的推动下，通过一个小开口或孔口，使其具有足够的速率与能量而扩散。喷嘴下方完整的薄膜结构即为液膜区，而将液膜区下方的最后一层液丝定为雾化区的边界线。药液的压力及性质，如药液的表面张力、浓度、黏度和周围的空气条件等，均可影响薄膜的形成。药液克服表面张力的收缩并充分扩大，最终形成雾滴，需产生足够的速率，而几十至几百千帕的压力足以达到此效果。

图 2-2　液力喷头的雾化

一般认为，液体薄膜破裂成为雾滴的方式有 3 种，即周缘破裂、穿孔破裂和波浪式破裂，但是破裂的过程是一样的，即先由薄膜裂化成液丝，液丝再裂化成雾滴。

穿孔破裂如图 2-3 所示，由于液膜小孔的扩大，在它们的边缘形成不稳定的液丝，最后断裂成雾滴。在周缘破裂中（图 2-4），由于表面张力作用，液膜边缘收缩成一个周缘。在低压情况下，由周缘产生大雾滴；在高压情况下，周缘产生的液丝下落，与离心式喷头喷出的液丝形成的雾滴类似。穿孔式液膜和周缘式液膜的破裂都发生在液膜游离的边缘，而波浪式液膜的破裂则发生在整个液膜部分，即在液膜到达边缘之前就已经被撕裂开来。由于不规则的破裂，这种方式形成的雾滴大小非常不均匀，粒径一般在 10～1000μm 之间，最大者的体积甚至可为最小者的 100 多万倍。

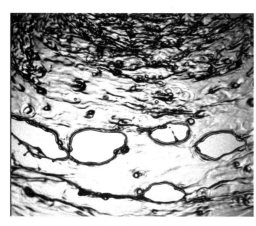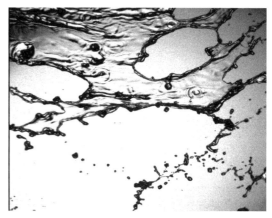

图 2-3 穿孔破裂   图 2-4 周缘破裂

雾化过程中，雾滴的平均直径随压力的增加而减小，而随喷头喷孔尺寸的增大而增大。药液的表面张力和黏度增加，也可导致雾滴直径增大。因此，在农药制剂加工的过程中，使用各种添加剂改变药液的理化性质，可以减少易飘移小雾滴的数量。在实际喷雾中，雾滴的大小与各种施药技术参数，如液体黏度、喷孔大小、喷雾压力等有关，直接影响农药的有效沉积利用率。

2.1.2.2 离心式雾化

离心式雾化装置利用边缘带齿的圆盘或圆杯高速旋转时产生的离心力，将农药药液抛向盘的边缘并先形成液膜，并在离心力的作用下脱离转盘边缘而延伸成为液丝，液丝断裂后形成细雾滴。均匀分布、带齿的边缘有利于药液雾化成更细更均匀的雾滴。其雾滴的形成机理与液力喷头相似，所产生的雾滴大小较液力喷头均匀，雾滴谱的范围也较窄。在某些流量范围内，雾滴是通过多种破裂雾化机理作用形成的，特别是在离心力的作用下，可发生液滴和液丝、液带和液膜之间的转换。离心式雾化的雾滴细度取决于转盘的旋转速率和药液的滴加速度，转速越高、药液滴加速度越慢，则雾滴越细。

离心喷头产生的单个雾滴的直径可由 Walton 和 Prewett 提出的理论公式计算：

$$d = k \frac{1}{\omega} \sqrt{\frac{r}{D\rho}} \tag{2-1}$$

式中 d——雾滴直径，μm；

k——常数，通常这一经验平均数为 3.67；

ω——角速度，rad/s；

D——转盘直径，mm；

r——液体的表面张力，N/m；

ρ——液体密度，g/cm³。

转盘式离心喷头可以与风机结合使用，称为风助式转盘式喷头，产生的雾滴大小的上限，可由式（2-2）计算确定：

$$d = \frac{2k'r}{\rho'v^2} \qquad (2\text{-}2)$$

式中 d——雾滴的直径，μm；

v——气流速率，m/s；

k'——由雾滴大小范围决定的常数；

r——液体的表面张力，mN/m；

ρ'——气流密度，g/cm³。

2.1.2.3 气力式雾化

气力式雾化是利用高速气流对药液的拉伸作用而使药液分散雾化，因为空气和药液都是流体，因此也称为气液两相流雾化法。这种雾化方式能产生细而均匀的雾滴，设施农业用的常温烟雾机大都采用这种雾化方式。许多气液两相流喷头是特别为环境与工业应用设计的，如特定环境中的降温加湿，粉剂药品和其他工业化产品的喷雾干燥，以及喷涂油漆等。气液两相流喷头雾化方式可分为内混式和外混式两种，内混式是气体和液体在喷头体内混合，外混式则在喷头体外混合。

2.1.3 喷雾方法

2.1.3.1 大容量喷雾

每公顷（大田作物）喷施药液量（制剂与农药有效成分总和）在 600L 以上的喷雾方法称为大容量喷雾。在我国，这种方法是长期以来使用最普遍的喷雾法，因此也称为"常规喷雾法"或"传统喷雾法"，但在国际上，用低容量和超低容量喷雾法逐步取代常规喷雾法是发展趋势。

常规喷雾法采取液力式雾化原理，使用液力式雾化喷头。喷头是药液雾化的核心部件，为了获得不同的雾化效果以及雾场形状，以适应不同作物和病虫草害防治的特殊需要，国际标准委员会 ISO-TC-SC 工作组将现有喷头分为标准的系列及其零配件，并规定以颜色代表型号，供广大用户选用。

液力雾化的质量受多种技术因素的影响，喷头设计成型后，喷雾压力是最为主要的影响因素。

（1）喷雾压力对雾滴直径的影响　通过对 6 种标准 ST110 系列 1-6 号喷头的测试，可以看到喷雾压力对雾化细度的明显影响。6 种喷头的喷孔从 ST11001～ST11006 号依次增大，喷孔越大，压力对雾化细度的影响越明显。

在机动喷雾机上，机械或电子系统控制的调压阀可以调节喷雾压力并保证其稳定；但手动喷雾器则只能人工来控制，如果不能按操作技术标准进行作业，就无法保证正确的喷雾压力，从而影响雾化质量和防治效果。

（2）喷雾压力对喷头流量的影响　喷头的流量（每分钟排出的药液量，L/min）与喷孔大小密切相关，且随喷雾压力的增大而增加，对大喷孔喷头影响更大。手动喷雾器使用过程中经常发生用户任意加大喷孔的现象，其结果不仅损坏了喷头的雾化性能，而且改变了喷头流量。

（3）喷雾压力对喷头雾锥角的影响　喷孔所喷出的雾场，其纵截面都呈有一定夹角的锥形，这个夹角称为雾锥角或喷雾角。扇形雾喷头喷出的雾体呈扁扇形，其标准雾锥角为110°。当喷雾压力增加到0.4MPa以上时，喷雾角稍有增大。雾锥角越大，雾场的覆盖面越宽。

2.1.3.2　低容量喷雾

每公顷（大田作物）施药液量在50～200L的喷雾法属于低容量喷雾法（LV），目前，发达国家称之为常量喷雾，雾滴体积中值中径（VMD）在100～200μm。不同喷雾方法主要是为了适应不同农药、不同作物、作物的不同生长期及不同病虫草鼠害防治的需要。因为作物的冠层体积、植株形态、叶形等差别很大，且会随着植株不断生长而发生变化，所需药液量也必然发生很大变化，在制定使用技术标准时可作为参考。低容量和超低容量喷雾之间并不存在绝对的界线，其雾化细度也是相对于施药液量而提出的要求。

2.1.3.3　超低容量喷雾

每公顷（大田作物）施药液量少于5L的喷雾法称为超低容量喷雾法（ULV），其雾滴VMD小于100μm。每公顷施药液量小于0.5L的喷雾方法称为超超低容量喷雾法（UULV）。

超低容量喷雾法不能简单通过控制药液喷量或改变喷雾压力实现，必须从雾化原理上采取新的雾化技术，通过离心（或转盘）雾化法实现。利用由微型电机驱动带有锯齿边缘的圆盘，把药液以一定速度加到以8000～10000r/min转速旋转的圆盘上，药液即均匀分布到转盘边缘的齿尖上，并在离心力的作用下飞离齿尖，然后断裂成为均匀的细小雾滴。图2-5为高速离心雾化的工作原理，黑色带齿部分是转盘的一部分。所产生的雾滴的尺寸取决于转盘的转速和药液的加速度，转速越快雾滴越细。由于超低容量喷雾法的施药液量极少，不可能实现常规喷雾条件下雾滴直接沉积在靶标表面，使得整株湿润，而必须采取飘移沉积，利用辅助气流的吹送作用，把雾滴分布在防治作物上，以合适的间隔距离由上风向至下风向间隔喷施喷雾，称为"雾滴飘移沉积"，其喷施质量根据单位面积上沉积的雾滴数量来决定。

图2-5　高速离心雾化

每平方厘米叶面内所能获得的雾滴数，称为覆盖密度。研究表明，尺寸在50～100μm范围内的雾滴沉积覆盖密度已相当好。喷雾过程中，田间作物上的雾滴沉积数量一般达到10～20个/cm²，即有非常好的防效。由于飘移喷洒法的雾滴运动受气流的影响，因此施药地块的布置、喷洒作业者的行走路线、喷头的喷雾高度和喷幅的重叠都必须加以严格的设计。操作过程中还必须注意气流方向，风向变动的夹角在小于45°的情况下才允许进行作业。

2.1.4　喷头的雾化特性曲线

雾化特性主要是指大雾滴和小雾滴数量的比例。在喷雾作业过程中，喷头在一定的压力下将药液雾化可以得到不同大小的雾滴，各尺寸雾滴的百分率称为频率。

图 2-6 是涡流式喷头（圆锥雾喷头）的特性曲线，圆锥雾喷头（$\phi 10 > \phi D$），喷雾压力：$p=2bar$（$1bar=0.1MPa$）。图 2-7 是扇形雾喷头的特性曲线。图中横坐标为雾滴直径，纵坐标为不同大小雾滴占总数量、体积的百分数，即雾滴大小与数量、体积的关系。过去单独使用数量中值中径（NMD）来表示，即雾滴按粒径大小顺序排列，雾滴数量累积达到总雾滴数量一半时的那个雾滴直径的大小。但人们所关心的不只是某一尺寸雾滴的数目，更对这一尺寸雾滴的体积占总体积的比例感兴趣。因此，目前广泛采用体积中值中径（VMD）来计量雾化雾滴的大小，即将雾滴按大小顺序排列，累积体积达到雾滴总体积一半时雾滴直径的大小。

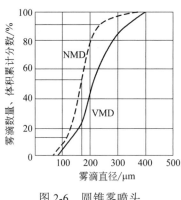

图 2-6　圆锥雾喷头

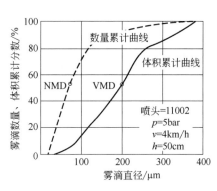

图 2-7　扇形雾喷头

同一种扇形雾喷头，其雾滴大小分别用 NMD 和 VMD 表示，得出两条不同的曲线，如取占累计分数 50%，结果得出 NMD 为 50μm，VMD 为 200μm；在曲线上取累计分数为 10% 和 90% 两个点，连接两点得一条斜线，斜线斜率越大则表示雾滴大小越接近，即雾化越均匀，雾化效果越好。若与横坐标轴垂直，则雾滴大小完全一致；而当连接线与横坐标轴平行时，说明雾滴大小差别很大，喷头雾化的程度极差。

在防虫或防病时，应提前取得符合要求的雾滴覆盖率，若雾滴大小一致，就可用理论进行计算，若雾滴大小不一，小雾滴被蒸发或飘移走，大雾滴流失到地表，只有中间大小的雾滴才沉积在靶标表面发挥药效。喷头结构直接影响雾化效果，如圆锥雾喷头，连接线的斜率比较大，即产生的雾滴尺寸比较平均。

2.1.5　雾滴分布特性曲线

雾滴分布特性曲线指的是喷头向下喷雾、雾滴在靶标上的沉积分布情况，一般喷头距离喷雾靶标的标准高度为 50cm。

2.1.5.1　单个喷头喷雾的雾滴分布特性曲线

图 2-8 为四种类型的单个喷头喷雾雾滴横向分布的情况。

单个扇形雾喷头雾面分布较均匀；旋转离心雾化装置雾面分布较宽，同时旋转方向对雾形分布也有影响，如圆盘逆时针旋转时，左边的喷雾量比右边大；空心圆锥喷头雾面中心雾量小，而两边多；实心圆锥雾喷头则是中心雾量大，而两边少。

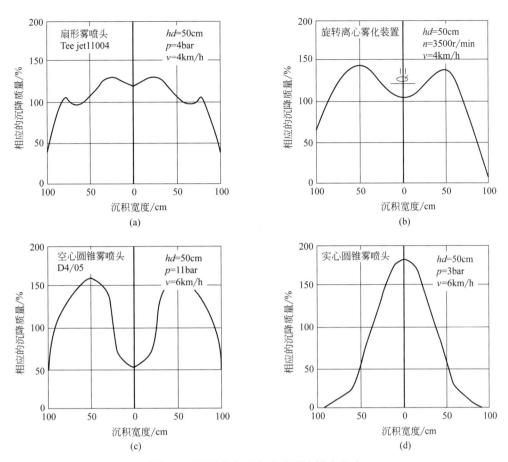

图 2-8　不同单个喷头喷雾雾滴横向分布
（a）扇形雾喷头；（b）旋转离心雾化装置；（c）空心圆锥雾喷头；（d）实心圆锥雾喷头

2.1.5.2　喷杆喷雾机多喷头组合喷雾的横向分布特性

喷杆上装有多个喷头联合喷雾时（正常条件下，扇形雾喷头在喷杆上的安装间距为 50cm，喷头距靶标的喷雾高度为 40～60cm），雾面横向分布情况发生改变。图 2-9 是多个喷头联合喷雾情况下，组合形成的横向分布叠加情况，有菱形分布、梯形分布以及两种三角形分布。

由图 2-9 可以看出，双菱形有两次重叠，喷雾面重叠愈多，喷杆晃动时对横向分布变化的影响就愈小。

图 2-10 是在总长为 2.5m 的喷杆上相邻安装喷雾角分别为 110°和 80°的两种扇形雾喷头，喷头间距为 50cm，喷雾机行驶中晃动时实际出现的喷杆倾斜情况。110°喷雾角的喷头喷雾横向分布变化的曲线用实线表示，80°喷头用虚线表示，0 表示平均值，由水平线向上表示承受药量大，向下表示承受药量小。由图 2-10 可见，当喷杆上、下晃动时，对 110°喷雾角的喷头喷雾横向分布的均匀性影响较小，而对 80°喷雾角的喷头影响较大。

2.1.5.3　大型喷杆喷雾机喷雾作业时横向分布特性

拖拉机行驶中晃动，喷杆愈长，横向分布沉积不均匀的问题就愈严重。但为了提高单位面积作业效率，采用长喷杆喷雾是主要方法，目前世界上的大型喷杆式喷雾机的喷杆最长已达到 62m。

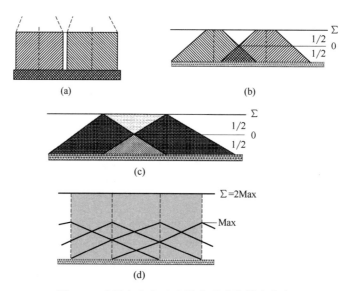

图 2-9　喷杆上多个喷头组合形成的横向分布

（a）菱形分布；（b）梯形分布；（c）三角形分布Ⅰ；（d）三角形分布Ⅱ

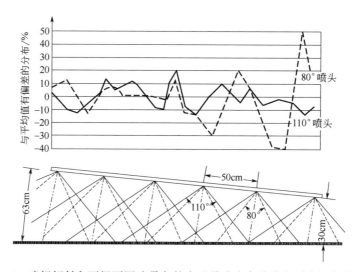

图 2-10　喷杆倾斜和两组不同喷雾角的扇形雾喷头在总分布面上沉积的偏差

　　如图 2-11 所示，拖拉机在不平地面上行驶时，喷杆上、下（垂直）晃动和前、后（水平）晃动，晃动幅度受行驶速度、地面状况及喷杆本身刚度的影响，其中对喷雾横向分布沉积有影响的主要是喷杆的垂直和水平晃动，其他因素影响则不太大。

　　试验结果表明，水平晃动对横向沉积分布的影响大于垂直晃动的影响。这是因为向前的水平晃动导致喷头向前的运动速度等于拖拉机正常行驶速度的 2 倍，地面正下方沉积的喷雾量很少；而向后的水平晃动，拖拉机向前的行驶速度与喷头向后的运动速度抵消，即喷头原地喷雾，造成靶标上沉积的喷雾量增加，因此喷杆的水平晃动比垂直晃动的危险性更大。

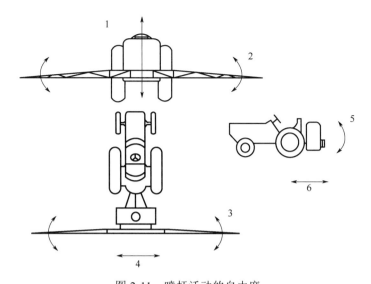

图 2-11 喷杆活动的自由度

注：在 6 个自由度中，1、4 和 6 是绕主轴做位移，2、3 和 5 是做旋转运动

2.2 农药雾滴沉积特性

在农药的施用过程中，农药雾滴或微粒的飘移始终是影响农药施药效果、造成药害和环境污染的重要因素。本节主要介绍雾滴运行、穿透特性以及到达靶标的沉降过程。

2.2.1 雾滴的运行

雾滴由喷头到防治靶标表面之间的运动称为雾滴的运行。喷头与不同植保对象的距离从十几厘米到几米不等，主要原因是雾滴本身具有的能量和速度不同，在空间中的运行时间也不同。雾滴在空间运行受各种因素，如风、空气的湿度和温度等的影响。

雾滴从喷头喷出时的初速度一般为 20m/s 左右，大约运行 20cm 速度就衰减到 0，但一般到靶标的距离都超过这个数值。因此，必要时需加气流辅助输送。雾滴在运行中，由于药液蒸发，雾滴质量发生改变；此外，雾滴尺寸不同，运行速度不一样，有时雾滴相撞合成大雾滴，不但改变其形状，也改变了雾滴运行的轨迹。影响雾滴在空间运行的因素众多，计算其运动轨迹非常困难，即使能计算出通常所说的体积中值中径（或数量中值中径）的那个雾滴的运行轨迹，结果也不完全准确。但雾滴运行轨迹可通过高速摄影来观察。

2.2.1.1 雾滴受力分析

雾滴从喷头喷出后，既有向下的速度，又有向前行驶的速度。单个雾滴的受力如图 2-12 所示。

（1）惯性力 T_r

$$T_r = m_D \times \frac{d_{VP}}{d_t} = 质量 \times 加速度 \qquad (2-3)$$

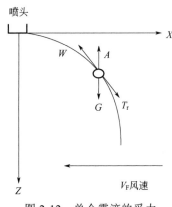

图 2-12 单个雾滴的受力

（2）阻力 W

$$Re = \frac{V_D d_D}{r_g} \tag{2-4}$$

式中 Re——雷诺数；

$\quad V_D$——雾滴速度；

$\quad d_D$——雾滴直径；

$\quad r_g$——黏度（空气）。

$Re>1$ 时，用牛顿公式计算（雾滴距喷头近，V_D、d_D 大时）。

$$W_N = C_W \times \frac{\rho_g}{2} F V_D^{\ 2} \tag{2-5}$$

式中 C_W——空气阻力系数；

$\quad \rho_g$——空气密度；

$\quad F$——雾滴的表面积。

当 $Re<1$ 时，用 Stoke 公式计算（雾滴距离喷头远，V_D、d_D 小时）。

$$W_{st} = 3\pi r_g d_D V_D \tag{2-6}$$

（3）重力 G

$$G = m_D \cdot g \tag{2-7}$$

（4）空气浮力 A

$$A = \rho_g g \pi \times \frac{d_D^{\ 3}}{6} \tag{2-8}$$

2.2.1.2 雾滴运行速度

雾滴衰减速度受雾滴大小和初始速度的影响，衰减迅速。从图 2-13 可以看到，小雾滴运行速度衰减快，大雾滴衰减慢。如直径为 100μm 雾滴，初始速度为 20m/s，经过 0.02s 后速

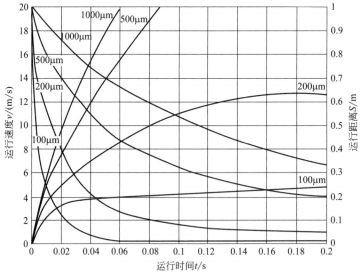

图 2-13 雾滴运行速度衰减曲线

度只有 2.10m/s，经过 0.06s，雾滴速度几乎衰减到 0，在空气中进行自由落体运动或布朗运动。直径为 500μm 雾滴，初始速度同样是 20m/s，经 0.02s 后速度为 14m/s，到自由降落速度需要经过 0.2s 的时间。由此可见，雾滴愈大，速度衰减愈慢，直径在 100μm 和 500μm 之间的雾滴到达靶标表面时，速度已接近于 0。

直径 200μm 的雾滴，运行距离为 0.6m，并不像人们想象的那样，雾滴能沉积到叶面上。假设喷头距离作物高度为 50cm，喷洒直径 100~200μm 的雾滴，无论怎样加大初始速度，在到达叶面前，雾滴速度衰减到 0 开始自由降落。只有加上辅助气流，才能增加运行速度和运行距离。

喷雾机前进速度对雾滴速度的影响从图 2-14 可以看出。当喷雾机前进速度为 3km/h 时，100μm 雾滴从喷头喷出的速度为 4m/s；当喷雾机速度为 5km/h 时，同样情况下雾滴速度就下降到 1.5m/s。喷雾机前进速度对小雾滴影响较大，但对大雾滴影响不大。

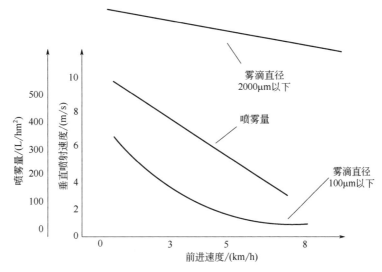

图 2-14　喷雾机喷雾前进速度对雾滴的沉积影响

2.2.2　雾滴在作物冠层中的穿透特性

以高秆作物玉米植株冠层为研究对象，进行雾滴穿透性的研究。

2.2.2.1　雾滴速度对穿透性的影响

从图 2-15 可以看到，雾滴速度愈大，穿透性愈好。由于包围在植株周围的静止空气的阻力使喷雾有向外扩张的趋势，需加大雾滴速度以穿透作物冠层，但只依赖雾滴本身的能量和速度不足以实现，需要附加辅助气流。

2.2.2.2　雾滴运行方向对穿透性的影响

从图 2-16 可见，垂直向下喷雾，雾滴穿透性好，但只沉积在水平的叶面上，垂直的叶面上药液沉积量较少。

2.2.2.3　喷杆高度对穿透性的影响

从图 2-17 可看出，喷杆贴近在作物上，即 $H=0$，比喷杆离作物 50cm（$H=50$cm）沉降量要高。

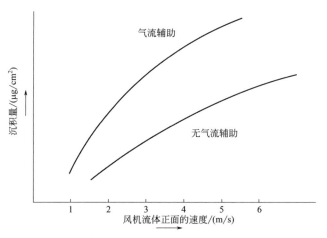

图 2-15　有无气流辅助下农药雾滴的穿透特性

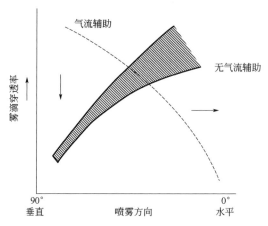

图 2-16　雾滴运行方向对穿透性的影响

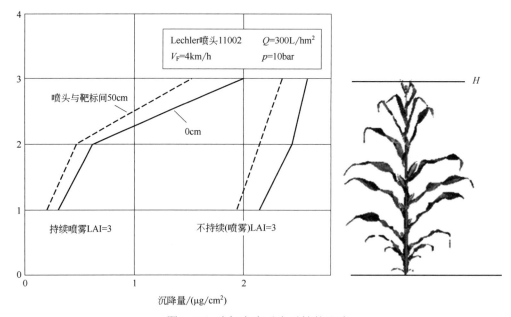

图 2-17　喷杆高度对穿透性的影响

2.2.2.4　喷雾机行驶速度对穿透性的影响

从图 2-18 可看出，随着行驶速度提高，作物上部沉积量减少，但行驶速度对作物中部沉积量影响不大，对下部则没有影响。此外，速度提高后，地面沉积量减少。因此，从植保技术上看，较慢的行驶速度有利于病虫害防治。

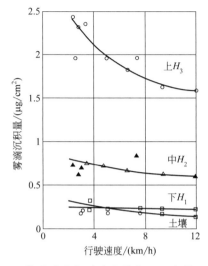

图 2-18　作业速度与雾滴在作物冠层中的沉积关系

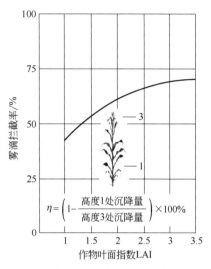

图 2-19　作物密度对冠层沉积的影响

2.2.2.5　作物密度对穿透性的影响

作物种植密度对冠层沉积的影响如图 2-19 所示，可以通过试验研究与测定作物叶面指数等来分析计算雾滴拦截率。作物叶面指数（LAI），也称为作物叶面密度指数，可按式（2-9）计算：

$$LAI = \frac{作物全部叶片面积之和（m^2）}{作物平均占地面积（m^2）} \tag{2-9}$$

如 LAI 为 1，植株必然很矮，如为高大作物，株间距一定很大。雾滴拦截率 η 可定义为：

$$\eta = \left(1 - \frac{高度1处药液回收率}{高度3处药液回收率}\right) \times 100\% \tag{2-10}$$

η 值越大，说明作物高度 3 到高度 1 之间的叶片对雾滴的"过滤"作用强，即穿过叶片到达作物下部的雾滴少。由图 2-19 可看出，随着作物叶面密度指数的增大，对雾滴的"过滤"作用也越强，即雾滴穿透到冠层下部的量也越少。

2.2.2.6　雾滴大小对穿透性的影响

从图 2-20 可看出，当叶面密度指数（LAI）一定时，随着雾滴直径加大，叶片对雾滴的"过滤"作用也越强，即小雾滴比大雾滴更易穿透冠层到达作物下部。如果加上运载气流，则小雾滴沉降到作物下部较多，大雾滴则变化不大。

2.2.2.7　喷头喷射方向对雾滴沉降的影响

喷头可垂直向下喷射，也可向前或向后转动 0°～40°喷雾。并且定义，向前喷射时，喷射角 α 为正值；向后喷射时，喷射角 α 为负值；垂直向下喷射时，喷射角 $\alpha=0°$。作业前进速度

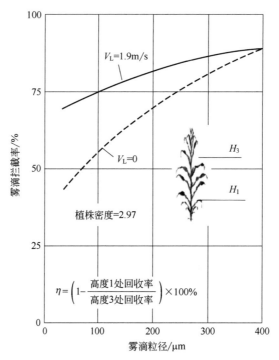

图 2-20　雾滴大小对冠层沉积的影响

为 V_F，V_F 与 $+\alpha$ 同向。还定义作物叶片上的药物回收率以 $\alpha=0°$ 时为基准，以其他喷射角喷雾时，超过或低于基准回收率部分以百分数表示，超过者为正值，低于者为负值。H_1、H_2、H_3、分别表示作物下部、中部、上部三个高度位置。

从图 2-21 可以看出靶标作物水平面上的沉降情况。当向后喷射（$-\alpha$）时，上、中、下部位沉降的雾滴都比垂直喷射（$\alpha=0°$）时多，且中、下部比上部沉降的雾滴多得多。当向前喷射（$+\alpha$）时，只有下部沉降的雾滴比垂直喷射时有所增加。

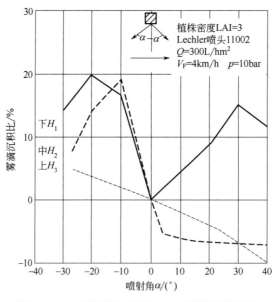

图 2-21　水平靶标上喷雾方向与雾滴沉积特性

从图 2-22 可看出作物垂直方向上的沉降情况。当向后喷射时，上、中、下部沉降量都少于垂直喷射时；而当向前喷射时，沉降量都比垂直喷射时高，且 α=20°～30°时达到峰值。

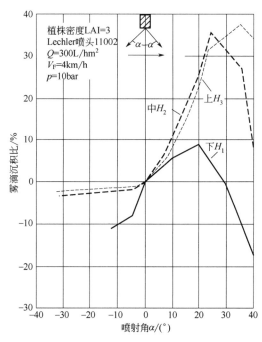

图 2-22　垂直靶标上喷雾方向与雾滴沉积特性

综合研究表明，欲使作物枝叶获得最高的雾滴沉降量，喷头的喷射角选择向前 20°～30° 较为适宜。

2.2.3　农药雾滴在喷雾靶标上的沉积

雾滴在靶标上的沉积性能主要与下列因素有关：
① 药液的理化特性；
② 植物的自然物理特性与冠层特性；
③ 雾滴的几何尺寸以及动力尺寸；
④ 靶标的形状和所处的位置等。

图 2-23 展示了一片叶子和茎秆上不同大小雾滴的五种沉积方式。过大的雾滴降落在靶标表面后，与叶面发生碰撞并破碎成更小的雾滴或者滚落流失至地表；过小的雾滴有可能飘失至空中或沉积在叶面上，也有可能绕过叶面正面沉积在叶背面；只有合适大小的雾滴才能稳定地沉积在叶片上表面。

雾滴稳定地沉积并附着在植物表面的关键是雾滴的物理特性以及植物表面的自然物理、结构特性，通常用雾滴在靶标上的接触角 θ 来间接地表达两者的关系。如图 2-24 所示：θ 角小，说明雾滴与靶标表面的接触面积大，即雾滴容易在靶标表面铺展（湿润目标表面）；θ 角大，则表明接触面积小或者不容易湿润。研究表明，$\theta<0°$ 为容易湿润表面；$\theta>0°$ 为不容易湿润表面。

图 2-25 展示了不同的接触角 θ 以及雾滴大小与接触面积率（湿润程度）之间的关系：

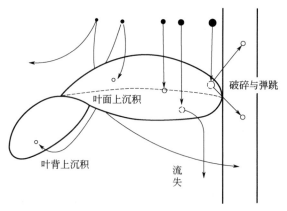

图 2-23 不同大小雾滴在靶标上的沉积方式

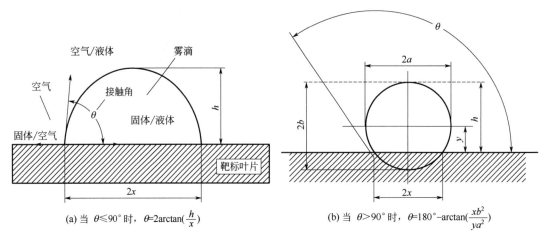

(a) 当 $\theta \leqslant 90°$ 时，$\theta = 2\arctan(\dfrac{h}{x})$

(b) 当 $\theta > 90°$ 时，$\theta = 180° - \arctan(\dfrac{xb^2}{ya^2})$

图 2-24 雾滴在靶标叶片上的接触角

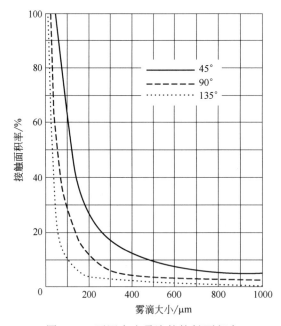

图 2-25 不同大小雾滴的接触面积率

① 在 θ 角相同时，雾滴直径越大，接触面积越小。

② 对相同尺寸大小的雾滴来说，接触面积随 θ 角的增大而减小。

③ 雾滴尺寸越小，接触面积的大小对于 θ 角的变化越敏感。

由此可见，采用雾滴直径较小的低容量或超低容量喷雾，并调整药液的理化性质使接触角 θ 较小，以获得较高的雾滴接触面积。

图 2-26 表示雾滴特性与植物表面特性对接触角的综合影响。图中纵坐标为接触角 θ，横坐标为液体表面张力，图中三条曲线代表具有不同表面特性的三种植物。可以看出：

① 对表面张力一定的同一种液体来说，靶标植物表面特性不同，雾滴与靶标的接触角也有差异。表面张力越小，接触角 θ 的差异越明显。

② 不同的植物表面特性对接触角的影响也不相同。对同一种植物来说，有的随着液体表面张力的变化接触角 θ 剧烈变化，但有的影响不明显。因此，在研究雾滴沉积与覆盖问题时，植物表面特性是一个重要的考虑因素。

在喷雾液体中加入适当的喷雾助剂能够改变其表面张力大小。图 2-27 表明减小液体表面张力可提高雾滴的接触面积。

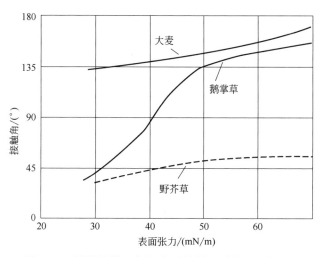 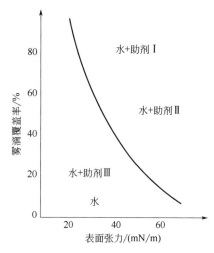

图 2-26　雾滴特性、靶标表面特性对雾滴沉积的影响　　图 2-27　表面张力与雾滴覆盖率特性曲线

图 2-28 展示了液体黏度与雾滴接触面积的关系。可以看出：

① 增加液体黏度可提高雾滴接触面积。但当黏度增加到一定程度后，对接触面积的影响趋于平缓。

② 液体黏度对大雾滴的接触面积影响较小。

由此可见，对于黏度较低的液体或者雾滴较大时，可以通过调整其黏度的方法获得较高的雾滴接触面积。

图 2-29 是三坐标图线，表示了雾滴直径、液体表面张力与雾滴接触面积之间的关系。可以看出：较小的雾滴直径或者较小的液体表面张力或者两者都比较小的情况下，都能够获得比较大的接触面积。

雾滴沉积到目标物上时的沉积角度与接触面积的关系如图 2-30 所示，可以看出：

① 对表面张力一定的同一种液体来说，接触面积随沉积角增加而增大，当沉积角增加到 60°以上时，其对接触面积的影响已不太明显。

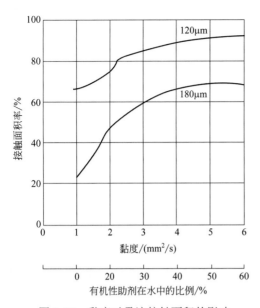

图 2-28　黏度对雾滴接触面积的影响

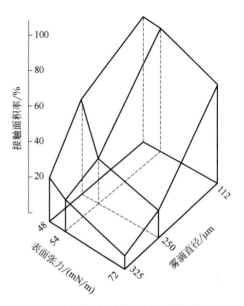

图 2-29　表面张力对雾滴接触面积的影响

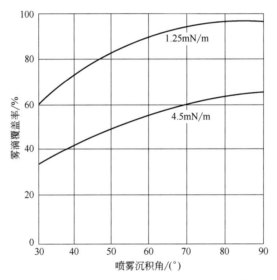

图 2-30　雾滴沉积角度对接触面积的影响

　② 对于表面张力不同的两种液体来说，沉积角相同时，表面张力较小的雾滴，具有较大的接触面积，且差异显著。

　图 2-31 表明运载气流对雾滴接触面积的影响，图中横坐标为雾滴直径。无运载气流时雾滴沉降速度为 0.5m/s，有运载气流时沉降速度为 3.0m/s。虚线表示沉降目标为半径 1mm 的丝线，实线是沉降目标为半径 10mm 的塑料吸管，可以看出：

　① 在相同情况下，雾滴直径较小时，具有较大的接触面积。

　② 相同尺寸的雾滴在有运载气流输送时，运行速度较大，接触面积比没有运载气流时高得多。

　③ 雾滴的运行速度相同时，沉积目标直径越小，雾滴接触面积越大，且雾滴越小，此趋势越明显。这是由于目标直径大时，有一小部分小雾滴发生绕流现象，降低了沉积率。

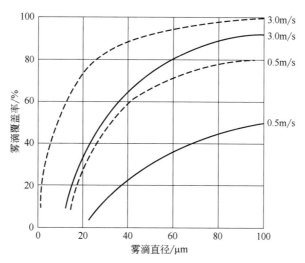

图 2-31　胁迫气流对雾滴接触面积的影响

2.2.4　农药的使用剂量与喷施部位对沉积的影响

图 2-32 表示喷施量与杂草存活率的关系，施用除草剂为 2,4-滴。图中纵坐标为杂草存活率（存活的杂草烘干后称重占全部杂草烘干称重的比例），横坐标为单位面积上有效成分不变情况下的喷施液量以及与之对应的药液浓度。喷施量小时，雾滴直径也相应变小；喷施量大时，雾滴也大。可以看出：采用小的喷雾量和小雾滴，杂草存活率较低，灭草效果较好。目前欧美国家喷施除草剂时，以 100L/hm² 进行高浓度低容量喷雾，灭草效果更为理想。

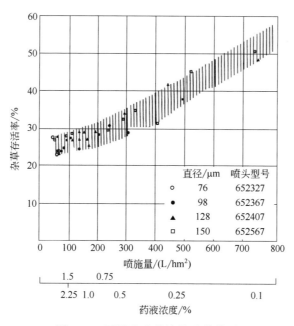

图 2-32　不同大小雾滴的除草效果

图 2-33 为药液在叶面上的覆盖率与杂草存活率的关系。可以看出，覆盖率在 50% 以下时即可得到较好的灭草效果。过高的覆盖率，势必要求加大施药量，这样将引起药液从叶面上

大量流失，反而降低了灭草效果。这说明只有采用适当的施药量与相应的雾滴大小，达到适当的覆盖率，才能获得好的灭草效果。

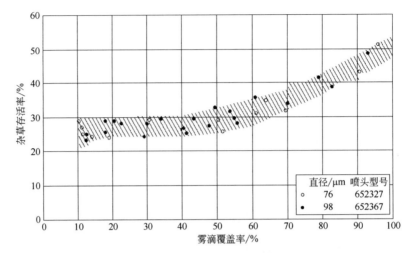

图 2-33　雾滴覆盖率对杂草的防效影响

农药施用剂量与杂草存活率有一定的关系。采用不同的农药灭除燕麦草，可以看出：有的农药采用小剂量喷施，即可达到较好的灭草效果，有的农药则必须采用大剂量喷施才能达到同样的灭草效果。

另外，农药喷施在靶标上的部位对灭草效果也有很大影响。通过分别喷施在杂草的不同部位上与杂草存活率的关系试验可以看出：农药喷施在杂草下部或基部灭草效果最好；喷施在整个植株上或喷施在杂草上部，效果都不理想；把农药喷施在土壤里，几乎没有灭草作用。这一结果可为施药机械及施药技术的设计提供直接依据。

2.3　农药雾滴的飘移特性

受大气中自然风速［图 2-34（a）］及大气上升气流［图 2-34（b）］的影响，雾滴蒸发［图 2-34（c）］，主要是载体水的蒸发导致的农药有效成分损失以及流失到地表［图 2-34（d）］，是雾滴飘移的主要形式。

（1）风对雾滴飘移的影响　风速愈大，飘移愈大，雾滴在靶标上的沉积越少。

（2）上升气流对雾滴飘移的影响　上升气流对园林和航空植保影响大，式中 SR 是 stability rate（稳定率）的缩写，计算公式为：

$$SR = \frac{T_2 - T_1}{v^2_W} \tag{2-11}$$

式中　　T_2——离地 12 m 处的气温；

　　　　T_1——离地 8m 处的气温；

　　　　v_W——离地 10m 处的气流速度。

若 $T_1 > T_2$，有上升气流，差值愈大，上升气流愈大；$T_2 > T_1$，无上升气流，此情况下施药时极有利于农药雾滴在防治靶标上的沉积。

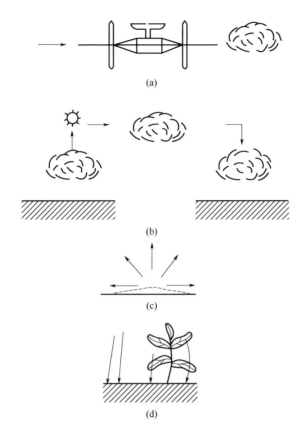

图 2-34 雾滴飘移的主要形式

（3）蒸发对雾滴飘移的影响　环境条件对雾滴蒸发的影响如表 2-1 所示。

表 2-1　环境条件对雾滴蒸发的影响（载体：水）

雾滴尺寸/μm	温度/℃	相对湿度/%	寿命/s
0	20	70	20
0	20	40	9
0	30	70	17～18
0	30	40	6
0	40	70	16.8
0	40	40	7.8
100	20	70	5
100	20	40	2
100	30	40	1.9

从表中看出，相对湿度的影响比温度影响大。一般植保作业，在温度 20℃，相对湿度为 70%时最佳，否则需要加防蒸发助剂，防止雾滴快速蒸发。

（4）啤酒花上农药雾滴沉积飘失　选用六行啤酒花，使用四种不同的植保机具，在啤酒花行间行驶并喷雾，统计雾滴沉积情况。从图 2-35 中可看出，第四种机具靶标植物上的农药有效成分沉积量最高，即作业效果最好。

图 2-36、图 2-37 表示两种喷雾机的工作情况。风送式喷雾机从左边 1 通道进入，右边 6 通道出。不配备风机的喷雾机雾滴运行距离较近，需一行一行地进行喷雾。

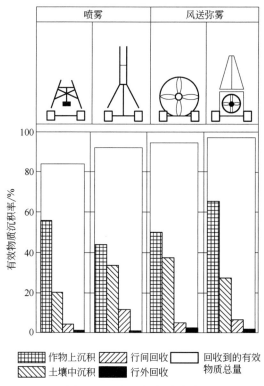

图 2-35 啤酒花喷雾试验

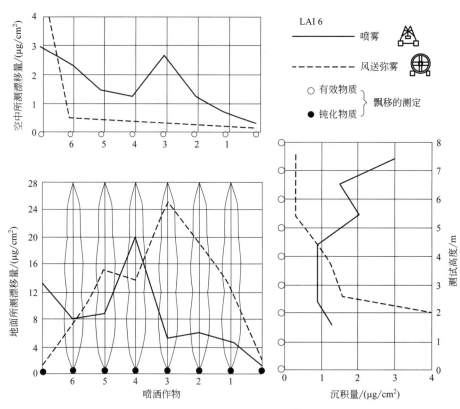

图 2-36 两种喷雾机对啤酒花进行喷雾作业的雾滴飘移情况比较

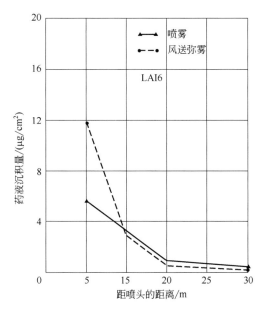

图 2-37　两种喷雾机雾滴飘移沉积的比较

风送式喷雾机喷雾雾滴在地面上的沉降量靠中部（1～6 行间）最多，因为辅助运载气流速度逐渐衰减，雾滴到达这一位置就沉降下来。

沉降在植株上的雾滴数量，风送式机具是在第一行最多，接着愈来愈少，因为啤酒花叶片大植株又很高，一排排地像烟囱一样，在行间形成上升气流，把细小雾滴都携带出去了。不配备风机的喷雾机喷雾效果反比它强。

参考文献

[1] Kleisinger S. 植保机械技术研讨讲学材料. 北京: 北京农业大学, 1993.

[2] 强胜. 杂草学. 北京: 中国农业出版社, 2001.

[3] 丁祖荣. 流体力学. 北京: 高等教育出版社, 2003.

[4] 郭武棣. 液体制剂. 北京: 化学工业出版社, 2003.

[5] 傅泽田, 祁力钧. 农药喷施技术的优化. 北京: 中国农业科学技术出版社, 2003.

[6] 颜肖慈, 罗明道. 界面化学. 北京: 化学工业出版社, 2004.

[7] 沈钟, 赵振国. 胶体与表面化学. 3 版. 北京: 化学工业出版社, 2004.

[8] 何雄奎, 刘亚佳. 农业机械化. 北京: 中国农业出版社, 2006.

[9] 屠豫钦, 李秉礼. 农药应用工艺学导论. 北京: 化学工业出版社, 2006.

[10] 陈英旭. 农业环境保护. 北京: 化学工业出版社, 2007.

[11] 徐映明, 朱文达. 农药问答精编. 北京: 化学工业出版社, 2008.

[12] Gullan P J, Cranston P S. 昆虫学概论. 3 版. 北京: 中国农业大学出版社, 2009.

[13] 关成宏. 绿色农业植保技术. 北京: 中国农业出版社, 2010.

[14] 梁帝允, 邵振润. 农药科学安全使用培训指南. 北京: 中国农业科学技术出版社, 2011.

[15] 何雄奎. 高效施药技术与机具. 北京: 中国农业大学出版社, 2012.

[16] 何雄奎. 药械与施药技术. 北京: 中国农业大学出版社, 2013.

[17] 郭永旺, 邵振润, 赵青, 等. 植保机械与施药技术应用指南. 2 版. 北京: 中国农业出版社, 2016.

[18] 何雄奎. 植保无人机与施药技术. 西安: 西北工业大学出版社, 2019.

[19] Mathews G A. Pesticide Application Methods. Blackwell Science, 2000.

第 **3** 章

农药雾滴雾化过程

喷头生成雾滴的雾化过程的主要雾化特性参数包括雾滴粒径和速度、喷雾扇面角、液膜长度等。其中雾滴的原始尺寸和速度是影响雾滴飘失和沉积的最主要因素。雾滴越小，随风飘移就会越远，飘失的风险就越大。小雾滴由于质量轻，在空气阻力作用下常常没有足够的向下动量到达靶标而不能沉积在靶标上，而且小雾滴较大雾滴更易受温度和相对湿度的影响，蒸发变小后能随风飘移更远。Wolf 试验发现，100μm 的雾滴在 25℃、相对湿度为 30% 的情况下移动 75cm 后，雾滴直径会因为蒸发而减小一半。早在 1988 年，Salyani 就在风洞中使用喷嘴大小可变的雾滴发生器生成尺寸不同的均匀雾滴，并同时向滤纸和柑橘叶片两种靶标物上喷雾，假定滤纸上的沉积率为 100%，计算叶片上的沉积率，来研究柑橘叶片上雾滴粒径对沉积率的影响。试验中，共测试了 6 个喷嘴尺寸（即 6 个雾滴粒径阈值）、2 种喷雾液、3 个雾滴速度、3 个施药液量和 4 种柑橘叶片表面（新叶叶尖、新叶底部、老叶叶尖和老叶底部），结果表明雾滴粒径对沉积率有显著影响，且影响程度还受雾滴速度、施药液量、叶片表面性质和喷雾液表面张力的影响；240～340μm 的雾滴在柑橘叶片上的沉积率最高。后来，Hewitt 总结已有研究，得出农业喷雾中的雾滴粒径分布是决定雾滴输运和喷雾分布最重要的参数之一，雾滴粒径不仅影响雾滴在靶标上的沉积率，还影响农药的毒力和雾滴的飘失；而喷头雾滴谱则由喷头结构、喷雾压力、喷雾扇面角、空气速度、喷雾液理化性质等因素决定。就雾滴粒径对沉积和撞击的影响来说，小于 60μm 的雾滴用于防治飞虫或在温室这类密闭空间使用，主要通过撞击方式实现防治目的；60～200μm 的雾滴通常用于防治病虫害，主要是通过雾滴沉积和撞击于作物叶片上实现防治目的；大于 200μm 的雾滴一般用于喷施除草剂，以保证药液沉积在地面上；特别大的雾滴撞击叶片后通常会发生反弹、滚落或飞溅。总的来说，不同施药情况下，实现最佳防治效果的适宜雾滴粒径不同。Ebert 等通过试验研究了雾滴粒径对单位面积雾滴沉积个数和农药毒力的影响，结果表明雾滴沉积结构对农药毒力起重要作用，当考虑耕地的可持续性、施药液量受限制时，雾滴均匀覆盖并不是最好的沉积结构。

3.1　农药雾滴雾化研究背景与现状

3.1.1　农药雾滴雾化影响评价参数

喷雾机喷施农药的全过程主要可以分为四个阶段：药液雾化成雾滴、雾滴在空中运移、雾滴沉积到靶标上、农药雾滴发挥生物效果。农药雾滴雾化是一个特别复杂的物理力学过程，是农药在田间高效利用的至关重要的第一步。影响农药雾滴雾化的主要因素有农药本身的物理化学特性、喷头的制造生产结构特征与现状特征、流量大小、雾化压力等。在雾滴从喷头喷出到附着在靶标上发挥生物效果的过程中，有些雾滴会蒸发至空气中而无法沉降到靶标上，有些雾滴会随风飘移至靶标区以外，还有些雾滴会在接触靶标叶片后从叶片上滚落流失到地面，这些都是施药过程中的农药损失。损失的农药会对环境造成污染、对非靶标区的敏感作物产生药害、对土壤和水源造成污染、使施药区周边的人畜中毒。因此在实际施药过程中，需要尽可能多地减少农药损失，提高农药利用率，把握好农药雾滴雾化这关键的第一步。目前，为了评价农药雾滴雾化的质量，通常会用喷头流量（即喷头大小，单位 L/min）、雾滴尺寸（即体积中值中径 VMD 与数量中值中径 NMD，单位 μm）、喷雾压力（单位 Pa 或 kPa）、雾滴谱特性曲线（单个喷头雾滴沉积分布特性曲线）来描述雾滴雾化特征。第二步是雾滴雾化后从雾化区运动到在靶标上开始沉积的过程，通常也称为雾滴的运移，这一过程通常会发生农药雾滴的飘失和蒸发，这一过程可以用飘失率来定量分析，通常把在靶标区以外测到的沉积量称为飘失量（μL/cm²），其与施药液量的比值称为飘失率（%）。第三步则是农药雾滴在靶标上的沉积，通常可用沉积率、覆盖率和飘失率来表征。靶标物上持留的喷雾液体积称为沉积量，通常用单位面积沉积量表示，单位为 μL/cm²；而单位面积沉积量与施药液量的比值即为沉积率（%）。若喷雾时使用的施药液量为 20L/亩，喷雾后测得的单位面积沉积量为 1μL/cm²，则沉积率为 33.3%。喷雾沉积后，靶标物上药液覆盖的面积与靶标物总面积的比值称为覆盖率（%），一般使用布置在靶标区内的水敏纸测量。

喷头是喷雾机械不可或缺的关键部件，可以实现喷雾机将药液雾化成雾滴的功能，其结构（主要体现为喷头类型和喷口大小）直接影响了药液雾化后的雾滴大小、速度、液膜长度和喷雾扇面角等雾化特性，而这些因素与雾滴的沉积和飘失直接相关。Wolf 和 Daggupati 就喷头类型对雾滴在大豆冠层内穿透性的影响做了研究，在施药液量、喷雾机行走速度和喷雾液都相同的条件下，通过在室内测试 20 种喷头、在田间测试 12 种喷头，测量大豆冠层下方的雾滴粒径、覆盖率和单位面积雾滴个数，结果表明喷头类型对雾滴沉积率和单位面积雾滴个数有显著影响，单喷头结构的雾滴覆盖率高于双喷头结构的雾滴覆盖率。Derksen 等也就喷头类型等因素对大豆冠层内农药沉积的影响做了研究，研究中以杀菌剂和杀虫剂的残留量表征沉积量，得出 JA3 空心圆锥雾喷头在大豆中层茎秆上和下层叶片上的杀菌剂残留量高于中等质量 XR8004 扇形雾喷头。Czaczyk 等就喷头结构对雾滴雾化过程的影响进行了研究，结果表明喷头类型对雾滴雾化特性（雾滴粒径、速度、液膜长度、喷雾扇面角）有显著影响。因此了解喷头的雾化过程及喷头结构对农药沉积的影响是更好地开发植保机械、改进施药技术的基础。

3.1.2 国内外雾化过程研究现状

雾滴粒径和速度这两个雾化特性参数是影响雾滴沉积和飘失的重要因素。Dorr 利用 L-studio 软件建立的喷雾模型模拟了雾滴粒径和液膜速度对喷雾分布的影响，结果表明随着雾滴粒径和扇面速度的减小，飘失量增加；随着雾滴粒径和扇面速度的增加，地面上沉积的喷雾量增加。所谓的雾化过程就是指药液经过喷头之后从液膜撕裂成液丝进一步破碎成雾滴的过程，因此雾化过程受喷头结构影响。金士良使用 Fluent 流体计算软件对个人防护用具化学雾滴防护性能检测时使用的 SU16 型雾化喷嘴的雾化性能进行模拟，分析了喷嘴结构对液滴平均直径离散数量分布的影响。罗瑶对切向离心式喷头、涡流片式喷头和涡流芯式喷头的内部流场进行了数值模拟，结果表明喷头类型和喷口大小都会影响到喷头内部的流场分布，进而影响喷头雾化出的雾滴粒径和速度。Czaczyk 对气吸型喷头和非气吸型喷头在不同风速下的雾滴粒径进行了测试，结果表明喷头结构不同雾化出的雾滴粒径不同，且测试环境的风速也能影响雾滴粒径测量值。Vallet 和 Tinet 对单扇面和双扇面的气吸型喷头粒径进行测试，也得出喷头结构对雾滴粒径有明显影响，且不同喷头的雾滴速度也有明显差别。除了喷头对雾化过程有影响外，药液性质也是影响雾化的重要因素。Cloeter 和 Qin 等在相同条件下测试了水和水包油乳剂的雾化过程，研究发现油相的存在明显缩短了液膜长度，使液膜提前破裂，其雾滴粒径也较水的粒径大。此外，喷雾压力也能影响喷头雾化过程，Nuyttens 等、Butler Ellis 等和 Sidahmed 等研究表明，其他条件不变的情况下，增加喷雾压力可以使雾滴粒径变小。

在雾化过程的研究中，国内外研究人员使用了多种仪器来研究这一复杂的物理力学过程。杨希娃等、谢晨、张文君等使用英国 Malvern 公司生产的 Spraytec 实时喷雾粒度分析仪测试喷头雾化出的雾滴粒径，获得不同喷头的雾滴粒径值；Dorr 等和张慧春等使用德国 SyMPatec 公司生产的 SyMPatec HELOS Vario 激光衍射粒度分析仪测试喷头雾化出的雾滴粒径，获得不同喷头、不同喷雾液、不同压力下的雾滴粒径值；Nuyttens、宋坚利以及 Vallet 和 Tinet 等使用 PDA 粒子动态分析仪（particle dynamics analysis，也称 phase doppler particle analyzer，简称 PDPA）测试喷头雾化出的雾滴粒径及速度，得到雾滴粒径与喷头结构和喷头压力有关。这些仪器都是基于激光衍射技术或激光散射技术的原理进行测试的，除此之外，还有基于图像处理技术的测试系统也被用于研究喷头的雾化过程。例如：Thompson 和 Rothstein 使用高速摄影仪系统研究了扇形雾喷头和空心圆锥雾喷头喷出黏弹性流体的雾化过程；Kashdan 等使用 PDIA（particle/droplet image analysis）粒子图像分析系统记录了部分喷雾过程并测量了单个雾滴的粒径和速度；Lad 等开发了 DIA（digital image analysis）数码图像分析系统，并用其测量了雾滴粒径；Dorr 等和 Fritz 等使用 PIV（particle image velocimetry）粒子图像测速技术系统研究了喷头的雾化过程及雾化区的流场分布。基于图像处理技术的测试系统在测试过程中，首先使用相机拍摄照片，将粒子或雾滴的运动"冰冻"在所拍的照片内，之后再使用系统配套的软件经过一定算法对含有粒子或雾滴的照片进行分析处理，最终获得粒径和速度结果。与前面基于激光衍射技术（Spraytec 和 SyMPatec）或激光散射技术（PDA）的测量仪器相比，基于图像处理技术的测试系统可以测量整个视场范围内的喷雾扇面，而不仅仅是单个点或是单条线，因此其试验结果可以展现出喷雾液流经喷头后，包括液膜动荡、液膜穿孔和/或液膜波动、液膜破裂成液丝、液丝破碎成雾滴在内的整个雾化过程。本章重点介绍应用图像处理技术来研究农药雾化成雾滴的复杂过程，不仅从理论上来描述单个雾滴的粒径和速度，还重点描述各喷头整个雾化区内的粒径分布、速度场及速度波动场，应用 Spraytec 测试喷雾扇面内的雾滴粒径分布，并结合 PIV 测量雾化区内的速度场。

3.2 雾滴雾化力学模型

农药的喷施即将药液变成一定粒径和速度的雾滴从喷雾机中喷至靶标，测量和控制雾滴粒径和速度参数非常重要，因为这些参数是影响雾滴轨迹及雾滴与靶标相互作用的重要因素。雾滴在叶片上的沉积状态能够在很大程度上影响农药的功效。较好且均匀的靶标覆盖率通常是通过喷施细小雾滴获得的，提高雾滴在靶标植物上沉积率的方法是减小雾滴粒径谱、增加雾滴细度，其中增加雾滴细度尤为重要。造成农药飘失的两个最重要的因素是雾滴大小和速度，较大的雾滴可以在较长时间内保持其动量，从喷头到靶标的运行时间短，因此不易受到侧风的干扰、不易形成飘移。理想的喷雾是雾滴谱较窄，既没有很粗的雾滴，又没有过细的雾滴。喷头雾滴谱受喷头类型、喷口大小、喷雾压力、风速和药液性质的影响。Zhu 等的研究结果表明，雾滴在空中停留时间增加会增大其被周围的风吹走的可能性。另外，农药雾滴在靶标上的沉积效率，尤其是小雾滴的沉积效率，会随着雾滴速度的增大而显著增加。雾滴粒径分布也是评价某种喷头性能的重要指标。喷头分类的方法是以标准参考喷头的雾滴粒径分布作为标准，从而划分喷雾质量的类别，将待测喷头的粒径分布与标准喷头相比较来评价其喷雾质量。

雾滴雾化过程及其影响因素主要体现在液膜破碎及雾化后雾滴的特性，雾化之后雾滴粒径及速度分布特性对雾滴的沉积行为有直接影响，由此本部分着重从液膜破碎机理角度开始对雾滴雾化理论进行分析，并对已有的雾滴分布规律进行总结，提出建立喷雾扇面纵向剖面内雾滴粒径分布方程来描述喷雾扇面纵向剖面内雾滴粒径分布。

3.2.1 液膜破碎机理

Dombroski 和 Fraser 早在 1954 年就对平面扇形雾喷头液膜破碎形成雾滴的过程进行了描述，是做此描述的最早的人，其研究结果表明，喷头喷出的液膜破碎形成雾滴的过程是一个药液惯性力与表面张力之间的平衡过程。喷嘴液膜破裂处的运动液膜具有不稳定性，在空气对喷雾液的扰动作用下，液膜不稳定性逐渐增强且在液体表面形成波纹（膨胀波纹或正弦波），波纹的振幅不断增大，当振幅达到临界值时液膜开始破碎成液丝进而雾化成雾滴。空气扰动是液膜破碎形成雾滴的主要原因，可分为两种类型：正弦波动和膨胀扰动，见图 3-1。Matsuuchi 研究表明在雾化初始阶段，液膜波动的波能分布均匀且集中于一个很窄的区域，而在雾化的最后阶段药液则会在有限的时间内爆裂形成雾滴，由此 Matsuuchi 得出结论，"这样的爆裂不稳定性导致了液膜的破裂"。

Sirignano 和 Mehring 于 2002 年对当时已有的液膜破碎理论进行了综述。液膜雾化成雾滴的过程中，共有 4 个力作用在喷雾液上，它们是：

重力——$\rho_l L^3 g$

惯性力——$\rho_l L^2 g^2$

表面张力——$\sigma_l L$

黏性力——$\mu_1 Lv$

式中，L 和 v 分别为液膜的特征长度和速度，由实际观测而定；g 为重力加速度；ρ_1 是喷雾液的密度，σ_1 是喷雾液的表面张力，μ_1 是喷雾液的动态黏度，下标1代表液体。

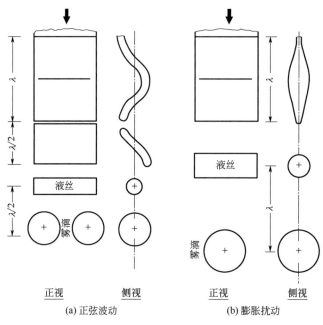

(a) 正弦波动　　　　　　　　　(b) 膨胀扰动

图 3-1　液膜破碎过程中非稳态类型

在流体力学中，由这 4 个力可以计算得出 3 个独立且非常常用的无量纲数，即雷诺数（Re）、韦伯数（We）和弗劳德数（Fr），它们的计算公式分别为：

$$Re = \frac{\rho_1 Lv}{\mu_1} \tag{3-1}$$

$$We = \frac{\rho_1 Lv^2}{\sigma_1} \tag{3-2}$$

$$Fr = \frac{v^2}{gL} \tag{3-3}$$

同时，还有另一个常用的无量纲数 Ohnesorge（Oh），其计算公式如下：

$$Oh = \frac{We^{0.5}}{Re} = \frac{\mu_1}{(\rho_1 \sigma_1 L)^{0.5}} \tag{3-4}$$

在某些情况下，可以用邦德数（Bo）代替弗劳德数，邦德数计算公式如下：

$$Bo = \frac{\rho_1 g L^2}{\sigma_1} \tag{3-5}$$

Sirignano 和 Mehring 还根据以上的无量纲数对液膜破碎状态进行了划分（如图 3-2 所示），Re 和 We 较小的第一分区为瑞利毛细机理区域，空气对液体干扰不明显，液膜轴向变形导致雾滴的生成,因此雾滴半径与射流半径相同;第二分区为第一风导区域,空气对液体有干扰,非轴向振动(正弦振动)的发生导致雾滴的生成,生成的雾滴半径仍与射流半径相当;第三分区是第二风导区,空气对液体的干扰比第一风导区的强烈,生成的雾滴尺寸较小;Re 和 We 最大的第四分区为雾化区,生成的雾滴最小。且随着 We 和 Oh 的增大,液膜长度变短。雾化区就位于喷口处液膜破碎发生区域。

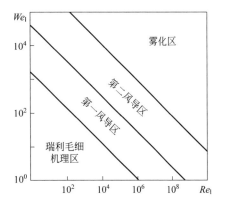

图 3-2　基于液体雷诺数(Re)和韦伯数(We)的液膜破碎状态

Tharakan 等根据质量守恒、动量守恒和能量守恒,推导出含有无量纲化的液膜中心线曲率半径(r)、轴向速度(U)、液膜厚度(H)、压力(p)、横向速度(v)和时间(τ)等量的无量纲偏微分方程组,用以研究剪切液膜非线性破碎。研究结果显示,液膜破碎时液丝的尺寸和结构随 We 变化。We 高时,反对称波自发加强形成细液丝;We 低时,最初形成的反对称波转换为对称波形式,生成的液丝尺寸较大。初始振幅的大小显著影响液膜破碎。

Negeed 等针对平面扇形雾喷头进行分析并研究了压力涡流对液膜破碎的影响,通过线性与非线性流体动力不稳定分析重点研究了平面型液膜破碎特性,根据最初弯曲状液膜与曲张状扰动液丝(图 3-3),推导出液膜破碎特性与 Re、We 和喷头孔径这些影响因素之间的经验关系。

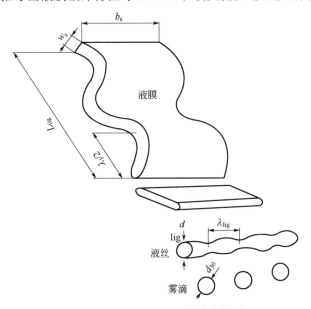

图 3-3　液膜破碎形成喷雾雾滴的原理

Dandapat 等在假设液膜初始厚度均匀的条件下,研究可拉伸薄膜上薄液膜的流动情况,可拉伸薄膜可以给薄液膜提供拉伸冲力。其使用奇异摄动技术求解出了 Re 较小时的动量方程和液膜演化方程分析解,并使用数值方法对这些分析解进行了验证;Re 较大时的数值计算结果显示,液膜减薄率在不同时区存在异常行为。他们对这些结果的物理意义进行了解释,同时提出在这些情形下液体黏度发挥了重要作用。研究结果表明,如果持续加大可拉伸薄膜的拉伸速度,那么就可以获得更快的液膜减薄率。

谢晨等研究两类扇形雾喷头（气吸型射流防飘喷头 IDK 和标准扇形雾喷头 ST）雾化过程发现，液膜（液相）与周围空气（气相）发生两相流力学作用，其流体动力的不稳定性使液膜形成有规律的振动波，符合波纹理论；随着振动加剧，液膜逐渐变薄，波幅逐步增大，能量不断耗散，导致液膜发生穿孔破裂与周缘破裂，从而逐渐形成液丝，最后形成雾滴（图3-4）。

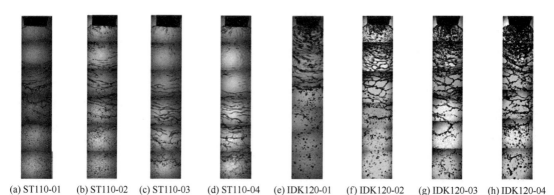

(a) ST110-01　(b) ST110-02　(c) ST110-03　(d) ST110-04　(e) IDK120-01　(f) IDK120-02　(g) IDK120-03　(h) IDK120-04

图 3-4　0.3MPa 喷雾压力下 ST 和 IDK 喷头雾化过程图像

Shinjo 和 Umemura 对内燃机喷头雾化过程进行模拟，模拟过程中呈现两种雾滴形成方式（图3-5），根据液膜破碎过程中液丝尺寸随时间的变化研究了空气扰动如何影响喷头雾化，

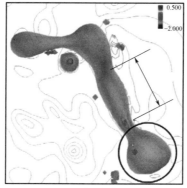

(a) 短波纹振动破碎

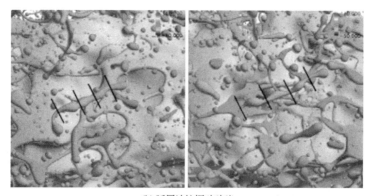

(b) 延展波纹振动破碎

图 3-5　雾滴形成方式

及喷雾与大气气流如何相互作用于液膜破碎。对于较好地了解药液性质对雾滴雾化的影响提供了一定理论基础。

液膜的波动原理与雾滴尺寸、破碎后形成液丝的尺寸密切相关，CropLife International 提出液丝尺寸与液膜破碎波长、液膜厚度的关系：

$$d\propto(\lambda/z)^{0.5} \tag{3-6}$$

$$\lambda=4\pi\sigma/\rho_a U_r \tag{3-7}$$

式中，d 为液丝尺寸；λ 为液膜破碎波长；z 为液膜厚度；σ 为药液表面张力；ρ_a 为药液密度；U_r 为液滴运动径向速度分量。

雾化出的雾滴初速度与液膜破碎情况也同样密切相关，许多研究中假设液膜破碎后产生的不同粒径雾滴的初速度 v_f 相同，等于液膜破碎速度 v_s。Sidahmed 建立能量守恒公式，利用雾滴形成时的能量变换计算得出：$v_f \approx v_s$，但只适用于大雾滴。宋坚利根据 Sidahmed 的研究结果，将雾滴粒径与速度用最小二乘法拟合得到关系曲线，通过求得曲线极值得到液膜破碎速度，如图 3-6 所示。

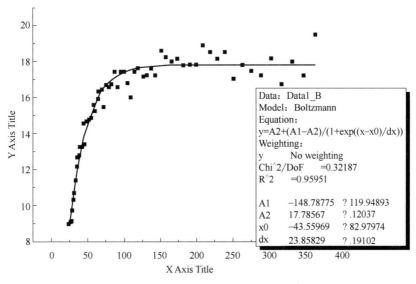

图 3-6　雾滴粒径-速度分布曲线

由上述液膜破碎机理相关理论研究可以发现，在雾滴雾化过程，液膜长度和液膜形状直接决定了雾滴大小和速度，而喷头结构能够影响雾化参数，深入研究喷头结构对雾化结果的影响显得尤为重要。通过上述理论分析，加深了对雾化过程中影响液膜破碎的因素的了解，为分析药液雾化过程提供了理论支持。

3.2.2　雾滴分布规律

喷头结构不同，雾化原理不同，会造成农药喷施中雾滴粒径及速度分布有差异，雾滴的沉积效率和飘失性能与雾滴粒径及速度分布有密切的关系。由此，研究雾化过程中雾滴粒径与速度分布及其影响因素非常重要。

毛益进等根据 ULLN 模型，利用雾滴谱 D_{V10}（将雾滴从小到大排列并累加体积，当累加体积达到所有雾滴总体积的 10%时，此时的雾滴直径即为 D_{V10}）、D_{V50}（将雾滴从小到大排列并累加体积，当累加体积达到所有雾滴总体积的 50%时，此时的雾滴直径即为 D_{V50}，也称为雾滴体积中值中径，表示成 VMD）和 D_{V90}（将雾滴从小到大排列并累加体积，当累加体积达到所有雾滴总体积的 90%时，此时的雾滴直径即为 D_{V90}）的信息作为已知条件，设计了Newton 迭代格式，反算出 ULLN 模型中相关系数，确定了模型具体表达形式。随后利用辛普森数值的积分方法，计算出各雾滴粒径分段所占的体积分数。由于雾滴谱分布函数已确定，本算法可计算得到任何雾滴粒径分段的体积分数。将本模型计算结果与美国俄亥俄州立大学开发的 Driftsim 软件的计算结果进行对比，该算法具有较高的计算精度。

宋坚利等研究了常规扇形雾喷头雾化产生的喷雾扇面中的雾滴粒径与运动速度分布，得到距离喷头 100mm 横截面处雾滴体积中值中径空间图，边缘位置雾滴粒径小于中间位置的雾滴粒径。其余高度（200mm、300mm、400mm 和 500mm）VMD 空间分布图均呈现边缘高中间洼的凹面形状，表明喷雾扇面边缘位置的雾滴粒径较大。实际喷雾中，常用喷雾高度为500mm 左右，为研究实际喷雾高度处的雾滴粒径分布凹面结构，以距离喷头 500mm 的测试面为例，分析 VMD 势量图，结果显示各等级势量线轮廓呈不规则的椭圆形或者扁圆形，与扇面在测试面上的投影相似，从中心向边缘，雾滴 VMD 逐渐增大，特别是在椭圆长轴方向，最大雾滴区域位于扇面横向边缘。

其研究还发现，喷头横截面势量线轮廓为不规则的长椭圆形，与喷雾扇面截面的形状类似。从中心向雾流边界区域发展，雾滴粒径逐渐增大，喷雾扇面横向边缘区域的雾滴粒径最大，在喷雾扇面中心区域形成一个细小雾滴核心区，如图 3-7 所示。

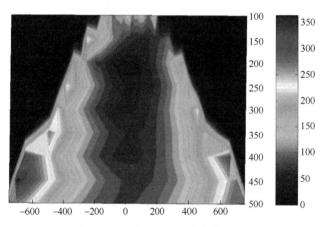

图 3-7　扇面中 VMD 分布势量图

通过对对称面上易飘失雾滴的流量进行计算，还发现易飘失雾滴集中在喷雾扇面中心区域，且易飘失雾滴流量最大的地方位于距离喷头 50cm 的区域内，越靠近喷雾扇面边缘位置易飘失雾滴的流量越小，表明如果环境气流可以将这个区域的细小雾滴吹离，将造成严重的飘失，如图 3-8 所示。

张少峰等用 CFD 软件 Fluent 对压力旋流喷头雾化农药时的流场进行数值模拟，得到速度分布图 3-9，在 1.2MPa 以下液滴速度大部分在 1.12m/s 以上，在无风或者是微风的条件下此种喷头雾滴飘移不明显。如果增加压力可以使雾滴速度变大，雾滴更难飘移，沉积效率就更高。

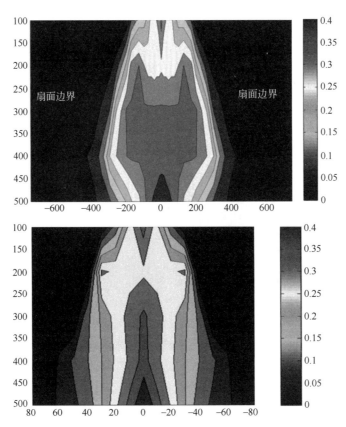

图 3-8 喷雾扇面对称面上易飘失雾滴的流量分布图

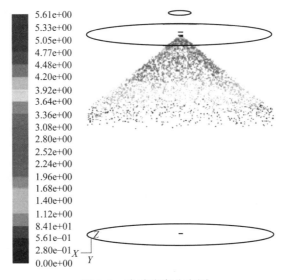

图 3-9 喷雾速度分布图

　　水包油乳剂药液中的油剂雾滴对于减少雾滴的飘失有一定的作用，Cloeter 等利用二维激光诱发荧光仪分析整个喷雾扇面速度场对于液膜破碎的影响，如图 3-10、图 3-11 所示。对喷头 8002 来说，从图中可清晰看到与水溶液相比，乳剂可引起速度场的显著变化，速度场中高速区域铺展面积较大，实质上使整个扇面减速。水溶液的速度场几乎覆盖扇面中未破碎区域，然而乳剂速度场在未破碎区域与破碎区域铺展，主要集中于喷头正下方，这使雾滴粒径发生改变的潜力增大。他们还研究了射流喷头 AI9502 喷施水溶液与乳剂时的速度场，结果如图 3-12、图 3-13 所示。从图中可以看出速度场中速度较高的点大部分位于喷头附近；除扇面边缘外，其他区域的速度均低于 8002 喷头，喷施乳剂药液后高速区域铺展面积增大。

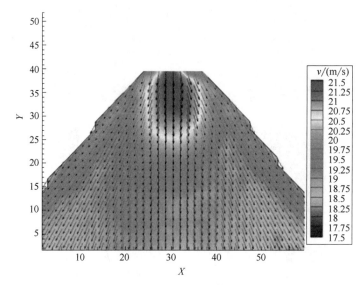

图 3-10　Teejet 8002 喷头喷水时速度场分布图

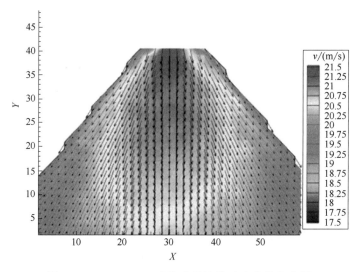

图 3-11　Teejet 8002 喷头喷乳浊液时速度场分布图

前面提到，宋坚利等对常规扇形雾喷头雾化出的雾滴粒径进行了研究，主要得出了距喷头不同高度处横截面上的雾滴粒径分布、喷雾扇面中 VMD 分布势量以及喷雾扇面对称面上易飘失雾滴的流量分布等，但是其未对喷雾扇面纵向剖面内不同位置点的 VMD 分布规律进行研究；Cloeter 等则是对喷头喷雾扇面纵向剖面的速度场进行了研究，而未研究此纵向剖面内的雾滴粒径分布规律。鉴于此，本节在已有研究基础上，提出以位置信息（喷雾高度 x 和水平位置 y）为自变量、VMD 为因变量建立方程 VMD=$f(x, y)$，对喷头喷雾扇面纵向剖面内

VMD 分布规律进行描述，方程的具体形式及相应系数将由喷头类型确定，各喷头的具体方程见 3.3.1 节。根据求得的雾滴粒径分布方程提供的 VMD 分布信息，研究人员可以为实际施药人员确定出均匀施药的适宜喷头类型及相应的喷头安装位置，从而实现施药区域内沉积量均匀和药效均匀。同时，由此分布规律可知粗、细雾滴的分布区域，针对细雾滴所在的易飘移区域进行防飘，有助于开发新型防飘、均匀施药机具和建立施药缓冲区，进而有效提高农药利用率，减少药害。

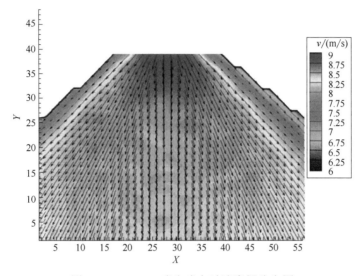

图 3-12　AI9502 喷头喷水时速度场分布图

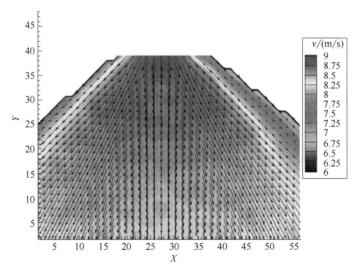

图 3-13　AI9502 喷头喷乳浊液时速度场分布图

3.3　雾滴雾化参数

　　喷头是喷雾机实现良好农药喷雾作业的重要终端部件，是药液雾化的重要装置，雾滴的大小、速度、分布状况等在很大程度上都决定于喷头的类型、大小和制造质量。随着国家对植保机械研究的重视和喷头雾化基础理论方面研究的深入，国内植保用喷头的研究也取得了一定的成果。李旭等对低流量扇形雾喷头的加工工艺进行了研究。杨学军等对扇形雾喷嘴的结构及性能和主要结构参数之间的关系进行了研究。目前，国内在喷头雾化领域利用粒子图像测速技术对气吸型射流防飘喷头（IDK）、标准扇形雾喷头（ST）和空心圆锥雾喷头（TR）的雾滴雾化特性的相关研究还鲜见报道。故此，本节除了使用雾滴粒径分析仪测量 IDK、ST和 TR 三种类型喷头喷雾扇面内雾滴粒径分布外，还利用 PIV 粒子图像测速技术拍摄这三种类型喷头的雾化过程，观察不同喷头的喷雾扇面速度分布场等流体力学特性；最后还使用高速摄影仪拍摄这三种类型喷头雾化出的雾滴撞击亲水性不同的叶片的全过程，分析雾滴粒径和速度对雾滴撞击叶片后的运动状态的影响，为雾化过程对雾滴沉积的影响提供理论基础。

3.3.1 雾滴雾化的粒径分布

农药雾滴粒径是影响农药在靶标上沉积量和分布均匀性的主要因素。已有研究表明，细雾滴相对粗雾滴更容易附着在靶标上且分布更均匀，但是细雾滴容易随风飘移；而粗雾滴虽然抗飘移能力强，却不易在靶标上持留，尤其是在疏水的靶标表面上粗雾滴极易滚落。因此，为了提高农药的利用率，施药时需要根据雾滴细度等级选择合适的喷头和药械以雾化出粒径适宜的雾滴，增加农药沉积量并减少飘移。现在常用的喷头雾滴粒径细度等级是由 BCPC（British Crop Protection Council，英国作物保护委员会）参考喷头的雾滴粒径界限值划定的，有非常细、细、中、粗等级别。Arnold、Dorr 等、Hewitt 等、Hilz 等、Miller 等、Nuyttens等、Tuck 等和张慧春等在测试喷头、划分喷头类别及研究喷头性质时都使用了这个细度等级划定标准。在测试中，一般都需要使用相同的仪器在相同的条件下测试参考喷头与待测喷头，这是因为测量仪器和试验方法的不同会造成雾滴粒径测量值的差异。Nuyttens 等比较了 17篇文献中的 BCPC 参考喷头雾滴粒径测量结果，发现由于测试方案、测试仪器的设置和类型不同，导致所测得的雾滴粒径绝对结果的差异可达 50%以上。因此，在使用雾滴粒径绝对结果判定喷头等级时，需要注明仪器方法等。

本节使用 3 种主要用于雾滴粒径测试的仪器（Spraytec 实时喷雾粒度分析仪、SyMPatecHELOS Vario 激光衍射粒度分析仪和 PDIA 激光粒子图像分析测试系统）测试农业中常用的标准扇形雾喷头（ST）雾滴粒径。德国联邦作物研究中心植保施药技术研究所（JKI-AT）是国际标准化组织（ISO）农药雾滴沉积飘移国际标准的制定部门，其测试喷头雾滴粒径的 PDIA仪器、操作方法、水质及操作人员都登记在 ISO 标准提议内，所以本节以 PDIA 测得的数据为标准，将 Spraytec、SyMPatec 两仪器的测试结果与之比较，并分析不同仪器测量结果间的差异。随后结合测试结果的差异与仪器获得的难易程度选择合适的雾滴粒径仪，对不同类型喷头（IDK、ST、TR）喷雾扇面区域内的雾滴粒径分布进行测试，研究喷头类型对喷雾扇面内雾滴粒径分布的影响。

3.3.1.1 粒径研究平台构建

（1）喷头和喷雾液 选用我国常用的气吸型射流防飘喷头、标准扇形雾喷头和空心圆锥雾喷头三种类型，各 02、03 两个国家标准流量代号的 6 种喷头为待测喷头。Butler Ellis 等和Miller 等的研究结果表明，生产厂家不同、生产批次不同都会造成相同类型喷头的雾滴粒径和速度有差异，而本研究中喷头类型是唯一的自变量，选用的不同类型喷头皆由德国 Lechler公司（Lechler GmbH，Germany）生产，每种喷头对应的喷头类型、国家标准流量代号和 0.3MPa

压力下的名义流量等信息详见表 3-1。根据 Lechler 和 Herbst 等选择待测喷头的方法和标准，每种喷头随机选定 15 个，分别重复 3 次测量流量，选取单体均值最接近其名义流量的 3 个喷头作为重复，因此共有 18 个喷头用于本次测量，每种选定喷头的流量测量结果见表 3-1。为剔除喷头类型以外的其他因素对实验结果的影响，所有喷雾试验都在 0.3MPa 喷雾压力下进行，喷雾液都为室温自来水。

表 3-1 试验喷头一览表

喷头型号	喷头名称	国家标准流量代号	名义扇面角/(°)	名义流量/(L/min)	实测流量/(L/min)
IDK120-02	气吸型射流防飘喷头	02	120	0.78	0.79（±0.01）
IDK120-03	气吸型射流防飘喷头	03	120	1.17	1.19（±0.02）
ST110-02	标准扇形雾喷头	02	110	0.78	0.77（±0.01）
ST110-03	标准扇形雾喷头	03	110	1.17	1.19（±0.03）
TR80-02	空心圆锥雾喷头	02	80	0.78	0.77（±0.02）
TR80-03	空心圆锥雾喷头	03	80	1.17	1.18（±0.01）

注：名义流量为 0.3MPa 喷雾压力下的理论流量；实测流量值为三个重复喷头的流量均值，括号内为其标准差。

（2）仪器　试验中使用的 3 种仪器有：PDIA 激光粒子图像分析测试系统、Spraytec 实时喷雾粒度分析仪和 SyMPatec HELOS Vario 激光衍射粒度分析仪，3 种仪器分别简称为 PDIA、Spraytec 和 SyMPatec，详细信息见表 3-2。

表 3-2 测量仪器一览表

雾滴粒径分析仪	产地	测量范围/μm	测试原理	精度	可测参数	特点
PDIA 激光粒子图像分析测试系统	Oxford Lasers Ltd., UK	5～650	粒子图像分析技术	0.05μm	雾滴粒径雾滴速度	每点测试区截面为正方形，最大视野为 5mm×5mm；可以实时获得雾滴图像，能够计算得到雾滴运动速度并直观研究喷头雾化的动态过程
Spraytec 实时喷雾粒度分析仪	Malvern Instruments Ltd., UK	0.1～2000	激光衍射技术	根据美国国家标准与技术研究所（NIST）可追溯的乳胶标准，D_{V50} 的精度在 ±1% 以内	雾滴粒径	每点测试区截面为圆形，即激光柱截面；测量频率高达 10000 次/s，能够实时获得随时间高速变化的雾滴粒径，轻松揭示喷雾粒度的动态变化；采用专利型多散射分析技术提供不以浓度为基础的准确结果；能够描述宽喷雾流，且不会污染光学器件；结果稳定、可重现
SyMPatec HELOS Vario 激光衍射粒度分析仪	SyMPatec GmbH, Germany	0.1～8750	激光衍射技术	相对于标准米，绝对精度在 ±1% 以内	雾滴粒径	每点测试区截面为圆形，即激光柱截面；扫描速率最高为 2000 次/s，最大程度地获得实时粒度分布信息；系统中配备高灵敏度和高精度的半圆形多元探测器和自动对焦装置，可以获得最佳的衍射图像，能实现非球形颗粒的测量；系统分辨率高、重复性好

3.3.1.2　雾滴雾化研究方法

（1）3 种仪器测量标准扇形雾喷头雾滴粒径　在 0.3MPa 压力下，使用 PDIA、Spraytec 和 SyMPatec 3 种雾滴粒度仪测试常用的标准扇形雾喷头 ST110-02 和 ST110-03（表 3-1）喷水的雾滴粒径，后续分析以测得的各点的 VMD 为雾滴粒径的表征。试验都是在专业操作人员的指导下按照每个仪器各自的操作规程以及雾滴粒径测试方法进行。所有测试均以喷头喷口处为原点，以远离喷头的喷雾高度为 x 坐标。在 PDIA 和 Spraytec 测试中还考虑了固定某一喷雾高度雾滴粒径沿水平方向的分布，因此相对 SyMPatec 测试，这两种仪器的测试中还考虑了表征水平位置信息的 y 坐标（远离喷雾扇面中心线的水平距离）。如图 3-14（a）和图 3-14（b）所示，PDIA 和 Spraytec 测试中所测喷雾高度为 100mm、150mm、200mm、250mm、300mm、350mm、400mm、450mm 和 500mm 9 个等级，对于每个高度以喷雾扇面中心线为起点，向两侧以 50mm 为间隔确定雾滴粒径测试点，至喷头喷雾扇面边缘为止。每个测试点的测量时间由系统自带软件控制，当采样雾滴数达到设定值后自动停止，满足 ISO 5682-1 标准规定的最小采样数 2000 个雾滴。PDIA 每点测试区截面为 5mm×5mm 的正方形，Spraytec 每点测试区截面为圆形。如图 3-14（c）所示，SyMPatec 测试中所测喷雾高度为 150mm、250mm、350mm 和 450mm 4 个等级，测试区域为每个喷雾高度处喷雾扇面的水平截面，测试方法与 Dorr 等和张慧春等所用相同，风洞中所用风速为 6m/s，喷头体与气流方向平行，安装扇形雾喷头（IDK、ST）时，喷头喷雾扇面椭圆形横截面长轴与水平成 45°夹角，激光柱每次通过喷雾扇

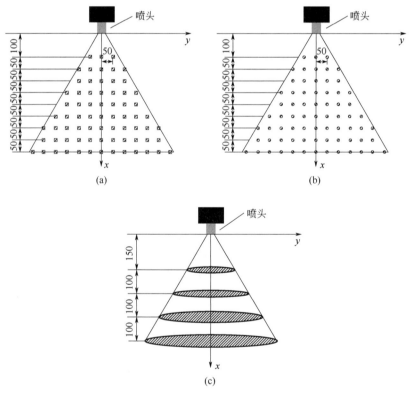

图 3-14　3 种雾滴粒径分析仪各自的雾滴粒径测试点分布

（a）PDIA；（b）Spraytec；（c）SyMPatec

注：x 和 y 分别是喷雾高度和水平位置（mm）

面的时间大约为 10s，使得采样雾滴数满足 ISO 5682-1 标准。每个型号测定 3 个喷头，每个喷头在各个测试点处重复测试 3 次。

（2）不同喷头雾滴粒径分布测试　Spraytec、PDIA 和 SyMPatec 这 3 种仪器判定的喷头雾滴细度等级结果相同，且精度都比较高（表 3-2）。但在目前的配套设施上 SyMPatec 仅能实现激光柱固定、喷头连续行进以统计截面上的 VMD，而不能实现喷头准确定位以统计某条激光柱上的 VMD，因此不易实现雾滴谱测定。但 Spraytec 容易获得，因此选用 Spraytec 对不同喷头喷雾扇面上雾滴粒径分布进行测定。待测喷头为气吸型射流防飘喷头（IDK120-02 和 IDK120-03）和空心圆锥雾喷头（TR80-02 和 TR80-03），喷头信息见表 3-1，每个型号测定 3 个喷头，每个喷头在各个测试点处重复测试 3 次，仪器操作方法、测试条件和测试点布置与 Spraytec 测量 ST 喷头时相同。

3.3.1.3　不同喷头雾滴粒径分布函数拟合

每个型号测定 3 个喷头，每个喷头在各个测试点处重复测试 3 次，故在相应测试点上共 9 个 VMD 值，计算其平均值，用此平均值进行后续分析以避免喷头个体差异造成的误差，各型号喷头对应的 VMD 测量值集合以相应的喷头型号（如 ST110-03）为图例。根据所得雾滴粒径，列出用系数作为可变参数的雾滴粒径分布函数，然后基于最小二乘法原理，在 MATLAB 软件环境下使用代码程序计算不同参数下拟合值与观测值间的残差平方和（sum of squared error，SSE），SSE 最小的参数值即为最终拟合函数的系数。为了简化计算，将非线性分布函数转化为线性函数，同时借助代码将试验测量值转化为相应形式的观测值，然后直接利用 MATLAB 软件自带的 $regress$ 函数进行多元线性回归求解拟合函数的系数。

（1）雾滴粒径分布拟合函数的确立　为了更好地分析喷头雾滴粒径分布的雾滴谱，以测试点的位置信息（喷雾高度为 x，水平位置为 y）为自变量、VMD 为因变量对所测雾滴谱数据进行了拟合，从而使用函数形式描述各喷头的雾滴粒径分布。由于所测喷头的 VMD 都以喷雾扇面中心线为对称轴，因此所有拟合函数中都不含有 y 的奇次项。对于 VMD 随喷雾高度的变化，在拟合函数中采用 x 的二次多项式表示。ST 和 TR 喷头的 VMD 沿水平方向呈抛物线形分布，因此选用式（3-8）拟合 ST 和 TR 喷头的雾滴粒径分布；IDK 喷头的 VMD 沿水平方向呈"W"形分布，因喷雾高度不同"W"开口大小不同，在式（3-8）基础上添加不同形式的 $f(x,y)$ 项对 IDK 喷头的 VMD 分布进行拟合，最终选用拟合度较高的式（3-9）作为 IDK 喷头的雾滴粒径分布函数。

$$\hat{D} = b_1 + b_2 x + b_3 x^2 + b_4 y^2 \tag{3-8}$$

$$\hat{D} = b_1 + b_2 x + b_3 x^2 + b_4 y^2 + b_5 y^2 / x + b_6 y^4 / x^3 \tag{3-9}$$

式中，x、y 分别为喷雾高度和水平位置，mm；系数 b_i（$i=1, 2, \cdots, 6$）为待定参数；$\hat{D}$ 为 VMD 拟合值，μm。

（2）拟合函数的回归效果检验　使用 F 检验对拟合函数的回归效果进行显著性检验，以 F 值结合平均绝对百分误差（mean absolute percentage error，MAPE）、相关指数 R^2（又称决定系数）、修正相关指数 adjusted R^2（又称修正决定系数）和剩余标准差（standard error of regression，SER）判断"接受拟合函数"的原假设是否成立。

3.3.1.4　雾滴粒径分布

（1）3 种仪器测得的标准扇形雾喷头雾滴粒径　根据测试点的布置，可以看出 PDIA 和

Spraytec 两种仪器测量了整个扇面的雾滴谱，而 SyMPatec 仅测量了不同喷雾高度处的 VMD 值。为了得出仪器对测量结果的影响，选取 150mm、250mm、350mm 和 450mm 4 个喷雾高度的雾滴粒径进行比较（图 3-15），可以看出 3 种仪器所测得的雾滴粒径绝对结果确有差异。测量仪器的原理不同，测试环境、水质不同都会引起绝对结果的误差。

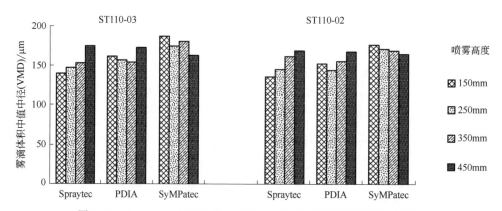

图 3-15　Spraytec、PDIA 和 SyMPatec 所测标准扇形雾喷头（ST）
距离喷嘴不同喷雾高度的雾滴粒径均值

以 PDIA 测试结果为基准，将另两种仪器的测量结果与之比较，可以得到：①Spraytec 测得的结果仅在 150mm 喷雾高度明显小于 PDIA 的结果，ST110-02 喷头的相对差值为 10.5%，ST110-03 的相对差值为 13.6%，而在其余高度两仪器测量结果的相对差值皆小于 6.5%；②与 PDIA 相比，SyMPatec 测量结果仅在 450mm 处两仪器测量结果相对差值小于 6%，其余喷雾高度处 SyMPatec 结果都明显大于 PDIA，最大相对差值可达 19.1%。一般地，喷头雾化出的所有雾滴初始速度相近，但在远离喷头的过程中，周围气流与雾滴间的曳力或摩擦力使得雾滴速度衰减，小雾滴衰减速度快，因此其通过测试点的时间较大雾滴久。SyMPatec 测量喷头雾滴粒径是在风洞中进行的，在风送作用下，不同粒径雾滴速度相同，从而避免了小雾滴的重复统计，因此 SyMPatec 的测量结果较另两种仪器的大；而在 450mm 喷雾高度处，雾滴已与气流间发生足够长时间的摩擦等相互作用，使得不同大小雾滴间的速度差减小，Spraytec 与 PDIA 两种仪器的重复统计问题渐消，因此 3 仪器在此喷雾高度处测量值基本相同。

参照 Herbst 在 JKI 使用 PDIA（与以上研究中 PDIA 测试粒径所用的为同一台仪器）测得的喷头雾滴细度分级界限值（非常细与细分级界限值为 136μm，细与中分级界限值为 188μm），可以看出本研究所用 3 种仪器测得的雾滴粒径都在细雾滴范围内（136～188μm），说明这 3 种仪器对相同喷头的雾滴细度等级判定结果相同，因此这 3 种仪器测量的粒径结果都可以直接用于评定喷头雾滴细度等级。

（2）不同型号喷头的雾滴粒径分布　对测得的同一水平位置、不同喷雾高度的 VMD 求平均值并计算出变异系数（CV），结果如图 3-16 所示。

对于所研究的各喷头来说，由图 3-16（a）可知：①各喷头的雾滴粒径以喷雾扇面中心线为轴近似呈对称分布，且扇面边缘处雾滴粒径最大；②IDK 喷头的雾滴粒径明显大于 ST 和 TR 喷头，且 IDK 喷头的 CV 值也较 ST 和 TR 喷头的大，最大处（IDK120-03 在水平位置为 250mm 处）为 20.0%，说明 IDK 喷头雾滴粒径受喷雾高度影响明显；③IDK 喷头 VMD 在水平方向上的分布曲线呈"W"形，ST 和 TR 喷头的呈抛物线形。

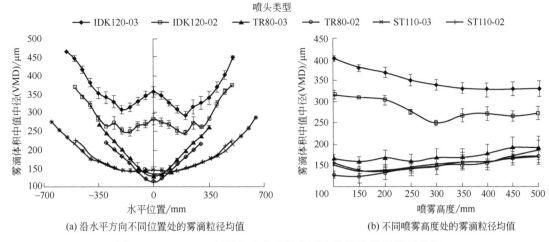

(a) 沿水平方向不同位置处的雾滴粒径均值　　　　(b) 不同喷雾高度处的雾滴粒径均值

图 3-16　Spraytec 所测各喷头喷雾扇面上的雾滴粒径测试结果

注：变异系数（CV）以误差线的形式标于图上

对于所研究的各喷头来说，由图 3-16（b）可知：①IDK 喷头的 VMD 随喷雾高度增加而有明显下降趋势；②TR 喷头的 CV 值略大于 IDK 和 ST 喷头，在 TR80-03 喷头喷雾高度 500mm 处最大（26.9%），说明喷雾高度相同时，TR 喷头不同水平位置处的 VMD 波动略大于另两类喷头。所测的 IDK、ST 和 TR 3 类喷头，03 号喷头 VMD 都比 02 号喷头的大，说明喷雾压力相同时，增加喷头流量可以增加喷头的雾滴粒径。

（3）不同喷头雾滴粒径分布函数拟合　　雾滴粒径分布函数拟合的运算结果列于表 3-3。由表 3-3 可知，在给定的显著水平 $\alpha=0.05$ 下，F 皆大于其相应的临界值 $F_{1-\alpha}(n_1,n_2)$，并且与 F 统计量对应的概率 Sig.F 皆小于 0.05，说明 VMD 与 x、y 显著相关，回归方程显著，拟合效果好；R^2、adjusted R^2 值都在 0.8 以上，$SER/\bar{D}$ 都小于 15%，MAPE 都小于 10%，说明拟合函数有意义且拟合程度较高，能连续描述喷雾扇面内的 VMD 分布且对喷雾扇面内任一点的雾滴粒径预测精度较高。基于以上几点，接受拟合函数，原假设成立。所测 6 种型号喷头的雾滴粒径分布方程分别为：

$$\hat{D}_{\text{IDK120-03}} = 464.6720 - 0.5776x + 0.0005x^2 + 0.0009y^2 - 0.7223y^2/x + 0.5005y^4/x^3 \quad （3\text{-}10）$$

$$\hat{D}_{\text{IDK120-02}} = 389.7591 - 0.6029x + 0.0006x^2 + 0.0009y^2 - 0.5585y^2/x + 0.3650y^4/x^3 \quad （3\text{-}11）$$

$$\hat{D}_{\text{TR80-03}} = 172.8672 - 0.1793x + 0.0002x^2 + 0.0013y^2 \quad （3\text{-}12）$$

$$\hat{D}_{\text{TR80-02}} = 116.0716 - 0.0379x - 1.3945 \times 10^{-5}x^2 + 0.0012y^2 \quad （3\text{-}13）$$

$$\hat{D}_{\text{ST110-03}} = 155.6293 - 0.1220x + 0.0002x^2 + 0.0003y^2 \quad （3\text{-}14）$$

$$\hat{D}_{\text{ST110-02}} = 148.6817 - 0.0930x + 0.0001x^2 + 0.0003y^2 \quad （3\text{-}15）$$

根据所得的函数绘制流量 1.17 L/min 喷头（即 03 号喷头）喷雾扇面内 VMD 分布图，见图 3-17 和图 3-18，由此得到直观形象的雾滴粒径分布信息，可以看出喷头类型不同，雾滴粒径的分布和扇面区域大小也不同。

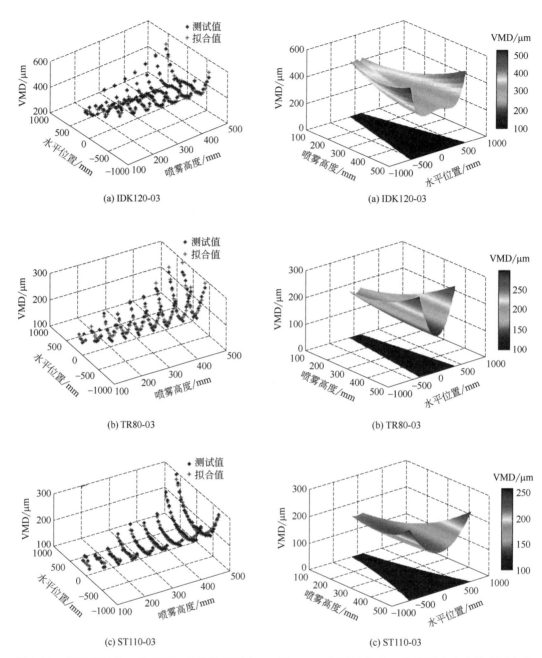

图 3-17　相同流量的 3 种类型喷头喷雾扇面内雾滴体积中值中径（VMD）测试值与拟合值的散点图

图 3-18　相同流量的 3 种类型喷头喷雾扇面内雾滴体积中值中径（VMD）分布的拟合曲面图

注：颜色表征雾滴粒径大小；下面的投影区域是拟合函数的定义域，即 x、y 的范围

　　根据式（3-10）～式（3-15）可以计算出各喷头不同高度处各点的 VMD，也可以计算出偏离喷头喷雾扇面中心线不同水平距离处不同喷雾高度的 VMD。例如，在常用的喷雾高度 0.5m 处，各喷头的 VMD 阈值范围为 IDK120-03，288.65～506.10μm；IDK120-02，243.45～383.96μm；TR80-03，133.40～288.59μm；TR80-02，131.55～239.11μm；ST110-03，143.41～270.15μm；ST110-02，139.48～224.28μm。

表 3-3　雾滴粒径分布函数拟合运算结果

喷头型号	k	n	$\bar{D}$	拟合结果												
				拟合函数参数						统计量						
				b_1	b_2	b_3	b_4	b_5	b_6	SSE /μm	SER /μm	MAPE /%	R^2	adjusted R^2	F	Sig. F
IDK120-03	6	131	343	464.672	-0.5776	0.0005	0.0009	-0.7223	0.5005	26900	14.67	3.18	0.9260	0.9231	313	<0.001
IDK120-02	6	121	276	389.7591	-0.6029	0.0006	0.0009	-0.5585	0.3650	18067	12.53	3.12	0.9065	0.9025	223.1	<0.001
TR80-03	4	95	175	172.8672	-0.1793	0.0002	0.0013	—	—	15657	13.12	6.12	0.9003	0.897	273.9	<0.001
TR80-02	4	83	154	116.0716	-0.0379	-1.3945×10^{-5}	0.0012	—	—	7816.7	9.95	5.51	0.9095	0.906	264.5	<0.001
ST110-03	4	131	162	155.6293	-0.122	0.0002	0.0003	—	—	10159	8.94	4.27	0.9158	0.9138	460.2	<0.001
ST110-02	4	131	158	148.6817	-0.093	0.0001	0.0003	—	—	10705	9.18	4.36	0.8678	0.8647	277.9	<0.001

注：k 为参数数目；n 为喷头喷雾扇面区内雾滴粒径测试点个数；$\bar{D}$ 为 VMD 均值，μm；$n_1=k-1$，$n_2=k-2$，给定显著水平 $\alpha=0.05$ 的 F 临界值 $F_{1-\alpha}(n_1, n_2)$ 经查 F 分布分位数表可知：$F_{0.95}(5,125)=2.29$，$F_{0.95}(5,115)=2.29$，$F_{0.95}(3,91)=2.705$，$F_{0.95}(3,79)=2.72$，$F_{0.95}(3,127)=2.68$。

3.3.1.5　研究结果与分析

目前大田作物防治病虫害最常用的喷雾机是喷杆喷雾机，水平喷杆上的各喷头按一定间隔安装，相邻的喷雾扇面部分叠合，以保证在所要求的某一喷雾高度处水平方向上各点药液流量一致，以实现施药液量均匀的目的；然而由于喷头扇面内不同位置雾滴粒径不同会造成喷杆各喷头喷雾扇面叠合后雾滴粒径分布不均，相邻两喷头扇面边缘叠合区的雾滴比未叠合的扇面中心线区域的雾滴大，而雾滴粒径对农药在靶标上的沉积行为和生物学效果又有影响，此时水平各点处的沉积量和生物防效会有不同。而均匀施药的最终目的是要达到防治效果均匀、无防效不足或药害的现象，因此综合考虑喷头流量分布、雾滴粒径分布，优化喷杆上喷头安装参数是均匀施药的发展方向，而雾滴粒径分布函数为此提供了基础。同时，雾滴粒径的分布规律，有助于研究人员研发新型防飘施药机具，建立施药缓冲区，对易飘移区域的细雾滴进行有针对性地控制，减少药害，进而有效提高农药利用率。

3.3.2　雾滴的雾化过程

本节选用我国植保中常用的 6 种不同型号喷头，使用 PIV 技术拍摄各喷头雾化过程，研究喷头类型对雾化后雾滴粒径速度分布的影响。

3.3.2.1　雾化研究平台构建

研究在中国农业大学药械与施药技术研究中心的风洞中完成，风洞工作区为 1m（宽）×1m（高）。试验将获得雾滴雾化区的照片、雾化区的速度场，进而可以测量或计算出喷雾扇面液膜长度、喷雾扇面角和雾化区速度波动。

（1）喷头和喷雾液　选用我国植保中常用的气吸型射流防飘喷头、标准扇形雾喷头和空心圆锥雾喷头三种类型喷头，各 02、03 两个国家标准流量代号的 6 种喷头为待测喷头。与 3.3.1.1 节选取待测喷头的原因、方法和标准相同，使用的待测喷头即为 3.3.1.1 节所选的 18 个喷头，详细信息见表 3-1。同样地，为剔除喷头类型以外的其他因素对实验结果的影响，所有喷雾试验都在 0.3MPa 喷雾压力下进行，喷雾液都为室温自来水。经测量，测试中喷雾液温度为 31.5℃，喷雾液的密度为 1000kg/m³、表面张力为 0.0716N/m、黏度为 9.78×10^{-4}Pa·s。

喷雾压力由压缩空气罐提供，且在喷头附近安装有校准压力表，以实时监控喷雾压力，保证喷雾压力稳定。

（2）仪器　试验中使用的粒子图像测速系统（particle image velocimetry, PIV）是 DANTEC 公司制造的，由照明用的双脉冲激光 Nd: YAG PIV Laser（Dantec-130mJ）、安装有 60mm 固定焦距镜头（Micro Nikkor Lens，Nikon，Japan）的 CCD 相机（HiSense Mk Ⅱ，DANTEC）和配套的控制分析软件构成。相机分辨率为 1344×1024 像素。

3.3.2.2　雾滴雾化研究方法

图 3-19 为 PIV 测试系统的布置图。为了获得黑色背景的图片，在测试过程中需要在风洞工作区的外面罩上黑色塑料布［如图 3-19（c）所示］。测试过程中，激光光源和相机的开启时间都是由测试系统配套的 Dantec Studio 软件控制的，每次喷雾将记录下 1000 个照片对来计算速度场。

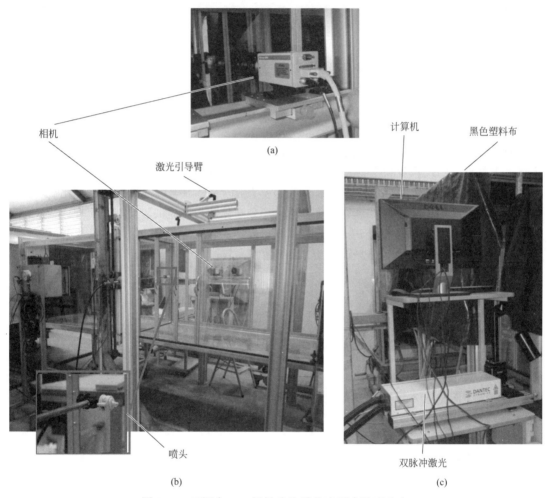

图 3-19　风洞中 PIV 测量喷头雾化扇面内速度分布
（a）相机；（b）风洞工作区；（c）控制部分

使用 National Institutes of Health 开发的基于 Java 语言的开放源图像处理软件 ImageJ 1.48c 对 PIV 系统拍摄下来的照片进行处理，可以测量出喷头雾化区液膜长度。此处指的液膜长度与 Cloeter 等所定义的液膜长度相同，在液膜边缘上有一个点，在此点上液膜在整个扇面角的范围内全部破裂，把喷头喷嘴口到这个破裂点之间的距离定义为液膜长度。由于 TR 喷头扇面呈圆锥面的形状，其液膜长度应该为此圆锥面母线长的均值。而 PIV 照片仅拍摄了此空心圆锥的一个过顶点的剖面，因此测量 PIV 照片中此剖面上下母线长，取均值作为空心圆锥雾喷头（TR）的液膜长度；ST 和 IDK 喷头的液膜长度则沿着喷雾扇面中线测量。对于每个喷头，随机取 20 张照片测量液膜长度，最后计算均值作为该喷头的液膜长度。

喷孔所喷出的雾场其纵截面都呈一定夹角的锥形，夹角称为雾锥角、喷雾角或扇面角。使用 MATLAB 软件对每一喷头所获得的所有 PIV 照片求亮度均值，从而得到相应的亮度均值图，测量亮度均值图中的扇面角作为该喷头的扇面角。因此得到的每一喷头的扇面角是该喷头试验拍得的所有照片计算出的均值。在亮度均值图中，液体的亮度高，背景的亮度低呈黑蓝色，从而可以明显区分出液膜区和非液膜区。在亮度均值图中使用直线标记液膜区边界，则两线之间的夹角即扇面角。

利用 PIV 系统配套的软件可以计算出雾化区的速度场。在 PIV 系统采集完照片后，首先使用 Adaptive-Correlation 功能处理原始照片，将每张照片分成空间分辨率为 32×32 像素的单元区，以降低测量的不确定性并减少分析的工作量。相邻两单元区中心的间隔为 16 像素，因此每张 1344×1024 像素的照片都将被划分成 83×63（横×纵）个单元区，每个单元区计算得到一个速度矢量，每张照片可计算得到一个由 83×63 个速度矢量组成的速度场。而为了获得真实速度，在喷雾开始前，需要使用 PIV 拍摄校准尺照片，以计算出照片中像素与长度的换算比例。经测定校准比例为 0.058mm/pixel，且横、纵向校准比例相同。根据此比例，可以计算得到每张照片的视野大小为 78mm×59mm。对于每次喷雾，每个照片对可以计算出一个速度场，因此每次喷雾可以获得 1000 个时序的速度场。接下来，将速度和坐标信息从 Dantec Studio 软件导出并使用 MATLAB 软件对其进行处理，将 1000 个照片对获得的速度场中不符合逻辑的速度场剔除。然后计算出每个喷头的修正后的均值速度场，并绘制出相应的速度场等值线云图和喷雾扇面中线上的速度曲线。

速度波动可以表征喷雾区内雾滴速度分布的稳定性。根据式（3-16）可以计算出每个喷头类型速度的平均波动 V'：

$$V' = \frac{1}{n}\sum_{i=1}^{n}\left[(u_i-\bar{u})^2+(v_i-\bar{v})^2\right]^{1/2} \tag{3-16}$$

式中，u_i 和 v_i 分别是第 i 个速度场中的 x 方向速度分量集合和 y 方向速度分量集合；$\bar{u}$ 和 $\bar{v}$ 分别是 u_i 和 v_i 的均值；n 是相应喷头待分析的速度场个数。

为了研究不同型号喷头的雾化过程，还使用 SyMPatec 粒度分析仪，按照 3.3.1 节中提到的相应测试方法在风洞中测试了待测喷头距喷口 250mm 喷雾高度处的雾滴粒径。根据 ANSI/ASAE S572.1 标准，此喷雾高度处的雾滴已经完全破碎且距离 PIV 拍到的雾化区不远。测试结束后取 D_{V10}、D_{V50}（即 VMD）、D_{V90}、$V_{<75}$、$V_{<100}$ 和 $V_{>400}$ 表征雾滴粒径特性，并作方差分析，分析不同型号喷头间这些特性参数的差异。这些参数的意义分别为：对测试点采集的雾滴按照雾滴粒径从小到大排列，并计算累计体积占总体积的百分比，当累计体积百分比为 10% 时对应的雾滴粒径为 D_{V10}（单位为 μm），累积体积百分比为 50% 和 90% 对应的雾滴粒径分别为 D_{V50}（即 VMD）和 D_{V90}（μm）；$V_{<75}$（或 $V_{<100}$）为粒径小于 75μm（或 100μm）的

雾滴累积体积占总体积的百分比（单位为%），这部分雾滴在实际施药过程中易飘失；而 $V_{>400}$ 为粒径大于 400μm 的雾滴累积体积占总体积的百分比（单位为%），这部分雾滴在撞击靶标叶片后容易发生滚落。

3.3.2.3 不同喷头雾化过程

（1）不同喷头的雾化过程　由 PIV 系统拍摄到的原始照片（图 3-20），可以看到每种型号喷头的雾化过程及液膜形状。IDK 喷头的液膜内部有穿孔，而 ST 和 TR 喷头的液膜内部没有。由于 IDK 喷头内部有文丘里结构，在雾化过程中空气会被吸入文丘里腔，吸入的空气会在液膜中形成气泡从而使液膜穿孔破洞，这些孔洞使液膜在内部就开始发生破碎，提前了液膜的雾化过程；而 ST 和 TR 喷头的液膜因没有孔洞而在液膜边缘处破碎。从雾化过程照片中还可以看到，正如各喷头的类型名称所言，IDK 和 ST 喷头的喷雾液膜呈扇形，而 TR 喷头的喷雾液膜呈空心圆锥形。

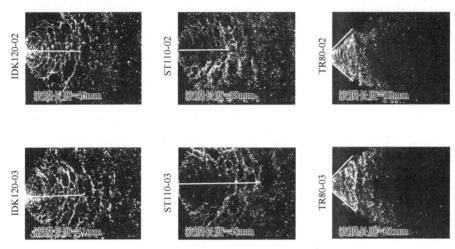

图 3-20　PIV 拍摄的各喷头雾化照片（液膜长度标于图上）

（2）不同喷头雾化区的液膜长度　对 PIV 照片中的液膜长度进行测量（图 3-20），获得各喷头雾化过程中液膜长度值，测量结果列于表 3-4 中。对液膜长度结果进行显著性分析，可以得到：所测的喷头中，对同一类型的喷头，加大喷头喷口尺寸（即增加喷头流量）可以显著地（$P<0.0005$）增加液膜长度，即 03 号喷头的液膜长度比相同类型的 02 号喷头的液膜长。这个变化在 ST 喷头上尤为显著，ST110-03 喷头的液膜长度为 ST110-02 喷头液膜长度的 123%。

表 3-4　各喷头的液膜长度、喷雾扇面角和雾滴速度测试结果

结果	喷头类型					
	IDK120-02	ST110-02	TR80-02	IDK120-03	ST110-03	TR80-03
液膜长度/mm	40 B	39 B	19 C	41 B	48 A	21 C
平均速度/(m/s)	11.94 F	18.49 B	14.12 C	13.42 E	19.37 A	14.51 C
喷雾扇面角/(°)	115 B	116 AB	85 C	116 AB	119 A	85 C
平均速度波动/(m/s)	2.75 E	4.54 A	3.93 B	1.61 F	3.23 C	2.98 D

注：数字后的字母指示各量间在显著水平 $\alpha=0.01$ 时的显著性差异，字母相同的量之间没有显著性差异。

（3）不同喷头雾化区的速度场及速度波动　　使用 MATLAB 软件绘制各型号喷头的平均速度场等值线云图，见图 3-21。图中，6 个型号喷头的速度场都采用统一的颜色标尺，即以深红色代表最高速度（23.73m/s），以深蓝色代表最低速度（5.32m/s）。这两个速度限值是经过计算所有喷头的平均速度场获得的速度最大值和最小值。各喷头的速度场平均速度列于表 3-4。对各喷头间的速度场进行显著性分析，可以得出：所测的不同型号喷头间的速度分布有显著差别（$P<0.0005$）。各型号喷头雾化区的速度阈值范围为：IDK120-02，5.32～13.90m/s；ST110-02，11.25～23.73m/s；TR80-02，7.28～17.28m/s；IDK120-03，8.82～15.31m/s；ST110-03，10.31～23.46m/s；TR80-03，5.55～17.64m/s。喷口大小相同（即喷头流量相同）的喷头，ST 喷头喷出的雾滴速度最快，其次是 TR 喷头，最慢的是 IDK 喷头；而对于喷头类型相同的喷头，03 号喷头喷出的雾滴运行速度明显快于 02 号喷头喷出的雾滴。

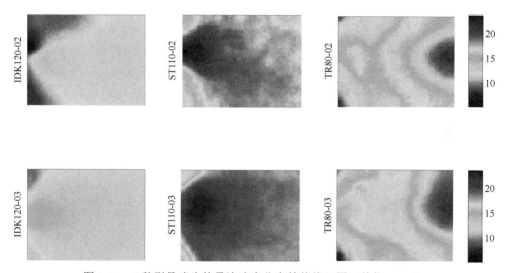

图 3-21　6 种型号喷头的雾滴速度分布等值线云图（单位：m/s）

使用 MATLAB 软件摘取喷头喷雾扇面中线上的速度值，绘制出沿喷雾扇面中线分布的速度曲线图（图 3-22）。从图 3-22 中可以看出，所测各喷头喷雾扇面中线上的速度总体上都

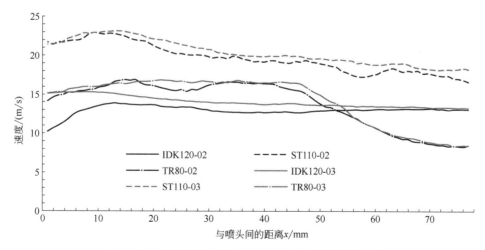

图 3-22　沿喷雾扇面中线（$y=0$mm）的雾滴速度曲线

是距离喷头越远速度越小，尤其是 ST 喷头。TR 喷头的速度曲线在距离喷头 50mm 处或稍远位置开始急速下降，这主要是因为 TR 喷头为空心圆锥雾喷头，喷雾扇面呈空心圆锥状，在圆锥内部雾滴很少，监测到的速度也小。

根据式（3-16）计算出了所测各喷头的速度波动，并使用 MATLAB 软件绘制速度波动分布的等值线云图，见图 3-23。该图揭示了相机视野内各点处雾滴速度随时间的变化。速度波动小则表示速度随时间变化小，速度稳定。图 3-23 中，6 个型号喷头的速度波动都采用统一的颜色标尺，即以深红色代表最大值（11.40m/s），以深蓝色代表最小值（0.98m/s）。这两个限值也是对所有喷头进行计算从而获得的速度波动最大值和最小值。各喷头的速度场平均速度波动也列于表 3-4。使用 Fisher's LSD 检验对各喷头间的速度波动进行显著性分析，可以得出：不同型号喷头间的速度波动分布有显著差别（$P<0.0005$）。各型号喷头雾化区的速度波动范围为：IDK120-02，1.13～7.59m/s；ST110-02，2.06～11.40m/s；TR80-02，0.98～10.28m/s；IDK120-03，1.03～5.62m/s；ST110-03，1.69～8.37m/s；TR80-03，1.37～6.89m/s。对于所测的 3 个类型的喷头来说，03 号喷头的速度场比 02 号喷头的速度场更稳定，速度波动更小。对于喷口大小相同（即喷头流量相同）的喷头，ST 喷头喷出的雾滴速度最不稳定，其次是 TR 喷头，最稳定的是 IDK 喷头；综合图 3-22 和图 3-23，可以发现 ST110-02 和 TR80-02 喷头的速度分布相对更不稳定一些，这可能是由于在计算速度的某些照片对中，个别雾滴运动至主喷雾扇面区以外，这些雾滴也被计算在了速度场中，从而引起了速度波动的增加。

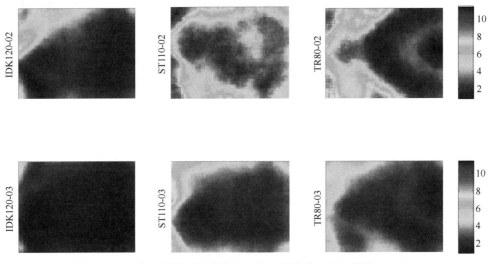

图 3-23　各喷头雾化区的速度波动分布等值线云图（单位：m/s）

（4）不同喷头的扇面角　图 3-24 为所测试的各喷头实际喷雾扇面角测量图。在光强均值等值线图中，使用黄色直线标识了喷雾扇面边界线，边界线将喷雾扇面从深蓝色背景区域内明显区分了出来，而两边界线之间的夹角即为扇面角，扇面角的测量值也列于表 3-4 中。对于试验中所测的喷头，可以发现实际测量角度与喷头上标示的名义角度有差别，但相对误差都低于 10%；喷口大小相同的 IDK 与 ST 喷头的实测扇面角没有明显差异，这与两类型喷头的名义角度是不同的；对于同一类型喷头，不同喷口大小喷头的实测扇面角相近，这与生产商的预期是相同的。

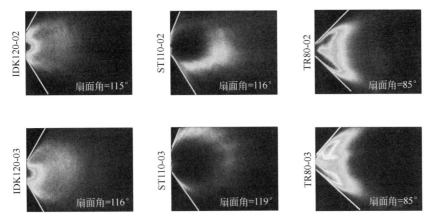

图 3-24　各喷头的实测喷雾扇面角

（5）不同喷头的雾滴粒径　在风洞中使用 SyMPatec 测试各喷头 250mm 喷雾高度处的雾滴粒径，结果列于表 3-5，对雾滴粒径结果进行方差分析（ANOVA）并作 Fisher's LSD 检验（显著水平 α=0.01）。可以得出所测不同喷头间的结果有显著性差异（P<0.0005）。03 号喷头的 D_{V10} 和 D_{V90} 值明显大于同类型 02 号喷头的，IDK 喷头的雾滴粒径普遍大于另两类型喷头。IDK 喷头的 $V_{<75}$ 和 $V_{<100}$ 显著小于其他喷头，这也是 IDK 喷头防飘效果好的原因；但是 IDK 喷头的 $V_{>400}$ 明显大于其他喷头，雾滴撞击靶标叶片后更容易滚落，因此使用 IDK 喷头（尤其是 IDK120-03 喷头）喷雾造成的地面损失会比另两类喷头的大。

表 3-5　各喷头 250mm 喷雾高度处的雾滴粒径测试结果

结果	喷头类型					
	IDK120-02	ST110-02	TR80-02	IDK120-03	ST110-03	TR80-03
D_{V10}/μm	165 B	73 C	65 D	181 A	76 C	80 C
D_{V50}/μm	351 B	171 D	147 E	419 A	173 D	185 C
D_{V90}/μm	584 B	303 D	246 E	695 A	299 D	323 C
$V_{<75}$/%	1.38 C	11.36 AB	13.31 A	1.26 C	9.70 B	8.61 B
$V_{<100}$/%	2.61 D	19.65 B	24.69 A	2.27 D	18.45 B	16.08 C
$V_{>400}$/%	38.62 B	1.91 C	0.12 C	53.88 A	0.70 C	2.76 C

注：数字后的字母指示各量间在显著水平 α=0.01 时的显著性差异，字母相同的量之间没有显著性差异。

3.3.2.4　研究结果与分析

从以上结果可以看出，在喷头雾化过程中，所测的不同型号喷头的雾滴粒径和速度、喷雾扇面角和液膜长度有显著差异。气吸型射流防飘喷头（IDK）生成的雾滴速度低于传统液力式喷头（ST 和 TR）生成的雾滴速度，这与 Miller 等测得的结果一致。而他们测得的雾滴速度与本研究所测得的雾滴速度不同，这是因为 Miller 等测量的是喷雾高度为 350mm 处所有雾滴速度的均值，而本研究所测的速度是靠近喷头的 PIV 相机整个视野（59mm×78mm）范围内速度场的均值。因此根据图 3-22 所示的雾滴速度与喷雾高度间的关系，可以得出 Miller 等测量的速度确实要比本研究所测速度低。

根据以上各测试量（雾滴粒径和速度、喷雾扇面角、液膜长度）的趋势可以得出：

① 对于所有被测喷头，液膜长或扇面角大的喷头生成的雾滴粒径小，这与 Arvidsson 等

的看法相同，这是因为雾滴粒径近似等于其形成处的液膜厚度，但是液膜厚度、液膜长度和喷雾扇面角之间的函数关系还需进一步研究。对于 IDK 喷头，吸进喷头内文丘里腔的空气会在液膜中形成气泡，加速液膜振荡，促使液膜在内部厚度还不够薄的时候就发生破裂，这与 Cloeter 等研究的水包油乳剂喷雾液中油滴对雾化行为影响的结果类似。而对于 ST 喷头，液膜在边缘处破碎成雾滴，此处液膜较薄，因而 ST 喷头雾化出的雾滴粒径较 IDK 喷头的要小。

② 对于所有被测喷头，生成大雾滴的喷头其雾滴速度低。在 Nuyttens 等的研究中也发现雾滴粒径和速度是相关的，因此笔者猜测这可能是因为动能守恒，然而雾滴粒径与速度间基于动能守恒的明确函数关系还需进一步研究。

③ 对于被测喷头，生成粗雾滴的喷头其雾化区内速度波动小，也就是说在雾化过程中其速度场较稳定，这是因为与细小雾滴相比，大雾滴不易被环境因素（比如风速）影响。

④ 使用 IDK 喷头喷雾飘失少，这是因为 IDK 喷头生成的雾滴大且速度波动小。喷头结构能够影响液膜长度和喷雾扇面角，从而影响雾滴粒径和速度。

3.4 不同影响因子对药液雾化特性的影响

喷头类型、药液剂型、助剂与药液特性是影响喷头雾化性能的主要因素。CropLife International 曾对不同剂型的农药与水混溶后的体系进行分类研究，发现主要有乳浊液和悬浮液两种溶液体系。本节利用激光粒径分析仪来研究这些农药体系雾化过程中雾滴粒径的变化，分析喷头类型及药液特性对雾化的影响、雾化液膜与雾滴粒径之间的关系，分析雾量分布均匀性、雾滴粒径分布及雾滴运动轨迹，可为完善药液性质如何影响雾化过程、实现农药雾滴在防治靶标上有效利用提供理论支持。

3.4.1 农药剂型对雾化过程的影响

3.4.1.1 不同剂型雾化研究

（1）仪器与试剂　试验在中国农业大学药械与施药技术研究中心和德国农作物研究中心施药技术研究所进行。应用德国粒子图像分析仪（PDIA）、美国 DRS 公司高速摄影仪、光源 Hid Light HL-250 进行雾化区液膜的测试，利用英国 Malvern 公司 Spraytec 分析仪分析雾化区雾滴粒径。利用动态表面张力仪（JK99B）和旋转黏度计（NDJ-1）测试供试药液的表面张力和黏度。试验喷头为德国 Lechler 公司生产的常规扇形雾喷头 ST110-03 和防飘喷头 IDK120-03。

试验过程使用试剂包括 250g/L 苯醚甲环唑乳油（Score，Syhgenta），704g/kg 甲基硫菌灵水分散性粒剂（Don-q，Nippon Soda），实验室自来水，轻硅油。

（2）溶液配制　分别配制 0.1% Score、0.275% Don-q 的供试药液。

（3）不同剂型药液的动态表面张力与黏度测试　常温下，配制上述溶液，分别使用动态表面张力仪和黏度仪测试上述溶液，每次测试重复 3 次。

（4）喷雾液膜的可视化试验　压力为 0.3MPa 下，使用 PDIA 对常规扇形雾喷头 ST110-03 和防飘喷头 IDK120-03 进行整体喷雾扇面的图像记录，如图 3-25 所示。由于 PDIA 放大倍数较大，在 z、y 坐标轴方向上拍摄范围仅为 8mm×10mm。

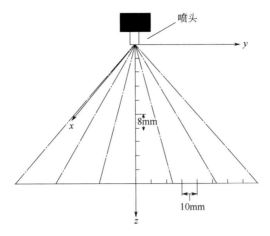

图 3-25　PDIA 拍摄雾化区示意图

压力 0.3MPa 下，使用高速摄影仪对上述药液雾化区进行整体动态视频拍摄。高速摄影仪拍摄参数为：帧数 5000fps；快门速度 1/80000s；拍摄示意图如图 3-26 所示。

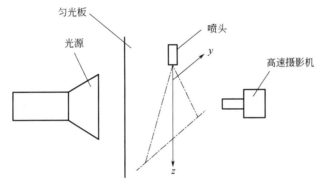

图 3-26　高速摄影仪拍摄雾化区示意图

（5）雾滴粒径测试　分别使用上述溶液，对常规扇形雾喷头 ST110-03 和防飘喷头 IDK120-03 进行雾滴粒径测试。参照图 3-25，以喷头为原点，Spraytec 测试坐标为（0,0,50），单位为 cm。测试压力为 0.3MPa，每点测试时间 10 s，且测试重复 3 次。

3.4.1.2　不同剂型药液的表面张力及黏度

按照 3.4.1.1 测试溶液的动态表面张力和黏度，测试结果见表 3-6。表中所列表面张力数值为 230ms 时动态表面张力数值。

由表 3-6 看出，农药剂型不同，表面张力有显著差别，且乳油药液表面张力最小。两种不同剂型农药药液黏度差别不大，均高于水的黏度。

表 3-6　不同类型药剂溶液表面张力和黏度

测试药液	表面张力/(mN/m)	黏度/(mPa·s)
自来水	72.3	1.00
0.1% Score 水溶液	66.5	3.50
0.275% Don-q 水溶液	73.2	3.23

3.4.1.3　不同类型喷头雾化区液膜结构

将 ST110-03 与 IDK120-03 喷头安装在喷头体上，在压力 0.3MPa 下进行正常喷雾，采用 PDIA 与高速摄影仪记录雾化图像，对所得图像进行分析讨论。测试药液为自来水、0.1% Score 水溶液、0.275% Don-q 水溶液。

根据雾化扇面的结构，谢晨将喷雾扇面划分并定义为三部分：液膜区、破碎区（液膜逐渐破碎为液丝）、雾滴区（液丝雾化为雾滴）。本研究将采用此方法划分雾化区。

液膜长度计算方法：首先利用高速摄影分析软件将整体喷雾扇面视频解帧为图片，根据划分液膜区的方法定义液膜长度为喷雾扇面中喷头中心至液膜边缘中垂线的距离，然后利用 Image J 分析软件分析视频中 100 张连续不间断图片，取液膜长度平均值。

结果见表 3-7，更换药液为水分散性粒剂和乳油水溶液后，ST110-03 与 IDK120-03 号喷头液膜长度发生明显变化。当喷雾药液为 Don-q 溶液时，ST110-03 液膜长度与自来水的差别不大，IDK120-03 液膜长度略有增加，增幅为 13.6%；Score 溶液可以使两类喷头的液膜长度显著减小，降幅分别为 35.2%、40.5%。不同剂型的农药，均对两类喷头液膜长度产生影响，但对 IDK 系列喷头影响更为显著，这是由于 IDK 喷头雾化过程中喷头内部吸入气体。

表 3-7　农药剂型对雾化区液膜长度的影响　　　　　　　　　　单位：mm

喷头类型	药剂剂型		
	自来水	Don-q	Score
ST110-03	26.64	26.17	17.25
IDK120-03	24.16	27.46	14.36

除液膜长度变化外，雾化扇面的结构发生明显变化。由图 3-27（a）～（c）看出，对于 ST110-03 喷头，当药剂为 Don-q 水溶液时，雾化扇面包括液膜区、破碎区及雾滴区。雾化区域与自来水的相似，当药剂为 Score 水溶液时，与水分散粒剂溶液相比，液膜区域显著减小，边缘破碎加剧，液膜中孔洞增加，破碎区中波纹区域消失，液丝呈现网纹状结构。由图 3-27（d）～（f）更为清晰地看出，当药液为 Score 水溶液时，波纹区域基本为穿孔孔洞替代，同时液膜边缘变薄。由图 3-28（a）～（c）看出，对于 IDK120-03 喷头，当药剂为 Don-q 水溶液时，雾化区域同样与自来水的相似，破碎区为穿孔破碎。Score 水溶液液膜区域显著减小，边缘破碎增加，液丝呈现网纹状结构，液膜中孔洞增加，但相对于自来水和 Don-q 溶液，孔洞较小。由图 3-28（d）～（f），当药液为 Score 水溶液时，液膜区褶皱增加，液膜增厚，气泡密度增大，且包含更多小气泡，易于形成孔洞。

对比 ST 喷头和 IDK 喷头的喷雾扇面细节图片，可清晰看到当喷雾药液为 Score 水溶液时，IDK 喷头的液膜区引入一定量的气泡，而对于 ST 喷头及 Don-q 水溶液，则没有发现液膜区微小气泡的存在。

试验结果与 Miller 及 Butler Ellis 等研究相类似。已有文献报道药液理化性质对喷头雾化的重要影响。结合 3.4.1.2 结果分析，Don-q 溶液的表面张力与自来水相差不大，其液膜长度及雾化结构与自来水相似；乳油表面张力显著低于自来水及 Don-q 溶液，其液膜长度显著减小，雾化结构急剧变化，且随表面张力的降低，液膜长度减小，由此可见乳油对于喷头雾化影响显著，是由于其本身含有较多的助剂成分改变了药液的理化性质。

本研究中所选两种不同剂型的农药药液黏度均高于自来水，但是无法判断药液黏度对液膜长度及雾化区结构的影响。Hermansky、Hazen 研究高分子物质的黏度对于雾化的影响，高分子物质溶液的黏度较高，不利于药液雾化，但是药液的黏度在剪切力的作用下发生变化，变化的程度与药液中高分子物质的结构、喷雾的压力、喷头类型有必然的联系。

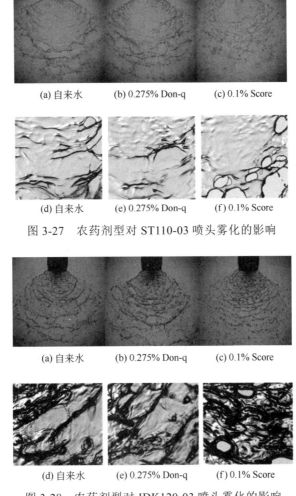

(a) 自来水　　　(b) 0.275% Don-q　　　(c) 0.1% Score

(d) 自来水　　　(e) 0.275% Don-q　　　(f) 0.1% Score

图 3-27　农药剂型对 ST110-03 喷头雾化的影响

(a) 自来水　　　(b) 0.275% Don-q　　　(c) 0.1% Score

(d) 自来水　　　(e) 0.275% Don-q　　　(f) 0.1% Score

图 3-28　农药剂型对 IDK120-03 喷头雾化的影响

3.4.1.4　雾滴谱的变化

测试不同溶液雾化之后的雾滴粒径，测试药液为自来水、0.1% Score 水溶液、0.275% Don-q 水溶液。采用体积中值中径（VMD）来描述雾滴粒径的变化，如图 3-29。对 ST110-03 和 IDK120-03 喷头来说，Don-q 水溶液均与自来水的雾滴粒径差别不大，但药液为 Score 溶液时，雾滴粒径显著增大，增幅分别为 13.5% 和 28.9%。由此看出农药剂型不同，药液雾化后雾滴粒径同样有显著差异。结合 3.4.1.3，得出同一系列喷头的雾化区结构变化相应影响雾滴粒径，喷头类型不同，影响程度略有不同，这同样是由供试两类喷头雾化药液的原理不同所造成。

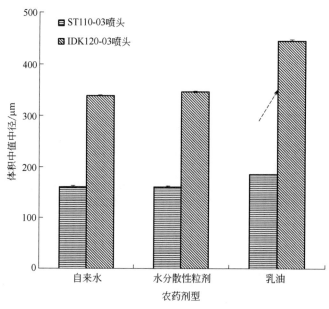

图 3-29 剂型对雾滴体积中值中径的影响

3.4.2 喷雾助剂对雾化过程的影响

3.4.2.1 喷雾助剂雾化研究

（1）仪器与试剂 研究平台应用德国粒子图像分析仪（PDIA）、美国 DRS 公司高速摄影仪、光源 Hid Light HL-250、英国 Malvern 公司 Spraytec 分析仪、动态表面张力仪（JK99B）、旋转黏度计（NDJ-1）、Dino-lite Digital Microscope (ANMO 电子公司)等设备。雾化喷头为德国 Lechler 公司生产的常规扇形雾喷头 ST110-03 和防飘喷头 IDK120-03。

使用试剂包括 250g/L 苯醚甲环唑乳油（Score，Syhgenta），704g/kg 甲基硫菌灵水分散性粒剂（Don-q，Nippon Soda），有机硅助剂（Breakthru S240，AlzChem AG），实验室内自来水管自来水（pH 6.7），轻硅油（二甲基硅烷）。

（2）溶液配制 分别配制 0.1% Score、0.275% Don-q 的供试药液，添加助剂浓度为 0、0.01%、0.03%、0.05%、0.07%、0.1%。

（3）溶液动态表面张力与黏度的测试 常温下配制上述溶液，分别使用动态表面张力仪和黏度仪测试上述溶液，每次测试重复 3 次。

（4）喷雾液膜的可视化 压力 0.3MPa 下，使用 PDIA 沿扇面中心线（即 z 轴方向）对常规扇形雾喷头 ST110-03 和防飘喷头 IDK120-03 进行图像记录。

使用高速摄影仪对上述药液雾化区进行整体动态视频拍摄。高速摄影仪拍摄参数为：帧数 5000fps；快门速度 1/80000s；拍摄示意图如图 3-26 所示。

（5）硅油法观察射流喷头雾滴结构 使用 IDK120-03 喷头分别喷雾水、0.05% Breakthru S240、0.1% Score 乳油药液，喷雾过程中使用硅油接收喷雾雾滴，然后于数码显微照相系统下观察。

（6）雾滴粒径测定 分别使用上述溶液，对常规扇形雾喷头 ST110-03 和防飘喷头 IDK120-03 进行雾滴粒径测试。以喷头为原点，Spraytec 测试坐标为（0,0,50），单位为 cm。

测试压力为 0.3MPa，每点测试时间 10s，且测试重复 3 次。

3.4.2.2 添加助剂药液的表面张力及黏度

按照 3.4.2.1 测试溶液的动态表面张力和黏度，测试结果见表 3-8，表 3-8 为表面张力230ms时动态表面张力数值。

表 3-8 添加助剂溶液表面张力和黏度

助剂浓度/%	表面张力/(mN/m)		黏度/(mPa·s)	
	0.275% Don-q	0.1% Score	0.275% Don-q	0.1% Score
0.01	52.4	57.3	3.20	3.50
0.03	53.3	52.3	3.00	3.50
0.05	48.8	47.2	3.26	3.60
0.07	41.0	45.9	3.25	3.45
0.1	33.5	41.8	3.21	3.30

由表 3-8 看出，当农药为 Don-q 时，随着助剂浓度增大，表面张力先增加后减小，所有药液黏度差别不大，数值范围为 3.00～3.26mPa·s；而当农药为 Score 时，随助剂浓度增加，表面张力不断减小，所有药液黏度同样变化不大，数值在 3.30～3.60mPa·s 之间。

3.4.2.3 雾化区液膜结构特征

按照 3.4.2.1 配制药液，采用 PDIA 与高速摄影仪记录雾化图像，对所得图像进行分析讨论。此时两种农药剂型下，助剂添加浓度为 0、0.01%、0.03%、0.05%、0.07%、0.1%。

根据 3.4.1.3 中液膜长度计算方法，分析液膜长度，结果如表 3-9 所示。乳油和水分散性粒径水溶液中添加助剂后，ST110-03 与 IDK120-03 喷头液膜均发生不同程度变化。由表 3-9 可以看出，随着助剂添加浓度的增大，液膜长度均先减小后增大，但是药液为乳油溶液时，最低点出现在 0.01%处；药液为水分散性粒剂时，最低点出现在 0.05%处。

表 3-9 助剂浓度对雾化区液膜长度的影响　　　　　　　单位：mm

助剂浓度	ST110-03 喷头		IDK120-03 喷头	
	0.275% Don-q	0.1% Score	0.275% Don-q	0.1% Score
0.01%	24.29	16.66	21.67	12.58
0.03%	22.90	17.06	19.70	13.14
0.05%	22.87	17.41	18.39	13.58
0.07%	23.42	17.99	20.20	14.50
0.1%	26.81	20.36	21.78	15.69

添加助剂之后雾化区变化不仅体现在液膜长度的变化，如图 3-30，当药液为水分散性粒剂溶液时，对 ST110-03 喷头来说，边缘破碎不断加剧，液膜中出现孔洞，且不断增加，液膜边缘逐渐变薄，雾化波纹区域逐渐减小。直到添加浓度为 0.1%，波纹区域消失。对 IDK120-03 喷头来说，当药液为水分散性粒剂溶液时，边缘破碎加剧，网纹状液丝出现，液膜中出现孔洞，且不断增加。相比未添加助剂的乳油药液，两类喷头的喷雾扇面中孔洞较大，其密度较小。当药液为乳油水溶液时，随着助剂添加浓度的增加，破碎区网纹状结构发生变化，且网纹面积不断增大，液膜中孔洞不断增大。

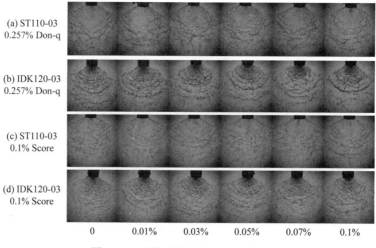

(a) ST110-03
0.257% Don-q

(b) IDK120-03
0.257% Don-q

(c) ST110-03
0.1% Score

(d) IDK120-03
0.1% Score

0　　　0.01%　　0.03%　　0.05%　　0.07%　　0.1%

图 3-30　助剂浓度对药液雾化的影响

对每种喷头来说，无论农药剂型为水分散性粒剂还是乳油，当添加浓度为 0.1%，药液雾化的液膜结构相似。

Don-q 和 Score 溶液体系不同，Don-q 在水溶液中为悬浮液，而 Score 在水溶液中为乳浊液，当加入助剂之后，两溶液的体系可能随助剂浓度的变化而不断发生变化。结合 3.4.2.2 结果分析，随着助剂浓度的增加，表面张力不断减小，但是液膜长度并未随助剂浓度的变化而不断增大或者减小。Butler Ellis 研究发现，雾滴的大小及液膜长度受药液中微乳雾滴的数量影响。Dexter、Qin、Hilz 研究发现，药液中固体分散物质对于雾滴谱及液膜破碎形式没有影响。然而 Downer、Stainier 发现固体分散物质更易使雾滴粒径增大。Miller 提到 Dombrowski 和 Fraser 等使用低表面张力溶液研究雾化效果，发现液膜结构变化不大。结合 3.4.1.3 研究结果得出，表面张力与其他性质、微乳球及固体分散物质共同影响药液雾化。

3.4.2.4　射流喷头雾滴结构

按照 3.4.2.1（5）方法观察水溶液、0.05% 有机硅溶液、0.1% Score 溶液产生雾滴中是否含有气泡，结果如图 3-31～图 3-33 所示。

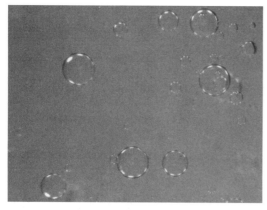

图 3-31　IDK120-03 喷头喷雾水溶液时雾滴结构

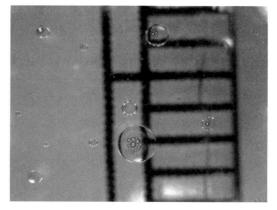

图 3-32　IDK120-03 喷头喷雾 0.05%
助剂溶液时雾滴结构

图 3-33　IDK120-03 喷头喷雾 0.1%Score 溶液时雾滴结构

　　图中显示，使用射流防飘喷头喷雾过程中，如药液中含有一定量表面活性剂或者药液为乳油时，雾滴中含有一定的气泡，但是喷雾水溶液或者药液为悬浮液体系时雾滴中无气泡结构存在，此部分试验结果与图 3-30、图 3-32 显示结果一致。

3.4.2.5　雾滴粒径谱图变化

　　按照 3.4.2.1（6）测试不同溶液雾化之后的雾滴粒径变化，结果如图 3-34、图 3-35 所示。对 ST110-03 和 IDK120-03 喷头来说，随着助剂添加浓度的增加，雾滴粒径均先增加后减小，最大值均出现在 0.03%附近。对 Don-q 水溶液来说，增幅降幅都较为显著，对 Score 水溶液来说，变化不显著。但无论哪种剂型条件下，添加助剂之后粒径变化趋势与液膜长度变化呈现负相关性，即液膜长度变长，雾滴粒径减小，液膜长度变短，雾滴粒径变大。这与 Miller 及 Butler Ellis 等研究结果相同，即喷雾药液体系的理化性质变化对液膜长度与粒径之间的相关系数起决定性作用。

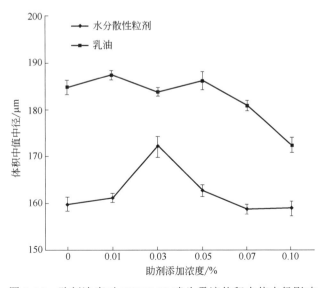

图 3-34　助剂浓度对 ST110-03 喷头雾滴体积中值中径影响

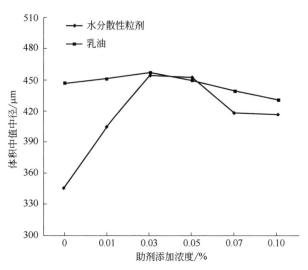

图 3-35　助剂浓度对 IDK120-03 喷头雾滴体积中值中径影响

3.4.3　雾化压力对雾化过程的影响

3.4.3.1　不同压力雾化研究

（1）材料与仪器　美国 DRS 公司高速摄影仪、光源 Hid Light HL-250；激光雾滴粒径测试仪（Spraytec，英国马尔文仪器公司）；标准扇形雾喷头（德国 Lechler，ST110-02、ST110-03、ST110-04）；空气射流喷头（德国 Lechler，IDK120-02、IDK120-03、IDK120-04）；喷雾天车（德国百瑞）；喷杆；载玻片（7.5cm×2.5cm）；聚四氟乙烯薄膜胶带。试验药液为自来水。

（2）雾滴粒径测定　如图 3-36 所示,利用激光粒径分析仪分别在 0.2MPa、0.3MPa、0.4MPa 下对 ST110-02、ST110-03、ST110-04、IDK120-02、IDK120-03 和 IDK120-04 进行测试。测试喷头安装于喷杆上之后喷雾雾形呈现 100%叠加，测试点所在横向水平线距离喷头中心 50cm，测试点之间距离 10cm。共 11 个测试点，每点测试重复三次。定义喷雾扇面为 y、z 轴组成的面，定义测试点连线为 y 轴。测试点的三维坐标依次是（0，−50，0）、（0，−40，0）、（0，−30，0）、（0，−20，0）、（0，−10，0）、（0，0，0）、（0，10，0）、（0，20，0）、（0，30，0）、（0，40，0）、（0，50，0），测试时同时使用 3 个喷头，喷头间距为 50cm。

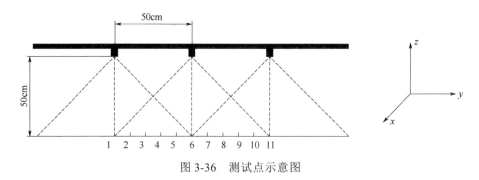

图 3-36　测试点示意图

Spraytec 分析仪采集雾滴样本时激光光束垂直穿过喷雾扇面，采集时间为 10s，采集样本数不少于 3000 个，激光光束直径约为 1.8cm。

（3）雾滴运动轨迹测定　利用高速摄影技术在 0.3MPa 下分别对 ST110-03 和 IDK120-03 喷头进行研究，观测雾滴运动轨迹。记录过程中天车以 1.3m/s 带动喷杆匀速运动，沿 x 轴方向行走。测试点分别为 3、4、5、6。靶标同样为载玻片与贴有聚四氟乙烯薄膜的载玻片。使用镜头为定焦镜头，靶标水平放置。使用变焦镜头时，靶标分别水平放置和 50°放置。每次测试重复三次。以测试点 6 为例描述靶标放置情况，如图 3-37 所示。当靶标水平放置时，靶标表面平行于 xy 平面，靶标较长的边缘平行于 y 轴，靶标中心坐标为（0，0，0）。当靶标 50°放置时，靶标较长的边缘与 y 轴正方向夹角为 50°，靶标中心坐标依然为（0，0，0）。

摄影机与光源几乎成一条垂直于喷雾扇面的直线，光源放置于靶标及匀光板的后面。高速摄影仪记录视频时参数如下：帧数 6000fps；像素 512×424；快门速度 1/6000s；曝光时间 16μs。

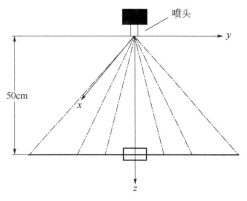

图 3-37　靶标放置位置

3.4.3.2　雾滴粒径分布

在 0.2MPa、0.3MPa、0.4MPa 下对 ST110-02、ST110-03、ST110-04 喷头进行测试，结果如图 3-38、图 3-39 所示。

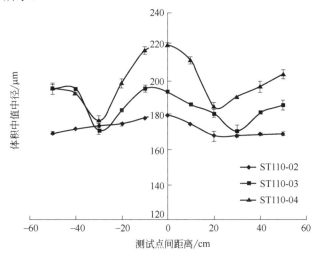

图 3-38　0.3MPa 下 ST110-02、ST110-03、ST110-04 喷头雾滴体积中值中径变化图

对于 ST110-02、ST110-03、ST110-04 喷头，在 0.3MPa，测试点雾滴粒径呈现波浪型，峰高出现在测试点 6 处，即测试区域的中心。雾滴体积中值中径从中心处向两侧逐渐减小后逐渐增大。随着喷头孔径的增大，波峰与波谷之间的数值差不断增大，数值差依次是 12.2μm、22.8μm、44μm。但是对于同一喷头，在同一测试点，随着压力的增大雾滴体积中值中径不断减小，波峰与波谷之间的数值差并未随着压力的增大而增大或者减小，而是变化不大。

在 0.2MPa、0.3MPa、0.4MPa 下对 IDK120-02、IDK120-03、IDK120-04 喷头进行测试，结果如图 3-40、图 3-41 所示。

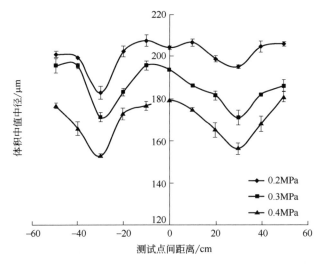

图 3-39　0.2MPa、0.3MPa、0.4MPa 下 ST110-03 喷头雾滴体积中值中径变化图

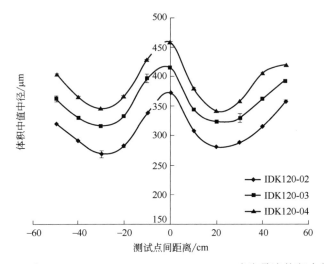

图 3-40　0.3MPa 下 IDK120-02、IDK120-03、IDK120-04 喷头雾滴体积中值中径变化图

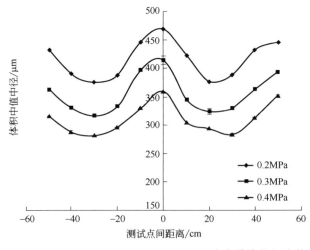

图 3-41　0.2MPa、0.3MPa、0.4MPa 下 IDK120-03 喷头雾滴体积中值中径变化图

对于 IDK120-02、IDK120-03、IDK120-04 喷头，在 0.3MPa，测试点雾滴体积中值中径仍然呈现波浪型，峰高出现在测试点 6 处，即测试区域的中心。雾滴体积中值中径从中心处向两侧逐渐减小后逐渐增大。随着喷头孔径的增大，波峰与波谷之间的数值差不再增大或者减小，数值差基本保持在 116.5μm。对于同一喷头，在同一测试点，随着压力的增大雾滴体积中径仍不断减小，波峰与波谷之间的数值差同样未随着压力的增大而增大或者减小，而是变化不大。

如图 3-42、图 3-43 所示，通过对测试点雾滴谱的分析发现，不管对 ST 系列喷头还是 IDK 系列喷头，从测试点 6 到 11，小雾滴所占比例不断增加，大雾滴所占比例不断减少。同时 IDK 系列喷头产生雾滴比 ST 系列喷头产生雾滴的体积中值中径大得多。

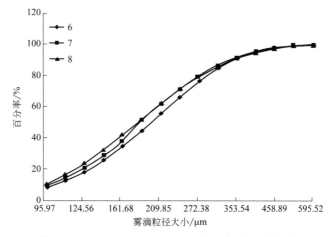

图 3-42　0.3MPa 下 ST110-03 喷头产生的雾滴谱

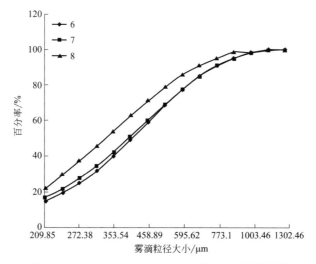

图 3-43　0.3MPa 下 IDK120-03 喷头产生的雾滴谱

3.4.3.3　雾滴运动轨迹

为了全面了解雾滴谱、雾滴特性的变化。利用高速摄影仪观察并研究雾滴测试点的雾滴样本的大小、运动轨迹变化。

由图 3-44、图 3-45 可知，当使用定焦镜头时，测试点 6 处的雾滴样本的运动轨迹分为三种方向，依次是从左上方撞击到靶标表面、垂直下落、从右上方撞击到靶标表面。但是测试点 4、5 处，雾滴的运动轨迹分为两种方向，依次是左上方撞击到靶标表面、从右上方撞击到靶标表面，这与喷头的安装角度有关。试验定义靶标较长边缘为 x 轴，将 x 轴上任意一点定义为原点，并且定义雾滴与靶标的撞击角度为雾滴运动轨迹与 x 轴负方向的夹角。测试点 6 处的雾滴与靶标的撞击角度依次为（$<90°$，$=90°$，$>90°$），测试点 4、5 处的雾滴与靶标的撞击角度为（$<90°$，$>90°$）。由此可见喷杆喷雾下，雾滴与靶标撞击的角度有一定的变化。

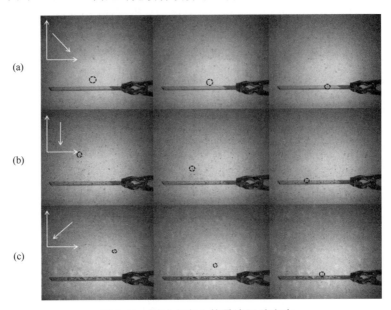

图 3-44　测试点中心的雾滴运动方向

注：（a）（b）（c）分别代表雾滴的三类运动方向（$<90°$、$=90°$、$>90°$）；
每行图片按照标记雾滴运动的先后顺序排列

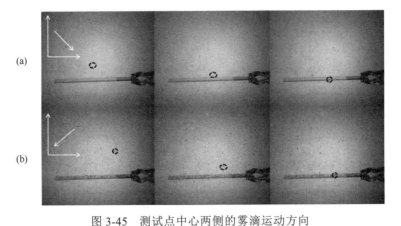

图 3-45　测试点中心两侧的雾滴运动方向

注：（a）（b）分别代表雾滴的两类运动方向（$<90°$、$>90°$）；每行图片按照标记雾滴运动的先后顺序排列

3.5　综合研究结论

雾滴雾化是一个十分复杂的力学过程，这里主要研究了不同喷头（气吸型射流防飘喷头 IDK120-02、IDK120-03，标准扇形雾喷头 ST110-02、ST110-03 和空心圆锥雾喷头 TR80-02、

TR80-03）的雾滴粒径及其雾滴分布特征曲线。研究结果显示，喷头类型对雾化特性和雾滴粒径分布有显著影响，因此喷头类型可以经由雾滴粒径和速度影响雾滴沉积。

根据粒径分布特性曲线研究结果，基于最小二乘法原理，结合数据回归分析方法，确定了各喷头雾滴粒径分布方程的具体形式和方程内各项系数，之后使用 F 检验对雾滴粒径方程的计算值与试验的测量值的吻合程度进行检验，各方程的相关指数都在 0.8 以上，计算值与测量值吻合程度高。

使用 PIV 粒子图像测速技术对各喷头的雾化过程进行捕捉，并测试各喷头雾化区的速度场、雾化扇面液膜长度和喷雾扇面角度等雾化特性，获得了各喷头的雾滴速度阈值。

通过测试雾滴雾化过程和雾滴粒径分布发现：对于相同流量的喷头，生成大雾滴的喷头其雾化流场速度较低，生成小雾滴的喷头其雾化流场速度较高，推测这一现象是由能量守恒原理造成的，但因此内容不在本研究范围内，建议后续研究可进一步展开。

根据 PIV 粒子图像测速系统拍摄到的照片，发现液膜长或是喷雾扇面角大的喷头生成的雾滴小，建议对雾滴粒径、液膜长度和喷雾扇面角间的关系作进一步研究。

乳油药液使液力式喷头液膜显著减小，边缘破碎加剧，穿孔破碎明显增加，雾滴粒径显著增大，而水分散性粒剂溶液与水溶液的雾化过程相似。助剂浓度增大，液膜区长度先减小后增大，雾滴粒径先增加后减小，雾化区发生不同程度的形态变化。乳油药液与助剂可以使射流喷头产生液包气结构的雾滴。助剂对水分散性粒剂的雾化过程影响更为显著。

利用激光粒径仪分别在 0.2MPa、0.3MPa、0.4MPa 下对 ST110-02、ST110-03、ST110-04、IDK120-02、IDK120-03 和 IDK120-04 进行测试，发现在同一测试点，同一喷头雾滴体积中值中径随压力增大而减小。

参考文献

[1] 杨希娃, 代美灵, 宋坚利, 等. 雾滴大小、叶片表面特性与倾角对农药沉积量的影响. 农业工程学报, 2012, 28(3): 70-73.

[2] 何雄奎. 改变我国植保机械和施药技术严重落后的现状. 农业工程学报, 2004, 20(1): 13-15.

[3] Oerke E C. Crop losses to pests. The Journal of Agricultural Science, 2006, 144(01): 31-43.

[4] Hilz E, Vermeer A W P. Spray drift review: The extent to which a formulation can contribute to spray drift reduction. Crop Protection, 2013, 44: 75-83.

[5] 高希武. 我国害虫化学防治现状与发展策略. 植物保护, 2010, 3(4): 19-22.

[6] Maynagh B M, Ghobadian B, Jahannama M R, et al. Effect of electrostatic induction parameters on droplets charging for agricultural application. Journal of Agricultural Science and Technology, 2009 11(3): 249-257.

[7] 农业部全国农业技术推广服务中心. 全国植保专业统计资料二〇一二年. 北京: 农业部全国农业技术推广服务中心, 2013.

[8] 袁会珠, 杨代斌, 闫晓静, 等. 农药有效利用率与喷雾技术优化. 植物保护, 2011, 37(5): 14-20.

[9] 袁会珠, 齐淑华, 杨代斌. 药液在作物叶片的流失点和最大稳定持留量研究. 农药学学报, 2000, 2(4): 66-71.

[10] 宋坚利. "П"型循环喷雾机及其药液循环利用与飘失研究. 北京: 中国农业大学, 2007.

[11] 周海燕, 杨炳南, 严荷荣, 等. 我国高效植保机械应用现状及发展展望. 农业工程, 2014, 4(6): 4-6.

[12] 李烜, 何雄奎, 曾爱军, 等. 农药施用过程对施药者体表农药沉积污染状况的研究. 农业环境科学学报, 2005, 24(5): 957-961.

[13] 祁力钧, 傅泽田, 史岩. 化学农药施用技术与粮食安全. 农业工程学报, 2002, 18(6): 203-206.

[14] 邱德文. 我国生物农药产业现状分析及发展战略的思考. 生物产业技术, 2011, (5): 40-43.

[15] 郑文钟, 应霞芳. 我国植保机械和施药技术的现状、问题及对策. 农机化研究, 2008, (5): 219-221.

[16] 环境保护部发布. 国家环境保护"十二五"规划[J]. 中国环保产业, 2012(1): 7-12.

[17] Fife J P, Ozkan H E, Derksen R C, et al. Feasibility of using conventional equipment for application of biological pesticides.

presented at the The 15th International Plant Protection Congress, Beijing, China, 2004.

[18] 杨雪玲. 双圆弧罩盖减少雾滴飘失的机理与试验研究. 北京: 中国农业大学, 2005.

[19] 孙文峰, 王立君, 陈宝昌, 等. 农药喷施技术国内外研究现状及发展. 农机化研究, 2009, 31(9): 225-228.

[20] 何雄奎. 试论我国植保机械与施药技术. 中国森林病虫, 2010, 29(z1): 1-3, 6.

[21] 何雄奎, 刘亚佳. 农业机械化. 北京: 化学工业出版社, 2006.

[22] 何雄奎. 药械与施药技术. 北京: 中国农业大学出版社, 2013.

[23] 李宝筏. 农业机械学. 北京: 中国农业出版社, 2003.

[24] Bache D H, Johnstone D R. Microclimate and spray dispersion. Chichester, England: Ellis Horwood, 1992.

[25] Dorr G J. Minimising environmental and public health risk of pesticide application through understanding the droplet-canopy interface: [Doctor of Philosophy]. Australia: The University of Queensland, 2009.

[26] Ebert T A, Taylor R A J, Downer R A, et al. Deposit structure and efficacy of pesticide application. 1: Interactions between deposit size, toxicant concentration and deposit number. Pesticide Science, 1999, 55(8): 783-792.

[27] Bouse L F, Carlton J B. Droplet-size control in sprayer systems. Studies in Environmental Science. Elsevier, 1984, 24: 171-189.

[28] 刘秀娟, 周宏平, 郑加强. 农药雾滴飘移控制技术研究进展. 农业工程学报, 2005, 21(1): 186-196.

[29] Franz E, Bouse L F, Carlton J B, et al. Aerial spray deposit relations with plant canopy and weather parameters. Transactions of the ASAE, 1998, 41(4): 959-966.

[30] Foqué D, Nuyttens D. Effects of nozzle type and spray angle on spray deposition in ivy pot plants. Pest Management Science, 2011, 67: 199-208.

[31] Foqué D, Pieters J G, Nuyttens D. Effect of spray angle and spray volume on deposition of a medium droplet spray with air support in ivy pot plants. Pest Management Science, 2014, 70: 427-439.

[32] Beck B, Brusselman E, Nuyttens D, et al. Improving the biocontrol potential of entomopathogenic nematodes against Mamestra brassicae: Effect of spray application technique, adjuvants and an attractant. Pest Management Science, 2014, 70: 103-112.

[33] Hewitt A J. Spray drift: Impact of requirements to protect the environment. Crop Protection, 2000, 19: 623-627.

[34] Wolf R E. Drift-reducing strategies and practices for ground applications. Journal of Pesticide Safety Education, 2013, 15: 62-69.

[35] Salyani M. Droplet size effect on spray deposition efficiency of citrus leaves. Transactions of the ASAE, 1988, 31(6): 1680-1684.

[36] Hewitt A J. Droplet size and agricultural spraying, part I: Atomization, spray transport, deposition, drift and droplet size measurement techniques. Atomization and Sprays, 1997, 7(3): 235-244.

[37] Wolf R E, Daggupati N P. Nozzle type effect on soybean canopy penetration. Presented at the 2006 ASAE Annual Meeting, 2006, Paper Number: 061163.

[38] Wolf R E, Daggupati N P. Nozzle type effect on soybean canopy penetration. Applied Engineering in Agriculture, 2009, 25(1): 23-30.

[39] Derksen R C, Zhu H, Ozkan H E, et al. Determining the influence of spray quality, nozzle type, spray volume, and air-assisted application strategies on deposition of pesticides in soybean canopy. Transactions of the ASABE, 2008, 51(5): 1529-1537.

[40] Czaczyk Z. Influence of air flow dynamics on droplet size in condition of air-assisted sprayers. Atomization and Sprays, 2012, 22: 275-282.

[41] Vallet A, Tinet C. Characteristics of droplets from single and twin jet air induction nozzles: A preliminary investigation. Crop Protection, 2013, 48: 63-68.

[42] Fritz B K, Hoffmann W C, Bagley W E, et al. Measuring droplet size of agricultural spray nozzles-Measurement distance and airspeed effects. Atomization and Sprays, 2014, 24(9): 747-760.

[43] Wang S, Dorr G J, Khashehchi M, et al. Performance of selected agricultural spray nozzles using Particle Image Velocimetry. Journal of Agricultural Science and Technology, 2015, 17(3): 601-613.

[44] 王淑杰, 张伟, 何海兵, 等. 典型植物叶片对农药润湿特性及持药量的影响. 吉林大学学报(工学版), 2013, 43(增刊): 564-568.

[45] 陆军. 喷雾药液在靶标植株上的沉积与润湿研究. 镇江: 江苏大学, 2010.

[46] 袁会珠, 齐淑华. 植物叶片对药液的最大承载能力初探. 植物保护学报, 1998, 25(1): 1-2.

[47] 杨晓东, 尚广瑞, 李雨田, 等. 植物叶表的润湿性能与其表面微观形貌的关系. 东北师大大学报(自然科学版), 2006, 38(3): 91-95.

[48] 徐广春, 顾中言, 徐德进, 等. 稻叶表面特性及雾滴在倾角稻叶上的沉积行为. 中国农业科学, 2014, 47(21): 4280-4290.

[49] 石辉, 王会霞, 李秋秋. 植物叶表面的润湿性及其生态学意义. 生态学报, 2011, 31(15): 4287-4298.

[50] Uk S, Courshee R J. Distribution and likely effectiveness of spray deposits within a cotton canopy from fine ultralow-volume spray applied by aircraft. Pesticide Science, 1982, 13(5): 529-536.

[51] Duga A T, Defraeye T, Hendrickx N, et al. Sprayer-canopy characterization using field experiments and CFD modelling. //Molto E, Val L, Juste F, et al. The 12th Workshop on Sustainable Plant Protection Techniques in Fruit Growing. Valencia, Spain, 2013.

[52] Nairn J J, Forster W A, van Leeuwen R M. Influence of spray formulation surface tension on spray droplet adhesion and shatter on hairy leaves. New Zealand Plant Protection, 2014, 67: 278-283.

[53] 顾中言. 影响杀虫剂药效的因素与科学使用杀虫剂的原理和方法Ⅱ. 植物类型与杀虫药剂滞留量. 江苏农业科学, 2005, (4): 46-50.

[54] 袁会珠, 齐淑华, 杨代斌. 21世纪的农药使用技术. //植物保护21世纪展望暨第三届全国青年植物保护科技工作者学术研讨会. 重庆, 1998: 84-88.

[55] 刘丰乐, 张晓辉, 马伟伟, 等. 国外大型植保机械及施药技术发展现状. 农机化研究, 2010, 32(3): 246-248, 252.

[56] Dorr G J. Modelling the influence of droplet properties, formulation and plant canopy on spray distribution. //Balsari P, Carpenter P I, Cooper S E. International Advances in Pesticide Application 2010 conference. Cambridge, England, 2010, 99: 341-350.

[57] 金士良, 李毅, 蒋瑞靓. SU16型喷嘴雾化性能仿真分析. 计量测试与检定, 2010, 20(6): 3-6.

[58] 罗瑶. 植保机械喷头内部流场的数值模拟. 长沙: 湖南农业大学, 2008.

[59] Butler Ellis M C, Tuck C R, Miller P C H. The effect of some adjuvants on sprays produced by agricultural flat fan nozzles. Crop Protection, 1997, 16: 41-50.

[60] Miller P C H, Butler Ellis M C. Effects of formulation on spray nozzle performance for applications from ground-based boom sprayers. Crop Protection, 2000, 19: 609-615.

[61] Butler Ellis M C, Tuck C R, Miller P C H. How surface tension of surfactant solutions influences the characteristics of sprays produced by hydraulic nozzles used for pesticide application. Colloids and Surfaces A: Physicochemical and Engineering Aspects, 2001, 180(3): 267-276.

[62] Qin K, Cloeter M, Tank H, et al. Modeling the spray atomization of emulsion embedded agricultural solutions. Journal of ASTM International, 2010, 7(10): 1-9.

[63] Cloeter M D, Qin K, Patil P, et al. Planar laser induced fluorescence (PLIF) flow visualization applied to agricultural spray nozzles with sheet disintegration: Influence of an oil-in-water emulsion. //ILASS-Americas 22nd Annual Conference on Liquid Atomization and Spray Systems. Cincinnati, OH, USA, 2010.

[64] Nuyttens D, Baetens K, De Schampheleire M, et al. Effect of nozzle type, size and pressure on spray droplet characteristics. Biosystems Engineering, 2007, 97(3): 333-345.

[65] Butler Ellis M C, Swan T, Miller P C H, et al. PM — Power and Machinery: Design Factors affecting Spray Characteristics and Drift Performance of Air Induction Nozzles. Biosystems Engineering, 2002, 82(3): 289-296.

[66] Sidahmed M M. A theory for predicting the size and velocity and droplets from pressure nozzles. Transactions of the ASAE, 1996, 39(2): 385-391.

[67] 杨希娃. 农药雾滴在典型作物上的沉积特性研究. 北京: 中国农业大学, 2012.

[68] 杨希娃, 周继中, 何雄奎, 等. 喷头类型对药液沉积和麦蚜防效的影响. 农业工程学报, 2012, 28(7): 46-50.

[69] 谢晨. 农药雾滴雾化及在棉花叶片上的沉积特性研究. 北京: 中国农业大学, 2013.

[70] 张文君. 农药雾滴雾化与在玉米植株上的沉积特性研究. 北京: 中国农业大学, 2014.

[71] Dorr G J, Hewitt A J, Adkins S W, et al. A comparison of initial spray characteristics produced by agricultural nozzles, 2013, 53: 109-117.

[72] 张慧春, Dorr G, 郑加强, 等. 扇形喷头雾滴粒径分布风洞试验. 农业机械学报, 2012, 43(6): 53-57, 52.

[73] 宋坚利, 刘亚佳, 张京, 等. 扇形雾喷头雾滴飘失机理. 农业机械学报, 2011, 42(6): 63-69.

[74] Thompson J C, Rothstein J P. The atomization of viscoelastic fluids in flat-fan and hollow-cone spray nozzles. Journal of Non-Newtonian Fluid Mechanics, 2007, 147(1-2): 11-22.

[75] Kashdan J T, Shrimpton J S, Whybrew A. Two-phase flow characterization by automated digital image analsis. Part 1: Fundamental principles and calibration of the technique. Particle & Particle Systems Characterization, 2003, 20: 387-397.

[76] Kashdan J T, Shrimpton J S, Whybrew A. Two-phase flow characterization by automated digital image analysis. Part 2: Application of PDIA for sizing sprays. Particle & Particle Systems Characterization, 2004, 21: 15-23.

[77] Kashdan J T, Shrimpton J S, Whybrew A. A digital image analysis technique for quantitative characterisation of high-speed sprays. Optics and Lasers in Engineering, 2007, 45: 106-115.

[78] Lad N, Aroussi A, Muhamad Said M F. Droplet size measurement for liquid spray using digital image analysis technique. Journal of Applied Sciences, 2011(11): 1966-1972.

[79] Lefebvre A H. Atomization and Sprays, Combustion: An International Series. Taylor & Francis, Washington, DC, 1989.

[80] Hijazi B, Decourselle T, Minov S V, et al. The use of high-speed imaging systems for applications in precision agriculture. //Bolosencu C, et al. New Technologies-Trends, Innovations and Research. InTech, 2012: 279-296.

[81] Mercer G, Sweatman W, Forster W A. A model for spray froplet adhesion, bounce or shatter at a crop leaf surface. //Fitt A D, Norbury J, Ockendon H, et al. Progress in Industrial Mathematics at ECMI 2008. Springer Berlin Heidelberg, 2010: 945-951.

[82] Mao T, Kuhn D C S, Tran H. Spread and rebound of liquid droplets upon iMPact on flat surfaces. AIChE Journal, 1997, 43(9): 2169-2179.

[83] Dorr G J, Kempthorne D M, Mayo L C, et al. Towards a model of spray-canopy interactions: Interception, shatter, bounce and retention of droplets on horizontal leaves. Ecological Modelling, 2014, 290: 94-101.

[84] Xu Q, Peters I, Wilken S, et al. Fast imaging technique to study drop iMPact dynamics of non-Newtonian fluids. Journal of Visualized Experiments Jove, 2014, (85): e51249.

[85] 覃群, 张群生. 单液滴碰壁理论模型. 武汉理工大学学报(信息与管理工程版), 2007, 29(10): 73-76.

[86] Šikalo Š, Marengo M, Tropea C, et al. Analysis of iMPact of droplets on horizontal surfaces. Experimental Thermal and Fluid Science, 2002, 25(7): 503-510.

[87] Šikalo Š, Tropea C, Ganić E N. IMPact of droplets onto inclined surfaces. Journal of Colloid and Interface Science, 2005, 286(2): 661-669.

[88] Chen R H, Wang H W. Effects of tangential speed on low-normal-speed liquid drop iMPact on a non-wettable solid surface. Experiments in Fluids, 2005, 39: 754-760.

[89] Mundo C, Sommerfeld M, Tropea C. Droplet-wall collisions: Experimental studies of the deformation and breakup process. International Journal of Multiphase Flow, 1995, 21(2): 151-173.

[90] Mundo C, Tropea C, Sommerfeld M. On the modeling of liquid sprays imping on surfaces. Atomization and Sprays, 1998, 8(6): 625-652.

[91] Range K, Feuillebois F. Influence of surface roughness on liquid drop iMPact. Journal of Colloid and Interface Science, 1998, 203(1): 16-30.

[92] Zhang X, Basaran O A. Dynamic surface tension effects in iMPact of a drop with a solid surface. Journal of Colloid and Interface Science, 1997, 187(1): 166-178.

[93] 朱卫英. 液滴撞击固体表面的可视化实验研究. 大连: 大连理工大学, 2007.

[94] Dong X, Zhu H, Yang X, et al. A system to investigate 3-D droplet iMPact on leaf surfaces. //2012 ASABE Annual International Meeting, 2012.

[95] Dong X, Zhu H, Yang X. Three-dimensional imaging system for analyses of dynamic droplet iMPaction and deposit formation on leaves. Transactions of the ASABE, 2013, 56(5): 1641-1651.

[96] Dong X, Zhu H, Yang X. Characterization of droplet iMPact and deposit formation on leaf surfaces. Pest Management Science, 2015, 71(2): 302-308.

[97] Mundo C, Tropea C, Sommerfeld M. Numerical and experimental investigation of spray characteristics in the vicinity of a rigid Wall. Experimental Thermal and Fluid Science, 1997, 15(3): 228-237.

[98] Hall D M, Burke W. Wettability of leaves of a selection of New Zealand plants. New Zealand Journal of Botany, 1974, 12(3): 283-298.

[99] Wirth W, Storp S, Jacobsen W. Mechanisms controlling leaf retention of agricultural spray solutions. Pesticide Science, 1991, 33(4): 411-420.

[100] 石辉，李俊义. 植物叶片润湿性特征的初步研究. 水土保持通报, 2009, 29(3): 202-205.

[101] Hall F R. Influence of canopy geometry in spray deposition and IPM. HortScience, 1991, 26(8): 1012-1017.

[102] Duga A T, Ruysen K, Dekeyser D, et al. Spray deposition profiles in pome fruit trees: Effects of sprayer design, training system and tree canopy characteristics. Crop Protection, 2015, 67: 200-213.

[103] 刘巧. 风送式喷杆喷雾机减少雾滴飘失的仿真模拟. 北京: 中国农业大学, 2009.

[104] Birch C J, Andrieu B, Fournier C, et al. Modelling kinetics of plant canopy architecture — concepts and applications. European Journal of Agronomy, 2003, 19(4): 519-533.

[105] Room P, Hanan J, Prusinkiewicz P. Virtual plants: new perspectives for ecologists, pathologists and agricultural scientists. Trends in Plant Science, 1996, 1(1): 33-38.

[106] Prusinkiewicz P. Modeling of spatial structure and development of plants: a review. Scientia Horticulturae, 1998, 74(1-2): 113-149.

[107] Prusinkiewicz P. Modeling plant growth and development. Current Opinion in Plant Biology, 2004, 7(1): 79-83.

[108] Prusinkiewicz P, Rolland-Lagan A G. Modeling plant morphogenesis. Current Opinion in Plant Biology, 2006, 9(1): 83-88.

[109] 李向，王媛妮，朱莉. 基于 L-System 的植物生长仿真研究与实现. 计算机仿真, 2007, 24(8): 295-298.

[110] 崔广义. 基于 L-System 模拟植物竞争生长的应用研究. 计算机与数字工程, 2009, 37(12): 135-138.

[111] Fournier C, Andrieu B. ADEL-maize: an L-system based model for the integration of growth processes from the organ to the canopy. Application to regulation of morphogenesis by light availability. Agronomie, 1999, 19: 313-327.

[112] Fournier C, Andrieu B, Sohbi Y. Virtual plant models for studying interactions between crops and environment. //13th European Simulation Symposium. Marseilles, 2001.

第4章

农药雾滴雾化可视化

当前我国农药利用率还处于较低的水平。据 Mectcalf 估算，从施药器械喷洒出去的杀虫剂只有 25%~50%能沉积在作物叶片上，不足 1%的药剂能沉积在靶标害虫上，只有不足 0.03%的药剂能真正起到杀虫作用。浪费的约 99%的农药还会飘失到空气中，污染大气，并造成严重的环境污染，时时刻刻威胁着动物和人类的生存。

药液从药液箱喷洒到生物靶标后有三个去向：①沉积在靶标作物上，为有效利用；②20%左右的细小雾滴飘失到大气中随大气进入循环系统；③流失到地面上，大容量喷雾会造成更多的药液损失，占 50%左右。西方发达国家的农药利用率较高，关键是研发和应用了新型施药器械及先进的施药技术。主要代表技术为：防飘施药技术、静电喷雾技术、循环喷雾技术、低容量喷雾技术、计算机扫描施药技术等，从而达到精确、定向对靶及农药回收的目的。这些先进的施药机具及施药技术能大大提高农药的利用率。如：循环式喷雾机农药利用率可达90%以上；防飘喷雾机可减少农药飘失量 70%以上，显著提高农药利用率；新型射流防飘喷头可使农药利用率在 90%以上。除了这些先进的施药器械外，在施药技术方面也进行了革新，采用低容量喷雾，每公顷仅用 100~200L 药液，大大节省了农药用量的同时，也提高了农药利用率。美国自 20 世纪 90 年代以来，开始研究面向农林生产的农药可变量精准使用，农药使用正向精密、微量、高浓度、强对靶性发展，由传统的高容量低浓度喷雾法向低容量高浓度喷雾法发展。如美国加州大学戴维斯分校研制了基于视觉传感器对成行作物实施精量喷雾的系统，美国伊利诺伊大学研究开发了基于机器视觉的田间自动杂草控制系统和基于差分 GPS 的施药系统等。农药精准使用（precision pesticide application, PPA）技术是利用现代农林生产工艺和先进技术，设计在自然环境中基于地图或基于实时视觉传感的农药精准施药方法。

近年来，国外植保机械的发展趋势为：①发展低容量喷雾技术，减少单位面积上的农药使用量，提高利用率，减少对环境的污染；②发展精准施药技术，采用计量施药、气流辅助施药以及自动对靶、卫星定位系统配套等精准施药技术；③效率很高的宽幅或高速喷雾的自走式、牵引式大中型机械将被广泛推广；④药液在线混合技术，减少操作人员和药液的直接接触，提高了机械的作业安全性。

我国施药技术落后，普遍采用的大容量喷雾使得农药利用率极低，不仅浪费大量农药，还会造成邻近作物的药害和环境污染。实际作业过程中，把从药械中喷出的雾滴归结成两类：大雾滴和小雾滴。大雾滴的优点是：附着性、穿透性好，但容易聚并流失、沉积效果差，且被作物冠层中上层枝叶截留，在冠层中沉积分布不均匀，如果施药方法不当，更容易产生药害。小雾滴有着很好的穿透性，低容量喷雾及高效低毒农药的产生使小雾滴在低容量喷施中成为可能，它提高了农药的着靶率，防治效果好，可使农药利用率提高到50%以上。英国作物保护委员会（BCPC）和美国农业与生物工程协会（ASABE）划分了各级喷头的粒径范围（表4-1），根据此标准，145～225μm的雾滴为小雾滴，但雾滴直径小，很容易受冠层内外气象条件等的影响而飘失到环境中去。J. H. Combellack等与Miller等相关试验表明，对于扇形雾喷头而言小于150μm的雾滴具有潜在飘失风险。

表 4-1　各级喷头的粒径范围

雾滴等级	简写	颜色等级	VMD/μm
非常细	VF	红色	<145
细	F	橙色	145～225
中等	M	黄色	226～325
粗	C	蓝色	326～400
非常粗	VC	绿色	410～500
超级粗	XC	白色	>500

Combellack与Hilbert将飘失定义为在施药过程中，直接从喷头喷出的一定数量的作物保护活性成分由于受到风的影响从靶标区域发生偏离。农药飘失受到多种因素的影响：①气象因素：风速，大气稳定性，空气湍流，温度和湿度；②施药因素：施药机具，喷头类型，喷头尺寸，喷雾压力，喷雾高度，雾流角度；③剂型：助剂，密度与黏度等。相关试验表明，雾滴粒径对飘失的影响比风速重要。减少农药飘失可以通过设计能够产生较大雾滴的喷头、降低喷雾压力、添加喷雾助剂等方式来实现。Gary Dorr等将作物生长模型与飘失模型相联合，大大提高了预测喷施具有不同生长结构的作物时可能产生的农药飘失的能力，此模型界面如图4-1所示。Cleugh与Raupach等阐述说明了气流遇到防风墙的运动过程（图4-2），Schampheleire等研究了边界防风结构对飘失沉积的影响，结果表明具有自然结构的防风墙较人工结构更能降低农药飘失的沉积距离，能够有效地减少飘失危害区域。

图 4-1　雾滴运动轨迹与作物模型

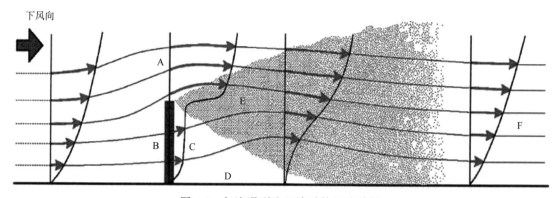

图 4-2 气流遇到防风墙时的运动过程

A—越过防风墙的气流；B—透过防风墙的气流；C—逃逸气流；D—静风区；E—混流区；F—再均衡区

4.1　雾化过程分析方法

这里比较了 PDIA 雾滴图像分析法、数码成像法和高速摄影法这三种方法在研究药液雾化机理与动力学特性方面的优缺点以及测试的便捷性，创建了一个雾滴雾化过程可视化研究平台，为分析喷头雾化特性、雾化过程模拟与模型建立提供了一种有效的新型研究方法。

4.1.1　雾滴图像分析技术——PDIA

4.1.1.1　系统组成

PDIA 系统主要由主控单元、激光雾滴图像采集单元和三维坐标架构成，如图 4-3（a）～图 4-3（c）所示。三部分配套使用可以抓拍并测量不同点的图像，雾滴粒径、速度数值和方向角等信息。主控单元包括激光脉冲光源、稳压电源和图像处理系统三个部分。PDIA 激光雾滴图像采集单元包括照射装置、CCD 相机（图像采集装置）与喷头三个部分。

(a) 主控单元

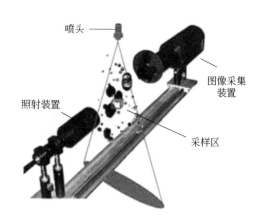

(b) 激光雾滴图像采集单元

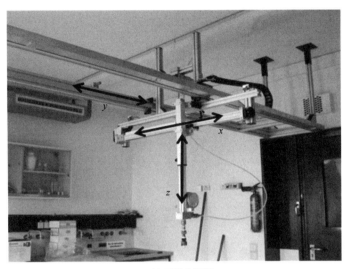

(c) 三维坐标架

图 4-3　PDIA 雾滴图像分析系统

　　激光脉冲器可产生双脉冲激光，这个脉冲激光可以记录雾滴瞬间的运动状态，使某个时刻的喷雾场连续曝光 2 次，从而得到 2 张照片或 1 个雾滴在一张照片中的 2 个清晰影像。照射装置可产生有一定光照强度的脉冲光源，以背光的方式照射到待测量的喷雾场区域。图像采集装置主要为 CCD 相机，所得图像的分辨率为 1008×1008。图像处理系统搭载了 VisiSizer 图形计算软件，此计算平台是 PDIA 方法的重要组成部分，操作界面如图 4-4 所示。它可以实时分析所得到的一系列图像，也可对计算机中存储的图像进行分析，可得到雾滴平均直径、平均速度、平均表面积以及空间角度等数值信息。稳压电源为测试系统提供稳定电能。三维坐标轴可在 x、y、z 三个方向移动，有助于获得更全面的雾滴数值信息。

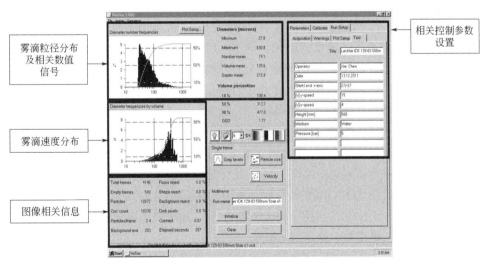

图 4-4　VisiSizer 操作界面

4.1.1.2　测试原理

　　PDIA 系统既可获得雾滴粒径数值又可测量雾滴速度。它的工作原理是脉冲光源发出一束激光光束，该光束从喷雾场背面照亮喷雾的某一区域，图像采集装置将照亮区域的阴影图像快速采集。图像处理系统可以高达 30 帧/s 的速度对该图像进行分析，分析系统通过雾滴的投影轮廓分析计算其尺寸，并通过分析多幅图像建立雾滴粒径分布谱。用双脉冲照射的方法，利用粒子径迹追踪技术，该系统可以测量雾滴粒子的速度。其原理是双脉冲照射可以在某个时刻使每个粒子产生两个清晰的投影，或者在同一张图像中生成两个投影，或者在连续的两张图片中生成影像，然后利用一定算法分析其图像，即可得到雾滴速度。粒子径迹分析如图 4-5 所示。

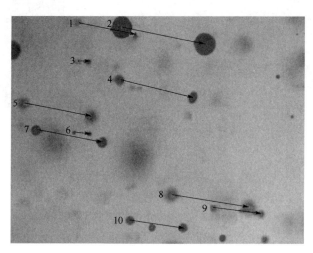

图 4-5　粒子径迹分析图

4.1.1.3　系统特征

　　PDIA 雾滴图像分析技术是一种基于图像处理技术的测试方法，它利用一系列计算方法来分析两相流图像。与其他粒径测试方法如三维多普勒激光粒子动态分析仪（phase-doppler particle dynamic analyzer，PDA）相比，数字图像处理方法可以用来确定某一特定喷雾区域内单一雾滴的属性，例如粒径、速度、形状等信息。PDIA 系统所使用的图像处理技术与利用光散射原理的 PDA 技术相比，能更简便地得到相关数值信息。Herbst 等比较了 PDIA 与 PDA 所得到的雾滴粒径数值，发现这两种测试方法的结果具有较好的一致性。PDIA 方法的另一特征也是最为重要的特征是能够记录并存储相关图像，为研究人员提供了一种便捷的手段来观测得到了哪些图像数据，或者说哪些方面没有被检测到。此外，PDIA 系统可以对非球形雾滴进行测量，而这一特性是 PDA 技术所不具备的，这就迫使利用 PDA 进行测试时，要尽可能远离喷头下方。但是，靠近喷头下方的区域正是非常重要的雾化过程发生区域，初始雾滴在此区域内形成。虽然 PDIA 系统具有上述优点，但局限是它不能获得动态的图像信息，系统所用透镜固定后，无法调节焦距，并且视野较小，无法获得同一时刻的整体图像，对分析雾滴运动轨迹存在一定误差，使用成本较高。

4.1.2　数码成像技术——DIA

　　数码成像（数码照相）是用数字式照相机记录物体光学影像，并转换成数字信息存储下来，然后处理成照片的一种新型照相技术。随着数码相机精度的不断提高，价格越来越低廉，作为近景摄影测量重要手段的数码相片成像应用愈加广泛。CCD（电荷耦合元件）或CMOS（互补金属氧化物半导体）是数码相机的核心部分，是数码相机用来感测光线、取代银盐成像的组件，它直接关系到最后相片的分辨率及品质。目前，数码照相法已应用在了植被覆盖率测算、草坪颜色评价、刑事勘察、套摹笔迹检验中，贺梅英等还将此方法应用在了测量液体黏滞系数的实验中，并且实验结果所达到的精度可接受。数码照相法已在科研工作中得到大量应用，因此，这里将此种方法应用到研究雾滴雾化过程之中，为研究雾化过程提供新的思路。

4.1.2.1 系统组成

由于数码相机操作的便捷性，数码成像技术的系统组成较简单，由数码相机（相机型号：佳能G11）、三脚架和喷雾系统构成，如图4-6所示。将数码相机固定于三脚架上，将其放置在喷雾扇面的正前方，拍摄高度以获取目标图像高度为基准，不断调节三脚架与喷雾扇面之间的距离，以能获得清晰图像为准。根据室内光照强度与拍摄目标决定是否使用额外光源进行补光。

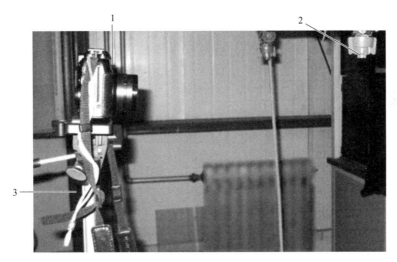

图 4-6　数码成像系统

1—数码相机；2—喷雾系统；3—三脚架

4.1.2.2 测试原理

数码相机是光、机、电一体化的产品，在光线作用下，可将光线作用强度转化为电荷的积累，再通过模数转换芯片转换成数字信号，数字信号经过压缩以后由相机内部的快闪存储器或内置硬盘卡保存，因而可简单快速地把数据传给计算机，然后根据需求修改图像。

4.1.2.3 系统特征

数码照相法的构成较简单，在雾滴雾化过程测试中，使用方便且能迅速搭建测试平台。数码相机设有自动平衡功能，影像色彩不受光源色温影响。它具有曝光增益功能，即使在光线较暗的情况下，仍能较快捷地拍摄照片。此种方法易操作，使用成本低，但局限性是相机的快门速度较低，无法获得清晰的快速运动的物体图像与动态视频。

4.1.3　高速摄影图像分析技术——HSCIA

高速摄影的出现起初是为了满足弹道学研究所提出的要求，至今已从军事应用领域扩展到民用，从工业到医学、生物技术，从宏观机械运动到微观机制的研究。高速摄影是把高速运动过程或高速变化现象的空间信息和时间信息联系在一起的记录方法。空间信息是以图像来表现的，而时间信息以摄影频率或曝光时间来说明。高速摄影感光介质记录了丰富的空间信息和时间信息。张建生等利用高速摄影对水中气泡运动规律进行了研究，获得了较为详细的关于气泡的参量。邱发平等运用高速摄影的方法对跌落冲击加速度进行了测试，结果表明使用此种方法测量产品的跌落加速度是完全可行的。汪斌等利用高速摄像机拍摄了炸药水下爆炸气泡自由场脉动过程，结果表明采用合适的照明光源后，利用此方法能够满足气泡脉动的测试要求。畅里华等用高速摄影技术研究了高压气体膨胀驱动空气-水界面的瑞利-泰勒不稳定性，并获得了空气－水界面的不稳定性清晰图像。欧阳的华等采用高速摄影技术，对烟火药水下燃烧喷口处的气泡进行了试验研究，用得到的图像估计了气泡的体积并获得了其变化的加速度。朱桂蓉等用高速摄影技术研究了液膜从透平静叶出口边的撕裂现象，得到了一系列关于高速气流速度和液膜流量对液膜撕裂长度和临界韦伯数影响的结果。洪江波等将高速摄影技术应用到了室内水下爆炸的实验研究，结果表明实验数据与理论经验公式基本吻合。Werner、Donghun Lee 等利用高速摄影技术对旋转离心式雾化机理进行了试验研究。综上，高速摄影作为一种专门的可视化新技术，已显示出其特有的优势。因此，本章利用高速摄影法开发并搭建了植保用喷头雾化机理测试平台，为雾滴雾化机制的研究创建新方法。

4.1.3.1 系统组成

本系统由高速摄影机 Lightning RDT™(PLUS)（美国 DRS 公司）、光源 Hid Light HL-250（上海安马实业有限公司）、三脚架以及搭载操控软件 MiDAS2.0 的计算机构成。将高速摄影机固定在三脚架上，将其放置在喷雾扇面的正前方，不断调节拍摄距离，以能获得清晰图像为准。将磨砂玻璃与光源放置在喷雾扇面另一侧，为达到匀光效果，本系统使用磨砂玻璃以达到匀光的要求。为保证磨砂玻璃不发生破裂，应与喷雾扇面保持一定距离。高速摄影机与光源见图 4-7，本研究建立的喷头雾滴雾化机理研究平台如图 4-8 所示，软件操作界面见图 4-9。

(a) 高速摄影机   (b) 光源

图 4-7　高速摄影机与光源

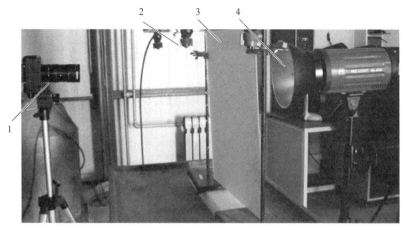

图 4-8　喷头雾滴雾化机理研究平台

1—高速摄影机；2—喷雾系统；3—磨砂玻璃；4—光源

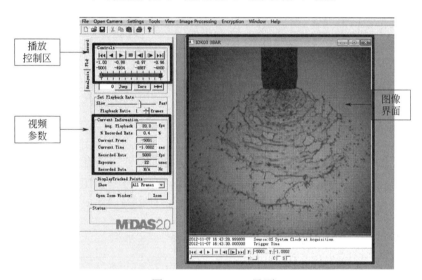

图 4-9　MiDAS2.0 界面

4.1.3.2　测试原理

　　高速摄影是一种光学测量方法，利用光对物体的反射、投射、折射、衍射等特性，观察事物的变化规律。此种方法的整体过程包括光信息变换、信息传输、时间分解、信息记录和信息处理。即当拍摄一个物体时，该物体上反射的光被摄像机镜头收集，使其聚焦在摄像器件的受光面上，再通过摄像器件把光能转变为电能，即得到了"视频信号"。光电信号很微弱，需通过预放电路进行放大，再经过各种电路进行处理和调整，最后得到的标准信号可以送到记录媒介上记录下来，或通过传播系统传播或输送到监视器上显示出来。

　　用高速摄影法进行测试时，需要根据测试目的进行光源位置的调节以及决定是否需要匀光，在本平台中选用磨砂玻璃以达到匀光的效果。根据拍摄目的的不同，需要不断调节摄像机焦距与快门，此方法的快门速度 1/100000～1/5000s，不断调整焦距直至视频窗口中出现清晰的图像。由于此方法拍摄时间短，需掌握好适宜的拍摄时间，以达到较好的拍摄效果。

4.1.3.3　系统特征

高速摄影法可以记录运动速度快的物体图像，并可对视频或每一帧的图像进行追踪分析，从而可以观察并获得雾滴的动力学特性。还可在每一帧的图像中选取分析对象，并对其进行速度、位移、加速度等信息的手动或自动分析从而获得相应数据。与普通相机相比，高速摄影可以拍摄到复杂、多变的物体运动过程，比如气液两相流过程；能获得雾滴动力学特性信息，借助第三方图形处理软件的计算还可得到雾滴粒径信息。由于高速摄影图像分析技术能够获得实时的图像数据，同时具备便捷的数据分析功能，因此利用此技术建立了喷头雾化机理研究平台，为研究喷头的雾化过程提供了便利的测试手段。

综上所述，本章采用的喷头雾化过程可视分析研究方法包括雾滴图像分析技术——PDIA、数码成像技术——DIA 以及高速摄影图像分析技术——HSCIA。PDIA 技术可以获得雾滴雾化过程中的大量图像数据，并且分辨率较高；但无法获得连续的图形数据，因此在数据分析过程中存在一定误差，使用成本高。数码成像技术也可获得较为清晰的图像，在操作上较简单，使用成本低；但快门速度达不到试验要求，因此只能进行定性分析。高速摄影图像分析技术在操作过程中较灵活，能够实时记录运动物体的动态信息，具有较强的数据分析能力。本章建立了可用于测试雾化过程的高速摄影图像分析技术试验平台，为雾化过程的可视化研究提供方法基础。

4.2　雾化过程可视化

针对 ST 与 IDK 喷头的雾化特性利用上述三种方法进行了可视化研究。直观观察 2 种类型供试喷头的雾化过程，并记录图像与再现，为喷头雾化特性的模拟与模型建立提供真实可信的数据，同时也为进一步研究新型防飘喷头的雾化特性以及新型喷雾设备的生产提供理论基础。

4.2.1　PDIA 雾滴粒径可视化

4.2.1.1　PDIA 雾滴粒径可视化研究平台构建

研究对象为德国 Lechler 公司的扇形雾喷头 ST110-03 和 IDK120-03，喷雾压力 0.3MPa，试验介质为清水。

4.2.1.2　PDIA 可视化研究方法

使用的 PDIA 系统由 PDIA 和三维坐标架构成，二者配套使用可以抓拍并测量不同点的图像以及雾滴粒径、速度和方向角等信息。由于系统搭载了 VisiSizer 图形计算软件，可以直接得出雾滴粒径与速度数值等信息。PDIA 使用的光源为激光脉冲器产生的激光，CCD 数字摄像机以 30 帧/s 的速度捕捉图像，图像最大分辨率 1008×1008。PDIA 采用背光式设计，最大视野为 5cm。

由于 PDIA 系统的最大视野为 5cm，无法同时获得整体图像，因此对液膜区域进行分区拍摄。建立如图 4-10 所示的图像获得位置图。喷头所在位置为原点（0, 0, 0），x 轴垂直于喷雾扇面，y 轴平行于喷雾扇面，z 轴为喷雾扇面中轴线，z 轴正方向为垂直向下。PDIA 测试系统与三维坐标架如图 4-11 所示。

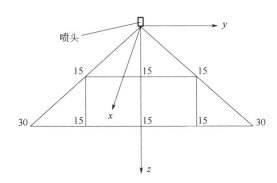

图 4-10　图像获得位置示意图（单位：mm）

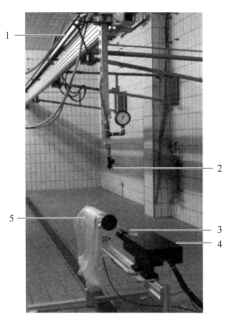

图 4-11　PDIA 雾滴图像分析系统

1—三维坐标架；2—喷头；3—放大器；
4—脉冲激光器；5—数字摄像机

4.2.1.3　研究结果与分析

PDIA 系统通过搭载的 VisiSizer 图形处理软件计算后可直接得到雾滴粒径数值。ST110-03 与 IDK120-03 喷头在压力 0.3MPa、高度为 500mm 处的测试结果见表 4-2。

表 4-2　测试结果

测试项目	ST110-03	IDK120-03
平均表面积/μm^2	65.9	84.5
平均体积/μm^3	76.0	107.5
平均速度/m/s	2.5	3.0
最小直径/μm	27.8	30.9
最大直径/μm	321.1	694.6
最小速度/(m/s)	0.6	0.5
最大速度/(m/s)	18	19.9
D_{V10}/μm	57.0	86.9
D_{V50}/μm	115.5	247.1
D_{V90}/μm	271.0	458.3

PDIA 系统使用了粒子径迹追踪技术，即在一张雾滴影像中，脉冲激光器发射了两次脉冲，因此可捕捉到雾滴的运动轨迹，得到运动速度等数值，如图 4-12、图 4-13 所示。图 4-12 中由箭头连接的两个雾滴为在两次脉冲间隔期由 CCD 数字摄像机拍摄到的同一雾滴运动轨迹。然后通过中控系统所搭载的 VisiSizer 软件计算得到雾滴速度与空间角度等信息。但此系统无法直接获得位移、加速度以及动能数据。

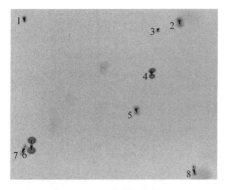

图 4-12 雾滴运动轨迹图

ID	Diameter	Velocity	Angle	X	Y
1	96.59	1.78	2.86	94	161
2	152.59	2.59	3.95	920	179
3	82.05	1.25	0.00	803	231
4	168.37	3.12	0.00	772	511
5	124.48	2.40	2.12	693	747
6	227.30	5.70	-2.68	133	973
7	96.83	4.11	-17.65	91	1004
8	92.76	4.12	6.20	999	1136

图 4-13 雾滴速度、空间角度信息

PDIA 除了可获得上述数值数据外,还可拍摄雾化图像,将所得图像按照拍摄位置拼接还原,如图 4-14(a)、图 4-14(b)所示。由图 4-14 可知,利用 PDIA 技术可获得非常清晰的喷头雾化过程静态图像,喷雾扇面边缘清晰。图中可见 ST 喷头的液膜、液丝与破裂孔洞结构;IDK 喷头的气泡结构、破裂孔洞与液丝结构。图 4-14(c)、图 4-14(d)分别为 ST 与 IDK 喷头的局部细节图像,图中清晰可见上述的各个结构,并且雾滴边缘清晰。虽然通过拼接可以获得完整的液膜图像,但是由于不是同一时刻的图像,分析雾滴运动轨迹存在一定误差。此系统的 CCD 数字摄像机的最大视野仅为 5cm,无法调整焦距,不能获得液膜全景图像。由于此技术拍摄速度不够,无法获得动态视频。

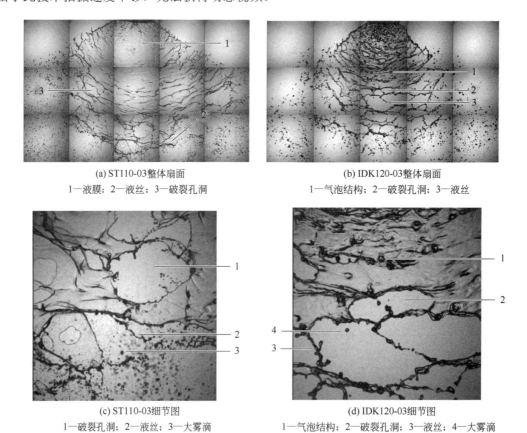

(a) ST110-03整体扇面
1—液膜;2—液丝;3—破裂孔洞

(b) IDK120-03整体扇面
1—气泡结构;2—破裂孔洞;3—液丝

(c) ST110-03细节图
1—破裂孔洞;2—液丝;3—大雾滴

(d) IDK120-03细节图
1—气泡结构;2—破裂孔洞;3—液丝;4—大雾滴

图 4-14 ST110-03、IDK120-03 整体扇面及细节图像

4.2.2　DIA 可视化

（1）DIA 可视化研究平台构建　研究对象为德国 Lechler 公司的扇形雾喷头 ST110-03 和 IDK120-03，喷雾压力 0.3MPa，试验介质为清水。

（2）DIA 可视化研究方法　使用佳能 G11 数码相机进行拍摄。相机快门速度 1～1/4000s，光圈 F2.8～F4.5，最大像素数 1040 万，外接闪光灯。数码相机的放置如图 4-6 所示，由于相机的闪光灯已达到本研究要求，所以未用其他光源。

（3）研究结果与分析　与 PDIA 相比，数码成像技术无法直接得出雾滴粒径与速度数据，需借助第三方计算软件获得。

使用手动对焦模式进行拍摄。由图 4-15（a），使用数码相机拍摄的图片可看出 ST 喷头的液膜、液膜下方的波纹结构、破裂孔洞与液丝，雾滴边缘模糊，在图中呈现出群落形式。在图 4-15（b）中，可看出 IDK 喷头的破裂孔洞与液丝结构，同样呈现出雾滴群落的形式，从图中无法看到气泡结构。由于相机的快门速度较低，无法获得清晰的快速运动的物体图像与动态视频。此技术只能针对所得到的图像进行定性描述，无法获得雾滴粒径、速度等定量数值。数码成像技术与 PDIA 技术相比，在针对局部细节问题的分析上具有一定局限性，此技术操作方便且使用成本低。

F4.0, 1/4000s, ISO 500　　　　　　　　　　F4.0, 1/4000s, ISO 500

(a) ST110-03喷头整体扇面　　　　　　　　(b) IDK120-03喷头整体扇面

1—液膜；2—破裂孔洞；3—液丝；4—雾滴群落　　1—破裂孔洞；2—液丝；3—雾滴群落

图 4-15　ST110-03 与 IDK120-03 喷头雾化过程图像

4.2.3　HSCIA 可视化

（1）HSCIA 可视化研究平台构建　高速摄影机 Lightning RTD^{TM}（PLUS）（美国 DRS 公司）、光源 Hid Light HL-250（上海安马实业有限公司），喷头采用德国 Lechler 公司的扇形雾喷头 ST110-03 和 IDK120-03，喷雾压力 0.3MPa，试验介质为清水。

（2）HSCIA 可视化研究方法　高速摄影系统由高速摄像机与控制软件（MiDAS2.0）构成。高速摄影机的帧数范围 25～100000fps，快门速度 1/100000～1/5000s，最大分辨率 512×512。高速摄影装置如图 4-8 所示。

高速摄影机与光源采用背光式放置，磨砂玻璃产生均匀的背光效果。光源预热后，打开摄影机并进行喷雾，调整焦距、快门速度与帧数，进行试拍。当一个固定视场中能够观测到一个靶标的多点运动时，即可选择此时帧数。当视频的相邻两帧出现同一雾滴运动轨迹且无拖尾虚化现象时，就选用此时的快门速度，本研究所选快门速度 1/4500s。确定焦距后，在喷头附近放置标尺并拍摄其图像，之后焦距不变进行正常喷雾试验。

（3）研究结果与分析　高速摄影无法直接得到雾滴粒径信息，需借助第三方图像处理软件获得。ST110-03 与 IDK120-03 喷头在压力 0.3MPa、高度为 500mm 处，经过计算软件得到的体积中值中径结果分别为 155.7μm、264.3μm，与 PDIA 所得数据的标准偏差分别为 18.32、17.64。

高速摄影技术可在每一帧的图像中选取分析对象，并对其进行速度、位移、加速度等信息的手动或自动分析从而获得相应数据。图 4-16、图 4-17 为利用此技术的分析功能，针对所选取的测量对象得到的分析结果。图 4-16 中箭头标记为所追踪的雾滴群落，表 4-3 中显示的数据为各个追踪标记的坐标（即雾滴群落的位置）、雾滴运动速度、位移、空间角度、加速度以及动能等数据。

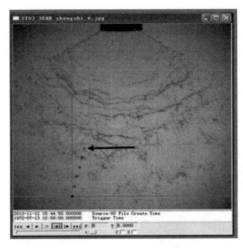

图 4-16　视频分析图像

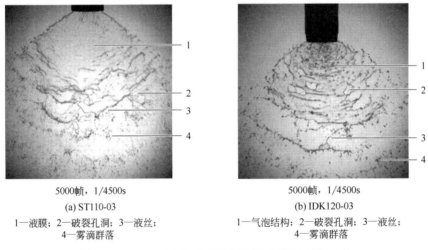

5000帧，1/4500s　　　　　　　　　　　5000帧，1/4500s
(a) ST110-03　　　　　　　　　　　　(b) IDK120-03
1—液膜；2—破裂孔洞；3—液丝；　　　1—气泡结构；2—破裂孔洞；3—液丝；
4—雾滴群落　　　　　　　　　　　　4—雾滴群落

图 4-17　ST110-03 与 IDK120-03 喷头扇面整体图像

图 4-17 为利用高速摄影技术所拍摄到的供试喷头雾化过程图像。从图中可以看出 ST、IDK 喷头具有上述的各个结构，但是与 PDIA 相比，气泡结构与雾滴边缘较模糊。这是由于此技术快门时间较短，导致像素低，不能清晰地分辨出雾滴边界。

表 4-3　雾滴速度、位移、空间角度等信息

相对距离 Pt.1/mm	总距离 Pt.1/mm	运动方向,Pt.1/(°)	速度, Pt.1/(mm/s)	加速度/(mm/s²)
0.31	0.31	−11.32	0.31	—
0.33	0.64	−12.51	0.33	0.03
0.31	0.95	−15.65	0.31	−0.02
0.35	1.3	−12.09	0.35	0.03
0.33	1.63	−10.48	0.33	−0.01

　　高速摄影技术的优点是能够记录并再现喷头雾化过程的动态视频，并可对视频或每一帧的图像进行追踪分析，从而可以观察并获得雾滴的动力学特性。IDK120-03 喷头液膜破裂及雾滴形成追踪分析图像序列如图 4-18 所示。图片序列中虚线区域所指示的是液膜破碎与雾滴形成过程。由图 4-18 可看出雾滴形成过程大致可分为液膜破裂、液丝连接、雾滴群落与单一雾滴形成四个部分。与 PDIA 相比，高速摄影技术所获得的动态视频可提供研究药液雾化特性与雾滴动力学特性在各个时刻内的直观图像数据。

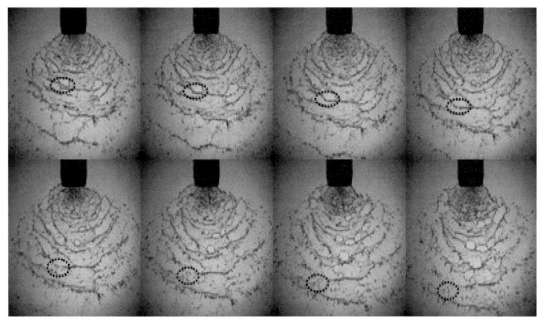

图 4-18　IDK120-03 喷头雾滴形成过程图像

4.2.4　研究结论

　　针对以上 3 种能够记录并分析喷头雾化过程的可视化技术，进行各项指标的综合比较，结果见表 4-4、表 4-5。

　　① PDIA 系统通过搭载的图形处理软件可直接获得精确的雾滴粒径、速度与运动角度等信息，具有一定的数据分析能力，可获得非常清晰的局部图像数据；但由于视野较小且焦距不可调，无法获得同一时刻的整体图像，对分析雾滴运动轨迹存在一定误差。

　　② 使用数码成像技术能够获得较为清晰的整体图像，可用其进行定性描述，使用方便且成本最低，但在数据获得上存在缺陷。

③ 高速摄影图像分析技术具有较高的快门速度，能够记录、分析高速运动物体的图像与视频。此技术可获得速度、加速度、动能等多项动力学数据，借助第三方图像处理软件可得到雾滴粒径数值，具有较强的数据分析能力。

表 4-4　成像能力比较

比较项目	帧数/fps	分辨率/pix	能否获得整体图像	能否获得动态视频
PDIA	30	1008×1008	否	否
高速摄影	25～100000	512×512	能	能
数码成像	30	3648×2736	能	否

表 4-5　数据分析能力比较

比较项目	雾滴粒径	运动速度	加速度	运动方向	动能
PDIA	√	√	×	√	×
高速摄影	×	√	√	√	√
数码成像	×	×	×	×	×

4.2.5　扇形雾喷头雾化特性

4.2.5.1　雾化特性研究平台构建

试验在中国农业大学药械与施药技术研究中心和德国联邦作物研究中心植保施药技术研究所（JKI-AT）进行。在喷雾压力 0.3MPa 下，使用 PDIA 雾滴图像分析法对德国 Lechler 公司生产的扇形雾喷头 ST110-03 和 IDK120-03 进行整体喷雾扇面的图像记录；对 ST110-01、ST110-02、ST110-03、ST110-04 喷头与 IDK120-01、IDK120-02、IDK120-03、IDK120-04 喷头沿扇面中心线方向进行图像记录。在喷雾压力 0.2MPa、0.3MPa、0.4MPa、0.5MPa、0.6MPa 下，对 ST110-03 和 IDK120-03 喷头沿扇面中心线记录图像，并在 500mm 高度处测定雾滴粒径（VMD）。

4.2.5.2　雾化特性研究方法

PDIA 测试系统如图 4-19 所示，其中脉冲激光器为点光源；建立坐标系如图 4-20 所示，喷头所在位置为原点（0，0，0），x 轴垂直于喷雾扇面，y 轴平行于喷雾扇面，z 轴为喷雾扇面中轴线，z 轴正方向为垂直向下。

对 ST110-03 和 IDK120-03 喷头进行整体喷雾扇面的图像记录坐标如表 4-6 所示。对标准扇形雾喷头 ST110-01、ST110-02、ST110-03、ST110-04 与防飘喷头 IDK120-01、IDK120-02、IDK120-03、IDK120-04 沿扇面中心线即 z 轴方向的测试点高度为 10～70mm，间隔 10mm。

测试过程中，将 PDIA 固定在底座上，喷头安装在装有位移感应器可进行三维空间移动的坐标架上垂直向下喷雾，操作人员通过向计算机输入程序指令控制坐标架在 y、z 轴方向运动，装有喷头的坐标架自动移动到指定位置后停止，保证了测试位置的精准并进行准确测量。

PDIA 所得的测试数据为统计值，为保证测试数据准确，测试过程中，在接近边界的测量点至少测量 3000 个雾滴，接近中心位置的测试点至少测量 5000 个雾滴，测试所用介质为清水。

(a) 中控系统

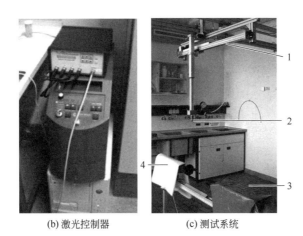

(b) 激光控制器　　　　　(c) 测试系统

图 4-19　PDIA 雾滴图像分析系统

1—三维坐标架；2—喷头；3—脉冲激光器；4—数字摄像机

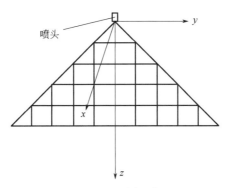

图 4-20　坐标系

表 4-6　整体扇面测试点坐标

	x/mm	y/mm	z/mm
0	±15	±30	0
0	±15	±30	15
0	±15	±30	30

4.2.5.3 研究结果与分析

（1）喷头类型对雾化区的影响　将 ST110-03 与 IDK120-03 喷头安装在喷头体上，在压力 0.3MPa 下进行正常喷雾，并采用 PDIA 记录雾化过程，对所得图像进行分析讨论，见图 4-21、图 4-22。

由图 4-21（a），本研究定义Ⅰ区为 ST110-03 喷头的液膜区，结合表 4-5 测试点坐标，以 O 为原点，水平向右为 y 轴正方向，垂直向下为 z 轴正方向建立直角坐标系。Ⅰ区中 A 点坐标（-28,12），B 点坐标（0,32），C 点坐标（25,14）。Ⅱ区为破裂区，D 点坐标（-26,27），E 点坐标（0,44），F 点坐标（24,27）。其他区域为雾滴区。ST110-03 喷头的液膜区形状类似扇形，面积较大，具有波纹结构；破裂区内的破裂孔洞呈现出不规则撕裂状。由图 4-21（b）可见，定义Ⅰ区为 IDK120-03 喷头的液膜区，建立直角坐标系。Ⅰ区中 A 点坐标（-17,9），B 点坐标（0,22），C 点坐标（15,9）。Ⅱ区为破裂区，D 点坐标（-27,22），E 点坐标（0,44），F 点坐标（24,23）。其他区域为雾滴区。IDK120-03 喷头的液膜区面积较 ST110-03 喷头小，存在气泡结构如图 4-22 所示，并在此区域内出现破裂孔洞。由于 IDK 喷头带有空气室，当液流通过喷头内部时，喷头内部压力下降导致空气被吸入喷头内，使得液体与空气混合才形成了液包气的结构。破裂区内未呈现波纹结构，气泡结构在此区域内由于内外压力的变化瞬间发生爆裂，导致液膜破裂，液丝结构在此区域内清晰可见。

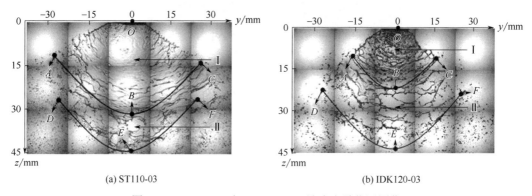

(a) ST110-03　　　　　　　　　　(b) IDK120-03

图 4-21　ST110-03 与 IDK120-03 号喷头雾化区图像

现有理论认为喷头的雾化过程分为三个阶段：首先是液体在压力作用下的液膜形成，进而液膜裂化形成液丝，最后在液丝与空气间的力学作用下断裂形成不同大小的雾滴。本研究通过对液力式雾化喷头的雾化过程大量试验研究发现：在喷头下方首先形成液膜区域；接着，液膜与周围空气发生两相流力学关系，其流体动力的不稳定性逐渐增大，液膜形成有规律的振动波（这一阶段的规律符合波纹理论）；随着振动加剧，液膜逐渐变薄，波幅逐步增大，由于发生能量的耗散，导致液膜发生穿孔破裂与周缘破裂，而后逐渐形成液丝，最后形成不同大小的雾滴。其规律与整个过程如图 4-21～图 4-23 所示。

（2）喷头孔径对雾化区的影响　图 4-24（a）～图 4-24（d）为 ST110-01、ST110-02、ST110-03、ST110-04 喷头在 0.3MPa 压力下从喷口至 60mm 处的雾化过程图像；图 4-24（e）～图 4-24（h）为 IDK120-01、IDK120-02、IDK120-03、IDK120-04 喷头在 0.3MPa 压力下从喷口至 60mm 处的雾化过程图像。

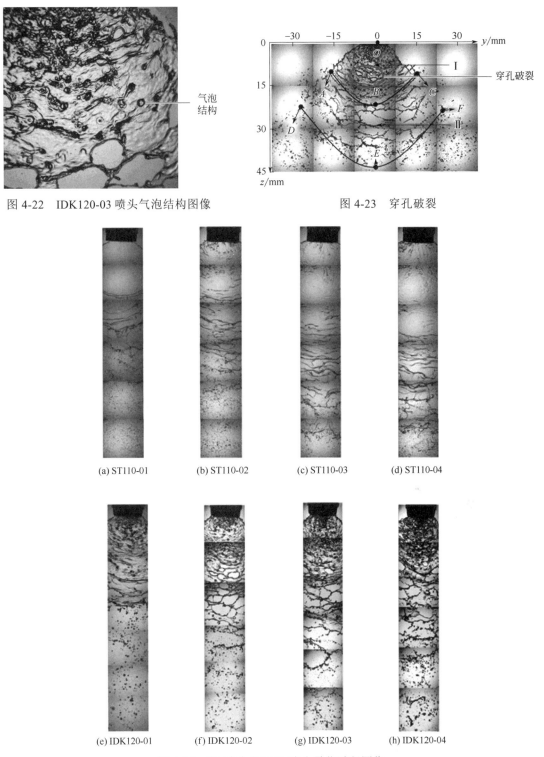

图 4-22　IDK120-03 喷头气泡结构图像　　　　　　图 4-23　穿孔破裂

(a) ST110-01　　(b) ST110-02　　(c) ST110-03　　(d) ST110-04

(e) IDK120-01　　(f) IDK120-02　　(g) IDK120-03　　(h) IDK120-04

图 4-24　ST 喷头和 IDK 喷头雾化过程图像

　　由图 4-24（a）～图 4-24（d）可知，随着 ST 喷头孔径的增大，液膜区长度即 z 方向长度由 20mm 逐渐增长至 40mm，波纹区-破裂区长度由 10mm 增长至 20mm。这是由于随着喷头型号增大，喷头孔径也逐渐增大，因此液膜厚度不断增加，液膜区长度逐渐增长。波纹结构随着喷头孔径的增大，波纹振动加剧、波幅增大，波纹结构的数量出现增多的趋势。发生穿孔破裂与周缘破裂的位置随着喷头孔径的增大而逐渐下移。ST110-01、ST110-02 喷头在距离喷口 50mm 高度过后雾化过程结束，雾滴大量形成；ST110-03 与 ST110-04 喷头则分别在距离喷口 60mm 和 70mm 高度过后完成雾化过程，雾滴大量形成。

由图 4-24（e）～图 4-24（h）可见，在 0.3MPa 压力下，IDK120-01 喷头的液膜区与破裂区并无明显分界。随着 IDK 喷头孔径的增加，液膜区气泡密度越大，破裂区长度由 10mm 增长至 20mm，发生周缘破裂的长度逐渐增长，雾滴较晚形成。IDK120-01、IDK120-02、IDK120-03、IDK120-04 喷头雾化过程结束，完全形成雾滴的位置分别为距离喷口 30mm、40mm、50mm 和 60mm 高度处。

（3）压力对雾化区的影响　图 4-25 为 ST110-03 与 IDK120-03 喷头在 0.2MPa、0.3MPa、0.4MPa、0.5MPa、0.6MPa 压力下的雾化过程图像，所用图像范围为 10～60mm；图 4-26 为压力对 ST110-03 与 IDK120-03 喷头雾化区长度的影响，雾化区长度按照比例计算得出。

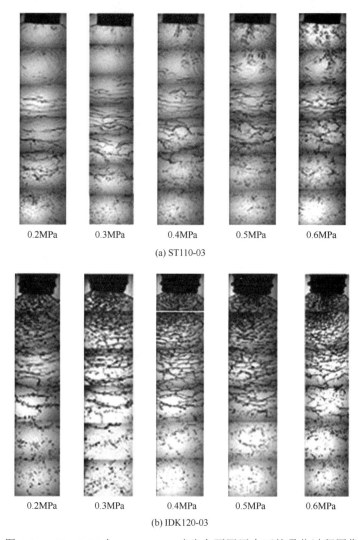

图 4-25　ST110-03 与 IDK120-03 喷头在不同压力下的雾化过程图像

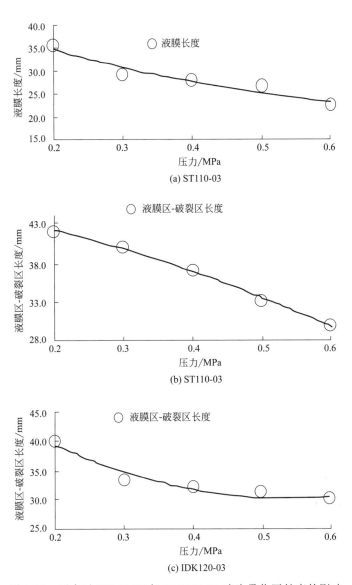

(a) ST110-03

(b) ST110-03

(c) IDK120-03

图 4-26　压力对 ST110-03 与 IDK120-03 喷头雾化区长度的影响

　　由图 4-25（a）与图 4-26（a）、图 4-26（b）可见，随着压力的升高，ST110-03 喷头液膜区域的长度由 35mm 降低至 22mm，降幅为 37%；液膜区-破裂区长度由 42mm 降低至 30mm，降幅为 29%。在 500mm 处测得的雾滴粒径随着压力的升高由 128.2μm 降低至 92.4μm，降幅为 28%。波纹结构在压力较低的情况下纹路清晰，呈线状连接，随着压力的升高液膜不稳定性增加，波纹振幅逐渐加大，形成穿孔破裂与周缘破裂的位置有所提前。由图 4-25（b）与图 4-26（c）可得，随着压力的升高，IDK120-03 喷头液膜区-破裂区长度由 40mm 降低至 30mm，降幅为 25%。穿孔破裂逐渐加剧，发生周缘破裂的长度不断减小。在 500mm 处测得雾滴粒径由 366.4μm 降低至 285.3μm，降幅为 22%。

　　ST 与 IDK 喷头雾化区长度都有所降低，这是由于压力逐渐升高，增大了液体的惯性力，而惯性力又与液体的表面张力相互抵消，降低了液膜区域的稳定性，使得雾化区长度降低。

4.3　综合研究结论

从实际应用来看，对液力式喷头雾化过程进行理论与实践分析非常重要；开发了可将农药雾滴雾化过程可视化并能进行定量分析和记录的高速摄影图像分析技术；系统完善了液力式喷头雾滴穿孔破裂与周缘破裂的雾化理论，主要得到以下结果与结论。

（1）在综合雾滴图像分析技术和数码成像技术的基础上，创造性地开发出可将农药雾滴雾化过程可视化并能进行定量分析和记录的高速摄影图像分析系统。

（2）对三种雾滴雾化研究方法进行了比较，对研究结论从图像获取和数值获取两方面综合比较三种方法的优缺点，结果显示：PDIA 雾滴图像分析技术可获得大量、清晰的图像数据以及雾滴动力学信息，但无法获得动态视频并且使用成本昂贵；数码成像技术能获得大量图像信息，只能进行定性描述；高速摄影图像分析技术可获得雾滴运动的动态视频，对每一帧图像可进行在线分析，同时还可得到雾滴动力学数据信息，且操作简单便捷。

（3）采用 PDIA 雾滴图像分析法对液力式喷头的雾化过程进行研究，结果表明：

① ST 喷头具有面积较大的液膜区，破裂区内的破裂孔洞呈现不规则撕裂状；IDK 喷头液膜区面积较 ST 小，存在气泡结构，但并未发现波纹区，破裂区内液丝结构清晰可见。

② ST 与 IDK 这两种液力式雾化喷头的雾化过程为：在喷头下方首先形成液膜区域，液膜不断与周围空气发生摩擦后，其流体动力的不稳定性逐渐增大，使得波纹结构发生振动。随着振动加剧，波幅增大，导致液膜发生穿孔破裂。液膜逐渐变薄，在穿孔的边界处发生周缘破裂，逐渐形成液丝，最后雾滴形成。

③ 随着 ST 与 IDK 喷头孔径的增大，液膜区与破裂区长度逐渐增长，气泡密度增大。波纹振动加剧、波幅增大，波纹结构的数量出现增多的趋势。发生穿孔破裂与液丝破裂的位置随着喷头孔径的增大而逐渐下移，较晚形成雾滴。

④ 随着压力的增大，ST110-03 喷头的液膜长度由 35mm 降低至 22 mm，雾滴体积中径由 128.2μm 降低至 92.4μm；IDK120-03 喷头的液膜区-破裂区长度由 40mm 降低至 30mm，雾滴体积中径由 366.4μm 降低至 285.3μm。形成穿孔破裂与周缘破裂的位置有所提前，周缘破裂的长度不断减小。

参考文献

[1] 何雄奎. 改变我国植保机械施药技术严重落后的现象[J]. 农业工程学报, 2004, 20(1): 13-15.

[2] 李煊, 何雄奎, 曾爱军, 等. 农药施用过程对施药者体表农药沉积污染的研究[J]. 农业环境科学学报, 2005, 24(5): 957-961.

[3] Elliot J G. The influence of weather on the efficiency and safety of pesticide application[J]. Croydon: BCPC Publications, 1983: 98-109.

[4] 邵振润, 赵清. 更新药械改进技术努力提高农药利用率[J]. 中国植保导刊, 2004, 24(1): 36-37.

[5] 钱玉琴. 国内外农业施药技术研究进展[J]. 福建农机, 2006, (3): 26-29.

[6] Carolien Z, Ivar L. Combining novel monitoring tools and precision application technologies for integrated high-tech crop protection in the future (a discussion document)[J]. Pest Management Science, 2011, 67(6): 616-625.

[7] Miller P C H, Hadfield D J. A simulation of the spray drift from hydraulic nozzles[J]. J. Agric. Eng. Res., 1989, 42: 135-147.

[8] 徐汉红. 植物化学保护学[M]. 北京: 中国农业出版社, 2007.

[9] Combellack J H. Herbicide application: a review of ground application techniques[J]. Crop Protection, 1984, 3(1): 9-34.

[10] Cross J V, Berrie A M, Murray R A. Effect of drop size and spray volume on deposits and efficacy of strawberry spraying pesticide application[J]. Aspects of Applied Biology, 2000, 57: 313-320.

[11] Cunningham G P, Harden J. Reducing spray volumes applied to mature citrus trees[J]. Crop Protection, 1998, 17(4): 289-292.

[12] Knoche M. Effect of droplet size and carrier volume on performance of foliage-applied herbicides[J]. Crop Protection, 1994, 13(3): 163-178.

[13] Murphy S D, et al. The effect of boom section and nozzle configuration on the risk of spray drift[J]. J. Agric. Engng Res, 2000, 75: 127-137.

[14] Tucker T A. Absorption and translocation of 14 CImazapyr and 14 C-glyphosate in alligator weed(Alternanthera philoxeroides)[J]. Weed Technology, 1994, 8: 32-36.

[15] 袁会珠, 何雄奎. 手动喷雾器摆动喷施除草剂药剂分布均匀性探讨[J]. 植物保护, 1998, 3: 18-22.

[16] 曾爱军, 何雄奎, 陈青云, 等. 典型液力喷头在风洞环境中的飘移特性试验与评价[J]. 农业工程学报, 2005, 21(10): 78-81.

[17] 屠豫钦. 农药使用技术图解[M]. 北京: 化学工业出版社, 2001.

[18] Smith D B, Bode L E, Gerard P D. Predicting ground boom spray drift[J]. T ASAE, 2000, 43(3): 547-553.

[19] Combellack J H, Western N M, Richardson R G. A coMParison of the drift potential of a novel twin fluid nozzle with conventional low volume flat fan nozzles when using a range of adjuvants[J]. Crop Protection, 1996, 15(2): 147-152.

[20] Miller P C H, Merritt C R, Kempson A. A twin-fluid nozzle spraying system: A review of research concerned with spray characteristics, retention and drift. Proceedings[J]. Crop Protection , 1990: 243-250.

[21] Combellack J H. Loss of herbicides from ground sprayers[J]. Weed Res, 1982, 22: 193-204.

[22] Frost K R, Ware G W. Pesticide drift from aerial and ground applications[J]. Agric. Eng., 1970, 51 (8): 460-464.

[23] Bird S L, Esterly D M, Perry S G. Off-target deposition of pesticides from agricultural aerial spray applications[J]. J. Environ. Qual, 1996, 25, 1095-1104.

[24] Raupach M R, Woods N, Dorr G, et al. The entrapment of particles by windbreaks[J]. Atmospheric Environment, 2001, 35, 3373-3383.

[25] Schampheleire M D. Nuyttens D, Dekeyser D, et al. Deposition of spray drift behind border structures[J]. Crop Protection, 2009, 28: 1061-1075.

[26] Schwartz L W, Roux D, Cooper-White J J. On the shapes of droplets that are sliding on a vertical wall[J]. Physica D: Nonlinear Phenomena, 2005, 209(1-4): 236-244.

[27] 林志勇, 彭晓峰, 王晓东. 固体表面液滴在吹风作用下的振荡特性[J]. 热科学与技术, 2005, 4(1): 24-28.

[28] 林志勇, 彭晓峰, 王晓东. 固体表面振荡液滴接触角演化[J]. 热科学与技术, 2005, 4(2): 141-145.

[29] 成晓北, 黄荣华, 邓元望, 等. 柴油机喷雾撞壁的研究[J]. 车用发动机, 2001, 136(6): 1-7.

[30] 汪淼, 王建昕, 沈义涛, 等. 汽油喷雾碰壁和油膜形成的可视化试验与数值模拟[J]. 车用发动机, 2006, 166(6): 24-28.

[31] Lee S H, Ryou H S. Development of a new spray/wall interaction model[J]. International Journal of Multiphase Flow, 2000, 26(7): 1209-1234.

[32] Mundo C, Sommerfeld M, Tropea C. Droplet-wall collisions: Experimental studies of the deformation and breakup process[J]. International Journal of Multiphase Flow, 1995, 21(2): 151-173.

[33] Andreassi L S. Ubertini S, Allocca L. Experimental and numerical analysis of high pressure diesel spray-wall interaction [J]. International Journal of Multiphase Flow, 2007, 33(7): 742-765.

[34] Weiss C. The liquid deposition fraction of sprays impinging vertical walls and flowing films[J]. International Journal of Multiphase Flow, 2005, 31(1): 115-140.

[35] Kalantari D, Tropea C. Spray iMPact onto flat and rigid walls: Empirical characterization and modeling[J]. International Journal of Multiphase Flow, 2007, 33(5): 525-544.

[36] Egermann J, Taschek M, Leipertz A. Spray/wall interaction influences on the diesel engine mixture formation process investigated by spontaneous Raman scattering[J]. Proceedings of the Combustion Institute, 2002, 29(1): 617-623.

[37] 施明恒. 单个液滴碰击表面时的流体动力学特性[J]. 力学学报, 1985, 17(5): 419-425.

[38] 毛靖儒, 施红辉, 俞茂铮, 等. 液滴撞击固体表面时的流体动力特性实验研究[J]. 力学与实践, 1995, 17(3): 52-54.

[39] 张获, 谢永慧, 周屈兰. 液滴与弹性固体表面撞击过程的研究[J]. 机械工程学报, 2003, 39(6): 75-79.

[40] Pierce E, Carmona F J, Amirfazli A. Understanding of sliding and contact angle results in tilted plate experiments[J]. Colloids and Surfaces A: Physicochemical and Engineering Aspects, 2008, 323(1-3): 73-82.

[41] 闵敬春, 彭晓峰, 王晓东. 竖壁上液滴的脱落直径[J]. 应用基础与工程科学学报, 2002, 10(1): 57-62.

[42] 王晓东, 彭晓峰, 张欣欣. 水平壁面上液滴吹离的临界风速[J]. 应用基础与工程学学报, 2006, 14(3): 403-410.

[43] 赵东, 张晓辉, 蔡冬梅, 等. 基于弥雾机风机参数优化的雾滴穿透性和沉积性研究[J]. 农业机械学报, 2005, 36(7): 44-49.

[44] 邓巍, 孟志军, 陈立平, 等. 农药喷雾液滴尺寸和速度测量方法[J]. 农机化研究, 2011, 5: 26-30.

[45] Hislop E. C. Can we define and achieve optimum pesticide deposits?[J]. Asp. App. Bio., 1987, 14: 153-172.

[46] Tuck C R, Butler Ellis M C, Miller P C H. Techniques for measurement of droplet size and velocity distributions inagricultural sprays[J]. Crop Protection, 1997, 16(7): 619-628.

[47] Derksen R C. Droplet spectra and wind tunnel evaluation of Venturi and pre-orifice nozzles[J]. Trans. ASAE, 1999, 42(6): 1573-1580.

[48] Nuyttens D. Effect of nozzle type, size, and pressure on spray droplet characteristics[J]. Biosystems Eng., 2007, 97(3): 333-345.

第**5**章

双扇面喷雾施药雾化特征

农药的大量使用导致害虫的天敌和其他有益生物数量急剧减少，残留量的增加使病虫草抗药性不断增长，由此导致的恶性循环使环境污染越来越严重。长期落后的施药技术和施药器械是造成农药过量使用的根本原因之一。发达国家通过多年的研究，植保机械和施药技术形成了系统，重要的基础部件如喷头等，种类齐全，雾化性能良好稳定，防飘喷头早已普及。

喷头是雾化的重要部件，雾滴的大小、密度、分布状况很大程度上直接决定喷雾沉积均匀性和飘失大小。大容量喷雾产生的雾滴谱较广，很难达到精量喷雾的要求，广泛使用的圆锥雾喷头不能均匀地喷洒农药。化学除草剂由于没有与之配套的扇形雾喷头等先进的喷雾设施，除草效果大大降低，单位面积上使用的除草剂剂量大幅度增加，将造成周围作物的药害。新的喷洒部件可以优化雾滴粒径，降低施药液量，提高农药雾滴的中靶率，是评价农药喷雾质量的重要指标之一，因此对喷头的研究，尤其是与新型植保机械相匹配的喷头的研究，对于提高农药的沉积分布均匀性、减少飘失有着重要的意义。

5.1 国内外研究现状

5.1.1 技术发展状况

施药技术是农业生产的重要组成部分，伴随着农业生产的发展而进步。人类农业技术的发展经历原始农业—传统农业—现代农业，逐步向生态农业发展，施药技术也经历靠天收获—大容量防治—可持续防治，逐渐向无公害防治发展。研究发现，农药从药液箱向靶标传递的过程中，有效利用率很低。采用大容量喷雾方式喷洒时，只有20%的药剂沉积在冠层叶片上，黄瓜苗期喷雾，流失到地面的药剂量占到61.3%。目前采用新型喷头控制雾滴的飘失，采用风幕辅助气流技术、静电喷雾技术以及药液回收装置可以减轻由于沉积不均匀飘失带来的危害。采用防飘喷头可以使飘移污染减少33%～60%，LD喷头在扇形喷头后面安装空片，使药液环绕内腔涡动雾化成窄雾滴谱，易飘失的雾滴大大减少。气力式、机械式防风屏辅助阻挡雾滴的飘失和沉降，防风屏可以减少飘失65%～81%。采用气流辅助喷雾技术，可以显著提高雾滴在冠层的附着量。喷杆喷雾机上采用静电喷头，可以提高雾滴的附着率，比普通的喷头减少药液损失量多达65%。

研究发现，可以通过使用最佳设计和改变喷雾器的操作参数使雾滴脱靶率达到最小化。通过建立三维计算流体动力学（CFD）模型，在不降低生物药效的前提下减少飘移。还可利用拉格朗日粒子跟踪多相流模型，以及喷雾雾化模型模拟跟踪液滴的路径，综合考虑空气喷射速度、数量、喷头类型、位置和液体压力方向。

喷头上方沿喷雾方向强制送风，形成风幕，可以增大雾滴的穿透力，在风速较大时也可以工作，不会发生雾滴飘失现象，可以节约农药 20%～60%。进一步发展精准施药技术，实现选择性对靶施药，采用变量施药技术，不仅可以提高农药喷施的安全性能，提高附着率，还可以降低劳动作业成本，保护生态环境。

5.1.2 喷头的研究进展

喷头采用耐磨损的陶瓷、聚合物等材料，用途趋于专业化。农业生产中，生产者可以选择不同的喷头喷洒农药达到理想的防治效果。在欧美国家，人们高度认同喷头的作用，由喷洒不当、喷雾防治效果不好、飘失引起的法律问题，往往给施药者带来很大的代价。20 世纪发达国家研制了防飘和无飘失的喷头，用于实现均匀喷洒杀虫剂、杀菌剂、除草剂等，使农药有效利用率大大提高。目前国外针对提高沉积均匀性和减少飘失开发的新型喷头主要有：

低压扁扇形喷头（Turbo、TeeJet），美国喷雾公司开发的宽幅扁扇形喷头，与标准扇形雾喷头相比，在同样的压力下，宽幅扁扇形喷头具有相同的流量和雾型，低于 200kPa 时，可以产生较大雾滴，减少飘失，能以均匀的雾流分布提供好的覆盖。

吸入空气式喷头（ID、IDK），采用文丘里管设计，液流通过喷头内的前置孔时，由文丘里效应导致压力下降，空气被吸入喷头内，使气泡与喷雾药液混合，可以增大雾滴粒径，增强穿透性，减少飘失。Greenleaf 试验发现，ID、IDK 喷头可以显著降低 100μm 以下小雾滴的比例，吸入的空气可以加快喷雾速度。IDK 喷头的研制对减少飘失起到了至关重要的作用。

前置孔、混流室喷头（Turbo Flood），在喷头内将进液口处的前置孔和出液口混流室相结合，混流室吸收能量降低出口处压力，雾滴粒径更为均匀，提高雾量分布均匀性，正常工作压力下，产生的雾滴比标准扇形雾喷头大 30%～50%。

气泡雾化法由 Lefebvre 提出，把压缩空气注入到液体中，形成均匀稳定的泡状雾流，可以使注入气体的压力降低，喷雾粒径比其他常规雾化方式减小。较低的压力可以达到很好的雾化细度，流体黏度影响小，在精准施药、高效农业上逐渐得到应用。

吴罗罗等用药液横向分布试验台和风洞设备分别比较了德国 Lechler 公司生产的扇形雾喷头，结果表明，药液在喷幅内的回收率的大小与施药液量、VMD 等参数的大小成正比。降低喷雾高度、采用防飘喷头是减少药液飘失的重要措施。Jenson 通过四年的田间试验，研究了不同施药速度、不同风速下喷雾角度对苗后杂草的影响，发现扇形喷头前倾或后倾可以提高除草剂的防治效果，喷雾角度增大，靶标面积增大，防效逐渐提高，可以减少除草剂使用量 30%。

喷头主要满足覆盖率、飘失率、均匀性三个喷雾指标的不同要求。一般来讲，小雾滴的覆盖率要高于大雾滴，大雾滴抗飘失能力优于小雾滴，小雾滴的穿透力强于大雾滴。由于三者之间具有矛盾性，很难由单一的喷头满足要求。因此对于喷头的进一步研究，尤其是组合喷头沉积均匀性、防飘失性能的研究，对于优化农药使用技术有着极其重要的作用。

对于大多数叶片是垂直生长的单子叶植物来讲，单扇面喷头主要是靠机械惯性使雾滴沉积到叶片表面，而不是靠沉降作用。惯性作用使雾滴覆盖率、沉积密度大大降低，当喷头具有一定倾角时，可以具有很好的穿透作用，到达靶标位置，因此使用具有一定倾角的喷头喷雾对于垂直生长的植物来讲可以得到更好的沉积均匀性效果。Ebert 等在综述当今农药使用现状时提出，为确保田间施药最佳的生态、社会和经济效益，施药技术研究中应充分考虑雾滴大小、雾滴密度等对防治效果的影响。综合国内外研究进展，研究具有一定倾角的双扇面组合喷头的雾化特性可以提高农药沉积均匀性、减少农药飘失流失，是开展农药减量使用技术研究的目标之一。

5.1.3 雾滴雾化的研究

雾化粒径大小是评价喷头质量的重要指标，是影响喷药覆盖率的重要因素。研究表明，药效随着雾滴粒径的减小而提高。Knoche 结合施药过程中的参数对小雾滴的增效作用进行了归纳，发现小雾滴对不易润湿的靶标表面增效作用明显，对于垂直生长的植株施药时增效作用明显。Lefebvre 研究注入压力对气泡雾化的粒径影响，采用水作为雾化液体，较低的气体注入压力，研究表明，增大雾化压力，雾化平均粒径会减小。

农药喷洒作业时大部分液滴沉积在冠层顶部，中下层很少，无法对中下层和内部的病虫害进行有效的防治，使农药有效利用率下降。除了穿透能力、沉积均匀性，雾滴能否在靶标上滞留成为影响药效的最终因素。小于 100μm 的雾滴在不易润湿的叶片也能滞留；100～400μm 的雾滴滞留与雾滴粒径及雾滴表面张力有关，雾滴越细，表面张力越小，越易滞留。因此在保证穿透能力、减少飘失的前提下，降低雾滴的粒径大小对于防治效果至关重要。

利用粒径大小与沉积飘失的关系可以进一步优化喷头组合，改善喷头使用性能。Salyani 等研究了不同的喷头类型、喷雾高度、施药时间等参数对雾滴沉积的影响，利用荧光法测定沉积量，研究发现，雾滴沉积随着雾滴体积的增加而减少，喷雾高度对雾滴冠层穿透性具有明显作用，外部及低冠层位置的沉积量比内部及高冠层位置的沉积量大。何雄奎、宋坚利等研究了雾流方向角的变化对雾滴沉积的影响规律，研究表明，改变雾流方向角可以增加水平靶标上的沉积量，中下部靶标沉积量的增加程度比上部明显。陈志刚等采用理论与数值结合的方式研究分析了喷雾高度、喷头安装倾角、喷头间距对雾量分布变异系数的影响。宋淑然等在水稻喷雾试验中，研究了不同喷头在水稻某一区域的沉积量，得到水稻不同高度层面雾滴沉积的规律。朱金文等通过研究发现利用 VMD 小的雾滴处理叶片，较 VMD 大的雾滴药液的沉积量要多。

在通过优化雾滴雾化技术来解决农药飘失问题方面，国内外做了很多研究，主要有飘失因素、模型建立、防飘措施、防飘助剂及产品的开发等方面。宋坚利等使用相位多普勒粒子分析仪(PDPA) 对常规扇形雾喷头雾化产生的喷雾扇面中的雾滴粒径与运动速度分布进行了分析，提出了扇形雾喷头雾滴飘失机理。

目前，国内外针对防飘喷头的研究主要在单扇面喷头上，对于双扇面喷头的研究很少，部分研究也只是针对同一喷头的两个相同的扇面，对于同一喷头体不同扇面或相同扇面的气流影响、沉积均匀性、飘失及生物防治效果之间的差异还鲜有研究。常规单一喷头的研究中，雾滴要么细小，要么较粗，很少有雾滴谱范围较宽类型的喷头。小雾滴覆盖度大，靶标接触面积大，直径小于 100μm 的雾滴蒸发快，受气流影响严重。研究发现，在气流速度为 2.3m/s 时收集粒径 10μm 的雾滴结果为 15%，100μm 的雾滴结果为 92%，但随着粒径变大，大雾滴与靶标的接触面小，很难达到有效的防治效果，选择合适的粒径尤为重要，单一的喷头雾滴谱一般较窄。

综上所述，为寻求更为科学高效的施药方法，改进喷头雾化效果，增加雾滴对作物冠层的穿透性，提高农药在植物不同层次沉积的分布均匀性，提高农药的有效利用率，具有较宽范围雾滴谱的新型双扇面喷头的雾化特征，将成为喷洒部件研究的重点内容之一。

新型双扇面喷头可以优化雾滴粒径，降低施药液量，提高农药雾滴的中靶率。现有研究结果表明，降低雾滴粒径，雾滴在植物叶片可以更好地沉积分布，可以显著提高农药的剂量传递效率。田间喷洒药液时，在作物叶片形成一定的雾滴沉积分布密度就能有效地对病虫害进行防治。Matthews 研究显示，针对不同的病虫害，最佳的喷雾粒径不同，杀菌剂适宜采用的喷雾粒径在 50～150μm，除草剂适宜采用 250μm 的雾滴粒径。田间喷洒药液时，在作物叶片上形成一定的雾滴沉积分布密度就能有效地对病虫害进行防治。采用 70% 吡虫啉水分散粒剂防治小麦蚜虫时，雾滴在穗部达到 142 粒/cm^2 就能有非常好的防治效果。

5.2 双扇面组合喷头雾化特征

5.2.1 新型双扇面组合喷头

扇形雾喷头具有较好的喷洒均匀性，广泛应用于各种喷洒机具上防治病虫草害，在欧美国家已在除草剂、植物生长调节剂等喷洒方面逐渐取代圆锥雾喷头。现有研究表明，在喷头使用过程中，如果使喷头与机具行驶方向形成一定角度，雾滴的穿透性可以得到很大的改善。宋坚利、杨学军等研究表明，改变雾流方向角，药液在冠层中沉积分布会发生很大变化。Moser 通过改变雾流方向角提高了小麦植株冠层中下部沉积量，减少了药液流失到环境中。Matthews 通过试验研究发现将喷头倾斜 15°，雾滴可以在小麦穗部得到更好的沉积，比垂直向下喷射时的沉积量提高 40%。进入 21 世纪以来，人们加大了对这种具有不同倾角的组合式双扇面新型雾化喷头的研发力度，自 2010 年以来德国 Lechler 公司不断有新产品投放市场。

5.2.2 双扇面组合喷头雾滴雾化过程

（1）雾滴力学分析 雾滴从喷头喷出后，既有向下的速度，又有向前的行进速度。单个雾滴受力如图 5-1 所示。

图 5-1 中，惯性力 T；阻力 W；重力 G；空气浮力 A。每一个雾滴在上述力的作用下，整个流场内实现动态平衡，以牛顿力学方程表示：$\sum F=0$。

（2）雾流方向角 改变雾流方向角会改变雾滴的运动初始角度，从而改变雾滴的运动轨迹（图 5-2）。改变雾流方向角的同时可以改变扇形雾喷头气帘的角度，从而改变气帘后的空气流场，进一步改变空气中符合随机游动模型的细小雾滴的沉积形态。改变雾流方向角后，上层靶标对雾滴的阻挡作用减弱，雾滴倾斜入射，因此可以增加雾滴在中部和下部靶标的沉积，同时雾流后的空气流场改变，也可能增加细小雾滴的沉积。雾滴在中、下部靶标上比在上部靶标上沉积量的增加程度大得多。组合喷头的喷雾示意图如图 5-3 所示。

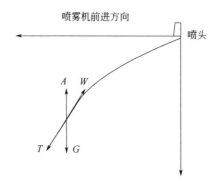

图 5-1 喷雾过程中单个雾滴受力分析

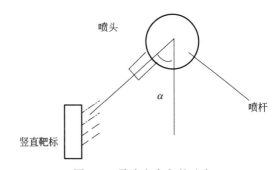

图 5-2 雾流方向角的改变

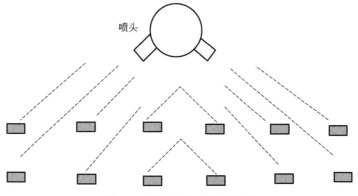

图 5-3 组合喷头喷雾示意图

在垂直靶标的沉积试验时，喷头角度偏转会改变雾滴的初始运动方向，从而增加垂直靶标对喷雾雾流的承受面积，提高雾滴对靶标的撞击沉积能力。因此会增加药液在靶标上的沉积量。喷头向后偏转时，会增加药液在靶标背面的沉积量。

叶片平展型作物的病虫害主要防治区域位于冠层中下部，可以通过调整雾流方向角减少喷雾量，提高作业效率，降低成本，减少对环境的污染。

（3）雾滴雾化空间分布可视化分析 利用激光偏光源（200mW，绿光，角度60°）、Nikon相机对 ST02+ST02、ST02+IDK02、IDK02+ST02、IDK02+IDK02、ST04、IDK04 组合喷头雾滴飘失情况进行可视化研究，观察不同喷头不同空间位置雾滴雾化密度及空间分布。

拍摄高度分别为距离喷头位置 10cm、20cm、30cm、40cm、50cm，得到不同喷头不同空间位置的雾滴分布图，如图 5-4 所示。

由图 5-4、图 5-5 可知，单扇面喷头喷雾扇面内，中心密度大，扇形雾两边密度小，距离喷头 40cm 时喷雾横截面呈椭圆形。ST 喷头雾滴粒径小，雾滴数量多，反射强，亮度较高。ST02+ST02 在距离喷头 40cm 时雾流形成明显的连桥现象，ST02+IDK02、IDK02+ST02 连桥现象也较为明显，IDK02+IDK02 连桥现象较弱，推测是由于夹带气流的相互作用，有利于沉积均匀性的提高。

药液的雾化实质是喷雾液体在喷雾机具提供的外力作用下克服自身的表面张力，实现比表面积的大幅增大的过程。喷雾扇面横向方向上，随着喷头距离增加小雾滴逐渐由中心区域向边缘区域扩散。喷雾扇面纵向方向上，距离喷头越远喷雾扇面中心区域的细小雾滴的比例越大。距离喷头越远，雾滴运动速度和夹带气流速度迅速衰减，喷雾扇面弯曲程度增大，细

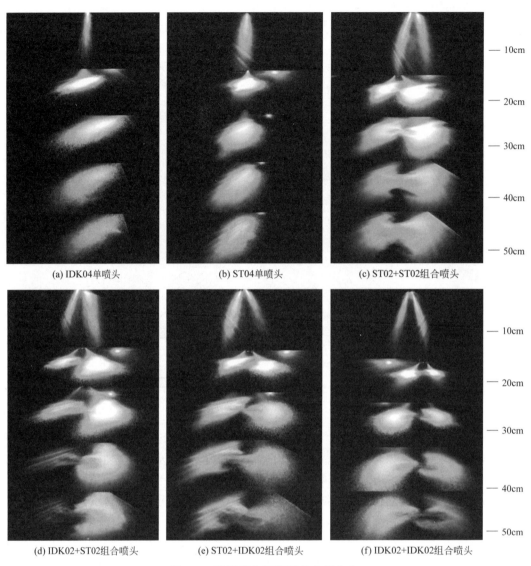

(a) IDK04单喷头   (b) ST04单喷头   (c) ST02+ST02组合喷头

(d) IDK02+ST02组合喷头   (e) ST02+IDK02组合喷头   (f) IDK02+IDK02组合喷头

图 5-4　不同喷头雾滴雾化空间分布

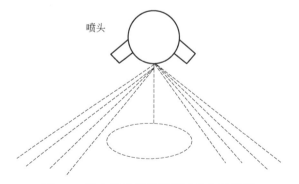

图 5-5　组合喷头扇面间雾滴分布示意图

小雾滴容易脱离喷雾扇面。相比于单喷头，倾角为 30°时的组合喷头，夹角形成的空间内气流可以相互作用，形成旋涡状，可以促使细小雾滴相互凝聚，ST02+ST02 喷头表现的较为明显，在距离喷头 40cm 左右处，雾滴在空间已形成稳定的喷雾扇面。

5.2.3 雾滴雾化分布特性

5.2.3.1 单喷头雾滴雾化

（1）研究对象　雾量分布测试台；ST02、ST02+IDK02、ST02+ST02、IDK02+IDK02（德国 Lechler 公司）喷头；试验在中国农业大学药械与施药技术研究中心进行，喷雾压力为 0.3MPa，喷雾高度为 40cm。

（2）研究方法　由于内部流场的相互作用，中心区域的细小雾滴聚集，为了确定此情况是否会影响双扇面组合喷头的雾量分布，利用 ST04、ST02+IDK02、ST02+ST02、IDK02+IDK02 进行了单喷头、组合喷头雾量分布测试。组合喷头雾滴分布测试雾滴稳定通过收集槽流入量筒的液体体积，通过不同高度下进行分布均匀性试验，观测不同喷头的流量分布。

根据理论分析，利用雾量分布测试台测定喷雾角度为 30°不同组合喷头雾量分布情况，结果如图 5-6 所示。由结果可知，不同类型喷头在 40cm 时雾量分布情况不同。组合喷头在扇面中间形成稳定的流场，可以使小雾滴聚集，从而使喷头中间区域雾量达到均匀。

根据雾滴运动的力学分析和倾角的流场情况，确定喷头组合具有较好的沉积分布均匀性。

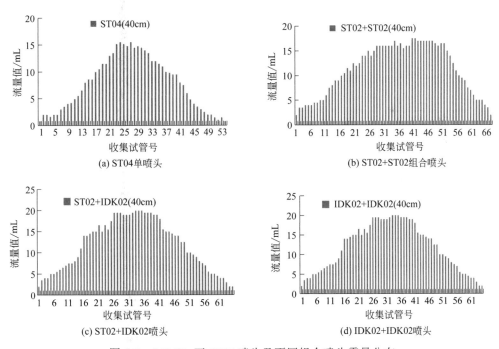

图 5-6　0.3MPa 下 ST04 喷头及不同组合喷头雾量分布

5.2.3.2 多喷头组合雾量分布研究

（1）研究对象　AAMS spay scanner（比利时 AAMS 公司）；标准扇形雾喷头（德国 Lechler ST04 110°、IDK04 120°）、喷杆（3M）；喷雾天车（德国百瑞）；自来水。

（2）研究方法　AAMS 水平雾滴分布扫描仪，可全自动测量喷杆的雾滴分布均匀性。分布情况反映喷雾机的喷雾质量以及其在野外条件下的作业质量。测量精度高达 1%，在 PC 上独立操作，扫描仪在喷杆下自动完成整个喷杆的测量工作。水平测量范围为 2.4m×1.5m，试验测试时温度为 25～30℃。

在一定喷头间距、压力下，通过对喷头高度进行调节，得到喷头在标准测试时间内，雾流稳定时通过集雾槽流入量筒中液体的体积，通过数据处理可得喷雾分布均匀性及变异系数变化规律。由文献可知，扇形喷头的压力对雾量分布均匀性的影响不大，喷雾压力达到一定值时，喷雾雾型固定，因此将喷雾压力定为 0.3MPa，选择喷雾高度、喷雾倾角作为试验变量。

试验分为两种情况：一种是单扇面喷头的雾量分布试验，测量喷头间距 50cm，喷雾倾角 0°和 30°时不同高度下的变异系数；另一种是双扇面组合喷头的雾量分布试验，测量间距 50cm 时不同高度下的变异系数，研究双扇面组合喷头理想状态下的工作参数。

喷雾高度：30cm、40cm、50cm；喷头间距：50cm ；喷雾角度：0°、30°；喷头：ST02、IDK02 及双扇面组合喷头 ST02+ST02、ST02+IDK02、IDK02+IDK02。

5.2.4　研究结果

0.3MPa 下，单扇面喷头不同倾角、高度下雾量分布变异系数，结果见表 5-1。

表 5-1　单扇面喷头不同条件下的雾量分布变异系数

喷雾压力	喷雾间距	喷雾角度	喷头类型	高度		
				30cm	40cm	50cm
0.3MPa	50cm	0°	ST02	14.42c	12.43c	11.05b
			IDK02	12.41b	13.12d	12.27c
		30°	ST02	9.18a	8.86a	9.72a
			IDK02	9.52a	9.26b	10.92 b

注：同列相同字母代表差异不显著 P=0.05。

0.3MPa 下，双扇面组合喷头不同高度下雾量分布变异系数，结果见表 5-2。

表 5-2　双扇面喷头不同条件下的雾量分布变异系数

喷雾压力	喷雾间距	喷头类型	高度		
			30cm	40cm	50cm
0.3MPa	50cm	ST02+ST02	8.52c	6.62a	7.07b
		ST02+IDK02	7.63b	5.29a	6.25a
		IDK02+IDK02	7.14a	6.83b	7.36c

注：同列相同字母代表差异不显著 P=0.05。

利用 AAMS 水平雾滴分布扫描仪对 ST02、IDK02、ST02+ST02、IDK02+ST02、IDK02+IDK02 喷头雾量分布均匀性进行试验研究。实验数据表明：

① 在同一高度下，喷雾倾角对喷雾分布均匀性影响显著，ST02、IDK02 喷头在喷头间距为 50cm、倾角为 30°时变异系数远小于垂直喷雾时的变异系数，因此适当改变雾流方向角有利于沉积均匀性的提高。

② 在间距 50cm 时，相同倾角下不同类型喷头最小变异系数分布所对应的喷雾高度不同。

在所测的喷雾高度下，垂直喷雾时，变异系数最小时喷雾高度为50cm；在倾角为30°时，喷雾高度为40cm时变异系数最小。多喷头使用时，随着喷头高度增加变异系数随之变化，存在合适的倾角、喷雾高度使喷头的分布均匀性最好。

③ 双扇面喷头组合时，相同条件下变异系数值小于单扇面喷头变异系数值，两者雾量分布情况有显著性差异。扇面内气流作用，细小雾滴聚集，有利于雾量分布均匀性的提高。双扇面组合喷头使用时，不同喷雾高度的雾量分布情况也不同，由变异系数可知，ST02+ST02、IDK02+ST02、IDK02+IDK02最佳喷雾高度为40cm。

④ 基于喷杆喷雾机使用组合喷头，低容量喷雾时，可以通过调整雾流方向角达到大容量垂直喷雾相同的沉积效果。

综上所述，压力一定时，对 ST02、IDK02、ST02+ST02、IDK02+ST02、IDK02+IDK02喷头来讲存在合适的喷雾高度和倾角，使雾量分布变异系数最小，在此参数条件下进行喷施作业，喷雾效果最佳。

5.3 雾滴雾化粒径

5.3.1 雾滴雾化粒径研究平台构建

激光雾滴粒径测试仪（Spraytec，马尔文仪器公司）；标准扇形雾喷头（德国 Lechler，ST02、IDK02、ST04、IDK04、ST02+IDK02、IDK02+ST02、ST02+ST02、IDK02+IDK02）。

在 0.3MPa 下以清水做喷液，利用激光雾滴粒径仪分别对 ST02、IDK02、ST04、IDK04、ST02+IDK02、IDK02+ST02、ST02+ST02、IDK02+IDK02 喷头进行雾滴粒径和雾滴谱的测量（见图 5-7）。每个喷头设定五个测量点，分别为扇面中心左 20cm、左 10cm、中心、右 10cm、右 20cm，每个点重复测量三次，由 Spraytec 软件进行分析得到雾滴粒径及雾滴谱结果，记录数据并分析。

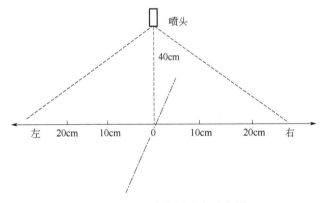

图 5-7　不同喷头测试点示意图

R_{SF} 为相对雾滴谱宽因素，是表征雾滴尺寸分布均匀性的基本参数，数值越小表明雾滴粒径越集中，R_{SF} 计算公式为：

$$R_{SF} = (D_{V90} - D_{V10})/D_{V50} \tag{5-1}$$

5.3.2　研究结果

不同类型的单个喷头、不同组合喷头，在不同喷雾位置雾滴 D_{V50} 结果如表 5-3 和图 5-8 所示。

表 5-3　不同类型喷头雾滴 D_{V50} 大小　　　　　　　　单位：μm

喷头类型	左 20cm	左 10cm	中心	右 10cm	右 20cm
IDK02+ST02	170.8	159.4	148.2	157.4	168.4
ST02+IDK02	160.9	161.3	156.3	159.4	167
ST02+ST02	139.6	135.5	126.8	130.5	142.4
IDK02+IDK02	219.4	221.3	211.2	217	215.7
IDK04	358.5	381.9	415.5	383.5	357.2
ST04	157.3	158.3	163.5	161.3	156.4
ST02	137.3	139.6	144.7	140.5	136.7
IDK02	270.3	267.8	280.1	265.6	272.8

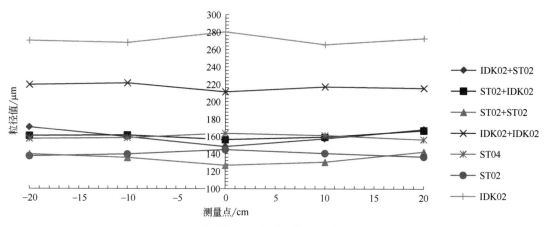

图 5-8　不同类型喷头不同位置雾滴 D_{V50} 大小

不同类型的单个喷头、不同组合喷头的 R_{SF} 结果如表 5-4 所示。

表 5-4　不同类型喷头 R_{SF}

喷头类型	D_{V10}	D_{V90}	R_{SF}
ST02+IDK02	64.9	487.7	2.64
IDK02+ST02	63.8	561.4	2.27
IDK02+IDK02	87.7	607.8	2.11
ST02+ST02	62.5	272.3	1.6
IDK04	136.8	907.9	1.86
ST04	75.4	374.3	1.85
ST02	77.1	279.5	1.39
IDK02	121	608.9	1.74

压力 0.3MPa 下，ST02+IDK02 雾滴谱图如图 5-9 所示。

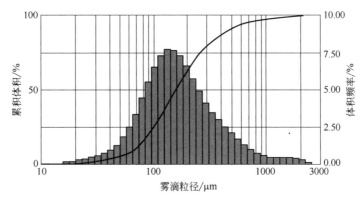

图 5-9　0.3MPa ST02+IDK02 雾滴谱图

压力 0.3MPa 下，IDK02+IDK02 雾滴谱图如图 5-10 所示。

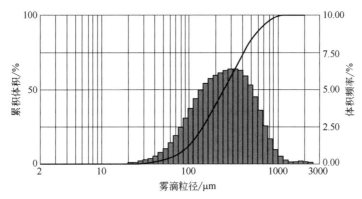

图 5-10　0.3MPa IDK02+IDK02 雾滴谱图

压力 0.3MPa 下，ST02+ST02 雾滴谱图如图 5-11 所示。

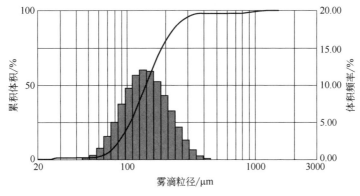

图 5-11　0.3MPa ST02+ST02 雾滴谱图

压力 0.3MPa 下，IDK02+ST02 雾滴谱图如图 5-12 所示。

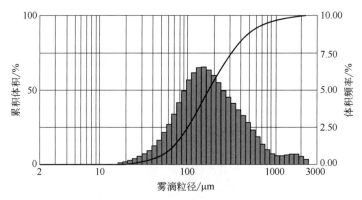

图 5-12   0.3MPa IDK02+ST02 雾滴谱图

压力 0.3MPa 下，IDK04 雾滴谱图如图 5-13 所示。

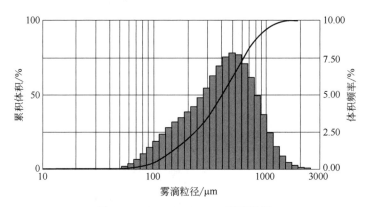

图 5-13   0.3MPa IDK04 雾滴谱图

压力 0.3MPa 下，ST04 雾滴谱图如图 5-14 所示。

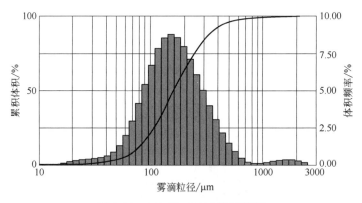

图 5-14   0.3MPa ST04 雾滴谱图

5.4   综合研究结论

针对近年来研究设计的新型组合喷头，研究了其雾化特性、雾量分布等。利用激光摄像手段，进行组合双扇面喷头雾滴空间分布的可视化研究，对组合双扇面喷头雾滴空间分布及飘失进行理论分析，利用激光粒度分析仪对不同类型喷头的雾滴谱特性、雾化区域特性进行系统的分析对比。利用水平雾滴分布扫描仪，测量喷杆雾量分布均匀性，确定最佳雾雾参数为喷头倾角 30°、喷雾高度为 40cm。对于喷杆喷雾机以低容量喷雾时，可以通过改变雾流方向角达到大容量垂直喷雾相同的沉积效果。利用激光粒度分析仪测定了 6 种喷头在喷雾扇面不同位置的粒径大小，分析不同喷头的粒径大小、雾滴谱范围。结论如下：

（1）对于双扇面组合喷头来讲，在喷雾扇面的中心位置，雾滴粒径偏小，主要是由于气流的相互影响，雾滴在空间已形成稳定的流场，促使小雾滴聚集，形成稳定的中心。对于单扇面喷头来讲，则中间雾滴粒径大，两侧雾滴粒径小。小雾滴在喷雾扇面中间聚集有利于雾滴的稳定性，而在喷雾扇面的两侧则飘失概率增大。

（2）不同组合喷头的 R_{SF} 大小不同，ST02+IDK02、IDK02+ST02 R_{SF} 值较大，说明雾滴谱范围较宽，但绝大部分雾滴粒径相对集中，ST02+ST02 雾滴谱较窄。较宽的雾滴谱有利于各种病虫害的防治。

（3）IDK 喷头的粒径明显大于 ST 喷头的粒径，IDK 雾滴较大，ST 雾滴较小，随着喷头型号的增大，雾滴粒径显著增大。喷头型号增大，粒径范围变宽，且不再集中。

（4）农药雾滴飘失沉积覆盖率很大程度上由雾滴粒径决定。细小雾滴如果能沉积在靶标上，能达到很好的防治效果，但小雾滴最容易飘失。大雾滴虽然不容易飘失，但覆盖率往往达不到要求，很难达到最佳防治效果。风速 2m/s，$D_{V50} \geqslant 130\mu m$；风速 3m/s，$D_{V50} \geqslant 140\mu m$；风速 4m/s，$D_{V50} \geqslant 160\mu m$。由此可知，普通扇形雾喷头 ST02、组合喷头 ST02+ST02 D_{V50} 在风速达到一定条件时很容易发生飘失，或者在未达到靶标之前蒸发损失。IDK02、IDK04 以及组合喷头 ST02+IDK02、IDK02+ST02、IDK02+IDK02 在一定条件下都能达到减少飘失的目的，沉积分布均匀性提高。

参考文献

[1] 傅泽田, 祁力钧. 农药喷施技术的优化. 北京: 中国农业科学技术出版社, 2003.

[2] 贾卫东, 张磊江, 燕明德. 喷杆喷雾机研究现状及发展趋势. 中国农机化学报, 2013, 34(4): 19-22.

[3] 邵振润, 郭永旺. 我国施药机械与施药技术现状及对策. 植物保护, 2006, 32(2): 5-8.

[4] 孙文峰, 王立君, 陈宝昌, 等. 农药喷施技术国内外研究现状及发展. 农机化研究, 2009, (9): 225-228.

[5] 傅泽田, 祁力钧, 王俊红. 精准施药技术研究进展与对策. 农业机械学报, 2007, 38(1): 189-19.

[6] 屠豫钦. 农药使用技术标准化. 北京: 中国标准出版社, 2001: 160-189.

[7] 刘秀娟, 周宏平, 郑加强. 农药雾滴飘移控制技术研究进展. 农业工程学报, 2005, 21(1): 186-190.

[8] 何雄奎. 改变我国植保机械和施药技术严重落后的现状. 农业工程学报, 2004, 20(1): 13-15.

[9] 袁会珠, 齐淑华, 杨代斌. 药液在作物叶片的流失点和最大稳定持留量研究. 农药学学报, 2002, 2(4): 66-71.

[10] 吴罗罗, 李秉礼, 何雄奎, 等. 雾滴飘移试验与几种喷头抗飘失能力的比较. 农业机械学报, 1996, S1: 21-24.

[11] 曾爱军, 何雄奎, 陈青云, 等. 典型液力喷头在风洞环境中的飘移特性试验与评价. 农业工程学报, 2006, 21(10): 78-81.

[12] 王立军, 姜海明, 孙文峰. 气流辅助喷雾技术的实验分析, 农机化研究, 2005, 4: 174-175.

[13] Ramon H, Langenakens J. Model-based improvement of spray distribution by optimal positioning of spray nozzles. Crop Protection, 1996, 15(2): 153-158.

[14] Holterman H J, Zande J, Porskamp H, et al. Modelling spray drift from boom sprayers. Computers and Electronics in Agriculture, 1997, 19(1): 1-22.

[15] Gil E, Balsari P, Gallart M. Determination of drift potential of different flat fan nozzles on a boom sprayer using a test bench. Crop Protection, 2014, 56: 58-68.

[16] Woltersal A, Linnemanna V. Field experiment on spray drift: Deposition and airborne drift during application to a winter wheat crop. Science of the total environment, 2008, 405(1-3): 269- 277.

[17] 张京, 何雄奎, 宋坚利, 等. 挡板倒流式罩盖喷雾机结构优化与性能试验. 农业机械学报, 2011, 42(10): 101-104.

[18] 张京, 李伟, 宋坚利, 等. 挡板导流式喷雾机的防飘性能试验. 农业工程学报, 2008, 24(5): 140-142.

[19] 王立军, 姜海明, 孙文峰, 等. 喷雾机设计中喷头的选型农机化研究, 2005, 3(2): 151-153.

[20] 占强. 气泡雾化施药喷嘴的设计和试验. 北京: 中国农业大学, 2007.

[21] 吕晓兰, 傅锡敏, 宋坚利, 等. 喷雾技术参数对雾滴飘移特性的影响. 农业机械学报 2011, 42(1): 59-63.

[22] 李娟. 雾滴直径和喷雾量对茎叶处理除草剂药效的影响. 北京: 中国农业大学, 2006.

[23] Miller P C H, Ellis M C B. Effects of formulation on spray nozzle performance for applications from ground-based boom sprayers. Crop Protection, 2009, 19(8-10): 609-615.

[24] Nuyttens D, Windey S, Sonck B. Optimisation of a Vertical Spray Boom for Greenhouse Spray Applications. Biosystems Engineering, 2004, 89 (4): 417-423.

[25] Maski D, Durairaj D. Effects of charging voltage, application speed, target height, and orientation upon charged spray deposition on leaf abaxial and adaxial surfaces. Crop Protection, 2010, 29: 134-141.

[26] Foqué D, Pieters J G, Nuyttens D. Spray deposition and distribution in a bay laurel crop as affected by nozzle type, air assistance and spray direction when using vertical spray booms. Crop Protection, 2012, 41: 77-87.

[27] 张京, 宋坚利, 何雄奎. 扇形雾喷头雾化过程中雾滴运动特性. 农业机械学报, 2011, 42(4): 66-75.

[28] 宋坚利, 何雄奎, 杨雪玲, 等. 喷杆式喷雾机雾流方向角对药液沉积影响的实验研究. 农业工程学报, 2006, 22(6): 96-99.

[29] 陈志刚, 吴春笃. 喷杆喷雾雾量的分布均匀性. 江苏大学学报, 2008, 29: 6.

[30] 朱金文, 吴慧明. 雾滴体积中径与施药量对毒死蜱在棉花叶片沉积的影响. 棉花学报, 2004, 016: 123-125.

[31] 朱金文, 吴慧明, 孙立峰, 等. 叶片倾角、雾滴大小与施药液量对毒死蜱在水稻植株沉积的影响. 植物保护学报, 2004, 31(3): 259-263.

[32] Herbst A. A method to determine spray drift potential from nozzles and its link to buffer zone restrictions . ASAE Paper 011047, 2001.

[33] Batte M T, Ehsani M R. The economics of precision guidance with auto-boom control for farmer-owned agricultural sprayers. Computers and Electronics in Agriculture, 2006, 53(1): 28-44.

[34] Smith D B, Bode L E, Gerard P D. Predicting ground boom spray drift . Transactions of the ASAE, 2000, 43(3): 547-553.

[35] Smith D B, Askew S D, Morris W H, et al. Droplet size and leaf morphology effects on pesticide spray deposition. Transactions of the ASAE, 2000, 43(2): 255-259.

[36] 谢晨, 何雄奎, 宋坚利. 两类扇形雾喷头雾化过程比较研究. 农业工程学报, 2013, 29(5): 25-30.

[37] Matthews G A. Pesticide Application Methods. London: Blackwell Science Ltd, 2000: 432.

[38] 张铁, 杨学军, 严荷荣, 等. 超高地隙喷杆喷雾机风幕式防飘移技术研究. 农业机械学报, 2012, 43(12): 77-87.

[39] 董祥, 杨学军, 严荷荣. 果园喷雾机喷雾量垂直分布测试系统. 农业机械学报, 2013, 44(4): 59-63.

[40] 吕晓兰, 何雄奎, 宋坚利, 等. 标准扇形喷头雾化过程测试分析. 农业工程学报, 2007, 23(9): 95-99.

[41] Moser E. 农业部教育局编外籍学者讲学材料十五: 植保机械化. 北京: 北京农业大学, 1981: 77-78.

[42] 宋坚利, 刘亚佳, 何雄奎, 等. 扇形雾喷头雾滴飘失机理. 农业机械学报, 2011, 42(6): 63-69.

[43] 时玲, 张霞, 吴红生. 扇形喷头雾量分布均匀性的试验研究. 云南农业大学学报, 2011, 26(3): 389-394.

[44] 祁力钧, 傅泽田. 不同条件下喷雾分布实验研究. 农业工程学报, 1999, 15(2): 107-111.

[45] 马承伟, 严荷荣, 袁冬顺, 等. 液力式雾化喷头雾滴直径的分布规律. 农业机械学报, 1999, 30(1): 33-39.

第**6**章

防飘喷头雾化

为了解决农药飘移问题，欧洲发达国家于 20 世纪 80 年代早期开始研究防飘喷雾技术及装备，主要研究内容集中在以下五个方面：影响飘移的因素、地面喷雾和航空喷雾时飘移的测定、用于预测飘移的模拟和模型的建立、各种取样方法和示踪物用于飘移的研究以及减少飘移的雾化装置与部件。前四项研究的主要目的是对飘移及防飘移技术基础理论的探索，最后一项研究主要集中在减少飘移的实用技术研究及相关产品开发，包括低飘喷头（low-drift nozzle）和防飘喷头(anti-drift nozzle)、防飘助剂、循环喷雾技术、辅助气流喷雾技术、静电喷雾技术和罩盖喷雾技术等。

雾滴粒径是引起飘移的最主要因素，因此，解决雾滴飘移问题最直接有效的方法就是提高雾化部件即喷头的抗飘移性能。近年来，一些发达国家在喷洒除草剂、植物生长调节剂等时用扇型雾喷头代替了圆锥雾喷头，德国 Lechler 公司生产了防止农药飘移的反飘喷头（AD喷头）和几乎无飘移的喷头（IDK 喷头），及其他各种专用扇型雾喷头。这些喷头尤其是 IDK喷头已达到很好的防飘效果，可以说是目前最先进的防飘喷头。

IDK 喷头由高性能的合成塑料聚甲醛（POM）和陶瓷制成，其喷雾角为 90°和 120°。射流防飘 IDK 喷头是一种利用射流技术将空气和水混合形成二相流的雾化喷头。其工作机理为：当压力液体经过喷头内芯的收缩段时流速迅速增加，当液体从压缩段射出后，高速液体将周围空气带走，在压缩段出口附近形成真空区，空气被吸入，液体和空气进入混合压缩段，这时二相进行混合发生能量交换，共同进入扩散段，在扩散腔内形成气泡流，然后再通过喷头喷出大雾滴。实验证明，这些大雾滴具有很好的抗飘移特性。

相对于目前其他射流喷头，其独特性在于：①每个喷头配装有单个能装卸的射流器；②包含所有快速装备（SW10）系统；③装配极为方便，不需要任何配件；④喷头可以自动校正，装配时能不受损害；⑤侧开气流孔，能防止喷头堵塞；⑥射流器清洁时能无损地进行拆卸。当然，它最突出的特点就是防飘移，且雾滴的覆盖性能完美。

近年来，随着人们越来越重视农药飘移问题，IDK 喷头的出现对防飘技术的发展进步起到了至关重要的作用。

6.1 防飘IDK喷头与标准ST喷头雾化特性曲线

6.1.1 雾化特性曲线研究平台构建

激光测量雾滴粒径的主要原理是光的衍射理论。激光测量系统中采用小功率氦氖气体激光源发射一束激光，当微粒进入激光束时，产生衍射现象。衍射角的大小与微粒的大小成反比，衍射光环的直径亦与微粒直径成反比。利用小功率氦氖激光器产生的单色相干平行光束照射运动着的雾滴而产生夫琅禾费衍射，通过傅里叶透镜将衍射光束会聚在多元光电探测器上，来测定其衍射光能的分布，最后通过计算机，将光能的分布换算成为相应的雾滴尺寸等数据。

6.1.2 雾化特性曲线研究方法

仪器及材料：ST110-015、ST110-02、ST110-03、ST110-04、IDK120-015、IDK120-02、IDK120-03、IDK120-04 喷头（Lechler 公司，德国）。

激光粒径分析仪（Spraytec，Malvern，英国，如图 6-1 所示）。

图 6-1　激光粒径分析仪

在 0.4MPa 的压力下分别用 ST110-015、ST110-02、ST110-03、ST110-04、IDK120-015、IDK120-02、IDK120-03、IDK120-04 喷头喷雾，每个喷头重复测量 3 次。最后，由激光粒径分析仪自带的 Spraytec 软件进行分析，得到喷头在该条件下喷雾的雾滴体积中值直径及雾滴谱等结果，记录数据待分析。

按式（5-1）计算不同喷头在实验压力下的 R_{SF}。

6.1.3 研究结果与分析

6.1.3.1 雾滴粒径大小及雾滴粒径分布（R_{SF}）结果

以清水做受试药液，利用激光粒径分析仪分别对 ST110-015、ST110-02、ST110-03、

ST110-04、IDK120-015、IDK120-02、IDK120-03、IDK120-04 喷头进行雾滴粒径和雾滴谱的测量，激光粒径分析仪连续记录约 10s。粒径结果及相对雾滴谱宽（R_{SF}）结果如表 6-1 和表 6-2 所示。

表 6-1　不同型号的 ST、IDK 喷头体积中值直径 D_{V50} 大小对比（喷雾压力：0.4MPa）　单位：μm

喷头类型 ＼ 喷头型号	015	02	03	04
ST	119.2	132.9	148.5	152.1
IDK	219.6	240.7	302.0	351.6

表 6-2　不同型号的 ST、IDK 喷头 R_{SF} 大小对比（喷雾压力：0.4MPa）

喷头类型 ＼ 喷头型号	015	02	03	04
ST	1.690	1.756	1.816	1.849
IDK	1.312	1.390	1.555	1.629

6.1.3.2　雾滴谱图结果

利用激光粒径仪分别对 ST110-015、ST110-02、ST110-03、ST110-04、IDK120-015、IDK120-02、IDK120-03、IDK120-04 喷头进行雾滴谱的测量，结果如图 6-2～图 6-9 所示。

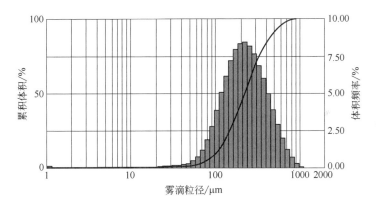

图 6-2　IDK120-015 喷头的雾滴谱图（喷雾压力：0.4MPa）

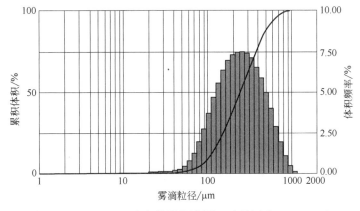

图 6-3　IDK120-02 喷头的雾滴谱图（喷雾压力：0.4MPa）

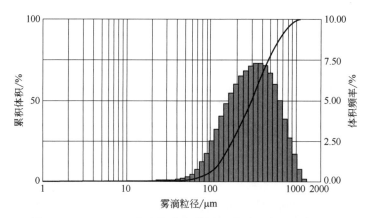

图 6-4　IDK120-03 喷头的雾滴谱图（喷雾压力：0.4MPa）

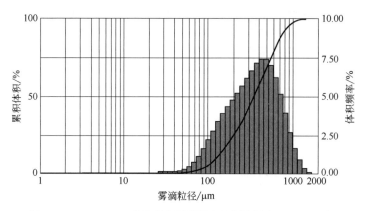

图 6-5　IDK120-04 喷头的雾滴谱图（喷雾压力：0.4MPa）

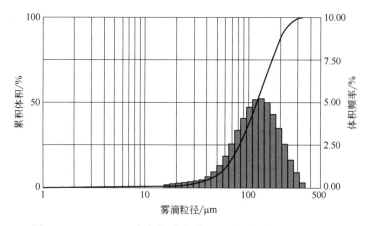

图 6-6　ST110-015 喷头的雾滴谱图（喷雾压力：0.4MPa）

　　比较喷雾压力为 0.4MPa 时，不同型号的 IDK、ST 喷头产生的雾滴的 D_{v50} 值的变化，如图 6-10 所示。

　　由以上研究结果，可得以下结论：

　　（1）相同压力下，同型号的 IDK 喷头产生的雾滴粒径明显大于 ST 喷头。这是因为 IDK 喷出雾滴含有大量气泡，导致雾滴直径增加。

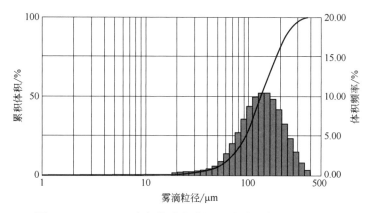

图 6-7 ST110-02 喷头的雾滴谱图（喷雾压力：0.4MPa）

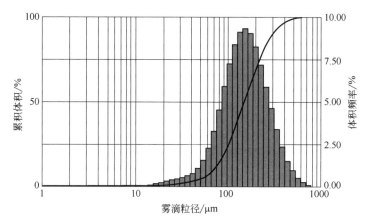

图 6-8 ST110-03 喷头的雾滴谱图（喷雾压力：0.4MPa）

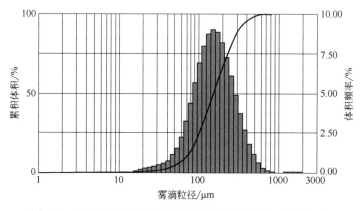

图 6-9 ST110-04 喷头的雾滴谱图（喷雾压力：0.4MPa）

（2）相同压力下，同类型的喷头，随着喷头型号的增加，雾滴粒径显著增加。

（3）相同压力下，同类型的喷头，随着喷头型号的增加，IDK 喷头的 R_{SF} 也随之增加，即雾滴谱逐渐由"高窄"变为"低宽"。这说明 IDK 喷头型号小时，喷出的雾滴粒径分布比较集中，当喷头型号增大后，粒径范围变广，且不像之前一样集中。

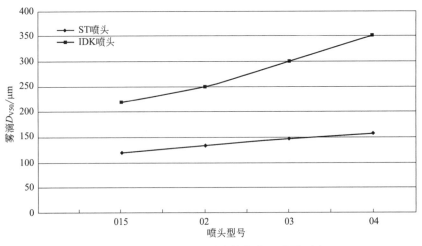

图 6-10　IDK、ST 喷头的 D_{V50} 随型号的变化（喷雾压力：0.4MPa）

6.2　IDK 喷头与 ST 喷头雾化特征

6.2.1　雾化特征研究平台构建

仪器与材料：数码相机（G11，佳能，日本）；卤钨灯（220V，1300W，光通量 36400lm，色温 3200K）；ST110-015、ST110-02、ST110-03、ST110-04、IDK120-015、IDK120-02、IDK120-03、IDK120-04 喷头（Lechler 公司，德国）；雾滴粒径分析仪（particle droplet image analyzer，PDIA，农林生物研究中心，德国，如图 6-11 所示）；柠檬黄 85（上海染料研究所有限公司）。

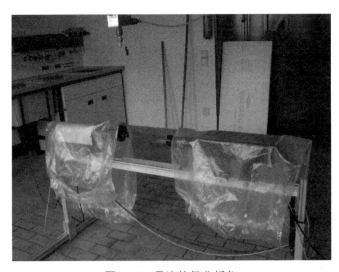

图 6-11　雾滴粒径分析仪

6.2.2　雾化模型建立

将光源对准喷头及下方雾化区，采用正面侧方打光的方式，相机水平高度与喷头所在高度一致，调节相机的 ISO 为 80，焦距 13.8mm，快门速度 1/320s，在不同喷雾压力下，分别对不同型号 IDK、ST 喷头的雾化区域进行拍照。为便于拍照观察，喷雾药液为柠檬黄水溶液。每次测试重复 5 次。

测试结束后记录实验结果，并以扇形面积的计算方法来计算雾化区和液膜区的面积。用量角器对照片上雾化区及液膜的角度进行测量，测量值即为雾化区的角度 $n_{雾}(°)$ 和液膜区的角度 $n_{膜}(°)$。

由于拍照时调焦不同，可能导致拍照时的放大倍数不一致，但经测量，实验所用喷头喷嘴的长度实际均为 1.1cm。以此为基准，用直尺测量照片上喷嘴的长度 l（cm），得出照片的放大倍数 m，再用直尺对照片上雾化区扇形的半径 $R_{雾}$（cm）及液膜区半径 $R_{膜}$（cm）进行测量。

（1）雾化区面积的计算方法　如式（6-1）～式（6-3）所示：

$$m = \frac{l}{1.1} \tag{6-1}$$

式中　m——照片的放大倍数；

　　　l——照片上喷嘴长度的测量值，cm。

$$r_{雾} = \frac{R_{雾}}{m} \tag{6-2}$$

式中　m——照片的放大倍数；

　　　$R_{雾}$——照片上扇形雾化区的半径，cm；

　　　$r_{雾}$——实际扇形雾化区的半径，cm。

$$S_{雾} = \frac{n_{雾}}{360} \pi r_{雾}^{2} \tag{6-3}$$

式中　$S_{雾}$——实际雾化区的面积，cm^2；

　　　$n_{雾}$——照片上扇形雾化区的角度，（°）；

　　　$r_{雾}$——实际扇形雾化区的半径，cm。

（2）液膜区面积的计算方法　如式（6-4）～式（6-5）所示：

$$r_{膜} = \frac{R_{膜}}{m} \tag{6-4}$$

式中　m——照片的放大倍数；

　　　$R_{膜}$——照片上扇形液膜区的半径，cm；

　　　$r_{膜}$——实际扇形液膜区的半径，cm。

$$S_{膜} = \frac{n_{膜}}{360} \pi r_{膜}^{2} \tag{6-5}$$

式中　$S_{膜}$——实际液膜区的面积，cm^2；

　　　$n_{膜}$——照片上扇形液膜区的角度，(°)；

　　　$r_{膜}$——实际扇形液膜区的半径，cm。

之后，用雾滴粒径分析仪的激光对准 ST110-02 和 IDK120-02 喷头中心线下方 10mm、20mm、30mm 的位置，对其雾化区进行拍照，喷雾压力均为 0.3MPa，喷液为清水。

6.2.3　研究结果

6.2.3.1　喷头雾化区

利用上述方法来研究喷头雾化区的雾化特性，并对雾化区进行拍照，可以最直观地观察药液的雾化过程，包括雾化区液膜、分散线及雾滴的形成；还可比较不同条件下，不同喷头的雾化区特性的差异，结果如图 6-12～图 6-23 所示；用雾滴粒径分析仪对 ST110-02 和 IDK120-02 喷头不同位置的雾化区进行拍照，结果见图 6-24～图 6-29。

（1）IDK120-04 喷头雾化区随压力的变化如图 6-12～图 6-15 所示。

图 6-12　IDK120-04@0.2MPa 雾化结果

图 6-13　IDK120-04@0.3MPa 雾化结果

图 6-14　IDK120-04@0.4MPa 雾化结果

图 6-15　IDK120-04@0.5MPa 雾化结果

（2）喷雾压力均为 0.3MPa 时，同型号（02 号）的 IDK 和 ST 喷头的雾化区域对比如图 6-16、图 6-17 所示。

图 6-16　IDK120-02@0.3MPa 雾化结果

图 6-17　ST110-02@0.3MPa 雾化结果

（3）ST110-03 喷头的液膜区域随压力的变化如图 6-18～图 6-21 所示。

图 6-18　ST110-03@0.2MPa 雾化结果

图 6-19　ST110-03@0.3MPa 雾化结果

图 6-20　ST110-03@ 0.4MPa 雾化结果

图 6-21　ST110-03@ 0.5MPa 雾化结果

（4）喷雾压力均为 0.3MPa 时，ST 喷头的液膜区域随型号的变化如图 6-22、图 6-23 所示。

（5）ST110-02 和 IDK120-02 喷头下方 10mm 处雾化特征如图 6-24、图 6-25 所示。

图 6-22　ST110-02@ 0.3MPa 雾化结果

图 6-23　ST110-03@ 0.3MPa 雾化结果

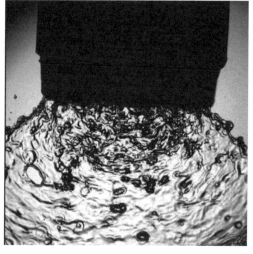
图 6-24　PDIA IDK120-02@0.3MPa(10mm)雾化

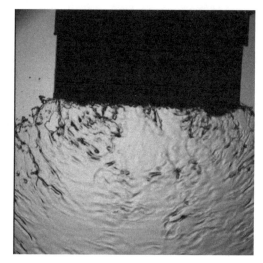
图 6-25　PDIA ST110-02@0.3MPa(10mm)雾化

（6）ST110-02 和 IDK120-02 喷头下方 20mm 处雾化特征如图 6-26、图 6-27 所示。

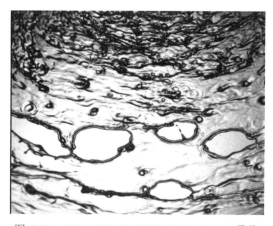
图 6-26　PDIA IDK120-02@0.3MPa(20mm)雾化

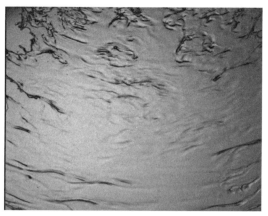
图 6-27　PDIA ST110-02@0.3MPa(20mm)雾化

（7）ST110-02 和 IDK120-02 喷头下方 30mm 处雾化特征如图 6-28、图 6-29 所示。

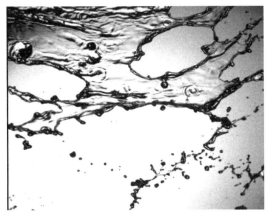 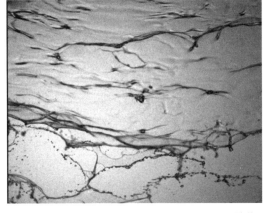

图 6-28　PDIAIDK120-02@0.3MPa(30mm)雾化　　图 6-29　PDIA ST110-02@0.3MPa(30mm)雾化

6.2.3.2　数据提取

分析不同型号的 IDK 喷头喷雾的雾化区，对照片中的雾化区半径、角度进行测量。喷嘴下方完整的薄膜结构即为液膜区，而将液膜区下方的最后一层液丝定为雾化区的边界线，雾化区及液膜区边界的划分如图 6-30 及图 6-31 所示。

图 6-30　雾化区边界的划分（ST110-03@ 0.4MPa）　图 6-31　液膜区边界的划分（ST110-03@0.4MPa）

采用前述的分析计算方法进行计算，得到不同型号的 IDK 喷头在不同压力下实际的雾化区半径、雾化区角度以及雾化区面积，结果如表 6-3 所示。

表 6-3　不同型号的 IDK 喷头在不同压力下雾化区的比较

类别（IDK 喷头）	喷雾压力/MPa	0.15	0.20	0.25	0.30	0.35	0.40	0.45	0.50
015	半径/cm	2.68	3.51	3.64	3.99	4.12	4.61	4.88	4.95
	角度/(°)	60	61	70	70	75	82	82	83
	面积/cm²	3.76	6.54	8.11	9.71	11.1	15.2	17.0	17.7
02	半径/cm	3.3	3.71	3.78	4.19	4.47	4.54	4.61	4.74
	角度/(°)	70	81	80	90	92	91	90	90
	面积/cm²	6.65	9.74	9.98	13.8	16.0	16.3	16.7	17.7

类别（IDK 喷头）	喷雾压力/MPa	0.15	0.20	0.25	0.30	0.35	0.40	0.45	0.50
03	半径/cm	3.64	4.12	4.40	4.47	4.54	4.54	4.61	4.26
	角度/(°)	105	101	105	110	112	112	110	115
	面积/cm²	12.2	15.0	17.7	19.2	20.1	20.1	20.4	18.2
04	半径/cm	4.19	4.40	4.40	4.74	5.09	5.16	5.29	5.57
	角度/(°)	90	95	110	110	110	110	110	110
	面积/cm²	13.8	16.0	18.6	21.6	24.8	25.5	26.9	29.8

分析不同型号的 ST 喷头喷雾的雾化区，采用本章前述的分析计算方法，对雾化区半径、雾化区角度以及液膜区半径、液膜区面积进行测量并计算，得到不同型号的 ST 喷头在不同压力下实际的雾化区（液膜区）半径、雾化区（液膜区）角度以及雾化区（液膜区）面积，结果如表 6-4 所示。

表 6-4　不同型号的 ST 喷头在不同压力下雾化区（液膜区）的比较

类别（ST 喷头）	喷雾压力/MPa	0.15	0.20	0.25	0.30	0.35	0.40	0.45	0.50
015	雾化区半径/cm	3.23	3.30	3.30	3.30	3.16	3.09	3.16	3.16
	雾化区角度/(°)	110	110	116	120	120	120	120	120
	雾化区面积/cm²	10.0	10.4	11.0	11.4	10.5	10.0	10.5	10.5
	液膜区半径/cm	1.72	1.44	1.17	0.96	0.89	0.89	0.77	0.55
	液膜区角度/(°)	60	65	70	70	70	75	70	70
	液膜区面积/cm²	1.55	1.18	0.83	0.57	0.49	0.52	0.35	0.18
02	雾化区半径/cm	3.85	3.85	4.06	3.78	3.78	3.71	3.85	3.64
	雾化区角度/(°)	110	115	115	120	120	120	120	120
	雾化区面积/cm²	14.2	14.9	16.5	15.0	15.0	14.4	15.5	13.9
	液膜区半径/cm	2.54	2.48	2.06	1.92	1.86	1.92	1.92	1.51
	液膜区角度/(°)	78	80	80	80	80	70	65	70
	液膜区面积/cm²	4.40	4.27	2.97	2.59	2.40	2.26	2.10	1.40
03	雾化区半径/cm	4.32	4.25	4.17	4.25	4.17	3.98	3.83	3.57
	雾化区角度/(°)	120	120	120	120	120	120	120	120
	雾化区面积/cm²	19.6	18.9	18.2	18.9	18.2	16.6	15.4	13.3
	液膜区半径/cm	3.49	3.03	2.94	2.73	2.12	1.97	1.37	1.21
	液膜区角度/(°)	100	90	90	85	87	90	80	80
	液膜区面积/cm²	10.6	7.22	6.70	5.53	3.42	3.05	1.30	1.03
04	雾化区半径/cm	4.88	4.68	4.88	4.88	4.74	4.68	4.54	4.68
	雾化区角度/(°)	120	120	120	120	120	120	120	120
	雾化区面积/cm²	24.9	22.9	24.9	24.9	23.6	22.9	21.5	22.9
	液膜区半径/cm	4.26	4.19	3.78	3.44	2.89	2.75	2.13	1.71
	液膜区角度/(°)	110	100	90	90	90	90	90	87
	液膜区面积/cm²	17.4	15.3	11.2	9.28	6.55	5.94	3.57	2.24

6.2.3.3 结果处理

以喷雾压力及喷头型号为变量，利用表 6-3 和表 6-4 中计算出的不同喷雾压力下，不同型号的两种喷头的液膜区面积和雾化区面积，来分析 IDK 喷头和 ST 喷头的雾化区特性随变量发生的变化。

（1）IDK120-015、IDK120-02、IDK120-03、IDK120-04 喷头的雾化区面积随喷雾压力的变化，如图 6-32 所示。

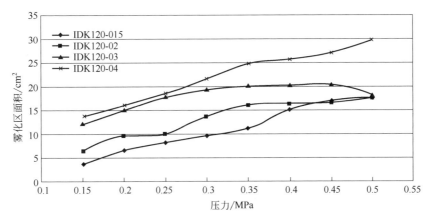

图 6-32　IDK 喷头的雾化区面积随喷雾压力变化

（2）ST110-015、ST110-02、ST110-03、ST110-04 喷头的雾化区面积随喷雾压力的变化，如图 6-33 所示。

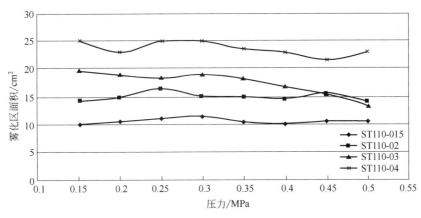

图 6-33　ST 喷头的雾化区面积随喷雾压力变化

（3）ST110-015、ST110-02、ST110-03、ST110-04 喷头的液膜区面积随压力的变化，如图 6-34 所示。

（4）IDK120-03、ST110-03 喷头的雾化区面积随压力的变化，如图 6-35 所示。

（5）在 0.3MPa 压力下，IDK120-015、IDK120-02、IDK120-03、IDK120-04 与 ST110-015、ST110-02、ST110-03、ST110-04 喷头的雾化区面积比较，如图 6-36 所示。

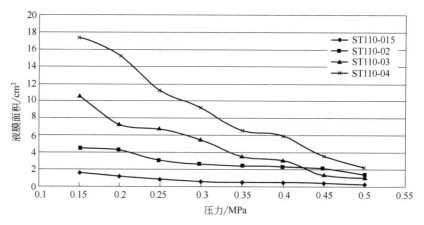

图 6-34　ST 喷头的液膜区面积随压力的变化

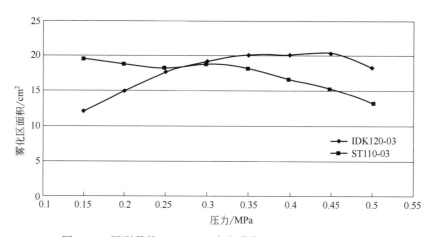

图 6-35　同型号的 IDK、ST 喷头雾化区面积随压力的变化

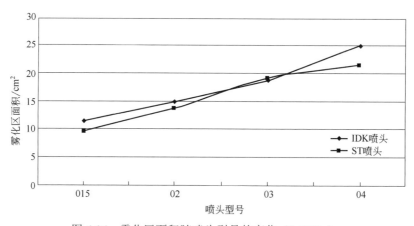

图 6-36　雾化区面积随喷头型号的变化（0.3MPa）

6.2.4　研究结论

（1）由雾滴粒径分析仪的拍照结果看，同型号（02 号）喷头雾化区的形态差异如表 6-5 所示。利用 PDIA 对喷头下方不同位置的雾化区进行拍摄，可以更清楚且直观地了解并比较

两种喷头的液膜区域的大小，液膜的破碎及雾滴的形成也有了具体的位置范围；且在照片中还可以清楚地观察到液膜如何撕裂成细小的雾滴。

表 6-5　随拍摄位置的变化同型号的 IDK、ST 喷头的雾化比较（喷雾压力：0.3MPa）

位置/mm　　　雾化区特性	喷头类型	
	IDK120-02	ST110-02
10mm	有大量气泡存在，液膜波动较大	几乎没有气泡存在，液膜平整
20mm	有大量气泡存在，液膜开始破碎	几乎没有气泡存在，液膜平整
30mm	液膜破碎，已见完整雾滴的形成	液膜开始破碎

药液从 IDK 喷头喷嘴喷出后带有大量的气泡，且液膜波动较大，之后喷嘴出口处的气流与喷头喷出的气液混合物相遇，气泡内外的压力差在极短的时间内发生巨大变化，促使气泡迅速膨胀直至破裂，同时将包裹在其周围的液膜进一步破碎，因此 IDK 喷头只在极接近喷嘴的地方有面积很小的液膜区域，而这个过程大约发生在距 IDK 喷头下方 20mm 的范围内。而在喷头下方 30mm 处，可以看到明显的由破碎的液膜中撕裂出的细微的雾滴。而药液从 ST 喷头喷嘴喷出后，是不含气泡的，且液膜平整，几乎无明显的波动，一直到距喷头下方 20mm 处均是如此，到距喷头下方 30mm 左右的位置上，才观察到液膜撕裂产生雾滴的过程。

（2）IDK 喷头的液膜区域较小，通过本研究中所用的拍照法，几乎观察不到明显的液膜；而 ST 喷头的液膜区面积较大。

根据 IDK 喷头的雾化原理，在喷雾过程中，通过喷头的进气孔不断有大量气体进入到喷头中，与液体在喷嘴混合室内形成稳定的泡状流体，最终由喷嘴喷出气液混合物，而在离开喷口极短的距离后，喷嘴出口处的气流与喷头喷出的气液混合物相遇，气泡迅速膨胀直至破裂，导致包裹在其周围的液膜进一步破碎，形成更加细微的雾滴群，所以 IDK 喷头只在极接近喷嘴的地方有面积很小的液膜区域；而对于 ST 喷头，其喷出的液体并非气液混合物，喷嘴附近的气流只能撕裂液膜，并不能造成液膜迅速破裂，因此在 ST 喷头的喷嘴处可以清晰地看到液膜区域的存在。

（3）随着喷雾压力的增大，ST 喷头液膜区的面积逐渐减小，而且型号越大的喷头的液膜区面积递减趋势越明显。

雾化需消耗较大部分的能量，将液体在喷口处破裂成薄膜或液丝。当喷雾压力增大时，液膜与空气的相对速度增加，摩擦力增大，导致液膜较快被撕裂，因此 ST 喷头的液膜区域面积会随着压力的增大而减小。

（4）随着喷雾压力的增大，同型号的 IDK 喷头雾化区面积增大，而 ST 喷头雾化区面积上下波动不大。喷雾压力为 0.3MPa 压力时，同型号的 IDK 喷头和 ST 喷头雾化区面积相接近；喷雾压力小于 0.3MPa 时，ST 喷头的雾化区面积较大；喷雾压力在 0.3MPa 以上时，ST 喷头雾化区面积显著小于 IDK 喷头。

IDK 喷头的雾化，一是高速气流在喷嘴出口处对液体的剪切和撕裂作用，二是出口处下游液体颗粒所包裹的气泡"爆炸"所造成的二次雾化。喷雾压力增大，喷头内药液流速增大，导致进气量增加，从而雾滴中所含空气量增加，气泡破碎时对液膜的撕裂作用变大，使得雾化区面积增加。

（5）喷雾压力一定时，随着喷头型号的增加，IDK 和 ST 喷头的雾化区面积均显著增大，且 ST 喷头液膜区的面积也逐渐增加。同类型的喷头，型号增大意味着喷头的喷量增加，即单位时间内从喷嘴处喷出的药液量增加，使得液膜面积增大，继而使得喷头的雾化区域面积增大。

（6）雾滴粒径的变化与雾化区的面积变化趋势相一致（表6-6）。

表6-6 雾滴粒径与雾化区面积的关系

喷雾条件	喷头型号	雾滴粒径	雾化区面积
0.4MPa 压力，型号相同	IDK 喷头	大	大
	ST 喷头	小	小
0.4MPa 压力，型号增加	IDK 喷头	变大	变大
	ST 喷头	变大	变大

6.3 综合研究结论

利用 IDK 和 ST 两种喷头，研究对比防飘喷头的雾化特性曲线和雾化过程特征，并设置多种变量进行了性能对比实验，得到如下结论：

（1）相同压力下，IDK 喷头的型号较小时，其雾滴粒径分布比较集中，而 ST 喷头则与之相反，随着喷头型号的增加，其雾滴粒径分布会变得集中。

（2）相同压力下，相同型号（流量相同）的 IDK 喷头的液膜区域较小，而 ST 喷头的液膜区面积较大。喷雾压力一定时，随着喷头型号的增加，喷头流量增大，IDK 和 ST 喷头的雾化区面积均出现明显的上升，ST 喷头液膜区的面积也逐渐增加。随着喷雾压力的增大，同型号的 IDK 喷头雾化区面积增大；而 ST 喷头的雾化区面积上下波动不大，没有明显的增减，但其液膜区的面积会逐渐减小。

（3）对于 IDK、ST 两种喷头来说，雾化区的面积大小直接关系到雾滴粒径的大小，雾化区面积大则雾滴粒径大，也就是说喷头的雾滴粒径与雾化区面积大小成正相关。

参考文献

[1] 吴学霖. 农药中毒. 北京: 人民卫生出版社, 1988.

[2] 陈万义. 展望 21 世纪的农药——环境制约下的农药. 植物保护, 1998, 24(5): 33.

[3] 刘英东. 化学农药对环境的危害及其防止对策的探讨. 中国环境管理干部学院学报, 2006, 16(1): 84.

[4] 胡进玲, 章燕枝, 陶秀成. 我国农药工业的发展概述. 安徽化工, 2003, 126: 2.

[5] 王秋莲. 浅谈农药的污染. 山西农业, 2008, 34: 40.

[6] 方炎, 陈洁. 农业污染的形势及应对. 红旗文稿, 2005, 15: 25.

[7] 郑加强, 周宏平, 等. 21 世纪精确农药使用方法展望//中国植物保护学会, 21 世纪植物保护发展战略研讨会, 2001: 415-419.

[8] 刘秀娟, 周宏平, 郑加强. 农药雾滴飘移控制技术研究进展. 农业工程学报, 2005, 21(1): 186.

[9] 张京, 何雄奎, 宋坚利. 防飘喷雾技术的研究进展//植保机械与施药技术国际研讨会, 2008: 92-93.

[10] Smith D B, Bode L E, Gerard P D. Predicting ground boom spray drift. Transactions of the ASAE, 2000, 43(3): 547-553.

[11] Landers A J. Direct injection system on crop sprayers. The Agricultural Engineer, 1992, 47(2): 9-12.

[12] 祁力钧, 傅泽田. 影响农药施药效果的因素分析. 中国农业大学学报, 1998, 3(2): 80-82.

[13] Miller D R, Salyani M, Hiscox A B. Remote measurement of spray drift from orchardsprayers Using LIDAR. MI: ASAE, 2003.

[14] 曾爱军. 减少农药雾滴飘移的技术研究. 北京: 中国农业大学, 2005.

[15] Erdal O. New nozzles for spray drift reduction. Ohio: Ohio State University Extension Fact Sheet, 2001.

[16] 罗瑶, 裴毅, 李明, 等. 植保用喷头的研究. 企业技术开发, 2007, 26(4): 52-53.

[17] 何雄奎. 植保机械化现状与对策. 农机科技推广, 2005(7): 10-11.

[18] 王立军, 姜明海, 孙文峰, 等. 气流辅助喷雾技术的实验分析. 农机化研究, 2005, 4: 174-175.

[19] 黄贵, 王顺喜, 王继承. 电喷雾技术研究与应用进展. 中国植保导刊, 2008, 28(1): 19-21.

[20] 何雄奎, 严苛荣, 储金宇, 等. 果园自动对靶静电喷雾机设计与实验研究. 农业工程学报, 2003, 19(6): 79-80.

[21] 燕明德, 贾卫东. 国内外静电喷雾施药技术及机具研究. 农业机械, 2008(24): 2.

[22] 杨雪玲. 双圆弧罩盖减少雾滴飘失的机理与实验研究. 北京: 中国农业大学, 2005.

[23] 王穗, 彭尔瑞. 农药雾滴在作物上的沉积量及其分布规律的研究概述. 云南农业大学学报, 2010, 25(1): 113-116.

[24] Womacar A R, Maynard R A, Kirkiw I W. Measurement variation in reference sprays for nozzle classification. Transaction of the ASAE, 1999, 42(3): 609-616.

[25] Ammons R, Thistleh H, Barry J. Optimized pesticide application. Journal of Agricultural Engineering Research, 2000, (75): 155-166.

[26] Salyani M. Optimization of deposition efficiency for air blast sprayers. Transaction of the ASAE, 2000, 43(1): 247-253.

[27] Murphy S d, Miller P C, Park C S. The effect of boom section and nozzle configuration on the risk of spray drift. Journal of Agricultural Engineering Research, 2000, (75): 127-137.

[28] Langenakens J J, Clijimansl L, Ramon H, et al. The effects of vertical sprayer boom movement on the uniformity of spray distribution. Journal of Agricultural Engineering Research, 1999, (72): 281-291.

[29] Ramon H, Anthonis J, Moshou D, et al. Evaluation cascade compensator for horizontal vibrations of a flexible spray boom. Journal of Agricultural Engineering Research, 1989, (42): 275-283.

[30] 汤伯敏. 二相流喷雾技术的研究. 农业工程学报, 2001, 17(5): 59-62.

[31] 王新彦, 曹正清, 张红, 等. 基于二相流理论的喷雾器气液混合的研究. 农业工程学报, 1999, 15(4): 126-129.

[32] 祁力钧. 影响农药施药效果的因素分析. 中国农业大学学报, 1998, 2(3): 80-84.

[33] 傅泽田, 祁力钧. 风洞实验室喷雾飘移试验. 农业工程学报, 1999, 15(1): 109-112.

[34] 洪添胜, 王贵恩, 陈羽白, 等. 果树施药仿形喷雾关键参数的模拟实验研究. 农业工程学报, 2004, 20(4): 104-107.

[35] Giles D K, Slaughter D C. Precision band spraying with machine-vision guidance and adjustable yaw nozzles. Transaction of the ASAE, 1997, 40(1): 29-36.

[36] Tian L, Reid J F, Hummel J W. Development of a precision sprayer for site-specific weed management. Transaction of the ASAE, 1999, 42(4): 893-900.

[37] 邱白晶, 李佐鹏, 吴昊, 等. 变量喷雾装置响应性能的试验研究. 农业工程学报, 2007, 23(11): 148-152.

[38] 祁力钧, 胡锦蓉, 史岩, 等. 喷雾参数与飘移相关性分析. 农业工程学报, 2004, 20(5): 122-125.

[39] 余杨. 超低量静电喷雾器机具的充电效果研究. 云南农业大学学报, 1995, 10(3): 202-206.

[40] 周浩生, 罗惕乾, 高良润. 静电喷粉颗粒沉积速度的实验研究. 农业工程学报, 1998, 14(1): 55-59.

[41] Gupta C P, Duc T X. Deposition studies of a handheld air-assisted electrostatic sprayer. Transaction of the ASAE, 1996, 39(5): 1633-1639.

[42] 余泳昌, 王保华, 史景钊, 等. 手动喷雾器组合充电静电喷雾装置的雾化效果试验. 农业工程学报, 2005, 21(12): 85-88.

[43] 石伶俐. 提高农药沉积量的助剂增效技术研究. 北京: 中国农业科学院, 2006.

[44] Ramsdale B K, Messersmith C G. Nozzle, spray volume, and adjuvants effects on carfentrazone and imazamox efficacy. Weed Technology, 2001, (15): 485-491.

[45] Spanogh E P, Schampheleire M D, Dermeeren P V, et al. Review in fluence of agricultural adjuvants on droplet spectra. Pest Management Science, 2007, 63: 4-16.

[46] Basus S, Luthra J, Nigam K D P. The effects of the surfactants on adhesion, spreading, and retention of herbicide droplet on the surface of the leaves and seeds. Journal of Environmental Science and Health, 2002, 37(4): 331-344.

[47] Nalewaja J D, Matysiak R. Spray deposits from nicosulfuron with salts that affect efficacy. Weed Technology, 2000, 14: 740-749.

[48] 洪添胜, TIsseryre B, SInfort C, 等. 基于 DGPS 的农药喷施分布质量的研究. 农业机械学报, 2001, 32(3): 42-44.

[49] 马金芳. 影响农药药效的主要因素. 农村科技, 2009(3): 43.

[50] 朱金文, 吴慧明, 朱国念. 施药液量对农药药效的影响研究进展//第三届农药交流会论文集, 2003.

[51] 陈忠新, 陈培, 池杏珍. 影响除草剂药效的因子分析. 中国园林, 2000, 16(4): 69-71.

[52] Prasad R, Bode L E, Chasin D G. Some factors affecting herbicidal activity of glyphosate in relation to adjuvants and droplet size. Pesticide formulations and application systems, 1992, 11: 247-257.

[53] Knoche M. 雾滴直径施液量对茎叶除草剂药效的影响. 杂草科学, 1996, 1: 36.

[54] 夏正俊. 雾滴直径和施液量对茎叶处理除草剂药效的影响(续). 杂草科学, 1996, 2: 36.

[55] 陈福良, 尚鹤言. 雾滴大小和喷雾效果. 植物保护, 1994, 20(3): 1.

第**7**章

气液两相流雾化

提高农药利用率，减少农药流失，关键在于采用先进高效的施药技术。20 世纪 50 年代以来，国际上农药施用技术不断改进、完善，为了减少环境污染，大量应用低容量喷雾（low volume）、超低容量喷雾（ultra low volume，ULV）、控滴喷雾（controlled droplet application，CDA）、循环喷雾（recycling spraying，RS）、反飘喷雾（anti-drift spraying，AS）、静电喷雾技术（electrostatic spraying，ES；electrostatic controlled droplet application，ECDA）、精确对靶喷雾技术（toward-target precision pesticide application，TPPA）等一系列新技术,从而使农药的利用效率和功效大幅度提高。

施药技术的改善以及新型施药机具的研发是我国植保领域未来的主要发展方向之一。施药技术应注重提高药效，减少环境污染。与液力雾化喷头产生的 300～500μm 的大雾滴相比，小雾滴可以提高药效。如 Lake 论证了小雾滴（<50μm）比大雾滴更易在叶片表面持留，而且对害虫有更好的防效。Owens 和 Scopes 以白粉虱进行重复试验，得到了类似的结果。但是使用小雾滴带来的问题是在密闭冠层内的穿透性差以及易于飘失。静电喷雾的目的是在小雾滴沉积过程中增加一个力，以缩短小雾滴的沉积时间，从而达到较少飘失的目的；而且电力线可以达到叶子背面，增加在背面的沉积量，对于这一区域的害虫有很好的防效，如在棉花等作物上为害严重的白粉虱；电力线可以穿透冠层，以改善雾滴在冠层内外的沉积均匀性。

静电喷雾技术具有以下优点：提高农药在作物上的沉积量，同时使农药沉积更为均匀，不仅在冠层的空间部位上，也在叶片正反面的沉积上；减少农药的使用量，提高农药利用率；减少农药飘失，降低农药对环境的污染；耐雨水冲刷，有较长的残效期；提高杀虫效果等。使用静电喷雾技术可以达到省水省药的目的，对经济效益最大化的实现，以及环境保护都可以起到重要作用。

7.1 气液两相流喷头的结构设计

气液两相流静电喷头平面图如图 7-1 所示，3D 立体实物图如图 7-2 所示。喷雾时，高压气体由 5 进入喷头体，药液由 4 进入喷头体，两者在喷嘴处相遇，药液开始雾化，同时，此处的感应电极对正在雾化的雾滴进行充电，从而形成带电雾滴。高压电源线内部的弹簧可以保证金属顶针一直和感应电极接触。

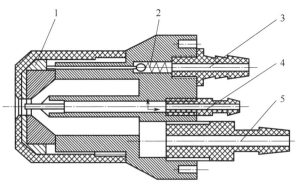

图 7-1　气液两相流静电喷头平面图

1—感应电极；2—弹簧；3—高压电源线入口；4—药液入口；5—高压气体入口

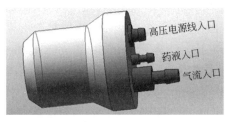

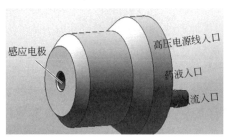

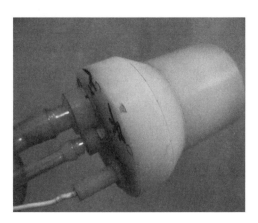

图 7-2　气液两相流静电喷头 3D 立体实物图

气流起到雾化和输送雾滴两个作用。对于感应式荷电来说，雾化点位置的确定在很大程度上影响喷头的性能。因为当感应环正好在雾化点时，液膜/液丝上的电场强度最大；如果感应环远离雾化点会造成高压电极被打湿而影响荷电效果或减小液膜/液丝上的电场强度。在设计过程中通过测量喷头和喷雾之间的电阻最终确定雾化区，经过一系列的具体实验确定了最佳位置，并加工成了可用于实验研究的气液两相雾化静电喷头。

7.2　气助式感应荷电喷头

7.2.1　气助式感应荷电喷头原理

本研究所设计的静电喷头是在气力雾化的基础上添加感应环。气流起到雾化喷液、干燥感应环、输送雾滴、吹开冠层等作用。根据高斯定理，当静电感应环在雾化点时，液膜/液丝上的电场强度最大。通过探头测量喷头和喷雾之间的电阻确定雾化区。气助式静电喷头的原理图、组装图和实物图分别如图 7-3～图 7-5 所示。

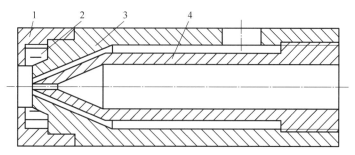

图 7-3　气助式静电喷头的原理图

1—喷头帽；2—铜环；3—外套；4—内芯

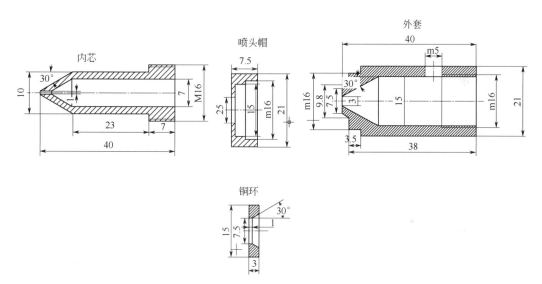

图 7-4　气助式静电喷头的组装图（单位：mm）

图 7-5　气助式静电喷头的实物图

与一款商业化的静电喷头（ESS）做比较，结构参数见表7-1。

表 7-1　与 ESS 静电喷头的结构参数比较

结构参数	喷头	
	自制喷头	静电喷头（ESS）
自由射流半径 r_j/mm	0.50	0.51
感应环半径 r_c/mm	1.5	1.78
起晕电压计算值 V_0/kV	1.7	1.9
最小荷电雾滴云电流值/μA	0.08[①]	0.08

① 电压为300V，流量为60mL/min。

在该款喷头的早期设计中气液路分开，分别由空压机和液泵提供气液流，由气压表和液压表监控气液路的压力，以相应的阀门来控制所需要的气液比。经改进，液路中不再使用液泵，而是由空压机在提供喷头所需气流的同时对储液罐加压，液流量由线路的液压阀控制。

雾化原理：液体从内芯前的尖状口喷出，气流沿着内芯和外套的间隙喷出。高压电直接加在喷头口的铜环上，当雾滴流经感应铜环时，高压电流便可以使雾滴荷电，同时进行两相流雾化。从喷头口喷射出的气流也可以再次使雾滴细化，这样雾滴就有更好的荷电效果，最终达到静电喷雾的最佳状态。

7.2.2　气助式感应荷电喷头的建模与分析

气助式静电喷头的建模见图7-6，由于喷头是轴对称结构，因此以轴为界，建立圆心角为 5°的模型，可以节省计算量。在模型计算结束后，使用软件"image"功能键可以生成整个喷头的模拟结果图。

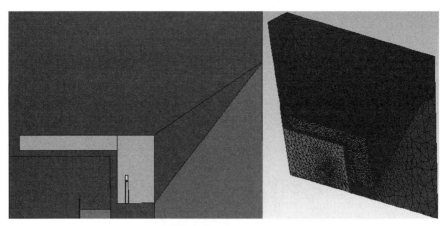

图 7-6　气助式静电喷头模型与网格图

模拟中所用的喷液为实验室自来水，电导率为 $5.0×10^{-2}$ S/m。在模型计算中涉及的材料相对介电常数见表7-2。

表 7-2　喷头部件材料的相对介电常数

材质	相对介电常数
聚甲醛	3.6
空气	1
自来水	80

7.3　气液两相流喷头的雾化特征

7.3.1　气液两相流喷头的雾化特性曲线

雾滴尺寸不但影响荷电水平，最终也影响雾滴在靶标的沉积。对于气力雾化喷头来说，流量和气压直接影响雾滴谱的分布。

雾滴谱的测量基于激光雾滴粒径分析仪（Spraytec，Malvern，英国），见图 7-7。

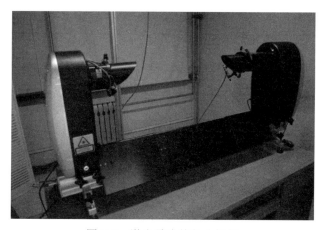

图 7-7　激光雾滴粒径分析仪

调整测量距离为 50cm，流量为 60mL/min，气压为 0.3MPa，雾滴谱的分布见图 7-8。

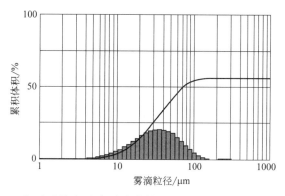

图 7-8　气助式静电喷头雾滴谱的分布（60mL/min，0.3MPa）

经计算，雾滴的体积中值中径为41.96μm。

根据雾滴的理论最大荷电量公式，

$$q_{max} = 8\pi\sqrt{\varepsilon_0\sigma}r^{3/2} \qquad (7\text{-}1)$$

式中　q_{max} ——雾滴理论最大荷电量；

　　　ε_0 ——真空介电常数 $[8.85\times10^{-12}\,C^2/(N \cdot m^2)]$；

　　　σ ——表面张力；

　　　r ——雾滴半径。

可得雾滴最大荷质比公式，

$$q_{max}/m = \frac{8\pi\sqrt{\varepsilon_0\sigma}r^{3/2}}{\rho 4/3\pi r^3} = \frac{6\sqrt{\varepsilon_0\sigma}}{\rho r^{3/2}} \qquad (7\text{-}2)$$

若喷液为水，即水的密度为1000kg/m³，表面张力为72mN/m，则

$$q_{max}/m = \frac{4.8\times10^{-9}}{r^{3/2}} \qquad (7\text{-}3)$$

雾滴的理论最大荷电量与雾滴粒径的关系如图7-9所示。若雾滴的粒径为50μm和100μm，则理论最大荷电量分别为1.4×10^{-2}C/kg和4.8×10^{-3}C/kg。如满足最低荷质比要求，即荷质比为1mC/kg，则50μm和100μm雾滴的荷电率（荷电量与理论最大荷电量的比率）分别为7%和21%。本研究所使用的静电喷头的体积中值中径为41.96μm，理论最大荷质比为6mC/kg，而在试验中，静电喷头处在所设定的条件下，雾滴的荷电率约为33%。

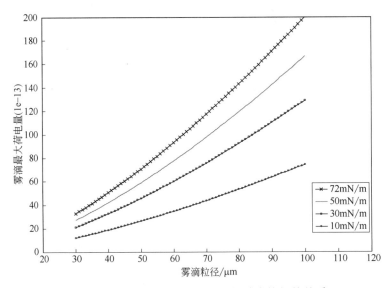

图7-9　雾滴的理论最大荷电量与雾滴粒径的关系

7.3.2　气液两相流喷头的雾锥角

雾锥角的测量程序为数码照相，软件处理，然后根据三角函数法计算角度。

经测量，当流量为60mL/min，气压为0.3MPa时，静电喷头的雾锥角为30°。

7.3.3　气液两相流喷头的气液比

对于气助式静电喷头,气流不仅雾化喷液,输送雾滴到冠层,还防止荷电雾滴沉积到感应环表面。气流量太小时,除了影响喷雾距离外,主要是影响雾化,降低荷电效果;而气流量过大时,则对空压机的功率有较高要求,能耗加大。喷头流量同样会影响雾化效果(在气压固定的基础上)。对系统气液流量的测量均使用转子流量计,见图7-10。

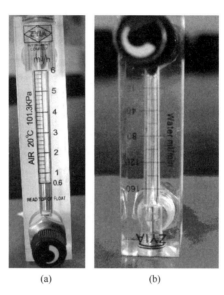

(a)　　　　　(b)

图 7-10　转子流量计

(a) 测量液体;(b) 测量气体

当电压为 1kV 时,不同的气液比对荷质比的影响,如表 7-3 所示。

表 7-3　静电喷头电压 1kV 时的气液比对荷质比的影响

气压/MPa	喷液流量/(mL/min)	气体流量/(m³/h)	气液比	荷质比/(mC/kg)
0.1	60	0.8	0.27	0.3
0.2	60	1.0	0.34	1.0
0.3	60	1.2	0.41	1.9
0.4	60	1.4	0.48	3.2

从表 7-3 可以得出,当气液比较低时,雾滴的荷质比较低,这是喷液无法有效雾化的原因。随着气压的升高,喷液形成的雾滴小且均匀,雾滴的荷质比明显提高。

与之做对比的是一款商业化的感应静电喷头(ESS),其参数见表 7-4。

表 7-4　ESS 喷头的气液比与荷质比

气压/MPa	喷液流量/(mL/min)	气体流量/(m³/h)	气液比	荷质比/(mC/kg)
0.2	126.7	5	0.8	1.5

ESS 静电喷头产生的雾滴 VMD 约为 50μm,气流量大,荷质比高,而本研究使用的气助式静电喷头,在高气流量和低喷量的情况下,如当气体流量为 1.4m³/h,喷量为 60mL/min,

电压为 1kV 时，荷质比可以达到 3.2mC/kg。

7.3.4 雾滴雾化粒径

主要试验材料及设备：Lechler ST110-02 标准平面扇形雾喷头，可调式高压直流电源等。室内测试装置如图 7-11 所示

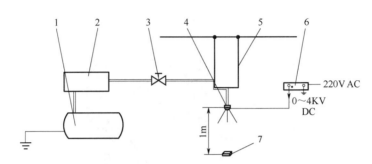

图 7-11　雾滴粒径试验研究平台
1—药箱；2—液泵；3—调压阀；4—静电喷头；5—喷雾天车；6—直流高压电源；7—硅油盒

首先用荧光剂 BSF 配 0.2%浓度的溶液。用密度较大的硅油滴到硅油盒底部形成一层薄膜，再用密度较小的硅油滴到上层形成另外一层硅油膜，由于两种硅油的密度相差很大，因此会保持分层状态。将硅油盒放到静电喷头下方，喷头的高度 1m，喷雾速度为 0.5m/s，待喷头喷雾过后对硅油盒的雾滴进行拍照（图 7-12），并记录每次实验所对应的照片编号。然后用雾滴关键参数测量软件对采集的图像进行处理（图 7-13），计算出体积中值中径（VMD）和数量中值中径（NMD）。

图 7-12　数码相机拍摄的雾滴原始照片

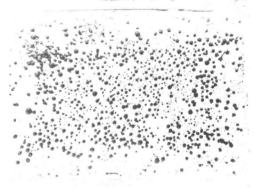

图 7-13　Photoshop 处理后的雾滴图片

用 SPSS 软件进行正交表的设计，表 7-5 为扇形雾静电喷头雾滴粒径测试的试验方案及结果，表 7-6～表 7-8 为雾滴粒径测试的结果分析。

表 7-5　试验方案及结果

试验号	A（电极形状）	B（电极位置）	C（喷雾压力/MPa）	D（荷电电压/kV）	VMD/μm	NMD/μm
1	1（丝状）	2（b）	1（0.2）	4（3）	168	129
2	1（丝状）	1（a）	1（0.2）	3（2）	179	118

试验号	A（电极形状）	B（电极位置）	C（喷雾压力/MPa）	D（荷电电压/kV）	VMD/μm	NMD/μm
3	1（丝状）	2（b）	3（0.4）	4（3）	95	58
4	2（片状）	2（b）	4（0.5）	3（2）	98	63
5	1（丝状）	3（c）	3（0.4）	1（0）	120	71
6	2（片状）	1（a）	3（0.4）	2（1）	108	76
7	1（丝状）	1（a）	2（0.3）	5（4）	134	79
8	2（片状）	1（a）	4（0.5）	1（0）	102	73
9	2（片状）	1（a）	1（0.2）	4（3）	165	124
10	1（丝状）	2（b）	1（0.2）	1（0）	188	146
11	2（片状）	3（c）	1（0.2）	5（4）	145	97
12	1（丝状）	1（a）	3（0.4）	3（2）	104	69
13	1（丝状）	3（c）	4（0.5）	4（3）	108	56
14	2（片状）	2（b）	2（0.3）	1（0）	178	137
15	1（丝状）	1（a）	4（0.5）	5（4）	97	55
16	1（丝状）	2（b）	2（0.3）	2（1）	166	114
17	1（丝状）	2（b）	1（0.2）	5（4）	157	102
18	1（丝状）	1（a）	1（0.2）	2（1）	182	143
19	1（丝状）	3（c）	2（0.3）	3（2）	158	95
20	1（丝状）	2（b）	4（0.5）	2（1）	139	75
21	2（片状）	2（b）	1（0.2）	3（2）	164	118
22	1（丝状）	1（a）	1（0.2）	1（0）	195	139
23	1（丝状）	1（a）	2（0.3）	4（3）	143	90
24	2（片状）	3（c）	1（0.2）	2（1）	176	127
25	2（片状）	2（b）	3（0.4）	5（4）	128	74

表 7-6 试验结果分析（一）

指标		A（电极形状）	B（电极位置）	C（喷雾压力/MPa）	D（荷电电压/kV）
体积中值中径累积/μm	K1	2190	1409	1719	783
	K2	1407	1481	779	771
	K3		707	555	703
	K4			544	679
	K5				661
	K1	146	140.9	171.9	156.6
	K2	140.7	148.1	155.8	154.2
	K3		141.4	111	140.6
	K4			108.8	135.8
	K5				132.2
	极差 R	5.3	7.2	63.1	24.4
	因素主次	CDBA			
	优方案	$A_2B_1C_4D_5$			

表 7-7　试验结果分析（二）

指标		A（电极形状）	B（电极位置）	C（喷雾压力/MPa）	D（荷电电压/kV）
体积中值中径累积/μm	K1	1449	966	1243	566
	K2	979	1016	515	535
	K3		44	348	463
	K4			322	457
	K5				407
	K1	96.6	96.6	124.3	113.2
	K2	97.9	101.6	103	107
	K3		89.2	69.6	92.6
	K4			64.4	91.4
	K5				81.4
	极差 R	1.3	12.4	59.9	31.8
	因素主次	CDBA			
	优方案	$A_1B_3C_4D_5$			

表 7-8　试验结果分析（三）

试验号	A（气压/MPa）	B（液泵电压/V）	C（荷电电压/kV）	VMD/μm	NMD/μm
1	3（0.4）	2（6）	3（2）	80	65
2	4（0.5）	1（4）	2（1）	64	47
3	3（0.4）	1（4）	5（4）	68	50
4	1（0.2）	1（4）	3（2）	105	73
5	1（0.2）	4（10）	3（2）	117	102
6	2（0.3）	3（8）	4（3）	112	91
7	2（0.3）	4（10）	2（1）	130	113
8	2（0.3）	2（6）	1（0）	91	78
9	3（0.4）	3（8）	1（0）	103	87
10	4（0.5）	4（10）	1（0）	130	97
11	2（0.3）	1（4）	3（2）	89	63
12	1（0.2）	2（6）	4（3）	115	87
13	1（0.2）	3（8）	5（4）	104	84
14	1（0.2）	1（4）	1（0）	127	96
15	1（0.2）	3（8）	2（1）	138	114
16	1（0.2）	1（4）	4（3）	115	76
17	4（0.5）	1（4）	4（3）	60	43
18	4（0.5）	2（6）	5（4）	77	40
19	3（0.4）	1（4）	2（1）	75	62
20	2（0.3）	1（4）	5（4）	80	55
21	3（0.4）	4（10）	4（3）	124	98
22	1（0.2）	2（6）	2（1）	125	92
23	1（0.2）	1（4）	1（0）	136	105
24	4（0.5）	3（8）	3（2）	95	78
25	1（0.2）	4（10）	5（4）	115	101

由雾滴的体积中值中径（VMD）和数量中值中径（NMD）的数据得出，影响静电喷头雾滴雾化的最主要因素是喷雾压力，其次是荷电电压，感应电极的位置对雾滴的雾化有一定的影响，电极的形状对雾滴的雾化效果作用不明显。较优的喷雾作业参数为 0.5MPa 的喷雾压力，4kV 的电压，电极形状和位置根据实际情况可适当调整。

参考文献

[1] 何雄奎. 改变我国植保机械和施药技术严重落后的现状. 农业工程学报. 2004, 20(1): 13-15.

[2] 何雄奎, 吴罗罗. 动力学因素和药箱充满程度对喷雾机液力搅拌器搅拌效果的影响. 农业工程学报, 1999, 15(4): 131-134.

[3] 中国常驻联合国粮农机构代表处. 农业生产与环境保护. 世界农业, 1998, (1): 5-7.

[4] 张玲, 等. 我国植保机械及施药技术现状与发展趋势. 中国农机化, 2002, (6): 34-35.

[5] 浅野和俊. 静电散布. 植物防疫(日本), 1986, 40(3): 12-15.

[6] 郑加强, 冼福生, 高良润. 静电喷雾雾滴荷质比测定研究综述. 江苏工学院学报, 1992, 13(1): 1-6.

[7] 周浩生. 静电喷雾特点及器械研究概述. 农机试验与推广, 1996, (1): 14-15.

[8] Law S E. Agricultural electrostatic spray application: a review of significant research and development during the 20 century. Journal of electrostatic, 2001, 51: 25-42.

[9] Nishiwaki H. Studies on the Structure — Activity Relationship and Mode of Actions of Neonicotinoid Insecticides. Journal of Pesticide Science, 2004, 29(3): 222-223.

[10] Coates W. Spraying technologies for cotton deposition and efficacy. Applied Engineering Agriculture, 1996, 12(3): 287-296.

[11] 朱和平, 冼福生, 高良润. 静电喷雾技术的理论与应用研究综述. 农业机械学报, 1989(2): 53-57.

[12] 王法明. 水稻病害及其防治. 农药, 1997, 36(9): 6-13.

[13] 郑加强, 等. 农药静电喷雾技术. 静电, 1994, 9(2)8-11.

[14] 闻建龙, 等. 荷电改善喷雾均匀性的实验研究. 排灌机械, 2000, 18(5): 45-47.

[15] 吴锡珑. 大学物理教程. 2版. 北京: 高等教育出版社, 1999.

[16] 余泳昌. 静电喷雾技术综述. 农业与技术, 2004, 24(4): 190-191.

[17] 王泽. 荷电气固两相流及在植保工程中的应用. 镇江: 江苏大学, 1994.

[18] Law S E, Lane M D. Electrostatic Deposition of Pesticide Spray onto Foliar Targets of Varying Morphology. ASAE, 1981, 24(6): 1441-1445.

[19] Splinter W E. Electrostatic Charging of Agriculture Sprays. ASAE, 1968, 11(4): 491-495.

[20] 朱和平. 静电喷雾理论及其喷头的研究. 镇江: 江苏大学, 1990.

[21] Law S E, Bowen H D. Effects of Liquid Conductivity upon Gaseous Discharge of Droplets. IEEE, 1989, IA25(6): 1073-1080.

[22] Castle G S P, et al. Space charge effects in orchard spraying. IEEE, 1981, 81(4): 1155-1160.

[23] Law S E. Embedded electrostatic induction spray charging nozzle: theoretical and engineering design. ASAE, 1978, 21(6): 1096-1104.

[24] Turnbull R J. On the instability of an electrostatically sprayed liquid jet. IEEE, 1992, 28(6): 1432-1438.

[25] Moser E, et al. Electrostatic spraying with a knapsack sprayer. AMA, 1985, 16(3): 41-46.

[26] 袁会珠. 农药施用现状和展望. 世界农药, 1999, 21(6): 27-32.

[27] 邱梅贞. 中国农业机械技术发展史. 北京: 机械工业出版社, 1993.

[28] 郑加强. 静电喷雾减轻农药环境污染的研究//江苏省首届青年学术年会. 北京: 中国科学技术出版社, 1992: 93-97.

[29] Elbanna H, Rashed M I I, Ghazi M A. Droplets from Liquid Sheets in an Airstream. Transactions of ASAE, 1984, 27(3): 677-679.

[30] Zhu H, Derksen R C, Ozkan H E, et al. Development of a canopy opener to increase spray deposition and coverage inside soybean canopies. ASABE, 2008, 22(6): 271-280.

[31] 郑加强, 徐幼林. 静电喷雾防治病虫害综述的展望. 世界林业研究, 1994.

第**8**章

静电雾化

静电喷雾，即在雾滴雾化的过程中添加一个额外的力，借以改善雾化过程，产生更多的细雾滴，增加雾化雾滴的数量；同时在雾滴运行向靶标时改变雾滴的轨迹，以达到增加雾滴在靶标沉积量的目的。一个完整的静电喷雾过程应包括四部分，即雾滴的雾化、雾滴的荷电、雾滴的输送、荷电雾滴的沉积。在农业上应用比较成熟的三种荷电方式，分别为感应、接触以及电晕荷电。从使用农药的电导率方面考虑，感应荷电适用于导体喷液；接触荷电适用于半导体喷液，需要指出的是，接触荷电对喷液电阻率以及黏度的要求很高，需电阻在一定在范围内才能应用；电晕荷电对喷液电阻率则没有要求。从荷电电极与雾滴的极性关系来看，只有感应荷电电极与雾滴的极性是相反的。而从雾化是否需要额外力来看，感应荷电和电晕荷电都需要外力雾化喷液，进而荷电；接触荷电仅靠静电力就可以实现对喷液的雾化。

农药的使用史能充分体现静电技术的发展史。早期的农药主要为粉剂，在三种荷电方式中，只有电晕荷电适合对粉剂的荷电。随着环保意识的加强，水剂大规模取代粉剂，感应荷电开始发展起来。接触荷电主要适用于油剂，对工效的提高以及干旱地区，有着更深远的意义。

在三种荷电方式中，感应荷电的特殊之处为荷电电压低，这是由于荷电电极距离接地电极近，低电压就可以产生足够高的电场强度使雾滴荷电。低电压的使用对电源研制、操作者的安全、静电喷雾器在田间的使用具有更多的实用价值。从静电喷头的研发情况来看，更多精力投入到了感应式静电喷头。

8.1 静电喷头的研发与雾化效果

Law 在气力雾化喷头的基础上研制了嵌入式感应荷电喷头（图 8-1）：雾滴谱 VMD 为 30～50μm，喷头流量为 75～100mL/min，荷电电压＜1kV，雾滴荷质比为 10mC/kg，每个喷头的耗能为 25～50mW。

Frost 和 Law 对上述喷头进行了优化，使喷头流量可达 500mL/min。该喷头还被用于果园喷雾，在气流辅助下（气流量为 10m³/s，流速为 29m/s），每 12 个喷头一组，安装在气流导管中，流量为 3.82L/min，对应的施药量为 93.5L/hm²。雾滴 VMD 为 30μm，荷质比为 1mC/kg，以直径为 7.6cm 的金属球做模拟靶标。Law 认为静电喷雾系统要在实际操作中发挥作用，需要满足三个条件：①气流辅助，雾滴云借此穿透静电屏蔽的作物冠层，改善在冠层的分布；

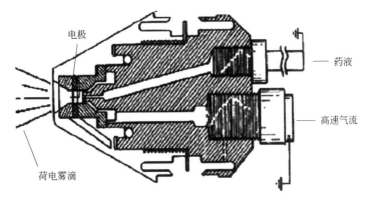

图 8-1　气助式静电喷头构造

②方便携带，安全操作，对当前大多农药剂型兼容；③雾滴谱窄，且大小为 30～50μm，既能充分利用小雾滴提高药效，还可以使雾滴的荷质比在 2mC/kg 以上，使静电力超过重力和曳力。

Castle 和 Inculet 对气流剪切式喷头感应荷电（图 8-2），气流速度为 80m/s，荷电电压为 18kV，雾滴 VMD 为 80μm，荷质比为 1mC/kg。结果表明：静电喷雾雾化效果改善显著。

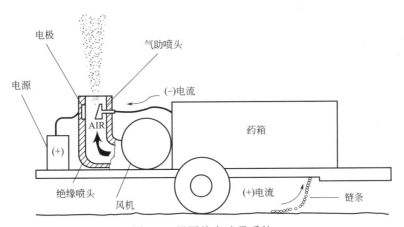

图 8-2　果园静电喷雾系统

Marchant 和 Green 研发了一款液力式感应荷电喷头（图 8-3）。这款喷头的特殊之处在于感应装置接地，而喷液保持 10kV 的电势。设计带孔的电极来解决电极环打湿问题，沉积到电极的雾滴被真空抽走从而保持电极干燥。设计的初衷是利用液力雾化喷头产生大小不同的雾滴，大雾滴荷电量小，可以增加在冠层的穿透性；小雾滴荷电量大，可以增加在靶标背面的沉积。雾滴的荷质比可以达到 2mC/kg，在模拟靶标上增加 1.6～2.8 倍的沉积量。在风洞试验中，使用流量最小的喷头，荷电喷雾可以显著增加沉积量；但在田间实验中，使用除草剂和杀菌剂没有体现出静电喷雾在防效上的改善。Marchant 等用共形映象技术计算了喷头液膜处的电场分布，结合液力雾化理论，得到了雾滴荷质比公式。

Pay 在 80°扇形雾喷头上设计了一个圆形的感应荷电装置（图 8-4）。流量为 260mL/min 时，雾滴的荷质比为 0.5mC/kg。田间试验表明，该喷头没有任何改善药效的作用。经改进，使用 110°的扇形雾喷头，流量为 600mL/min 时，雾滴荷质比仍为 0.5mC/kg，对阔叶杂草的沉积和药效表明这款喷头要优于常规喷头。

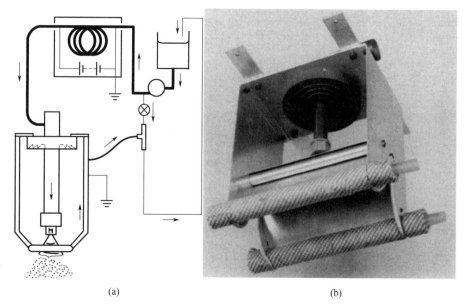

(a)   (b)

图 8-3　液力式感应荷电喷头
（a）示意图；（b）实物图

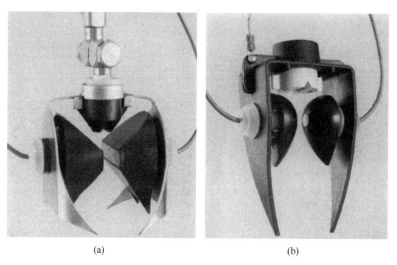

(a)   (b)

图 8-4　液力式感应喷头
（a）80°扇形雾喷头；（b）110°扇形雾喷头

　　Dobbins 报道了一款基于背负式弥雾机的感应荷电喷头（图 8-5）。该喷头已经商品化，不但可应用在背负式喷雾机上，而且可装配在果园和航空喷雾机上，广泛用于各种果树的农药喷施工作。该喷头呈扁平状出口，一边安装气流剪切式喷头，对立面安装感应电极。高速气流雾化和输送雾滴，雾滴大小在 50～60μm。试验表明，荷电喷雾可在靶标上提高 50%的沉积量，在果树上的沉积量增加 46%，对喷雾人员的污染减少 82%。

　　Marchant 报道了一款基于离心雾化的感应式荷电喷头（图 8-6），静电感应装置和转盘一起转动，可有效解决被荷电雾滴打湿的问题。经测试，得出荷电量并不影响雾滴的尺寸；雾滴的荷质比与电极电压和转盘转速成正相关，不受流量的影响；感应电极和转盘的距离减少时，雾滴荷质比增加。当流量为 140mL/min 时，雾滴 VMD 为 90μm，荷质比为 2 mC/kg；流量为 580mL/min，雾滴 VMD 为 200μm，荷质比为 0.6mC/kg。

(a)　　　　　　　　　　　　　　　(b)

图 8-5　Spectrum 静电喷头（a）和背负式喷雾机（b）

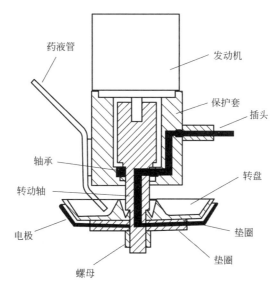

图 8-6　转盘式静电喷头

Laryea 在旋流雾化喷头（图 8-7）的基础上开发了一款感应荷电果园喷雾机。流量为 0.69L/min，雾滴 VMD 为 116μm，在荷电电压为 4kV 时，雾滴的荷质比为 0.27mC/kg。沉积试验表明该喷头增加了 1.3～2.3 倍的沉积量，同时减少了飘失。

为解决感应电极打湿问题，Moon 等尝试使用绝缘介质包裹电极环，研制了一款电容式荷电喷头（图 8-8）。绝缘介质会削弱感应电场强度，可以通过增加感应电压来弥补。Moon 等研究了感应环参数（内径、厚度）、感应环与喷头的垂直距离、绝缘介质厚度等对荷电效果的影响，得出当喷头流量为 0.75L/min 时，雾滴云最大荷质比可达 2.1mC/kg。

为减少荷电雾滴沉积到感应电极，Joshua 等认为可以采用平行的细圆柱形金属棒置于扇形雾两边充当感应电极，可以有效防止沉积到感应电极上的雾滴形成泰勒锥，避免反离子化作用（图 8-9）。感应电极与喷头、扇形雾的距离，以及感应电极长度影响雾滴的荷电效果。最高荷电电压为 7kV，雾滴的最大荷质比为 0.69mC/kg。

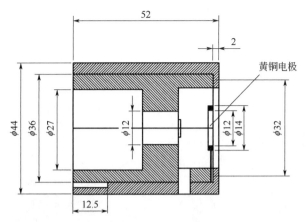

图 8-7　旋流雾化静电喷头（单位：mm）

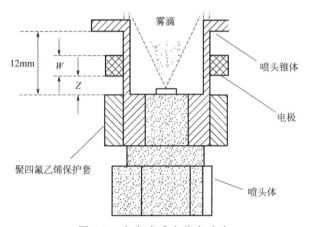

图 8-8　电容式感应荷电喷头

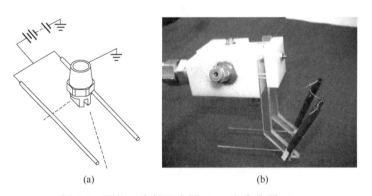

图 8-9　圆柱形电极示意图（a）和实物图（b）

　　USDA（美国农业部）研发了一款航空静电喷雾系统，整个系统由 88 个静电喷头组成（图 8-10），喷头间隔 1.8m，采用双极性感应荷电。田间试验表明，航空静电喷雾比传统航空喷雾沉积量大，尽管并不能提高药效，但农药使用量更低，因此可进一步提高工效。

　　对于接触式静电喷头，最著名的为 Coffee 研制的商品名为"Electrodyn"的手持式静电喷雾器（图 8-11）。使用油剂，电压为 25kV，依靠高电压在液膜产生的驻波来实现喷液的雾化。由于喷头体没有转动部分，因此在耗能方面只有常规转盘式喷头的 1/80，而且也不用考虑机械造成的损害。后来 Coffee 和 Kohli 在原喷头上添加了一个接地导板，有效增加了雾滴的沉积。Sherman 和 Bone 总结了这款喷雾器的优点：超低量喷雾，不需要水；不需要外加的机械力雾化或输送雾滴；雾滴可控（调节电压或流量，雾滴 VMD 范围在 40～200μm）；雾滴速度快，可以减少飘失；"包裹"效应明显，改善雾滴在靶标背面的沉积；封闭式农药填装系统可降低操作者接触高浓度农药的风险，而且减少了农药混配的失误；手持式喷雾机轻便且易于使用；自校正系统可以减少操作误差。

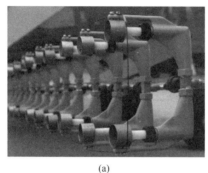 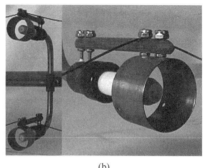

(a)   (b)

图 8-10　航空感应静电喷头

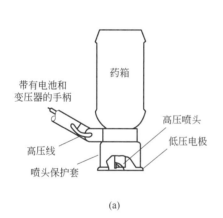 

(a)   (b)

图 8-11　"Electrodyn"喷头示意图（a）和实物图（b）

　　Adams 和 Palmer 用一款接触式静电喷雾机"Tube"在番茄上进行了药效试验。流量为 0.5mL/min，VMD 为 18μm。试验结果表明，静电喷雾在叶片背面的沉积对于苄氯菊酯防治白粉虱幼虫非常重要，同时减少了对幼叶和未成熟果实的污染。虽然总产量和空白试验相比没有显著差异性，但是果实的寄生物感染率要远好于空白试验区。

　　Western 等报道了一款接触式静电喷头（图 8-12）。喷头由两块乙缩醛塑料板构成，其中一块作为储药箱，并在底部设计锯齿状结构；另一块接高压电源（-25kV）。塑料板之间是一个有 23 个小槽的夹铁。两个静电喷头并列固定在有机玻璃喷杆上使用，接地金属铜棒起到加强电场的作用，位于喷头的两边，距离 90mm。使用油/醇混合液，不同配比具有不同的电导率和黏度，借此改变雾滴的大小。与普通扇形雾喷头做对比试验，试验结果表明：当荷质比增加、雾滴尺寸减小时增加飘失，而且飘失量显著大于扇形雾喷头，风助可以使荷电小雾滴的飘失量减少 93%。

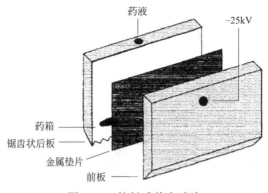

药液
−25kV
药箱
锯齿状后板
金属垫片
前板

图 8-12　接触式静电喷头

Cooper 等研究了一款基于离心雾化的电晕荷电喷头，雾滴尺寸可以通过改变转盘转速和电压的方式调节，该喷头可以使用常规的水基型农药。Arnold 和 Pye 同样研发了一款基于离心雾化的电晕荷电喷头（APE 80），并在不同植物上进行了田间试验。电极电压为 30kV，雾滴尺寸小于 100μm，当流量为 25mL/min 时，雾滴荷质比为 5mC/kg。

Ganzelmeier 和 Moser 研发了一款液力式电晕荷电喷头，电极电压为 70kV。试验表明：静电雾化效果明显改进，细雾滴明显增多。

Khdair 等研究了气流辅助对接触式荷电喷雾器的影响，结果表明气流辅助不但改善雾滴雾化效果、雾滴在冠层的穿透性，增加在叶片背面的沉积，而且还减少了荷电雾滴的飘失。Sharp 研究得出静电力可以使飘失减少 40%，Cooke 和 Hislop 也得到了类似的结果。

Law 和 Bowen 从理论上研究了航空静电喷雾的雾滴雾化分裂过程。航空喷雾使用的雾滴一般为 300～400μm，而静电喷雾一般要求雾滴粒径在 100μm 左右。航空喷雾雾滴的运动轨迹长，雾滴尺寸由于蒸发迅速减小而达到 Rayleigh 极限发生雾化分裂。Law 和 Bowen 认为荷电雾滴分裂雾化时会产生大量的高荷电量的小雾滴，有利于最终的静电沉积。在荷电雾滴蒸发过程中，Roth 和 Kelly 通过建模计算和试验发现大雾滴达到 Rayleigh 极限时，也会发生雾化分裂。大雾滴失去 5% 的质量和 25% 的电量，产生小雾滴的个数一般小于 7 个。Law 通过建模计算得出，表面电荷不会影响雾滴的蒸发，蒸发也不会带走电荷。

Law 和 Bailey 采用雷射都卜勒风速计对靶标附近的雾滴速度进行测量，发现静电力可以提高雾滴向靶标的运动速度，但是在尖端存在时，不但对沉积有抑制作用，而且在某些地方甚至排斥荷电雾滴的沉积。这种电晕放电跟喷液的电导率没有关系。

我国的农业静电喷雾技术研究始于 20 世纪 70 年代末。多家单位如上海明光仪表厂、江苏太仓静电设备、丹阳电子研究所、北京农业大学等先后研发了手持转盘式静电喷雾器，河北邯郸市机械研究所研发了接触荷电手持式静电喷雾器等。中国农业大学尚鹤言基于 WFB-18AC 型机动喷雾机研发的接触式荷电机具，用于大田和果树，防治尺蠖和麦蚜，取得了良好的防效。1992 年，江苏大学研制了风送灭蝗静电喷雾装置。2002 年，中国农业大学研制了果园自动对靶静电喷雾机。结果表明，静电喷雾增强了雾化效果，细雾滴明显增多，与对照相比提高两倍的沉积量，节省农药达到 50%～75%。南京林业大学茹煜研究了感应式航空静电喷雾装置。在 Y5B 农用飞机上挂载静电喷雾系统，并进行了雾化效果、有效沉积、雾滴飘失等方面的测试。结果表明，相比于常规航空喷雾，静电喷雾明显增加沉积，而且沉积分布均匀，雾滴飘失少。山西农业大学任惠芳研制了气力式感应荷电喷头，研究了气压、流量、液压、荷电电压、喷口直径等对雾化质量及荷电性能的影响。河南农业大学余泳昌等研制了组合式静电喷雾装置，采用感应和电晕荷电，使雾滴细化，改善雾滴谱的分布。

8.2 静电喷雾雾化理论分析

理想的静电喷雾沉积模型如图 8-13（a）所示，荷电雾滴在电场的作用下沿着电力线运动。由于接地靶标是一个等势体，电力线在等势体靶标上均匀分布，从而引导荷电雾滴在靶标上均匀沉积。在真实靶标上，如图 8-13（b）所示，雾滴在叶片的正反面均匀分布，对防除生长在叶片背后的病虫害，如蚜虫、白粉虱等具有更重要的意义。

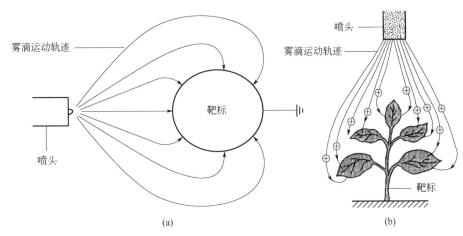

图 8-13　静电喷雾的沉积模型
（a）模拟靶标；（b）真实靶标

8.2.1 静电雾化方式

仅从雾化方式来看，可以把三种荷电方式分为两类，即仅靠静电力雾化，以及在外加机械力对喷液雾化的基础上再对雾滴荷电。这一过程与前面章节介绍的雾化过程基本相似，不同的是，在雾化的过程中多了一个静电力，静电力改善了雾滴的雾化过程，使得细雾滴的数量增加，大大提高了雾滴的数量。

8.2.2 雾滴最大荷电量

处在均匀电场中，荷电雾滴所受的电场力和表面张力的方向相反，当雾滴表面电荷密度足够大时，电场力超过表面张力，雾滴发生破裂。Rayleigh 通过试验得出，雾滴发生分裂的临界状态与雾滴的尺寸、表面张力有关，即 Rayleigh 极限：

$$q_{max} = 8\pi\sqrt{\varepsilon_0 \sigma r^{3/2}} \tag{8-1}$$

式中　q_{max}——雾滴理论最大荷电量；

　　　　ε_0——真空介电常数；

σ——表面张力;

r——雾滴半径。

对于水滴，Hendricks 得出最大荷电量公式为：

$$q_{max} = 3.3 \times 10^{-4} r^2 \tag{8-2}$$

8.2.3 雾滴荷电机理

8.2.3.1 自然状态下的雾化荷电

用水和其他液体进行喷雾时，会产生带电液滴，在很多情况下还会产生自由离子。早在 1890 年，Elster 和 Geitel 就在瀑布附近发现了大量电荷。随后，Lenard 研究了雾化荷电现象，得出当液体雾化时，不但会产生荷电雾滴，而且同时还会产生大量的正负离子，负离子的数目超过正离子 10%或者更多（取决于所使用的喷雾方法）的结论。瀑布雾化往往使小雾滴带负电，大雾滴带正电。雾化荷电的原因在于液体中存在着自由荷电载体或者离子。而正负离子不同的迁移率导致在界面处（气/液，液/固）不同离子的迁移量不同。在所有的界面处会形成双电层，双电层的厚度可以简单地由 Zeta 电势来定义，而 Zeta 电势取决于自由离子的浓度，进而取决于溶液的电导率。一旦形成表面的净电荷，就会形成电势。在电解质溶液中，双电层的厚度（几埃，1 埃=1×10^{-10}m）随着浓度的增加而降低。通常表面电荷密度和电势分别在 3×10^{-10}C/m^2 和 50mV 级别。当液体雾化时，液体表面的双电层破裂，从而使雾滴带有过量的正离子或负离子。雾滴荷电与气/液界面的双电层破裂有关，这一荷电过程虽然至今没有得到完美的解释，但是可以肯定的是，雾化过程的流体动力学决定雾滴谱的分布，也决定了电荷在雾滴上的分布。

当液膜破裂时，在液膜附近施加一个电场可以显著增加雾滴荷电。事实上，地球是一个带负电的球体，在晴朗的天气，地球表面的电场强度约为 130V/m，瀑布或者海洋雾化的过程受到地球电场强度的影响。Blanchard 认为全世界海洋雾化所产生的荷电雾滴以及离子对整个自然界的带电现象影响巨大。

雾化荷电的影响因素主要为喷液的性质以及雾化过程的动力学。在水溶液的自然雾化荷电领域，Blanchard 研究海水的雾化荷电以及这种荷电过程对气象产生的影响。研究表明当气泡在海水表面破裂时，会有大量的电荷产生；在室内对盐水溶液进行研究，通过浸入水中的毛细管产生气泡，结果表明，当雾滴粒径小于 10μm 时带正电；在 10～20μm 时则带两种电荷。Blanchard 发现随着气泡持续时间（雾滴从生成到破裂的时间）的增加，雾滴的荷电量也增加。Iribarne 和 Mason 提出运用双电层的 Gouy 理论来解释雾滴荷电过程，并指出当液丝破裂形成雾滴时电导率高的溶液生成带负电荷的雾滴。Jonas 与 Mason 的研究表明，当液丝破裂时，雾滴的荷电量跟电解质的浓度有关，即当溶液浓度低时雾滴的荷电量增加。这也和双电层厚度与溶液的电导率成反比的理论相符合。Byrne 通过气力雾化喷头来研究雾化荷电，结果表明，当雾滴粒径大于 40μm 时带正电，小于 40μm 时则带负电，而且正负电荷的总量相等。雾化气流的速度增加时，单位时间内生成的离子数增加，正负离子数的比率也增大。Byrne 也研究了喷液的电导率对雾化荷电的影响，喷液的电导率为 3×10^{-5}S/m，结果表明，蒸馏水正负离子的电流最大（1.2×10^{-11}A），负电流略大于正电流；随着喷液电导率的增加，正负离子的电流绝对值减小，而且正离子的电流趋向于超过负离子的电流。

8.2.3.2　感应荷电

在图 8-14 中，l_l 和 l_c 分别为液柱和感应环的长度。若液柱接地，金属环 C 接高电压（有时则相反），则对于任何非绝缘液柱来说，会在高压金属环附近积聚与金属环极性相反的电荷，当液柱雾化时，液柱表面的电荷被液滴带走而完成液滴荷电过程。

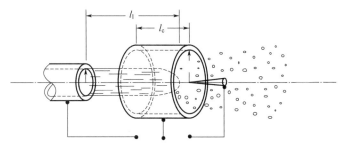

图 8-14　雾滴荷电原理简图

在感应荷电理论中，影响荷电效果的因素为喷头构造和喷液电导率。喷液电导率需满足一定的条件。由于液滴位于高电场强度区时间很短，因此喷液的性质对于最大荷电很关键。从理论上说，感应荷电取决于两个时间，即离子在液柱上的转移时间（从地到雾化区）以及雾滴形成时间。有效的感应荷电要求离子转移时间小于雾滴形成时间。离子转移时间由液体本身的转移时间常数或者电荷弛豫时间 τ (s) 来表示，而电荷弛豫常数 τ 是电导率和介电常数的函数：

$$\tau = \varepsilon / \sigma = K\rho\varepsilon_0 \tag{8-3}$$

式中　ε ——喷液的介电常数，$C^2/(N \cdot m^2)$；

　　　σ ——喷液的电导率，S/m；

　　　K ——喷液的相对介电常数；

　　　ρ ——喷液的电阻率，$\Omega \cdot m$。

雾滴形成时间的计算公式为：

$$t_f = \lambda_j / v \tag{8-4}$$

式中　λ_j ——雾滴形成长度，m；

　　　v ——雾滴形成前液丝/液膜的运动速度，m/s。

雾滴形成长度可以通过高速摄影得到，数量级在 10mm，若为气力雾化（雾化气流速度在 20m/s），则雾滴形成时间 t_f 为 500μs。若以去离子水为喷液（电导率为 0.5μS/cm），电荷弛豫时间 τ (s) 为 14.167μs，小于雾滴形成时间。

若喷液的电荷弛豫时间 τ (s) 远小于雾滴形成时间 t_f，则图 8-13 中的感应喷头结构可以等同于两个同轴的无限长的导体圆柱。这样的简化可以对雾化区的电场强度、液柱表面的电荷密度，以及雾滴云的总电流进行数学模拟。

液柱表面的电场强度 E_j 的计算公式为：

$$E_j = \frac{V}{r_j \ln(r_c / r_j)} \tag{8-5}$$

式中 E_j ——电场强度，V/m；

$\quad\quad r_j$ ——液柱半径，m；

$\quad\quad r_c$ ——同轴外圆筒的半径，m；

$\quad\quad V$ ——感应环上施加电压，V。

若包裹连续液柱外圆筒的长度不小于 $4r_c$ 时，根据高斯定理，液柱的自由表面电荷密度 ρ_s 计算为：

$$\rho_s = \varepsilon_0 E_j \tag{8-6}$$

在上述的数学模型中，雾滴云电流可以表示为：

$$i_c = 2\pi r j \rho_s v = \frac{2\pi\varepsilon_0 V v}{\ln(r_c/r_j)} = \frac{2\varepsilon_0 V Q}{r_j^2 \ln(r_c/r_j)} \tag{8-7}$$

式中 Q ——喷液流量，m^3/s。

需要指出的是，式（8-7）成立的范围是模型生成的雾滴半径与液柱的半径在同一个数量级。而事实上，对于气力雾化喷头来说，生成的雾滴半径要远远小于液柱的半径。

虽然气力雾化过程以及高速气体和液流的作用原理仍然没有被研究清楚，但普遍被认可的是，在气力雾化的过程中，喷液先要形成一层薄膜，薄膜的破裂直接或间接生成雾滴。Castleman 认为气力雾化过程中，液膜首先分裂成液丝，液丝破裂生成雾滴。Meyer 在研究平面液面气力雾化的基础上得出，在高速气流和液体的界面上会生成界面波，气流使界面波进一步生成液丝，进而生成雾滴。结合上面的理论可知，液膜上的电荷密度会远高于液柱，如果生成液丝，则会进一步增加雾滴云的电流强度。

Gretzinger 和 Marshall 研究了类似结构的气流雾化，并指出由于较高的气流/液流速度比，液柱会在气液界面形成液膜，若忽略界面波和液丝，雾化仅仅是缘于液柱表面破裂，则雾滴云电流公式简化为：

$$i_c = \frac{\varepsilon_0 V Q}{t_s r_j \ln(r_c/r_j)} \tag{8-8}$$

式中，t_s 为液膜厚度，单位为 m，范围在 0.3～0.6mm 之间。

然而由于界面波的存在，使雾滴云电流远大于上述公式的计算值。

由式（8-5）可知，液柱表面的电场强度与感应环上施加的电压成正比，增加电压，可以提高感应电场，增加雾滴云电流。但是当电压增加到一定程度，如超过空气的击穿电压，在感应环的边缘产生电晕放电，生成的离子中和液滴上的电荷，也会显著降低感应电场。沉积到感应环上的雾滴使击穿电压大大降低。由于荷电雾滴与感应电极之间的电性相吸作用，很容易在感应环上沉积雾滴。

感应环上的起晕电压计算公式为：

$$V_0 = (30r_j\delta + 9\sqrt{r_j\delta})\lg(r_c/r_j) \tag{8-9}$$

式中，δ 为相对空气密度。

电水动力（EHD）显著增加雾滴云的电流，产生的机理为液柱的表面电荷与施加电场之间的作用力导致液柱表面破裂，而生成荷电量很高的液滴。与其相反的是，反离子化会显著减小雾滴云电流。沉积到感应环上的雾滴在电场的作用下形成尖端放电电极，显著降低感应环的起晕电压。反离子化和感应环与液面之间的电场强度、荷电液滴的迁移率、喷头构造、空气动力学等有关。

荷电液滴从雾化区向感应环的运动速度 v_r（m/s）可以表示为：

$$v_r = k_p E_r \qquad (8\text{-}10)$$

式中，k_p 为荷电液滴在电场中的移动率，$m^2/(V \cdot s)$。

荷电液滴的移动率与液滴半径、荷电量以及空气黏度 η [kg/(s·m)] 有关，具体为：

$$k_p = \frac{q_p}{6\pi\eta r_p} \qquad (8\text{-}11)$$

带入上面公式，可得：

$$v_r = \frac{q_p V}{6\pi\eta r_p r_j \ln(r_c / r_j)} = \frac{\mathrm{d}r}{\mathrm{d}t} \qquad (8\text{-}12)$$

若荷电液滴不沾到感应电极上，则电极环的长度 λ_c（m）应满足：

$$\lambda_c \leqslant \frac{3\pi\eta r_p v_a (r_c^2 - r_j^2) \ln(r_c / r_j)}{q_p V} \qquad (8\text{-}13)$$

式中，v_a 为电极环与液柱之间的气流速度，m/s。

8.2.3.3 电晕荷电

电晕荷电的原理为中性的粒子穿过放电极富含离子的电晕区，粒子由于离子吸附而荷电（图8-15）。可以使用单极性（正负）电压，或交流电压，但是电压必须足够高，以击穿放电极周围的空气而产生离子，通常所需的电压高达20kV。若荷电电极为正极性，会吸附周围空气中的电子，而排斥正离子，因此放电极充当正离子源，粒子吸附正电荷而带正电；若荷电电极为负极性，放电极充当负离子源，粒子由于电子吸附而带负电；当放电极施加交流电时，放电极周期性产生正负离子。

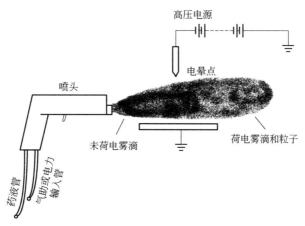

图8-15 电晕荷电原理简图

在电晕场中有两种荷电机理，即扩散荷电理论和场致荷电理论。

（1）扩散荷电理论 扩散荷电是由离子相对于液滴高速随机的扩散引起的，根据气体动力学理论，这种方式下的荷电速率为：

$$\frac{dq}{dt} = \pi r^2 N_i q_i \overline{v_i} \tag{8-14}$$

式中　　r —— 雾滴的半径；

N_i —— 离子浓度；

q_i —— 离子电荷；

$\overline{v_i}$ —— 离子速度。

对于一个原本不带电的雾滴，在离子场中滞留一定时间后，所带的电量可以表示为：

$$q = \frac{4\pi\varepsilon_0 rKT}{q_i} \ln\left[\frac{rN_0 q_i^2 \overline{v_i}}{4\varepsilon_0 KT} t + 1 \right] \tag{8-15}$$

式中　　ε_0 —— 真空介电常数；

K —— 玻尔兹曼常数；

N_0 —— 在没有荷电雾滴干扰情况下的离子浓度；

T —— 绝对温度。

扩散荷电主要依靠离子的布朗运动，荷电效率低，尤其是随着荷电过程的进行，粒子上积聚的电荷会排斥同等电荷的碰撞，当粒子上积聚的电荷足够大时，离子与粒子碰撞的概率几乎为零。若施加一个电场，离子在电场的作用下加速运动，则离子和雾滴的碰撞概率会大大增加，原本随机运动的离子会在电场的作用下趋向雾滴运动，这就是所谓的场致荷电。

（2）场致荷电理论　由于电场可以显著提高离子和雾滴的碰撞概率，场致荷电是电晕荷电的主要方式。

处在一个均匀电场中的雾滴会干扰电场，造成电场线弯曲，干扰程度取决于雾滴的相对介电常数和荷电量。不带电的雾滴（$n=0$），离子的捕捉截面最大 [图 8-16（a）]。如图 8-16（b）所示，离子源位于粒子的左端，当雾滴捕捉一定量的离子后，电荷会在雾滴表面重新分布，随着荷电过程的进行，雾滴对电场的影响也越大，表现对电力线的扰动也越大。当雾滴上的电荷达到饱和时（饱和荷电量为 n_s），同性离子由于静电斥力绕过雾滴，不再碰撞 [图 8-16（c）]。

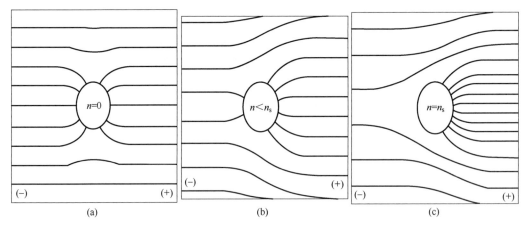

图 8-16　处于电场中的液滴对电力线的扰动

若处于电场中液滴的相对介电常数为 1，则液滴不扰动电场，随着介电常数的增加，在液滴上积聚的电力线越多。

电场的时间常数用 τ 来表示，定义为使雾滴荷上最大荷电量一半时所需的时间，计算公式为：

$$\tau = \frac{4\varepsilon_0}{N_0 q_i \mu_i} \tag{8-16}$$

式中　μ_i——离子的迁移率；

　　　q_i——离子的荷电量。

离子迁移率的定义为单位施加电场作用下的离子速度，即

$$\mu_i = v_i / E \tag{8-17}$$

式中　v_i——离子的速度；

　　　E——离子所在的电场强度。

对于一个球形雾滴，处在离子流为 N_0 的电场中，t 时间后，雾滴所带的电量为：

$$q = 4\pi r^2 \varepsilon_0 E_0 \cdot \frac{3\varepsilon_r}{\varepsilon_r + 2} \cdot \frac{t}{t + \tau} \tag{8-18}$$

对相对介电常数很大的液体，如水（$K=80$），得到简化公式为：

$$q \approx 12\pi r^2 \varepsilon_0 E_0 \frac{t}{t + \tau} \tag{8-19}$$

从式（8-19）可知，当粒子在电场中滞留的时间足够长时，得到最大荷电量为：

$$q_o = 12\pi r^2 \varepsilon_0 E_0 \tag{8-20}$$

由式（8-20）可知，雾滴通过电晕荷电的理论最大荷电量只与电场强度有关。

Law 等也得出了类似的雾滴荷电量公式：

$$q_p = f\left[1 + 2\frac{K-1}{K+2}\right]4\pi \varepsilon_0 E_0 r^2 = 4\pi \varepsilon_0 E_0 r^2 \cdot \frac{3K}{K+2} \cdot f \tag{8-21}$$

式中　K——喷液的介电常数；

　　　r——雾滴半径；

　　　f——荷电系数，即雾滴的实际荷电量与其理论最大荷电量的比值。

对水基性喷液来说，荷电量通常是最大荷电量的一半，即 $f = 0.5$。因此，

$$q_p = 6\pi \varepsilon_0 E_0 r^2 \tag{8-22}$$

（3）电晕荷电的影响因素　由式（8-19）、式（8-21）可知，影响电晕荷电效果的主要因素有：液滴的相对介电常数，表面积，电晕放电的电学特性，雾滴处在电晕场中的时间和位置。

① 液滴的相对介电常数　设 $P = \frac{3\varepsilon_r}{\varepsilon_r + 2}$，则 P 随着 ε_r 的增大无限趋近于 3，即 $P_{max} = 3$，因此，雾滴的相对介电常数增加，荷电量也相应增加。食用油的相对介电常数小，为 2～4，水的相对介电常数较大，为 80，在其他条件保持一致的前提下，液滴的荷电量约为食用油的 2 倍。

于辉通过在自来水中加入乙醇的方法来改变喷液的相对介电常数，变化范围在 50～78 之间，使电导率和表面张力基本保持一致。试验结果表明，雾滴的荷质比随着相对介电常数的增加而增大，与理论分析一致。

② 液滴的表面积　液滴因捕捉离子而荷电，由此可知，液滴的表面积越大，捕捉的离子就越多，荷电量越大。当单位体积的喷液雾化时，产生的液滴越小，增加的表面积越大，荷电效果就越好。

③ 电晕放电的电学特征　电晕放电的电学特征包括电晕放电的极性效应、空间离子的浓度以及迁移率。电晕放电有明显的极性，电晕起始电压会受到极性效应的影响。当放电极为正极性时，以电子崩的形式放电，电子崩在电场的作用下向放电极移动，其中电子进入放电极尖部，而正离子仍留在空间，于是在放电极附近，积聚起正的空间电荷，从而减弱了紧贴放电极附近的电场。电场削弱使得自持放电难以形成。

而当放电极为负极性时，电子崩中的电子由于电场作用离开强电场区，电子崩中的正离子逐渐向放电极移动，但是由于速度较慢，在尖端附近总是存在着正空间电荷。这样，放电极附近的电场得到增强，自持放电条件易于得到满足而产生电晕放电。

从上面的理论分析可知，当放电极为负极性时，起晕电压较低，正极性的起晕电压几乎是负极性的两倍，因此，电晕荷电通常施加的是负电压。空间离子浓度大时，无论是扩散荷电还是场致荷电方式，雾滴都能荷上更大的电荷。而负电晕放电时，会产生更多的自由电子，对粒子荷电起到显著的加强作用。

④ 雾滴在电晕场中的时间和位置　雾滴的荷电量是关于时间的函数，设 $y = \dfrac{t}{t+r}$，则 y 是关于 t 的增函数。当雾滴处在电晕场中的时间足够长时，雾滴会带上饱和电荷。雾滴的荷电量还与雾滴在电晕场中所处的位置有关。电晕从放电极到接地极分为三个区，即电晕区、近电晕区和远电晕区。其中，近电晕区和远电晕区占了绝大部分的体积。虽然近电晕区比远电晕区要小得多，但电场强度和离子浓度要远远大于远电晕区。雾滴在近电晕区和远电晕区的荷电效果也相差很大。

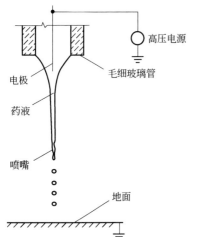

图 8-17　接触式荷电原理图

8.2.3.4　接触荷电

接触荷电一般针对于半绝缘性喷液。原理见图 8-17，连接高压电源的尖端电极插入到毛细管喷液内，若电极不加电，则在毛细管末端形成低频率的大雾滴；加电时，在毛细管的末端形成长的射流，射流不稳定而形成雾滴。施加电压影响射流的半径和速度，电压升高，射流半径降低，雾滴粒径也减小。

接触荷电由于涉及 EHD 原理，雾滴荷电原理远远比其他两种荷电方式复杂。从本质上说，接触荷电的原理为电荷在液膜表面积聚，静电力超过表面张力从而产生雾滴。表面电荷的积聚依赖于液体的电导率，但是两者之间的关系由于射流的动态过程而复杂化，因此电荷积聚又取决于射流下表面处在电场中的时间。若射流和雾滴的形成时间远小于电荷的转移时间，则射流表面由于电荷分布的不均匀而无法形成等势体，例如喷施油剂时，主要以曲张的分裂方式为主,生成窄谱的雾滴。相反,若喷液的电导率足够大,则在射流表面形成等势体,则射流表面易于由于引起横波而生成宽谱的液滴。

通常,为生成某个粒径的液滴,需要在毛细管上施加一定力度和频率的振动,以促进射流的分裂。射流波长 λ、速度 v 和振动频率 f 之间的关系式为:

$$v = f\lambda \tag{8-23}$$

若沿着射流生成轴对称波,则波长通常对应的是生成速率最大的波。若仅考虑界面波的生成,则

$$\lambda = v_c / f \tag{8-24}$$

式中,v_c 为界面波波长。

而界面波波长与射流柱半径、喷液的表面张力以及密度有关,即

$$v_c = \sqrt{2\sigma / \rho r_j} \tag{8-25}$$

式中　σ ——喷液表面张力;

　　　ρ ——喷液密度;

　　　r_j ——射流柱半径。

根据质量守恒原理,射流速度和生成雾滴的半径、运动速度的关系满足以下关系:

$$\pi r_j^2 v_j = 4\pi r^3 v_d / 3d \tag{8-26}$$

式中　v_j ——射流速度;

　　　v_d ——雾滴运动速度;

　　　d ——连续雾滴之间的距离;

　　　r ——雾滴半径。

结合以下关系:

$$v_d = fd \tag{8-27}$$

式中,f 为生成雾滴个数。

则雾滴半径和射流速度之间的关系可以表示为:

$$r = (3r_j^2 v_j / 4f)^{1/3} \tag{8-28}$$

8.2.4　荷电雾滴的输运过程

荷电雾滴从喷头到靶标的运动过程,是荷电雾滴在各种力的综合作用下的结果,同时受到周围环境的影响,如蒸发作用,以及靶标的性质。

8.2.4.1　荷电雾滴的蒸发作用

由于静电喷雾所使用的雾滴很小(通常小于 100μm),因此在雾滴沉降过程中的蒸发作用对雾滴大小的改变以及沉积结果都会产生很大的影响。当荷电雾滴通过蒸发作用失去质量时,并不失去电荷,因此随着蒸发的进行,雾滴的表面电荷增加,直到雾滴达到饱和电量,然后分裂。荷电雾滴分裂为一个较大的雾滴(质量约为原雾滴的 75%)和很多荷电量很大的细小雾滴。表面电荷也不影响蒸发作用,因此可以用常规雾滴计算荷电雾滴的蒸发速率。

影响雾滴蒸发作用的因素主要有：雾滴的表面积，周围空气的蒸气压，由于蒸发作用以及雾滴运动引起的温度变化。

对于水这样易于蒸发的溶液，小雾滴的蒸发速度公式为：

$$\frac{\mathrm{d}d}{\mathrm{d}t} = -\frac{4D_v M}{R\rho d}\left(\frac{P_\infty}{T} - \frac{P_d}{T_d}\right)\left[\frac{2\lambda + d}{d + 5.33(\lambda^2/d) + 3.42\lambda}\right] \qquad (8\text{-}29)$$

式中　λ ——空气分子的平均自由程（MFP）；

$\quad\quad$ D_v ——雾滴蒸气在空气中的扩散系数；

$\quad\quad$ M ——雾滴的分子量；

$\quad\quad$ T ——环境温度；

$\quad\quad$ R ——气体常数；

$\quad\quad$ ρ ——雾滴密度；

$\quad\quad$ P_d ——雾滴表面的蒸气分压；

$\quad\quad$ P_∞ ——雾滴远处的蒸气分压；

$\quad\quad$ T_d ——雾滴温度。

Abbas 和 Latham 研究了 30～200μm、1000～1500μm 的荷电雾滴的蒸发（表 8-1）。结果表明，荷电大雾滴（1000～1500μm）在没有达到 Rayleigh 极限的情况下就发生分裂，原因可能为电晕放电造成雾滴的电荷损失。若雾滴小于 260μm，则雾滴最大荷电量仅仅受到 Rayleigh 极限的限制。

表 8-1　雾滴在 20℃下保留时间

雾滴最初直径/μm	雾滴保留时间/s	
	RH=0%	RH=50%
0.01	2×10^{-6}	1.6×10^{-6}
0.1	3×10^{-5}	4.7×10^{-5}
1	1×10^{-3}	1.7×10^{-3}
10	8×10^{-2}	1.5×10^{-1}
40	1.3	2.3

雾滴的分裂，即荷电雾滴在蒸发作用下达到最大荷电量使静电力超过表面张力。若雾滴的蒸发仅局限于分子的扩散，而且对流项可以忽略，则雾滴的蒸发速率可以用朗缪尔方程来表述，

$$\frac{\mathrm{d}r}{\mathrm{d}t} = -\frac{DM}{\rho_1 rRT}(P - P_1) \qquad (8\text{-}30)$$

式中　D ——扩散系数，cm²/s；

$\quad\quad$ M ——摩尔质量，g/mol；

$\quad\quad$ ρ_1 ——喷液密度，g/cm³；

$\quad\quad$ r ——雾滴半径，cm；

$\quad\quad$ R ——通用气体常数；

$\quad\quad$ T ——雾滴绝对温度，K；

$\quad\quad$ P ——雾滴上的饱和蒸气压，mmHg；

P_1 ——周围环境的蒸气压，mmHg。

假定雾滴在蒸发后仍然可以保持球型，而且处于层流运动，则雾滴的最终运动速度可以由斯托克斯定理来计算，

$$\frac{\mathrm{d}x}{\mathrm{d}t} = \frac{2gr^2}{9\mu}(\rho_1 - \rho_a) \tag{8-31}$$

式中 g ——重力加速度；

μ ——空气黏度；

ρ_a ——空气密度，g/cm^3。

因为水的密度远大于空气密度，因此忽略浮力的影响。结合式（8-30）、式（8-31）进行积分（初始条件为当 $t=0$ 时雾滴半径为 r_0），则雾滴的瞬间半径和雾滴运动距离表示为，

$$r^4 = r_0^4 - \left(\frac{18\mu DM}{g\rho_1^2 RT}(P - P_1)\right)x \tag{8-32}$$

对于荷电量为 Q_0 的雾滴，达到 Rayleigh 极限时的半径为，

$$r = \left(\frac{Q_0^2}{16\pi\varepsilon\sigma}\right)^{1/3} \tag{8-33}$$

式中，ε 为雾滴的相对介电常数。

把式（8-33）代入式（8-32），则可以得出雾滴发生分裂时的雾滴运动距离 x_s：

$$x_s = \frac{r_o^4 - \left[\dfrac{Q_0^2}{16\pi\varepsilon\sigma}\right]^{4/3}}{\dfrac{18\mu DM}{g\rho_1^2 RT}(P - P_1)} \tag{8-34}$$

对于不同粒径的雾滴（50～200μm），若荷电水平分别为 Rayleigh 极限的 1/4～3/4，环境温度为 25℃，相对湿度为 70%，则由式（8-34）可计算各雾滴的理论运动距离，如表 8-2。

表 8-2　不同荷电水平的雾滴在分裂时的运动距离（环境温度为 25℃，相对湿度为 70%）

单位：cm

雾滴粒径/μm	雾滴荷电水平（荷电量/Rayleigh 极限）		
	1/4	1/2	3/4
50	21	18	12
100	342	295	188
150	1733	1497	951
200	5478	4730	3006

在农业上常用的荷电喷雾条件下，即雾滴半径在 100μm 以下，荷电水平为 Rayleigh 极限的 20%～30%，根据表 8-2，雾滴发生分裂时的运动距离在 200～300cm，而通常喷雾距离为 40～80cm，因此可以忽略荷电分裂对静电喷雾的影响。

8.2.4.2　靶标电晕放电对荷电喷雾的影响

在靶标处的电晕放电对荷电雾滴的沉积有明显的抑制作用。由于电晕放电所产生的离子

与荷电雾滴云的极性相反，这种现象在本质上可以等同于粒子的双极性荷电。

当分散粒子处在双极性离子源中时，粒子的荷电与中和现象同时发生。而粒子最终的荷电量、电性取决于正负离子的碰撞速率。在这种情况下的荷电时间常数取决于正负离子时间常数的比率。

$$\tau_+ = \frac{4\varepsilon_0}{N_+ q_+ \mu_+} \tag{8-35}$$

$$\tau_- = \frac{4\varepsilon_0}{N_- q_- \mu_-} \tag{8-36}$$

式中　q_+ —— 正离子荷电水平；

　　　q_- —— 负离子荷电水平；

　　　N_+ —— 正离子密度；

　　　N_- —— 负离子密度；

　　　μ_+ —— 正离子迁移率；

　　　μ_- —— 负离子迁移率。

若正负离子的荷电量相同，即电荷绝对值相等，则

$$\frac{\tau_+}{\tau_-} = \frac{N_- \mu_-}{N_+ \mu_+} \tag{8-37}$$

则分散粒子在双极性电场中一定时间后的最大净电荷为：

$$q_m^\pm = 4\pi a^2 \varepsilon_0 E_0 \cdot \frac{3\varepsilon_r}{\varepsilon_r + 2} \cdot \frac{1 - (N_- \mu_- / N_+ \mu_+)^{1/2}}{1 + (N_- \mu_- / N_+ \mu_+)^{1/2}} \tag{8-38}$$

结合粒子在单极性电场中的最大荷电量公式，对上式进行简化处理，可得：

$$q_m^\pm = q_0 \frac{1 - (N_- \mu_- / N_+ \mu_+)^{1/2}}{1 + (N_- \mu_- / N_+ \mu_+)^{1/2}} \tag{8-39}$$

由式（8-39）可得，$q_m^\pm$ 的值取决于周围的电场强度、荷电离子的迁移率以及密度。

继续对式（8-39）进行整理，则

$$q_m^\pm / q_0 = \frac{1 - (N_- \mu_- / N_+ \mu_+)^{1/2}}{1 + (N_- \mu_- / N_+ \mu_+)^{1/2}} = \frac{1 - \left(\dfrac{\tau_+}{\tau_-}\right)^{1/2}}{1 + \left(\dfrac{\tau_+}{\tau_-}\right)^{1/2}} \tag{8-40}$$

以 $\dfrac{\tau_+}{\tau_-}$ 为横坐标（x），对 $q_m^\pm / q_0$（y）作图，如图 8-18 所示。

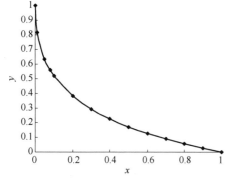

图 8-18　双极性离子对雾滴荷电的影响

由图 8-18 可知，当雾滴处在单极性离子源电场中，雾滴的荷电量最大；而一旦极性相反的离子源出现，电场中粒子的荷电量急剧降低。这也解释了靶标处的电晕放电对荷电雾滴云电量有显著的削弱作用，荷电雾滴甚至会带上相反电荷而从靶标处排斥开。

8.2.4.3 荷电雾滴的受力分析

荷电雾滴沉积的过程十分复杂，是因为受到电场和流场的耦合作用，涉及空气黏度、温度等。单个荷电雾滴除了受到喷头和接地靶标之间电场的作用，还受到荷电雾滴云自身产生的空间电场的作用。

荷电雾滴在输运过程中所受的力包括重力、曳力、流场的压差力、气体加速度引起的附加质量力、Basset 力、Magnus 力、Saffman 力和电场力等。具体如下。

（1）重力

$$F_g = \frac{1}{6}\pi d_p^3 \rho_p g \qquad (8-41)$$

（2）曳力

$$F_D = \frac{1}{8}\pi C_d d_p^2 \rho_f \,|\, v_f - v_p \,|\, (v_f - v_p) \qquad (8-42)$$

式中　d_p——雾滴直径；

　　　ρ_p——雾滴密度；

　　　v_p——雾滴速度；

　　　v_f——空气速度；

　　　ρ_f——空气密度；

　　　C_d——阻力系数，$C_d = \dfrac{18.5}{Re^{0.6}}$；

　　　Re——雾滴在气流中运动的雷诺数。

（3）流场中的压差力

$$F_p = -\frac{1}{6}\pi d_p^3 \Delta p \qquad (8-43)$$

（4）气体加速度引起的附加质量力

$$F_{am} = -\frac{1}{12}\pi d_p^3 \rho_f \left(\frac{dv_p}{dt} - \frac{dv_f}{dt} \right) \qquad (8-44)$$

（5）Basset 力　Basset 力是由雾滴速度变化时，周围流场的滞后性引起的。

$$F_B = \frac{3}{2} d_p^2 \rho_f \sqrt{\pi \rho_f \mu_f} \int_0^t \frac{d(v_p - v_f)}{dt} \frac{d\tau}{\sqrt{t-\tau}} \qquad (8-45)$$

式中　τ——中间变量；

　　　μ_f——流场黏度系数；

　　　t——雾滴在流场中运动的时间。

（6）Magnus 力　Magnus 力是由于雾滴旋转时，绕流速度在雾滴的两侧不同，造成的压力不对称产生的力，该力是垂直于气液相对速度和旋转轴的侧向力。

$$F_M = \frac{\pi}{8} d_p^3 \rho_f \varpi_p (v_f - v_p) \qquad (8-46)$$

式中 ϖ_p ——雾滴自旋角速度矢量。

（7）Saffman 力 当流场有速度梯度时，雾滴受到一个附加的侧向力，称为 Saffman 力。

$$F_\mathrm{s} = 1.62 d_\mathrm{p}^2 \sqrt{\rho_\mathrm{f} \mu_\mathrm{f}} (v_\mathrm{f} - v_\mathrm{p}) \sqrt{\left| \frac{\mathrm{d}v_\mathrm{f}}{\mathrm{d}y} \right|} \tag{8-47}$$

（8）电场力

$$F_\mathrm{e} = qE \tag{8-48}$$

式中 E ——喷头处以及荷电雾滴云本身所产生的电场的综合电场。

考虑到在气液两相流中，连续相的密度远小于雾滴的密度，可以忽略附加质量力、流场内的压差力、Basset 力等，因此，可以认为在雾滴的输运过程中，对荷电雾滴运动起主要作用的力为重力（在某些情况下也可以忽略，因为当雾滴荷电量高时，电场力超过重力的 50 倍以上）、曳力和电场力，而且曳力的计算公式可以简化为：

$$F_\mathrm{D} = 6\pi \mu a v \tag{8-49}$$

式中 μ ——空气黏度（$1.8 \times 10^{-5} \mathrm{N} \cdot \mathrm{s/m}^2$）；

v ——气流速度。

8.2.4.4 静电雾化力学模型

在实际喷雾中，由于喷头和靶标之间直接作用时间很短，如大田喷雾，喷头在某一特定靶标垂直方向上的时间在 ms 级，因此雾滴云所产生的空间电场对雾滴的运动以及在靶标的沉积影响更大。当荷电雾滴接近靶标时，会产生一个镜像力，从而有助于荷电雾滴的沉积以及减少飘失。尽管镜像力是一种短程力，与荷电雾滴和靶标的距离的平方成反比，影响范围在 mm 级，但是当荷电雾滴云进入植物冠层内部，镜像力对雾滴的沉积起到重要作用。

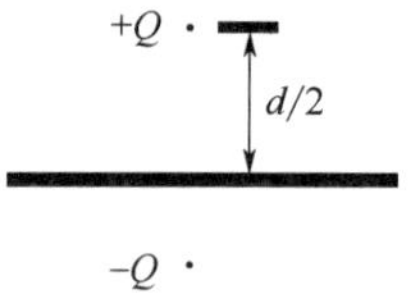

图 8-19 单个荷电雾滴的镜像力

（1）若单个荷电雾滴接近平面靶标时，如图 8-19 所示，镜像力 F_I 计算公式为：

$$F_\mathrm{I} = \frac{q^2}{4\pi\varepsilon_0 d^2} \tag{8-50}$$

若带电雾滴靠近一个半径为 R 的导体球面，则在球面上的感应电荷为：

$$q = -qR/d \tag{8-51}$$

式中 d ——荷电雾滴和球体的距离。

则镜像力计算公式为：

$$F_\mathrm{I} = -\frac{q^2 R}{4\pi\varepsilon_0 d (d - R^2/d)^2} \tag{8-52}$$

若荷电雾滴处在一个半径为 R 的球体内，则

$$F_\mathrm{I} = -\frac{q^2 R r_\mathrm{d}}{4\pi\varepsilon_0 (R^2 - r^2)^2} \tag{8-53}$$

式中 r_d ——雾滴和球心的距离。

类似的，若荷电雾滴处在一个底圆半径为 R 的圆柱体中，则

$$F_I = -\frac{q^2 R r_d}{16\pi R^2 \varepsilon_0 (R - r_d)^2} \tag{8-54}$$

镜像力和空间电场力的一个区别是，空间电场力产生的前提是荷电雾滴云密度足够大，静电力占据主要作用；镜像力只要有荷电体接近导体表面时，就可以发挥作用。

（2）若荷电雾滴处在均匀分布的雾滴云中，如图 8-20 所示。

则空间中某一荷电雾滴所受到的空间电场力 F_S 为：

$$F_S = q\left(\frac{\rho_e r_p}{3\varepsilon_0}\right) \tag{8-55}$$

式中 ρ_e ——荷电雾滴云的空间电荷密度，C/m^3；

　　　　r_p ——荷电雾滴和雾滴云中心的距离。

（3）若均匀分布的荷电雾滴云靠近一接地靶标，如图 8-21 所示。

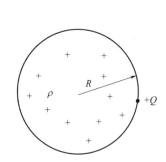

图 8-20   荷电雾滴处在雾滴云中

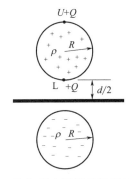

图 8-21   均匀荷电雾滴云靠近接地靶标

接地靶标上的感应的镜像电荷取决于空间电荷的总体积。当雾滴位于位置 L 时，所受的力为：

$$F_{SI}^L = \frac{q\rho r}{3\varepsilon_0}\left[1 + \left(\frac{r}{r+d}\right)^2\right] \tag{8-56}$$

而当雾滴位于 U 点的位置时，所受的力为：

$$F_{SI}^U = \frac{q\rho r}{3\varepsilon_0}\left[1 + \left(\frac{r}{3r+d}\right)^2\right] \tag{8-57}$$

当雾滴位于其他位置时，雾滴所受的力限于这两个力之间。

荷电雾滴主要受重力、曳力和电场力的作用，在理想的状态下比较三种力的关系，见表 8-3。

若对于一个 $50\mu m$ 的水滴，速度为 $2.0m/s$，密度为 $10^3 kg/m^3$，荷质比为 $1.0mC/kg$（有效静电喷雾所要求的最低荷电量），距离靶标距离为 $1.0mm$，距离荷电雾滴云中心 $10cm$，即位于雾滴云边缘，荷电雾滴云的空间电场密度为 $20\mu C/m^3$（一般为 $20 \sim 50\mu C/m^3$），$\varepsilon_0 = 8.854 \times 10^{-12} F/m$，空气黏度 $\mu = 1.8 \times 10^{-5} N \cdot s/m^2$，则由表 8-3 计算得到表 8-4。

表 8-3　三种静电力与重力和曳力的比较

项目	静电力/重力	静电力/曳力
镜像力 F_I	$\dfrac{F_\text{I}}{F_\text{g}}=\left(\dfrac{1}{4\pi\varepsilon_0 g}\right)\dfrac{q}{m}q\dfrac{1}{d^2}$	$\dfrac{F_\text{I}}{F_\text{d}}=\dfrac{q^2}{24\pi^2\varepsilon_0 g\mu avd^2}$
空间电场力 F_S	$\dfrac{F_\text{s}}{F_\text{g}}=\left(\dfrac{1}{3\varepsilon_0 g}\right)\dfrac{q}{m}\rho r$	$\dfrac{F_\text{s}}{F_\text{d}}=\dfrac{qr\rho}{18\pi\varepsilon_0\mu av}$
雾滴云镜像力 F_SI	$\dfrac{F_\text{SI}}{F_\text{g}}=\left(\dfrac{1}{3\varepsilon_0 g}\right)\dfrac{q}{m}\rho r\left[1+\left(\dfrac{r}{r+d}\right)^2\right]$	$\dfrac{F_\text{SI}}{F_\text{d}}=\dfrac{qr\rho}{18\pi\varepsilon_0\mu av}\left[1+\left(\dfrac{r}{r+d}\right)^2\right]$

表 8-4　三种静电力与重力和曳力的比较值

项目	静电力/重力	静电力/曳力
镜像力	0.5	0.03
空间电场力	7.5	1.2
雾滴云镜像力	15	2.4

通过表 8-4 可知，荷电雾滴的沉积主要靠空间电场力的作用。若荷电雾滴进入冠层内部，雾滴云密度稀释，则静电沉积主要依靠镜像力。

对于粒径小于 30μm 的雾滴，靶标作物的茎秆和叶片一样都可以作为平面看待，则镜像力为，

$$F_\text{I}=\dfrac{q^2}{16\pi\varepsilon_0 d^2}\dfrac{\varepsilon-1}{\varepsilon+1}\tag{8-58}$$

式中　ε ——作物表面的相对介电常数，一般为 82。

若雾滴粒径为 10μm 的水滴，速度为 0.05m/s，密度为 10^3kg/m^3，荷质比为 2.0mC/kg（荷电雾滴进入冠层后雾滴粒径和运动速度变小，荷质比则相应变大），距离靶标距离为 0.1 mm，雾滴仍主要受曳力、重力和静电力的作用，则

$$\dfrac{F_\text{I}}{F_\text{g}}=9,\quad \dfrac{F_\text{I}}{F_\text{d}}=1$$

总之，雾滴静电雾化是受到新增加的静电力，从而改变了雾化这一复杂的力学过程。荷电雾滴主要受重力、曳力和静电力的影响。静电力主要源自荷电雾滴云自身产生的空间电场。上述研究得出了静电力、重力、曳力之间的静电雾化理论力学关系。

8.3　静电雾化喷头静电电场模拟

8.3.1　基于 JMAG 对感应式静电喷头静电电场的模拟

对于感应式静电喷头的设计来说，电极环的大小以及位置非常重要。根据高斯定理，当气力雾化喷头的雾化点位于电极环内时，雾滴云的荷电量最大；而当电极环的位置远离雾化

点时，雾滴云的荷电量会随着距离的增大迅速降低。喷液表面的感应电荷与电极环和喷液之间的距离成反比，与电极环的施加电压成正比。当两者的距离过小时，荷电雾滴很容易沉积到电极环的内表面，造成反电离现象，中和雾滴云的大部分电荷，或者造成电极环的漏电和短路。

反离子化会极大地削弱感应电场，解决的方法之一是用高速气流来吹干感应环的内表面，但是随着喷雾时间的增加，感应环上仍然会沉积一定量的雾滴；而另一种彻底解决反离子化现象的方法是用绝缘介质把感应环包裹起来，而因此降低的感应电场用提高施加电压的方法来弥补，如 Moon 研制的电容式静电喷头。

本节使用有限元软件 JMAG 对气助式和电容式静电喷头进行建模计算，分析施加在电极环上的电压对绝缘介质以及液膜的影响，同时在分析当荷电雾滴云存在的条件下，荷电雾滴云对感应电场的影响。JMAG 软件是电磁场分析的专业软件，可实现静态、谐波场合轴对称的 2D/3D 分析。该软件采用模块化结构，具有强大的耦合场分析功能，可进行电磁场和热、震动、电路、运动、控制的耦合分析，同时还支持与 Matlab/Simulink、PSIM 等第三方软件进行耦合仿真。JMAG 软件的分析流程分为前处理、求解、后处理三个阶段。

8.3.1.1 气液两相流感应荷电喷头的建模与分析

（1）气液两相流雾化感应荷电喷头的建模　中国农业大学药械与施药技术研究中心研发了气液两相流静电喷头，气液两相流静电喷头的建模见图 8-22。由于喷头是轴对称结构，因此以轴为界，建立圆心角为 5° 的模型，可以节省计算量。在模型计算结束后，使用软件 "image" 功能键可以生成整个喷头的模拟结果图。

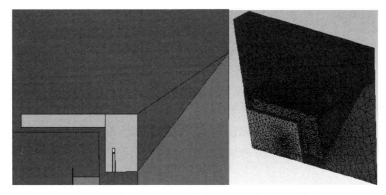

图 8-22　气液两相流雾化静电喷头模型与网格图

模拟中所用的喷液为实验室自来水，电导率为 5.0×10^{-2} S/m。在模型计算中涉及的材料的相对介电常数见表 8-5。

表 8-5　喷头部件材料的相对介电常数

材质	相对介电常数
聚甲醛	3.6
空气	1
自来水	80

（2）气液两相流雾化感应荷电喷头的静态模拟结果　静态条件下，电极施加 1kV 电压时，电势和电场强度的模拟结果见图 8-23、图 8-24。

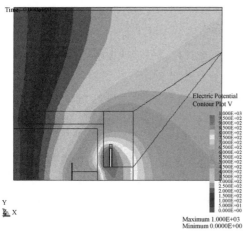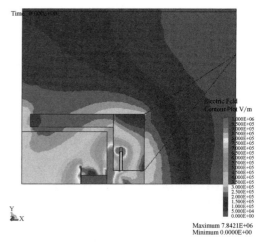

图 8-23　电极为 1kV 时喷头附近的电势分布图　　　图 8-24　电极为 1kV 时喷头附近的电场分布图

Law 对感应式气力雾化喷头进行数值计算，得出在液膜处的电场强度公式为：

$$E_\mathrm{j} = \frac{V}{r_\mathrm{j} \ln(r_\mathrm{c} / r_\mathrm{j})} \qquad (8\text{-}59)$$

式中　　E_j——电场强度，V/m；

　　　　r_j——液柱半径，m；

　　　　r_c——同轴外圆筒的半径，m；

　　　　V——感应环上施加电压，V。

由式（8-59）计算得到的雾滴云电流远远比实际测得的要小，显示出这一模型的不准确性。使用 JMAG 模拟，可以清晰地看出在感应环与喷液附近的电势以及电场强度分布云图，以及各个点的准确值。如在图 8-23 中，液膜附近的电势范围在 $4.0 \times 10^2 \sim 6.0 \times 10^2$V 之间，而图 8-24 中，液膜处的电场强度范围为 $0.85 \times 10^6 \sim 1.0 \times 10^6$V/m 之间。从电势和电场分布图可以得出在电极环位置固定条件下的电场强度最大区，为提高雾滴的荷电提供理论依据，而且可以得出电极环在绝缘介质中的电场分布图，防止介质绝缘击穿造成漏电现象。

（3）荷电雾滴云对气液两相流雾化感应电场的影响　从三种荷电方法施加电压与雾滴云的极性关系来看，只有感应式的荷电电压与雾滴云的极性是相反的。对于荷电雾滴云对感应电场的影响，Law 认为，由于极性相反，雾滴云所形成的空间电场会对电极环的感应电场起到削弱作用。通过试验发现，当荷质比的测量装置与荷电喷头轴向距离增加时，荷质比的测量值呈线性降低，在距离为 50cm 处，雾滴云电流降低 41%。继续对这一现象进行有限元分析，得出荷电雾滴云对喷头处感应电场的轴向上影响很大，对纵向电场却没有影响。Zhao 等则认为由荷电雾滴云形成的空间电场不会深入到喷头内部去影响感应电场，因为整个装置的入地电流（即总感应电流）并没有随着荷质比测量装置距离的增加而减低，荷电雾滴云电流之所以降低，是因为电源处的泄露电流、沉积到喷头的雾滴以及纵向飘失雾滴所携带的电流增加的缘故。

要计算荷电雾滴云对喷头处感应电场的影响，需知道雾滴云的电荷密度 ρ。荷电雾滴由于电性相斥，导致雾滴云在纵向距离上迅速扩散，因此电荷密度随着轴向距离的增加而降低。根据 Cooke 和 Law 的模型，雾滴云的电荷密度计算公式为：

$$\rho = \frac{I_{AVG}}{(v_{spray} - SRF \cdot z)\pi(D_{min} - W_{max} \cdot z)^2} \tag{8-60}$$

式中　ρ——空间电场密度，C/m^3；

I_{AVG}——雾滴云的均匀电流，A；

v_{spray}——雾滴运动速度，m/s；

SRF——喷雾衰减系数；

z——雾型长度，m；

D_{min}——最小距离，m；

W_{max}——圆锥雾型的最大宽度，m。

雾滴运动速度 v_{spray}、雾滴云电流 I_{AVG} 可以通过实验得出，雾型的最大宽度 W_{max} 通过雾锥角的测量计算得出，D_{min} 为模型和中轴线的最小距离，设为 0.0005m。

喷雾衰减系数 SRF 通过以下公式计算：

$$SRF = \frac{l_{max}}{v_{spray}} \tag{8-61}$$

式中　l_{max}——最大喷雾距离。

若假定雾滴云的空间电荷密度相等，则根据 Castle 和 Inculet 的计算公式，

$$\rho = \frac{I}{Q} \tag{8-62}$$

式中　I——雾滴云电流，A；

Q——气体流量，m^3/s。

（4）气液两相流雾化静电喷头的动态模拟结果　当荷电雾滴云存在的条件下，喷头处电场强度和电势的模拟结果如图 8-25 所示。

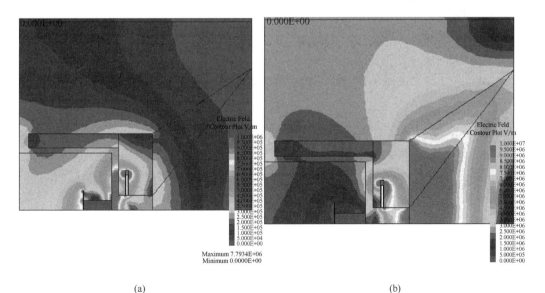

图 8-25　对喷头电场强度的模拟结果

（a）50μC/m³；（b）0.1C/m³

比较图 8-25（a）与图 8-24 可知，当雾滴云的空间电荷密度为 50μC/m³ 时，对喷头处的感应电场没有影响，继续增加空间电荷密度，得到的模拟结果仍与图 8-24 相同，当空间电荷密度高达 0.1μC/m³ 时［如图 8-25（b）所示］，确实会对感应电场起到抑制作用。农业上雾滴云的电荷密度通常在 25～50μC/m³，因此，可以认定荷电雾滴云不会对感应电场起到抑制作用。

8.3.1.2 电容式感应荷电喷头的建模与分析

如图 8-26 所示，电容式感应荷电喷头由两部分组成，即气力雾化喷头 A 与荷电结构 B，电极环被包裹在绝缘介质（聚甲醛）中，可以防止荷电雾滴沉积到电极环上，消除反离子化作用。

电容式感应荷电喷头由两个电容组成，分别为感应电极和绝缘介质内壁组成的 C_t，以及绝缘介质的内壁与接地液膜组成的 C_a（图 8-27）。

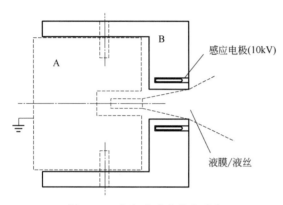

图 8-26 电容式感应荷电喷头

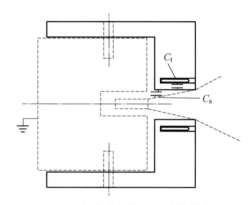

图 8-27 电容式感应荷电喷头的荷电原理

$$V_p = V_a + V_t \tag{8-63}$$

式中　V_p——电极环上施加的电压；

　　　V_a——液膜上施加的电压；

　　　V_t——施加在绝缘介质上的电压。

为使在液膜上施加的电压 V_a 最大，需满足的条件为：

$$C_t \geqslant C_a \tag{8-64}$$

而，

$$C_t = \varepsilon_0 \varepsilon_r S_t / t \tag{8-65}$$

$$C_a = \varepsilon_0 S_a / d_a \tag{8-66}$$

式中　ε_0——真空介电常数；

　　　ε_r——绝缘介质的介电常数；

　　　S_t——电容 C_t 的有效电极表面积；

　　　S_a——电容 C_a 的有效电极表面积；

　　　t——绝缘介质的厚度；

　　　d_a——绝缘介质内壁与液膜之间的距离。

即增加绝缘介质与液膜之间的距离 d_a 与减少绝缘介质 t 的厚度，同时兼顾机械加工的需要。

（1）电容式静电喷头的建模　对电容式静电喷头的建模原理同气助式静电喷头，如图 8-28 所示。

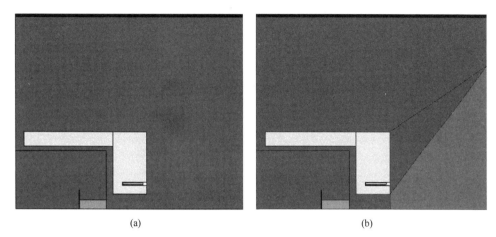

(a)　　　　　　　　　　　　　　(b)

图 8-28　电容式静电喷头模型

（a）静态模型；（b）动态模型

模拟中所用的喷液，以及喷头材质也同气助式感应荷电喷头（如表 8-5 所示）。

（2）电容式静电喷头的静态模拟结果　同样在不考虑荷电雾滴云对喷头处感应电场的影响的静态条件下，对电容式静电喷头的电势和电场强度的模拟结果见图 8-29、图 8-30。

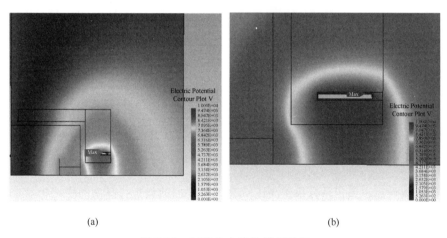

(a)　　　　　　　　　　　　　　(b)

图 8-29　对喷头电势的模拟结果

（a）电势图；（b）局部放大图

如图 8-29 所示，当电极环施加 10kV 的电压时，液膜附近的电势范围在 $4.7×10^3 \sim 6.8×10^3$ V 之间，图 8-30 中，液膜处的电场强度范围为 $0.74×10^7 \sim 1.0×10^7$ V/m 之间。

（3）电容式静电喷头的动态模拟结果　若雾滴云的空间电荷密度为 $50\mu C/m^3$ 和 $0.1C/m^3$，电容式静电喷头处电场强度的模拟结果如图 8-31 所示。

雾滴云的空间电荷对电容式静电喷头的影响结果与气助式静电喷头相似，即当空间电荷密度范围在 $20 \sim 50\mu C/m^3$ 时，对感应电场没有影响，因此可以得出农药静电喷雾时，无论是气助式还是电容式的静电喷头都不会受到荷电雾滴云的影响。

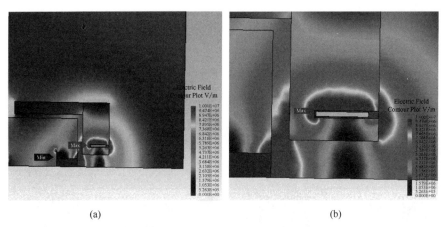

图 8-30　对喷头电场强度的模拟结果

（a）电场强度图；（b）局部放大图

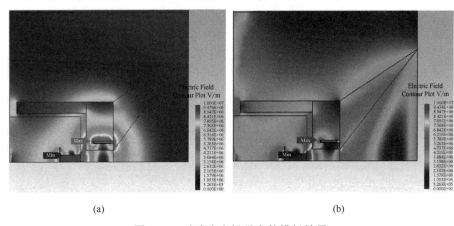

图 8-31　对喷头电场强度的模拟结果

（a）50μC/m³；（b）0.1C/m³

8.3.2　其他的模拟条件

其他的参数设定主要包括分析类型的选择、边界面的设定、雾滴的物理模型、雾滴的物理参数、气流参数、喷雾参数、总体物理模型设定等。

（1）分析类型的选择　选择瞬态计算、拉格朗日两相流。

（2）边界面的设定　所有的边界均设为壁面（Wall）。

（3）雾滴的物理模型　雾滴类型为水滴，标准动量传递，雾滴碰撞壁面的作用结果为黏附；不考虑雾滴的质量传递、雾滴破碎以及雾滴和壁面碰撞过程中的热量传递。

（4）气体的物理性质、雾滴的物理参数和喷雾参数见表 8-6～表 8-8。

表 8-6　气体的物理性质

参数	赋值
密度/(kg/m³)	1.205
黏度/[kg/(m·s)]	1.81×10^{-5}

参数	赋值
热导率/[W/(m·K)]	0.02637
摩尔质量/(kg/mol)	28.96
比热容/[J/(kg·K)]	1006

表 8-7 雾滴的物理参数

参数	赋值
密度/(kg/m³)	997.561
表面张力系数/(N/m)	0.0719736
黏度/[kg/(m·s)]	0.00088871
热导率/[W/(m·K)]	0.620271
临界温度/K	647.12
比热容/[J/(kg·K)]	418.72

表 8-8 喷雾参数

参数	赋值
喷孔直径/m	0.001
内锥角[①]/(°)	10
外锥角[①]/(°)	20
温度/K	293
喷雾时间/s	0.1
包数/个	300

① 内/外锥角在软件中的定义，见图 8-32。

（5）总体物理模型设定　选择湍流扩散和重力项，不考虑碰撞模型。

8.3.3　计算域

计算域为一 500mm*500mm*600mm 的长方体，二维图见图 8-33。

如图 8-33 所示，在计算域的上部内嵌一个喷头体结构，距离喷头下方 500mm 处有一平面靶标，长宽都为 80mm。喷头表面设置 100V 的电压，雾滴带负电，从而更真实地模拟喷雾时荷电雾滴在喷头上沉积的现象。靶标电势为 0。当靶标距离为 300mm 时，则图的纵向距离相应地改为 400mm，靶标长宽都为 100mm。

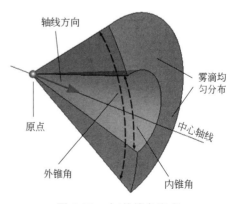

图 8-32　内/外锥角定义

运用 STAR-CD 对计算域进行网格划分，见图 8-34。

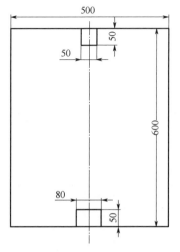

图 8-33　计算域的二维图（单位：mm）

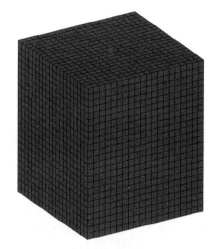

图 8-34　计算域的网格三维图

计算网格越密则计算结果越准确，但是计算时间也会延长。本次模拟计算在 500mm*500mm*600mm 的立方体内的网格数为 9600，500mm*500mm*400mm 的立方体内的网格数为 6400。

8.3.4　模拟结果

（1）当靶标距离为 50cm，雾滴粒径为 30μm 时，荷电水平对荷电雾滴的影响，模拟结果见图 8-35～图 8-37。

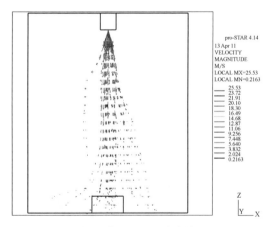

图 8-35　靶标距离 50cm，雾滴粒径 30μm，雾滴不荷电

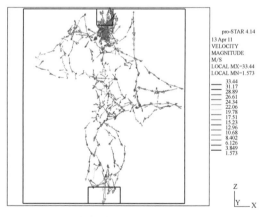

图 8-36　靶标距离 50cm，雾滴粒径 30μm，雾滴荷电 1mC/kg

（2）当靶标距离为 50cm，雾滴粒径为 50μm 时，荷电水平对荷电雾滴的影响，模拟结果见图 8-38～图 8-40。

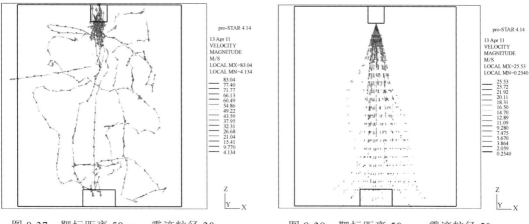

图 8-37　靶标距离 50cm，雾滴粒径 30μm，
　　　　雾滴荷电 2mC/kg

图 8-38　靶标距离 50cm，雾滴粒径 50μm，
　　　　雾滴不荷电

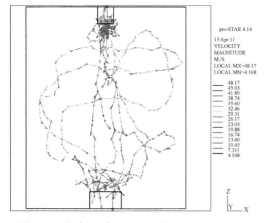

图 8-39　靶标距离 50cm，雾滴粒径 50μm，
　　　　雾滴荷电 1mC/kg

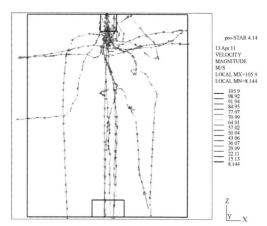

图 8-40　靶标距离 50cm，雾滴粒径 50μm，
　　　　雾滴荷电 2mC/kg

（3）当靶标距离为 50cm，雾滴粒径为 100μm 时，荷电水平对荷电雾滴的影响，模拟结
果见图 8-41～图 8-43。

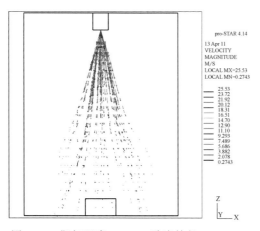

图 8-41　靶标距离 50cm，雾滴粒径 100μm，
　　　　雾滴不荷电

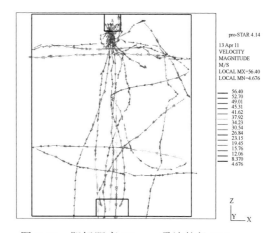

图 8-42　靶标距离 50cm，雾滴粒径 100μm，
　　　　雾滴荷电 1mC/kg

（4）当靶标距离为30cm，雾滴粒径为30μm时，荷电水平对荷电雾滴的影响，模拟结果见图8-44～图8-46。

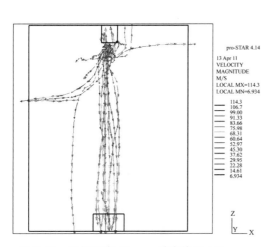

图8-43　靶标距离50cm，雾滴粒径100μm，
雾滴荷电2mC/kg

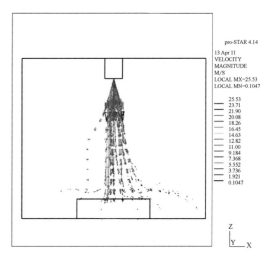

图8-44　靶标距离30cm，雾滴粒径30μm，
雾滴不荷电

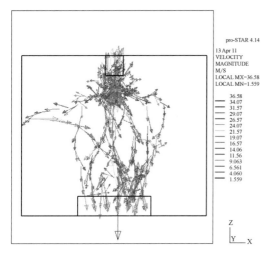

图8-45　靶标距离30cm，雾滴粒径30μm，
雾滴荷电1mC/kg

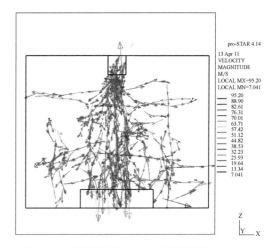

图8-46　靶标距离30cm，雾滴粒径30μm，
雾滴荷电2mC/kg

（5）当靶标距离为30cm，雾滴粒径为50μm时，荷电水平对荷电雾滴的影响，模拟结果见图8-47～图8-49。

（6）当靶标距离为30cm，雾滴粒径为100μm时，荷电水平对荷电雾滴的影响，模拟结果见图8-50～图8-52。

8.3.5　雾化模拟结果

（1）静电雾化增加了细雾滴的产生，雾滴粒径减小有利于雾滴的荷电。但是这种结果似乎是因为当荷电水平一定时，静电力对小雾滴更容易控制，因此表现在模拟结果中显示的是荷电小雾滴被"束缚"在一个区域，而荷电大雾滴则能轻易挣脱静电力的控制。

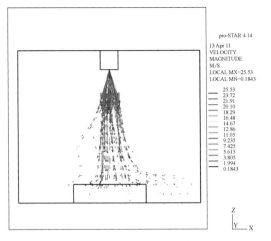

图 8-47　靶标距离 30cm，雾滴粒径 50μm，
雾滴不荷电

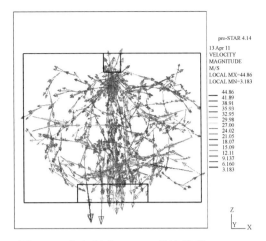

图 8-48　靶标距离 30cm，雾滴粒径 50μm，
雾滴荷电 1mC/kg

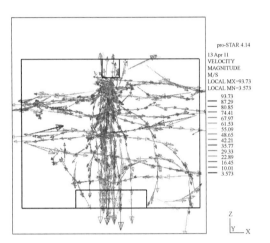

图 8-49　靶标距离 30cm，雾滴粒径 50μm，
雾滴荷电 2mC/kg

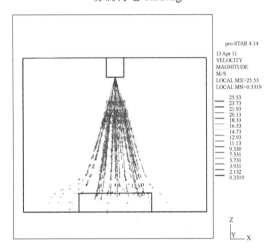

图 8-50　靶标距离 30cm，雾滴粒径 100μm，
雾滴不荷电

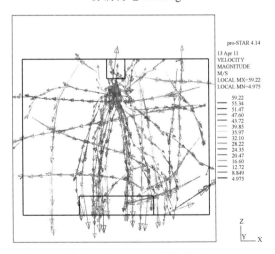

图 8-51　靶标距离 30cm，雾滴粒径 100μm，
雾滴荷电 1mC/kg

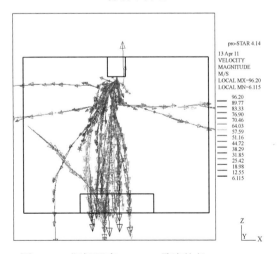

图 8-52　靶标距离 30cm，雾滴粒径 100μm，
雾滴荷电 2mC/kg

（2）荷电小雾滴更趋向于向喷雾靶标的运动，这在后面的实际试验中可以验证，荷电量大的小雾滴受到喷头电场和空间电场的作用更容易向喷雾靶标运动。

（3）静电雾化过程中雾滴粒径增大，增加了雾滴向靶标的沉积速度，这是因为在靶标正面的沉积是重力和静电力的合力效果。重力随着雾滴半径的三次方变化，因此当粒径增加时，重力对雾滴运动的影响迅速增大。

8.4 感应式静电雾化系统设计

8.4.1 雾化系统的组成

静电雾化系统中，任何部件的设计与安装都会对整个系统发挥作用（图8-53）。

图 8-53　静电喷雾雾化系统的组成

在喷头雾化部分，选择液力或气力雾化，关系到雾滴谱的宽窄、雾滴的大小，静电喷雾属于低量/超低量喷雾，喷头所产生的雾滴尺寸应该小于 100μm。

而雾滴荷电部分，选择哪种荷电方式，取决于喷液的性质以及安全操作等。感应荷电主要使用导电溶液。一般水溶性农药的电阻率在 $0.1\sim100\Omega\cdot m$，完全适合感应荷电对喷液电阻率的要求。而接触式荷电方式要求喷液的电阻率在 $10^6\sim10^7\Omega\cdot m$，则主要针对油基性喷液，所产生的小油滴，一方面抗蒸发作用，另一方面也能很好地抗雨水冲刷，有利于植物靶标对农药有效成分的吸收。但是对导电性溶液则不适用，因为接触式荷电一般对喷液进行绝缘处理，而且施加电压大于 20kV，电导率高的喷液极容易造成漏电现象，会对操作者产生安全危害。接触式荷电主要靠静电力雾化，溶液电导率太高不能在液膜上积聚足够的电荷以产生雾化；而电导率太低时，则会导走电荷，同样不会使液膜雾化。使用电导率太高的喷药，也不适于电晕荷电在实际中使用。由于多采用同轴电极设计，导电液体会沿着电极的绝缘支撑体发生漏电或者电弧放电现象，而且放电极附近强的离子风阻止雾滴进入近电晕区，因此采用电晕方法对水溶液的荷电效率并不高。鉴于当前使用的农药大多是以水基型为主，而且考虑到实际大田使用中的安全性问题，选择感应式荷电方法，并辅以气流的设计为理念，开发气助式感应静电喷头。

雾滴云的电流值反映喷头的荷电效果。因为不可能测出每个雾滴的荷电量，因此荷质比是一个均值。荷电测量装置要求能准确测量。

8.4.2 荷质比测量装置

8.4.2.1 室内荷质比的测量装置

经典的测量荷质比的方法为法拉第筒法，如图8-54所示。

法拉第筒由两层筒组成，内外筒隔绝，内筒完全包裹荷电体，并且感应出与带电体电性相反、电量相同的电荷，起到测量器的作用；外筒接地，用来屏蔽周围的电场对内筒的影响，起到辅助作用。内筒外接一个电容器用于测量内筒上积聚的电量。

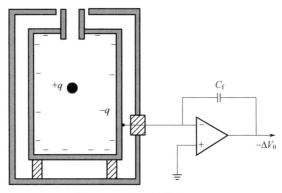

图 8-54　法拉第筒原理图

$$\Delta V_0 = \frac{q}{C_\mathrm{f}} \qquad\qquad (8\text{-}67)$$

式中　q——法拉第筒内筒上积聚的电荷量；

　　　C_f——法拉第筒外接电容。

在 C_f 已知、ΔV_0 由电压表测得的情况下，积聚在法拉第筒内壁上的电量（即带电体的电量）可由式（8-67）计算得出。

法拉第筒特别适合于对体积有限的荷电体的测量。对于气力雾化喷雾或喷粉，气流的扰动或喷粉量短时间内充满内筒，都显示出了法拉第筒测量电荷的一些局限性。而根据法拉第筒的测量原理，即电荷感应，法拉第筒可改进为同轴的导体圆柱或者同心的圆环，以便测量气流携带的雾滴或粉尘。而电压值 ΔV_0 则随着通过导体圆柱或圆环的雾滴或粉尘量的改变而波动。Cross 则设计了一款荷电粉尘从载气流中分离的法拉第筒装置，在法拉第筒内筒的入口处专门设计了一个静电屏蔽的采样桶用来分离装载从气流中分离的粉尘。Law 等为防止气载式雾滴飞溅造成的测量误差，除了在法拉第筒内布置几层铁丝网，而且在法拉第筒的尾端安装了一个抽气装置，如图 8-55 所示。

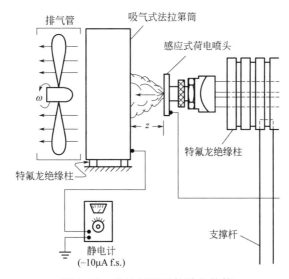

图 8-55　带抽气装置的法拉第筒

对上述法拉第筒法进一步简化，只保留了筛网

$$q / m = \frac{Q}{M} = \frac{it}{Q_{\mathrm{m}}t} = i / Q_{\mathrm{m}} \qquad (8\text{-}68)$$

式中　i——雾滴云电流，A；

Q_{m}——质量流量，kg/s。

据式（8-68）可计算雾滴云的荷质比，并不需要知道雾滴或粉尘量，其中，电流值用铁丝筛网测量，而流量 Q_{m} 则在喷头处测量。Zhao 等设计的荷质比测量装置如图 8-56 所示。

整个装置由四层孔径为 1mm×1mm 的铁丝网收集雾滴云的轴向电流，用半径为 1m 的一层圆柱筛网收集雾滴云的纵向电流，在喷头处还额外布置了一层筛网来收集反向电流，以达到准确测量荷电效果的目的。

另外测量雾滴云荷质比的方法还有模拟目标法，即直接在实物或模拟靶标上测量雾滴云的电量；极化探针法，即在雾滴云中间布置一个接地的尖端电极，利用电晕放电的原理来测量雾滴云的电流，但是探针的位置不确定。

本研究所采用的测量荷质比的装置如下：直径为 80cm 的圆柱形筛网，用以捕捉雾滴云纵向电流，与雾滴云运行垂直的方向上布置十层筛网，可以有效捕捉雾滴云轴向电流，最后一层筛网单独绝缘，以检验雾滴云电流是否被全部拦截。同时在喷头附近布置一层筛网来测量反向电流，所有电流总计为雾滴云电流。所有筛网的尺寸均为 1.5mm×2.0mm。整个测量系统能够调节筛网与喷头的距离。在实际使用中发现，在筛网长期使用后，尤其是当铁丝网有些生锈或者在油基性喷液的测量中，整个测量系统会出现"电流弛豫"现象，是因为生锈或者油剂沾到铁丝上造成的绝缘作用，在铁丝上形成一个个小的电容，因此，为了准确测量荷质比，铁丝网要经常更换。本测量装置尤其考虑到了筛网更换的方便性，见图 8-57。

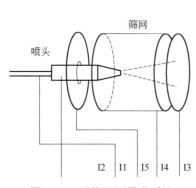

图 8-56　用筛网测量荷质比

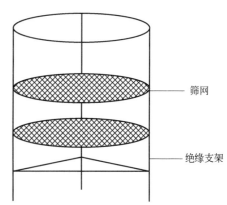

图 8-57　荷质比测量装置

还有一种测量荷质比的方法，称为总电流荷质比法，即通过测量整个电路的总电流，根据总电流计算雾滴云的荷质比。电路总电流的测量原理为：电路中所有的电流来自于大地，因而总电流的测量方法为对喷液进行绝缘，测量喷液的入地电流，即所谓的电路总电流。总电流包括靶标电流（包括雾滴云的横向和纵向电流）、喷头处的反向电流以及漏电造成在电源处的电流损失。在静电喷头正常喷雾下，Law 等指出靶标电流和总电流之间的差别应小于 2%。

8.4.2.2 室外荷质比的测量装置

以上测量荷质比的装置可以保证静电喷头在室内的荷电效果得到准确的测量，但实际使用中，如在大田的药效试验中，这些荷质比的测量装置不方便进行荷质比实时测量，因此有必要研究便携式荷质比测量装置。整个装置包括电荷收集装置以及电流表。

（1）电荷收集装置 由于静电喷头在大田试验前已经进行了大量的室内试验，即静电喷头在保证稳定的工作状态下才可以进行大田试验，而所谓的稳定工作状态，包括流量稳定，也包括荷电稳定。即使如此，仍然需要实时监测雾滴的荷电状况，如同喷雾器械在大田实际操作前仍然要测量喷头流量而不是使用生产厂家提供的数据一样。在对喷头的荷电效果的实时监测中，需要满足两个条件，既能测量出雾滴云是携带电流的，而且雾滴云的携带电流大概处在所要求的范围，同时也要满足室外测量的便携性。因此，本研究所设计的室外测量荷质比的电荷收集装置由一根细的PVC（聚氯乙烯）管和安装在PVC一端的"筛网勺"构成。PVC管长1m，可以有效保证安全的测量距离。PVC的硬度可以支撑"筛网勺"的质量，一根细的导线从PVC管中间穿过连接电荷收集装置和电流表。"筛网勺"则由硬铁丝构成的圆圈和多层筛网组成，圆圈半径为10cm，可以完全包裹整个雾型。室外电荷收集装置见图8-58。

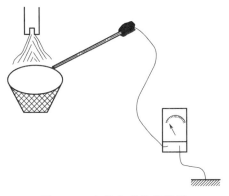

图 8-58　室外电荷收集装置

（2）电流表 手持式电流表的尺寸为123mm×97mm×40mm；质量为120g，方便携带及使用。

8.4.3 高压电源的设计

在静电技术应用于农药喷雾的早期，高压电源曾是制约这项技术在农业应用的主要原因之一。相比之下，同样使用静电技术，工业上的使用环境则较为优越，可以使用便利的电源，高压设备也可以使用体型较大的设备。在农业上，由于大田操作时环境的复杂性，设计简单、轻便携带而安全的高压电源是静电农药喷雾的必备条件之一。对于感应荷电喷雾方式，高压输出端仅有很小的泄漏电流，消耗的电能非常少。

高压电源的设计思路总体为体积小、质量轻、低功耗，带负载能力较强，可以使用电池或者机载电瓶供电。

本研究所设计的高压电源工作原理和印刷电路板（PCB）如图8-59和图8-60所示。三极管VT和变压器T的初级绕组构成高频振荡器，把3V直流电压变成18kHz左右的高频交流电压，经变压器升压，输出峰值 700V 左右的交流电压，再经高压整流二极管 VD_2～VD_4、电容 C_1～C_3 构成的三倍压整流电路，输出 2000V 左右直流高压。

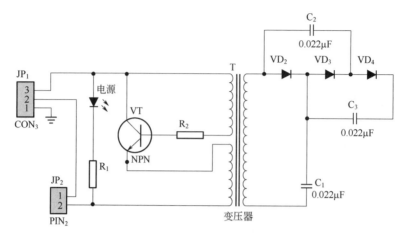

图 8-59　高压电源设计原理

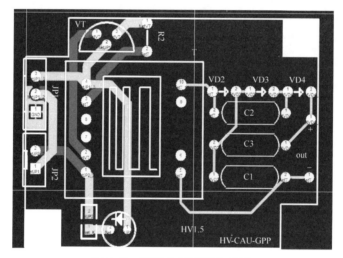

图 8-60　高压电源印刷电路板

8.4.4　感应式静电喷头的研制

8.4.4.1　气液两相流感应荷电喷头

在前章节研发的气液两相流雾化喷头的基础上，中国农业大学药械与施药技术研究中心加装铜环及外套，形成为荷电电极而设计的气液两相流雾化静电喷头，如图 7-3～图 7-5 所示。

在该款喷头的早期设计中气液路分开，分别由空压机和液泵提供气液流，由气压表和液压表监控气液路的压力，以相应的阀门来控制所需要的气液比。经改进，液路中不再使用液泵，而是由空压机在提供喷头所需气流的同时对储液罐加压，液流量由线路的液压阀控制。气助式静电喷雾系统的原理图如图 8-61 所示。

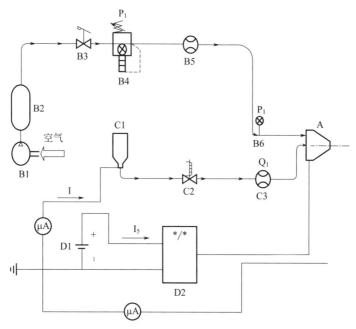

图 8-61　气助式静电喷雾系统的原理图

图 8-61 中符号的含义见表 8-9。

表 8-9　喷雾系统中各符号的含义

符号	描述	符号	描述
A	气助式感应喷头	B6	气压表
B1	空压机	C1	储液罐
B2	储气罐	C2	阀门
B3	阀门	C3	液体流量计
B4	气压调节器	D1	24V 直流电池
B5	气体流量计	D2	高压电源

8.4.4.2　离心雾化式感应荷电喷头

该款喷头建立在一款离心雾化喷头基础上，添加感应荷电装置，如图 8-62 所示，气流在喷口处驱动转子旋转，喷液在离心力的作用下形成液膜，进而雾化。感应装置安装在喷液离开喷嘴时形成的液膜和液丝附近。感应装置连接高压电源和高压表（图 8-63），另有一条导线从喷液处接地，以提供电荷。整机装置见图 8-64，在一个手推车平台上安装风机、储液罐、喷头等结构。

8.4.5　感应静电喷头的荷电性能测试

从严格意义上说，对静电喷头的测试包括流量稳定性、压力稳定性、荷电稳定性。因此对感应式静电喷头的荷电性能进行研究，除了考虑各种喷雾参数，如电压、气压、流量对荷电效果的影响外，还应考虑研究随着时间的推移，静电喷头是否能依然保证荷电状态以及使荷电水平保持一致。

(a)   (b)

图 8-62　离心式感应荷电喷头的感应装置

图 8-63　高压电源和电压表

图 8-64　离心式感应荷电装置系统

8.4.5.1　气液两相流感应荷电喷头的荷电性能测试

施加电压：200V，300V，500V，800V，1200V，1500V，1800V；喷液流量 60mL/min；喷头距筛网的距离为 40cm；气压为 0.3MPa；喷液为自来水（电导率为 1.021μS/m，表面张力为 72mN/m）。测试重复三次，取平均值。

如图 8-65 所示，施加电压在 1kV 之前，荷质比随着电压的升高迅速增大；当电压超过 1kV 时，雾滴荷电趋于饱和，荷质比增长缓慢，甚至在 1500V 左右出现了下降的情况，但是波动幅度很小，在 0～0.2 mC/kg 之间。

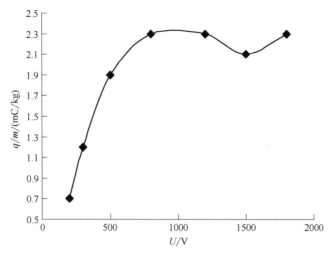

图 8-65　施加电压对荷质比的影响

　　本研究所设计的喷头在 300V，荷质比为 1.2mC/kg，即可以实现有效的静电喷雾，远小于电晕式或接触式超过 20000V 的电压，对操作的安全性、高压模块的设计都将提供很大的便利。

　　由式（8-68）得出，在流量一定的情况下，雾滴云电流与感应环上的电压成正比，如本喷头在 200～1000V 时的情况。根据式（8-68），本喷头理论荷质比为 0.08mC/kg（电压为 300V，流量为 60mL/min），远小于 1.2 mC/kg，显示数值模拟的不准确性。

　　根据式（8-9）计算得喷头的电晕电压为 1.7kV，但是从本研究得出的结果看，荷质比在 800V 后就增长缓慢，可见，电压在小于 1.7kV 时就已经产生了放电。

8.4.5.2　离心式感应荷电喷头的荷电性能测试

　　改变离心式感应荷电喷头的流量和电压，测量喷头的荷电性能，结果见表 8-10。

表 8-10　离心式感应荷电喷头的流量与荷质比的关系

流量/(mL/min)	500V	1000V	1500V	2000V
95	0.2	0.3	0.6	0.8
210	0.1	0.3	0.4	0.5
290	0.1	0.3	0.5	1.0
450	0.1	0.2	0.2	0.2

　　当喷头流量超过 450mL/min 时，喷头所产生的液丝会打到感应环造成短路，使雾滴无法荷电。从表 8-10 中可知，喷头在流量较小、荷电电压较大时，雾滴的荷电水平比较理想，如在流量和电压分别为 95mL/min 和 2kV 时。后续对该款喷头进行沉积试验时，则根据此表选择流量和电压。

8.5　静电喷头雾化性能研究

　　静电雾化喷头的雾化性能，主要指雾滴谱特性曲线的宽窄和雾滴尺寸，影响喷头的耗能，以及静电喷头的荷电性能。

8.5.1　感应环

感应环的设计则要考虑机械加工的方便性，以及在喷头的位置。感应荷电从本质上讲是两个电极（感应电极和接地极）组成了一个电容。

根据式（8-65），减小两电极之间的距离，即使感应环靠近液膜，可以显著增加电容值，提高荷电效率，或者是达到相同荷电水平的基础上显著降低荷电电压。但前提是不能有雾滴沉积到感应环上。保证电极环干燥除了使两电极之间维持合理的距离外，主要依靠气流隔开两个电极或者吹走沉积到感应环内表面的雾滴。电极环的材质为黄铜，镶嵌在喷头的雾化区附近。根据高斯定理，

$$\oiint E \cdot \mathrm{d}S = \frac{1}{\varepsilon_0} \sum_i q_i \qquad (8\text{-}69)$$

在静电场中的表达为，电场强度在任意封闭曲面上的通量正比于该封闭曲面内电荷的代数和。雾滴的电荷量全部来自于雾化区，若孤立雾化区，即在雾化区有一个虚拟的高斯面，则根据高斯定理，雾化区的最大荷电量来自于最大的感应电场，这个感应电场来自于感应环。雾化区远离感应环的位置会使荷电效率急剧下降。但是气力雾化喷头的雾化区很难确定（有人曾提出用测量电阻的方法来确定雾化区），只能通过大量的试验来确定。

感应环通过一个焊接的接头连接高压电源，在接头处包裹绝缘物质，除了防止沉积到喷头体的雾滴造成漏电，也可以起到保护操作者的目的。虽然本研究中使用的静电喷头的电流通常小于 10μA，但是电流对人体的伤害基于多种因素。据国际电工委员会（International Electrotechnical Commission）的报告，小于 2mA 的直流电对成人通常没有影响。若维持 40mA 的直流电 2s 则不会产生病理生理学上的有害作用，维持 300mA 的电流 2s 会造成 50%狗的纤维性颤动。因此，试验中使用的电流应该处在非常安全的范围内，不包括静电喷雾过程中漏电造成的电流增加，以及长时间接触电流造成的影响。

8.5.2　电导率对感应荷电喷雾的影响

喷液电导率影响雾滴荷电效果主要是通过影响电荷转移速度。对于气力雾化喷头，雾滴形成时间 t_f 一般为 500μs 左右，去离子水的电荷弛豫时间 τ (s) 为 14.167μs，因此，τ (s) $\ll t_\mathrm{f}$。而一般农药喷液的电阻率范围在 100Ω·m 左右，即电荷弛豫常数为 0.07μs，比雾滴形成时间小四个数量级。

电导率低的喷液会降低荷电效率，甚至使雾滴完全不荷电，如在喷施油剂的时候。为拓展感应式喷头的使用范围，有必要研究油剂的感应荷电方法，不仅仅是因为油剂是经典剂型之一，也是由油剂在抗蒸发以及促进植物靶标对农药活性有效成分的吸收方面具有特殊优势所决定的。

植物油电导率的范围在 $10^{-12} \sim 10^{-11}$S/m 之间，介电常数约等于 5，根据式（8-63），植物油的电荷转移时间常数在 $4 \sim 40$μs 之间。Law 和 Cooper 认为当油剂的电阻率超过 10^7Ω·m 时，则不适合使用感应荷电的方法，因此可以通过降低油剂电阻率的办法来提高油剂液滴的荷电水平。

均匀介质中的电流密度可以表示为，

$$j = nqv \qquad (8\text{-}70)$$

或者

$$j = nq\mu E \qquad (8-71)$$

而电导率可以表示为

$$\sigma = nq\mu \qquad (8-72)$$

式中　　j ——电流密度，A/m^2；

　　　　n ——电荷载体的数量密度，m^{-3}；

　　　　v ——电荷载体速度，m/s；

　　　　μ ——电荷载体迁移率，$m^2/(V \cdot s)$；

　　　　E ——电场强度，V/m。

根据式（8-72），要增加喷液的电导率，可以通过添加助剂的方法增加电荷载体的密度，或者是增加电荷载体的迁移率。

第二种改善电荷转移时间的方法是改变喷液的组成，即在油剂中添加导体溶液，如水，使油剂中形成导电路径，用以电荷的传递。油/水混合物会减小原来油滴的尺寸。

如当油/水混合物的含水量为 10%时（体积比），油滴由于蒸发使直径减少 3.5%，而当含水量更低时，如 5%，雾滴直径仅仅减少 2%。因此在不显著改变雾滴直径（由于蒸发作用）的前提下，在油剂体内建立了电荷转移的通路。

8.5.2.1　油水混合物中水的比例对混合物电导率的影响

在一级大豆油中添加不同比例的自来水，加入非离子表面活性剂 OP10 各 2mL，充分搅拌形成均一相乳状液，然后使用电导率仪（4Star 型台式电导率仪，美国奥利龙公司）测得各比例混合物的电导率值，如图 8-66 所示。

如图 8-66 所示，低浓度时电导率值较高，随着乳液中水含量的增加，电导率值反而降低。对此系列溶液进行荷质比研究，在喷头流量 18mL/min，气压 0.3MPa，电压 2kV 的条件下，结果如图 8-67 所示。

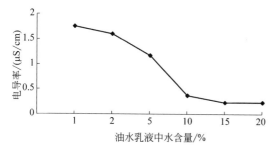
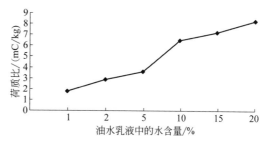

图 8-66　电导率随油水乳液中水含量的变化曲线　　图 8-67　荷质比随油水乳液中水含量的变化曲线

由图 8-67 可知，随着油水乳液中含水量的增加，荷质比增加。荷质比和电导率的变化趋势成反比，可能是由于喷液雾化过程中液膜的形成有利于水在油剂中形成导电通道。在含水量为 5%时，喷液的荷质比就达到 3.6mC/kg，远大于 0.8mC/kg；而在含水量增加时，荷质比仍迅速增加，甚至大于水剂，这与喷施油剂时流量很小有关。

对油水混合物的其他性质，如表面张力、黏度（表）进行测量（均在室温下），发现水的比例并不显著改变油水混合物的表面张力或黏度（表 8-11），由此可以推断对喷液的雾化影响不大。

表 8-11　不同比例的油水乳液表面张力测量结果

油水乳液中水含量/%	黏度/mPa·s	表面张力/(mN/m)
0	0.90	25
1	0.86	32.21
2	0.87	33.37
5	0.89	33.20
10	0.85	33.07
15	0.86	33.29
20	0.86	33.24
100	0.84	72.75

8.5.2.2　通过加入电荷载体来增加喷液的电导率

蒸馏水的电导率很低，可以通过加入无机盐，如氯化钾的方法来提高电导率（图 8-68），进而提高荷电效果。在喷头流量为 80mL/min，气压为 0.3MPa，电压为 1.2kV 的条件下，结果如图 8-69 所示。

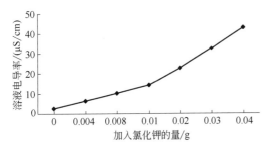

图 8-68　水中氯化钾含量对喷液电导率的影响　　　图 8-69　水中氯化钾含量对荷质比的影响

由图 8-69 知，随着蒸馏水中氯化钾量的增加，喷液的荷质比迅速增加。而在植物油中加入溶有无机盐的水溶液，在喷头流量为 18mL/min，气压为 3bar，电压为 2kV 的条件下，结果如图 8-70 所示。

氯化钾的加入增加了油水混合液的荷质比，同样由于使用较小的流量，造成雾滴的荷质比很大。而氯化钾的加入同样未使油水混合液的表面张力和黏度有显著改变（表 8-12）。

表 8-12　加入不同量的氯化钾对油水混合液的黏度和表面张力的影响

氯化钾质量/g	黏度/mPa·s	表面张力/(mN/m)
0.05	0.86	32.41
0.1	0.87	32.91
0.2	0.85	32.71
0.5	0.85	32.53
0.75	0.84	32.38

若在油剂中直接加入助剂，如抗静电剂 SN（十八烷基二甲基羟乙基季铵硝酸盐），在静电高压为 2kV，喷头流量 25mL/min，气压 0.3MPa 的条件下，结果见图 8-71。

由图 8-71 可知，抗静电剂 SN 在低浓度范围内对大豆油剂雾滴荷电不起作用；当浓度超过

2%后，荷质比随着 SN 的量增加而增加，但是当 SN 浓度超过 10%时，荷质比的增加也不明显。因此，在实际生产作业中，大豆油剂中加入 10%的抗静电剂 SN 来改善油剂的荷电效果。

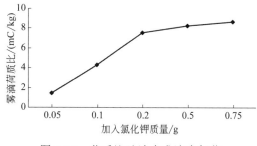

图 8-70　荷质比随油水乳液中氯化钾量的变化曲线

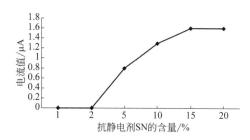

图 8-71　雾滴电流值随大豆油剂中加入不同浓度抗静电剂 SN 的变化曲线

8.5.2.3　油水混合液的沉积试验

在喷头流量为 25mL/min，气压为 0.3MPa，喷雾速度为 0.5m/s，靶标距离为 0.4m，电压为 1kV 的条件下，采用重量法进行沉积试验，油水乳液中水的含量（%）与靶标沉积量（g）的关系如图 8-72 所示。

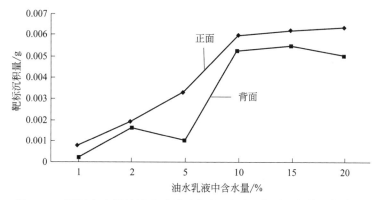

图 8-72　不同含水量的油水乳液在靶标正面、背面沉积量比较曲线

由图 8-72 可知，大豆油中加入水后可显著提高靶标沉积量，尤其是靶标背面沉积量。含水量为 10%的油水乳液沉积量增大最明显，10%以后趋于稳定。正面沉积量比 5%含水量时增加 81%，背面沉积量比 5%含水量时增加 4.3 倍。

8.5.3　流量对荷电效果的影响

试验条件：电压为 1.2kV；喷头和筛网的距离在 40cm；气压为 0.3MPa；流量为 40mL/min，50mL/min，60mL/min，70mL/min，80mL/min。试验中所使用的喷液为自来水。

喷液流量对雾滴云电流及荷质比的影响如图 8-73 和图 8-74 所示。从图 8-73 中可知，当喷液增加时，雾滴云电流呈减小趋势，虽然从式（8-8）中可知，理论上雾滴云电流值在电压一定的情况下，随着流量的增加而增加，本试验得到相反的结果，可能与雾化有关，即流量增加时，小雾滴的比例降低，雾化效果不好。

从图 8-74 可以得出，雾滴的荷质比随流量增加下降很快，但是在 80mL/min 时，荷质比仍能达到 2.1mC/kg，从而使喷头的流量有较大的调整幅度，以备实际使用中需要较大的喷量。

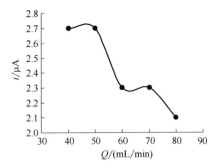

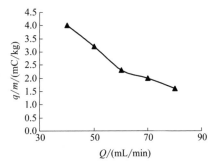

图 8-73　喷液流量对雾滴云电流的影响　　　　　图 8-74　喷液流量对荷质比的影响

Law 认为随着喷液流量的增加而电流值减小的原因是雾化区远离了感应环，从而造成液膜/液丝表面的电场强度下降，雾滴荷电量降低。除此之外，本试验主要考察的是在气压不变的情况下，流量增加导致的雾化效果不好，从而使雾滴云电量减小。

8.5.4　气压对荷电效果的影响

试验条件：电压为 1.2kV；喷头和筛网的距离为 40cm；气压为 0.1MPa、0.2MPa、0.3MPa；流量为 60mL/min。

气压对荷质比的影响主要是通过影响雾化效果，当气压升高时，荷质比迅速增加。在试验过程中也发现，当气压升高时，雾化效果显著改变，在 0.3MPa 时，雾滴细且均匀，而细雾滴可以荷上更多的电荷。

可以推测，当气压继续升高时，雾滴云的荷质比仍会继续增大。但是，实际使用时，考虑到气泵的负荷以及经济效益，尤其是使用多个喷头时，靠增加气压来增加荷质比并不是太好的办法，而本试验所设计的喷头，在较低的气压下（0.2MPa）时，荷质比>0.8mC/kg（1.1mC/kg）。

8.5.5　喷头与靶标距离对荷质比的影响

试验条件：电压为 1.2kV；喷头和筛网的距离在 30cm、40cm、50cm、60cm；气压为 0.3MPa；流量为 60mL/min。

喷头与靶标（筛网）的距离对荷质比的影响如图 8-75 所示，当距离增加时，荷质比变小，在 50cm 后，荷质比达到了一个稳定值。S. Zhao 的试验得出了同样的结论。

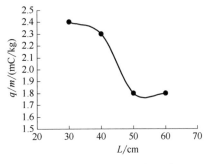

图 8-75　喷头与筛网的距离
对荷质比的影响

Law 认为由于荷电雾滴云空间电场削弱了喷头内部的感应电场，造成随着喷雾距离的增加而靶标电流减小。Zhao 则认为雾滴云的空间电场并不会改变感应电场，因为整个静电喷雾系统的总电流并不会随着靶标距离的改变而改变，雾滴云荷质比之所以会随着靶标的距离的增加而降低（50cm 后则不再降低），是因为其他电流，如泄漏电流和反向电流会随着靶标距离的增加而增加的缘故。但本试验发现，当电压较小时（<800V），喷头上不会积聚雾滴，靶标的距离不会影响总电流；当电压>800V 时，沉积在喷头上的荷电雾滴使总电流减小。

除此之外，应考虑到随着靶标距离的增加，荷电小雾滴在静电力的排斥下远离测量区，也是造成靶标电流减小的原因之一。

8.6 综合研究结论

（1）影响雾滴荷电水平的主要因素为喷液的理化性质、雾化效果以及喷头结构。

阐述了荷电雾滴的雾化作用，得出雾滴荷电量不影响蒸发作用，也不因蒸发作用而损失的结论；运用雾滴的双极性离子源荷电原理解释了靶标处的电晕放电使雾滴的带电量急剧降低。

对荷电雾滴向靶标的运动过程进行受力分析，得出影响雾滴沉积的主要为重力、曳力和静电力；静电力主要为荷电雾滴云生成的空间电场力；当荷电雾滴靠近靶标或进入冠层时，镜像力起主要作用。

（2）通过对气液两相流静电喷头和电容式静电喷头的电场进行模拟，准确得出感应环周围的电势和电场强度分布云图、高压对绝缘介质的击穿作用，有助于喷头的优化设计。

（3）气液两相流静电喷头的雾滴 VMD 为 41.96μm，雾锥角为 30°。在电压为 300～1000V 时，荷质比随着电压的升高而增加；当流量为 40mL/min，气压为 0.3MPa，喷雾距离为 30cm 时喷头的荷质比最高。沉积到喷头的雾滴削弱了靶标电流。在油剂中加入 10%的水、1%的氯化钾溶液或者 10%的 SN 可实现油剂的感应荷电喷雾。离心式静电喷头在流量为 95mL/min，电压 2kV 时，荷质比达 0.8mC/kg。

参考文献

[1] 茹煜. 农药航空静电喷雾系统及其应用研究. 南京: 南京林业大学, 2009.

[2] 农业部全国农业技术推广服务中心. 全国植保专业统计资料, 2006.

[3] 屠豫钦. 略论我国农药使用技术的演变和发展. 中国农业科学, 1986, 5: 71-76.

[4] 张百臻. 2006 年中国产量强劲增长. 农药科学与管理, 2007, 28(5): 33-36.

[5] 何雄奎. 改变我国植保机械与施药技术严重落后的现象. 农业工程学报, 2004, 20(1): 13-15.

[6] 王赛妮. 我国农药使用现状、影响及对策. 现代预防医学, 2007, 34(20): 3853-3855.

[7] 祁力钧. 化学农药施用技术与粮食安全. 农业工程学报, 2002, 18(6): 203-206.

[8] 邵振润. 我国施药机械与施药技术现状及对策. 植物保护, 2006, 32(2): 5-8.

[9] 赵辉. 喷液表面张力及气象因子对雾滴沉积的影响. 北京: 中国农业大学, 2009.

[10] 陆永平. 植保机械技术现状与发展趋势. 湖南农业, 2001, 5: 9-11.

[11] Combellack, J H. Herbicide application: a review of ground application techniques. Crop Protection, 1984, 3(1): 9-34.

[12] Cross J V, Berrie, A M, Murray R A. Effect of drop size and spray volume on deposits and efficacy of strawberry spraying pesticide application. Aspects of Applied Biology, 2000, 57: 313-320.

[13] Cunningham G P, Harden J. Reducing spray volumes applied to mature cirtrus trees. Crop Protection, 1998, 17(4): 289-292.

[14] Gohlich H. Assessment of spray drift in sloping vineyards. Crop Protection, 1983, 2(1): 37-49.

[15] Knoche M. Effect of droplet size and carrier volume on performance of foliage-applied herbicides. Crop Protection, 1994, 13(3): 163-178.

[16] Miller D R, Stoughton, T E, Steinke W E, et al. Atmospheric stability effects on pesticide drift from an irrigated orchard. Transactions of the ASAE, 2000, 43(5): 1057-1066.

[17] Murphy S D, Miller P C H, Parkin C S. The effect of boom section and nozzle configuration on the risk of spray drift. J Agric Engng Res, 2000, 75: 127-137.

[18] 袁会珠, 何雄奎. 手动喷雾器摆动喷施除草剂分布均匀性探讨. 植物保护, 1998, 3: 18-22.

[19] Lake, J R. The effect of drop size and velocity on the performance of agricultural sprays. Pesticide Science, 1977, 8: 515-520.

[20] Owens J M. Spray particle size distribution in greenhouse ULV applications to poinsettia. J Econ Entom, 1978, 71(2): 353-357.

[21] Scopes, N E A. Some factors affecting the efficiency of small pesticide droplets, 1981: 875-882.

[22] Latheef M A, Carlton J B, Kirk I W, et al. Aerial electrostatic-charged sprays for deposition and efficacy against sweet potato whitefly (Bemisia tabaci) on cotton. Pesticide Management Science, 2009, 65: 744-752.

[23] 高良润, 朱和平, 冼福生. 静电喷雾技术的理论与应用研究综述. 农业机械学报, 1989, 2: 53-57.

[24] Matthews, G A. Electrostatic spraying of pesticides: a review. Crop Protection, 1989, 8: 3-15.

[25] Law S E., Embedded-electrode electrostatic-induction spray-charging nozzle: theoretical and engineering design. Transactions of the ASAE, 1978, 21: 1096-1104.

[26] Zhao S, Castle G S P, Adamiak K. The effect of space charge on the performance of an electrostatic induction charging spray nozzle. Journal of Electrostatics, 2005, 63(3-4): 261-272.

[27] Frost A R, Law S E. Extended flow characteristics of the embedded-electrode spray-charging nozzle. J Agric Engng Res, 1981, 26: 79-86.

[28] Law S E, Cooper S C. Depositional characteristics of charged droplets applied to an orchard air-blast sprayer. 1985.

[29] Law, S E. Agricultural electrostatic spray application: a review of significant research and development during the 20th century. Journal of Electrostatics, 2001, 51-52: 25-42.

[30] Castle, G S P, Inculet I I. Space charge effects in orchard spraying. IEEE Transactions on Industry Applications, 1983, IA-19(3): 476-480.

[31] Inculet I I, Castle G S P, Menzies, D R, et al. Deposition studies with a novel form of electrostatic crop sprayer. Journal of Electrostatics, 1981, 10: 65-72.

[32] Marchant J A. An electrostatic charging system for hydraulic spray nozzles. J Agric Engng Res, 1982, 27: 309-319.

[33] Marchant J A. The electrostatic charging of spray produced by hydraulic nozzles Part I. Theoretical Analysis. J Agric Engng Res, 1985, 31: 329-344.

[34] Pay C C. System E S, an electrostatic spraying system-1984. Br. Crop Prot. Conf. Monogr. Application and Biology, 1985.

[35] Phillips M C. Preliminary experiments on the use of induction charged nozzles for applying a herbicide to control broad-leaved weeds in cereals. Br. Crop Prot. Conf. Monogr. Application and Biology, 1985.

[36] Robinson T H. The influence of electrostatic charging, drop size, and volume of application on the deposition of propiconazole and its resultant control of cereal disease. Proc. Br. Crop Prot. Conf. -Pests Dis, 1984.

[37] Cooke B K, Hislop E C, Herrington P J, et al. Physical, chemical and biological appraisal of alternative spray techniques in cereals. Crop Protection, 1986, 5: 155-164.

[38] Western N M, Woodley S E. Influence of drop size and application volume on the effectiveness of two herbicides. Aspects Appl Biol, 1987, 14: 181-192.

[39] Dobbins T. Electrostatic spray heads convert knapack mistblowers to electrostatic operation. International Pest Control, 1995, 37: 155-158.

[40] Marchant J A, An electrostatic spinning disc atomizer. Transactions of the ASAE, 1985, 30(2): 386-392.

[41] Laryea G N. Development of electrostatic pressure-swirl nozzle for agricultural applications. Journal of Electrostatics, 2003, 57: 129-142.

[42] Moon J, Lee D, Kang T, et al. A capacitive type of electrostatic spraying nozzle. Journal of Electrostatics, 2003, 57: 363-379.

[43] Hensley J L, Feng X, Bryan J E. Induction charging nozzle for flat fan sprays. Journal of Electrostatics, 2008, 66: 300-311.

[44] Kirk I W, Hoffmann W C, Carlton J B. Aerial electrostatic spray system performance. Transactions of the ASAE, 2001, 44(5): 1089-1092.

[45] Carlton J B, Bouse L F, Kirk I W. Electrostatic charging of aerial spray over cotton. Transactions of the ASAE, 1995, 38(6): 1641-1645.

[46] Kihm K D, Kim B H, McFarland A R. Atomization, charge, and deposition characteristics of bipolar charge aircraft sprays.

Atomization and Sprays, 1992, 2: 463-481.

[47] Coffee R A. Electrodynamic energy—a new approach to pesticide application, in BCPC Application Symposium—Spraying Systems for the 1980's, 1979: 95-107.

[48] Coffee R A. Electrodynamic spraying to control pests of tropical crops. Proceedings of International Conference on Plant Protection in the Tropics, 1982.

[49] Sherman M E. Electrodyn sprayer pesticide application using electrostatic atomization. Pesticide Formulations and Application Systems: Third Symposium ASTM STP 828, 1983.

[50] Adams A J, Palmer A. Air-assisted electrostatic application of permethrim to glasshouse tomatoes: droplet distribution and its effect upon whiteflies (Trialeurodes vaporariorum) in the presence of Encarsia Formosa. Crop Protection, 1989, 8: 40-48.

[51] Morton N. The 'Electrodyn' sprayer: first studies of spray coverage in cotton. Crop Protection, 1982, 1(1): 27-54.

[52] Western N M, Hislop E C, Dalton W J. Experimental air-assisted electrohydrodynamic spraying. Crop Protection, 1994, 13(3): 179-189.

[53] Moser E. Anlagerungsverhalten electrostatisch geladener spritzflussigkeitsteilchen in flachen-und raumkulturen. Nachrichtenblatt des Deutschen Pflanzenschutzdienstes, 1982, 34: 57-64.

[54] Cooper J F. Low volume spraying on cotton: a coMParison between spray distribution using charged and uncharged droplets applied by two spinning disc sprayers. Crop Protection, 1998, 17(9): 711-715.

[55] Arnold A C. Spray application with charged rotary atomizers, Br. Crop Prot. Conf. Monogr. in Spraying Systems for the 1980s, 1980.

[56] Arnold E A. Spray application with charged rotary atomizers, Br. Crop Prot. Conf. Monogr. in SPraying Systems for the 1981s, 1981.

[57] Arnold A J. Biological effectiveness of electrostatically charged rotary atomizers. Ⅲ. Trials on arable crops other than cereals, 1982. Ann. Appl. Biol., 1984, 105: 369-377.

[58] Arnold A C. Biological effectiveness of electrostatically charged rotary atomizers. I. Trials on field beans and barley, 1981. Ann. Appl. Biol., 1981, 105: 353-359.

[59] Asano K. Electrostatic spraying of liquid pesticide. Journal of Electrostatics, 1986, 18: 63-81.

[60] Cayley G R. Review of the relationship between chemical deposits achieved with electrostatically charged rotary atomizers and their biological effects. Br. Crop Prot. Conf. Monogr, 1985.

[61] Ganzelmeier H. Electrostatische aufladung von spritzflussingkeiten zur veresserung der applikationstechnik. Grundlagen der Landtechnik, 1980, 4: 122-125.

[62] Moser E. Einige grundlagen der elektrostatik im chemischen pflanzenschutz. Landtechnik, 1983, 33: 96-100.

[63] Bechar A, Gan-Mor S, Ronen B. A method for increasing the electrostatic deposition of pollen and powder. Journal of Electrostatics, 2008, 66: 375-380.

[64] Gan-Mor S, Bechar A, Ronen B, et al. Improving electrostatic pollination inside tree canopy via simulations and field tests. Transactions of the ASAE, 2003, 46(3): 839-843.

[65] Gan-Mor S. Bechar A, Ronen B, et al. Electrostatic pollen applicator development and tests for almond, kiwi, date, and pistachio — an overview. Applied Engineering In Agriculture, 2003, 19(2): 119-124.

[66] Bechar A, Shmulevich I, Eisikowitch D, et al. Modeling and experiment analysis of electrostatic date pollination. Transactions of the ASAE, 1999, 42(6): 1511-1516.

[67] Law S E, Wetzstein H Y, Banerjee S, et al. Electrostatic application of pollen sprays: effects of charging field intensity and aerodynamic shear upon desposition and germinality. IEEE Transactions on Industry Applications, 2000, 36(4): 998-1010.

[68] Law S E, Marchant J A. Charged-spray deposition characteristics within cereal crops. IEEE Transactions on Industry Applications, 1985, IA-21(4): 685-694.

[69] Lane M D, Law S E, Wojciak R, et al. Electrostatic deposition technology for spraying of vegetables. 188th National meeting of the American Chemical Society, 1984.

[70] Law S E. Electrostatic pesticide spraying: insect-control efficacy evaluations, in 1980 National Meeting of the Entomological Society of America, 1980.

[71] Law S E. Electrostatic application of low-volume microbial insecticide spray onto broccoli plants. J American Society of Horticultural Science, 1980, 105(6): 774-777.

[72] Anantheswaran R C, Law S E. Electrostatic precipitation of pesticide sprays onto planar targets. Transactions of ASAE, 1981, 24(2): 273-276.

[73] Khdair A I, Carpenter T G, Reichard D L. Effects of air jets on deposition of charged spray in plant canopies. Trans ASAE, 1994, 37(5): 1423-1429.

[74] Herzog G A, Lambert I I I, Law S E, et al. Evaluation of an electrostatic spray application system for control of insect pests in cotton. J. Eco. Entomol., 1983, 76: 637-640.

[75] Law S E. Spatial distribution of electrostatically deposited sprays on living plants. J. Econ. Entomol., 1982, 75: 542-544.

[76] Bayat A, Zeren Y, Ulusoy M R, et al. Spray deposition with conventional and electrostatically-charged spraying in citrus trees. Agricultural Mechanization in Asia, Africa and Latin America, 1994, 25(4): 35-39.

[77] Oakford M J, Jones K M, Bound S A. A comparison of air-shear and electrostatic spray technology with a conventional air-blast sprayer to thin apples. Australian Journal of Experimental Agriculture, 1994, 34: 669-672.

[78] Moser E, Schmidt K. Electrostatic charging of spray solutions for chemical plant protection in fruit growing. Erwerbs-obstbau, 1984, 25: 200-208.

[79] Law S E, Cooper S C. Air-assisted electrostatic sprays for postharvest control of fruit and vegetable spoilage microorganisms. IEEE Transactions On Industry Applications, 2001, 37(6): 1597-1562.

[80] Inculet I I, Surgenoner G A, Haufe W O, et al. Spraying of electrically charged insecticide aerosols with enclosed spaces, Part I. IEEE Transactions on Industry Applications, 1984, IA-20(3): 677-681.

[81] Giles D K, Blewett T. Effects of conventional and reduced-volume, charged-spray application techniques on dislodgeable foliar residue of Captan on strawberries. J Agric Food Chem, 1991, 39: 1646-1651.

[82] Phillips M C, Paveley N. Biological efficiency of electrostatically charged sprays applied by hydraulic nozzles to cereal crops. Crop Protection, 1988, 7: 125-130.

[83] Palumbo J C. Air-assisted electrostatic application of pyrethroid and enfosulfan mixtures for sweetpotato whitefly (homoptera: aleyrodidae) control and spray deposition in cauliflower. J. Econ. Entomol., 1996, 89(4).

[84] Pascoe R. Biological results obtained with the handheld 'Electrodyn' spraying system. Br. Crop Prot. Conf. Monogr, Application and Biology, 1985.

[85] Parham M R. Weed control in arable crops with the 'Electrodyn' sparyer. Proc. Br. Crop Pro. Conf. -Weeds, 1982.

[86] Hislop E C, Cooke B K, Harman J M P. Deposition and biological efficacy of a fungicide applied in charged and uncharged sprays in cereal crops. Crop Protection, 1983, 2(3): 305-316.

[87] McCool W C. Air-assisted for an electrodynamics sprayer. Transactions of the ASAE, 1987, 30(3): 624-629.

[88] Gupta C P, Singh G, Muhaemin M, et al. Field performance of a hand-held electrostatic spinning-disc sprayer. Transactions of the ASAE, 1992, 35(6): 1753-1759.

[89] Lake J R. Wind tunnel experiments and a mathematical model of electrostatic spray deposition in barley. J Agric Engng Res, 1984, 30: 185-195.

[90] Franz E, Reichard D L, Carpenter T G, et al. Deposition and effectiveness of charged sprays for pest control. Transactions of the ASAE, 1987, 30(1): 50-55.

[91] Abdelbagi H A. Influence of droplet size, air-assistance and electrostatic charge upon the distribution of ultra-low-volume sprays on tomatoes. Crop Protection, 1987, 6(4): 226-233.

[92] Gupta C P, Development of knapsack electrostatic spinning-disc sprayer for herbicide application in rice. Agricultural Mechanization in Aisan, Africa and Latin America, 1994, 25(4): 31-34.

[93] Adams A J, Palmer A. Deposition patterns of small droplets applied to a tomato crop using the Ulvafan and two protoype electrostatic sprayers. Crop Protection, 1986, 5(5): 358-364.

[94] Sopp P I, Gillespie A T, Palmer A. Application of Verticillium lecanii for the control of Aphis gossypii by a low-volume electrostatic rotary atomizer and a high-volume hydraulic sprayer. Entomophaga, 1989, 34(3): 417-428.

[95] Sharp R B. Comparison of drift from charged and uncharged hydraulic nozzles. Proc. Br. Crop Prot. Conf. -Pests Dis, 1984.

[96] Cooke B K, Hislop E C. Novel delivery systems for arable crop spraying-deposit distribution and biological activity. Aspects Appl. Biol., 1987: 14.

[97] Law S E, Bowen H D. Hydrodynamic instability of charged pesticide droplets settling from crop-spraying aircraft: theoretical implications. Transactions of the ASAE, 1988, 31(6): 1689-1691.

[98] Roth D G, Arnold K. Analysis of the disruption of evaporating charged droplets. IEEE Transactions on Industry Applications, 1983, IA-19(5): 771-775.

[99] Law S E. Charge and mass flux in the radial electric field of an evaporating charged water droplet: an experimental analysis. IEEE Transactions on Industry Applications, 1989, 25(6): 1081-1087.

[100] Lane M D, Law S E. Transient charge transfer in living plants undergoing electrostatic spraying. Trans. Amer. Soc. Agricultur. Eng., 1982, 25: 1148-1153, 1159.

[101] Law S E, Lane M D. Electrostatic deposition of pesticide sprays onto inoizing targets: charge-and mass-transfer analysis. IEEE Transactions on Industry Applications, 1982, IA-18: 673-679.

[102] Law S E, Bailey A G. Perturbations of charged droplet trajectories caused by induced target corona: LDA analysis. IEEE IAS Conf. Rec., 1983.

[103] Law S E, Lane M D. Electrostatic deposition of pesticide spray onto foliar targets of varying morphology. Transactions of the ASAE, 1981, 24(6): 1441-1445, 1448.

[104] Law S E, Bowen H D. Effects of liquid conductivity upon gaseous discharge of droplets. IEEE Transactions On Industry Applications, 1989, 25(6): 1073-1081.

[105] Cooper S C, Law S E. Transient characteristics of charged spray deposition occurring under action of induced target coronas: space charge polarity effects. Proc. 7th Int. Conf. on Electrostatic Phenomena, 1987.

[106] Cooper S C, Law S E. Bipolar spray charging for leaf-tip corona reduction by space-charge control. IEEE Transactions on Industry Applications, 1987, IA-23(2): 217-223.

[107] Giles D K, Law S E. Dielectric boundary effects on electrostatic crop spraying. Transactions in Agriculture, 1990, 33(1): 2-7.

[108] Cooper S C, Law S E. Target grounding adequacy for electrostatic deposition of conductive pesticide sprays, in The 1988 International Summer Meeting of the American Society of Agricultural Engineers, 1988.

[109] Giles D K, Law S E. Space charge deposition of pesticide sprays onto cylindrical target arrays. Transactions of the ASAE, 1985, 28(3): 658-664.

[110] 郑加强. 风送静电喷雾研究及其在灭蝗中的应用. 镇江: 江苏工学院, 1992.

[111] 何雄奎, 严苛荣, 储金宇, 等. 果园自动对靶静电喷雾机设计与试验研究. 农业工程学报, 2003, 19(6): 78-80.

[112] 任惠芳. 感应式充电气力式静电喷头研究. 太原: 山西农业大学, 2003.

[113] 余泳昌. 手动喷雾器组合充电式静电喷雾装置的雾化效果试验. 农业工程学报, 2005, 21(12): 85-88.

[114] 李烜. 荷电雾滴靶标背部沉积效果及其模型构建. 北京: 中国农业大学, 2006.

[115] 李扬. 感应式静电喷雾系统及其助剂研究. 北京: 中国农业大学, 2008.

[116] 陈舒舒. 感应式静电喷雾油剂荷电技术研究与应用. 北京: 中国农业大学, 2009.

[117] 宫帅. 气液两相感应式静电喷头及雾化特征研究. 北京: 中国农业大学, 2010.

[118] 马晟. 感应式静电喷头的设计与试验研究. 北京: 中国农业大学, 2010.

[119] Rayleigh L. On the equilibrium of liquid conducting masses charged with electricity. Philosophical Magazine, 1882, 14: 184-186.

第 9 章

药液理化特性对雾化的影响

喷洒药液的性质，如有效成分、制剂类型、挥发性等，对其雾化过程的影响很大，其中尤其以药液理化性质的作用最受关注。在药液喷雾到生物体并产生生物效果这一复杂过程中，包括雾化、雾滴输送、撞击、润湿、沉积/持留、药液扩展和产生生物效果等一系列过程，药液理化性质，如表面张力、黏度等能够影响上述每一过程，尤其是对雾化过程的影响。国内外这方面的研究主要集中在能改变药液理化性质的助剂的研究上。

Foy 定义喷雾助剂为"添加在制剂或药液桶中,能提高药剂生物活性或应用特性的物质"。Van Valkenburg 将助剂分为两大类：喷雾改良剂和活性剂。表面活性剂作为喷雾助剂使用是喷雾助剂发展的最新阶段，是助剂中最重要的一大类。表面活性剂可以有效地降低农药药液的表面张力，从而大大改善了农药的雾化过程，使农药更加容易分散，同时，也降低了药液与生物靶标的接触角，增加药液在生物靶标表面的润湿和铺展能力，提高药液渗透能力，从而提高耐雨水冲刷能力。

加入助剂后药液雾化过程的研究认为，喷雾液雾化受表面张力、黏度等因素所控制，从而对雾化过程产生影响。Dombrowski 发现，扇形雾喷头液膜破裂雾化时，增加黏度会增加液膜长度；增加表面张力会减小喷雾角度。他对两种不同剂型雾化和水雾化时的液膜形态和雾滴的体积中值中径进行了研究，加入水溶性表面活性剂的药液液膜长度增加，雾滴小，而乳化剂的液膜缩短并且出现孔洞，雾滴直径大。Bulter Ellis 和 Tuck 选用六种助剂研究不同药液对于雾滴粒径和速度、液膜形态的影响。结果显示在低压喷雾时，水溶性表面活性剂的为波动破裂雾化，形成的液膜长度变长；形成乳化液的助剂，其雾化模式为穿孔破裂雾化，液膜长度缩短。新西兰学者研究 L-77 对雾滴体积中值中径（VMD）的缩减作用，认为其浓度的作用也是很明显的。

9.1　理化参数对农药雾化特性影响

9.1.1　药液的动态表面张力

9.1.1.1　表面张力研究平台构建

十二烷基苯磺酸钠，壬基酚聚氧乙烯醚（OP10），聚三硅氧烷（SIL408）。

9.1.1.2 表面张力研究方法

配制 SDBS、OP10、SIL408 三种助剂的系列浓度水溶液，用 OCA 20 动态表面张力仪悬滴法测定静态表面张力（EST）和动态表面张力（DST）。监测的时间范围为 0～180s，试验温度为(25±0.1)℃。以上试验至少重复三次，表面张力的差值在 1mN/m 以内。

9.1.1.3 结果与分析

在表面活性剂的水溶液中，新形成的表面在陈化过程中溶液表面张力会随时间而变化，一定时间后达到稳定值，这种随时间而变化的表面张力即动态表面张力。Rosen 等在研究动态表面张力随时间变化时提出，许多体系的 DST 和时间对数的曲线可分为 4 个阶段：诱导区、表面张力快速下降区、介平衡区和平衡区。由前 3 个区域的 DST 得到一个经验方程：

$$(\gamma_0-\gamma_t)/(\gamma_t-\gamma_m)=(t/t^*)^n \tag{9-1}$$

式中，γ_0 为溶剂的表面张力；γ_t 为表面活性剂溶液 t 时刻的表面张力；γ_m 为介平衡时的表面张力；n 和 t^* 均为常数（n 为无因次量，t^* 与时间单位相同）。对式（9-1）两边取对数得

$$\lg[(\gamma_0-\gamma_t)/(\gamma_t-\gamma_m)] = n\lg t - n\lg t^* \tag{9-2}$$

根据试验数据，以 $\lg[(\gamma_0-\gamma_t)/(\gamma_t-\gamma_m)]$ 对 $\lg t$ 作图得一条直线，从其斜率和截距可得到 n 和 t^* 值，并可进一步得到诱导期结束时间 t_i、介平衡区开始时间 t_m 及 $t_{1/2}$（体系表面压达到介平衡时表面压一半的时刻）时的表面张力下降速率 $R_{1/2}$。计算公式如下：

$$\lg t_i = \lg t^* - 1/n$$
$$\lg t_m = \lg t^* + 1/n$$
$$R_{1/2} = (\gamma_0-\gamma_m)/2t^* \tag{9-3}$$

n 值反映了吸附初期（极短的时间内，$t \to 0$）表面活性剂分子从本体溶液扩散到面下层的扩散过程；t^* 反映了吸附后期（$t \to \infty$）表面活性剂从面下层到溶液表面的吸附过程；$R_{1/2}$ 反映了体系表面张力从溶剂的 γ_0 到介稳态 γ_m 的下降速率。

三种表面活性剂系列浓度水溶液动态表面张力随时间的变化如图 9-1 所示。

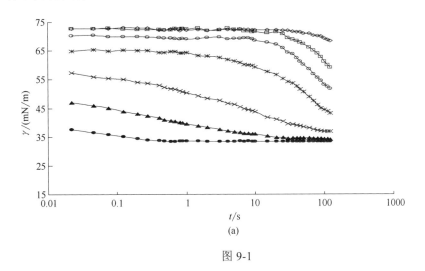

(a)

图 9-1

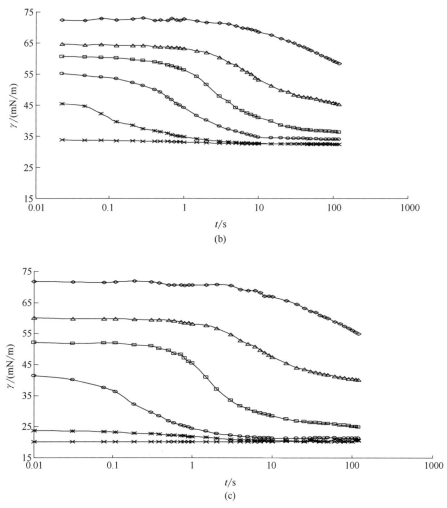

图 9-1　SDBS、OP10、SIL408 在不同浓度下表面张力随时间的变化

（a）SDBS；（b）OP10；（c）SIL408

◇ 0.01g/L　△ 0.02g/L　□ 0.05g/L　○ 0.1g/L　✳ 0.2g/L　✻ 0.5g/L　▲ 0.75g/L　◆ 1.5g/L

（1）表面活性剂种类对 DST 的影响　　三种表面活性剂在质量浓度为 0.1g/L 时动态表面张力参数如表 9-1 所示。

表 9-1　三种表面活性剂动态表面张力参数（c=0.1g/L，25℃）

表面活性剂	n	t^*/s	γ_m/(mN/m)	t_i/s	t_m/s	$R_{1/2}$/[mN/(m·s)]
SDBS	1.67	46.09	48.23	11.63	182.7	0.27
OP10	0.89	0.31	33.8	0.023	4.1	62.74
SIL408	0.88	0.047	21.11	0.0034	0.65	548.83

由图 9-1 和表 9-1 可以看出，在同样的浓度下，DST 在表面活性剂之间存在较大差异。在 0.1g/L 浓度时，介平衡表面张力 γ_m 诱导区结束时间 t_i 和介平衡区开始时间 t_m 大小顺序均为 SDBS>OP10>SIL408，且 t_m、t_i 相差极大。n 值 OP10 与 SIL408 二者相近，且明显低于 SDBS，说明 SDBS 扩散势垒高于 OP10 与 SIL408，即 SDBS 分子扩散较慢，不容易达到介平衡区。

t^* 变化幅度有 1～3 个数量级，以 SIL408 值为最小，说明此时以 SIL408 吸附势垒最大，其分子相对不容易在溶液表面吸附。李干佐等研究表明，在吸附后期溶液表面已经被相当数量的表面活性剂分子占据，形成吸附膜，此时表面已经比较拥挤，表面活性剂分子之间存在一定的排斥作用，阻碍了新的表面活性剂分子进一步的扩散吸附。另外，在吸附层的表面活性剂分子是处在吸附和脱附的动态平衡，若界面上表面活性剂分子多了则脱附速率增大，从而降低吸附速率；再加上由于界面层被表面活性剂分子占据，剩余空间也越来越少，新的表面活性剂扩散也受影响，从而产生吸附势垒。表面张力下降速率 $R_{1/2}$ 大小顺序为 SIL408>OP10>SDBS，说明动态表面活性 SIL408 最大，SDBS 最小。

其他较低浓度时，动态表面张力参数测量结果与 0.1g/L 浓度时的变化规律相似。

（2）表面活性剂浓度对 DST 的影响 由图 9-1（b）和表 9-2 可以看出，当 $c<0.1$g/L 时，随着 OP10 浓度增大，介平衡表面张力 γ_m、诱导区结束时间 t_i 和介平衡区开始时间 t_m 均减小。n 值变小，说明扩散速度变快。这是因为 OP10 体相溶液浓度越大，会有更多的分子扩散到面下层，从而扩散速率增大。t^* 值变小，说明后期吸附势垒增大，表面活性剂分子吸附在溶液表面更加困难。其原因与分子间相互斥力、吸附脱附速率和空间位阻等因素有关。表面张力下降速率 $R_{1/2}$ 增大，说明 OP10 动态表面活性随浓度增大而增大。

表 9-2 不同浓度的 OP10 动态表面张力参数（25℃）

浓度（c）/(g/L)	n	t^*/s	γ_m/(mN/m)	t_i/s	t_m/s	$R_{1/2}$/[mN/(m·s)]
0.01	1.01	33.01	56.02	3.37	323.12	0.25
0.02	0.93	3.91	45.01	0.33	46.86	3.54
0.05	0.91	1.3	36.13	0.1	16.22	14.07
0.1	0.89	0.31	33.8	0.023	4.1	62.74
0.2	0.62	0.012	32.46	0.00028	0.5	1676.67

当 $c>0.1$g/L 时，虽然采用以上的处理方法得到的 DST 参数仍遵循上述变化规律，但其数值发生了突变。这是由于体系中存在着表面活性剂分子在胶束上的吸附、解离以及胶束的扩散，因而对最终结果影响很大（见表 9-2）。对极高浓度的 OP10 溶液（>1g/L），γ_t 在 20ms 内已降到 γ_m，用本方法观察不到 γ_t 随时间变化的信息。这是因为此时已经形成高浓度胶束溶液，而胶束可看作一个活泼的存贮器，可储存许多表面活性剂分子；胶束在面下层释放出 1～2 个表面活性剂分子后迅速离开面下层，随之另一胶束进入面下层，在此释放出 1～2 个分子，依次类推。这个过程的速度相当快（单个分子进出胶团的弛豫时间为 10^{-5}～10^{-4}s），使得体系表面张力在 20ms 以内时已经降到最低值。SDBS、SIL408 尽管与 OP10 在分子结构上存在差异，吸附平衡时性质存在差别，DST 的变化却遵循着相似的规律。

由此可见，浓度升高对提高溶液的动态表面活性具有非常显著的作用。但只有浓度大于临界胶束浓度时，溶液才表现出较高的动态表面活性。因此，在使用表面活性剂时，为了得到较高的动态表面活性，必须要保证表面活性剂有足够高的浓度。

9.1.2 喷液表面张力对雾化的影响

农药药液雾化是一个多相、瞬态的复杂过程，形成的雾滴具有粒径小、范围大、数量多等特点，其雾化特性直接影响农药的施用效果。农药的雾化与喷雾时的工作状态、喷雾液的理化性质等因素有关。

9.1.2.1 雾化研究平台构建

十二烷基苯磺酸钠（SDBS），壬基酚聚氧乙烯醚（OP10），聚三硅氧烷（SIL408）。

Mastersizer 2000 粒度分析仪（英国 Malvern 公司）；气力式喷雾器（喷雾压力 0.1～1MPa 可调，喷头为德国 Lechler 公司生产的标准扇形雾喷头 ST110 系列 015～05 型号喷头）。

9.1.2.2 雾化研究方法

改变标准扇形雾喷头的结构尺寸（ST110-015、ST110-02、ST110-03、ST110-04、ST110-05）

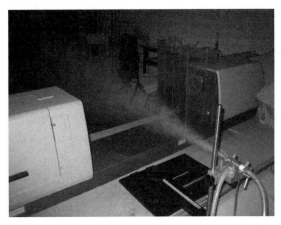

图 9-2 雾滴测量装置

和喷雾压力（0.1MPa、0.2MPa、0.3MPa、0.4MPa、0.5MPa），分别用喷雾器对上述 SDBS、OP10、SIL408 三种助剂的系列浓度水溶液进行喷雾。使用 Mastersizer 2000 粒度分析仪测量光束与喷嘴的主轴垂直布置，中心距喷嘴出口 500mm 并与主轴相交，测量至少 2000 个雾滴的统计值。溶液温度及试验气温均为 (25 ± 0.5)℃。粒度分析仪（图 9-2）可测出雾滴粒径大小（即直径）的概率分布，本研究利用雾滴体积中值中径 D_{V50} 来描述雾化特性。以上试验至少重复三次，D_{V50} 的差值在 0.5μm 以内。

9.1.2.3 结果与分析

（1）动态表面张力与雾滴直径之间的关联 喷头雾化是一个多相、瞬态的复杂过程，先要消耗较大部分的雾化能量使液体在喷口处破裂成薄膜或液丝，然后产生一个较大的速度梯度，通过与空气高速摩擦，将薄膜或液丝伸展至破裂点，最后形成雾滴。气体与高速运动的液体之间相互作用时，在其边界层内形成了不稳定的剪切波，这种剪切波对液体射流的雾化有重要的影响。在液体射流最初的不稳定波兴起阶段，表面张力对射流的雾化会起一定的阻碍作用，但当液体的变形超过一定限度时，表面张力则成为雾化的驱动力。表面张力是喷雾液最基本的物性参数。

图 9-3 为 ST110-03 喷头在 0.2MPa 压力下，三种表面活性剂溶液喷雾时雾滴 D_{V50} 随浓度的变化情况。

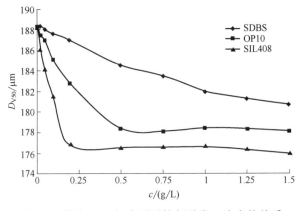

图 9-3 雾滴 D_{V50} 与表面活性剂种类、浓度的关系

由图 9-1 和图 9-3 可知，在一定浓度范围内，表面活性剂溶液的表面张力和雾滴中值中径均随浓度的变化而有规律地变化。根据上述雾化原理及研究理论，可以假设表面张力和雾滴粒径之间存在一定的相关性。

图 9-4 为 ST110-03 喷头在 0.2MPa 压力下，0.023s 时喷雾液的动态表面张力 $\gamma_{0.023}$ 与雾滴 D_{V50} 的关系图。由图可知，当 $\gamma_{0.023}=72.66$ 时，ST110-03 喷头 0.2MPa 压力下喷雾所形成的雾滴 D_{V50} 值为 188.32μm；而当 $\gamma_{0.023}=20.21$ 时，D_{V50} 值降为 176.63μm。$\gamma_{0.023}$ 越低，D_{V50} 越小，$\gamma_{0.023}$ 与 D_{V50} 二者之间呈正相关，相关系数达到 0.9848。

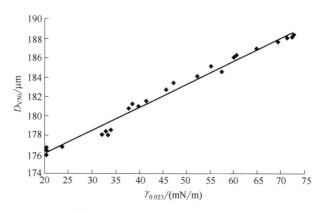

图 9-4　$\gamma_{0.023}$ 与雾滴 D_{V50} 的关系

选取 ST110-03 喷头 0.2MPa 压力时的雾滴 D_{V50}，分别考察其与各种喷雾液的静态表面张力（EST）及 t 时刻的 DST 值与 γ_t 之间的关系，其相关性变化如表 9-3 所示。

表 9-3　表面张力与雾滴 D_{V50} 的线性关系处理结果

表面张力 γ	$\gamma_{0.023}$	$\gamma_{0.124}$	$\gamma_{0.483}$	$\gamma_{0.998}$	γ_{10}	γ_{100}	EST
相关系数	0.9848	0.9700	0.9400	0.9147	0.7950	0.7204	0.7135

由表 9-3 可知，t 值越小，该时刻的动态表面张力值 γ_t 与雾滴 D_{V50} 二者之间的关系越接近线性。以 0.023s 时喷雾液的动态表面张力 $\gamma_{0.023}$ 与雾滴 D_{V50} 的相关性最好；$t>1s$ 后，二者之间相关性越来越差，EST 值的相关性最差。其他型号喷头和喷雾压力下也呈现相同规律。

由以上结论可知，雾滴体积中值中径 D_{V50} 随着喷雾液动态表面张力 $\gamma_{0.023}$ 的降低而降低，数量关系可用下式来拟合：

$$D_{V50} = k\gamma_{0.023}+b \qquad\qquad (9-4)$$

式（9-4）中，当喷头型号和喷雾压力均固定时，k、b 均为常数。k 反映了该喷雾工作条件时，因喷雾液动态表面张力变化而引起的雾滴粒径变化程度，在一定表面张力变化范围内，k 值越大，则各种喷雾液所形成的雾滴粒径之间的差别越大；b 是当动态表面张力为 0 时，该喷雾工作条件时形成的理想雾滴粒径。

雾滴粒径随着动态表面张力这种有规律变化的研究结果认为实际的喷雾过程是一个动态过程，雾滴表面是新形成的，其形成受喷头种类、工作状况等因素的影响，这个过程是很短暂的；而不同的表面活性剂溶液体系因为动态表面张力活性的差异，表面张力随时间变化且达到平衡的时间有很大差异。如图 9-1（b）中 0.1g/L 的 OP10 溶液，在 0.023s 时的表面张力为 55.1869mN/m，在近 10s 时才降到接近静态表面张力值的 34.7342mN/m，这个时间远大于雾滴形成的时间，即雾滴在形成时还远未达到静态表面张力。

喷雾液在压力做功下雾化，其能量一部分用于雾化，一部分转化为雾滴的动能。雾化所消耗的能量 ΔE 被用来克服表面张力 γ，增大液滴表面积 S，即 $\Delta E=\gamma S$。假设雾滴外形均为标准球形，其直径为 D，则 S 与 D 成反比。在本试验的喷雾过程中，喷头流量、喷雾压力均为固定值，所以形成雾滴的速度是接近一致的，那么用于雾滴雾化所消耗的能量 ΔE 也应该是一个定值。由此可以得出，表面张力 γ 和直径 D 之间成正比关系，即雾滴粒径只随表面张力的变化而变化。这与 Weber 等关于高速运动最大稳定水滴直径的研究结论基本一致，本试验结果较好地验证了这一点。

（2）表面活性剂种类对雾滴粒径的影响　由图 9-3 可知，在 0.1g/L 浓度时，SDBS、OP10 和 SIL408 溶液所形成的雾滴 D_{V50} 分别为 187.63μm、185.12μm 和 181.56μm；与纯水的雾滴 D_{V50} 值 188.32μm 相比较，SDBS 的差异最小，说明其对雾化性能的影响最小。在三种表面活性剂其他浓度时，虽然它们引起雾滴 D_{V50} 变化值的大小有差异，但变化趋势与 0.1g/L 浓度时的结果一致，即雾滴 D_{V50} 值 SDBS>OP10>SIL408，说明在相同浓度时，三种表面活性剂中 SDBS 的使用对雾化性能影响最小，SIL408 影响最大。由此可见，当使用相同用量的助剂喷洒农药时，选择适宜的助剂种类对其雾化性能的改变是十分重要的。

（3）表面活性剂浓度对雾滴粒径的影响　由图 9-3 可知，对于 OP10 的梯度浓度溶液，当 $c<0.05$g/L 时，随着其浓度的增加，溶液所形成的雾滴 D_{V50} 值减小，但与纯水的雾滴中值中径差异不大；当 0.05g/L$<c<0.5$g/L 时，D_{V50} 值显著减小；而当 $c>0.5$g/L 时，D_{V50} 不再随 OP10 浓度的增加而增大，而是一直保持在 178.22μm 左右，即雾滴 D_{V50} 值在 0.5g/L 浓度左右出现拐点。SIL408 不同浓度时的雾滴 D_{V50} 测量结果与 OP10 变化规律相似，拐点在 0.2g/L 浓度左右，而 SDBS 在浓度至 1.5g/L 时仍未出现拐点。将三种表面活性剂的雾滴 D_{V50} 拐点浓度与其各自的临界胶束浓度比较，可以发现前者均明显超出后者 3 倍以上。由此可见，使用特定的助剂喷洒农药时，不同的用量对其雾化性能的改变是十分显著的。

（4）喷头大小对雾滴直径的影响　在实际生产中，喷头大小、喷雾压力的改变是改变喷量、雾滴粒径的重要手段之一，不同喷头不同喷雾压力下喷头流量（清水）的变化如表 9-4 所示。因此，测试喷雾压力为 0.2MPa 时不同动态表面张力的喷雾液所形成的雾滴体积中值中径，来研究标准扇形雾喷头大小的改变对雾滴直径的影响情况。

表 9-4　压力对喷头流量的影响　　　　　　单位：L/min

喷雾压力/MPa	喷头型号				
	ST110-015	ST110-02	ST110-03	ST110-04	ST110-05
0.1	0.36	0.47	0.70	0.89	1.11
0.2	0.48	0.63	0.95	1.26	1.57
0.3	0.59	0.78	1.17	1.55	1.94
0.4	0.68	0.90	1.35	1.80	2.25

注：部分数据参照德国 Lechler 公司资料。

图 9-5 是 0.2MPa 压力时，ST110-02 和 ST110-04 喷头的雾滴体积中值中径 D_{V50} 随着喷雾液动态表面张力的变化曲线。

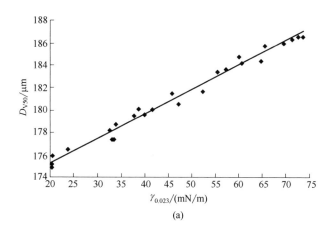

(a)

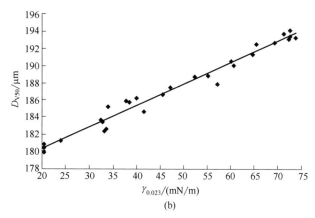

(b)

图 9-5　不同喷头型号 $\gamma_{0.023}$ 与雾滴 D_{V50} 的关系
（a）ST110-02；（b）ST110-04

由图 9-5 可知，不同表面张力的喷雾液雾化时，各喷头间的雾滴直径存在显著差异。当喷雾液的动态表面张力 $\gamma_{0.023}$=72.66mN/m 时，ST110-02 和 ST110-04 喷头所形成的雾滴 D_{V50} 值分别为 186.97μm 和 194.17μm，当 $\gamma_{0.023}$=20.21mN/m 时，D_{V50} 值分别为 174.72μm 和 180.91μm，表明随着喷雾液动态表面张力的降低，两种喷头形成的雾滴粒径均显著减小。ST110-015、ST110-03 和 ST110-05 喷头的雾滴 D_{V50} 测量结果与二者变化规律相似，即在压力一定时，不同大小喷头形成的雾滴体积中值中径 D_{V50} 均随着喷雾液动态表面张力 $\gamma_{0.023}$ 的降低而降低，其变化规律满足关系式（9-4）。式中，当压力一定时，对不同喷头而言，k、b 均为常数，且喷头之间存在显著差别。表 9-5 为各种喷头所形成的雾滴体积中值中径 D_{V50} 与动态表面张力 $\gamma_{0.023}$ 的线性关系处理结果。

表 9-5　不同喷头型号时 D_{V50} 与 $\gamma_{0.023}$ 的线性关系处理结果

喷头型号	$D_{V50} = k\gamma_{0.023}+b$				
	ST110-015	ST110-02	ST110-03	ST110-04	ST110-05
k	0.2157	0.2185	0.2367	0.2496	0.2699
b	166.985	170.893	171.383	175.435	179.744
r	0.984	0.987	0.985	0.977	0.987

由图 9-5 和表 9-5 可知，在喷雾压力为 0.2MPa 时，各种喷头 k 和 b 的值呈现一定规律的变化。喷雾压力一定时，k 值的变化反映了不同表面张力喷雾液雾滴粒径因标准扇形雾喷头结构尺寸的改变而形成的差异，k 值越大，在一定表面张力变化范围内，雾滴粒径的变化越大。试验结果显示，在 0.2MPa 压力时，k 值随着喷头型号的增大而增大，说明大号喷头因喷雾液表面张力改变引起的雾滴粒径变化幅度高于小号喷头，即喷头越大，动态表面张力的变化引起的雾滴粒径变化越大。另外，b 值随着喷头的增大而增大，表明在不考虑表面张力影响时，雾滴粒径随着喷头型号的增大而增大。在其他喷雾压力时，虽然 k 值和 b 值均发生了变化，但喷头之间的差异仍呈现大致相同规律的变化，即随着喷头型号的增大，k 值和 b 值均增大（在 0.1MPa 压力时，可能因为喷雾压力较低而未能充分雾化，造成 k 值在不同型号喷头之间的差别不明显）。

由此可见，使用特定的助剂喷洒农药时，在同种压力时，随着喷头的增大，因喷雾液动态表面张力改变而引起的雾滴直径变化表现越显著，即动态表面张力的改变对雾滴直径的影响增大。

（5）喷雾压力对雾滴粒径的影响　喷雾压力是雾滴获得雾化能量进行雾化和动能的能源。与喷头种类相似，喷雾压力的改变也是农药施用中常用的控制喷量、改善雾滴沉积分布的重要途径。因此，以 ST110-03 喷头为代表，测量了不同动态表面张力的喷雾液在各种喷雾压力下所形成的雾滴体积中值中径，来研究喷雾压力的改变对雾滴直径的影响情况。

图 9-6 是 ST110-03 喷头在不同喷雾压力时雾滴体积中值中径 D_{V50} 随着喷雾液动态表面张力的变化曲线。

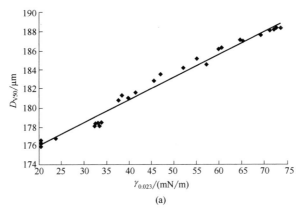

(a)

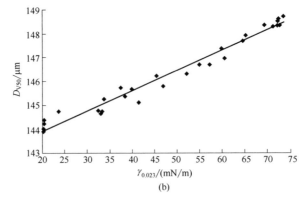

(b)

图 9-6　不同喷雾压力时 $\gamma_{0.023}$ 与雾滴 D_{V50} 的关系

（a）0.2MPa；（b）0.4MPa

由图 9-6 可知，对于不同表面张力的喷雾液，因喷雾压力变化而引起的雾滴粒径的改变显著。对于 ST110-03 喷头，当喷雾液的动态表面张力 $\gamma_{0.023}$=72.66mN/m 时，0.2MPa 和 0.4MPa 喷雾压力时的雾滴 D_{V50} 值分别为 188.32μm 和 148.6μm；当 $\gamma_{0.023}$=20.21mN/m 时，D_{V50} 值变为 176.63μm 和 143.99μm，即随着喷雾液动态表面张力的降低，两种压力下形成的雾滴粒径均显著减小。0.1MPa、0.3MPa 和 0.5MPa 的雾滴 D_{V50} 测量结果与二者变化规律相似，即对于某一特定的喷头，不同压力下形成的雾滴体积中值中径 D_{V50} 均随着喷雾液动态表面张力 $\gamma_{0.023}$ 的降低而降低，其变化规律同样满足关系式(9-4)。在该式中，对于不同的喷雾压力，k 值和 b 均为常数，k 值的变化反映了不同表面张力喷雾液雾滴粒径因喷雾压力的变化而形成的差异。表 9-6 为 ST110-03 喷头在不同喷雾压力下所形成的雾滴体积中值中径 D_{V50} 与动态表面张力 $\gamma_{0.023}$ 的线性关系处理结果。

表 9-6　不同喷雾压力时 D_{V50} 与 $\gamma_{0.023}$ 的线性关系处理结果

喷雾压力/MPa	$D_{V50} = k\gamma_{0.023}+b$				
	0.1	0.2	0.3	0.4	0.5
k	0.2500	0.2367	0.1893	0.0840	0.0721
b	220.377	171.383	151.823	142.257	137.741
r	0.954	0.985	0.979	0.972	0.982

由图 9-6 和表 9-6 可知，对于 ST110-03 喷头，k 和 b 的值在各喷雾压力之间存在明显差异。试验结果显示，随着喷雾压力的增大，k 值减小，说明对于 ST110-03 喷头而言，高压喷雾时因喷雾液表面张力改变引起的雾滴粒径变化幅度低于低压喷雾，即喷雾压力越大，喷雾液动态表面张力的变化引起的雾滴粒径变化越小。b 值也随着喷雾压力增大而减小，表明忽略表面张力影响时，雾滴粒径随着喷雾压力增大而减小。其他喷头的 k 值和 b 值呈现与 ST110-03 喷头相同规律的变化，即随着喷雾压力的增大，k 值和 b 值均减小。

由此可见，在使用特定的助剂喷洒农药时，对于特定的喷头，随着喷雾压力的增大，因喷雾液动态表面张力的改变而引起的雾滴直径变化越不明显，即动态表面张力的改变对雾滴直径的影响减小。

9.2　综合研究结论

（1）十二烷基苯磺酸钠（SDBS）、壬基酚聚氧乙烯醚（OP10）、聚三硅氧烷（SIL408）三种农药助剂添加后影响药液的动态表面张力。结果表明：三种表面活性剂在同种浓度时，t^* 和 n 的值由大到小顺序为 SDBS>OP10>SIL408，$R_{1/2}$ 值为 SIL408>OP10>SDBS；随着浓度的增大，三种表面活性剂溶液均表现为 t^* 和 n 值减小，$R_{1/2}$ 增大，动态表面活性增强。

（2）添加 SDBS、OP10 和 SIL408 三种农药助剂后喷雾药液的动态表面张力和雾化均发生了变化，喷雾液动态表面张力，表面活性剂助剂种类、浓度，喷头大小，喷雾压力等因素对雾化过程影响明显并有规律。结果表明：喷雾液 0.023s 时的动态表面张力值 $\gamma_{0.023}$ 越低，所形成的雾滴 D_{V50} 越小，D_{V50} 与 $\gamma_{0.023}$ 呈线性相关。在相同浓度时，三种表面活性剂中 SDBS 的使用对雾化性能影响最小，SIL408 影响最大。随着表面活性剂浓度的增加，溶液所形成的雾滴 D_{V50} 值减小，且浓度存在拐点，当浓度大于该值时，雾滴粒径不再发生变化。喷雾压力相同时，大喷头因喷雾液表面张力改变引起的雾滴粒径变化幅度高于小喷头，随着喷头型号的增大，动态表面张力的改变对雾滴直径的影响增大。喷头大小相同时，高压喷雾时因喷雾液表面张力改变引起的雾滴粒径变化幅度低于低压喷雾，随着喷雾压力的增大，动态表面张力的改变对雾滴直径的影响减小。

参考文献

[1] 何雄奎. 改变我国植保机械与施药技术严重落后的现象. 农业工程学报, 2004, 20(1): 13-15.

[2] 农业部全国农业技术推广服务中心. 全国植保专业统计资料, 2006.

[3] 邵振润, 赵清. 更新药械改进技术努力提高农药利用率. 中国植保导刊, 2004, 24(1): 36-37.

[4] Franz E, Bouse L F, Carlton J B, et al. Aerial spray deposit relations with plant canopy and weather parameters. Transactions of the ASAE, 1998, 41 (4) : 959-966.

[5] Combellack J H. Herbicide application: a review of ground application techniques. Crop Protection, 1984, 3(1) : 9-34.

[6] Cross J V, Berrie A M, Murray R A. Effect of drop size and spray volume on deposits and efficacy of strawberry spraying Pesticide application. Aspects of Applied Biology, 2000, 57 : 313-320.

[7] Cunningham G P, Harden J. Reducing spray volumes applied to mature citrus trees. Crop Protection, 1998, 17(4) : 289-292.

[8] Knoche M. Effect of droplet size and carrier volume on performance of foliage-applied herbicides. Crop Protection, 1994, 13(3) : 163-178.

[9] Murphy S D, et al. The effect of boom section and nozzle configuration on the risk of spray drift. J. agric. Engng Res, 2000, 75: 127-137.

[10] Tucker T A. Absorption and translocation of 14 C-imazapyr and 14 C-glyphosate in alligator weed(Alternanthera philoxeroides). Weed Technology, 1994, 8 : 32-36.

[11] Young B W. Studies on the retention and deposit characteristics of pesticide sprays on foliage. Proc. 9th CIGR congress, East Lansing, MT, 1979.

[12] 刘步林. 农药剂型加工技术. 北京: 化学工业出版社, 1998: 697-1196.

[13] 刘程, 张万福. 表面活性剂大全. 北京: 化学工业出版社, 1998: 240.

[14] 朱步瑶, 赵振国. 界面化学基础. 北京: 化学工业出版社, 1996: 205-208.

[15] 颜肖慈, 罗明道. 界面化学. 北京: 化学工业出版社, 2005.

[16] Foy C L. Adjuvants, Terminology, classification and mode of action. Adjuvants and Agrochemicals. CRC Press, 1989, 1: 1-16.

[17] VanValkenburg J W. Terminology, classification and chemistry. 1982.

[18] 于春欣, 薛占强. 农用有机硅助剂在中国农药生产中的应用初探及展望. 中国农药, 2007, (5): 16-20.

[19] Baur P. Mechanistic aspects of foliar penetration of agrochemicals and the effect of adjuvants. Recent Res. Dev. Agric. Food Chem., 1998, 2: 809-837.

[20] Knoche M, Bukovac M J. Effect of triton X-100 concentration on NAA penetration through the isolated tomato fruit cuticular membrane. Crop Protection, 2004, 23: 141-146.

[21] Knoche M. Organosilicone surfactants: performance in agricultural spray application. Weed Res., 1994, 34: 221-239.

[22] Ramsey R J L, Stephenson G R, Hall J C. A review of the effects of humidity, humectants, and surfactant composition on the absorption and efficacy of highly water-soluble herbicides. Pesticide Biochemistry and Physiology, 2005, 82: 162-175.

[23] Holly K. Penetration of chlorinated phenoxyacetic acids into leaves. Ann. Appl. Biol., 1956, 44: 195-199.

[24] Gray R A. Increasing the absorption of streptomycin by leaves and flowers with glycerol. Phytopathology, 1956, 46: 105-111.

[25] Toor R F, Hayes A L, Cooke B K, et al. Relationships between the herbicidal activity and foliar uptake of surfactant-containing solutions of glyphosate applied to foliage of oats and field beans. Crop Protection, 1994, 13(4): 260-270.

[26] 黄炳球, 胡美英, 黄端平, 等. 表面活性剂 APSA-80 对井冈霉素的增效作用研究. 植物病理学报, 1999, 29(2): 169-173.

[27] 鲁梅, 王金信, 王云鹏, 等. 除草剂助剂对药液物理性状及对磺草酮药效的影响. 农药学学报, 2004, 6(4): 78-82.

[28] Jonsson B, Lindman B, Holmberg K, et al. Surfactants and Polymers in Aqueous Solution. Chichester: John Wiley&Sons, 1998: 26-31.

[29] Holloway P J. Getting to know how adjuvants really work: some challenges for the next century. Proceedings Adjuvants for

Agrochemicals Challenges and Opportunities, 1998, 1: 93-105.

[30] RuiterH D E, Uffing A J, Meinen E. Influence of emulsifiable oils and emulsifier on the performance of phenmedipham, metoxuron, sethoxydim and quizalofpop. Proceedings of Brighton Crop Protection Conference-Weeds, 1997: 531-542.

[31] Reddy K N, Singh M. Organosilicone adjuvant effects on glyphosate and rainfastness. Weed Technology, 1992, 6: 361-365.

[32] 卢向阳, 徐筠, 陈莉. 几种除草剂药液表面张力、叶面接触角与药效的相关性研究. 农药学学报, 2002, 4(3): 67-72.

[33] Ramsdale B K, Messersm ith C G. Spray volume, formulation, and adjuvant effects on fomesafen efficacy. North Cen Weed Sci Soc ResRep, 2001, 58: 362-363.

[34] Roggenbuck F C, Penner D, Burow R F, et al. Study of the enhancement of herbicide activity and rainfastness by an organosilicone adjuvant utilizing radiolabelled herbicide and adjuvant. Pestic Sci, 1993, 37: 121-125.

[35] 顾中言, 许小龙, 韩丽娟. 不同表面张力的杀虫单微乳剂药滴在水稻叶面的行为特性. 中国水稻科学, 2004, 18(02): 176-180.

[36] 顾中言, 许小龙, 韩丽娟. 一些药液难在水稻、小麦和甘蓝表面润湿展布的原因分析. 农药学学报, 2002, 4(02): 75-79.

[37] Prasad R, Bode L E, Chasin D G. Some factors affecting herbicidal activity of glyphosate in relation to adjuvants and dropletsize. Pesticide formulations, 1992.

[38] Liu Z Q. Effect of surfactants on foliar uptake of herbicide—a complex scenario. Colloids and Surface B: Biointerfaces, 2004, 35: 149-153.

[39] 周璐. 几种农药用表面活性剂溶液在不同靶标上的润湿性和动态行为研究. 北京: 中国农业大学, 2007.

[40] 庞红宇. 几种农药助剂溶液在靶标上的润湿性研究. 北京: 中国农业大学, 2006.

[41] Butlerellis M C, Tuck C R, Miller P C H. The effect of some adjuvants on sprays produced by agricultural flat fan nozzles. Crop Protection, 1997, 16(1) : 41-50.

[42] Holloway P J, Butlerellis M C, Webb D A, et al. Effect of some agricultural tank-mix adjuvants on the deposition efficiency of aqueous sprays on foliage. Crop Protection, 2000, 19 : 27-37.

[43] Tuck C R, Butler E M C, Miller P C H. Techniques for measurement of droplet size and velocity distributions in agricultural sprays. Crop Protection, 1997 , 16(7): 619-628.

[44] 朱金文, 吴慧明, 孙立峰, 等. 叶片倾角、雾滴大小与施药液量对毒死蜱在水稻植株沉积的影响. 植物保护学报, 2004, 31(03): 259-262.

[45] Webb D A, Holloway P J, et. al. Effects of some surfactants on foliar iMPaction and retention of monosize water droplets. Pestic Sci, 1999, 55: 319-389.

[46] Wirth W. Mechanisms controlling leaf retention of agricultural spray solutions. Pesticide Science, 1991, 33: 411-420.

[47] Anderson N H, Hall D J, Seaman D. Spray retention: effects of surfactants and plant species. Aspects Appl. Biol., 1987, 14: 233-243.

[48] Hans D R, Ander J M. Influnce of surfactants and plant species on leaf retention of spray solutions. Weed Science, 1990, 38: 567-572.

[49] Eastoe J, Daltion J S. Dynamic surface tension and adsorption mechanisms of surfactants at air-water interface. Advances in Colloid and Interfaces Science, 2000, 85: 103-144.

第 **10** 章

农药雾滴沉积

农药雾滴碰撞作物叶面后发生的结果基本有三种类型：反弹、破裂、黏附。在农药喷施实际作业中，液滴与靶标表面碰撞的情形非常复杂，而且叶子属于生物体，所以碰撞中的能量交换难以估计，这些因素使得研究药液与植物靶标的碰撞变得非常困难。福米兹等认为接触角小于 145°的，不可能发生反弹现象，但是运用高速摄像技术，Reichard 等观察到了类似67μm 的细雾滴的反弹情况，直径＞400μm 的大雾滴碰撞叶片后易破碎。

部分雾滴在撞击后会沉积在叶片表面上，大雾滴滚动聚并从叶面上脱落，细雾滴因动能不足在气体流场的作用下飘失，所以并不意味着雾滴能够全部持留在叶片上，因此需要研究药液在靶标上的润湿性和动态行为、黏附、反射、壁喷等基础理论。外界干扰如风力、冠层晃动、震动等会在雾滴内部引起振荡，从而加剧雾滴的不稳定性。国内对于农药雾滴在靶标上的脱落直径的研究还未见报道。农药雾滴的粒径对农药沉积在作物上有很大影响，因此雾滴最佳粒径的确定至关重要。

10.1 农药雾滴沉积行为研究

10.1.1 雾滴在靶标表面的碰撞状态

药液从喷雾机具药箱向生物靶标的剂量传递过程中，要经过喷头雾化、空中飞行、雾滴撞击靶标以及雾滴在靶标上沉积等几个阶段。液滴与固体表面的碰撞现象在许多工程领域及自然界广泛存在，并且在某些领域中是很难避免的，因此，对液滴碰壁现象的实验及理论研究逐渐受到重视。对于液滴碰撞现象的研究主要集中在内燃机燃油雾化、航空航天材料侵蚀、喷雾降温、喷涂等众多领域，而在施药技术领域还未见农药液滴撞击叶片的相关研究。

液滴碰撞现象的主要研究内容包括液滴撞壁的机理、喷雾撞壁的三维计算机模拟、先进测试技术的研究和应用、利用撞壁改善燃烧的实用研究和试验。施明恒研究了液滴在固体表面的瞬时扩展半径，并且用能量分析方法建立了液滴撞击固体表面后的湿润接触和非湿润接触的物理模型，计算结果较好地符合实验结果。毛靖儒等利用高速摄影技术以及胶片图像分析对液滴撞击光滑固体表面和锯齿状固体表面时的流体动力特性进行了研究。张荻等对液滴与弹性固体表面撞击进行了研究，经大量的数值模拟并量纲归一化以后，发现不同粒径的液固撞击过程是相似的。

雾滴附着在靶标上以后并不处于一个稳定的状态，可能要滚动、滑落、聚合。Schwartz、Pierce 等对雾滴滑动进行了研究。闵敬春等研究了在竖直平壁上处于临界状态的雾滴，重点研究了横掠气流对雾滴脱落尺寸的影响，计算结果表明：风速越大，雾滴离竖直平壁的前缘越近，雾滴的脱落直径越小，并且脱落直径减小得越快。林志勇等利用可视化实验观察了处于水平表面上的液滴在吹风条件下的振荡现象。实验结果表明：液滴的振荡特性与液滴尺寸、表面粗糙度、风速等有一定关系。

10.1.2　雾滴沉积行为影响因素

液滴与固体表面的撞击行为瞬时发生、复杂多变，除与流体动力学行为密切相关之外，与表面物理学也有必然联系。液滴撞击壁面后，受力情况不断变化，液滴形状也随之发生变化，液滴的部分、表面都相对发生自由流动；同时液滴与固体表面或者空气间也存在着一定能量的交换，这使其行为分析更为困难。

施明恒将液滴下落碰撞过程简化为球形变成附在表面上的圆盘的过程，考察了能量变化在雾滴碰撞过程中的变化，并根据能量平衡理论提出能量项相表达式。由此发现影响雾滴撞击后靶标形变及最终沉积状态的因素主要有液滴大小、速递、黏度、密度和表面张力等。

Mao 等观察雾滴在平面靶标铺展及回弹现象时，分别就不同表面能表面、不同药液及雾滴速度进行研究，实验发现一定条件下，雾滴随着速度的增大可以由回弹破碎转变为完全弹跳。Mao 的研究结果表明，高黏度的雾滴比低黏度的雾滴弹跳少，这是因为雾滴碰撞叶片表面的变形过程中的消耗能量是由液体黏性耗散引起的，衡量液体黏性耗散的指标是黏度。何雄奎等发现药液中加入相同浓度的 Silwet-408 和 AS100 喷雾助剂后，药液的表面张力分别为 0.021 N/m 和 0.031 N/m，经测量两种药液的黏度值相近，加入 AS100 的雾滴沉积量大于加入 Silwet-408 的雾滴。通过高速摄影观测发现，加入 AS100 的雾滴与靶标表面碰撞后会显著阻尼雾滴变形。Anderson 和 Hall、Green 认为药液的静态表面张力与雾滴持留效率相关性不明显，而与动态表面张力的相关性非常强。这是由于当雾滴雾化后到达靶标的时间在 50～100ms 之内，在此短时间内，雾滴中的表面活性剂达不到平衡状态。雾滴在叶片表面的润湿过程是一个动态过程。谢晨等发现农药药液在雾化过程中，药液中表面活性剂分子吸附过程被打乱，表面活性剂分子并不能完成稳定的吸附过程，液滴的表面张力也不能达到平衡表面张力，液滴与靶标表面的碰撞过程中的急速变形也会干扰表面活性剂分子吸附。

Mercer 和 Forster 研究显示，雾滴持留量会受到叶片角度的显著影响，当叶片与雾滴撞击方向的角度改变后，雾滴撞击叶片的法相能量、切向能量随之改变，进而雾滴在叶片上的铺展行为发生改变。Taylor 的研究揭示了动态接触角与持留量之间的影响关系。谢晨等研究雾滴在棉花叶片上沉积行为时发现雾滴撞击有表皮毛与无表皮毛表面的破碎方式不一致。于琦等对雾滴聚并流失行为进行可视化研究，探究了靶标性质、靶标角度、助剂、施药液量及喷头类型对雾滴聚并流失行为的影响。

10.1.3　雾滴特性对药液沉积分布影响

雾滴的大小、雾滴谱变化及雾滴运动方向等显著影响雾滴与靶标的碰撞情况，是影响沉积率的首要因素。何雄奎等研究了雾滴大小、叶片表面特性与倾角对农药沉积量的影响，发现叶片表面性质、叶片倾角对沉积量影响差异显著，减小叶片倾角有助于增加沉积量。同时建立雾滴动能和飘失潜能（DIX）的关系，有利于各喷头之间的飘失性能根据100mm处雾滴动能作出判断。De Ruiter 研究发现，药液的飘失与小雾滴所占百分含量有密切关系。

顾中言等认为，当药液雾化时，气-液界面比表面积迅速增大，药液内部形成的表面活性剂胶束分子大量向界面转移，如果药液内部形成的胶束不能使界面的吸附达到平衡，将会使药液的表面张力增大，影响药液在植物表面的湿润行为。因此药液内表面活性剂的浓度应大于临界胶束浓度。Sybrand 等研究发现，药液中添加助剂之后可以使药液沉积量增加。

10.2　雾滴沉积模型

10.2.1　润湿模型

润湿是日常生产、生活中常见的现象，润湿性是固体表面的重要特征之一，是由固体表面的化学组成和微观几何结构共同决定的。通常用液体在固体表面上的接触角 θ 来表征润湿性，接触角定义为在固、液、气三相交界面处，固液相界面与气液相界面之间的夹角。通常称接触角小于 90° 的为亲水表面，接触角大于 90° 的为疏水表面。

T. Yang 于 1805 年提出了杨氏润湿方程，对于理想的均一、光滑固体表面来说，水滴在其表面上的形态是由固体、液体和气体三相接触线的界面张力来决定的。如图 10-1 所示。

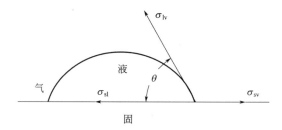

图 10-1　水滴在理想表面的接触角示意图

$$\cos\theta = \frac{\sigma_{sv} - \sigma_{sl}}{\sigma_{lv}} \tag{10-1}$$

式中，σ_{sl}、σ_{sv}、σ_{lv} 分别为固液、固气、液气接触面间的表面张力；θ 为固体表面的本征接触角。

但是，实际的固体表面往往都存在着微观粗糙结构，表面的表观接触角与本征接触角存在一定差值。进而 Wenzel 于 1936 年研究了表面粗糙度对润湿的影响，认为粗糙表面使得实际固液接触面积大于表观几何接触面积，在几何上增强了疏水性（或亲水性）。Wenzel 理论关联了表观接触角与表面粗糙因子 r 以及杨氏方程的本征接触角的关系，并且得出表观接触角与本征接触角的关系

$$\cos\theta_w = r\cos\theta \tag{10-2}$$

式中 r ——材料表面粗糙因子，$r \geqslant 1$，由表面的实际面积与投影面积的比值决定；

$\quad\quad \theta_w$ ——粗糙表面表观接触角。

当固体表面为疏水表面时，表观接触角大于本征接触角，表明粗糙度会使疏水表面更加疏水；当固体表面为亲水表面时，表观接触角小于本征接触角，粗糙度会使亲水表面更加亲水。通过改变固体表面粗糙度，能够调控表观接触角，进而改变固体表面润湿性能。

而 Cassie 认为液滴与粗糙表面的接触是一种复合接触，在疏水表面上的液滴不能填满粗糙表面上的凹槽，在液滴下方存有截留空气，如图 10-2 所示。

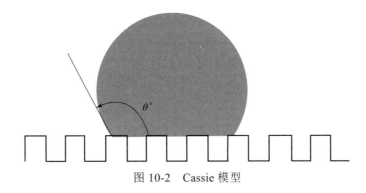

图 10-2　Cassie 模型

Cassie 理论在杨氏方程的基础上得到如下公式：

$$\cos\theta_c = f(1 + \cos\theta) - 1 \qquad (10\text{-}3)$$

式中 f ——表面的固态相分率，$f < 1$；

$\quad\quad \theta_c$ ——表观接触角。

由方程可以得出，f 越小，并且原平坦表面的 θ 越大，那么表面的疏水性就越高。

Cassie 和 Baxter 在对大量自然界超疏水表面的研究过程中，从热力学角度提出了适合任何复合表面接触的方程，即 Cassie-Baxter 方程：

$$\cos\theta_c = f_1\cos\theta_1 + f_2\cos\theta_2 \qquad (10\text{-}4)$$

式中 θ_c ——表观接触角；

$\quad\quad f_1$、f_2 ——液体和气体这两种介质在固体表面所占面积的比值；

$\quad\quad \theta_1$、θ_2 ——固液、气液界面间的本征接触角。Cassie-Baxter 模型如图 10-3 所示。

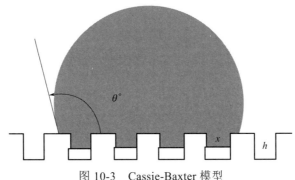

图 10-3　Cassie-Baxter 模型

10.2.2　力学模型

液滴与固体表面的撞击是典型的自由表面流动问题。自由表面是指液体与气体相接触时的接触面，它的形状随着其所处环境的变化或者液体的运动而变化。Worthington 分别于 1876 年和 1877 年首先使用研究液滴撞击液体表面的实验装置研究了液滴撞击用硬脂酸蜡烛火焰熏烤的金属盘子的过程。随后，他又利用这套实验装置分别研究了直径为 6.012mm 的牛奶和水银液滴从高度为 37mm 和 200mm 处落下撞击金属盘子的过程。

由于雾滴群落中携带有气流，在研究雾滴碰撞叶片过程前首先涉及碰撞概率问题。Peters 和 Eiden 的研究发现，小雾滴有很大的可能性会避过叶片，而大雾滴由于惯性作用而碰撞到叶片，如图 10-4 所示。

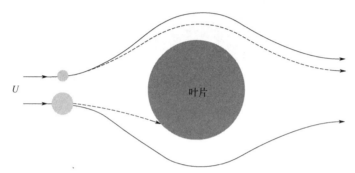

图 10-4　气流中大小雾滴碰撞叶片前的运动轨迹

Peters 和 Eiden 还总结出了基于 Stokes 数（St）的碰撞概率 E 的经验公式，

$$E = \left(\frac{St}{St + 0.8} \right)^2 \tag{10-5}$$

St 的计算公式如下，

$$St = \frac{\rho d^2}{18 \rho_a \nu_a} \frac{2U}{d_e} \tag{10-6}$$

式中，U 为雾滴速度；d_e 为叶片的直径；ρ_a 为空气密度；ν_a 为空气动力黏度。

G. N. Mercer 的研究发现，假设叶片为水平，雾滴碰撞叶片后会出现三种结果，如图 10-5 所示。

① 黏附：雾滴在叶片上铺展开，最终留在叶片上；

② 破碎：雾滴碰撞后分裂成很多小雾滴，最终离开叶片；

③ 弹跳：雾滴在叶片铺展后弹跳，最终离开叶片。

雾滴在与叶片碰撞后，沉积在叶片表面，有如图 10-6 所示的几种方式。图中表示一片叶子和茎秆以及不同大小雾滴的 5 种沉积方式。较大的雾滴降落在叶面上后，会冲击、碰撞、破裂成多个小雾滴或者滚落流失到地面上；只有粒径适宜的雾滴才能稳定地沉积在叶片上；过小的雾滴有可能飘失到空中，或者沉积在叶片上，也有可能绕过叶面正面而沉积在叶背面，或者飘移到其他地方去。

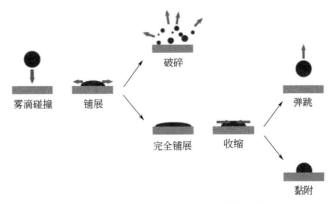

图 10-5　雾滴碰撞水平叶片后的结果

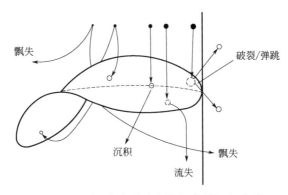

图 10-6　不同大小雾滴在靶标上的沉积方式

液滴与固体表面的撞击非常复杂，它不仅仅是一个流体动力学问题，而且还与表面物理学有关。液滴撞击固体表面后会发生铺展、反弹甚至飞溅，液滴形状随时间发生变化，影响形变的因素主要有液滴大小、黏度、密度和表面张力等。液滴撞击壁面后，随着受力发生变化，液滴形状也发生变化，液滴的部分表面发生了自由流动；与此同时，液滴与固体表面或者空气间也存在着能量的交换。Chandra 和 Pasandideh-Fard 等利用质量和能量守恒定律计算得到了液滴撞击平板后的最大铺展直径。Mao 等通过实验检验了各撞击参数对最大铺展直径和反弹的影响，同时提出了液滴撞击反弹模型。

崔洁等利用高速摄像仪研究了具有不同撞击速度的单个液滴在固体板面上液膜的铺展规律，探讨了撞击形成的液膜边缘特性。当水滴撞击 PVC 板面后，随着时间的推移，液膜铺展逐渐形成"指形液滴"和"卫星液滴"，如图 10-7 所示。当甘油撞击板面后，在其铺展直径边缘形成一液膜，随着铺展的进行，形成大量"卫星液滴"，如图 10-8 所示。

在液滴的撞击速度、固体表面的润湿性与粗糙度，以及液滴与固体表面的温差等因素的影响下，变形过程会有很大的区别。可以根据形态特征将液滴撞击固体表面的整个形变过程分为四个阶段：运动阶段、铺展阶段、松弛阶段和润湿阶段或平衡阶段，如图 10-9 所示。在运动阶段，由于液滴的表面张力和黏性的作用，液滴仍能保持球形。在铺展阶段，固体表面的润湿性对铺展有一定的影响，并且 Re 的影响要比 We 大。此阶段末期，液滴最大铺展因素 β_{max} 为：

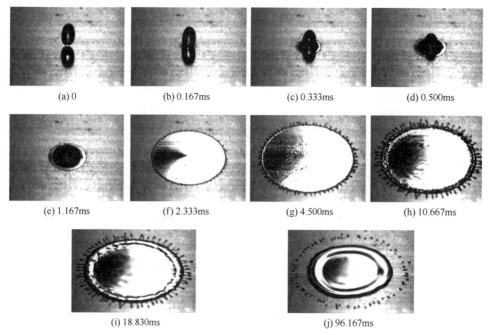

(a) 0   (b) 0.167ms   (c) 0.333ms   (d) 0.500ms

(e) 1.167ms   (f) 2.333ms   (g) 4.500ms   (h) 10.667ms

(i) 18.830ms   (j) 96.167ms

图 10-7　水滴撞击 PVC 板

(a) 0   (b) 0.167ms   (c) 0.333ms

(d) 1.000ms   (e) 2.167ms   (f) 2.667ms

图 10-8　甘油撞击 PVC 板

$$\beta_{\max} = \frac{D_{\max}}{D} = \sqrt{\frac{(We+12)}{3(1-\cos\theta_a)+4\left(\dfrac{We}{\sqrt{Re}}\right)}} \qquad (10\text{-}7)$$

此公式描述了液滴的最大铺展直径 $D_{\max}$ 与液滴的初始直径 D、Re、We、前进接触角 θ_a 之间的关系。

蒋勇、范维澄等将喷雾碰壁分为黏附、反弹/黏附、飞溅/附壁射流三个相互重叠的过程，综合描述了喷雾碰壁的黏附、反弹、飞溅、附壁射流等物理现象。此模型以液滴的韦伯数（We）为判断准则。

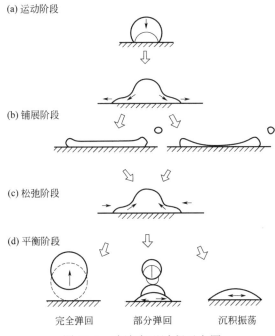

图 10-9　液滴变形过程示意图

① $We < C_1$ 时，黏附，即液滴碰壁后黏附在壁面上。

② $C_1 \leqslant We \leqslant C_2$ 时，反弹/黏附，即有一部分液滴反弹，另外一部分液滴黏附在壁面上。

③ $We \geqslant C_2$ 时，飞溅/附壁射流，即有一部分液滴飞溅，另外一部分液滴在壁面上形成附壁射流。

上述 C_1，C_2 为通过实验确定的常数，与喷雾形式和液滴的种类等有关。

Bai 和 Gossman 提出的模型将液滴撞壁类型进行了更为详细的划分，共分为 7 种形式，如图 10-10 所示。

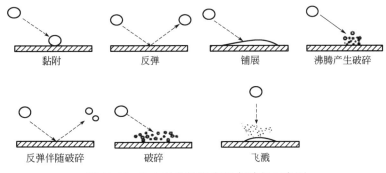

图 10-10　Bai 划分的液滴形变过程示意图

① 黏附：液滴以近似球状黏在壁上。

② 反弹：液滴反弹离开壁面。分为两种情况：干壁情况，壁面上产生的蒸汽层阻止液滴与壁面发生作用，将液滴弹离壁面；湿壁情况，当液滴撞壁能量低时，液滴和壁面油膜间的空气层减少液滴的能量损失，产生反弹。

③ 铺展：当液滴以适当的能量撞击壁面，将会在壁面上铺展。

④ 沸腾产生破碎：液滴在热壁上迅速蒸发，产生破碎。

⑤ 反弹伴随破碎：液滴弹离壁面时破碎成 2～3 个小液滴。

⑥ 破碎：液滴首先在热壁上形成发散的油膜，然后油膜内部不稳定热应力使油膜随机破碎。

⑦ 飞溅：液滴以很高的能量撞击壁面，形成冠状飞溅，液滴从冠状边缘喷溅，破碎成许多小液滴。

逐步提高入射液滴的韦伯数，黏附、反弹、铺展、飞溅四种情况将依次发生。在判定韦伯数时，也分为干壁和湿壁两种情况。

① 干壁：黏附—铺展—飞溅。

临界值：

$$We = A \times La^{-0.18} \tag{10-8}$$

式中，La 为 Laplace 数，$La = \dfrac{\rho \sigma d_i}{\mu^2}$（$\rho$ 为液滴密度，σ 为表面张力，d_i 为液滴直径，μ 为液体黏度）；A 为系数，根据壁面粗糙度而定。

② 湿壁：反弹—铺展—飞溅。

$$反弹—铺展：We_{cr} \approx 5$$

$$铺展—飞溅：We_{cr} = 1320 \times La^{-0.18} \tag{10-9}$$

Xu 和 Liu 等在 TAR（Taylor analogy rebound）模型的基础上，将液滴撞壁的动态过程假设为弹簧质量系统的运动，如图 10-11 和图 10-12 所示。

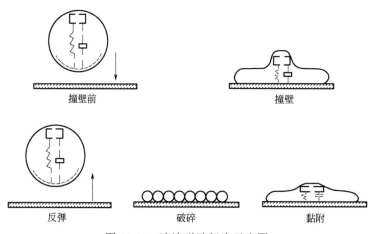

图 10-11　液滴碰壁行为示意图

① 反弹：相当于弹簧—质量系统从壁面反弹。

② 破碎：相当于高能量的撞壁使弹簧破碎。

③ 黏附：相当于弹簧—质量系统处于过阻尼的情况。

TAR 模型根据液滴在壁面的形变过程替代其他的判别标准判断液滴是否反弹。这个模型的特点是考虑了黏性力的作用。

液滴撞击固体壁面后的行为是由惯性力、表面张力和黏性力相互作用决定的。表面张力取决于三个无量纲数：韦伯数（We）、雷诺数（Re）和奥内佐格数（Oh）。其定义分别为：

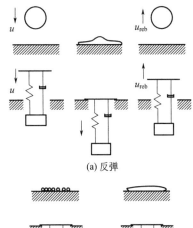

$$We = \frac{\rho v^2 D}{\sigma} \qquad (10\text{-}10)$$

$$Re = \frac{\rho v D}{\eta_s} \qquad (10\text{-}11)$$

$$Oh = \frac{\eta_s}{\sqrt{\rho \sigma D}} = \frac{\sqrt{We}}{Re} \qquad (10\text{-}12)$$

(a) 反弹

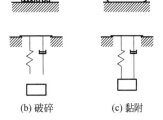

(b) 破碎　　　(c) 黏附

图 10-12　液滴碰壁行为与单质量弹簧系统类比

式中，ρ 为液滴的密度；v 为液滴撞击固体表面时的速度；D 为液滴的初始直径；η_s 为液滴的黏度；σ 为液滴的表面张力。

韦伯数（We）表示液滴的惯性力与表面张力的比值，其大小决定了液滴在撞击过程中形变的程度。雷诺数（Re）表示惯性力与黏性力的比值。Oh 用来描述黏性力与表面张力的比值。

在农药喷雾过程中，通常会在农药药液中加入表面活性剂来改变药液的表面张力和黏度。表面活性剂是通过界面的吸附来改变界面性质的，随着表面活性剂溶液浓度的增大，表面张力不断减小。当达到某一浓度后，表面张力降至最低值，此时溶液达到临界胶束浓度。在表面活性剂的水溶液中，溶液表面张力随时间而变化，在一定时间后会达到稳定值，这种随时间而变化的表面张力即为动态表面张力，以 DST 表示。

在研究农药液滴撞击棉花叶片的过程中，需要研究的是药液的动态表面张力对撞击行为的影响。因为农药喷雾过程是一个动态过程，可以分为药液雾化成液滴、液滴朝向靶标运动、液滴与靶标表面碰撞三个阶段。药液雾化成雾滴的过程是药液分散成一薄液膜，液膜破碎成液丝，液丝断裂成雾滴，在此阶段药液表面不断改变。表面活性剂分子在新鲜表面上吸附过程被打乱，因此在此阶段中药液的表面张力达不到平衡表面张力。农药雾滴向靶标运动的过程中，液滴在重力、曳力和表面张力的共同作用下，由初始状态经过反复拉伸和收缩的振动过程，最终成为稳定的圆球，因此在此阶段，表面活性剂分子并不能完成稳定的吸附过程，液滴的表面张力也不能达到平衡表面张力。液滴与靶标表面的碰撞过程中的急速变形也会干扰表面活性剂分子吸附，因此对于添加了表面活性剂的农药药液，在研究农药液滴与靶标碰撞行为时，韦伯数与雷诺数的计算公式应为

$$We = \frac{\rho v^2 D}{\sigma_t} \qquad (10\text{-}13)$$

$$Re = \frac{\rho v D}{\eta_t} \qquad (10\text{-}14)$$

式中，σ_t 为碰撞瞬间液滴的表面张力；η_t 为碰撞瞬间液滴的黏度。因此需要研究动态表面张力和黏度对沉积的影响。

10.2.3　能量模型

液滴撞击固体表面时就开始在固体表面上铺展。液滴所具有的动能在撞击表面时发生了耗散，作用在液滴界面上的表面张力阻止液滴铺展并引起回缩。在液滴回缩过程中，液滴具

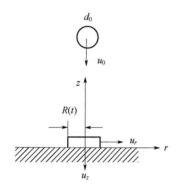

图 10-13　液滴撞击过程

有的动能随之增加。由于惯性流动的作用，液滴的高度逐渐增加直至液滴的动能全部转化为势能。如果液滴在回缩期间具有的惯性大到使液滴从固体表面升起，则发生反弹；否则，液滴在达到最大高度后又开始在固体表面发生铺展。由于液滴的表面张力和接触角的不同，会导致液滴在固体表面上的振荡有不同情况，比如液滴在固体表面发生完全反弹、部分反弹或者铺展。

液滴由下落时的球形变成一个附在表面上的圆盘过程可简化如图 10-13。

经过初始变形阶段以后，液滴圆盘会像液膜一样从碰击中心沿着表面向四周扩展，根据能量守恒，有公式如下：

$$\mathrm{d}(E_{\mathrm{K}} + E_{\mathrm{P}} + E_{\mathrm{D}}) = 0 \tag{10-15}$$

式中，E_{K} 为液体圆盘的动能；E_{P} 为液体表面能；E_{D} 为由于液体内部黏性运动引起的能量耗散。根据图 10-13，上述三个能量项可以用下述各式表达：

$$E_{\mathrm{K}} = \rho_{\mathrm{L}} \int_0^V \frac{1}{2}(u_r^2 + u_z^2)\mathrm{d}V \tag{10-16}$$

$$E_{\mathrm{P}} = S_{\mathrm{s}}\sigma_{\mathrm{s}} + S_{\mathrm{g}}\sigma_{\mathrm{g}} \tag{10-17}$$

$$E_{\mathrm{D}} = \int_0^t \int_0^V \phi \,\mathrm{d}t\mathrm{d}V \tag{10-18}$$

式中，S_{s} 为液固接触面积、S_{g} 为气液接触面积；σ_{s} 为液-固-气三相之间的有效表面张力；σ_{g} 为气-液之间的有效表面张力；ϕ 为单位时间单位液体容积内的能量耗散率。

假如雾滴不发生破碎，当其碰撞叶片后，雾滴碰撞前所具有的动能转变为势能，使雾滴表面增大。当雾滴发生最大铺展时，在表面张力的作用下发生向心运动。雾滴在收缩和扩展的过程中，由于与叶片表面的摩擦而损失部分能量。如果损失的能量很小，则雾滴在收缩后具有足够的能量使其发生弹跳；如果损失的能量很多，则会使雾滴黏附在叶片表面。根据此理论，能够得出雾滴在叶片上是否会发生弹跳或黏附与叶片的表面性质有很大关系。

结合动能定理与动量公式：

$$\Delta E = \frac{1}{2}mv^2 \tag{10-19}$$

$$\Delta I = \Delta mv \tag{10-20}$$

建立雾滴沉积能量模型，由于雾滴在叶片铺展过程中存在能量损失与耗散，而每一种作物叶片表面存在一个可以沉积的最佳雾滴（最佳雾滴喷雾原理），这个最佳雾滴的直径为 D_0，那么这个雾滴的动能与动量的临界值分别为 ΔE_0 与 ΔI_0，具有 ΔE_0 与 ΔI_0 的这个雾滴就可以在作物叶片上很好的沉积、黏附。若雾滴具有的动能与动量大于临界值 ΔE_0 与 ΔI_0，它与作物叶

片碰撞后，由于动态表面张力与黏度的变化，其内聚力小于沉积表面的作用力而发生爆裂或出现弹跳。若小于 ΔE_0 与 ΔI_0，则因其具有的动能不够克服空气的阻力，能量在空中大量耗散，无法沉积到作物靶标上，此为雾滴的飘失。其整个过程用图形表示，见图 10-6。

根据 Mundo 的理论，若雾滴满足式（10-21），则发生破碎。

$$We^2 Re > K^4 \qquad (10\text{-}21)$$

式中，K 为常数。

Mundo 发现 K=57.7 时可以满足大部分固体表面（粗糙度范围为 $0.001 < R < \infty$，R 为无纲量的粗糙度，定义为固体表面的粗糙度与雾滴直径的比率）。Yoon 等研究得出 K 值随着固体表面粗糙度的降低而增加。

根据 Mundo 的公式可以绘出表面张力和 K 值的临界曲线图，见图 10-14。

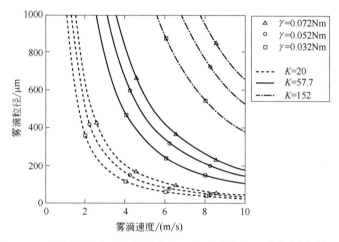

图 10-14　雾滴发生破碎的临界曲线（表面张力和 K 值如图中所示）

随着 K 值与表面张力的降低，雾滴的临界破碎速度也降低。因此，加入表面活性剂后，增加了雾滴发生破碎的可能性，有可能增加雾滴在叶片的沉积。

无论雾滴在碰撞叶片后出现的是黏附、弹跳，还是破碎，影响这一过程的主要因素有叶片性质、喷雾液性质、雾滴粒径等。

根据上述理论分析，建立如下公式：

$$E = f(D_0, V_0, \rho, r, \pi \cdots) \qquad (10\text{-}22)$$

式中，D_0 为最佳沉积粒径；V_0 为雾滴发生碰撞前速度；ρ 为喷雾液密度；r 为喷雾液黏度；π 为叶片表面结构。

引入韦伯数公式：

$$We = k = \frac{\rho D_0 V_0}{r} \qquad (10\text{-}23)$$

式中，k 为常数。

由式（10-22）与式（10-23）得到：

$$E = f(We) \times k \qquad (10\text{-}24)$$

结合式（10-22）～式（10-24），求解公式：

$$E_0 = f(We) \times k_0 \qquad (10\text{-}25)$$

最后根据动能定理，计算出最佳沉积粒径范围。

10.2.4 数学模型

通过对大量试验数据进行分析，建立农药雾滴黏附-破碎分界模型——非线性规划模型，两圆圆心连线的中垂线即为雾滴黏附-破碎的分界线。由于试验中存在误差，因此本数学模型为求得满意解，加入误差项 c_{1i}、c_{2j}、d_{1i}、d_{2j}。对于本数学模型，圆心 (a_1, b_1) 与 (a_2, b_2)、半径 r_1 与 r_2 需满足以下 4 个公式：

$$(x_i - a_1)^2 + (y_i - b_1)^2 \leqslant r_1^2 + (c_{1i})^2 \qquad (10\text{-}26)$$

$$(x_j - a_1)^2 + (y_j - b_1)^2 \geqslant r_1^2 - (c_{1j})^2 \qquad (10\text{-}27)$$

$$(x_i - a_2)^2 + (y_i - b_2)^2 \leqslant r_2^2 - (d_{1i})^2 \qquad (10\text{-}28)$$

$$(x_j - a_2)^2 + (y_j - b_2)^2 \geqslant r_2^2 - (d_{2j})^2 \qquad (10\text{-}29)$$

式中，i 与 j 代表样本数，$i=1, 2, 3, \cdots, n$，$j=1, 2, 3, \cdots, m$。

10.3 影响雾滴撞击固体表面行为的因素

（1）撞击角度 对于液滴撞击固体壁面的情况，撞击角度是非常重要的影响因素，它对撞击过程会产生很大的影响。液滴撞击壁面时的速度可以分解为法向速度和径向速度。液滴的撞击惯性能也可分解为垂直于壁面与平行于壁面的惯性能。垂直于壁面的撞击惯性能决定了液滴的初始铺展程度，平行于壁面的撞击惯性能决定了液滴在壁面上的滑移程度。当撞击惯性相同时，撞击角度越小，垂直于壁面的撞击惯性能就越小，而平行于壁面的撞击惯性能则越大，因此在撞击时液滴的滑移动能较大；撞击角度大时，情况则相反。

（2）雾滴粒径 液滴直径的大小与韦伯数（We）和雷诺数（Re）相关，也直接关系到液滴撞击时的动能。朱卫英用两个不同直径的水滴进行试验，结果表明：小水滴的铺展因素 β 比较小，而大水滴的铺展因素始终要大于小水滴的铺展因素。在运动阶段和铺展阶段，表面张力对大液滴的影响要比小液滴大一些。

（3）接触面 液滴撞击在作物叶片上的不同部位会影响液滴变形，因此固态相分率 f 决定了液滴变形时液滴与叶片表面的黏附力大小。黏附力大，液滴在回缩的过程中阻力大，能量耗费大，回缩过程缓慢，能够减少反弹。

（4）喷雾液滴物理特性 不同的喷雾液滴具有不同的表面张力和黏度，而表面张力和黏度都与韦伯数（We）和雷诺数（Re）相关。李燕等实验结果表明：在液滴铺展的初始阶段，液滴的惯性力占主导地位，远大于黏性力，黏性力的差别并不会产生明显影响。随着液滴的铺展速度逐渐减小，黏性力开始占主导地位，能量的耗散也随之增加，因此黏度大的液滴的铺展要小于黏度小的液滴。

表面张力小的液滴在铺展过程中受到的阻力小，因此铺展直径增大，铺展时间增长；表面张力大，则铺展直径减小，铺展时间和回缩时间也减小。

（5）撞击速度 液滴的撞击速度会同时影响到韦伯数和雷诺数，还会直接影响液滴撞击固体表面时的动能。液滴的撞击速度越大，其撞击动能也越大，从而能量也就越多，液滴的最大铺展直径也越大，这使得液滴用于回缩的能量也增加。

综上所述，药液性质和雾滴粒径是两个影响雾滴在叶片沉积的最重要的因素，并且喷液性质还可以影响雾滴粒径。

参考文献

[1] 李煊，何雄奎，曾爱军，等. 农药施用过程对施药者体表农药沉积污染的研究[J]. 农业环境科学学报, 2005, 24(5): 957-961.

[2] 徐汉红. 植物化学保护学[M]. 北京: 中国农业出版社, 2007.

[3] Cross J V, Berrie A M, Murray R A. Effect of drop size and spray volume on deposits and efficacy of strawberry spraying Pesticide application[J]. Aspects of Applied Biology, 2000, 57: 313-320.

[4] Knoche M. Effect of droplet size and carrier volume on performance of foliage-applied herbicides[J]. Crop Protection, 1994, 13(3) : 163-178.

[5] Tucker T A. Absorption and translocation of 14 C-imazapyr and 14 C-glyphosate in alligator weed(Alternanthera philoxeroides)[J]. Weed Technology, 1994, 8: 32-36.

[6] 袁会珠，何雄奎. 手动喷雾器摆动喷施除草剂药剂分布均匀性探讨[J]. 植物保护, 1998, 3: 18-22.

[7] Bird S L, Esterly D M, Perry S G. Off-target deposition of pesticides from agricultural aerial spray applications[J]. J. Environ., 1996, 25: 1095-1104.

[8] Schampheleire M D, Nuyttens D, Dekeyser D, et al. Deposition of spray drift behind border structures[J]. Crop Protection, 2009, 28: 1061-1075.

[9] Schwartz L W, Roux D, Cooper-White J J. On the shapes of droplets that are sliding on a vertical wall[J]. Physica D: Nonlinear Phenomena, 2005, 209(1-4): 236-244.

[10] 林志勇，彭晓峰，王晓东. 固体表面振荡液滴接触角演化[J]. 热科学与技术, 2005, 4(2): 141-145.

[11] Mundo C, Sommerfeld M, Tropea C. Droplet-wall collisions: Experimental studies of the deformation and breakup process[J]. International Journal of Multiphase Flow, 1995, 21(2): 151-173.

[12] Andreassi L, Ubertini S, Allocca L. Experimental and numerical analysis of high pressure diesel spray-wall interaction[J]. International Journal of Multiphase Flow, 2007, 33(7): 742-765.

[13] Weiss C. The liquid deposition fraction of sprays impinging vertical walls and flowing films[J]. International Journal of Multiphase Flow, 2005, 31(1): 115-140.

[14] Kalantari D, Tropea C. Spray impact onto flat and rigid walls: Empirical characterization and modelling[J]. International Journal of Multiphase Flow, 2007, 33(5): 525-544.

[15] 施明恒. 单个液滴碰击表面时的流体动力学特性[J]. 力学学报, 1985, 17(5): 419-425.

[16] 毛靖儒，施红辉，俞茂铮，等. 液滴撞击固体表面时的流体动力特性实验研究[J]. 力学与实践, 1995, 17(3): 52-54.

[17] 张荻，谢永慧，周屈兰. 液滴与弹性固体表面撞击过程的研究[J]. 机械工程学报, 2003, 39(6): 75-79.

[18] Pierce E, Carmona F J, Amirfazli A. Understanding of sliding and contact angle results in tilted plate experiments[J]. Colloids and Surfaces A: Physicochemical and Engineering Aspects, 2008, 323(1-3): 73-82.

[19] 闵敬春，彭晓峰，王晓东. 竖壁上液滴的脱落直径[J]. 应用基础与工程科学学报, 2002, 10(1): 57-62.

[20] Hislop E C. Can we achieve optimum pesticide deposits?[J]. Asp. App. Bio., 1987, 14: 153-172.

[21] Tuck C R, Butler E M C, Miller P C H. Techniques for measurement of droplet size and velocity distributions in agricultural sprays[J]. Crop Protection, 1997, 16(7): 619-628.

[22] Nuyttens D. Effect of nozzle type, size, and pressure on spray droplet characteristics[J]. Biosystems Eng., 2007, 97(3): 333-345.

[23] Sidahmed M M. A theory for predicting the size and velocity and droplets from pressure nozzles[J]. Transactions of the ASAE, 1996, 39(2): 385-391.

[24] Kashdan J T, Shrimpton J S, Whybrew A. A digital image analysis technique for quantitative characterisation of high-speed sprays[J]. Optics and Lasers in Engineering, 2007, 45: 106-115.

[25] Lad N, Aroussi A, Muhamad S M F. Droplet size measurement for liquid spray using digital image analysis technique[J]. Journal of Applied Sciences, 2011, (11): 1966-1972.

[26] Hijazi B, Decourselle T, Minov S V, et al. The use of high-speed imaging systems for applications in precision agriculture[J]. InTech, 2012: 279-296.

[27] Chen R H, Wang H W. Effects of tangential speed on low-normal-speed liquid drop impact on a non-wettable solid surface[J]. Experiments in Fluids, 2005, 39: 754-760.

[28] 朱卫英. 液滴撞击固体表面的可视化实验研究[D]. 大连: 大连理工大学, 2007.

[29] Dong X, Zhu H, Yang X. Three-dimensional imaging system for analyses of dynamic droplet impaction and deposit formation on leaves[J]. Transactions of the ASABE, 2013, 56(5): 1641-1651.

[30] 崔洁. 撞击液滴形成的液膜边缘特性[J]. 华东理工大学学报（自然科学版）, 2009, 35(6): 819-824.

[31] Šikalo Š, Ganić E N. Phenomena of droplet–surface interactions[J]. Experimental Thermal and Fluid Science, 2006, 31(2): 97-110.

[32] 陆军军, 陈雪莉, 曹显奎, 等. 液滴撞击平板的铺展特性[J]. 化学反应工程与工艺, 2007, 23(6): 505-511.

[33] 蒋勇, 范维澄, 廖光煊, 等. 喷雾碰壁混合三维数值模拟[J]. 中国科学技术大学学报, 2000, 30(3): 334-339.

[34] Xu H, Liu Y, He P, et al. The TAR model for calculation of droplet/wall impingement[J]. Journal of Fluids Engineering, 1998, 120(3): 593-597.

[35] 唐海, 余徽, 夏素兰, 等. 液滴降落过程表面曳力及其形状改变规律[J]. 化工设计, 2007, 17(3): 6-9.

第 **11** 章

农药雾滴沉积聚并行为

　　长期以来我国一直是以一种粗犷的大田施药方式利用农药来进行病虫害防治的，导致我国农药利用率较低。一方面，我国施药人员大部分文化程度不高，对施药技术不重视以及施药器械严重落后；另一方面，我国对提高农药有效利用率的研究起步比较晚，还处在探索、理论阶段，不能够很好地应用于大田施药。采用大容量喷雾法施药，由于农药雾滴重复沉积、聚并，药液容易流失，植物叶片上药液流失与喷雾方法、雾滴粒径、药液特性等因子有关。

图 11-1　作物叶片上的雾滴沉积状态

　　从图 11-1 可以看出，在进行农药喷施作业时，会有很多大雾滴出现，如果环境条件稍微改变，比如风速改变，这种雾滴就会很容易滚落和流失，降低农药的利用率。

　　水稻作为疏水性较强的作物，一直以来就是农药雾滴行为研究的核心靶标。顾中言等研究表明，当水滴彼此靠近地点滴在水稻叶面上时，由于表面张力大，水滴间相互吸引，聚合成大的水珠；从喷雾器中喷出的小雾滴能黏附在水稻叶面，但当喷出的雾滴表面张力大于水稻叶片的临界表面张力，雾滴内的表面活性剂没有达到临界胶束浓度时，小雾滴就会发生聚并。

　　在从药液箱向靶标表面沉积的过程中，喷雾器具性能、操作条件、气象条件、环境条件、靶标表面特性等都对其有影响，在这个过程中，会发生药液滴漏、雾滴飘移、雾滴弹跳、蒸发、雾滴聚并流失等现象。雨水能很好地在棉花、黄瓜、桃树等植物叶面铺展成水膜，能很好地沾湿石榴、扁豆、辣椒等植物，在叶面形成弧形或半圆形的水滴，但雨水不能使红花酢浆草、水稻、甘蓝等植物润湿，而是在叶面形成球形的水珠，极易滚落。药液能黏附在植物表面，而且能自动铺展以达到最大的覆盖面积，才能达到最佳的保护效果。

有研究曾指出，雾滴从液膜区破碎后到沉积到靶标这一雾化过程中，大约有50%的雾滴发生了聚并行为。无论是雾化中的雾滴还是沉积后的雾滴，尽管其会发生聚并现象，但是对于农药的药效来说并不是不利的。Salt和Ford在1996年模拟了大粒径低浓度雾滴与小粒径高浓度雾滴的合并行为，他们将这种施药方式称为复合施药，模拟的结果表明这种复合施药方式延长了拟除虫菊酯对害虫的防治效果。这种施药方式引起的雾滴聚并接近50%。

根据以前的文献研究及salyani等的试验数据，虽然大容量施药时药液在叶片的覆盖率更加均匀而且在冠层内沉积量也有变化，但是施药液量的改变对柑橘锈螨的初死亡率以及后期防效并没有显著的影响。数据显示，通常情况下低容量喷雾对于果树锈螨的防治效果相比其他容量的喷雾方法是非常高效的。有文献认为，造成这种结果的原因很可能与锈螨在果树上的分布特性有关，更重要的原因是小雾滴在果树上的沉积比较均匀，而且不容易发生雾滴间的聚并，药液不易流失，反而能更好地接触到锈螨以及果树表面。Salyani还发现，大容量喷雾发生的雾滴聚并导致了果树表面有很多较大的药液空白区，没能被药液覆盖，可想而知无法很好地防治锈螨。但是我们不得不承认小雾滴更加容易飘失。实际上不论从环境还是经济的角度出发，都应该权衡一下两者的相对重要性：大雾滴引起的聚并流失和小雾滴带来的更好的沉积效果。

Bateman曾经对农药雾滴的相关参数（雾滴大小、雾滴数量以及沉积量）进行过简单的、较标准的估量，他在试验中也指出了雾滴之间会发生聚并行为，会给其测量带来误差。表面能和表面粗糙度是影响超疏水性表面润湿性的主导因素。然而，对水滴在倾斜的超疏水表面上的滚动并没有进行深入的研究。李察研究了黏性液滴在超疏水表面上滚动时的接触角和接触角滞后现象。

Ebert曾给雾滴沉积下过定义：当含有农药的雾滴在植物表面撞击、持留和聚并后，剩余在作物上的农药药液。随着施药液量的增加，药液覆盖率也随之增大，但是到达一定施药液量时，农药雾滴开始聚并，农药沉积过量。

当在喷杆上使用标准扇形雾喷头时，非常重要的一点就是要确保所有固定在喷杆上的喷头必须有相同的喷雾角，这样做是为了使多个喷头在喷雾时，其扇形雾边缘不发生或很少发生重叠现象，因为重叠会使药液沉积量减少。通过这种方式施药，药液沉积将会更加均匀。喷杆每个扇形雾喷头都应该偏离其扇形雾中轴线5°，以确保在扇形雾重叠的区域不相互干扰而且不发生雾滴聚并。沉积在靶标上以后，大雾滴往往还会发生聚并现象，紧接着就有可能从植物表面流失，滴落到底部土壤中。雾滴在靶标上的持留也受靶标自身表面性质的影响，这些靶标表面可能是一层蜡质或者很难润湿，或者靶标表面并不是水平状态。在使用油敏纸或者水敏纸测试沉积雾滴的一些参数时，如果有很多聚并而来的雾滴，尤其是大容量施药时这种雾滴更多，这时候相对单个的雾滴进行测试是根本不可能的，数据可想而知也是没有意义的。

为了最大限度地减少作物发病率以及喷雾飘失产生的影响，选择使用何种喷头时要仔细考虑许多因素，比如喷头雾化时的雾滴谱，还有雾化后雾滴的蒸发（会减小雾滴粒径）以及雾滴聚并（会增加雾滴粒径）。相对而言，药液雾化后的绝大多数雾滴将会与处在冠层上部的叶片发生碰撞，如果施药液量比较大，这将会导致雾滴的聚并，叶片也将会被润湿得更加完全。相反地，会在下层的叶片上看到单个雾滴的沉积过程。

减少施药液量将会降低药液动态表面张力，因此在很难润湿的作物上也能增加雾滴的持流量。此外，当雾滴发生聚并时药液持流量很可能会降低，在叶片表面形成的一层水膜会从叶子上流失。当使用大容量喷雾方法喷施农药时，很多雾滴会聚并到一起，面积越来越大，然后从靶标表面流失。雾化后的雾滴撞击到叶片上以后，雾滴间聚并到一定程度上将不会持留，过量的药液会滴落到下部的叶片，然后再从下部的叶片流失到土壤里。温室施药时，药液将会被特殊的施药器械雾化成非常细的雾滴，使雾滴在整个温室内沉降，大量的雾滴沉积到作物和地面上，也使更多的雾滴之间发生了聚并。

雾滴聚并现象并不只是发生在农药喷施过程中，在自然界里也是屡见不鲜。Andrea Thompson 和岳守凯曾研究过雨滴的形成与运动，他们发现雨滴在下降的过程中雨滴之间会发生聚并，最终造成落到地面的雨滴大小不一的现象。胡学铮、陈烨璞等将一极微小的有机相液体滴加到表面活性剂水溶液表面，研究了液滴与表面活性剂水溶液表面之间的聚并行为。王四芳、兰忠等利用具有微纳结构的十八烷基硫醇将紫铜基表面组装成超疏水表面，采用高速摄像技术和显微技术研究了水平超疏水表面上液滴合并运动特性，试验结果表明，超疏水表面上液滴合并过程中释放出的表面能可以克服表面黏附作用。高速摄影技术以及显微摄像技术的发展与应用，给农药雾滴运动行为的研究带来了诸多的便利，也是农药雾滴聚并行为研究中的核心方法和手段。邢淑敏也利用高速摄影仪对均质表面上液滴的聚合运动进行了可视化试验研究。

因此，为了提高农药有效利用率，对于雾滴行为的理论和实践研究仍具有很大的拓展空间，应从多种角度、多个方面，使用多种方法研究雾滴的各种行为，以达到安全科学用药的目的。通过研究农药雾滴在靶标表面的行为，分析影响其行为的因素，从而实现减量施药、提高农药利用率，对我国病虫害防治、环境保护以及人的健康具有重要意义。

11.1　雾滴聚并行为可视化研究

农药雾滴运动与农药是否能充分发挥其作用也有着密切的关系，比如农药雾滴的碰撞、铺展和聚并等。在进行农药喷雾作业时，农药雾滴的聚并现象非常普遍，只是其聚并过程较短、时间较快，不容易观察；再者，对于农药雾滴行为和农药有效利用率、药效之间关系的研究甚少，国内外都比较少见。其实，农药兑水喷雾后，在靶标表面会有很多大的农药雾滴存在，而这些大雾滴在很大程度上是由小的农药雾滴聚并而形成的。为了能够清晰地观察到这些大雾滴的形成，即农药雾滴的聚并现象，在本节试验中，利用高速摄影技术将雾滴聚并现象直观地表现出来。

11.1.1　雾滴聚并行为可视化研究平台构建

喷雾天车，德国百瑞；高速摄影仪 Lightning RDT™（PLUS），美国 DRS 公司；辅助光源 Hid Light HL-250，上海安马实业有限公司；标准扇形雾喷头 ST110-03，德国 Lechler 公司。

11.1.2　聚并行为可视化研究方法

将一小块玻璃水平固定于载物台之上，并且使其位于喷头行进轨道的正下方 50cm 处。

自来水作为喷雾液，使用标准扇形雾喷头 ST110-03，按照常规喷雾方法，施药液量 600L/hm²，喷雾压力 0.3MPa，利用喷雾天车进行喷雾，根据喷雾作业速度公式式（11-1）计算天车行进速度。将高速摄影仪 Lightning RDT™（PLUS）放置在载玻片表面附近，计算机连接高速摄影仪，调节高速摄影仪的曝光时间以及帧数。辅助光源为石英碘灯（电压 220V，功率 1350W），对物体进行直接的背景照明，调节焦距使叶片表面清晰地呈现在计算机屏幕上，高速摄影仪记录并保存视频用作后续分析。试验装置如图 11-2。

$$v = \frac{600 \times V_{\mathrm{L}}}{M \times B} \tag{11-1}$$

式中，v 为喷雾天车行进速度，km/h；V_{L} 为所有喷头的流量，L/min；M 为施药液量，L/hm²；B 为喷头喷雾作业幅宽，m。

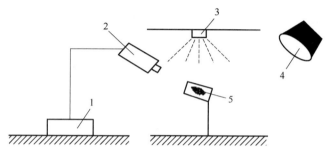

图 11-2　高速摄影拍摄农药沉积试验装置示意图

1—图像采集计算机；2—高速摄影仪；3—喷头；4—光源；5—靶标叶片

11.1.3　研究结果与分析

将高速摄影仪的帧数设定为 3000fps，曝光时间为 1/3000s，观察拍摄视频发现雾滴之间存在聚并现象，而且这种雾滴行为发生比较普遍。图 11-3 是在一次喷雾过程中，雾滴在载玻片表面随着时间变化，不同时刻的沉积状态，可以看到雾滴数量不断增多，同时一些雾滴的粒径在逐渐增大，最终形成了较多数量的大雾滴。这些大雾滴的出现，正是由雾滴聚并造成的。

通过进一步观察，从图 11-4 还可以看出雾滴聚并时的多种形式和状态：两雾滴之间发生聚并，多雾滴之间发生聚并；聚并使两个或多个雾滴融合成一个雾滴，或者聚并形成液桥。图 11-4 中展示了几种不同形式的雾滴聚并现象：图 11-4（a）是三个雾滴被随后沉积的雾滴吸引，聚并形成一个大粒径的雾滴；图 11-4（b）是两个雾滴之间的聚并行为，随后沉积的雾滴将前一个雾滴吸引在一起，同时改变了原有雾滴的沉积位置；图 11-4（c）为多种聚并情况的共同表现，首先是两个雾滴被随后一个较大粒径的雾滴所吸引发生聚并，同时造成了雾滴的飞溅，然后新形成雾滴又被随之而来的大雾滴吸引，发生聚并并改变了雾滴沉积位置。

从视频可以清晰地观察到当雾滴重复沉积到已经附着在靶标表面的雾滴时，两个雾滴发生聚并时，大部分情况下时两者发生碰撞而且造成雾滴飞溅；当一个较大的雾滴沉积到靶标表面时，雾滴会发生瞬间的回缩现象，这种现象使该雾滴将周围较小的雾滴吸引到一起，或者被周围较大的雾滴所吸引，聚并成为一个更大的雾滴。

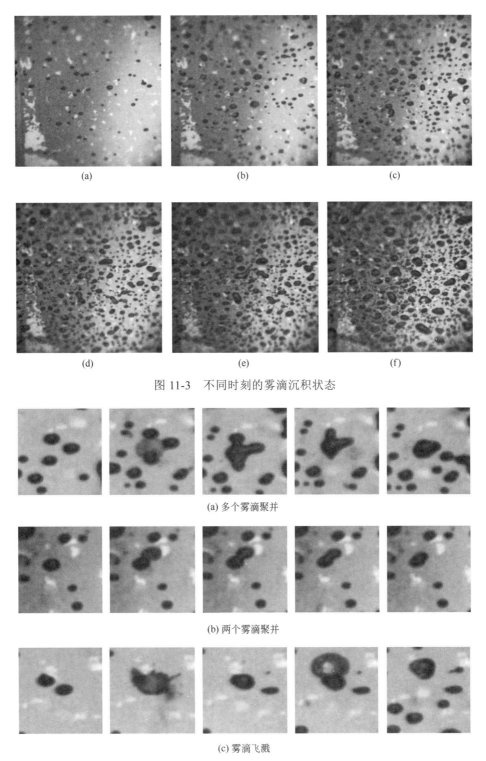

图 11-3 不同时刻的雾滴沉积状态

(a) 多个雾滴聚并

(b) 两个雾滴聚并

(c) 雾滴飞溅

图 11-4 雾滴聚并的几种不同情况

雾滴聚并的前提是雾滴之间发生接触，雾滴的重复沉积增加了雾滴之间接触的概率，造成了雾滴聚并行为的发生。雾滴聚并的形式是多种多样的，雾滴聚并的最终状态是多种聚并方式共同作用的结果。雾滴聚并对雾滴沉积造成的影响是一致的：聚并引起雾滴沉积位置发生改变，聚并使雾滴粒径不断增大，聚并也会造成雾滴的飞溅。

雾滴的这种聚并行为会造成雾滴粒径不断增大，一方面当靶标存在一定程度的倾角时，这些较大粒径的雾滴就会很容易从靶标表面滚落流失，这种情况如果在农药喷施过程中发生将会大大降低农药的有效利用率，流失的农药还会对环境造成危害；但是从另一发面看，雾滴的聚并行为使农药有效成分相对集中起来，这很可能会对内吸性农药制剂的吸收和药效产生良好的作用。这些问题将会在以下章节中进行试验性分析。

11.1.4　研究结论

雾滴的聚并行为很早就有研究者提到，但鲜有被直观地呈现出来。通过本节试验可以确定观察雾滴运动的可靠方法，即使用高速摄影技术，通过调节相关参数（帧数、曝光时间及焦距等），可以清晰、直观地观测到雾滴沉积过程中的运动行为，能快速捕捉雾滴的瞬时状态。高速摄影技术是农药沉积可视化研究非常重要的手段之一。

农药雾滴聚并现象还可能会有其他表现形式，甚至还有很多雾滴的运动行为没有被发现。高速摄影技术的发展将会为这些问题的研究带来很大帮助。

11.2　不同因子对雾滴聚并流失的影响

雾滴聚并现象在农药喷施过程中是非常普遍的，是雾滴多种动态行为的表现形式之一，因而也和其他雾滴行为一样受到多种因素的影响，比如靶标的表面性质、不同种类的施药器械以及施药方式，或者药液的理化性质等。本节将考虑施药液量、靶标倾角、喷头种类、靶标表面性质以及喷雾助剂等不同因素对雾滴聚并行为的影响。

11.2.1　靶标表面特性以及喷雾助剂对雾滴聚并流失行为的影响

靶标表面结构性质对雾滴运动行为有很大的影响，比如靶标表面的亲疏水性和临界表面张力等。喷雾液的理化性质与靶标表面性质之间相互影响，一般来说只有当药液的表面张力小于靶标表面的临界表面张力时，雾滴才能够较好地沉积，才能在靶标表面润湿、铺展以及持留。

11.2.1.1　不同靶标对雾滴聚并行为的影响

（1）仪器与材料　特氟隆膜，柠檬黄 85，N,N-二甲基甲酰胺（DMF），乙二醇，甲酰胺；标准扇形雾喷头 ST110-03，防飘喷头 IDK120-03；喷雾天车，德国百瑞；高速摄影仪 Lightning RDT™（PLUS），OCA-20 接触角测量仪，SCAT 表面自由能软件。

（2）研究方法

① 聚并现象观察　试验将特氟隆膜、载玻片作为喷雾靶标水平固定于载物台，并置于喷头行进轨道正下方 50cm 处。分别使用标准扇形雾喷头 ST110-03、防飘喷头 IDK120-03，调节喷雾压力为 0.3MPa，在 150L/hm²、300L/hm² 和 675L/hm² 的施药液量条件下调节喷雾作业速度进行喷雾，根据喷雾作业速度公式式（11-1）计算天车行进速度。

在喷雾试验进行的同时，将高速摄影仪 Lightning RDT™（PLUS）放置在载玻片表面附近，计算机连接高速摄影仪，试验设定拍摄速度为 3000fps，曝光时间为 1/3000s，辅助光源为石英碘灯（电压 220V，功率 1350W），对物体进行直接的背景照明，调节焦距使靶标表面清晰地呈现在计算机屏幕上，拍摄不同施药液量、不同靶标以及不同喷头条件下雾滴的沉积过程，观察雾滴聚并现象，保存视频用作后续分析。

结果如图 11-5、图 11-6 所示。

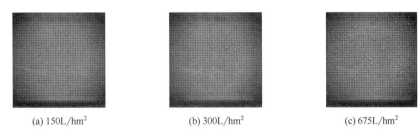

(a) 150L/hm²   (b) 300L/hm²   (c) 675L/hm²

图 11-5　水平时不同施药液量下标准扇形雾喷头 ST110-03 特氟隆膜表面沉积状态

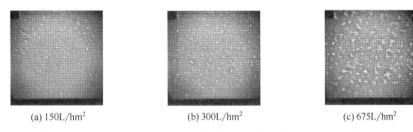

(a) 150L/hm²   (b) 300L/hm²   (c) 675L/hm²

图 11-6　水平时不同施药液量下标准扇形雾喷头 ST110-03 沉积状态

② 沉积量测定　在不同施药液量条件下按照表 11-1 配置柠檬黄溶液并作为喷雾液，按照上述喷雾试验方法进行喷雾。喷雾结束后，待靶标表面的雾滴自然风干后，收集并加入定量去离子水洗脱，测定柠檬黄吸光度，以稀释一定倍数的母液作为标定液。按照式（11-2）～式（11-4）计算靶标单位面积沉积量

$$V_S = \frac{V_W \cdot FL_S}{N \cdot FL_a} \tag{11-2}$$

$$M = \frac{V_S}{S} \tag{11-3}$$

$$M_i = \frac{V_S \times c}{S} \tag{11-4}$$

式中　V_S——药液沉积量，mL；

　　　c——配置柠檬黄溶液浓度，g/L；

　　　M——单位面积沉积量，mL/cm；

　　　M_i——单位面积有效成分沉积量，g/cm²；

　　　V_W——所加的洗脱液的体积，mL；

　　　FL_S——洗脱液的吸光度；

　　　FL_a——标定液的吸光度；

　　　N——BSF 母液的稀释倍数；

　　　S——靶标面积，cm²。

表 11-1　几种喷雾方法的溶液配制

施药液量/(L/hm²)	溶液体积/L	柠檬黄加入量/g	溶液浓度/(g/L)
150		22.50	11.25
300	2	11.25	5.63
675		5.00	2.50

③ 临界表面张力测定　根据 Zisman 提出的测定固体表面临界表面张力的方法，某几种特定液体的液滴接触角的余弦值（$\cos\theta$）对液体表面张力值作图可得到一条直线，将直线外延至 $\cos\theta=1$ 处（接触角为 0℃），相应的液体表面张力值即为该固体表面的临界表面张力值。

将载玻片固定在 OCA-20 接触角测量仪工作台上，用微量进样器吸取 2μL 已知表面张力的测试液并注射在载玻片表面，待液滴稳定后，拍摄图像并用 OCA-20 接触角测量仪相关软件自动测量液滴在载玻片表面上的接触角。试验在室温下进行，每种测试液重复测定 5 次取平均值。根据测得的已知表面张力的液体在载玻片表面的接触角，使用 SCAT 表面自由能软件计算出载玻片的临界表面张力。用同样的方法测定特氟隆膜表面的临界表面张力。

（3）数据与结果　不同施药液量下，不同表面上的柠檬黄沉积量如图 11-7 所示。对其进行方差分析（表 11-2），结果表明，在不同施药液量条件下，雾滴在载玻片、特氟隆膜两种靶标上的沉积量没有显著性差异。但观察高速摄影仪所获得图片（图 11-5、图 11-6）可以看到，两种不同表面上的雾滴沉积状态存在明显区别：载玻片上的雾滴数量较多，特氟隆表面上的雾滴数量较少，而且在相同施药液量条件下特氟隆表面上的大雾滴的数量也要多于载玻片。

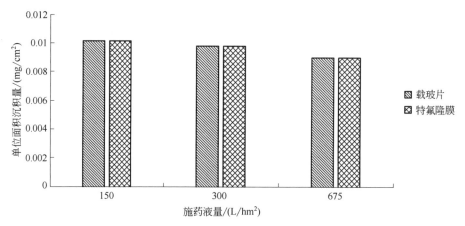

图 11-7　不同表面上的柠檬黄沉积量

表 11-2　沉积量方差分析

施药液量/(L/hm²)	差异源	离差平方和	自由度	均方差	F 值	P 值	F 临界值
150		7.29×10^{-9}	1	7.29×10^{-9}	0.025533	0.877007	5.317655
300	靶标	1.96×10^{-9}	1	1.96×10^{-9}	0.200512	0.666186	5.317655
675		6.4×10^{-10}	1	6.4×10^{-10}	0.132095	0.725687	5.317655

虽然两种表面上雾滴间都表现出聚并现象，但是聚并行为在这两种表面上的形式和程度大不相同。在载玻片表面上，雾滴之间大都在铺展过程中发生聚并行为，雾滴之间桥接，并没有因为聚并而融合成另一个粒径较大的雾滴，将这种聚并方式称为铺展聚并，如图11-6；而在特氟隆膜表面上，雾滴的瞬间回缩能力较强，很容易将周围其他雾滴吸附或被周围更大的雾滴吸附而融合成一个大雾滴，同时也造成了雾滴密度减小、覆盖率也减小的结果，这种聚并方式称为吸引聚并，如图11-8所示。

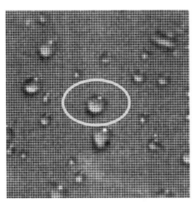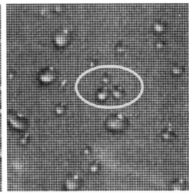

图 11-8 雾滴在特氟隆膜上的聚并现象

表面张力测定结果显示，载玻片和特氟隆膜的临界表面张力值分别为 69.3mN/m、20.7mN/m，两者差异非常大。分析认为，两种不同表面的表面性质导致了两者雾滴的沉积状态不同，进而影响到雾滴的铺展和聚并行为。特氟隆膜表面上大雾滴的出现是由雾滴不能够迅速铺展并出现回缩现象，吸引周围雾滴或被周围雾滴吸引而聚并造成的。

11.2.1.2 喷雾助剂对雾滴聚并行为的影响

（1）仪器与材料　载玻片，特氟隆膜，喷雾助剂 AS-100，手持数码显微镜 Dino-lite Digital Microscope，TX500 系列旋转滴表（界）面张力仪。

（2）研究方法

① 临界胶束浓度测定　用表面张力法测定溶液中表面活性剂的临界胶束浓度。在溶液中，表面活性剂的浓度低于临界胶束浓度时，溶液的表面张力随表面活性剂浓度增大而急剧下降；当表面活性剂达到临界胶束浓度，即表面活性剂的表面吸附达到饱和后，溶液的表面张力几乎不再随表面活性剂浓度的增大而改变。据此，测定含有不同浓度的表面活性剂溶液的表面张力，作浓度对数与表面张力的曲线图，曲线转折点相应的表面活性剂浓度即为该表面活性剂临界胶束浓度。

将喷雾助剂 AS-100 用自来水配置成一系列不同浓度的溶液。用界面张力仪测定相应浓度药液的表面张力。同一样品连续测量 5 次，且 5 次测得的表面张力值相差不超过 0.2mN/m，试验在室温下进行。

② 农药雾滴在靶标表面的沉积状态观测　农药被喷洒到靶标表面后，农药雾滴的沉积状态并不是一成不变的。农药雾滴会在靶标表面发生弹跳、滚落流失以及铺展等现象，这些现象决定了其最终沉积状态和农药有效成分在靶标表面的分布情况，进而影响到农药药效的发挥。雾滴聚并行为也改变了农药雾滴的沉积状态。因此，观测农药雾滴在靶标片表面的沉

积状态是十分有必要的。

先用自来水将 AS-100 配置成 0.25%、0.5%、0.75%和 1%四种不同浓度的溶液。靶标水平放置，将均匀雾滴发生器固定在靶标正上方 50cm 处。调节手持数码显微镜焦距，使靶标表面清晰地呈现在视野内。

先将载玻片作为靶标，利用均匀雾滴发生器分别将自来水、不同浓度的 AS-100 喷雾助剂溶液滴于载玻片表面上，使用手持数码显微镜记录雾滴运动行为。然后将靶标换成特氟隆膜，按照上述步骤进行试验。

（3）试验结果　不同浓度的 AS-100 助剂在不同表面上的聚并行为如图 11-9～图 11-13 所示。从以上图片可以看出，不同浓度下，喷雾助剂 AS-100 在载玻片上的聚并行为并无明显差异，雾滴之间大都是以铺展的形式发生聚并行为。在特氟隆膜表面差异也不明显，两雾滴在特氟隆膜表面聚并而形成一个雾滴的趋势减弱，与自来水水滴在其表面的聚并现象存在明显不同，但雾滴之间仍会相互吸引。

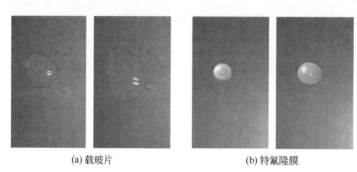

(a) 载玻片　　　　　　　　　　　(b) 特氟隆膜

图 11-9　自来水水滴在不同表面上的聚并

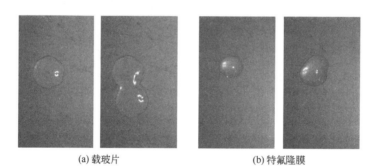

(a) 载玻片　　　　　　　　　　　(b) 特氟隆膜

图 11-10　0.25% AS-100 雾滴在不同表面上的聚并

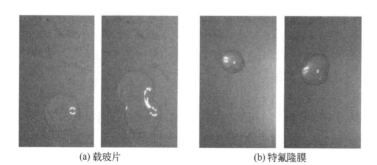

(a) 载玻片　　　　　　　　　　　(b) 特氟隆膜

图 11-11　0.5% AS-100 雾滴在不同表面上的聚并

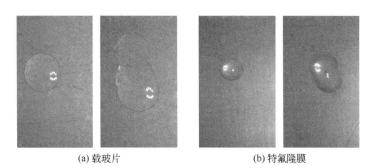

(a) 载玻片   (b) 特氟隆膜

图 11-12   0.75% AS-100 雾滴在不同表面上的聚并

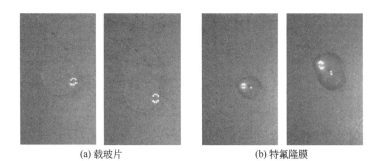

(a) 载玻片   (b) 特氟隆膜

图 11-13   1.0% AS-100 雾滴在不同表面上的聚并

不同浓度的 AS-100 溶液的表面张力如表 11-3 所示，临界胶束浓度如图 11-14 所示。很显然，随着 AS-100 浓度的增大，雾滴的表面张力减小，也因此影响到了雾滴之间的聚并行为：喷雾助剂的加入，减弱了雾滴在特氟隆膜聚并的趋势，增大了雾滴的覆盖面积，但是由于特氟隆膜表面性质的原因，雾滴在其表面仍然很难完全铺展。接下来将测定特氟隆膜的表面张力，用具体数值说明表面张力对雾滴聚并行为的影响。

表 11-3   不同浓度的 AS-100 溶液的表面张力

浓度/(g/L)	浓度对数	表面张力/(mN/m)
0.3125	−1.51	45.33
0.625	−1.2	40.82
1.25	−0.9	37.91
2.5	−0.6	33.61
5	−0.3	26.59
7.5	−0.12	27.08
10	0	27.08
12.5	0.097	26.59
15	0.18	26.59
17.5	0.24	26.1

从临界表面张力测定结果可以得知，载玻片和特氟隆膜的表面性质存在很大差异，载玻片的临界表面张力较大，亲水性较强；而特氟隆膜表面的临界表面张力十分小，疏水性强，一般液体很难在其表面润湿铺展。

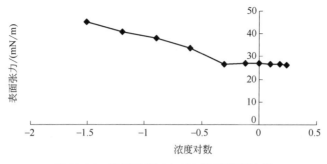

图 11-14　喷雾助剂 AS-100 临界胶束浓度

结合雾滴在两种表面上的聚并状态，可以看出靶标表面性质对雾滴聚并影响的差异性。在载玻片表面，其临界表面张力较大，作为喷雾液的自来水已经能够润湿铺展，加入喷雾助剂虽然继续降低了自来水的表面张力，但是雾滴之间仍然是以铺展的形式发生聚并；而在特氟隆膜表面，即使达到了 AS-100 的临界胶束浓度 5g/L，雾滴的表面张力 26.59mN/m 仍然大于特氟隆膜的临界表面张力，雾滴不能像在载玻片表面那样在铺展的过程中聚并。

因此可认为在疏水性强的靶标表面，雾滴之间更容易发生吸引聚并而形成雾滴粒径更大的雾滴，相对于在载玻片表面发生的铺展聚并来说还伴随着雾滴覆盖率减小的结果。

11.2.2　施药液量、靶标倾角对雾滴聚并行为的影响

11.2.2.1　仪器与材料

载玻片，标准扇形雾喷头 ST110-03，喷雾天车，高速摄影仪 Lightning RDT^{TM}（PLUS），光源 Hid Light HL-250，马尔文激光粒径仪等。

11.2.2.2　聚并行为研究方法

将载玻片作为喷雾靶标分别置于载物台并用量角仪确定靶标倾角，使其处于喷头行进轨道的正下方 50cm 处，使用标准扇形雾喷头 ST110-03，调节喷雾压力为 0.3MPa，根据喷雾作业速度公式式（11-1）计算天车行进速度，按照不同施药液量 150L/hm²、225L/hm²、300L/hm²、375L/hm²、450L/hm²、525L/hm²、600L/hm²、675L/hm² 调节喷雾天车作业速度，在靶标为 0°、30°和 60°的倾角条件下进行喷雾。

在喷雾试验进行的同时，将高速摄影仪 Lightning RDT™ (PLUS)放置在距离载玻片表面附近，计算机连接高速摄影仪，试验设定拍摄速度为 3000fps，曝光时间为 1/3000s，辅助光源为石英碘灯（电压 220V，功率 1350W），对物体进行直接的背景照明，调节焦距使靶标表面清晰地呈现在计算机屏幕上，拍摄不同施药液量、不同靶标倾角以及不同喷头条件下雾滴的沉积过程，观察雾滴聚并现象，保存视频用作后续分析。

在喷雾压力为 0.3MPa 的条件下，自来水作喷雾液。使用标准扇形雾喷头 ST110-03，利用马尔文激光粒径仪测量喷雾扇面上距离喷头正下方 50cm 处的雾滴粒径，重复测定 5 次，记录雾滴大小相关参数。

11.2.2.3　研究结果与分析

从标准扇形雾喷头 ST110-03 高速摄影获得的图片（图 11-15～图 11-17）可以看出，靶标倾角在水平条件下时，改变施药液量使雾滴聚并现象大不相同，随着施药液量的增加，沉

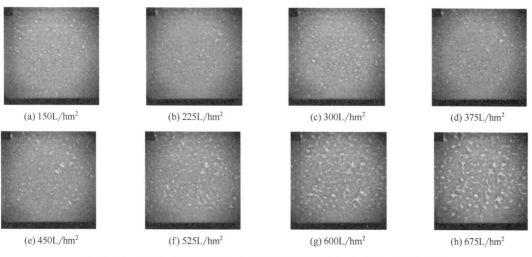

(a) 150L/hm^2 (b) 225L/hm^2 (c) 300L/hm^2 (d) 375L/hm^2

(e) 450L/hm^2 (f) 525L/hm^2 (g) 600L/hm^2 (h) 675L/hm^2

图 11-15　水平时不同施药液量下标准扇形雾喷头 ST110-03 沉积状态

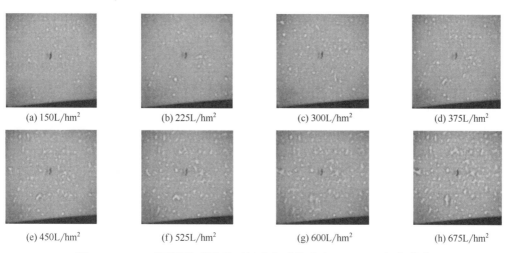

(a) 150L/hm^2 (b) 225L/hm^2 (c) 300L/hm^2 (d) 375L/hm^2

(e) 450L/hm^2 (f) 525L/hm^2 (g) 600L/hm^2 (h) 675L/hm^2

图 11-16　30°时不同施药液量下标准扇形雾喷头 ST110-03 沉积状态

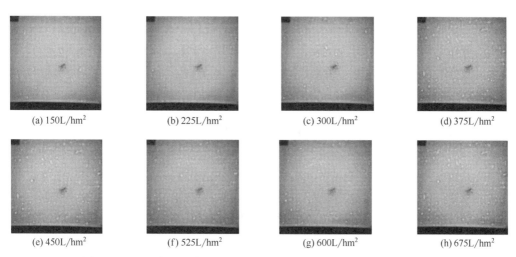

(a) 150L/hm^2 (b) 225L/hm^2 (c) 300L/hm^2 (d) 375L/hm^2

(e) 450L/hm^2 (f) 525L/hm^2 (g) 600L/hm^2 (h) 675L/hm^2

图 11-17　60°时不同施药液量下标准扇形雾喷头 ST110-03 沉积状态

积到载玻片上的雾滴粒径也增大，继续增大沉积量，不仅会有很多大粒径的雾滴出现在载玻片上，而且雾滴之间大部分都以液桥的形式发生聚并。随着靶标倾角的增大，雾滴聚并现象越来越不明显，仅在较大施药液量条件下能清晰地观察到较多大粒径雾滴的存在和雾滴间的桥接现象。

当载玻片的倾角增大时，一方面载玻片的水平投影面积变小，减小了雾滴沉积量，同时雾滴之间相互接触的概率下降，雾滴聚并现象减弱；另一方面，即使雾滴发生聚并，聚并后粒径变大的雾滴随之滚落流失。因此，雾滴聚并现象仅能较少观察到。

11.2.3 喷头种类对雾滴聚并行为的影响

用于农药喷雾作业的喷头有很多种，例如圆锥雾喷头、扇形雾喷头、防飘喷头，由它们当中相同型号喷头组成的喷杆也用于大田施药。农药喷雾液经由不同种类的喷头喷出，雾滴大小、喷头流量以及喷雾雾形都会有所不同，因而会对农药雾滴的行为造成影响。

本节将使用防飘喷头 IDK120-03，利用高速摄影技术在相同条件下对比其与标准扇形雾喷头 ST110-03 对雾滴聚并行为产生的影响。

（1）聚并行为研究方法　使用自来水作为喷雾液，将载玻片水平固定，使用防飘喷头 IDK1210-03，喷雾压力设为 0.3MPa，改变施药液量进行喷雾。将高速摄影仪 Lightning RDT^{TM}（PLUS）放置在载玻片表面附近，计算机连接高速摄影仪，试验设定拍摄速度为 3000fps，曝光时间为 1/3000s，辅助光源为石英碘灯（电压 220V，功率 1350W），对物体进行直接的背景照明，调节焦距使靶标表面清晰地呈现在计算机屏幕上，拍摄不同施药液量下雾滴的沉积过程，观察雾滴聚并现象，保存视频用作后续分析。

在喷雾压力为 0.3MPa 的条件下，自来水作喷雾液。使用防飘喷头 IDK120-03、标准扇形雾喷头 ST110-03，利用马尔文激光粒径仪测量喷雾扇面上距离喷头正下方 50cm 处的雾滴粒径，重复测定 5 次，记录雾滴大小相关参数。

（2）研究结果与分析　不同施药液量下，不同倾角的 IDK120-03 喷头和 ST110-03 喷头在载玻片上的沉积状态如图 11-18～图 11-23 所示。从图中可以看出，喷雾液经防飘喷头 IDK120-03 雾化并沉积后，随着施药液量的增大，雾滴之间聚并行为越来越明显，且大多以桥接的方式聚并。与标准扇形雾喷头 ST110-03 对比，载玻片水平条件下，相同施药液量条件时雾滴的聚并现象表现出差异，防飘喷头 IDK120-03 由于雾滴较大，在较小的施药液量条件下已经以液桥的方式发生聚并；当施药液量足够大时，如在 675L/hm^2 时，两种喷头下的聚并状态差异较小。

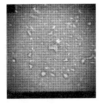  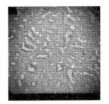

(a) 150L/hm^2 (b) 300L/hm^2 (c) 675L/hm^2

图 11-18　水平时不同施药液量下标准扇形雾喷头 IDK120-03 载玻片上沉积状态

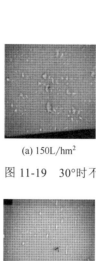
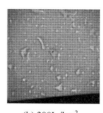
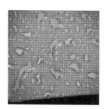

(a) 150L/hm²   (b) 300L/hm²   (c) 675L/hm²

图 11-19　30°时不同施药液量下标准扇形雾喷头 IDK120-03 载玻片上沉积状态

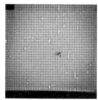

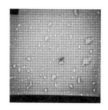

(a) 150L/hm²   (b) 300L/hm²   (c) 675L/hm²

图 11-20　60°时不同施药液量下标准扇形雾喷头 IDK120-03 载玻片上沉积状态

(a) 150L/hm²   (b) 300L/hm²   (c) 675L/hm²

图 11-21　水平时不同施药液量下标准扇形雾喷头 ST110-03 沉积状态

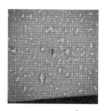

(a) 150L/hm²   (b) 300L/hm²   (c) 675L/hm²

图 11-22　30°时不同施药液量下标准扇形雾喷头 ST110-03 沉积状态

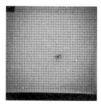

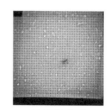

(a) 150L/hm²   (b) 300L/hm²   (c) 675L/hm²

图 11-23　60°时不同施药液量下标准扇形雾喷头 ST110-03 沉积状态

　　防飘喷头 IDK120-03 与标准扇形雾喷头 ST110-03 在相同喷雾压力条件下的喷头流量相同，从雾滴粒径测量结果可以得知两者的雾滴大小存在差异，防飘喷头 IDK120-03 的雾滴粒径明显大于标准扇形雾喷头 ST110-03。造成两种喷头在载玻片上聚并现象不同的原因正是雾滴粒径的改变。

11.2.4　研究结论

本节从施药液量、靶标倾角、靶标表面性质以及喷雾助剂等方面对雾滴聚并行为进行了试验研究，结论如下：

雾滴在疏水性强的靶标表面更容易发生由于雾滴间相互吸引而引起的聚并现象，使两个或多个雾滴聚并成一个粒径更大的雾滴，这样原来持留在靶标表面的粒径较小的雾滴也随之滚落，减少沉积量。

施药液量大小对雾滴聚并现象影响较强，随着施药液量的增加，雾滴在靶标单位面积上的理论雾滴数量增多，增加了雾滴聚并的概率，造成了雾滴粒径不断增大的结果。当施药液量达到一定限度时，雾滴聚并形成的大雾滴在一定倾角上的靶标表面就很容易大量滚落流失。聚并的同时还会引起雾滴的飞溅，减少药液沉积量。因此，我国现在仍然使用的大容量喷雾法是非常不利于提高农药有效利用率的，虽然药液覆盖率比较大，但是雾滴大量聚并，引起雾滴飞溅、滚落和流失，不仅造成了农药的浪费，还给环境带来了污染。

防飘喷头 IDK120-03 由于雾滴粒径明显大于标准扇形雾喷头 ST110-03，相同条件下更易聚并形成更大的雾滴，对于一些难以持留药液的作物来说，不宜使用较大粒径的喷头进行喷雾作业。

综合分析以上几种因素，由于施药液量的减少需要加快喷雾作业速度，而大容量喷雾又会增加聚并，增加疏水性作物表面的药液流失，减少农药药液沉积，所以在进行大田施药时，应选择 225~300L/hm² 内的施药液量比较适宜。

11.3　雾滴聚并行为对药效的影响

农药雾滴的行为关系到药液沉积量、雾滴的铺展润湿以及药液的持留和流失等，这些变化直接影响农药药效的发挥。雾滴聚并行为增大了雾滴的粒径，改变了农药有效成分的沉积位置，进而造成大的雾滴比较容易滚落流失等结果。本节针对药剂本身，从施药技术角度出发，研究农药雾滴的聚并行为对药效的影响。

11.3.1　雾滴聚并行为对沉积量的影响

采取不同容量的喷雾方法，在改变靶标倾角的情况下测定不同施药液量条件下的药液在不同倾角靶标上的沉积量，并以此说明聚并行为对沉积量的影响。

11.3.1.1　聚并行为研究方法

（1）溶液配置　保持柠檬黄每亩用量相同的条件下，分别按照不同施药液量进行喷雾试验。药液配制浓度见表 11-4。

（2）喷雾参数测定　选用德国 Lechler 公司生产的标准扇形雾喷头 ST110-03，在喷雾压力为 3bar 时流量为 1.17L/min，喷雾高度为 50cm 时的喷幅为 0.5m。设定喷雾压力，根据喷雾作业速度公式式（11-1）确定天车喷雾行进速度。具体喷雾参数见表 11-5。

表 11-4　几种喷雾方法的溶液配制

施药液量/(L/hm²)	溶液体积/L	柠檬黄加入量/g	溶液浓度/(g/L)
150		22.50	11.25
225		15.00	7.50
300		11.25	5.63
375	2	9.00	4.50
450		7.50	3.75
525		6.43	3.21
600		5.63	2.81
675		5.00	2.50

表 11-5　不同施药液量条件下的喷雾作业速度

施药液量/(L/hm²)	喷雾压力/MPa	作业幅宽/m	喷头总流量/(L/min)	作业速度/(m/s)
150				2.60
225				1.73
300				1.30
375	0.3	0.5	1.17	1.04
450				0.87
525				0.74
600				0.65
675				0.58

（3）喷雾试验　将载玻片水平置于载物台，使其处于喷头行进轨道的正下方 50cm 处，按照施药液量加入相应配置好的喷雾液，使用标准扇形雾喷头 ST110-03，调节喷雾压力为 0.3MPa，调节喷雾天车速度进行喷雾，每个施药液量条件下重复 5 次。

改变载玻片与水平面之间的夹角，其他因素不变，分别在 30°和 60°条件下按照上述方法进行喷雾试验。

喷雾试验完成后，待载玻片上的液滴自然风干后，收集并测量载玻片上柠檬黄的吸光度，利用式（11-2）～式（11-4）计算载玻片单位面积上的柠檬黄沉积量、药液沉积量等。

11.3.1.2　研究结果与分析

（1）药液沉积量　从图 11-24 可以看出，随着施药液量的增大，标准扇形雾喷头 ST110-03 在不同角度下的载玻片上的药液沉积量随着施药液量的增大而逐渐增加；随着角度的增大，施药液量引起的载玻片上药液沉积量的变化幅度逐渐变小。

从载玻片上的药液沉积量变化不容易看出施药液量、靶标倾角等因素对雾滴聚并行为的影响。

（2）柠檬黄沉积量测定结果　因为在进行试验时，每公顷柠檬黄 85 的使用量保持一致，所以在不造成药液损失的前提下，理论上施药液量改变不会改变柠檬黄 85 的单位面积沉积量，但是实际测定结果（图 11-25）表明，不同条件下的柠檬黄在载玻片的单位面积沉积量是存在差异性的。标准扇形雾喷头 ST110-03 沉积量测定结果表明，随着载玻片倾角的增大，同一施药液量条件下的载玻片上单位面积柠檬黄沉积量随之减小，而且减小程度比较明显；同一靶标倾角条件下，柠檬黄单位面积沉积量随着施药液量的增大也表现出下降趋势。

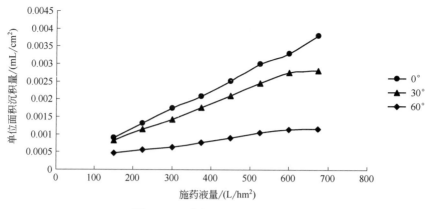

图 11-24　单位面积药液沉积量

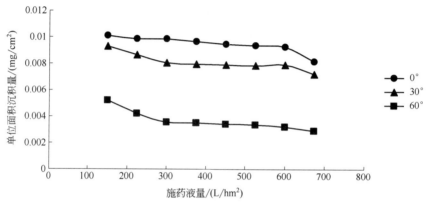

图 11-25　柠檬黄 85 单位面积沉积量

　　单因素方差分析指出，当施药液量逐渐增大时，每个倾角条件下的柠檬黄单位面积沉积量都表现出显著性差异。进一步通过邓肯方差分析表明（表 11-6），当载玻片处于水平位置时，在施药液量为 600L/hm² 和 675L/hm² 时沉积量减少最明显，而且当施药液量处在 225～525L/hm² 时，柠檬黄单位面积沉积量基本无变化；当载玻片的倾斜角度为 30°时，当施药液量增大到 300L/hm² 时，柠檬黄单位面积沉积量显著减少，而且在施药液量范围为 300～600L/hm² 时，柠檬黄沉积量没有显著性差别；当载玻片的倾角为 60°时，150L/hm² 和 225L/hm² 两种施药液量之间的柠檬黄沉积量已经存在明显差别。

表 11-6　沉积量邓肯方差分析

施药液量/(L/hm²)	沉积量/(mg/cm²)		
	0°	30°	60°
150	0.0101 a	0.0093 a	0.0052 a
225	0.0099 a b	0.0086 a b	0.0042 b
300	0.0098 a b	0.0081 b	0.0036 c
375	0.0097 a b	0.0080 b	0.0035 c
450	0.0095 a b	0.0079 b	0.0034 c d
525	0.0093 a b	0.0079 b	0.0033 c d
600	0.0093 b	0.0079 b	0.0032 c d
675	0.0081 c	0.0072 c	0.0029 d

从以上结果可以得出以下结论，当载玻片处在水平状态时，虽然不会有药液滚落流失现象的发生，但是随着施药液量的增大，雾滴重复沉积，发生聚并的同时易造成雾滴飞溅，减少了柠檬黄的沉积量；当载玻片倾角分别为30°和60°时，雾滴均出现了不同程度的滚落流失现象，倾斜角度越大，施药液量对这种现象的影响作用越明显；由于施药液量的增大，加剧了雾滴之间聚并行为的发生，使雾滴粒径不断变大，变大的雾滴更容易从靶标表面滚落流失，减少了柠檬黄在载玻片表面的沉积量。

综合沉积量测定结果和上一节中高速摄影研究结果表明，即使在柠檬黄单位面积沉积量无明显差异的情况下，即在载玻片水平时 $225\sim525\text{L/hm}^2$ 的施药液量范围和载玻片倾角为30°的 $300\sim600\text{L/hm}^2$ 施药液量范围内，雾滴聚并状态也有明显区别。

靶标倾角和施药液量两因素对雾滴聚并行为有很大的影响；施药液量的变化对雾滴聚并行为的影响作用较大，但是并不是所有的雾滴聚并都会引起雾滴的飞溅、滚落和流失。

11.3.2 雾滴聚并行为对农药吸收的影响

11.3.2.1 沉积量测定

（1）研究方法　根据推荐剂量称量腈菌唑可湿性粉剂、草甘膦水剂，按照每公顷150L、225L 和 300L 的用水量配置喷雾液，分别往喷雾液中加入一定量的柠檬黄85，保持柠檬黄每公顷用量相同。详细配置见表11-7。

表 11-7　喷雾液配置

施药液量/(L/hm²)	喷雾液体积/L	草甘膦/g	腈菌唑/g	柠檬黄加入量/g
150		40	0.6	22.5
225	2	26.7	0.4	15
300		20	0.3	11.25

选取几株长势相同的草莓植株，每株选取几片生长期大体一致的叶片。将选取的草莓叶片固定在载物台，使草莓叶片保持水平，并处于喷头行进轨道正下方 50cm 处，按照表 11-7 中所示施药液量，进行喷雾试验。喷雾试验分别使用标准扇形雾喷头 ST110-03 和防飘喷头 IDK120-03，喷雾压力均为 0.3MPa，并按照式（11-1）计算不同施药液量条件下的喷雾作业速度。每处理重复 5 次。喷雾试验结束后待药液自然风干，收集草莓叶片，用一定量的去离子水洗脱待测试样并用 722s 型分光光度计测定柠檬黄吸光度，以稀释一定倍数的母液作为标定液。最后将柠檬黄的吸光度换算成腈菌唑、草甘膦有效成分含量，并利用叶面积仪测定喷雾处理过的草莓叶片的面积，计算单位面积沉积量，比较不同喷头、不同施药液量条件对农药有效成分沉积量的影响。

（2）数据提取与结果　在图 11-26、图 11-27 中，a、b 表示在施药液量为 150L/hm^2 时，分别使用标准扇形雾喷头 ST110-03、防飘喷头 IDK120-03 喷施草莓叶片后，农药制剂的单位面积沉积量；c、d 表示在施药液量分别为 225L/hm^2 和 300L/hm^2 时，均使用标准扇形雾喷头 ST110-03 喷施草莓叶片后的农药制剂单位面积沉积量。

对沉积量进行方差分析（表 11-8），测定结果表明，腈菌唑和草甘膦在不同施药液量和不同喷头条件下的沉积量变化规律一致；当施药液量分别为 150L/hm^2、225L/hm^2 和 300L/hm^2 时，药液经标准扇形雾喷头 ST110-03 和防飘喷头 IDK120-03 雾化后在草莓叶片单位面积上的沉积量没有显著性差异。

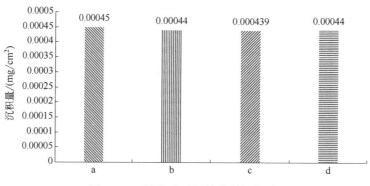

图 11-26　腈菌唑可湿性粉剂沉积量

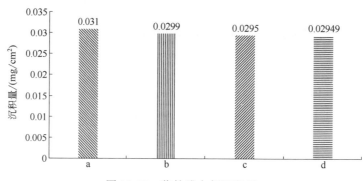

图 11-27　草甘膦水剂沉积量

表 11-8　沉积量方差分析

农药	差异源	离差平方和	自由度	均方差	F 值	P 值	F 临界值
腈菌唑	组间	7.05×10^{-17}	2	3.53×10^{-17}	0.565247	0.582641	3.885294
草甘膦		1.01×10^{-13}	2	5.07×10^{-14}	0.115339	0.89204	3.885294

　　虽然在施药液量为 150L/hm^2、225L/hm^2 和 300L/hm^2 时两种喷头的农药有效成分的沉积量没有差异，但是草莓叶片上的沉积状态却大有不同：增大施药液量，ST110-03 雾化所产生的雾滴之间的聚并现象逐渐明显；使用防飘喷头 IDK120-03 后雾滴以较大粒径沉积在草莓叶片。

　　因此，为了研究聚并现象对内吸类农药吸收的影响，在农药有效成分沉积量一致的情况下，将利用标准扇形雾喷头 ST110-03 和防飘喷头 IDK120-03，在施药液量分别为 150L/hm^2 和 300L/hm^2 时进行药效吸收对比试验。

11.3.2.2　农药吸收

　　在施药液量为 150L/hm^2 时，相同压力下标准扇形雾喷头 ST110-03 和防飘喷头 IDK120-03，在水平固定的草莓叶片上两种喷头的沉降量并没有显著性差异；当施药液量分别为 150L/hm^2 和 300L/hm^2 时，标准扇形雾喷头 ST110-03 在水平固定的草莓叶片上的沉积量差异也不显著。因此，以下在不改变农药有效成分沉积量的前提下，通过使用不同种类喷头、改变施药液量的方法验证农药聚并行为对农药吸收的影响。

　　（1）研究方法　选取长势一致的草莓植株，将每株中一片比较平整的叶片水平固定在载物台上。按照推荐剂量配置腈菌唑可湿性粉剂，施药液量 150L/hm²，草莓植株放置在喷头行进轨道正下方 50cm 处。分别使用标准扇形雾喷头 ST110-03 和防飘喷头 IDK120-03，在喷雾压力 0.3MPa 的条件下，根据式（11-1）调节喷雾作业速度并喷雾，每处理重复 5 次。改变施药液量为 300L/hm²，仅使用标准扇形雾喷头 ST110-03，其他条件不变，对草莓植株进行喷雾，重复 5 次。使用相同的方法，按推荐剂量配置草甘膦水剂重复以上试验。自来水作为喷雾液，不加入任何药剂，对草莓进行喷雾，作为对照试验。在喷雾试验结束 1d 后分别对对照和处理进行叶绿素荧光成像系统拍照，保存图片用作后续分析。

（2）数据与结果分析　图 11-28～图 11-30 中的彩色条带是指草莓叶片光合作用强度，即 F_v/F_m，颜色越红值越大，表示草莓叶片光合作用越强。

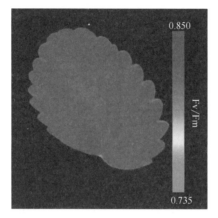

图 11-28　对照草莓叶片荧光成像图

图 11-29　腈菌唑处理草莓叶片荧光成像图

图 11-30　草甘膦处理草莓叶片荧光成像图

通过叶绿素成像系统拍摄获得的图 11-29 可以看出，使用不同喷头和施药液量喷施腈菌唑药液，不论是使用标准扇形雾喷头 ST110-03、施药液量 150L/hm² 处理的草莓叶片［图 11-29（a）］，防飘喷头 IDK120-03、施药液量 150L/hm² 处理的草莓叶片［图 11-29（b）］，还是改变施药液量为 300L/hm²、使用标准扇形雾喷头 ST110-03 处理的草莓叶片［图 11-29（c）］，药后 1d 草莓叶片的光合作用强度均没有发生明显变化。

对于草甘膦处理过的草莓叶片，如图 11-30，使用防飘喷头 IDK120-03 在施药液量为 150L/hm² 时喷施后［图 11-30（c）］，其叶片颜色与对照比较变化较大，说明这种情况下对草莓叶片的光合作用影响明显。当在同样施药液量条件下用标准扇形雾喷头 ST110-03 喷施草莓叶片后［图 11-30（b）］，虽然与对照相比叶片颜色变化也比较明显，但是其变化强度明显小于防飘喷头 IDK120-03 处理过的草莓叶片，在施药液量为 300L/hm² 时用标准扇形雾喷头 ST110-03 喷施草莓叶片［图 11-30（a）］，叶片颜色相对对照来说也有变化，但是变化程度较轻。

使用三种不同施药方式对草莓叶片喷施腈菌唑，之所以与对照叶片均没有表现出明显差别，是因为腈菌唑是内吸性杀菌剂，是促进植物生长的一种农药，而从对照可以看出，草莓叶片再被进行喷雾处理前长势比较好，光合作用强，所以喷施腈菌唑不会再明显提高草莓叶片的光合作用强度。

草甘膦属于内吸传导型广谱灭生性除草剂，能进行光合作用的植物体的绿色部分都能较好地吸收草甘膦而被杀死。因此，喷施过草甘膦的草莓叶片与对照叶片的颜色有明显差别。分析三种不同处理方式，使用防飘喷头 IDK120-03 模拟雾滴聚并现象，在施药液量为 150L/hm² 时，其沉积到草莓叶片上的雾滴相比标准扇形雾喷头 ST110-03 所产生雾滴更容易被吸收；虽然在 300L/hm² 施药液量条件下，经过标准扇形雾喷头 ST110-03 所产生雾滴在草莓叶片上也表现出聚并行为，但是由于药液的浓度减小，这种雾滴相比另外两种不易被草莓叶片吸收。因此，可以得出结论，在其他条件相同时，农药有效成分沉积量无显著性差异，由于聚并现象而增大雾滴粒径，使农药有效成分相对集中，这种情况下沉积在草莓叶片的草甘膦雾滴更容易被草莓叶片吸收。

11.3.3 研究结论

施药液量的增大，加大了雾滴聚并的程度，使雾滴更容易滚落流失，而且聚并的同时还会引起雾滴的飞溅，这些都会造成农药的损失和浪费，对环境不利。在条件允许的条件下实施低容量施药，雾滴的聚并并不会明显引起农药的飞溅、滚落流失。

在使用内吸类农药草甘膦对一些亲水性、阔叶类作物进行喷雾作业时，使用雾滴粒径较大的喷头将会有利于农药在植物上的吸收，对农药药效的发挥很可能也会有影响。

叶绿素荧光成像系统能通过检测植物的光合作用强度，迅速准确地反映农药在植物体内的吸收与传导，能够直观地分析出雾滴在植物叶片的沉积后所产生的直接作用，这对于雾滴行为研究具有非常重要的意义。

11.4 综合研究结论

雾滴的聚并现象广泛存在雾滴的沉积过程中，这是引起流失的原因之一。雾滴聚并行为和其他雾滴运动行为一样受多种因素影响，同时雾滴的聚并也影响着农药的沉积和药效的发挥。

高速摄影技术可以使雾滴聚并现象可视化，直观地展示出雾滴聚并的整个过程。本章明确了观察雾滴聚并现象的方法，并发现了雾滴聚并现象广泛存在于雾滴在靶标表面的沉积过程中，雾滴聚并还会引起雾滴飞溅损失，使雾滴粒径变大，同时造成雾滴密度相对减少、覆盖面积减小等结果；雾滴重复沉积增加了雾滴之间接触的概率，雾滴因此发生聚并行为。

在农药有效成分用量不变的情况下，增大施药液量，增加了雾滴的重复沉积，雾滴聚并频率变大，大粒径雾滴越来越多，一方面会引起雾滴因聚并引起的飞溅；另一方面，若靶标具有一定的倾斜角度，则容易导致雾滴在靶标表面的滚落。不论哪种情况，增大施药液量都会造成农药有效成分的损失。但是在一定施药液量范围内，在不同倾角下靶标上的沉积量却没有明显差异，雾滴虽然有着不同程度的聚并情况的出现，但是药液覆盖率也随之提高。

雾滴在不同表面性质上的聚并行为也由明显差异。在载玻片表面，由于载玻片亲水性较强，雾滴容易铺展，雾滴在其表面大都以桥接的形式聚并，雾滴之间并没有聚合成一个大粒径的雾滴；而在特氟隆膜表面，由于特氟隆疏水性强，雾滴很难润湿铺展，雾滴撞击靶标表面时发生瞬间回缩现象，这种现象使雾滴吸附周围的雾滴或周围的雾滴被吸附而形成一个粒径更大的雾滴。将不同浓度的喷雾助剂 AS-100 作为喷雾液，其雾滴在特氟隆膜表面的瞬间回缩能力减弱，但是由于特氟隆膜属于超疏水性表面，在 AS-100 达到其临界胶束浓度时，雾滴仍然不能较容易地润湿铺展，雾滴之间聚并成一个雾滴的趋势仍然较明显。雾滴在疏水性表面发生聚并，两个或多个雾滴聚并成一个大雾滴，而且新形成的雾滴仍然不能较好地在靶标表面润湿铺展，这样势必减少了雾滴在疏水性表面上的覆盖面积，这样对于非内吸类农药制剂的药效发挥将会产生不利影响。

农药雾滴在亲水性植物表面发生聚并，形成的大雾滴不容易滚落，对沉积量的影响不明显。在沉积量和施药液量一定的条件下，喷施内吸类农药，沉积并发生聚并的农药雾滴有利于农药的吸收；但是当增大施药液量时，虽然雾滴也会发生聚并，但是由于农药有效成分的浓度相应减小，并不会促进农药的吸收。

参考文献

[1] 何雄奎. 改变我国植保机械和施药技术严重落后的现状. 农业工程学报, 2004, 20(1): 13-15.

[2] Tadors T F. Surfactants in Agrochemicals. Marcel Dekker, New York, NY, USA, 1994: 1-264.

[3] Holloway P J. Effects of some agricultural tank-mix adjuvants on the deposition of aqueous sprays on foliage. Crop Protection, 2002, 19: 27-37.

[4] Knoche M. Organ silicone surfactant performance in agricultural spray applications: a review. Weed Research, 1994: 34-22.

[5] Kirkwood R C. Some criteria determining penetration and translocation of foliage applied herbicides//Herbicides and Fungicides-Factors Affecting Their Activity (ed. NR McFarlane), Special Publication, 1976: 67-80.

[6] 屠豫钦. 农药使用技术标准化. 北京: 中国标准出版社, 2001: 163-169.

[7] Bowmer K H. Uptake and translocation of 14C-Glyphosate in Alternanthera philoxeroides Ⅰ. Rhizome concentration required for inhibition. Weed Research, 1993, 33: 53-57.

[8] 邓巍, 付卫强, 武广伟, 等. 农药雾滴落至叶片的行为研究综述//中国植物保护学会, 2011.

[9] 袁会珠. 农药雾滴沉积流失规律以及降低容量喷雾技术研究. 北京: 中国农业大学, 2000.

[10] 许小龙, 徐广春, 徐德进, 等. 植物表面特性与农药雾滴行为关系的研究进展. 江苏农业学报, 2011, 27(1): 214-218.

[11] Bsau S, Luthra J, Nigam K D P. The effects of surfactants on adhesion, spreading, and retention of herbicide droplet on the surface of the leaves and seeds. Journal of Environmental Science and Health, 2002, B37(4): 331-344.

[12] 顾中言, 许小龙, 韩丽娟. 表面活性剂在农药使用中的作用研究. 现代农药, 2003, 2(4): 21-23.

[13] 蒋庆哲, 宋昭峥, 赵密福, 等. 表面活性剂科学与应用. 北京: 中国石化出版社, 2006: 193-221.

[14] 庞红宇. 几种农药助剂溶液在靶标上的润湿性研究. 北京: 中国农业大学, 2006.

[15] 袁会珠, 齐淑华, 杨代斌. 药液在作物叶片的流失点和最大稳定持留量研究. 农药学报, 2000, (04): 66-71.

[16] 屠豫钦. 农药雾滴的形成和运动沉积特性与农药的使用技术. 农药译丛, 1983, 5(2): 8-14.

[17] 王穗, 彭尔瑞, 吴国星, 等. 农药雾滴在作物上的沉积量和其分布规律的研究概述. 云南农业大学学报, 2010, (1): 5.

[18] 董玉轩, 顾中言, 徐德进, 等. 雾滴密度与喷雾方式对毒死蜱防治褐飞虱效果的影响. 植物保护学报, 2012, 39(1): 75-80.

[19] 袁会珠, 陈万权, 杨代斌, 等. 药液浓度、雾滴密度与氧乐果防治麦蚜的关系研究. 农药学报, 2000, 2(1);58-62.

[20] 徐德进, 顾中言, 徐广春, 等. 雾滴密度及大小对氯虫苯甲酰胺防治稻纵卷叶螟效果的影响. 中国农业科学, 2012, 45(4): 666-674.

[21] 徐德进, 顾中言, 徐广春, 等. 药液表面张力与喷雾方法对雾滴在水稻植株上沉积的影响. 中国水稻科学, 2011, 25(2): 213-218.

[22] 屠豫钦. 农药应用工艺学导论. 北京: 化学工业出版社, 2006: 132-134.

[23] Nakae H. Effect of surface roughness on wettability . Acta mater, 1998, 46: 313-316.

[24] Neinhui S C, Barthlo T W. Characterization and distribution of water-repellent, self-cleaning plant surfaces. Annals of Botany, 1997, 79: 667-677.

[25] Assender H. How surface topography relates to materials' properties. Science, 2002, 297: 362-364.

[26] Brewer C A, Smith W K, Vogelman T C. Functional interaction between leaf trichomes, leaf wettability and the optical properties of water droplets. Plant Cell and Environment, 1991, 14: 955-962.

[27] Herminghaus S. Roughness-induced non-wetting. Europlys Letters, 2000, 48(2): 165-170.

[28] 杨晓东, 尚广瑞, 李雨田, 等. 植物叶表的润湿性能与其表面微观形貌的关系. 东北师大学报(自然科学版), 2006, (03): 91-95.

[29] 顾中言. 植物的亲水疏水特性与农药药液行为的分析. 江苏农业学报, 2009, (02): 276-281.

[30] 肖进新, 赵振国. 表面活性剂应用原理. 北京: 化学工业出版社, 2003: 240-266.

[31] 陆军, 贾卫东, 邱白晶, 等. 黄瓜叶片喷雾药液持留量试验. 农业机械学报, 2010, (04): 60-64.

[32] 徐广春, 顾中言, 徐德进, 等. 甲维盐水分散粒剂药液在甘蓝叶面上的润湿行为. 江苏农业学报, 2012, 28(6): 6.

[33] 顾中言, 许小龙, 韩丽娟. 不同表面张力的杀虫单微乳剂药滴在水稻叶面的行为特性. 中国水稻科学, 2004, (02): 90-94.

[34] 顾中言, 许小龙, 韩丽娟. 作物叶片持液量与溶液表面张力的关系. 江苏农业学报, 2003, (02): 92-95.

[35] 顾中言, 许小龙, 韩丽娟. 一些药液难在水稻、小麦和甘蓝表面润湿展布的原因分析. 农药学报, 2002, (02): 75-80.

[36] 范仁俊, 张晓曦, 周璐, 等. 利用 OWRK 法预测桃叶表面润湿性能的研究. 农药学报, 2011, (01): 79-83.

[37] 徐广春, 顾中言, 徐德进, 等. 两种剂型的井冈霉素药液在水稻叶面上的行为分析//中国植物保护学会. 中国植物保护学会成立 50 周年庆祝大会暨 2012 年学术年会论文集, 2012.

[38] 徐德进, 顾中言, 徐广春, 等. 不同啶虫脒剂型对烟粉虱的毒力差异及原因分析. 中国生态农业学报, 2012, 20(10): 1347-1352.

[39] 屠豫钦. 农药剂型和制剂与农药的剂量转移. 农药学报, 1999, (01): 1-6.

[40] 顾中言, 徐广春, 徐德进, 等. 稻田农药科学减量的技术体系及其原理. 江苏农业学报, 2012, (05): 1016-1024.

第 **12** 章

农药理化特性对雾滴沉积的影响

　　药液经过雾化部件进行雾化后，再经过空中飞行、靶标撞击等几个过程，然后沉积分布于作用靶标表面。因此，农药药液在植物叶片上的最终沉积分布是一个复杂的过程，它是由药液特性、雾滴特性、气象条件、作物冠层结构、叶片表面结构、施药机具甚至操作人员的操作技能等诸多因素决定的。近年来，国内外学者在研制新型施药机具的同时，围绕如何提高农药在作物靶标的沉积，从多学科多领域入手，开展了大量工作，提出和发展了许多新的施药技术和理论。这些研究可大体可概括为药液理化性质、作物本身特性、气象环境因素等方面，其中药液理化特性被认为是最为基础的影响因素，被农药应用领域专家作为主要影响因子加以研究。国内外这方面的研究主要集中在能改变药液理化性质的助剂的研究上。

　　加入助剂后药液雾滴与靶标的相互作用的研究，包括黏附、浸湿、铺展、渗透吸收、增效作用机制等各个方面。袁会珠等以接触角为主要研究手段，对表面活性剂 Silwet408 提高药液在蔬菜和小麦叶片上润湿性能的研究表明，有机硅表面活性剂 Silwet408 能有效地降低雾液的表面张力和接触角，增加药液在保护作物上的扩展，增加防治效果。卢向阳采用同位素标记法研究了两种喷雾助剂 JFC 和 ABS 对氟磺胺草醚在反枝苋上的吸收和药效的影响，认为 JFC 增效作用体现在促进药液渗透和扩展两个方面。朱金文进行了九种助剂对草甘膦增效作用比较的研究，认为助剂增效作用大小与降低表面张力的效能无密切相关性。Davidstok等用放射性标记的表面活性剂的研究表明，表面活性剂与有机化合物发生了相互作用，使化合物以低于、等于或高于表面活性剂的渗透速率进行渗透。

12.1　雾滴在靶标上的沉积特性

　　本节用显微照相技术，观察几种表面活性剂的不同浓度溶液在几种靶标上的扩展情况。

12.1.1　沉积特性研究平台构建

　　十二烷基苯磺酸钠（SDBS），壬基酚聚氧乙烯醚（OP10），聚三硅氧烷（SIL408），荧光素钠（BSF 1F561），紫外显微照相系统等。

12.1.2　沉积测试方法

配制 0.2%的 BSF 作为显色溶液,便于试验观察。用该浓度 BSF 溶液分别配制 0.01g/L、0.05g/L、0.1g/L、0.2g/L、0.5g/L、1g/L、2g/L 的 SDBS、OP10 和 SIL408 溶液,放置 30min 待用。

中国农业大学药械与施药技术研究中心的紫外显微照相系统平台,主体装置为 Olympus 照相机,照相机自带计时器,可进行连续拍摄,照片最大放大倍数为 60 倍。将靶标置于照相机视野中心,调整计时器,设定拍照间隔时间等参数。使用 25μL 的微量进样器滴加固定体积的液滴到照相机视野中心处,滴加液滴的同时计时并进行拍照。重复三次以上。

利用雾滴关键参数测量软件系统处理照片,即得到不同时间液滴的扩散面积。

12.1.3　研究结果与分析

通过上述方法,得到了不同浓度 OP10、SIL408 和 SDBS 溶液液滴在自制石蜡片、金属板、塑料片三种模拟表面以及小麦叶片正反两面上扩散面积随时间的变化情况。下面分别从进液量、表面活性剂种类、表面活性剂用量等方面,讨论各个因素对不同靶标上雾滴扩散的影响。

12.1.3.1　进液量的影响

图 12-1 为 0.2g/L OP10 不同进液量下,液滴在三种模拟表面的扩散状况。以扩散面积对时间作图,得到不同进液量条件下三种模拟表面的液滴扩散情况。

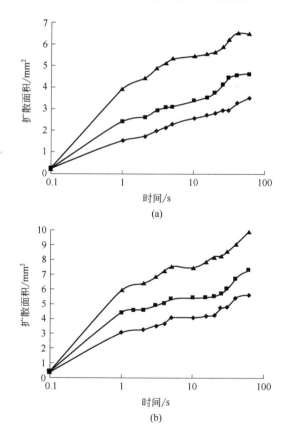

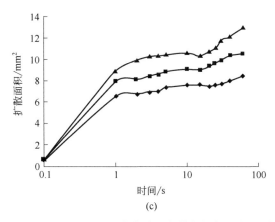

(c)

图 12-1　0.2g/L OP10 不同进液量下在模拟靶标上的扩散情况

（a）5μL；（b）1μL；（c）2μL

——◆—— 石蜡片　　——■—— 金属板　　——▲—— 塑料片

由图 12-1 可以看出，不同进液量条件下，自制石蜡片、金属板、塑料片三种模拟表面上雾滴扩散面积随着时间增加都呈增大趋势。不同进液量下的扩散面积，自制石蜡片、金属板、塑料片的相关系数分别在 0.9318、0.9403、0.9807 以上。由此可见，在该范围内进液量的改变对扩散面积的影响不大。其他不同表面活性剂种类和用量下不同进样量之间变化规律与此相似。因此下面的试验均在 0.5μL 进样量下进行，以后的数据如无特殊说明，都为 0.5μL 进液量时的数值。

12.1.3.2　表面活性剂种类的影响

以各种表面活性剂 0.2g/L 浓度体系为代表，考察了表面活性剂种类对扩散特性的影响。

图 12-2 为 OP10、SDBS、SIL408 三种表面活性剂 0.2g/L 浓度时 0.5μL 液滴在三种模拟表面及小麦叶片上随时间的扩散状况。

由图 12-2 可以看出，表面活性剂种类对雾滴在不同靶标上的扩散影响差异明显。表面活性剂之间的差异体现在扩散能力和扩散速度两个方面。

在扩散速度方面，0.2 g/L SIL408 溶液液滴在石蜡片、金属板、叶片正面时，在 5s 时间内液滴的铺展面积达到最大，以后的时间不再发生变化,而在塑料片和叶片背面上，因为铺展速度太快，在本试验条件下无法检测；0.2g/L OP10 和 SDBS 溶液液滴铺展速度与 SIL408 相比明显缓慢，在 40～60s 左右才达到面积最大值。

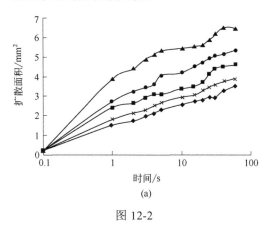

(a)

图 12-2

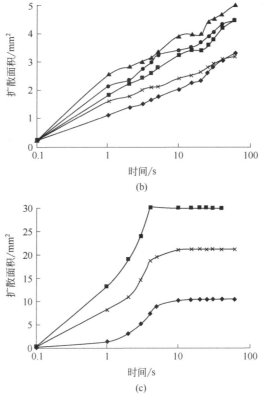

(b)

(c)

图 12-2　0.2g/L 表面活性剂溶液在模拟表面上扩散情况

(a) OP10；(b) SDBS；(c) SIL408

◆ 石蜡片　■ 金属板　▲ 塑料片　✕ 叶面　● 叶背

在扩散能力方面，0.2g/L SIL408 液滴在石蜡片、金属板上最终面积增大显著，分别达到了 $10.41mm^2$ 和 $30.01mm^2$，在塑料片上更是因为超高的铺展性而无法检测其面积；而 0.2g/L OP10 和 SDBS 溶液液滴在 5 种靶标上最终面积均不超过 $7mm^2$ 和 $5mm^2$，铺展性能均不如 SIL408。

表面活性剂种类对扩散性质的影响在不同靶标之间表现出明显差异，在各种模拟靶标上，其铺展性能由高到低依次为塑料片、小麦叶片背面、金属片、小麦叶片正面、石蜡片，此规律对 3 种表面活性剂而言是一致的。

12.1.3.3　表面活性剂用量的影响

以不同浓度的 SDBS 溶液为代表（浓度为 0，0.01g/L，0.05g/L，0.1g/L，0.2g/L），考察了表面活性剂用量对扩散特性的影响。图 12-3 为不同浓度 SDBS 溶液液滴在三种模拟表面随时间的扩散状况。

由图 12-3 可以看出，表面活性剂用量对雾滴在各种靶标上的扩散影响差异明显。与不同表面活性剂种类的影响相似，表面活性剂用量的影响也体现在扩散能力和扩散速度两个方面，但后者的影响相对于前者不显著。

随着表面活性剂用量的增加，液滴扩散能力增强显著。不含 SDBS 的液滴在石蜡片、金属板、塑料片、小麦叶面、叶背上铺展最终面积分别是 $1.52mm^2$、$1.86mm^2$、$2.16mm^2$、$1.79mm^2$ 和 $2.08mm^2$；而 0.2g/L SDBS 在这几种表面上达到的最终铺展面积分别为 $3.3mm^2$、$4.47mm^2$、

4.97mm^2、3.19mm^2 和 4.45mm^2；0.01g/L、0.05g/L、0.1g/L 溶液液滴最终铺展面积均介于这两组数值之间。由此可见，随着表面活性剂用量的增加，溶液液滴扩散能力增强。

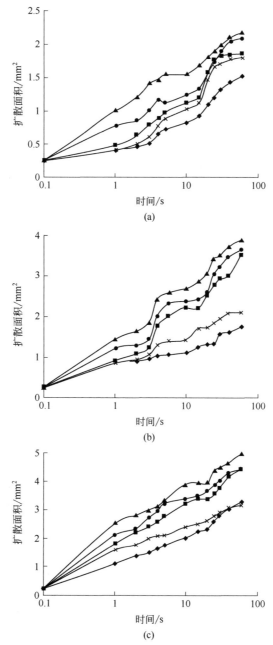

图 12-3 不同浓度 SDBS 溶液在模拟表面上扩散情况
（a）0；（b）0.05g/L；（c）0.2g/L

◆— 石蜡片 —■— 金属板 —▲— 塑料片 —×— 叶面 —●— 叶背

随着表面活性剂用量的增加，液滴扩散速度加快。不含 SDBS 的液滴在石蜡片、金属板、塑料片、小麦叶面、叶背上达到铺展面积不再明显变化的时间在 40s 左右；而 0.2g/L SDBS 在这三种表面上达到铺展面积不再明显变化的时间在 10s 左右，说明随着表面活性剂用量的增加，液滴扩散速度加快。

表面活性剂用量对扩散性质的影响在不同靶标之间也表现出一定差异，在各种模拟靶标上，其铺展性能由高到低依次为塑料片、小麦叶片背面、金属片、小麦叶片正面、石蜡片，此规律对不同表面活性剂浓度而言是一致的，但对于在不同靶标上扩散性质的影响，表面活性剂用量变化不如表面活性剂种类的变化影响显著。

12.2　模拟喷雾条件下雾滴的沉积规律

本节利用模拟喷雾手段，观察在不同浓度的几种表面活性剂溶液在几种靶标上的沉积情况。

12.2.1　雾滴沉积规律研究平台构建

十二烷基苯磺酸钠（SDBS），壬基酚聚氧乙烯醚（OP10），聚三硅氧烷（SIL408），荧光素钠（BSF 1F561），可控速喷雾天车，LS-20 荧光分光光度计，均匀扇形雾喷头（德国，Lechler，ST110-03）等。

12.2.2　雾滴沉积规律研究方法

（1）溶液配制　首先配制 0.2%BSF 溶液，然后用它配制 0.01g/L、0.05g/L、0.1g/L、0.2g/L、0.5g/L、1g/L、2g/L 等浓度的 SDBS、OP10 和 SIL408 溶液各 2L。

（2）靶标设置　将金属板、石蜡片、塑料片分别固定在自制的载样架上，设置距喷头 50cm，与地面呈 45°角度放置，三次重复。将从田间取回来的小麦统一剪成 35cm，将其固定在标准泡沫板上（30cm×30cm），按 5cm×5cm 布置，喷头到植株顶端高度 50cm。

（3）喷雾　将上述溶液分别加入药箱中，调整自走天车压力为 3bar，行走速度 1m/s，按溶液浓度由低到高进行喷雾，中途换液彻底清洗天车药箱和管路。喷雾天车作业如图 12-4 所示。

(a)　　　　　　　　　　　　(b)

图 12-4　可控喷雾天车作业

（4）取样　等雾滴干燥后，将各模拟表面和小麦单个叶片分别放入一次性塑料袋中。小麦个体，每次取 3 个点，将小麦植株剪成小段，放入袋中。

（5）小麦植株称重　利用万分之一天平对所取的小麦植株进行称重。利用该时期小麦叶面积计算公式，计算小麦的叶面积。

（6）测量　样品中各加入 50mL 去离子水，振荡 30min。利用 LS-20 荧光分光光度计，测量沉积液的荧光浓度。

12.2.3　研究结果与分析

通过上述方法，得到了不同浓度 OP10、SIL408 和 SDBS 溶液在自制石蜡片、金属板、塑料片、小麦植株上的沉积量变化情况（表 12-1，图 12-4）。

表 12-1　各种条件下沉积量变化情况　　　　单位：μg/cm²

靶标	表面活性剂	浓度/(g/L)					
		0	0.05	0.1	0.2	0.5	1
塑料片	SIL408	3.73	2.90	1.87	1.60	1.57	1.47
	OP10	3.73	3.10	2.98	2.50	1.67	1.67
	SDBS	3.73	3.33	3.33	2.80	2.99	1.93
金属板	SIL408	3.23	3.00	2.85	2.00	1.87	1.57
	OP10	3.23	3.10	3.34	3.12	2.41	2.49
	SDBS	3.23	3.40	3.25	3.20	3.27	3.08
石蜡片	SIL408	2.80	2.91	2.91	2.73	2.40	2.58
	OP10	2.80	2.91	2.97	3.05	2.80	2.95
	SDBS	2.80	2.80	2.75	2.90	3.06	3.11
小麦	SIL408	1.43	1.64	1.44	1.10	1.07	1.04
	OP10	1.43	1.56	1.58	1.67	1.36	1.36
	SDBS	1.43	1.47	1.46	1.53	1.65	1.46

由图 12-5 可以看出，在各种靶标上，不同的表面活性剂之间、不同用量之间沉积量值存在较大差别。

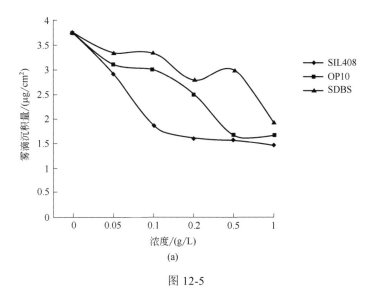

(a)

图 12-5

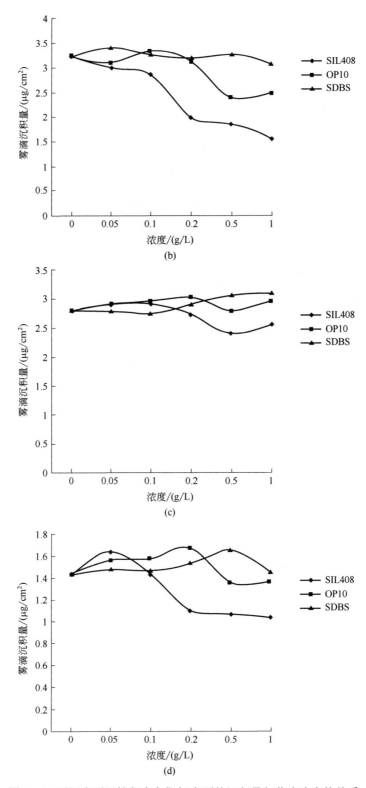

图 12-5　不同表面活性剂在各靶标表面的沉积量与药液浓度的关系
（a）塑料片；（b）金属板；（c）石蜡片；（d）小麦

在塑料片上,随着溶液浓度的增大,3 种表面活性剂的沉积量均降低;在金属板上,SIL408 对应的沉积量仍随着浓度增大而降低,而另外两种助剂有一定的先增后减趋势;在石蜡片上, SDBS 对应的沉积量随着浓度的增大而增大,而另外两种助剂均为先增后减趋势;对小麦而 言,三种助剂对应的沉积量均是随着浓度的增大而先增大后减小,三种助剂之间的不同表现 为出现最大值时用量不同。

由图 12-6 可以看出,对于三种表面活性剂溶液,在其浓度较低时,总是塑料片靶标上的 沉积量较大,石蜡片最小(小麦除外);而在表面活性剂浓度较高时,总是石蜡片上的沉积量 较大,塑料片最小(小麦除外)。

由图 12-5 和图 12-6 可以看出,沉积量的变化在不同靶标上随着表面活性剂种类、浓度 均呈现一定的规律性。而表面活性剂种类和浓度对溶液的表面张力性质影响最明显。因此可 以假设沉积量和表面张力之间存在一定关系。以上述溶液 0.023s 时的动态表面张力 $\gamma_{0.023}$ 对 4 种靶标上的沉积量作图,如图 12-7 所示。

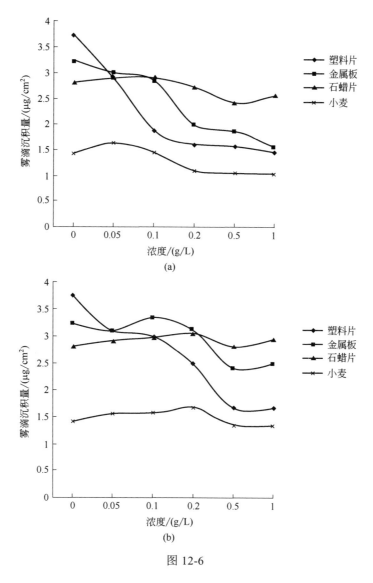

图 12-6

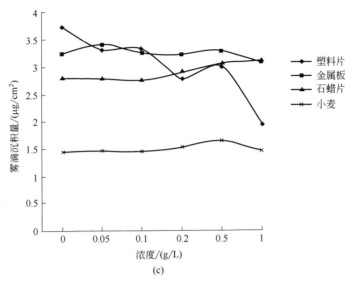

图 12-6　不同浓度的表面活性剂在不同靶标表面的沉积量

（a）SIL408；（b）OP10；（c）SDBS

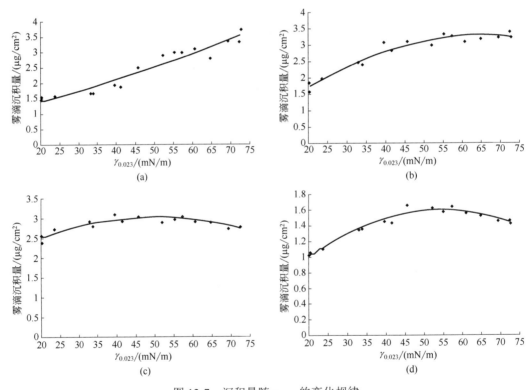

图 12-7　沉积量随 $\gamma_{0.023}$ 的变化规律

（a）塑料片；（b）金属板；（c）石蜡片；（d）小麦

　　图 12-7 反映了不同表面张力体系对雾滴沉积量的影响情况。对于塑料片，随着溶液体系表面张力的降低，沉积量降低；对于金属板，以溶液体系表面张力为 45mN/m 开始，沉积量随着表面张力的降低而降低；对于石蜡片，溶液体系表面张力以 40mN/m 为拐点，小于该值

时沉积量随着表面张力的降低而降低，大于该值时沉积量随着表面张力的降低而增大；小麦的情况与石蜡片类似，拐点值在 45mN/m 附近。由此可见，在实际农药喷洒中，溶液的表面张力并不是越低越好，对于特定的靶标，存在一个最佳的表面张力范围，低于或高于这一范围均可能造成沉积量的降低。

参考文献

[1] 何雄奎. 改变我国植保机械与施药技术严重落后的现象. 农业工程学报, 2004, 20(1): 13-15.

[2] 王律先. 2006 年全国农药生产回顾及 2007 年展望. 中国农药, 2007, (2): 43-55.

[3] 邵振润, 郭永旺. 我国施药机械与施药技术现状及对策. 植物保护, 2006, 32(2): 5-8.

[4] 吴罗罗, 李秉礼, 何雄奎, 等. 雾滴飘移试验与几种喷头抗飘失能力的比较. 农业机械学报, 1996(增刊): 120-124.

[5] Franz E, Bouse L F, Carlton J B, et al. Aerial spray deposit relations with plant canopy and weather parameters. Transactions of the ASAE, 1998, 41 (4) : 959-966.

[6] Miller D R, Stoughton T E, et al. Atmospheric stability effects on pesticide drift from an irrigated orchard. Transaction of the ASAE, 2000, 43(5): 1057-1066.

[7] Cross J V, Berrie A M, Murray R A. Effect of drop size and spray volume on deposits and efficacy of strawberry spraying Pesticide application. Aspects of Applied Biology, 2000, 57 : 313-320.

[8] Cunningham G P, Harden J. Reducing spray volumes applied to mature citrus trees. Crop Protection, 1998, 17(4) : 289-292.

[9] Horst G. Assessment of spray drift in sloping vineyards. Crop Protection, 1983, 2(1): 37-49.

[10] Knoche M. Effect of droplet size and carrier volume on performance of foliage-applied herbicides. Crop Protection, 1994, 13(3) : 163-178 .

[11] Tucker T A. Absorption and translocation of 14 C-imazapyr and 14 C-glyphosate in alligator weed(Alternanthera philoxeroides) . Weed Technology, 1994, 8 : 32-36 .

[12] 刘步林. 农药剂型加工技术. 北京: 化学工业出版社, 1998: 697-1196.

[13] 刘程, 张万福. 表面活性剂大全. 北京: 化学工业出版社, 1998: 240.

[14] 朱步瑶, 赵振国. 界面化学基础. 北京: 化学工业出版社, 1996: 205-208.

[15] 颜肖慈, 罗明道. 界面化学. 北京: 化学工业出版社, 2005.

[16] Foy C L. Adjuvants, terminology, classification and mode of action. Adjuvants and Agrochemicals. CRC Press, 1989: 1-16.

[17] VanValkenburg J W. Terminology, classification and chemistry. ChaMPaign: Weed Sci Soc, Am, 1992: 1-9.

[18] 于春欣, 薛占强. 农用有机硅助剂在中国农药生产中的应用初探及展望. 中国农药, 2007, (5): 16-20.

[19] 毕只初, 廖文胜, 齐丽云. 乙二亚甲基·双(十六烷基二甲基溴化铵)稀水溶液的特性. 物理化学学报, 2003, 19(11): 1015-1019.

[20] 孙志斌, 张禹负, 李彩云, 等. 阴离子与非离子表面活性剂混合体系的胶束性质. 石油勘探与开发, 2004, 31(3): 125-128.

[21] Baur P. Mechanistic aspects of foliar penetration of agrochemicals and the effect of adjuvants. Recent Res. Dev. Agric. Food Chem., 1998, 2: 809-837.

[22] Knoche M, Bukovac M J. Effect of triton X-100 concentration on NAA penetration through the isolated tomato fruit cuticular membrane. Crop Protection, 2004, 23: 141-146.

[23] Knoche M. Organosilicone surfactants: performance in agricultural spray application. Weed Res., 1994, 34: 221-239.

[24] Holly K. Penetration of chlorinated phenoxyacetic acids into leaves, Ann. Appl. Biol., 1956, 44: 195-199.

[25] Gray R A. Increasing the absorption of streptomycin by leaves and flowers with glycerol. Phytopathology, 1956, 46: 105-111.

[26] Toor R F V, Hayes A L, Cooke B K, et al. Relationships between the herbicidal activity and foliar uptake of surfactant-containing solutions of glyphosate applied to foliage of oats and field beans. Crop Protection, 1994, 13(4): 260-270.

[27] Holloway P J, Butler E M C, Webb D A, et al. Effects of some agricultural tank-mix adjuvants on the deposition efficiency of aqueous sprays on foliage. Crop Protection, 2000, 19(1): 27-37.

[28] 黄炳球, 胡美英, 黄端平, 等. 表面活性剂 APSA-80 对井冈霉素的增效作用研究. 植物病理学报, 1999, 29(2): 169-173.

[29] 鲁梅, 王金信, 王云鹏, 等. 除草剂助剂对药液物理性状及对磺草酮药效的影响. 农药学学报, 2004, 6(4): 78-82.

[30] Jonsson B, Lindman B, Holmberg K, et al. Surfactants and Polymers in Aqueous Solution. Chichester: John Wiley&Sons, 1998: 26-31.

[31] 王海波, 李艳梅, 刘德山. 分散体系形成中表面活性剂使用量的判据. 高等学校化学学报, 2004, 25(1): 140-143.

[32] Holloway P J. Getting to know how adjuvants really work: some challenges for the next century. Proceedings Adjuvants for Agrochem icals Challenges and Opportunities. Memphis, USA, 1998. 1: 93-105.

[33] 卢向阳, 徐筠, 陈莉. 几种除草剂药液表面张力、叶面接触角与药效的相关性研究. 农药学学报, 2002, 4(3): 67-72.

[34] Ramsdale B K, Messersm ith C G. Spray volume, formulation, and adjuvant effects on fomesafen efficacy . North Cen Weed Sci Soc ResRep, 2001, 58: 362-363.

[35] Roggenbuck F C, Penner D, Burow R F, et al. Study of the enhancement of herbicide activity and rainfastness by an organosilicone adjuvant utilizing radiolabelled herbicide and adjuvant. Pestic Sci, 1993, 37: 121-125.

[36] 顾中言, 许小龙, 韩丽娟. 不同表面张力的杀虫单微乳剂药滴在水稻叶面的行为特性. 中国水稻科学, 2004, 18(02): 176-180.

[37] Prasad R, Bode L E, Chasin D G. Some factors affecting herbicidal activity of glyphosate in relation to adjuvants and dropletsize. Pesticide formulations, 1992.

[38] Liu Z Q. Effect of surfactants on foliar uptake of herbicide—a complex scenario. Colloids and Surface B: Biointerfaces, 2004, 35: 149-153.

[39] 邱占奎, 袁会珠. 添加有机硅表面活性剂对低容量喷雾防治小麦蚜虫的影响. 植物保护, 2006, 32(2): 34-37.

[40] 卢向阳, 徐筠. 两种喷雾助剂对氟磺胺草醚在反枝苋上的吸收和药效的影响. 农药学学报, 2006, 8(2): 162-166.

[41] 朱金文, 吴慧明, 朱国念. 施药液量对农药药理作用的影响. 浙江农业学报, 15(6): 372-375, 2003.

[42] 张现峰, 张红艳, 杜凤沛. 农药助剂溶液在靶标表面的动态润湿性. 农药学学报, 2006, 8(2): 157-161.

[43] 周璐. 几种农药用表面活性剂溶液在不同靶标上的润湿性和动态行为研究. 北京: 中国农业大学, 2007.

[44] 庞红宇. 几种农药助剂溶液在靶标上的润湿性研究. 北京: 中国农业大学, 2006.

[45] Butlerellis M C, Tuck C R, Miller P C H. The effect of some adjuvants on sprays produced by agricultural flat fan nozzles. Crop Protection, 1997, 16(1) : 41-50.

[46] Holloway P J, Butlerellis M C, Webb D A, et al. Effect of some agricultural tank-mix adjuvants on the deposition efficiency of aqueous sprays on foliage . Crop Protection, 2000, 19 : 27-37.

[47] 宋淑然. 水稻田农药喷雾上层植株雾滴截留影响的试验研究. 农业工程学报, 2003, 19(6): 114-117.

第 **13** 章

气象因子对农药雾滴沉积的影响

农药喷洒后有三个去向：一是沉积在靶标作物上，视为有效利用率；二是飘失到大气中去，这部分主要以细小雾滴为主，占 20%左右；三是流失到地面上，大容量喷雾会造成更多的药液损失，占 50%左右。可见实际使用中农药的利用率很低，从施药器械喷洒出去的农药只有 25%～50%能沉积在作物的叶片上，国外先进的农药使用技术使得农药的田间利用率在 50%左右，不足 1%沉积在靶标害虫上，只有不足 0.03%的药剂能起到杀虫作用。我国施药技术落后，普遍采用大容量喷雾，农药利用率只有 35%左右，60%～70%的药液从叶片上滚落或飘失到环境中去，不仅浪费大量农药，还造成邻近作物的药害和环境的污染。

13.1　气象因子对农药雾滴沉积影响研究

13.1.1　影响农药沉积的主要气象因素

药液在靶标上的沉积量增加，飘失或流失的药液就会减少；飘失或流失的药液增加，沉积在靶标上的药液量就会减少。因此，要解决如何提高药液沉积量的问题，就需要搞清楚如何减少药液飘失的问题。

在理想条件下，雾滴的沉积过程实际就是从喷头雾化形成的雾滴到目标作物的运动过程，或者说是雾滴到达靶标以前在空气中的运动过程。在静止的空气中雾滴在重力作用下加速下落，直到雾滴的重力与空气对雾滴的阻力相互平衡为止，之后雾滴再以一个恒定的速度下落到目标物上，其末速度的大小为：

$$V_\text{S} = \frac{\rho d^2 g}{18\mu} \tag{13-1}$$

式中　　V_S——雾滴的末速度，m/s；

ρ——雾滴的密度，m；

g——重力加速度，m/s^2；

μ——空气的黏度，N·s/m^2。

以上是理想的情况，忽略了温度、相对湿度及风速对雾滴沉积的影响。而实际上，一方面，雾滴在沉积过程中如果有自然风存在，那么雾滴会产生飘移，对于小雾滴这种现象更加显著；另一方面，由于温度和相对湿度的影响雾滴在沉积过程中还会发生蒸发，对于小雾滴甚至可能在到达目标物以前就因为完全蒸发为水蒸气而消失了。从喷头喷出的雾滴在到达靶标的过程中，雾滴在空气中存在的时间可以用以下公式计算：

$$t = \frac{d^2}{80\Delta T} \tag{13-2}$$

式中　t——雾滴存在的时间，s；

　　　d——雾滴直径，μm；

　　　ΔT——干湿球温度计的温度差。

而一个含水雾滴在重力作用下，在水分完全蒸发掉以前所能下降的距离可以由以下公式计算：

$$h = \frac{1.5 \times 10^{-3} \times d^4}{80\Delta T} \tag{13-3}$$

式中　h——雾滴下降的距离，cm；

　　　d——雾滴的直径，μm；

　　　ΔT——干湿球温度计的温度差。

飘移是农药在使用过程中通过空气向非预定目标运动的现象。飘移有两种方式：飞行飘移（或粒子飘移）和蒸发飘移。影响飘移的因素很多，但无论哪一类飘移，雾滴的原始尺寸都是影响飘移的最主要因素。雾滴越小，顺风飘移就越远，飘移的危险性越大。小雾滴由于质量轻，在空气阻力下，下降速度不断降低，常常没有足够的向下动量运动主靶标，更易受温度和相对湿度的影响，蒸发后更小，可随风飘移很远。研究发现，由于蒸发，100μm的雾滴在 25℃、相对湿度 30%的状况下，移动 75cm 后，直径会减小一半。风速、风向及施药地点周围的气流稳定性是影响飘移的第二因素。风速越大，小雾滴脱靶飘移就越远。即使是大雾滴在顺风的情况下，也会飘移至靶标区外。温度和湿度影响蒸发飘移的雾滴数量。

13.1.2　国内外关于环境条件对雾滴沉积影响的研究

国内外已有很有学者研究了环境条件对不同作物上雾滴沉积分布情况的影响。Franz 等研究证明：植物冠盖特性及气候参数对棉花、哈密瓜叶状植物上的雾滴沉积有影响。Bache、Uk 研究了在不同的风速下植物的枝条和叶片对雾滴的沉积运动的干扰。用不同的雾滴细度，在不同的株冠层风速下，对不同形状的叶片进行沉积情况测定，得到以下结论：①大于 150μm 的雾滴运动，受株冠层内风速和叶结构的影响很小，此种情况下主要是沉降捕获；②在小叶结构的株冠层内，>50μm 的雾滴吸收系数不受风速的影响；③雾滴很小时（<40μm 时），吸收系数同时受到风速和叶结构的双重影响。Hoffmann 等研究了 24h 时间段空气温度、相对湿度、风速风向及叶面湿度（温度、相对湿度的作用）对喷雾沉淀的影响，研究包括以上气象参数在内的不同喷雾器容量的相互作用，研究结果表明喷雾时间对雾滴沉淀有显著影响，气象参数对雾滴沉降无显著影响。傅泽田等的试验研究表明：风速和雾滴直径是影响雾滴飘移性的两个最主要的因素。华南农业大学宋淑然等研究表明：上层水稻植株截留百分比与地面

雾滴损失，及中层、底层水稻植株雾滴沉积百分比之间成线性负相关关系，上层截留对中层沉积的影响作用明显强于对底层沉积的影响。此外还研究了水稻田农药喷雾分布与雾滴沉积量，结果表明在按距离地面 40cm 以上、20～40cm 之间、5～20cm 之间对水稻分层时，层间的雾滴沉积量与水稻的高度成正比。南京农业大学商庆清研究了雾滴在树冠中的沉积和穿透，结果表明影响农药雾滴在树冠中穿透和沉积的因素主要有风速、雾滴大小、喷雾方向等。随着风速的降低，雾滴的穿透距离缩短，喷雾沉积量随树冠深度距离的增加而减少。随着树叶迎风角度从 0°到 90°逐渐增加，在树冠的外层沉积量增加，相反在树冠的内层沉积量减少。作物冠层内外气象条件确实对雾滴的沉积有影响，风速、风向、温度、湿度等气候条件影响雾滴的沉积特性。

13.2 温度、湿度对雾滴沉积影响

气象条件影响着植物的生长，同时也是病虫草害发生的必备条件。温湿度对植物的生长起着关键作用，同时也影响着农业生产活动。药液雾滴能达到作物靶标上的比例，很大程度上受环境温湿度的影响。温度主要作用于小雾滴的蒸发上，雾滴自喷头喷出后，在运动过程中的蒸发速率很大程度上影响到雾滴的飘失，减少雾滴在运动过程中的蒸发损失，也就减少了雾滴的飘失，增加了药液沉积。温度和相对湿度还影响着植物叶片的表面特性及生理活动，影响着雾滴在叶面上的沉积附着，及输导性药液在叶片内的运输传导。在高温、相对湿度很低的气候条件下，叶片很难被药液润湿，雾滴很难附着在靶标上，而且雾滴在到达靶标的运动过程中很可能由于蒸发变小造成飘失，对于细小雾滴而言，很有可能完全蒸发掉。在相对湿度很大的情况下，由于受叶片饱和度的限制，雾滴会从在叶片上聚集而滚落，同样也会造成沉积量的减少。

因此，研究温湿度对雾滴沉积的影响，探索不同温湿度条件下雾滴在冠层中的沉积飘失规律有着重要意义。

13.2.1 温湿度对雾滴沉积影响研究

13.2.1.1 温湿度对沉积影响研究平台构建

柏竹（株高 70cm）；1‰荧光试剂 BSF 1F561（德国，Chroma Gesellschaft）；LS-2 荧光分析仪（德国，Perkin Elmer）；温湿度仪（德国，Testo 350 xl·testo 454）；KS10 振荡器（德国，Edmund）；田间匀速喷雾装置（中国农业大学药械与施药技术研究中心）；Lecher 110-02喷头、米尺、秒表、量筒、定性滤纸（直径 7cm）、记号笔等。

13.2.1.2 温湿度对雾滴沉积影响研究方法

（1）温湿度的调节　通过在三个不同的温室内，外界阳光照射、通风换气来获取试验所用三个不同的温湿度段。通过温湿度仪可随时记录喷雾作业过程中的温湿度。

低温、中湿（T：14～18℃；RH：43%～50%）；

常温、低湿（T：25～26℃；RH：14%～15%）；

高温、低湿（T：30～38℃；RH：13%～25%）。

（2）获得不同大小雾滴　通过调节压力表，保持恒压条件，以获得不同大小的雾滴。

（3）柏竹冠层结构　将株高70cm的柏竹按株距25cm、行距35cm摆开，构成一个小的靶标冠层（见图13-1）。

（4）布点　将自制框架置于冠层中，按柏竹植株冠层结构分为上、中、下三部分，分别距地面70cm、45cm、25cm（见图13-1）。

(a) 侧视图　　　　　　　　　　　　　　　　(b) 俯视图

图 13-1　喷雾作业侧视图和俯视图

（5）喷雾作业　喷头距植株上方50cm，喷雾速度为1.0m/s，调节喷雾压力，待压力稳定后，打开电源开关，喷杆将由电机带动匀速前进。温湿度仪自动记录喷雾时的温湿度。喷后待滤纸片干燥后用镊子取出放入自封袋中，用记号笔标记。每次试验后取少量药液，以备配制标准溶液。样品检测方法如下：

① 标准溶液的配制　测试前，将喷雾用的药液摇晃均匀，用25mL量筒量取20mL倒入500mL量筒中，用蒸馏水涮洗25mL量筒三次，均倒入500mL量筒中，加入蒸馏水至500mL；从中取出25mL溶液，倒入500mL量筒中，用蒸馏水涮洗25mL量筒三次，均倒入500mL量筒中，加入蒸馏水至500mL。所配溶液即为标准溶液（2.000μg/mL）。

② 样品的溶解　向放在自封袋中的滤纸片加入50mL蒸馏水，置于振荡器上振荡20min，以使荧光剂完全溶解。

③ 荧光浓度的测定　测试前，将波长调到520nm，待仪器预热稳定后（30min），用蒸馏水清洗仪器校零，再输入所配的标准样，输入"2.000"，校准。每次测试时，按沉积部位（地面，冠层下部、中部、上部）顺序测试。测试出的荧光浓度即为药液浓度。

13.2.2　研究结果与数据分析

13.2.2.1　不同温湿度条件，不同喷雾压力下雾滴在冠层中的沉积分布情况

由图13-2和表13-1中可以看出，在低温、湿度大的条件下，药液在冠层各部分的沉积量都是最高。随着温度升高，湿度降低，冠层各部分的沉积量都有不同的减少，尤其是上、中部减少得更多。在温度为14～18℃、相对湿度为43%～50%时，冠层各部分沉积量相比常温25～26℃、相对湿度14%～15%时，上部高20.9%，中部高31.8%，下部高2.5%，地面高12.4%；温度为30～38℃、相对湿度13%～25%时，冠层各部分的沉积量相比常温25～26℃、相对湿度14%～15%时，上部低9.7%，中部低16.3%，下部低14.8%，地面低9.2%。

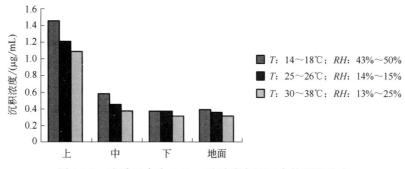

图 13-2　喷雾压力为 2.5bar 时雾滴在冠层中的沉积分布

表 13-1　2.5bar 时不同温湿度条件下的冠层各部分沉积浓度标准偏差分析

温湿度（T/℃；RH/%）	沉积部位			
	上部	中部	下部	地面
T：14～18；RH：43～50	0.005523	0.004743	0.009823	0.004528
T：25～26；RH：14～15	0.009798	0.008888	0.005831	0.007714
T：30～38；RH：13～25	0.013096	0.007906	0.009407	0.006819

由图 13-3 和表 13-2 中可以看出，在低温、中湿条件下，药液在冠层各部分的沉积量仍为最高。随着温度升高、湿度降低，冠层各部分的沉积量都有不同的减少，与 2.5bar 条件不同的是，冠层中、下部有明显的减少，在高温 31～38℃时，冠层上部沉积量在 34℃时出现明显减少，而中、下部及地面则差别不明显。在温度为 14～18℃、相对湿度为 43%～50%时，冠层各部分沉积量相比常温 25～26℃、相对湿度 14%～15%时，上部高 16.3%，中部高 48.1%，下部低 8.7%，地面低 12.4%；温度为 31～34℃、相对湿度 22%～24%时，冠层各部分的沉积量相比常温 25～26℃、相对湿度 14%～15%时，上部低 4.1%，中部低 32.5%，下部低 61.4%，地面低 61.5%；温度 34～38℃、相对湿度 13%～25%时，冠层各部分的沉积量相比常温 25～26℃、相对湿度 14%～15%时，上部低 26.6%，中部低 41.1%，下部低 59.6%，地面低 56.9%。

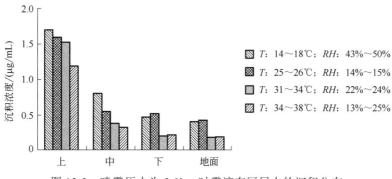

图 13-3　喷雾压力为 3.0bar 时雾滴在冠层中的沉积分布

由图 13-4 和表 13-3 中可以看出，在低温、湿度大的条件下，药液在冠层各部分的沉积量都是最高。随着温度升高，湿度降低，冠层各部分的沉积量都有不同的减少，尤其是冠层中部和下部。在温度为 14～18℃、相对湿度为 43%～50%时，冠层各部分沉积量相比常温 25～26℃、相对湿度 16%～22%时，上部高 5.8%，中部高 14.2%，下部高 51.1%，地面低 9.9%；温度 33～39℃、相对湿度 14%～15%时，冠层各部分的沉积量相比常温 25～26℃、相对湿度 16%～22%时，上部低 12.7%，中部低 64.1%，下部低 30.1%，地面低 36.6%。

表 13-2　喷雾压力为 3.0bar 时雾滴在冠层中的沉积浓度标准差分析

温湿度（T/℃；RH/%）	沉积部位			
	上部	中部	下部	地面
T：14～18；RH：43～50	0.005657	0.01164	0.006083	0.006164
T：25～26；RH：14～15	0.011769	0.008062	0.00866	0.016941
T：31～34；RH：22～24	0.007483	0.005196	0.00946	0.008916
T：34～38；RH：13～25	0.006285	0.006285	0.008337	0.01032

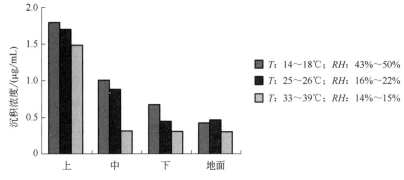

图 13-4　喷雾压力为 3.5bar 时雾滴在冠层中的沉积分布

表 13-3　喷雾压力为 3.5bar 时雾滴在冠层中的沉积浓度标准差分析

温湿度（T/℃；RH/%）	沉积部位			
	上部	中部	下部	地面
T：14～18；RH：43～50	0.025564	0.021131	0.01	0.065104
T：25～26；RH：16～22	0.024829	0.005933	0.006519	0.007842
T：33～39；RH：14～15	0.018202	0.010607	0.005745	0.003674

13.2.2.2　相同温湿度条件下，不同喷雾压力对雾滴沉积影响的比较

由图 13-5 和表 13-4 中可以看出，在相同温湿度条件下，随着喷雾压力增大，雾滴在冠层上、中、下部的沉积量呈增加趋势，而地面沉积量则几乎没变化。3.5bar 的喷雾压力相比 2.5bar 喷雾压力，上部沉积量增加 23.3%，中部增加 70.2%，下部增加 78.1%，地面增加 5.4%；3.0bar 的喷雾压力相比 2.5bar 喷雾压力，上部沉积量增加 16.5%，中部增加 37.0%，下部增加 31.7%，地面增加 4.1%。

由图 13-6 和表 13-5 中可以看出，随着喷雾压力的增加，冠层各部分沉积量仍是呈增加趋势。3.5bar 的喷雾压力相比 2.5bar 喷雾压力，上部沉积量增加 40.8%，中部增加 96.0%，下部增加 20.8%，地面增加 31.4%；3.0bar 的喷雾压力相比 2.5bar 喷雾压力，上部沉积量增加 32.7%，中部增加 21.7%，下部增加 38.8%，地面增加 23.6%。

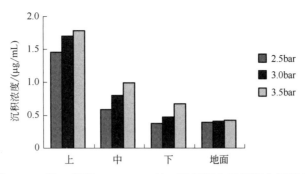

图 13-5　温度 14～18℃，湿度 43%～50%时，不同压力下雾滴在冠层中的沉积分布

表 13-4　温度 14～18℃，湿度 43%～50%时，雾滴在冠层各部分的沉积浓度标准偏差分析

压力/bar	沉积部位			
	上部	中部	下部	地面
2.5	0.005523	0.004743	0.009823	0.004528
3	0.005657	0.01164	0.006083	0.006164
3.5	0.025564	0.021131	0.01	0.065104

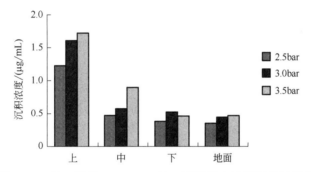

图 13-6　温度 25～26℃，湿度 14%～15%时，不同压力下雾滴在冠层中的沉积分布

表 13-5　温度 25～26℃，湿度 14%～15%时，雾滴在冠层各部分的沉积浓度标准偏差分析

压力/bar	沉积部位			
	上部	中部	下部	地面
2.5	0.009798	0.008888	0.005831	0.007714
3	0.011769	0.008062	0.00866	0.016941
3.5	0.024829	0.005933	0.006519	0.007842

　　由图 13-7 和表 13-6 中可以看出，随着喷雾压力的增加，冠层上部沉积量仍是呈增加趋势，而中、下部呈现出减少趋势。3.5bar 的喷雾压力相比 2.5bar 喷雾压力，上部沉积量增加 36.2%，中部减少 16.0%，下部减少 0.9%，地面减少 8.2%；31～34℃，3.0bar 的喷雾压力相比 2.5bar 喷雾压力，上部沉积量增加 40.9%，中部减少 1.9%，下部减少 37.2%，地面减少 47.6%；34～38℃，3.0bar 的喷雾压力相比 2.5bar 喷雾压力，上部沉积量增加 8.5%，中部减少 14.4%，下部减少 34.3%，地面减少 41.3%。

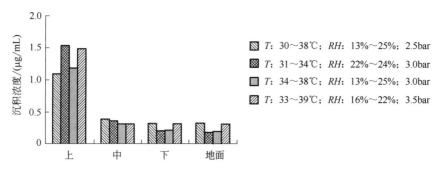

图 13-7　温度 30～39℃，湿度 13%～25%，不同压力下雾滴在冠层中的沉积分布

表 13-6　温度 30～39℃，湿度 13%～25%时，雾滴在冠层各部分的沉积浓度标准偏差分析

压力/bar	沉积部位			
	上部	中部	下部	地面
2.5	0.013096	0.007906	0.009407	0.006819
3.0（31～34℃）	0.007483	0.005196	0.00946	0.008916
3.0（34～38℃）	0.006285	0.006285	0.008337	0.01032
3.5	0.018202	0.010607	0.005745	0.003674

13.2.3　研究结论

（1）不同压力、不同温湿度条件下雾滴的沉积分布试验中：高温、低湿条件与常温相比，冠层上、中、下部的沉积量都呈减少趋势，而且随着喷雾压力的增大，冠层各部尤其是中、下部减少程度更严重，在 3.5bar 时，冠层中部沉积减少多达 64.1%，充分说明随着喷雾压力增大，雾滴变小，受高温影响，雾滴变小发生飘移甚至在到达靶标前已完全蒸发掉；低温、中湿条件与常温相比，冠层上、中部都呈增加趋势，在 3.5bar 时，冠层下部沉积增加高达 51.1%，而且随着压力增大，地面沉积有减少趋势。所以在低温、湿度大的情况下，有利于雾滴沉积。

（2）在 2.5bar 和 3.5bar 时，在高温条件下，冠层上部沉积都很均匀；而 3.0bar 条件下，31～34℃和 34～38℃时的冠层上部沉积量差别很大，在 34℃出现变化，34℃以后冠层上部沉积量突然降低，降低多达 23.0%。

（3）在相同温湿度、不同喷雾压力条件下雾滴沉积分布试验中：在低温和常温时，冠层各部分沉积量都是随着喷雾压力的增加而呈现增加趋势，最多时中部增加高达 96.0%；在高温、低湿条件下，冠层上部沉积量仍是随压力增大而有所增加，而在冠层中、下部沉积量却随着压力的增加有减少趋势，下部沉积量降低率高达 37.2%，地面沉积量减少高达 47.6%。说明在高温及喷雾压力大的条件下，细小雾滴更容易受温湿度影响而发生飘移，甚至完全蒸发。

13.3　风速对雾滴沉积影响

影响雾滴沉积飘失的另一重要气象条件就是风速。风速越大，小雾滴脱靶飘移就越远。即使是大雾滴在顺风的情况下，也会飘移至靶标区外。

风可以使雾滴完全脱离靶标而造成邻近作物产生药害及地表水的污染。在垂直风引起的逆温条件下，低风速会引起细小雾滴悬浮在大气中飘移到很远的距离。对于带状或点状施药来说，风可能使喷雾作业完全无效。在大田喷雾作业时，飘移始终是农药沉积中不可避免的。喷杆喷雾机对风很敏感，风向与喷杆方向垂直，会使雾滴不能与靶标垂直，会向后产生卷扬；风向与喷杆方向水平，即侧向风的影响，会使雾状重叠区发生变化，会造成喷雾不均匀，在整个地块上会出现重喷、漏喷现象。

因此，研究风速对雾滴在冠层中的沉积分布具有重要意义。

13.3.1　风速对雾滴沉积影响研究

（1）研究方法

① 试验风速　通过风机给以定向风，调整风机挡位和离冠层的距离来获得冠层上、中、下部不同大小的风速，风向与喷雾方向相同。

② 温湿度环境　试验是在温度 14～18℃，湿度 43%～50% 的温室内进行。

其他试验方法同 13.2.1.2 中相关内容。

（2）检测方法　检测方法同 13.2.1.2 中相关内容。

13.3.2　研究结果与分析

由图 13-8 和表 13-7 可以看出，在三个喷雾压力（2.5bar、3.0bar、3.5bar）下，冠层各部分的雾滴沉积量均为在有风条件下比无风条件下高。在 2.5bar 喷雾压力下，有风时冠层上部沉积量增加 0.2%，中部增加 10.2%，下部增加 22.7%，地面增加 6.3%，植株上总沉积量增加 6.4%；在 3.0bar 喷雾压力下，有风时冠层上部沉积量增加 0.5%，中部增加 6.1%，下部增加 5.7%，地面增加 16.7%，植株上总沉积量增加 2.8%；在 3.5bar 喷雾压力下，有风时冠层上部沉积量增加 1.0%，中部增加 5.6%，下部增加 33.9%，地面增加 5.5%，植株上总沉积量增加 6.8%。

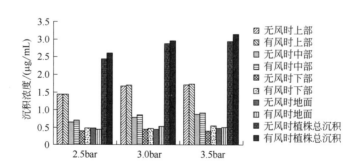

图 13-8　冠层上、中、下部风速分别为 1.5m/s、0.8m/s、1.0m/s 时，
有风与无风时在三个压力下的冠层各部分沉积对比

表 13-7　有风与无风时在三个压力下的冠层各部分沉积浓度标准偏差分析

压力/bar	无风时				冠层上、中、下部风速分别为 1.5m/s、0.8m/s、1.0m/s			
	上部	中部	下部	地面	上部	中部	下部	地面
2.5	0.011619	0.008515	0.010149	0.008062	0.006633	0.008456	0.007649	0.015362
3	0.008216	0.007141	0.010198	0.009695	0.015906	0.009359	0.009354	0.0107
3.5	0.013172	0.009925	0.015427	0.009566	0.00967	0.008515	0.008155	0.037283

由图 13-9 和表 13-8 可以看出，在三个喷雾压力（2.5bar、3.0bar、3.5bar）下，冠层各部分的雾滴沉积量大体上在有风条件下比无风条件下低。在 2.5bar 喷雾压力下，有风时冠层上部沉积量减少 4.2%，中部减少 11.9%，下部增加 12.0%，地面增加 1.3%，植株上总沉积量减少 3.6%；在 3.0bar 喷雾压力下，有风时冠层上部沉积量减少 1.8%，中部减少 9.4%，下部减少 22.7%，地面增加 6.3%，植株上总沉积量减少 7.4%；在 3.5bar 喷雾压力下，有风时冠层上部沉积量减少 8.2%，中部减少 22.5%，下部减少 14.0%，地面减少 12.4%，植株上总沉积量减少 12.7%。

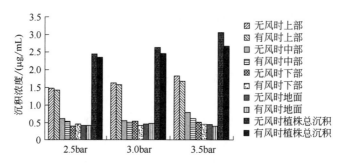

图 13-9 冠层上、中、下部风速分别为 2.3m/s、1.8m/s、0.9m/s 时，
有风与无风时三个压力下冠层各部分的沉积对比

表 13-8 有风与无风时在三个压力下的冠层各部分沉积浓度标准偏差分析

压力/bar	无风时				冠层上、中、下部风速分别为2.3m/s、1.8m/s、0.9m/s			
	上部	中部	下部	地面	上部	中部	下部	地面
2.5	0.012166	0.015668	0.007969	0.010886	0.013416	0.006042	0.011068	0.008944
3	0.009747	0.008944	0.01554	0.016355	0.01044	0.010607	0.0107	0.014983
3.5	0.008515	0.008944	0.013748	0.01118	0.015215	0.009618	0.009975	0.009301

由图 13-10 和表 13-9 可以看出，在三个喷雾压力（2.5bar、3.0bar、3.5bar）下，冠层各部分的雾滴沉积量大体上在有风条件下比无风条件下低，尤其对中部雾滴沉积量影响很大。在 2.5bar 喷雾压力下，有风时冠层上部沉积量减少 2.0%，中部减少 45.2%，下部增加 3.5%，地面减少 23.6%，植株上总沉积量减少 14.7%；在 3.0bar 喷雾压力下，有风时冠层上部沉积量减少 5.1%，中部减少 45.8%，下部减少 1.3%，地面减少 25.7%，植株上总沉积量减少 17.3%；在 3.5bar 喷雾压力下，有风时冠层上部沉积量减少 15.6%，中部减少 51.7%，下部减少 18.1%，地面增加 4.4%，植株上总沉积量减少 26.7%。

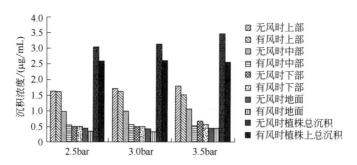

图 13-10 冠层上、中、下部风速分别为 3.1m/s、1.1m/s、0.7m/s 时，
有风与无风时三个压力下冠层各部分的沉积对比

表 13-9　有风与无风时在三个压力下的冠层各部分沉积浓度标准偏差分析

压力/bar	无风时				冠层上、中、下部风速分别为3.1m/s、1.1m/s、0.7m/s			
	上部	中部	下部	地面	上部	中部	下部	地面
2.5	0.009	0.012247	0.014765	0.014195	0.01423	0.010794	0.016447	0.010344
3.0	0.011511	0.01118	0.009695	0.015859	0.011916	0.010536	0.015017	0.011336
3.5	0.011225	0.013946	0.022891	0.021342	0.009566	0.018276	0.012845	0.0107

由图 13-11 和表 13-10 可以看出，在三个喷雾压力（2.5bar、3.0bar、3.5bar）下，冠层各部分的雾滴沉积量均为在有风条件下比无风条件下低，尤其对中部雾滴沉积影响很大。在 2.5bar 喷雾压力下，有风时冠层上部沉积量减少 8.1%，中部减少 44.0%，下部减少 34.5%，地面减少 23.6%，植株上总沉积量减少 14.6%；在 3.0bar 喷雾压力下，有风时冠层上部沉积量减少 36.8%，中部减少 55.9%，下部减少 7.0%，地面减少 4.0%，植株上总沉积量减少 37.8%；在 3.5bar 喷雾压力下，有风时冠层上部沉积量减少 18.7%，中部减少 57.7%，下部减少 12.7%，地面减少 6.1%，植株上总沉积量减少 25.5%。

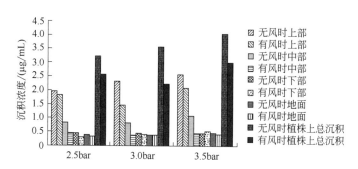

图 13-11　冠层上、中、下部风速分别为 4.5m/s、1.0m/s、0.6m/s 时，
有风与无风时三个压力下冠层各部分的沉积对比

表 13-10　有风与无风时在三个压力下的冠层各部分沉积浓度标准偏差分析

压力/bar	无风时				冠层上、中、下部风速分别为4.5m/s、1.0m/s、0.6m/s			
	上部	中部	下部	地面	上部	中部	下部	地面
2.5	0.011113	0.019824	0.018235	0.012268	0.041923	0.015652	0.017421	0.012145
3.0	0.010368	0.012145	0.018262	0.012845	0.013285	0.010954	0.011895	0.013657
3.5	0.018695	0.01245	0.011832	0.012845	0.012349	0.011726	0.01848	0.010677

在 4.5m/s 风速下和无风时的喷雾雾形如图 13-12 和图 13-13 所示。

13.3.3　研究结论

（1）在冠层上、中、下部风速分别为 1.5m/s、0.8m/s、1.0m/s 时，无论 2.5bar、3.0bar、3.5bar，有风时冠层各部分沉积量均增加，同时地面沉积量也增加。2.5bar 时，冠层下部沉积增加明显，沉积量增加 22.7%；3.0bar 时，地面沉积明显增多，增加 16.7%；3.5bar 时，下部沉积明显增加，增加 33.9%。三个压力有风喷雾时，对上部沉积基本没有影响，最高才提高 1.0%，说明此时的试验风速对雾滴在冠层上部的沉积量影响不大。

（2）在冠层上、中、下部风速分别为 2.3m/s、1.8m/s、0.9m/s 时，在三个喷雾压力（2.5bar、3.0bar、3.5bar）下，冠层各部分的雾滴沉积量大体上在有风条件下比无风条件下低。

图 13-12　4.5m/s 风速时喷雾雾形图　　　　　图 13-13　无风时喷雾雾形图

2.5bar 时，冠层中部减少明显，降低 11.9%；3.0bar 时，冠层下部减少明显，降低 22.7%；3.5bar 时，冠层中部减少明显，降低 22.5%；此时的试验风速已对冠层上部沉积量产生影响，在 3.5bar 有风时，冠层上部沉积量减少 8.2%，说明风速已对雾滴在冠层上部的运动轨迹产生作用。

（3）在冠层上、中、下部风速分别为 3.1m/s、1.1m/s、0.7m/s 时，在三个喷雾压力（2.5bar、3.0bar、3.5bar）下，冠层各部分的雾滴沉积量大体上在有风条件下比无风条件下低，尤其对中部雾滴沉积量影响很大。2.5bar 时，冠层中部沉积量明显减少，降低 45.2%；3.0bar 时，冠层中部沉积量减少 45.8%；3.5bar 时，冠层中部减少 51.7%，植株上沉积量明显减少，降低达 26.7% 之多。此时的风速对雾滴在冠层上部运动轨迹的影响继续增大，在 3.5bar 时，上部沉积量减少达 15.6%。

（4）在冠层上、中、下部风速分别为 4.5m/s、1.0m/s、0.6m/s 时，冠层各部分的雾滴沉积量均为在有风条件下比无风条件下低。在 2.5bar 时，风速主要作用于中、下部及地面，分别减少 44.0%、34.5%、23.6%；在 3.0bar 时，风速主要作用于上部和中部，分别减少 36.8%、55.9%；在 3.5bar 时，风速主要作用于上部和中部，分别减少 18.7%、55.7%，植株上的沉积量明显减少，达 25.5%。风速对雾滴在冠层上部的沉积量影响仍然很明显，最多减少 18.7%。

由此可见，在低风速时有利于雾滴在冠层中、下部的沉积；而风速增大时，在 2.3m/s 时，冠层各部分沉积都已出现减少趋势，在 3.1m/s 及 4.5m/s 时，雾滴在冠层上、中、下部减少很明显，尤其是中、下部。

13.4 棉花冠层温度变化规律及其对雾滴沉积影响

棉花是我国重要的经济作物，棉花为锦葵科植物，叶片平展，叶面积大，植株冠层稠密，其冠层小气候与其他禾本科作物不同，在生长旺盛期植株冠层更加稠密，微气候环境直接影响着冠层内植株的蒸腾作用、光合作用、能量交换等，对其产量和质量有着重要影响。本节主要研究棉花冠层一天内的温度变化及雾滴在冠层中一天中的沉积规律,为棉花大田科学施药提供理论依据。

13.4.1　冠层温度对沉积影响研究

（1）研究方法

① 田间施药气象条件　选择了中国农业大学科技园棉花田两种典型的大田气象条件:晴天和多云。

② 棉花冠层结构　棉花品种为三农3318,生育期为吐絮期前,株高90cm,行距40cm,株距35cm。

③ 田间喷雾作业　用田间匀速喷雾装置（长2m、宽1.5m、高1.5m）将试验用的棉花冠层罩住,施药时将装置周围的阳光板放下以保证无风条件下施药,喷雾完成后迅速把阳光板掀开,以保持和大田气象相同。将自制布点架置于冠层内,分上、中、下三层,分别距地面80cm、50cm、20cm。喷头距棉花上方35cm,喷雾压力为2.0bar,喷雾速度为1.0m/s,喷杆长1.0m,喷头型号为Lecher110-01,三个。喷雾时,喷杆由电机带动在长1.0m的滑轨上匀速滑动。每次喷雾前调整好喷雾压力,待压力稳定后,打开电源开关,喷杆将由电机带动匀速前进。喷后待滤纸片干燥后用镊子取出放入自封袋中,用记号笔标记。

（2）数据提取与研究方法　取样与检测方法与13.2.1.2中相关内容相同,喷雾装置如图13-14所示,布点图如图13-15所示。

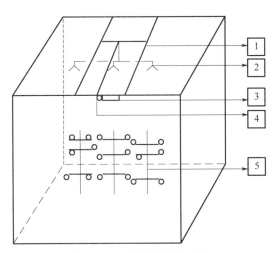

图 13-14　喷雾装置示意图

1—滑轨；2—喷头；3—电机；4—转盘；5—棉花

13.4.2　研究结果与数据分析

（1）晴天条件（31～41℃）棉花冠层一天中的温度变化及雾滴沉积分布　由图13-16可以看出,在上午,冠层上部温度升高后趋于平稳,且明显高于中、下部温度,冠层中、下部温度接近;下午,冠层上、中、下部温度差明显缩小。

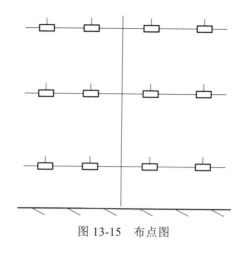

图 13-15　布点图

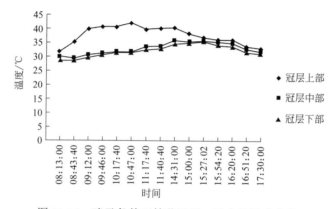

图 13-16　晴天条件下棉花冠层一天中的温度变化

结果分析：由于棉花冠层紧密，阳光主要照射到上部，上午随着光照增强，上部温度逐渐升高，同时湿度降低，达到一定温湿度后而趋于稳定。下午随着光照的减弱，上部温度缓慢降低，而中、下部被上层遮挡，在上午时温度变化幅度比上部小，且远低于上部温度，到下午时中、下部的湿度早已降低，所以上、中、下部温差不是很大。

由图 13-17 可以看出，冠层上部沉积量在上午时段有缓慢降低趋势，在 14:31 时达到最低，随后有增加趋势，在傍晚时明显增加；冠层中部沉积量先降低后升高，趋势平缓，在下午沉积量有缓慢增加趋势；冠层下部沉积量上午先减后增，在下午很平稳且高于上午沉积量。

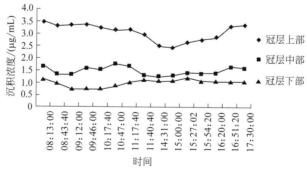

图 13-17　晴天条件下棉花冠层雾滴沉积分布

结果分析：上午，随着温度逐渐升高，湿度降低，会影响到雾滴的蒸发而使其飘移，所以上部沉积量呈现出缓慢减少趋势；中午时段，光照最强烈，湿度最小，对雾滴沉积量影响最明显，雾滴在上部的沉积量明显降低；下午时，由于温度变化不是很大，但此时湿度在逐渐升高，上部沉积量呈现出慢慢升高趋势。

（2）多云条件（24～32℃）棉花冠层一天中的温度变化及雾滴沉积分布　由图 13-18 可以看出，上午，冠层温度逐步升高，傍晚，冠层上部温度很平稳，且冠层上、中、下温度很相近，冠层各部分温度曲线很平稳。

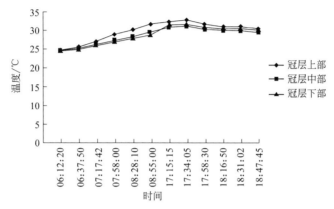

图 13-18　多云条件下棉花冠层一天中的温度变化

结果分析：多云时，光照不是很强烈，所以上午虽然随着时间的推移温度在缓慢升高，但上部和中、下部的温差不是很明显，到下午时冠层各部位温度更接近。

上午（06：12—08：55），上部沉积 51%～61.6%，中部 29%～33%，下部 13%～15%；下午（17：15—18：47），上部沉积 44%～57%，中部 25%～36%，下部 15%～22%。08：55 时，上部沉积量 61.6%（最大值），中下部分别为 26.3%、12.1%（最小值）。

由图 13-19 可以看出，冠层中、下部沉积曲线很平稳，傍晚后沉积量略有增加。冠层上部沉积曲线相对比较平稳。

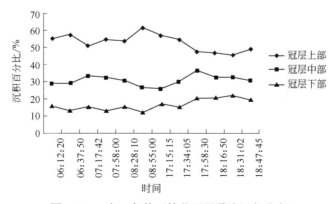

图 13-19　多云条件下棉花冠层雾滴沉积分布

结果分析：06：12～07：58，冠层上部温度 24～28℃，明显低于 17：58～18：47 时间段内温度 30～31℃，温度升高，湿度减小，雾滴蒸发飘移，使上部沉积量减小，由于小雾滴在冠层内的穿透,使中下部的药液沉积量有所增加。下午由于冠层各部分温差很小,湿度变化不大,所以沉积曲线呈现出基本平缓的趋势。

13.4.3 研究结论

(1)典型晴天条件下,上午冠层上部温度迅速上升后趋于平稳,且明显高于中、下部温度;下午冠层各部分温度差别不明显;一天中冠层中、下部温度都很接近。

(2)典型多云条件下,上午温度缓慢升高,到下午时趋于平缓;一天中冠层各部分温度差别不明显。

(3)典型晴天条件下,雾滴在冠层各部分的沉积情况是:上午,冠层上部沉积量缓慢降低,到下午时迅速降低,傍晚时沉积量又升高;冠层中、下部沉积量趋于平缓。

(4)典型多云条件下,冠层各部分沉积量变化很平缓。

13.5 综合研究结论

(1)温湿度对雾滴沉积影响的研究结果表明:温湿度的综合作用对雾滴沉积的影响显著。高温、低湿时会降低雾滴在冠层中的沉积量,以中、下部为主,在3.5bar时,冠层中部沉积量与常温相比减少64.1%;低温、中湿时,有利于雾滴在冠层中沉积,随着雾滴变小,沉积依次主要集中在上部、中部、下部,在3.5bar时,冠层下部沉积量增加高达51.1%。在低温和常温时,冠层各部分沉积量都是随着喷雾压力的增加而呈现增加趋势,最多时中部增加高达96.0%;在高温、低湿条件下,冠层上部沉积量仍是随压力增大而有所增加,而在冠层中、下部沉积量却随着压力的增加有减少趋势,下部沉积量降低率高达37.2%。

(2)风速对雾滴沉积影响的研究结果表明:在1.5m/s的低风速时,冠层各部分沉积量均为有风时比无风时高,对冠层上部沉积量影响几乎不明显;随着风速增大,冠层各部分沉积量均为有风时比无风时低,而且对冠层上部的雾滴沉积影响越来越明显,各部分沉积量减少更显著,在4.5m/s、3.5bar时,中部沉积量减少55.7%之多,上部减少达18.7%。

(3)棉花冠层温度变化规律及其雾滴沉积分布规律研究表明:典型晴天条件下,冠层上、中、下部温度变化趋势基本一致,上午时上部温度明显高于中、下部,而中、下部一天中温度差不明显;多云条件下,冠层上、中、下部温度变化趋势一致且无明显温度差。晴天条件下,雾滴在冠层中的沉积情况是:冠层上部上午先增加后平缓,在中午时最低,下午至傍晚时有增加趋势,中、下部呈现出小幅度波动;多云时,冠层各部分沉积量变化平稳。

参考文献

[1] 祁力钧, 傅泽田, 史岩. 化学农药施用技术与粮食安[J]. 农业工程学报, 2002, 18(6): 203-206.

[2] 邵振润, 郭永旺. 我国施药机械与施药技术现状及对策[J]. 植物保护, 2006, 32(2): 5-8.

[3] 曾爱军, 何雄奎, 陈青云, 等. 典型液力喷头在风洞环境中的飘移特性试验与评价[J]. 农业工程学报, 2005, 21(10): 78-81.

[4] 吴罗罗, 李秉礼, 何雄奎, 等. 雾滴飘移试验与几种喷头抗飘失能力的比较[J]. 农业机械学报, 1996(增刊): 120-124.

[5] 赵东, 张晓辉. 梯度风对雾滴穿透性影响的研究及试验[J]. 农业工程学报, 2004, 20(4): 21-25.

[6] Franz E, Bouse L F, Carlton J B, et al. Aerial spray deposit relations with plant — canopy and weather parameters[J]. Transaction of the ASAE, 1998, 41(4): 959-966.

[7] Hoffmann W C, Salyani M. Spray deposition on citrus canopies under different meteorologicalconditions[J]. Transaction of the ASAE, 1996, 39(1): 17-22.

[8] 傅泽田, 祈力钧. 风洞实验室喷雾漂移试验[J]. 农业工程学报, 1999, 15(1): 109-112.

[9] 宋淑然. 水稻田农药喷雾上层植株雾滴截留影响的试验研究[J]. 农业工程学报, 2003, 19(6): 114-117.

[10] 宋淑然, 洪添胜. 水稻田农药喷雾分布与雾滴沉积量的试验分析[J]. 农业机械学报, 2004, 35(6): 90-93.

[11] 商庆清, 张沂泉. 雾滴在树冠中的沉积和穿透研究[J]. 南京林业大学学报(自然科学版), 2004, 28(5): 45-48.

[12] Whitney J D, Salyani M, Churchill D B, et al. A field investigation to examine the effects of the sprayer type, ground speed, and volume rate on spray deposition in Florida citrus[J]. J Agric Engng Res, 1989(42): 275-283.

[13] Coatew W. Spraying technologies for cotton deposition and efficacy[J]. Applied Engineering in Agriculture, 1996, 12(3): 287-296.

[14] 朱金文, 吴慧明, 朱国念. 施药液量对农药药理作用的影响[J]. 浙江农业学报, 2003, 15(6): 372-375.

[15] 张嵩山, 王长发. 冠层温度多态性小麦的性状特征[J]. 生态学报, 2002, 22(9): 1414-1419.

[16] 申双和, 李秉柏. 棉花冠层微气象特征研究[J]. 气象科学, 1999, 19(1): 50-56.

第 14 章

作物冠层与叶片表面结构特征对雾滴沉积的影响

　　不同的植物叶片之间表面特征和形态结构存在很大差异，其结构组成极大地影响雾滴沉积持留量，进而影响着农药的生物效果。Watanabe 等对植物叶片润湿性进行了研究，认为润湿性的差异主要是由叶片表面的蜡质层造成的，蜡质层显示疏水特性；有蜡质层覆盖的植物叶片称为反射叶片，雾滴在这种叶片上容易发生弹跳、滚落，其他植物叶片称为非反射叶片。不同植物叶片蜡质层形态不一，有的是光滑的，有的为蜡质刺毛状。叶片表面的茸毛和突起对药液的沉积滞留能起到促进和阻碍两种不同作用。Stevens 等研究显示，与老叶相比，新叶片更难被湿润，叶片形状也会影响农药的沉积分布。屠豫钦发现在水稻田喷雾时，叶尖部分沉积量明显高于其他部位，称为叶尖优势。另外，Watanabe 等用高速显微摄像技术研究发现，农药雾滴与难润湿叶片表面碰撞时，会发生弹跳现象，120μm 液滴以 0.6m/s 低速撞击豌豆叶片时会发生 2～6 次弹跳。

14.1　典型作物冠层及叶片表面特性研究

14.1.1　作物冠层特性

14.1.1.1　水稻冠层特性

　　水稻品种选用的是前辈 6 号，生长期为分蘖期（7 月）和孕穗期（8 月），水稻行距为 30cm，株高为 60cm，并同时测量出水稻冠层叶面积指数（LAI）为 1.8。在对水稻进行喷雾试验之前，还对其叶片倾角做了简单测量，随机抽取 20 株水稻，分析测试结果得出，水稻在分蘖期时，上层叶片倾角在 8°～10°，中层叶片倾角在 20°～30°，下层叶片倾角在 45°～50°。水稻在孕穗期时，上层叶片倾角在 15°～40°，中层叶片倾角在 25°～40°，下层叶片倾角在 15°～30°。如图 14-1 所示。

14.1.1.2　小麦冠层特性

　　小麦品种选用中麦 12，生长期为抽穗期。同时测量了小麦冠层叶面积指数（LAI），为

2.0。小麦行距为20cm，株高为60cm。在对小麦进行喷雾试验之前，还对其叶片倾角做了简单测量，随机抽取20株小麦，分析测试结果得出，小麦在抽穗期时，上层叶片倾角在30°～45°，中层叶片倾角在45°～60°，下层叶片倾角在45°～60°。如图14-2所示。

图 14-1　水稻冠层图

（a）水稻分蘖期冠层；（b）水稻孕穗期冠层；（c）水稻大田冠层

14.1.1.3　玉米冠层特性

玉米品种选用农大108，生长期为大喇叭口时期，玉米种植行距为65cm，株高为2.5m左右，生长期为113d左右。定义水平角度为0°，叶片边缘与水平方向夹角为叶片倾角。结果如表14-1，上层叶片倾角从叶鞘附近开始直到叶尖附近角度逐渐减小；中层和下层叶片也同样如此，但是减小程度不断增大，同时叶尖倾斜方向与叶鞘倾斜方向成反方向。玉米冠层如图14-3所示。

图 14-2　小麦抽穗期冠层结构　　　　　图 14-3　农大108玉米冠层结构

表 14-1　玉米植株各部叶片角度

玉米冠层	叶尖附近/(°)	叶片中部/(°)	叶鞘附近/(°)
上层	27.1	41.4	64.0
中层	−27.5	3.4	56.4
下层	−61.2	1.1	49.9

14.1.1.4　棉花冠层特性

棉花品种选用鲁棉研21号，生长期分别为蕾期（7月）和花铃期（8月），棉花行距为80cm，株距30cm，株高分别为1m、1.5m。在这两个时期，棉花柱形基本相似，叶片都较大，叶片倾角也都趋于 50°，如图 14-4 所示。

(a) 棉花蕾期冠层　　　　　　　　　　　　(b) 棉花花铃期冠层

图 14-4　棉花冠层图

14.1.2　冠层特性研究

（1）研究平台建立　供试水稻品种为前辈 6 号，小麦品种为中麦 12，棉花品种为鲁棉研 21 号；玉米品种为农大 108。试验选取水稻叶片的分蘖期和孕穗期；选取小麦抽穗期；选取棉花叶片的蕾期和花铃期；选取玉米的大喇叭口时期进行扫描电镜观察。

采用 JSM-6610LV 扫描电子显微镜（日本精工 JEOL）进行典型作物叶片表面微结构观察。扫描电子显微镜分辨率：3.0nm（30kV），8.0nm（3kV），15.0nm（1kV）；放大倍数：5～300000×。

（2）样品制备　对于大多数的生物材料来说，应该首先采用化学或物理方法固定、脱水和干燥，然后喷镀金属来提高材料的导电性和二次电子产额。化学方法制备样品的程序通常是：清洗→固定→脱水干燥→喷镀金属。具体步骤如下：

① 清洗　先用蒸馏水将叶片清洗干净。

② 固定　垂直于叶脉将叶片剪成 0.5cm 宽的小块，放入盛有四氧化锇固定液的 1mL 离心管中，在 4℃冰箱中静置 24h，并保证固定液完全浸润叶片。四氧化锇固定对高分辨扫描电子显微术是非常重要的，因为其不仅可良好地保存组织细胞的结构，而且能增加材料的导电性和二次电子产额，提高图像质量。

③ 脱水干燥　首先用磷酸缓冲液清洗 6～7 次固定液。清洗完 1.5h 后在离心管中加入锇酸，2h 后用蒸馏水清洗 2～3 次锇酸，然后进行乙醇脱水，依次用 30%、50%、70%、80%、90%、100%的无水乙醇对叶片样品进行脱水处理，每两次处理时间间隔为 15min。脱水完成后在临界点干燥仪中进行临界干燥。

④ 喷镀金属　用导电胶将干燥好的样品粘在金属样品台上，然后放在真空蒸发器中喷镀一层金属膜。如果采用离子溅射仪喷镀金属，可获得均匀的细颗粒薄金属镀层。

当三种典型作物叶片分别长至试验需要的生长时期时，将各典型叶片平均分成三段，分别称为上部、中部、下部，每个部分取正反两面，按照上述步骤进行样品制备，然后进行扫描电镜观察。

14.1.3 叶片表面微结构形态及描述

14.1.3.1 水稻叶片表面微结构形态分析

水稻叶片的两个生长时期正面都有相同的结构，以中脉为中心线两侧对称，两侧有许多规则的与中脉平行的叶脉，有些叶脉比较突出于叶的表面，而有的则不是很突出[图14-5（a）]。沿中脉向叶边缘两侧，可以分为多个单元，每个单元具有相似结构［图14-5（b）]，都有硅化-木栓带与气孔带。单元的中心在叶脉的正上面，为一排或者几排排列整齐的哑铃形硅化细胞和木栓细胞带（二者相间排列），硅化细胞由4瓣构成，像两个哑铃，木栓细胞由两瓣构成，在木栓细胞中间存在一个或者两个乳突，但有时没有乳突［图14-5（c）]。

在硅化-木栓细胞列（即硅化-木栓带）的两侧有一列或几列气孔细胞列，即气孔带［图14-5（d）]，相邻列的气孔相互错开，并且各列上的气孔紧密排列。气孔器上的乳突十分明显，沿气孔周围分布着硅质化爪状突起，呈簇状排列，并且其顶端为向心性指向。硅化-木栓带和气孔带上的乳突及表皮细胞上均覆盖一层直立片状的蜡质物［图14-5（e）]，这就是高雪峰等在对超疏水性的水稻叶表面研究中提到的类似荷叶的微纳复合阶层结构，这些片状的蜡质覆盖物加剧了水稻叶片的疏水性。

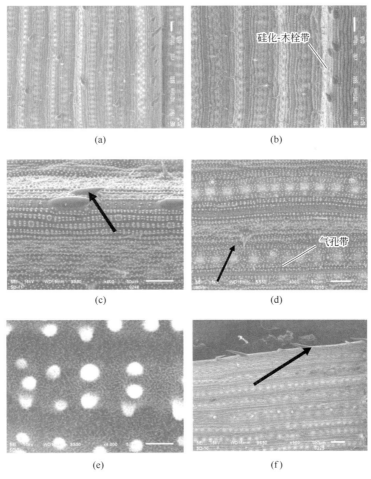

图 14-5

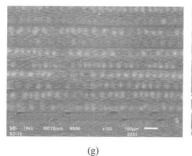
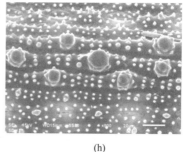

(g)　　　　　　　　　　　　　　　　　　(h)

图 14-5　水稻叶片扫描电镜图片

（a）水稻叶片正面整体图；（b）水稻叶片正面单元结构图；（c）硅化-木栓带结构图；（d）气孔带结构图；
（e）微纳米结构；（f）水稻叶片叶尖结构图；（g）水稻叶片背面结构图；（h）叶片背面大瘤状乳突带结构图

在细胞列间一般长有几种茸毛。硅化-木栓细胞列间有两种：一种为长毛；一种为钩毛[图 14-5（c）箭头所指]。在有些叶脉两侧，靠近气孔列处，每隔几个细胞的部位长有一条直立的刺毛[图 14-5（d）箭头所指]，刺毛周围环绕有乳突硅化细胞。除了这些茸毛外，在叶尖会有一些针毛，而在叶的边缘会有锯齿毛[图 14-5（f）箭头所指]。一般情况下，茸毛的尖端较少甚至没有蜡质覆盖物，只有在基部才有较多的蜡质物。

叶片的背面[图 14-5（g）]基本上与正面相似。背面的硅化-木栓细胞列与正面的硅化-木栓细胞列是在对应的部位出现的，气孔细胞列同样。叶片背面最突出的标志就是大瘤状乳突带[图 14-5（h）]，纵向排列于两排气孔带之间，从外观结构来看呈梭形，中间乳突较大，四周还有更小的乳突。

表 14-2 为水稻在分蘖期和孕穗期叶片正面主要微结构的测量数据，可以发现：两品种水稻不同时期、不同部位叶片正面的不同微结构的参数有一定的差别，单元结构宽度在 115～270μm 之间，单元结构中心硅化-木栓带宽度为 9.5～18.56μm，占整个叶片的比例非常小[见图 14-5（b）]，其上面的乳突直径为 1.5～2μm。钩毛长度为 70.35～154.5μm，钩毛间距为 105～390μm，钩毛疏密程度相差非常大，较大的叶脉顶部（即硅化-木栓带）上钩毛数量较多，排列紧密，而在较小的叶脉上，钩毛数量较少，并且排列稀疏，间距较大。

气孔带是水稻叶片正面的主要微结构，气孔的长度在各个时期基本上都没有差异，均在 25～30μm 之间。其上面的乳突直径范围为 2.34～4.19μm，单位面积乳突个数 C 为 0.01534～0.0306 个/μm²。气孔带上乳突直径较硅化-木栓带上的乳突直径大。

表 14-2　水稻叶片不同微结构尺寸测量数据　　　　　单位：μm

品种	区域结构	时期	分蘖期正面	分蘖期背面	孕穗期正面	孕穗期背面
月光	硅化-木栓带	单元宽度	138～212	151～216	150～270	133～210
		宽度	14.63～16.25	9.54-14.34	12.24～16.68	11.38～15.45
		钩毛长度	75.73～132.5	70.35～89.85	75.73～105.5	79.95～133.6
		钩毛间距	104.6～180.8	302.2～442.1	98.67～270.1	72.23～280.2
		乳突直径	1.55～2.10	1.73～2.01	1.53～1.98	1.45～2.11
		乳突间距	10.35～22.42	12.86～25.35	13.34～21.26	11.31～22.23
	气孔带	气孔间距	42.85～44.48	41.75～45.46	41.88～45.35	42.15～46.85
		气孔长度	25.2～30.1	25.5～30.2	25.3～30.2	25.5～30.5
		乳突直径	2.63～4.3	2.5～3.65	2.34～3.32	2.86～3.48

品种	区域结构	时期	分蘖期 正面	分蘖期 背面	孕穗期 正面	孕穗期 背面
前辈6号	硅化-木栓带	单元宽度	134～198	153～192	115～247	146.4～228
		宽度	10.86～18.56	10.3～16.45	16.30～17.39	10.26～18.34
		钩毛长度	82.15～147.3	107.4～154.1	88.56～122.3	75.95～121.4
		钩毛间距	115.8～390.2	234.1～272.2	105.5～291.3	245.7～307.6
		乳突直径	1.75～2.01	1.55～2.08	1.45～2.07	1.58～1.99
		乳突间距	11.5～26.3	12.2～24.6	15.3～21.5	10.9～22.2
	气孔带	气孔间距	41.85～45.46	42.13～46.87	40.98～44.67	41.35～45.75
		气孔长度	25.2～30.3	25.5～30.1	25.4～30.4	25.8～30.2
		乳突直径	2.52～4.19	2.56～3.03	2.5～3.88	2.93～3.61

综合来看，水稻在分蘖期和孕穗期叶片正面的相同微结构之间没有明显差异，但是各个微结构之间差异较明显。气孔带乳突直径较小，仅有几微米，并且间距也较小。而硅化-木栓带上的乳突直径更小，并且间距不一致，甚至有的硅化-木栓带上没有乳突存在。钩毛的尺寸相对于乳突来说较大，达到几十到几百微米，与乳突有数量级上的差别。并且钩毛呈刺状，而乳突是球状。

14.1.3.2　小麦叶片表面微结构形态分析

小麦叶片和水稻叶片均为单子叶植物，小麦叶片的正面和反面都有相同的结构，与水稻叶片结构相同，小麦叶片形态以中脉为中心线两侧对称，两侧有许多规则的与中脉平行的叶脉，有些叶脉比较突出于叶的表面，而有的则不是很突出［图14-6（a）］。沿中脉向叶边缘两侧，可以分为多个单元，每个单元具有相似结构［图14-10（b）］。与水稻不同的是，小麦叶片结构中未见明显的硅化细胞和木栓细胞带，且没有发现乳突。小麦叶是等面叶，叶肉组织不分栅栏组织和海绵组织，细胞间隙小。

小麦叶片上表皮和下表皮的细胞排列紧密，外面有角质层，表皮上有气孔，保卫细胞小，副卫细胞略大［图14-6（c）］。表皮细胞大小不一，排列在不同的水平面上，相隔几个细胞有几个大的细胞，其中有一个最大，这些细胞含水多，称为泡状细胞，当天气热，干旱时，泡状细胞失水，使得叶子向上卷曲，以减少水分过多损失，这些细胞又称为运动细胞［图14-6（d）］。

同水稻叶片结构形态相同，在小麦叶片细胞列间一般也长有几种茸毛：长毛、钩毛［图14-6（e）］。在有些叶脉两侧，靠近气孔列处，每隔几个细胞的部位长有一条直立的毛刺［图14-6（f）］，与水稻叶片结构不同是，毛刺周围无乳突硅化细胞。除了这些茸毛外，在叶尖会有一些针毛，而在叶的边缘会有锯齿毛［图14-6（g）］。

表14-3为小麦在分蘖期和抽穗期叶片正面的主要微结构测量数据，可以得出：小麦不同时期、不同部位叶片正面的不同微结构的参数有一定差别，但差别不大。小麦在分蘖期时的毛刺长度在42～126.7μm之间，毛刺间距在251.3～379μm之间；在抽穗期时的毛刺长度在30～84.6μm之间，毛刺间距在122.87～369.3μm之间。毛刺疏密程度大，在较大的叶脉顶部上钩毛数量较多，排列紧密；而在较小的叶脉上，钩毛数量较少，并且排列稀疏，间距较大。

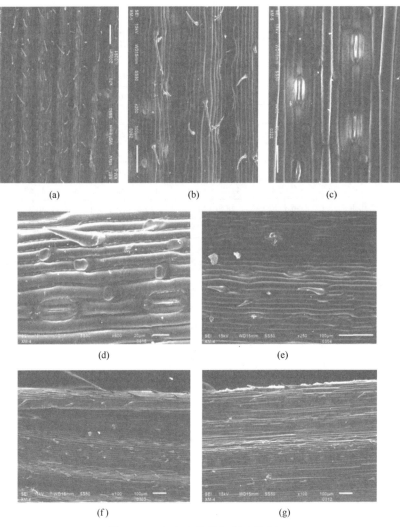

图 14-6　小麦叶片的扫描电镜图

（a）小麦叶片正面整体图；（b）小麦叶片正面单元结构图；（c）表皮结构图；（d）气孔带结构图；
（e）长毛、钩毛结构图；（f）小麦毛刺结构图；（g）小麦叶片背面结构图

表 14-3　小麦叶片不同微结构尺寸测量数据 　　　　　　　　单位：μm

品种	区域结构 　　　时期	分蘖期	抽穗期
中麦 12	毛刺长度	42～126.7	30～84.6
	毛刺间距	251.3～379	122.87～369.3
	气孔长度	56.3～58.3	56.1～60.3
	气孔宽度	33.9～34.1	33.9～34.1
	气孔间距	137.31～169.57	139.25～170.75
	泡状细胞长度	15.8～17.2	16.7～17.4
	泡状细胞间距	128.6～158.83	132.85～160.75

　　气孔带是小麦叶片正面的主要微结构，气孔的宽度在各个时期基本上都没有差异，均在 33.9～34.1μm 之间。泡状细胞长度在 15.8～17.4μm 之间，泡状细胞间距在 128.6～160.75μm 之间。

总体来看，小麦在分蘖期和抽穗期叶片正面的相同微结构之间没有明显差异。同理，与水稻叶片形态结构相比较，水稻有毛刺和乳突结构，而小麦只有毛刺结构，没有乳突结构。

14.1.3.3 棉花叶片表面微结构形态分析

通过对棉花叶片的扫描电镜图片进行观察、测量、总结，发现棉花叶片的正面、反面都有相同的结构，细胞在横切面上呈长方形，排列紧密，是生活细胞，外壁角质化，有角质层。在上表皮有单细胞簇生的表皮毛，在叶脉的表皮上，表皮毛相对较多。表皮细胞上还有棒状的多细胞毛，这是具分泌作用的腺毛。在表皮细胞中还可观察到成对的小细胞（保卫细胞）及它们内方的腔室，为气孔器（图 14-7）。

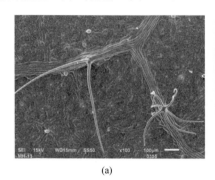 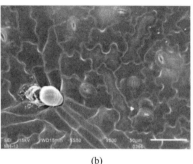

(a)　　　　　　　　　　　　　　(b)

图 14-7　棉花叶片扫描电镜图

（a）棉花叶片正面整体图；（b）棉花叶片正面放大结构

在扫描电镜下看到的棉花叶片表面结构与水稻叶片和小麦叶片的表面结构相比，在棉花叶片表面结构中没有发现毛刺和乳突结构。在低倍镜下观察到叶肉组织是叶内最发达的组织，棉花叶肉显然分为两部分，紧靠上表皮的是栅栏组织，细胞排列紧密而整齐，细胞内含叶绿体很多，因此，生活的棉叶上面绿色较浓。另一部分叫海绵组织，在栅栏组织和下表皮之间，细胞形状不甚规则，常呈圆形、椭圆形等，细胞排列也没有规则，胞间隙发达，在气孔的内方，常具有较大的胞间隙，特称孔下室，细胞内含叶绿体较少，因此生活的棉叶下面的绿色较淡。棉花叶的主脉（中脉）具有较大的维管束，主脉靠近上表皮的一面，是维管束的木质部；在靠近下表皮的一面，是维管束的韧皮部。在近上表皮的中脉表皮下是厚角细胞，厚角细胞下是薄壁细胞。在薄壁细胞下方是多列导管、纤维和薄壁细胞组成的木质部。在木质部的下方也有几层扁平的束中形成层细胞。在形成层下方是韧皮部的细胞，韧皮部下方是较发达的薄壁组织，这是棉叶中脉向外突出的原因，在叶片主脉下段，有少数下表皮细胞分化成蜜腺。综上所述，就不难解释棉花叶片的亲水性特征。

表 14-4 为棉花在蕾期和花铃期叶片主要微结构的测量数据，可以发现：棉花在不同时期、不同部位叶片正面的不同微结构在数值上差别不大。棉花叶片的表皮毛长度在 451～720μm 之间，气孔长度在 20.97～35.6μm 之间，气孔宽度在 16.9～19.1μm 之间。

表 14-4　棉花叶片不同微结构尺寸测量数据　　　　　　　　　单位：μm

品种	区域结构 \ 时期	蕾期	花铃期
鲁棉研 21 号	表皮毛长度	451～781	469～720
	气孔长度	20.97～31.1	25.4～35.6
	气孔宽度	17.2～18.8	16.9～19.1

综合来看，棉花叶片在两个不同时期的相同微结构之间没有明显差异。同理，与水稻叶片和小麦叶片的形态结构相比较，水稻有毛刺和乳突结构，小麦只有毛刺结构，没有乳突结构，然而棉花叶片的形态结构中既没有发现毛刺结构也没有发现乳突结构。

14.1.3.4　玉米表面微结构

（1）单元结构　玉米叶片的上中下层正面结构、背面结构都分别有相同的结构，以中脉为中心线两侧对称，两侧有许多规则的与中脉平行的叶脉，有些叶脉突出于叶的表面，而有的则不是很突出。沿中脉向叶边缘两侧，可以分为很多单元，每个单元具有相似的结构。但是正面、背面相比单元的微结构不太相同，如图14-8所示。

正面每个单元由3~4条平行的针织状条带、针状毛刺与钩毛、分散于针织状条带间的气孔带、绒毛、气孔间的长形棒状表皮细胞、类似四叶草叶片结构的片状物组成，单元边缘为铺有类似四叶草叶片结构的片状物的长形细胞带。从玉米植株上层到下层，钩毛不断减少，下层植株叶片几乎看不到钩毛；分散于针织状条带间的气孔带一般3~4条，每个单元大体有3~4条针织状条带。叶片正面的针状毛刺随机分散于针织状条带上，钩毛则沿针织状条带均匀排列。

背面每个单元由类似四叶草叶片片状物条带、气孔带、绒毛、气孔间的长形棒状表皮细胞组成。单元边缘为四叶草片状物条带；有的下层叶片背面没有绒毛，且覆盖一层白色丝状物质。叶片背面基本没有毛刺。单元之间大致排列十几条气孔带，均匀排列于单元边缘之间。

无论叶片正面还是背面，绒毛无规律分散于叶片表皮细胞间隙。

（2）针织状条带　针织状条带由细长细胞纵横叠加，表面褶皱较多；两侧钩毛及其表面均有白色物质覆盖；针状毛刺基部较大，其表面及基部均有白色物质覆盖。

根据扫描电镜照片的比例尺计算针织状条带及其附属微结构尺寸，结果如表14-5。钩毛长度33.36~58.17μm；钩毛间距75.08~113.58μm；针织状条带宽度40.54~63.01μm；条带间距307.62~444.97μm；毛刺长度186.83~516.83μm；绒毛大小45.10~67.93μm。

（3）气孔带　叶片正面气孔带排列于针织状条带之间，气孔纵向排列于长形棒状细胞之间；棒状表皮细胞之间由S形凹坑环绕；有的长形细胞之间铺有类似四叶草叶片片状物。叶片背面气孔带排列于类似四叶草叶片的单元条带之间，气孔同样纵向排列于长形棒状细胞之间；棒状表皮细胞之间由S形凹坑环绕；同样有的长形细胞之间铺有类似四叶草叶片片状物。

根据扫描电镜照片的比例尺计算气孔带及其附属微结构尺寸，结果如表14-5。

叶片正面：气孔带间距103.31~123.87μm；气孔大小41.66~54.23μm；气孔间距71.31~97.54μm；绒毛长度47.84~64.37μm。叶片背面：气孔带间距83.46~120.29μm；气孔大小38.60~54.98μm；气孔间距53.26~90.47μm；绒毛长度45.10~67.93μm。叶片正反面相比，叶片背面气孔带间距变小，气孔间距变小，气孔密度增加。

14.1.3.5　玉米叶鞘表面微结构

（1）单元结构　玉米叶鞘的上、中、下三层的结构类似，由钩毛带与气孔带组成，有的单元结构宽度较长，包括5条钩毛带及钩毛带附近气孔带，单元边缘为类似四叶草条带；有的钩毛带较宽，与钩毛带之间的气孔带有规律地排列在叶鞘表面，气孔带、钩毛带、长形棒状表皮细胞、类似四叶草叶片状条带均纵向排列于叶鞘表面，如图14-9所示。

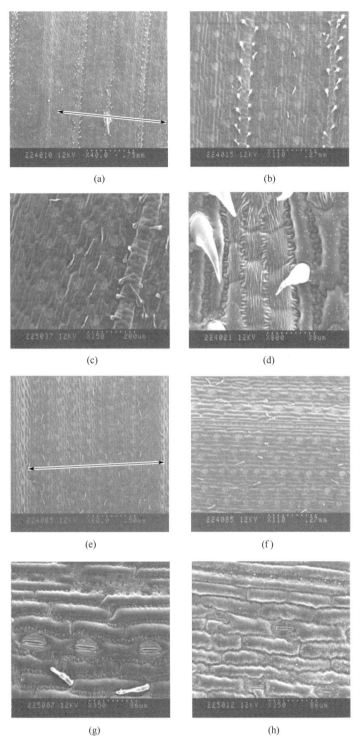

图 14-8　玉米叶片扫描电镜图

（a）单位结构（1）；（b）气孔带；（c）类似四叶草叶片片状物；（d）针织状条带；
（e）单元结构（2）；（f）气孔带；（g）四叶草片状物条带；（h）白色丝状物

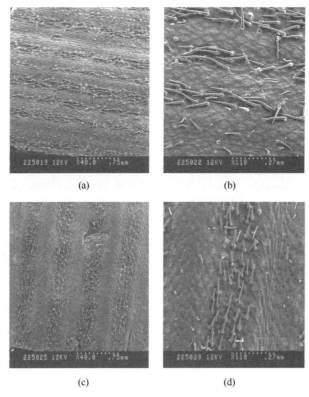

(a)　　　　　　　　　　　(b)

(c)　　　　　　　　　　　(d)

图 14-9　玉米叶鞘扫描电镜图

（a）单元结构（1）；（b）钩毛带与气孔带（1）；（c）单元结构（2）；（d）钩毛带与气孔带（2）

（2）气孔带　叶鞘气孔带沿钩毛带排列，一般有 2 列，棒状表皮细胞之间同样由 S 形凹坑环绕。与叶片相比，气孔带之间的长形棒状表皮细胞密度变小，长度增加，且细胞间隙之间铺满大量四叶草片状物。

根据扫描电镜照片的比例尺计算气孔带及其附属微结构尺寸，结果如表 14-5。气孔带间距 107.87～148.89μm；气孔大小 40.19～52.01μm；气孔间距 62.85～86.37μm。与叶片相比，平均气孔带间距增大，气孔密度相对减小。

表 14-5　玉米叶片及叶鞘不同微结构尺寸测量数据　　　　　　单位：μm

观测部分	单元结构	微结构	上			中			下		
			叶尖附近	叶片中部	叶鞘附近	叶尖附近	叶片中部	叶鞘附近	叶尖附近	叶片中部	叶鞘附近
玉米叶片正面	针织状条带	钩毛长度	58.17	42.51	50.72	49.06	33.36	39.51	—	—	—
		钩毛间距	95.57	75.08	76.80	113.58	108.55	95.73	—	—	—
		针织物条带宽度	63.01	40.54	57.10	53.42	60.45	59.63	60.38	55.77	47.24
		条带间距	342.87	365.98	360.80	367.23	408.41	307.62	401.23	444.97	387.93
		毛刺长度	—	241.51	205.92	—	516.83	233.10	—	186.83	—
	气孔带	气孔带间距	111.60	103.31	118.35	123.87	112.34	104.13	108.36	115.60	105.34
		气孔大小	54.23	51.17	46.69	41.66	46.92	46.51	47.93	49.80	48.94
		气孔间距	90.27	89.86	97.54	87.32	78.14	86.31	79.34	71.31	82.34
		绒毛长度	56.99	47.84	55.77	64.37	47.84	55.77	48.24	55.27	60.32

观测部分	单元结构	微结构	上			中			下		
			叶尖附近	叶片中部	叶鞘附近	叶尖附近	叶片中部	叶鞘附近	叶尖附近	叶片中部	叶鞘附近
玉米叶片背面	气孔带	气孔带间距	120.29	94.01	83.46	105.88	102.53	88.06	117.71	112.27	108.95
		气孔大小	54.98	49.02	43.03	38.60	39.86	39.79	40.65	41.67	41.40
		气孔间距	70.79	59.19	62.74	53.26	54.37	63.01	90.47	61.91	81.12
		绒毛长度	67.93	59.44	51.26	45.10	53.07	50.74	—	53.42	—
玉米叶鞘	钩毛带	钩毛长度	167.66			94.52			105.98		
		钩毛带宽度	254.48			328.78			287.02		
	气孔带	气孔大小	52.01			49.04			40.19		
		气孔间距	67.91			62.85			86.37		
		气孔带间距	133.16			107.87			148.89		

（3）钩毛带　叶鞘表面钩毛带钩毛顺序生长于细胞间隙之间，且一个方向排列；棒状表皮细胞之间由 S 形凹坑环绕，且长形细胞之间大量铺有类似四叶草叶片片状物。钩毛表面覆盖一层白色物质，约占叶鞘表皮面积的二分之一。

根据扫描电镜照片的比例尺计算钩毛带其附属微结构尺寸，结果如表 14-5。叶鞘钩毛长度 94.52～167.66μm；钩毛带宽度 254.48～328.78μm。与叶片相比，钩毛长度增长，数量增加。

根据文献总的植物叶片表皮形态与蜡质含量关系，由此试验推断玉米叶片及叶鞘微结构上的白色覆盖物为蜡质，这对其疏水性起重要的作用。

14.1.3.6　研究结论

通过扫描电镜分析水稻、小麦、玉米和棉花四种典型作物的表面微结构，发现两个品种水稻在分蘖期和孕穗期叶片正面的相同微结构之间没有明显差异，但是各个微结构之间差异较明显。气孔带乳突直径较小，仅有几微米，并且间距也较小。而硅化-木栓带上的乳突直径更小，并且间距不一致，甚至有的硅化-木栓带上没有乳突存在。钩毛的尺寸相对于乳突来说较大，达到几十到几百微米，与乳突有数量级上的差别。并且钩毛呈刺状，而乳突呈球状。

小麦在分蘖期和抽穗期叶片正面的相同微结构之间没有明显差异。与水稻叶片形态结构相比较，水稻有毛刺和乳突结构，而小麦只有毛刺结构，没有乳突结构。

棉花叶片在两个不同时期的相同微结构之间没有明显差异。与水稻叶片和小麦叶片的形态结构相比较，水稻有毛刺和乳突结构，小麦只有毛刺结构，没有乳突结构，然而棉花叶片的形态结构中既没有发现毛刺结构也没有发现乳突结构。

玉米上层叶片倾角从叶鞘附近开始直到叶尖附近角度逐渐减小；中层和下层叶片也同样如此，但是减小程度不断增大，同时叶尖倾斜方向与叶鞘倾斜方向成反方向。扫描电镜技术显示，玉米叶片的上中下层正面结构、背面结构分别具有相同的结构，以中脉为中心线两侧对称，两侧有许多规则的与中脉平行的叶脉。正面单元与背面单元结构类似，但背面单元无针织状条带，基本没有毛刺。玉米叶鞘的上中下三层的结构类似，由钩毛带与气孔带组成，钩毛带约占叶鞘表皮面积的二分之一。针织状条带、毛刺、钩毛表面均覆盖一层白色蜡质层，对其疏水性起重要的作用。玉米叶片正反面相比，叶片背面气孔带间距变小，气孔间距变小，气孔密度增加。与叶片相比，叶鞘钩毛长度增长，数量显著增加，平均气孔带间距增大，气孔密度相对减小。

14.2　农药雾滴在典型作物叶片上的沉积

14.2.1　雾滴在水稻、小麦与棉花叶片上的沉积

农药雾滴在水稻、小麦、棉花叶片上的沉积特性关系，如雾滴大小、叶片倾角、叶片性质对沉积量的影响如图 14-10 所示。结果表明：作物种类、叶片倾角对沉积量的影响显著。总体趋势为：棉花上的沉积量最大，小麦次之，水稻最小；沉积量随着叶片倾角的增大而增大。

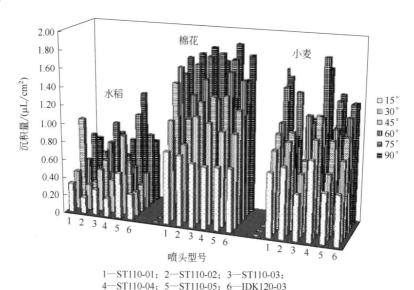

1—ST110-01；2—ST110-02；3—ST110-03；
4—ST110-04；5—ST110-05；6—IDK120-03

图 14-10　喷头类型、叶片倾角对水稻、棉花、小麦上沉积量的影响

14.2.1.1　统计分析

对上述数据进行统计分析（SPSS），如表 14-6 所示。

表 14-6　喷头类型、叶片倾角和作物种类对叶面药物沉积量的方差分析（ANOVA）

变异来源	平方和	自由度	均方	F 值	P 值	Eta 平方
整体模型	19.025	12	1.585	52.117	0	0.868
喷头类型	0.22	5	0.044	1.443	0.216	0.071
叶片倾角	7.037	5	1.407	46.266	0	0.709
作物种类	11.768	2	5.884	193.431	0	0.803

注：Eta 表示效应值估量。

据表 14-6 所示三因素方差分析可知，整体模型达到显著水平。其中，因素喷头类型的 F 值为 1.443，P 值为 0.216（>0.05），按 0.05 检验水平，接受假设，可认为喷头类型间差异不

显著,各喷头类型间的药物沉积量全部相同或至少有2个相等。因素叶片倾角的 F 值为46.266,P 值为0（<0.05），按 0.05 检验水平，拒绝假设，可认为叶片倾角差异显著，不同叶片倾角间的沉积量全不相同或不全相同。因素作物种类的 F 值为 193.431，P 值为0，按 0.05 检验水平，拒绝假设，可认为作物种类差异显著，不同作物种类间的沉积量全不相同或不全相同。此外，作物种类的 Eta 平方值为 0.803，大于叶片倾角的 Eta 平方值 0.709，可认为作物种类因素对总体变异的贡献大于叶片倾角因素。而从因素交互分析（未列出）得出，叶片倾角与喷头类型之间没有交互作用。

为了解各因素不同水平的差异，采取 SNK（Student Newman Keuls）法进行均值之间的比较，下面分别讨论。

14.2.1.2 喷头类型

如表 14-7 所示，各喷头类型间沉积量均值差异不显著（$P=0.335$）。

表 14-7   Post Hoc 检验因素喷头类型

喷头类型	样本数	子集 1 沉积量均值/($\mu L/cm^2$)
ST110-02	18	0.89769581
IDK120-03	18	0.91307663
ST110-03	18	0.92241079
ST110-04	18	0.97202157
ST110-01	18	1.00131206
ST110-05	18	1.01556410
P 值		0.335

14.2.1.3 叶片倾角

如表 14-8 所示，0°和15°情况下药物沉积量差异不大，但两者与其他角度差异明显；30°和45°情况下沉积量差异不大，但两者与其他角度差异明显；60°、75°情况下与其他角度的沉积量差异明显。从均值来看，在 0°和15°情况下，沉积量最大。

表 14-8   Post Hoc 检验因素叶片倾角

叶片倾角/(°)	样本数	沉积量/($\mu L/cm^2$)			
		子集 1	子集 2	子集 3	子集 4
0	18	1.27634237			
15	18	1.22491647			
30	18		1.00008969		
45	18		0.91872744		
60	18			0.76645734	
75	18				0.53554766
Sig.		0.379	0.165	1	1

基于叶片倾角对沉积量的影响存在明显差异，且两者均为连续性变量。为进一步探讨两者之间的关系，以叶片倾角为自变量、沉积量为因变量进行曲线拟合，结果如图 14-11 所示。从图 14-11 中得出沉积量和叶片倾角的关系曲线为：$y=0.336+0.015x-0.00004819x^2$，该模型拟合系数为 0.984，$P$ 值为 0.002，具有统计学意义。

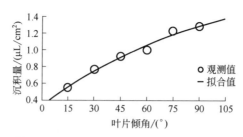

图 14-11 沉积量和叶片倾角的关系曲线

14.2.1.4 作物种类

从表 14-9 可得，不同作物的沉积量差异明显。从均值来看，棉花的药物沉积量最大。

表 14-9 Post Hoc 检验因素作物种类

作物种类	样本数	沉积量均值/($\mu L/cm^2$)		
		子集 1	子集 2	子集 3
水稻	36	0.51489249		
小麦	36		1.03506160	
棉花	36			1.31108640
P 值		1.000	1.000	1.000

14.2.2 玉米叶片上的农药雾滴沉积

14.2.2.1 不同大小的农药雾滴在玉米叶片上的沉积

如图 14-12 所示，无论是否添加助剂，药液沉积率随喷头流量增加而减小，随靶标角度增大而减小。不同喷头喷洒添加助剂与未添加助剂的药液，其沉积率的变异系数如表 14-10 所示。添加助剂之后，药液沉积率降低。添加助剂时，对于水平叶片，IDK120-02 喷头药液

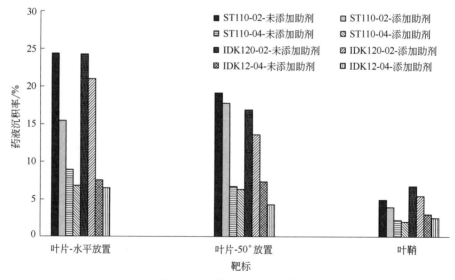

图 14-12 药液沉积率比较

表 14-10　药液沉积率变异系数

喷头类型-助剂	变异系数/%		
	水平叶片	50°放置叶片	叶鞘
ST110-02	20.38	9.27	36.45
ST110-04	10.25	17.06	24.54
IDK120-02	13.70	3.92	29.21
IDK120-04	15.97	12.29	21.90
ST110-02-添加助剂	32.16	17.69	34.74
ST110-04-添加助剂	15.23	30.14	39.42
IDK120-02-添加助剂	9.60	19.72	34.39
IDK120-04-添加助剂	29.79	39.81	25.45

沉积率最高，对于 50°放置叶片，ST110-02 喷头药液沉积率最高。叶鞘沉积率差别不大。研究结果表明：小喷量施药，药液沉积率较高，利于药液实现其有效沉积。无论是否添加助剂，ST110-02 喷头药液沉积率大都大于 IDK120-02 喷头，ST110-04 喷头药液沉积率大都大于 IDK120-04 喷头，小容量小粒径喷头更利于药液沉积率的提高。

结合雾滴黏附-破碎临界曲线分析结果，上述小粒径喷头更利于药液沉积率的提高印证了小雾滴下落过程中雾滴能量较低，与大雾滴、中雾滴相比，其更易于黏附于靶标表面的结论。添加助剂之后，药液沉积率显著降低，与添加助剂之后雾滴易于破碎，玉米叶片表面及助剂有助于药液快速铺展有密切关系，若药液快速铺展于靶标表面，当超过靶标持留量时，药液易于流失。

经方差分析（表 14-11）发现，除叶鞘表面外，喷头类型、添加助剂与否对水平放置叶片、50°放置叶片的沉积率均有显著影响（$P<0.05$）；在两因素交互影响中，喷头类型与助剂交互作用对水平放置叶片、50°放置叶片、叶鞘的沉积量影响不显著（$P>0.05$）。通过比较 P 值发现，喷头类型较助剂对药液沉积率影响程度更大。结合图 14-12，喷头类型及助剂在药液沉积持留方面起重要作用，但喷头类型对其影响更为显著。

表 14-11　叶片表面及叶鞘表面药液沉积率方差分析（ANOVA）

喷头类型-助剂	P 值		
	水平叶片	50°放置叶片	叶鞘
喷头类型	0.000	0.000	0.850
添加助剂与否	0.001	0.017	0.540
喷头类型*助剂	0.290	0.167	0.228

14.2.2.2　雾滴覆盖率

由表 14-12 得出，喷头型号越大，雾滴覆盖率越大；靶标倾角越大，雾滴覆盖率越小。在叶片表面，添加助剂之后，药液覆盖率大都有一定程度的增加，这同样与助剂利于药液的铺展有关。而在叶鞘表面，ST110-02、ST110-04 覆盖率都降低。

经方差分析（表 14-13）发现，喷头类型对水平放置叶片、50°放置叶片、叶鞘的沉积量均有显著影响（$P<0.05$）；除叶鞘表面外，添加助剂与否对水平放置叶片、50°放置叶片药液沉积量均有显著差异（$P<0.05$）。在两因素交互影响中，喷头类型与助剂交互作用对水平放置叶片、50°放置叶片、叶鞘的沉积量影响不显著（$P>0.05$）。通过比较 P 值发现，喷头类型较助剂更易于影响雾滴覆盖率。结合表 14-12，同样表明喷头类型及助剂对雾滴在靶标上的覆盖程度起重要作用，但喷头类型对其影响更为显著。

表 14-12　叶片表面及叶鞘表面药液覆盖率

喷头类型-助剂	雾滴覆盖率/%		
	水平叶片	50°放置叶片	叶鞘
ST110-02	51.61	39.89	16.5
ST110-04	72.35	49.9	13.2
IDK120-02	49.46	68.66	19.74
IDK120-04	59.05	67.71	17.49
ST110-02-添加助剂	60.22	31.49	13.18
ST110-04-添加助剂	72.74	40.52	9.54
IDK120-02-添加助剂	51.91	56.25	20.14
IDK120-04-添加助剂	73.71	62.92	20.9

表 14-13　叶片表面及叶鞘表面药液覆盖率方差分析（ANOVA）

喷头类型-助剂	P 值		
	水平叶片	50°放置叶片	叶鞘
喷头类型	0.000	0.000	0.031
添加助剂与否	0.028	0.004	0.336
喷头类型*助剂	0.446	0.212	0.870

参考文献

[1] 郑加强, 周宏平, 等. 21 世纪精确农药使用方法展望. 北京: 中国科学技术出版社, 2001: 415-419.

[2] Cross J V, Berrie A M, Murray R A. Effect of drop size and spray volume on deposits and efficacy of strawberry spraying Pesticide application. Aspects of Applied Biology, 2000, 57: 313-320.

[3] Knoche M. Effect of droplet size and carrier volume on performance of foliage-applied herbicides. Crop Protection, 1994, 13(3): 163-178.

[4] Young B W. Studies on theretention and deposite characteristics of pesticide sprays on foliage. Proc. 9th CIGR congress, East Lansing, MT, 1979.

[5] Maski D, Divaker D. Effects of charging voltage, application speed, target height and orientation upon charged spray deposition on leaf abaxial and adaxial surfaces. Crop Protection, 2010, 29: 134-141.

[6] Gaunt L F, Hughes J F, Harrison N M. Electrostatic deposition of charged insecticide sprays on electrically isolated insects. Journal of Electrostatics, 2003, 57: 35-47.

[7] 杨希娃. 农药雾滴在典型作物上的沉积特性研究. 北京: 中国农业大学, 2012.

[8] 屠豫钦. 农药使用技术图解. 北京: 化学工业出版社, 2001.

[9] 摩泽尔. 植保机械化. 农业部教育局, 1982.

[10] 陈宗懋, 等. 瑞士的农药施用技术. 世界农业, 1982(6): 4.

[11] John C W, Paul E J, Annemiek M C S, et al. Sprayer type and water volume influence pesticide deposition and control of insect pests and diseases in juice grapes. Crop Protection, 2010, 29: 378-385.

[12] Nuyttens D, Schampheleire M D, Dekeyser D, et al. Deposition of spray drift behind border structures. Crop Protection, 2009, 28: 1061-1075.

[13] Lin J Z, Qian L Q, Xiong H B. Effects of operating conditions on droplet deposition onto surface of atomization impinging spray. Surface & Coatings Technology, 2009, 203: 1733-1740.

[14] 朱金文, 李洁, 吴志毅, 等. 有机硅喷雾助剂对草甘膦在空心莲子草上的沉积和生物活性的影响. 农药学学报, 2011,

13(2): 192-196.

[15] 石伶俐，陈福良，郑斐能，等. 喷雾助剂对三唑磷在水稻叶片上沉积量的影响. 中国农业科学，2009, 42(12): 4228-4233.

[16] Zyl S, Brink J C, Calitz F J, et al. Fourie. Effects of adjuvants on deposition efficiency of fenhex amid sprays applied to Chardonnay grapevine foliage. Crop Protection, 2010, 29: 843-852.

[17] 赵辉. 喷液表面张力及气象因子对雾滴沉积的影响. 北京: 中国农业大学, 2009.

[18] Lin J Z, Qian L J, Xiong H B. 2009. Relationship between deposition properties and operating parameters for droplet onto surface in the atomization impinging spray. Powder Technology, 191: 340-348.

[19] Deng W, Meng Z J, Chen L P, et al. Measurement Methods of Spray Droplet Size and Velocity. Journal of Agricultural Mechanization Research, 2011, 26-30.

[20] Miller P C H, Butler E M C, Tuck C R. Entrained air and droplet velocities produced by agricultural flat fan nozzle. Atomization and Sprays, 1996, 6: 693-707.

[21] Lu X L, He X K, Song J L, et al. Analysis of spray process produced by agriculture flat fan nozzles. Transactions of the CSAE, 2007, 1: 95-100.

[22] Zhang J, Song J L, He X K, et al. Droplets Movement Characteristics in Atomization Process of Flat Fan Nozzle. Transactions of the Chinese Society of Agricultural Machinery, 2011, 42: 66-70.

[23] Zhu H, Dexter R. W, Fox R D, et al. Effects of polymer composition and viscosity on droplet size of recirculated spray solutions. J. Agric. Engineering Res., 1997, 67: 35-45.

[24] Qin K, Tank H, Wilson S, et al. Controlling droplet size distribution using oil emulsions in agricultural sprays. Atomization Spray, 2010, 20: 227-239.

[25] Butler E M C, Tuck C R, Miller P C H. Dilute emulsions and their effect on the breakup of the liquid sheet produced by flat-fan nozzles. Atomization Spray, 1999, 9: 385-397.

[26] Franz E, Bouse L F, Carlton J B, et al. Aerial spray deposition relations with plant canopy and weather parameters. T. ASAE, 1998, 41(4): 959-966.

[27] 商庆清，张沂泉. 雾滴在树冠中的沉积和穿透研究. 南京林业大学学报(自然科学版)，2004, 28(5): 45-48.

[28] 宋淑然. 水稻田农药喷雾上层植株截留影响的实验研究. 农业工程学报，2003, 19(6): 114-117.

[29] 谢晨. 农药雾滴雾化及在棉花叶片上的沉积特性研究. 北京: 中国农业大学, 2013.

[30] Wirth W. Mechanisms controlling leaf retention of agriculture spray solution. Pesticide Science, 1991, 33: 411-420.

[31] Hans D R, Ander J M. Influence of surfactants and plant species on leaf retention of spray solution. Weed Science, 1990, 38: 567-572.

[32] Eastoe J, Daltion J S. Dynamic surface tension and adsorption mechanisms of surfactants at air-water interface. Advance in Colloid and Interfaces Science, 2000, 85: 103-144.

[33] Jeffree C E. Structure and ontogeny of plant cuticles, in plant cuticle, an integrated functional approach. Environmental Plant Biology Series. BIOS Scientific Publishes Ltd, Oxford, 1996: 33-82.

[34] 许小龙，徐广春，徐德进，等. 植物表面特性与农药雾滴行为关系的研究进展. 江苏农业学报，2011, 27(1): 214-218.

[35] Wetanabe T, Yamaguchi L. Studies on wetting phenomena on plant leaf surfaces: A retention model for droplets on solid surfaces. Pestic Sci., 1992, 24: 273-279.

[36] Stecens P J G, Kimberley M O. Adhesion of droplets to foliage: The role of dynamic surface tension and advantages of organ silicone surfactants. Pestic Sci., 1993, 38: 237-245.

[37] 陈雪华，邓穗生. 番荔枝属不同品种叶表面微形态的电镜观察. 电子显微学报，2006, 25(2): 162-166.

[38] 张文绪，赵云云. 水稻叶鞘表面的扫描电镜. 中国农业大学学报，1996, 1(3): 59-63.

[39] 王波. 水稻叶片上农药雾滴沉积可视化研究与试验分析. 北京: 中国农业大学, 2012.

[40] Pandey S, Nagar P K. Patterns of leaf surface wetness in some important medicinal and aromatic plants of Western Himalaya. Flora, 2003, 198(5): 349-357.

[41] Neinhuis C, Barthlott W. Seasonal changes of leaf surface contamination in beech, oak, and ginkgo in relation to leaf micromorphology and wettability. New Phytologist, 1998, 138(1): 91-98.

[42] Kumear N, Pandey S, Bhattacharya A, et al. Do leaf surface characteristics affect Agrobacterium infection in tea. Journal of Biosciences, 2004, 29(3): 309-317.

第 **15** 章

静电喷雾沉积特性

20 世纪以来，静电喷雾技术一直是世界公认的提高雾滴沉积效果以及农药利用率的有效手段之一。以杀虫为例：传统的喷雾方法，一般只能将农药喷洒到植株叶子的正面，雾滴在叶子背面的沉积较少，而大部分害虫都栖息在叶子的背面。静电喷雾不仅能够提高叶子正面的药液沉积，而且由于空间电场的存在，使雾滴发生"环绕卷吸"，能大大提高雾滴在靶标背面的沉积率，杀虫效率随之增加。试验和生产实践证明，静电喷雾具有以下优点：

① 静电喷雾的雾滴直径一般仅几十微米，其防治效率大大提高；

② 雾滴带有的同性电荷，使其在空间的运动过程中互相排斥，避免凝聚发生，对靶标覆盖较均匀，且靶标正、反面和隐蔽部位均会有雾滴沉积，因而大大提高了农药的利用率；

③ 带电雾滴在靶标表面发生静电吸附，减少了雾滴飘移挥发的现象；

④ 雾滴在电场力作用下吸附到靶标表面，因此静电喷雾受大气逆增温的限制相对较小，全天均可进行喷雾作业。

然而，静电喷雾沉积规律很难用简单的数学模型表达，因其除了依赖于理论模型的描述，还要受到试验水平的制约。例如，气液两相流模型中不仅涉及流体力学、物理化学、电磁场理论，同时还关联统计学以及流体测试技术。此外，周浩生还认为输运气流与荷电雾滴间的相互作用，尤其是靶标背面的湍流区，使得建立荷电雾滴在靶标背部的沉积函数面临困难。这些特点降低了一些构建的机理模型的精确程度，因而，如何构建精确的荷电雾滴沉积函数模型是一个复杂的难题。

15.1 静电喷雾雾滴沉积特性

在静电喷雾装置的研制及其沉积性能的测试中，涉及高电压技术中电晕放电的相关理论；在荷电雾滴靶标背部沉积函数的建模中，将用到响应面设计方法以及人工神经网络模型等。

15.1.1 高压电场

静电技术使农药雾滴在高压电场作用下带上某种极性的电荷，而靶标上感应出与雾滴电荷极性相反的电荷，药液经喷头雾化、电极充电后形成荷电雾滴云，在电场力和其他外力的联合作用下，做定向运动而吸附到靶标的各个部位，提高沉积效率、减少雾滴飘移挥发，以经济的施药量达到高效防治病虫草害的目的。

15.1.1.1 电场的电晕放电

雾滴荷电的方法有接触荷电、感应荷电和电晕荷电三种，本章研究基于空间电晕放电的原理进行。在极不均匀场中，当电压高到一定程度后，在空气间隙完全击穿之前，大曲率电极（高场强电极）附近会出现发光的薄层，这种放电现象称为电晕。电晕放电是一种气体放电，它是极不均匀电场所持有的一种自持放电形式，根据电晕层中放电过程的特点，电晕可分为电子崩和流柱两种形式。

电晕放电有明显的极性效应。由于高场强电极极性的不同，空间电荷的极性也不同，对放电发展的影响也就不同，造成不同极性的高场强电极的电晕电压不同。下面以"尖-板"电极为例，分析电晕起始电压受极性效应的影响过程。

当"尖"具有正极性时，如图 15-1 所示，间隙中出现的电子向"尖"运动，进入强电场区，开始引起电离现象而形成电子崩。随着电压的逐渐升高，到放电达到自持、爆发电晕之前，在间隙中形成相当多的电子崩。当电子崩达到"尖"极后，其中的电子就进入"尖"极，而正离子仍留在空间，相对来说缓慢地向"板"极移动。于是在"尖"极附近，积聚起正空间电荷，从而减少了紧贴"尖"极附近的电场，而略加强了外部空间的电场。这样，"尖"极附近的电场被削弱，难以造成流柱，这就使得自持放电即电晕放电难以形成。

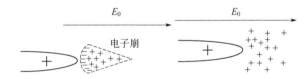

图 15-1　正极性电晕放电的形成和发展

当"尖"具有负极性时，如图 15-2 所示，阴极表面形成的电子立即进入强电场区，造成电子崩。当电子崩中的电子离开强电场区后，电子就不再能引起电离，而以越来越慢的速度向阳极运动。一部分电子直接消失于阳极，其余的可被氧原子所吸附形成负离子。电子崩中的正离子逐渐向"尖"极运动而消失于"尖"极，但因其较慢的运动速度，在"尖"极附近总是存在着正空间电荷。因此在"尖"极附近出现了比较集中的正空间电荷，而在其后则是非常分散的负空间电荷。由于负空间电荷密度小，对对外电场的影响有限，因而正空间电荷将使电场畸变。这样，"尖"极附近的电场得到增强，易满足自持放电条件，从而形成流柱，产生电晕放电。

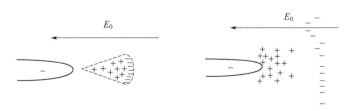

图 15-2　负极性电晕放电的形成和发展

试验表明，"尖-板"电极中"尖"极为正极性时的电晕起始电压比负极性时略高，这种现象将对后面的研究很有意义。

15.1.1.2　雾滴的电晕荷电

为了对不带电粒子人工荷电，并期望在尽量短的时间内赋予对象物体尽量多的电荷，其带电量的大小会因荷电方法的不同而产生很大差异。本研究采用的电晕荷电方式存在着场致荷电和扩散荷电两类不同的带电机理。通过电晕放电形成离子，这些离子被电场加速与粒子（如雾滴）碰撞，从而使不带电的粒子在进入外电场的空间后被荷电的过程是场致荷电；通过电晕放电形成离子，由于热运动导致扩散时附着于粒子表面而使粒子荷电的过程是扩散荷电。一般情况下，粒子半径 $a>1\mu m$ 时场致荷电起主导作用，当 $a<1\mu m$ 时扩散荷电起主导作用。本研究中雾滴的平均半径远大于 $1\mu m$，所以是以场致荷电为主。

15.1.2　响应面方法

响应面方法（response surface methodology，RSM）是由试验设计、回归分析和非线性优化等技术综合而成的一种最优化方法，它通过建立多因素非线性回归模型，依据模型预测响应值。该方法已在很多工农业领域得到成功的推广。

15.1.2.1　响应面方法的原理及特点

20 世纪 50 年代初，针对化工生产过程建立回归模型，统计学家 Box 提出了响应面方法，其是一种把试验安排、数据处理和建立有效的回归模型统一起来加以研究的统计方法。具体来讲，根据试验目的和数据分析要求选择试验点，使在每个试验点上获得的数据含有最大的信息，还可使数据分析结果具有一些较好的性质。进行回归设计的基本原理如下：

若有 p 个变量 z_1，$\cdots$，z_p 和一个响应变量 y，设它们之间有如下的二次多项式回归模型：

$$y = \beta_0 + \sum_{j=1}^{p} \beta_j z_j + \sum_{i<j}^{p} \beta_{ij} z_i z_j + \sum_{j=1}^{p} \beta_{jj} z_j^2 + \varepsilon \tag{15-1}$$

式中，$\varepsilon \sim N(0,\sigma^2)$；$\beta_0$ 为常数项系数；β_j 为一次项 z_j 的系数；β_{jj} 为平方项 z_j^2 的系数；β_{ij} 为交叉乘积 $z_i z_j$（交互作用项）的系数，其中二次回归模型回归系数个数为 $\binom{p+2}{2} = (p+2)(p+1)/2$。

首先，对诸变量 z_j 值进行编码，以减少不同量纲对建立回归模型的干扰。

其次，确定诸变量 z_j 的变化范围。设计 z_{1j} 与 z_{2j} 分别表示变量 z_j 变化的下水平和上水平，其算术平均值 $z_{0j} = (z_{1j}+z_{2j})/2$，称为 z_j 的零水平，其差的一半 $\Delta_j = (z_{2j}-z_{1j})/2$，称为变化半径。

然后，对每个变量 z_j 的取值进行编码。这里对变量 z_j 的取值作如下线性变换：

$$x_j = (z_j - z_{0j})/\Delta_j \tag{15-2}$$

式（15-2）表示，当 z_j 在区间[z_{1j}, z_{2j}]内变化时，新变量 x_j 将在区间[-1, 1]内变化。这样一来，寻求 y 对 z_1，$\cdots$，z_p 的回归问题就转化为以寻求 y 对 x_1，$\cdots$，x_p 的回归问题。因此，可以在以 x_1，$\cdots$，x_p 为坐标轴的编码空间中选择试验点。

$$\chi = \{(x_1, \cdots, x_p) : -1 \leqslant x_j \leqslant 1, j = 1, \cdots, p\} \qquad (15\text{-}3)$$

最后，采用经过改造的两水平正交表安排试验，根据最小二乘法计算出回归系数矩阵，进而完成统计检验，得到二次回归模型。

RSM 具有以下几个特点：

① 能够确定相应因素间的相关关系，建立出回归模型，并对该模型的可靠性进行统计检验；

② 根据模型作出预报和控制，进行优化分析；

③ 对多因素问题进行因素分析，确定各因素之间的主次关系；

④ 应用回归分析的原理，作出试验次数少、统计性质好的试验设计。

RSM 也有一定的局限性：首先，如果关键因素水平选取不当，将会导致响应面出现吊兜和鞍点，因此事先必须进行调研、查询和充分的论证；其次，通过回归分析得到的结果只能对该类试验作估计；最后，当回归数据用于预测时，只能在因素所限的范围内进行预测。

15.1.2.2 响应面方法的应用

本部分应用 RSM 解决以下三个问题：第一，描述单个试验变量对响应值的影响；第二，确定试验变量之间的相关关系；第三，描述所有试验变量对响应值的综合影响。实现以上目标主要涉及四部分内容：回归模型的建立、回归样本点的设计、统计检验以及对模型预测能力的评估。具体步骤如下：

（1）建立二次回归模型　如式（15-4）：

$$y = \beta_0 + \sum_{j=1}^{p} \beta_j x_j + \sum_{i<j} \beta_{ij} x_i x_j + \sum_{j=1}^{p} \beta_{jj} x_j^2 + \varepsilon, \quad \varepsilon \sim N(0, \sigma^2) \qquad (15\text{-}4)$$

（2）用中心组合设计产生回归样本点　在响应面设计中，中心组合设计（central composite design，CCD）是最常用的二阶设计，其对因素和水平的组合具有广泛的适用性，杨文雄和高彦祥认为可以合理选择设计变量和设计样本点的空间分布。

CCD 方案中的试验点由三部分组成：正方形点、中心点和星号点，各自定义如下：

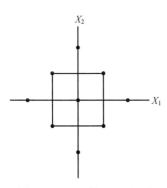

① 将编码值+1 与−1 看成每个变量的两个水平，采用改造的两水平正交表安排试验，共有 m_c 个点，称正方形点，即图 15-3 中正方形的四个顶点。

② 在每个变量的坐标轴上取两个与中心对称的试验点，编码 $-\gamma$ 和 γ，其他变量的编码值为 0，在 p 个变量的场合，这种试验点共有 $2p$ 个，常称为星号点，即图 15-3 中横纵坐标轴上的坐标点。

③ 在试验区域的中心进行 m_0 次重复试验，它的每一个变量的坐标均为 0，这种试验点称中心点，即图 15-3 中的坐标原点。

图 15-3　$p=2$ 的 CCD 设计中点的分布

CCD 方案的总试验次数为 $N = m_c + 2p + m_0$。图 15-3 显示双变量 CCD 设计方案中试验点在平面上的分布情况。

二因素中心组合设计变量取得 5 个水平，(分别用代码 $-\gamma$，-1，0，1，γ 表示)，共 9 个试验点。为了估计试验的误差，在中心点重复设置多个试验。CCD 中含有两个待定参数：星号臂

γ 与中心点的重复次数 m_0。适当选择这两个参数可使 CCD 具有较好的正交性、旋转性和通用性。

（3）回归方程的建立与统计检验　根据最小二乘原理建立回归方程，并对模型完成模型的显著性检验（F 检验）、模型的失拟检验、回归系数的显著性检验，并计算相关系数 R^2（coefficient of multiple determination）及调整的 R^2（R^2 square adjusted），依次评价模型的可靠性。

（4）预测能力的评估　回归方程只反映因素与效应试验指标的相关性，而不是函数关系。将自变量代入方程算得的预测值与实测值会有一定误差，所以为了进一步检验方程能否真实反映实际关系，本研究用 9 组新的试验样本进行验证，并采用相对误差值来评价模型的预测能力。

15.1.3　人工神经网络模型

人工神经网络（artificial neural networks，ANN），具有自组织、自学习和对输入样本资料具有规则的鲁棒性（robust）和容错性等一系列优点，是一般非线性函数逼近的优秀方法和理论，在众多专业领域开始得到广泛应用。

15.1.3.1　人工神经网络的原理及特点

在现代生物神经科学研究基础上提出了人工神经网络，用于模拟人脑神经网络结构与功能特征：用大量的非线性并行处理器模拟众多的人脑神经元，用处理器之间错综灵活的连接关系来模拟人脑神经元之间的突触行为，直接使用样本数据实现输入层和输出层之间的非线性映射。在神经网络中，每个神经元的结构和功能都比较简单，但由于网络系统包含大量神经元，通过对简单非线性函数的多重组合，可以实现极为复杂的功能。

与传统的基于符号推理的人工智能相比，ANN 具有如下显著特点：

① 不需要预先做任何假定或建立具体模型，只需给它若干训练实例，就可以通过自学习来完成建模，并且有所创新；

② 具有自适应、自组织能力，可根据外部环境不断改变组织、完善自己；

③ 具有很强的鲁棒性，即容错性，当系统接受了不完整信息时仍能给出正确的解答；

④ 具有较强的分类、模式识别和知识表达能力，善于联想、类比和推理。

15.1.3.2　BP 网络模型及算法

当前，研究学者构建了一些具有代表性的人工神经网络模型，如 J. J. Hopfield 采用非概率神经元模型的 Hopfield 反馈网络、Ackley D. H. 等采用概率神经元模型的波尔兹曼机(BM)网络、G. A. Carpenter 和 S. Grossberg 以自组织原则构成的自适应谐振理论(ART)网络、以自适应信号处理理论为基础发展起来的前向多层神经网络及其误差反向传播（error back propagation，EBP）算法和 Bart Kosko 发展起来的模糊神经网络(Fuzzy ANN)等。在工程研究中，比较常用的是 Rumelhart 和 Mclelland 在 1986 年提出的基于误差反向传播算法的前馈型神经网络模型，称为前馈型反向传播神经网络模型（feed-forward back-propagation neural network），简称 BP 网络。

误差反向传播（error back propagation，EBP）算法，简称 BP 算法，其指导思想为：根据最小二乘原理和梯度搜索技术对网络权值和阈值的修正，使误差函数沿负梯度方向下降。

其学习过程主要由两个部分组成：

（1）正向传播 将输入信号 P 从输入层经隐含层逐层处理后传向输出层；

（2）反向传播 将实际输出 O 与期望输出 T 的误差沿原来的神经元（节点）联接通路返回，逐层修改神经元连接的权值和阈值。

这两个过程交替迭代，直至误差达到允许的范围。

15.1.3.3 基于 BP 算法的 ANN 模型的应用

为研究荷电雾滴靶标背部沉积函数，本研究基于 BP 算法构建了 ANN 模型。根据 Kolmogrov 神经网络映射存在定理，采用 3 层结构的前馈型神经网络，用于 ANN 模型网络权值和阈值的训练，如图 15-4 所示。

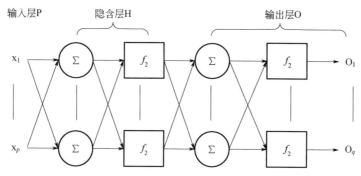

图 15-4 3 层 BP 网络结构示意图

设输入层节点数为 p，输出层节点数为 q，隐含层节点数为 h，具体算法如下：

（1）各层网络阈值、权值状态初始化。

（2）提供训练样本 对每个输入节点 x_1，$\cdots$，x_p 进行下面（3）～（6）的迭代。

（3）计算隐含层节点的输出 如式（15-5）：

$$y_i = f_1(\sum_{j=1}^{p} w_{ij}x_j - \theta_i) = f_1(net_i)，\quad i = 1，2，\cdots，h \tag{15-5}$$

式中，ω_{ij} 为输入节点 j 至隐含节点 i 的网络权值；θ_i 为隐含层节点 i 的网络阈值；f_1 为输入层至隐含层传递函数。

（4）计算输出节点的输出 如式（15-6）：

$$O_l = f_2(\sum_{i=1}^{h} T_{li}y_i - \vartheta_l) = f_2(net_l)，\quad l = 1，2，\cdots，q \tag{15-6}$$

式中，T_{li} 为隐含节点 i 至输出节点 l 的网络权值；ϑ_l 为输出节点 l 的网络阈值；f_2 为隐含层到输出层的传递函数。

（5）计算训练误差 输出节点误差，如式（15-7）：

$$\delta_l = (t_l - O_l) \bullet f_2'(net_l)，\quad l = 1，2，\cdots，q \tag{15-7}$$

式中，t_l 为输出节点 l 的期望输出。

隐含节点误差，如式（15-8）：

$$\delta_i = \sum_{l=1}^{p} \delta_l T_{li} \cdot f_1'(net_i)，\quad i = 1，2，\cdots，h \tag{15-8}$$

（6）修正从隐含层到输出层各节点的权值、输出层的阈值，如式（15-9）：

$$T_{li}(k+1) = T_{li}(k) + \Delta T_{li} = T_{li}(k) + \eta \delta_l y_i \qquad (15\text{-}9)$$

$$\vartheta_l(k+1) = \vartheta_l(k) + \eta \delta_l \qquad (15\text{-}10)$$

式中，η 为学习速率，即梯度搜索步长，一般取 $\eta = 0.015 \sim 0.15$；k 为迭代次数。

（7）修正从输入层到隐含层各节点的权值，隐含层各节点的阈值：

$$\omega_{ij}(k+1) = \omega_{ij}(k) + \Delta \omega_{ij} = \omega_{ij}(k) + \eta \delta_i x_j \qquad (15\text{-}11)$$

$$\theta_i(k+1) = \theta_i(k) + \eta \delta_i \qquad (15\text{-}12)$$

（8）对输入向量的 N 组参数进行训练，如果误差指标满足精度要求，则算法结束，否则增加隐含层节点数，转入步骤（1）。（3）～（5）是 BP 算法中的正向处理，（6）～（7）是反向处理，即为网络误差的逆向传播过程。

15.2 静电喷雾系统及评价

静电喷雾试验装置是为开展室内试验而组建的，同时也为荷电雾滴靶标背部沉积模型的建立提供试验方法和测试手段。本节将介绍所建立的静电喷雾试验装置的硬件构成、技术参数以及关键部件的设计依据。在此基础上，根据所进行的雾化试验、荷电试验和沉积试验的结果对试验装置的性能进行评价。

15.2.1 静电喷雾装置

15.2.1.1 研究平台构建

室内研究平台分为喷雾天车试验台系统、喷雾系统、静电系统、测试仪表系统四个子系统，如图 15-5 所示。喷雾天车试验台系统由控制台、驱动电机、喷雾天车组成，可以通过控制台调节喷雾天车的行驶速度来模拟田间农药喷洒作业的喷施速度；喷雾系统包括空气压缩机、药液罐、调压阀、压力表和防滴喷头，药液靠空气压缩机在药液罐内增压，经调节阀调节到所需的压力后，采用液力雾化的方式向靶标喷药；静电系统中的高电压发生装置和高压电极是整个装置的关键部分，通过高电压发生装置来产生工作电压，利用高压电极形成的电晕放电来使雾滴带电；在整个试验中依靠测试仪表系统调节充电电压、采集放电电流，其中主要的测试部件包括绝缘支架、屏蔽电缆、微安电流表、示波记录仪、荷质比测试装置等。

整个平台能实现对空心圆锥雾喷头的一系列静电喷雾性能试验，包括在不同喷施参数、运行状态、不同的充电电压等工况下测试雾滴荷电的有关性能。本研究所测试的项目有雾滴谱、雾滴荷质比以及雾滴沉积量等。

15.2.1.2 高压电源的选型

高压电源是整个静电喷雾装置的核心部件之一。为便于试验研究，本研究采用了两种不同的电源：一种是高压等离子体直流脉冲电源，输入为直流稳压电源提供的 12V 直流电，输出 30kV 正高压；另一种是直流高压发生器，输入为 220V 工频交流电，输出 0～100kV 连续可调负高压，恒流控制范围可设定在 0～500μA。

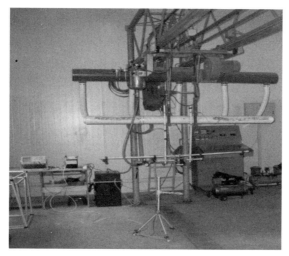

图 15-5　静电喷雾室内试验装置

（1）高压等离子体直流叠加脉冲电源　其结构如图 15-6 所示。图 15-6 中的主电源采用可控硅整流，用一块 555 芯片产生多谐振荡来控制可控硅的导通角，从而控制主电源输出直流电压的大小。通过改变元件参数，可使得振荡频率在几百赫兹至数千赫兹范围内变化。

图 15-6　高压等离子体直流脉冲电源结构图

振荡器的任务是为逆变器提供一定功率的激励脉冲，使逆变器可靠地工作于开关状态。这里采用定时器 555 芯片集成块作成多谐振荡器，产生频率约 20kHz 的振荡，振荡频率与占空比（脉宽）可调，以优化逆变器的输出功率。高频变压器的电压较低，其高压绕组一点接地。

倍压电路如图 15-7 所示，串级直流电路采用多个电压较低的电容器（C1～C8）和整流硅堆（D1～D8）组成多级的串联电路，以获得 30kV 直流高压。这种电路可以大大减小试验电源的体积，减轻电源重量，系统的效率也将得到一定程度的提高。

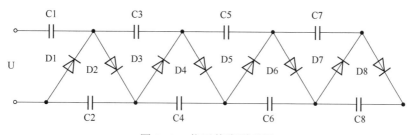

图 15-7　倍压整流原理图

设计的高压电源的频率在 20kHz 左右，选择 MXO-2000 型铁氧体。其磁导率 $m=2000H/m$，磁芯具有漏感小、耦合性能好、绕制方便等优点。对 20～80W 的小功率电源，采用 E-12 型磁芯，磁芯的有效截面积 $S_j=1.44cm^2$，饱和磁通密度 $B_s=400mT$，使用时为防止出现磁饱和，

实取磁通密度 $B=250mT$。等离子体高压脉冲电源改善了高压荷电系统的性能，稳定性好。实际运行表明，电源输出电压峰值 $0\sim30kV$，频率 $20kHz$，脉宽 $500\sim800ns$，功率消耗为 $45W$。脉冲供电与直流供电相比，起晕电压低 50% 以上。

（2）直流高压电源　该电源能够产生连续变化的直流高压，其结构如图 15-8 所示，直流高压发生电路原理如图 15-9 所示。

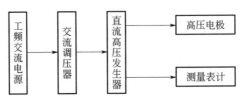

图 15-8　直流高压产生流程图

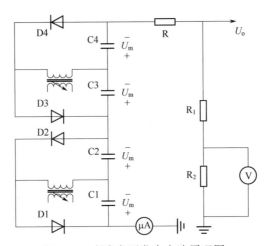

图 15-9　直流高压发生电路原理图

这里采用负极性高压是为了获得较低的电晕起始电压和较高的气体击穿电压，以便在正常工作时在电极附近能产生电晕，而又不至于形成电极间气体击穿放电。直流高压均由高压电缆引到电极上，电缆的耐压能力在 150kV 以上，以确保安全可靠。

15.2.1.3　高压电极的研制

设计好电极的形式、结构、几何尺寸对充电效果起着关键的作用。本研究采用电晕电极使雾滴带电，电晕放电采用"尖-板"电极的形式。电极曲率半径越小，电场强度越大，在电极尖端电场强度最大，因此会在其附近产生电晕放电。电子崩的自持发展使得空气中局部电场足够高而形成电晕电流，这样雾滴通过该区域会捕获自由电子，使雾滴带电。

高压电极的结构参照果园自动对靶喷雾机静电系统中电极结构的设计。采用针状电极与圆环形导线相组合的方式，圆环形导线由环氧树脂 E51 封嵌在绝缘体（聚四氟乙烯，PTFE）内，在环形高压导线上，引出的六支针状电极均布在喷头外侧，以扩大电场空间分布，提高雾滴的电晕效果。为使雾滴充分带电，每支电极分别由两个成 $16°$ 夹角的不锈钢针构成，长度分别为 40mm 和 50mm，粗糙度 $Ra\leqslant0.4\mu m$（GB 2024—2016），电极的曲率半径为 $r=0.025cm$。电极具体形式如图 15-10 所示。

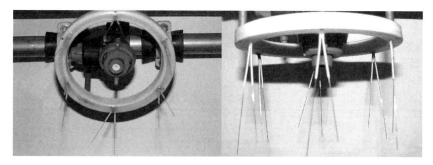

图 15-10 喷头与电极结构

　　需要说明的是，电极表面的光洁度会影响电晕放电效果，原因是电极表面状况电晕可从尖锐尖端、尖锐边缘、表面粗糙或局部电场大于周围的介质击穿电场处开始，这样将使电晕放电不集中，成为一种能量的损耗。另外，这种电极尺寸不能太短，否则雾滴不能通过强场区域；电极也不能太长，否则雾滴会在电极尖端凝聚，形成反电晕，影响雾滴带电。

15.2.1.4　荷质比测试装置的研制

　　荷质比的测量方法有网状目标法、模拟目标法以及法拉第筒法。根据现有的研究条件采用网状目标法建立室内荷质比测定装置。这一方法采用不锈钢筛网使荷电雾滴在其表面积聚，并释放电荷，利用微安电流表直接收集并测出荷电雾滴云的放电电流，同时测量喷头流量、喷雾时间，根据喷雾参数，计算出荷质比。测量时微安电流表跨接在不锈钢筛网与地面之间，由于直接测量中，不锈钢筛网容易受到高压电极产生的电场的影响，同时雾滴荷电还会受到环境的干扰，因此需要克服高压电极对金属筛网感应带电的干扰因素，这里采用不锈钢筛网上方覆盖接地金属网来屏蔽电极的干扰。整个荷质比试验系统能够调节筛网的层数、筛网与喷头间的距离以及屏蔽网与电极间的距离，每个部分的设计均符合参数可控、调节方便灵活的原则，详细的组成如图 15-11 所示。

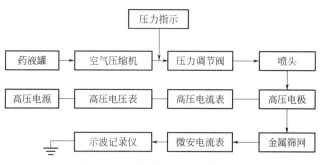

图 15-11　荷质比测试系统简图

15.2.2　雾化性能评价

　　在相同喷施条件下，测量常规喷雾与静电喷雾的雾滴谱，通过对比雾滴粒径的分布状况，评价静电雾化的效果。

15.2.2.1　雾化性能研究平台构建

　　（1）研究材料　丽春红 G 生物染色剂（$C_{18}H_{14}N_2Na_2O_7S_2$，分子量 480.42，Ponceau G，

FHB-914-002)，硅油（silicone oil，分子量 5000，Lvacker-chemie Gmbh. ChenMin），硅油(分子量 10，Lvacker-chemie Gmbh. ChenMin)。

（2）分析仪器　主要的试验仪器见表 15-1。

表 15-1　试验仪器

仪器名称	型号	生产厂家	备注
温湿度计	2286-2 型	德国 Rherm	精度：0.01℃，0.1%
数字天平	Acculab	德国 Sortorius Group	精度：0.01g
高压等离子体脉冲电源	—	自行研制	峰值电压 30kV，频率 20kHz
光学显微镜	D 6330	德国 WILL-WETZLAR GMBH	110-220V，50Hz，20VA

（3）研究方法　根据油皿法测量雾滴粒径分布，利用硅油盒采集雾滴样本。用自来水配成一定浓度的丽春红水溶液。在距离喷头下方 50cm 的有效喷幅内布置 3×4 列点阵，每个点上放置硅油盒采集雾滴样本，每次采集样本时布置一个硅油盒，喷施后立即用显微镜计数法测量雾滴粒径。试验设置常规喷雾作为对照组，两样本依次收集数据，每组试验各采集 12 次样本。使用 Matlab（7.0，Mathwork，Inc. USA）完成数据处理。试验在室内进行，全天的环境温度 26～29℃，相对湿度 58.0%～70.9%。主要试验参数见表 15-2。

表 15-2　试验喷雾参数

项目	型号	备注
喷头型号	TR80-0067	空心圆锥雾，Lechler Co.，Ltd 德国
喷头流量	267mL/min	
喷雾压力	300kPa	
有效喷幅	0.50m	
每公顷施药液量	9.35L/hm^2	1hm^2=15 亩
喷施速度	1.34m/s	
喷施距离	0.50m	
工作电压	30kV	正极性

15.2.2.2　结果与分析

（1）统计特征　综合 Grubbs 氏检验法、箱型图检验法和茎、叶图法剔除样本数据中的离群值（outliers）后，对有效数据进行统计处理。两样本的基本统计学特征见表 15-3。

表 15-3　静电喷雾和常规喷雾雾滴谱的基本统计学特征

统计特征	单位	静电喷雾	常规喷雾
有效样本容量	个	701	800
均值	μm	92.59	98.21
标准差	—	45.579	47.752
变异系数	—	0.50	0.49
中数	μm	84.0	93.6
众数	μm	72	72
最大值	μm	318	264

统计特征	单位	静电喷雾	常规喷雾
最小值	μm	6	12
极差	μm	312	252
偏度	—	1.005	0.664
峰度	—	1.448	0.157

由表 15-3 推断，两个样本的雾滴谱均不服从正态分布，可能为正偏态分布。原因有三点：首先从样本的集中趋势上看，正态分布中平均数、中数、众数三者应该重合，而两雾滴样本的集中趋势均表现为：平均数＞中数＞众数，这一趋势符合正偏态分布的特征；其次，从样本的差异量度上看，变异系数 CV 均大于 12%，而通常正态分布的 CV 值在 12%以内；最后，静电喷雾的雾滴粒径分布的偏态系数 1.005 大于 1，超过了正态分布对偏态系数的要求。为此，分别对两样本进行 Kolmogorov-Smirnov 正态性检验，结果见表 15-4。

表 15-4 独立样本 Kolmogorov-Smirnov 检验

处理	均值	标准差	最大差异值	Kolmogorov-Smirnov Z 值	P 值
静电喷雾	92.59	45.579	0.114	3.007	0.000
常规喷雾	98.21	47.752	0.086	2.430	0.000

检验表明：试验条件下的静电与非静电喷雾雾滴粒径均不服从正态分布（$\alpha=0.05$）。为判断两种条件下雾滴粒径大小是否有显著差异，对不服从正态分布的两个独立样本进行中数检验。中数检验是一种非参数检验，它可以判断两个独立样本是否可能来自中数相同的两个总体。它的基本方法是：首先将两组数据合并为一个样本，并将其从小到大排序，再找出它的中数，然后以该中数为界计算每组数据在中数以上和中数以下的频数。结果见表 15-5。

表 15-5 中数检验数据表

	静电喷雾	常规喷雾	总计/个
大于中数/个	317	418	735
小于或等于中数/个	384	382	766
总计/个	701	800	1501

用 X^2 检验得到的中数检验结果见表 15-6。

表 15-6 中数检验结果

检验统计量	结果
样本容量 N	1501
中数 Media	86.40
X^2 值	7.357
自由度 df	1
P 值（单尾检验）	0.0035
亚茨连续性校正 X^2 值	7.108
亚茨连续性校正自由度 df	1
亚茨连续性校正 P 值（单尾检验）	0.004

检验结果显示 $P < 0.05$，故拒绝虚无假设，认为静电与非静电喷雾的雾滴数量中径有显著性差异，且单尾检验认为静电喷雾雾滴数量中径（NMD）低于常规喷雾的雾滴中径 NMD。这里雾滴数量中径，即中数，指按雾滴粒径排序后位于雾滴数量 50%处的直径，在累积数量曲线上 50%处相对应的直径。

（2）趋势分析 除了雾滴数量中径之外，雾滴体积中径也是雾滴群体大小的常用量度方法。雾滴体积中径（volume media droplet，VMD）的定义是，将采集的雾滴样本分成总体积相等的两部分，其中一部分所含雾滴的直径均小于体积中径，另一部分所含雾滴的直径均大于体积中径，VMD 是在累积体积曲线上 50%处相对应的直径，常记为 D_{V50}。雾滴的频数分布如图 15-12 所示，雾滴的累积百分比曲线如图 15-13 所示。

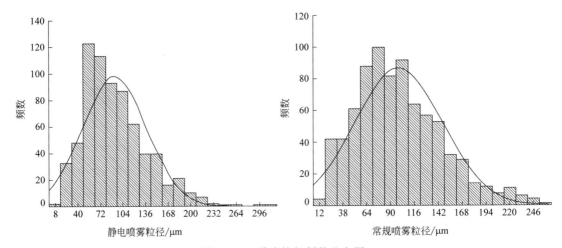

图 15-12　雾滴粒径频数分布图

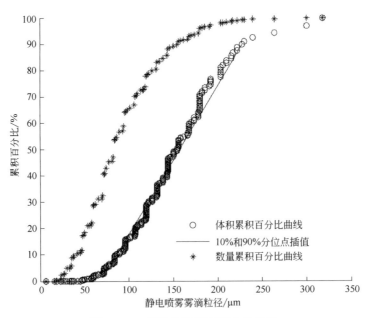

图 15-13　雾滴粒径累积百分比曲线

图 15-12 反映出，静电喷雾的雾滴粒径分布的频数范围要比常规喷雾的更加集中。根据 VMD 和 NMD 各自定义，从图 15-13 中可知，相同条件下雾滴的 VMD 从常规喷雾的 156μm 减小到静电喷雾的 154.8μm，而 NMD 从常规喷雾的 93.6μm 减小到静电喷雾的 84μm，可见相同条件下静电喷雾的两种雾滴粒径的统计结果都要小于对应的常规喷雾的雾滴粒径。同时，图 15-13 中 D_{V10} 和 D_{V90} 两点的插值直线斜率反映了雾滴分布的均匀性。由于试验条件和方法的误差，所得到的结果无论从 VMD 还是均匀性上分析，都与 Jones 和 K. C. Thong 所报道的"非静电雾化雾滴直径是静电雾化产生的雾滴直径的 1.9 倍"相比还存在一定差距，但是必须承认本试验中静电与非静电二种不同喷施方式在雾滴中径上的差异仍然具有统计意义。例如，图 15-12 雾滴粒径的频数分布中很好地表现出二者之间的区别，特别是雾滴粒径分布在 60～120μm 的范围内静电喷雾表现出更好的一致性，而保证雾滴大小的一致在雾滴防飘技术中十分关键。另外，由于带电雾滴之间互相排斥，在试验中还观察发现，喷雾时荷电雾滴的喷雾锥角显著大于常规喷雾。这些变化一致表明，雾化效果的差异是受电场作用的影响。郑加强报道静电喷雾的雾滴谱分布变窄，静电雾化与传统雾化在机理上的本质区别导致了雾滴平均粒径下降。当介电液体处于电场中时，流体本身会受到电场力的影响，这个现象称为电水力（electro hydrodynamic）效应，简称 EHD。电水力效应是流体内荷电粒子的运动、流体介电常数的梯度和外加电场的梯度三者综合影响的结果。

15.2.3　荷电性能评价

荷质比是衡量静电喷雾雾滴荷电性能的重要指标。荷质比越大，雾滴的荷电性能及充电效果越好。通过试验手段可对雾滴的荷电情况进行测量。本研究通过网状目标法测量雾滴荷质比，主要用来评价静电喷雾装置的充电性能。

15.2.3.1　荷电性能研究平台构建

（1）分析仪器　试验仪器如表 15-7 所示。

表 15-7　试验仪器

仪器名称	型号	生产厂家	备注
温湿度计	2286-2 型	德国 Rherm	精度：0.01℃，0.1%
示波器	YB4320A 型	江苏绿扬电子仪器厂	20MHz
直流高压发生器	GJF-100 型	北京静电设备厂	0～-100kV
微安电流表	C46-10 型	贵州永恒精密电表厂	0.5mA，GB7676—2017

（2）研究方法　为了收集到有效的放电电流，通过电场的空间作用范围试验和确定屏蔽网与电极尖端不同距离的屏蔽效果试验对测试方法的有效性进行探索，在此基础上开展雾滴平均荷质比的测量试验。

① 电场的空间作用范围试验　用 $\Phi100$ 黄瓜（*Cucumis sativus* L.）叶片圆形切片测量空间不同位置电场的感应放电电流，从而间接确定电场空间作用范围。高度方向（z 方向）取 3 个水平，靶标到喷头距离，分别取为 20cm、30cm、40cm；同一高度的水平面内，选取 20cm、40cm、60cm、80cm、100cm 的 5 个不同距离，以喷头为圆心，以这 5 个不同距离为半径做同心圆，选取每个同心圆与水平方向（x 轴）和竖直方向（y 轴）的交点作为采样点。这样的选取方法，可在空间中布置 60 个单元（cell）记录感应放电电流值，每个单元重复检测 6 次。

数据处理时，对同一高度上、同一半径的 4 个感应电流值取平均值作为该距离的感应电流值。全天室内环境条件为，温度 28.4℃左右，相对湿度约 84.70%。

② 确定屏蔽网与电极尖端不同距离的屏蔽效果试验　调节屏蔽网与电极尖端之间的相对距离，取 15cm、20cm、25cm 3 个水平，调节电压分别为 20kV、24kV、28kV、30kV、32kV 共 5 个水平，测量不锈钢筛网的感应放电电流值，设定无屏蔽措施作为对照组，每次处理 3 个重复，取均值进行分析。

③ 雾滴荷质比试验　对不同电压下的雾滴的荷质比进行了测试。调节工作电压，取 20kV、24kV、28kV、32kV、36kV、40kV 共 6 个水平，每个水平 3 次重复，分别取均值计算荷质比，单位为 mC/kg。试验中电极与屏蔽网距离为 25cm，喷头与不锈钢筛网的距离约 60cm。喷雾压力、喷头型号以及喷头流量见表 15-2。

15.2.3.2　结果与数据分析

（1）电场空间作用范围的拟合结果如图 15-14 所示。从感应电流的变化趋势中可以大致判断电场的感应范围在 1m 之内，这个结果为接下来金属屏蔽网屏蔽效果试验提供了事实依据。

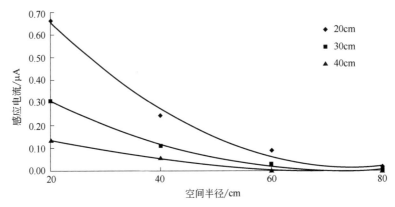

图 15-14　电场空间作用范围

（2）分别检测有无屏蔽措施时不锈钢筛网的感应电流值，试验结果见表 15-8 和表 15-9。

表 15-8　不采取屏蔽措施的感应电流值　　　　　　　　　　　单位：μA

	20kV	24kV	28kV	30kV	32kV
15cm	2.81	3.13	3.42	3.67	3.80
20cm	3.33	3.65	3.92	4.27	4.40
25cm	3.79	4.23	4.54	4.90	5.07

表 15-9　采取屏蔽措施的感应电流值　　　　　　　　　　　单位：μA

	20kV	24kV	28kV	30kV	32kV
15cm	0.49	0.54	0.60	0.66	0.69
20cm	0.49	0.54	0.59	0.64	0.67
25cm	0.55	0.61	0.66	0.70	0.73

从两表中可知，第一，采取的屏蔽措施有效减少了感应电流的存在；第二，同一距离下，感应电流随着工作电压的升高而略有增加，但变化不大；第三，同一电压水平下，总体上屏

蔽网距离电极越远屏蔽效果越差，而试验中发现，屏蔽网过于接近电极会引起不必要的电极放电问题，所以在荷质比试验中将屏蔽网与电极的距离确定为25cm。

（3）通过荷质比测试可以寻求最佳静电喷雾效果时的荷电水平；还可以研究荷电雾滴在运动过程中的变化过程，分析电荷衰减规律。荷质比与工作电压的关系如图15-15所示。

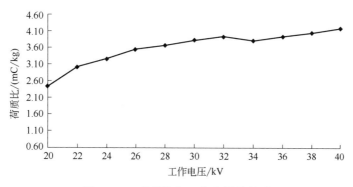

图 15-15　荷质比与工作电压的关系

试验结果表明，雾滴平均荷质比在 2.6～4.1mC/kg 范围内，充电效果随电压增大而增加。随着电压的升高其荷质比也增大。

15.2.4　沉积效果评价

15.2.4.1　沉积效果研究平台构建

（1）材料与参数　在模拟棉花冠层的人工靶标上进行喷雾试验。人工模拟靶标的叶片由工程塑料制成，植株茎秆为金属材料。试验利用喷雾天车进行，喷雾参数如表 15-2 所示。

（2）研究方法　在模拟靶标冠层的上、中、下不同高度处布置水敏纸（water sensitive paper，WSP），观察喷洒后雾滴的沉积状况，试验设常规喷雾为对照组。采用中国农业大学植保机械与施药技术研究中心自行开发的靶标图像识别软件计算雾滴覆盖率（coverage on WSP，%）。

15.2.4.2　结果与分析

图 15-16 是一组典型的水敏纸上雾滴的沉积覆盖情况。详细的统计结果如图 15-17 所示。

结果表明，静电喷雾时的模拟靶标正面的雾滴覆盖率为 93.73%，是常规喷雾的 1.22 倍；静电喷雾时的模拟靶标背面的雾滴覆盖率为 24.80%，比常规喷雾提高了 46.6 倍。因而研制出的高压静电喷雾装置能有效地使雾滴带电，并提高雾滴在靶标上的沉积效果。但这并没有反映出最佳沉积效果，这是因为尽管荷电雾滴的沉积与常规喷雾相比有所提高，但还是受到了现有试验条件的影响。例如，人工模拟靶标的叶片为工程塑料制作，这种绝缘材料造成荷电雾滴携带的电流沉积到叶片上后不易转移到地面，因此，整体上讲模拟靶标的导电性能削弱了雾滴的沉积效果，尤其是靶标背部沉积效果。

15.2.5　研究结论

（1）研制了室内静电喷雾装置，其主要部件包括高压静电发生装置、高压电极以及雾滴云平均荷质比测试装置。静电喷雾的高压电极采用"尖-板"电极形式,多极电晕放电可提高充电电场的场强,使绝大部分雾滴有足够的时间通过电场强场区,使其充分带电。

（2）比较了静电喷雾与常规喷雾的雾化水平,二者雾滴粒径均不服从正态分布,但从雾滴谱的统计特征中反映出高压电场对于雾化效果有显著改善。

（3）以荷质比作为评价指标,对不同电压下雾滴的荷电效果进行对比试验。结果表明,雾滴能有效带电,其荷电量达到生产作业的基本要求;研制的雾滴云平均荷质比测定装置可以用于雾滴的荷电量测量。

（4）雾滴在模拟靶标上的沉积效果试验不仅表明所研制的静电喷雾装置能够有效使雾滴带电,并提高雾滴在靶标上的沉积覆盖率,同时证明静电喷雾显著提高了雾滴在靶标背部的沉积效果。

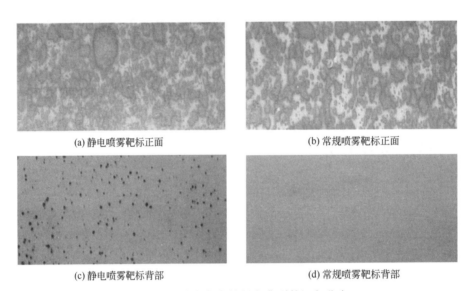

(a) 静电喷雾靶标正面   (b) 常规喷雾靶标正面

(c) 静电喷雾靶标背部   (d) 常规喷雾靶标背部

图 15-16　雾滴在水敏纸上典型的沉积分布

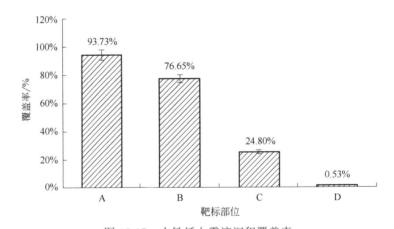

图 15-17　水敏纸上雾滴沉积覆盖率

A—静电喷雾靶标正面;B—常规喷雾靶标正面;C—静电喷雾靶标背部;D—常规喷雾靶标背部

15.3 基于响应面方法的荷电雾滴沉积回归模型

响应面模型是国内外应用最为广泛的函数回归模型之一。本节将研究不同施药参数对荷电雾滴在靶标背部沉积量的影响规律。首先利用正交试验进行初步分析，然后在单因素分析的基础上，采用响应面方法对试验参数进行拟合，最终建立精度较高的二次回归模型。

15.3.1 响应面回归模型研究

15.3.1.1 响应面回归模型研究平台构建

（1）喷雾靶标 *Φ*100mm 的油白菜（*Brassica rapa* subsp. *oleifera*）叶片圆形切片，*Φ*100mm 的镀锌板金属模拟靶标，*Φ*100mm 的 ABS 工程塑料模拟靶标。

（2）试验试剂 示踪剂：0.1%的荧光素钠（BSF）水溶液。

（3）试验仪器 主要的试验仪器设备见表 15-10，试验装置如图 15-18。

表 15-10 试验仪器

仪器名称	型号	生产厂家	备注
微安电流表	C46-10 型	贵州永恒精密电表厂	0.5mA，GB 7676—2017
荧光分光光度仪	LS-20 型	英国 Perkin-Elmer	精度：0.001μg
温湿度计	2286-2 型	德国 Rherm	精度：0.01℃，0.1%
数字天平	Acculab	德国 Sortorius Group	精度：0.01g
直流高压发生器	GJF-100 型	北京静电设备厂	0～-100kV
示波器	YB4320A 型	江苏绿扬电子仪器厂	20MHz

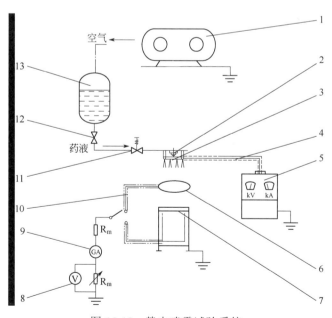

图 15-18 静电喷雾试验系统

1—空气压缩机；2—喷头体；3—电晕电极；4—高压电缆；5—直流高压电源；6—喷雾靶标；
7—荷质比测量装置；8—示波器；9—微安电流表；10—屏蔽电缆；11—稳压阀；12—阀门；13—药液罐

15.3.1.2　响应面回归模型研究方法

利用喷雾天车模拟田间施药作业，在不同喷施参数下（包括工作电压、喷施速度、喷头与靶标之间距离以及靶标材质）针对水平布置的靶标施药，然后收集靶标背部沉积的药液，利用荧光示踪法测定其单位面积上药液的沉积量。

工作电压范围选取在电晕起始电压和击穿电压之间，天车行进速度根据每亩施药量计算得出，选取范围从低容量喷雾，如 60L/hm²(4L/亩)、75L/hm²（5L/亩），到不同水平的常量喷雾，如 150L/hm²（10L/亩）、225L/hm²（15L/亩）、300L/hm²（20L/亩），喷施距离（喷头与靶标之间的距离）考虑实际情况控制在 0.30～0.50m 内。

测定方法：用含乙醇的去离子水洗脱样品上的 BSF 荧光物质，振荡、静置后，用 LS-20 型荧光分光光度仪测定各处理样品中荧光物质的含量，并计算出单位面积上荧光物质的沉积量。

用响应面方法（response surface methodology，RSM）对喷雾效果进行模型研究，整个试验分 3 个阶段进行。首先，用正交试验确定影响雾滴沉积效果的主要因素；其次，利用单因素试验对主要因素作定性分析；最后，用响应面方法中的中心组合方法（central composite design，CCD）设计试验，拟合稳定点附近的响应面模型，并得出优化的喷施参数。试验顺序完全随机进行，每个处理做 6 次重复试验，剔除离群值后，取平均值进行分析。采用 SPSS（11.5.0 Standard，LEAD Technologies，Inc. USA）及 Design Expert（7.0.1 Trial，Stat-Ease，Inc. USA）统计软件进行试验设计与数据分析。

15.3.2　结果与分析

15.3.2.1　正交试验设计和结果

用正交试验对影响雾滴在靶标背部沉积分布状况的四项因素进行研究。试验的四个因素分别为：静电发生器工作电压、喷施作业的行走速度、喷头与靶标之间的喷施距离以及靶标材质，试验指标 Y 为靶标背部荧光物质洗脱浓度，它的数值越大越好。试验中每个因素选取 3 个水平，具体参数见表 15-11。试验中喷头型号、工作压力等喷施参数同表 15-2。

表 15-11　正交试验因素及水平

因素	因素代码	水平		
		1	2	3
工作电压/kV	A	0	28	40
喷施距离/m	B	0.3	0.4	0.5
喷施速度/(m/s)	C	1.00	1.34	2.20
靶标材质	D	金属	叶片	塑料

考虑到工作电压与喷施距离、工作电压与喷施速度、工作电压与靶标材质之间的交互作用，设计了 4 因素 3 水平有交互作用的正交试验。每两个因素的交互作用要占两列，按 L_{27}（3^{13}）正交表安排试验，测出结果，并进行分析，试验结果和分析过程记录在表 15-12 中。

表 15-12　试验方案及数据处理

因素 试验号	1 A	2 B	3 (A×B)₁	4 (A×B)₂	5 C	6 (A×C)₁	7 (A×C)₂	8 (A×D)₂	9 D	10 (A×D)₁	Y/(μg/mL)
1	1	1	1	1	1	1	1	1	1	1	0.39
2	1	1	1	1	2	2	2	2	2	2	0.18
3	1	1	1	1	3	3	3	3	3	3	0.17
4	1	2	2	2	1	1	1	2	2	2	0.19
5	1	2	2	2	2	2	2	3	3	3	0.33
6	1	2	2	2	3	3	3	1	1	1	0.3
7	1	3	3	3	1	1	1	3	3	3	0.23
8	1	3	3	3	2	2	2	1	1	1	0.23
9	1	3	3	3	3	3	3	2	2	2	0.13
10	2	1	2	3	1	2	3	1	2	3	1.02
11	2	1	2	3	2	3	1	2	3	1	0.27
12	2	1	2	3	3	1	2	3	1	2	1.15
13	2	2	3	1	1	2	3	2	3	1	0.33
14	2	2	3	1	2	3	1	3	1	2	1.89
15	2	2	3	1	3	1	2	1	2	3	0.97
16	2	3	1	2	1	2	3	3	1	2	2.14
17	2	3	1	2	2	3	1	1	2	3	1.57
18	2	3	1	2	3	1	2	2	3	1	0.27
19	3	1	3	2	1	3	2	1	3	2	0.34
20	3	1	3	2	2	1	3	2	1	3	1.4
21	3	1	3	2	3	2	1	3	2	1	0.81
22	3	2	1	3	1	3	2	2	1	3	1.87
23	3	2	1	3	2	1	3	3	2	1	1.18
24	3	2	1	3	3	2	1	1	3	2	0.28
25	3	3	2	1	1	3	2	3	2	1	0.57
26	3	3	2	1	2	1	3	1	3	2	0.24
27	3	3	2	1	3	2	1	2	1	3	0.6
κ_1	0.24	0.64	0.89	0.59	0.79	0.67	0.69	0.59	1.11	0.48	
κ_2	1.07	0.82	0.52	0.82	0.81	0.66	0.66	0.58	0.74	0.73	
κ_3	0.81	0.67	0.7	0.71	0.52	0.79	0.77	0.94	0.27	0.91	
极差	0.83	0.18	0.38	0.22	0.29	0.13	0.11	0.36	0.84	0.42	

注：试验环境温度 8.45～9.55℃，相对湿度 48.8%～50.2%。

从表 15-12 中的极差大小可以看出，影响最大的因素是靶标材质，以金属材质为好；工作电压与靶标材质的极差相差甚微，以第 2 水平为好；工作电压和喷施速度的交互作用影响最小，以第 3 水平为好。由于交互作用占两列，利用直观分析法有些困难，通过方差分析（analysis of variance，ANOVA）对试验结果进行进一步判断。列出方差分析表如表 15-13。

表 15-13　方差分析结果

方差来源	离差平方和 S	自由度 df	均方 S/df	F 值	P 值	显著性
A	3.247	2	1.623	61.976	0.000	**
B	0.166	2	0.083	3.174	0.115	○

方差来源	离差平方和 S	自由度 df	均方 S/df	F 值	P 值	显著性
C	0.465	2	0.232	8.869	0.016	*
D	3.131	2	1.565	59.759	0.000	**
A×B	0.861	4	0.215	8.217	0.013	*
A×C	0.156	4	0.039	1.492	0.315	○
A×D	1.554	4	0.388	14.829	0.003	**
误差 E	0.157	6	0.026			
总和 T	9.737	26				

注：** 对应 $P<\alpha=0.01$；*对应 $P<\alpha=0.05$；○对应不显著。

由表 15-13 中的显著性看出，因素 A 与因素 D 以及二者的交互效应 A×D 对试验结果有极显著影响，因素 C 以及因素 A 与因素 B 的交互效应的影响都是显著的，而因素 B 的影响和 A×C 间的交互作用无显著影响；从 F 值的大小看出，A 影响最大，以下依次为 D、A×D、C、A×B。这些结果与直观分析法得到的结果一致。

综上，正交实验表明，静电喷雾的工作电压和靶标材质以及二者的交互是影响雾滴沉积的极显著因子。对于工作电压，考虑到不带电喷雾与带电喷雾之间效果上的显著差异，电压选取的三个水平中包含一个不带电喷雾的情况，所以零水平的存在是造成电压成为最显著因子的主要原因。在靶标材质对沉积的影响上，金属材料沉积量最高，叶子其次，塑料的沉积量最低，根据电位移方程，认为这是由不同材质绝缘性能和阻容特性上的差异因素引起的。此外，工作电压与靶标材质间的交互效应会从电场的建立、雾滴的吸附以及电流的传导三个方面影响着最终的喷雾效果。工作电压与靶标材质的显著交互作用很可能与自持放电过程以及高压电场的建立有关。根据每公顷施药量选取不同的喷施速度，对喷雾效果也存在着显著的影响，这与 Moser 的结论吻合。虽然喷雾距离影响着电极的起晕电压，但对最终效果影响不大，因为喷雾距离变化范围是考虑在实际作业中作物冠层高度的变化而设置的，这一因素不显著在一定程度上有助于扩大静电喷雾的应用范围。

15.3.2.2 两因素对沉积效果的影响

在喷施距离 0.4m 的条件下，针对植物叶片，分别进行工作电压、喷施速度与荷电雾滴在油白菜叶片背部沉积效果的单因素试验。两项试验，每个因素各取 6 个水平，每个处理进行 6 次重复，试验结果如图 15-19 所示。工作电压的 6 个水平为 20kV、24kV、28kV、32kV、36kV、40kV；喷施速度的 6 个水平为 0.40m/s、0.60m/s、0.80m/s、1.00m/s、1.20m/s、1.40m/s；试验指标为靶标背部单位面积沉积量。其他喷雾参数见表 15-2。

从图中结果可以看出，雾滴沉积效果分别与工作电压和喷施速度呈线性变化：随着电压的提高，单位面积沉积量增加；随着喷施速度的降低，单位面积沉积量增加。

15.3.2.3 中心组合研究设计和结果

根据单因素试验结果，对工作电压和喷施速度进行两因素五水平响应面设计，响应值 Y 为靶标背部单位面积雾滴沉积量。采用中心组合 CCD 模型，分别以 X_1、X_2 来表示上述关键因素，$+\gamma$、+1、0、-1、$-\gamma$ 代表因素的高、中、低五个不同编码水平，其中 $\gamma=1.414$。各因子编码及水平范围见表 15-14，表中各自变量编码值与真实值之间的关系为：$X_i=(x_i-x_0)/\Delta x$，其

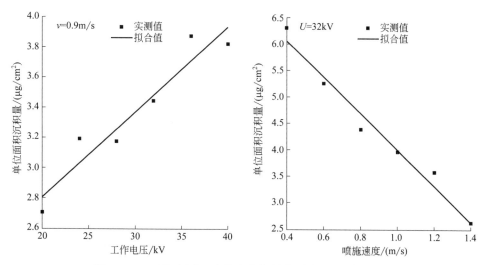

图 15-19 工作电压、喷施速度与单位面积沉积量的关系

表 15-14 试验因素水平及编码

因素	编码记号	编码水平				
		$-\gamma$	-1	0	$+1$	$+\gamma$
工作电压/kV	X_1	20	23	30	37	40
天车速度/(m/s)	X_2	0.40	0.55	0.90	1.25	1.40

中，X_i 为因子的编码值，x_i 为因子的真实值，x_0 为试验中心点处因子的真实值，Δx 为因子的变化步长。

试验设计并优化出来 13 组试验。按照要求随机挑选组别进行，响应面回归分析（RSREG）试验设计和试验结果见表 15-15。

表 15-15 CCD 试验设计表及响应值

试验号	X_1	X_2	工作电压/kV	喷施速度/(m/s)	单位面积沉积量/(μg/cm²)
1	-1	-1	23	0.55	4.913
2	-1	$+1$	23	1.25	2.225
3	$+1$	-1	37	0.55	5.839
4	$+1$	$+1$	37	1.25	3.437
5	-1.414	0	20	0.90	2.550
6	1.414	0	40	0.90	3.700
7	0	-1.414	30	0.40	7.359
8	0	1.414	30	1.40	3.207
9	0	0	30	0.90	3.580
10	0	0	30	0.90	3.501
11	0	0	30	0.90	3.318
12	0	0	30	0.90	3.535
13	0	0	30	0.90	3.480

注：试验环境温度 8.45~8.85℃，相对湿度 42.8%~48.2%。

15.3.3 回归模型的建立与验证

15.3.3.1 模型的建立

对表 15-15 的试验数据进行响应面回归分析(RSREG)，得到二次多项式回归方程：

$$Y = 6.972 + 0.311X_1 - 16.475X_2 - 0.00408X_1^2 + 7.000X_2^2 \qquad (15\text{-}13)$$

对该模型进行显著性检验，模型方差分析（ANOVA）结果见表 15-16，模型系数显著性检验结果见表 15-17。

由表 15-16 可以看出：$F_{模型} = 241.05 > [F_{0.01}(4, 4) = 15.98]$，模型 $P < 0.0001$，这表明模型在 99%的概率水平上是非常显著的；$F_{失拟} = 3.78 < [F_{0.05}(4, 3) = 9.12]$，失拟项 $P = 0.1132 > 0.05$，这说明模型失拟度不显著，只有 11.32%的可能由噪声导致失拟发生。模型的调整确定系数（adjust R-squared）Adj $R^2 = 0.9877$，说明该模型能解释 98.77% 响应值的变化，因而该模型拟合程度良好。

从表 15-17 可知：模型的各项，包括截距项、线性项和平方项均极显著。综上，式（15-13）为描述室内雾滴荷电条件下沉积效果的一个非常合适的模型，可以用此模型对单位面积雾滴沉积量进行分析和预测。

表 15-16　中心组合试验设计的模型方差分析

方差来源	离差平方和 S	自由度 df	均方 S/df	F 值	显著性
模型	22.83	4	5.71	241.05	< 0.0001
A	1.77	1	1.77	74.8	< 0.0001
B	15.02	1	15.02	634.27	< 0.0001
A^2	0.29	1	0.29	12.23	0.081
B^2	5.33	1	5.33	224.90	< 0.0001
残差	0.19	8	0.024		
失拟 E_1	0.15	4	0.037	3.78	0.1132
误差 E_2	0.040	4	9.918×10^{-3}		
总和 T	23.02	12			

表 15-17　回归模型系数显著性检验

回归系数项	系数估计值	自由度 df	标准差	95%置信度的置信区间		VIF
				低端值	高端值	
Intercept	3.48	1	0.069	3.32	3.64	
A	0.47	1	0.054	0.35	0.60	1.00
B	−1.37	1	0.054	−1.50	−1.24	1.00
A^2	−0.20	1	0.058	−0.34	−0.069	1.02
B^2	0.87	1	0.058	0.74	1.01	1.02

根据表 15-15 的试验结果绘出稳定区域内 Y 值随 X_1 和 X_2 变化的响应曲面图及其等高线图，如图 15-20。

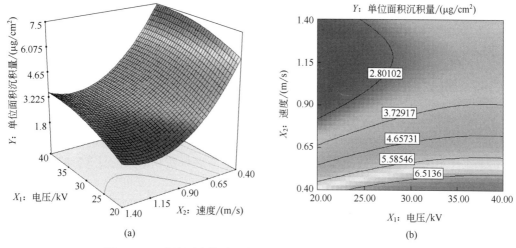

图 15-20 试验因素的响应曲面图（a）及其等高线图（b）

通过对图 15-20（a）响应曲面图的分析可知，喷施速度不变，叶片背部沉积量随着工作电压的增加而增加，但变化梯度较小；工作电压不变，随着喷施速度的减慢，雾滴在叶片背部沉积效果明显增加，并且在低速作业时，叶片背部沉积量增加趋势急剧增高。这说明与工作电压相比喷施速度的影响更显著。在图 15-20（b）等高线图中红色区域显示的沉积量最高，蓝色区域显示的沉积量最低。从该图中可以判断出可以获得较高沉积量的作业条件，即当工作电压为 23～40kV，喷施速度在 0.4～0.5m/s 范围内，喷施药液的沉积效果较好。在这个优化的作用条件中，工作电压的范围较宽泛，考虑到降低高压发生装置的体积和成本因素，这一结果有利于在较低的高电压下实现静电喷雾作业；而 0.4～0.5m/s 的喷施速度属于目前农药喷洒中普遍采用的常量喷雾的作业范围，由此可见这两个因素的优化结果都具有现实意义。而对于低容量喷雾，在较高的作业速度中只有提高工作电压才能获得更高的沉积量。

15.3.3.2 模型的验证

为了确保在以上 13 组试验基础上所建回归模型的准确性，并且找出若干组较好的工作参数，用另外 10 组沉积试验结果对上述回归模型进行验证，结果如表 15-18 所示。

表 15-18 回归模型的验证

试验编号	因素		响应值		相对误差
	工作电压/kV	喷施速度/(m/s)	预测值	实测值	
1	24	0.90	2.937	3.024	0.029
2	28	0.90	3.334	3.006	0.109
3	32	0.90	3.600	3.256	0.106
4	36	0.90	3.736	3.665	0.019
5	32	0.60	5.393	5.248	0.028
6	32	0.80	4.057	4.387	0.075
7	30	1.24	2.975	2.911	0.022
8	32	1.14	3.073	3.122	0.016
9	40	0.74	4.540	4.474	0.015
10	34	1.04	3.279	3.483	0.059

结果表明：平均相对误差为 4.45%；已建立的回归模型可以用来预测工作电压为 20～40kV，喷施速度为 0.4～1.4m/s 范围内以及附近取值时的室内雾滴荷电靶标背部单位面积雾滴沉积量。

15.3.4 研究结论

采用响应面方法中的 CCD 模式，对试验室内静电喷雾沉积效果进行了试验优化设计，并进行了分析验证，结果表明：

（1）工作电压、喷施速度是雾滴荷电条件下在靶标背部沉积效果的显著影响因子，其中速度的影响最大。

（2）在本试验条件范围内建立并验证的荷电雾滴靶标背部沉积的回归模型准确有效，并可用于预测本试验条件范围内以及附近取值的单位面积上雾滴沉积量的数值。

（3）雾滴荷电条件下不同工作电压和喷施速度的组合对沉积效果的影响有较大的影响，雾滴荷电后，常量喷雾时低速作业能够获得较大的药液沉积量，优化得出的取值范围为喷施速度 0.4～0.5m/s，工作电压 23～40kV；而在低容量喷雾中，只有提高工作电压才能获得更高的沉积量。

15.4 基于 ANN 模型的荷电雾滴沉积函数模型

工作电压、喷施速度以及喷施距离是影响施药过程中雾滴沉积的三个重要因子。人们在大量的室内和田间施药试验基础之上，利用多项式模型和因子分析方法建立了相应的沉积量函数经验模型。事实上，工作电压、喷施速度、喷施距离与雾滴沉积量的关系十分复杂，假定的函数形式是否正确反映了工作电压、喷施速度、喷施距离对荷电雾滴沉积量的影响机制，缺乏有力的理论依据。而人工神经网络模型（artificial neural network，ANN）不需要事先建立具体的函数模型，在解决此类问题上具有较大的优势。本节将建立荷电雾滴在靶标背部沉积函数 ANN 模型，并利用该模型预测荷电雾滴在靶标背部沉积规律与工作电压、喷施速度以及喷施距离之间的关系。

15.4.1 基于 BP 算法的 ANN 模型设计

利用 Matlab（7.0，Mathwork，Inc. USA）中的神经网络工具箱实现 ANN 模型的设计。

15.4.1.1 样本确定与数据预处理

（1）样本确定 由于神经网络模型求解问题的精确度在很大程度上依赖于神经网络所建立的变量之间的映射关系正确，因此必需有足够多的、具有代表性的训练样本用以进行网络学习。王少波等比较了三种多层映射 BP 神经网络训练样本的选取方法，结果表明：在样本容量相同情况下，均匀设计法的代表性最好，正交设计法次之，而随机遍历法较差。因此，用均匀试验设计神经网络的数据样本，能够以合理的试验付出，扩大特征样本的覆盖范围，使模型的构建更具有代表性。

本研究中数据样本主要来源于三组试验结果，其中包括在 15.3 中通过中心组合 CCD 试验设计以及单因素试验设计得到的样本数据，除此之外的数据样本采用均匀设计法获得。均匀试验采用拟水平法设计，选用均匀设计表 $U_{10}(5^2 \times 2^1)$ 安排两个因素（A，B）5 水平和一个因素（C）2 水平的试验。试验因素及水平的选取见表 15-19。详细的试验设计及试验结果见表 15-20。试验指标 Y 为靶标背部单位面积沉积量，单位为 $\mu g/cm^2$。

表 15-19　均匀试验因素及水平

因素	因素代码	水平				
		1	2	3	4	5
工作电压/kV	A	20	25	30	35	40
行驶速度/(m/s)	B	0.40	0.65	0.90	1.15	1.40
喷施距离/m	C	0.3	0.5			

表 15-20　均匀试验设计及结果

试验号	A	B	C	A	B	C	Y
1	1	1	1	20	0.40	0.3	3.341
2	1	2	2	20	0.65	0.5	4.883
3	2	3	1	25	0.90	0.3	3.457
4	2	4	2	25	1.15	0.5	3.367
5	3	5	1	30	1.40	0.3	3.646
6	3	1	2	30	0.40	0.5	6.695
7	4	2	1	35	0.65	0.3	3.775
8	4	3	2	35	0.90	0.5	6.430
9	5	4	1	40	1.15	0.3	4.045
10	5	5	2	40	1.40	0.5	2.364

（2）数据预处理　在 15.3 的研究中发现，荷电雾滴的沉积试验由于系统误差以及环境温湿度难于控制，不同月份间进行的试验结果存在波动。为此，本节在神经网络训练之前首先对样本数据进行了处理：以 CCD 试验中获得的数据为基准样本，处理其他阶段的试验数据，使样本向量的偏差值接近于零，以求利用的数据信息更具有合理性。整理后的数据样本列于表 15-21。

表 15-21　人工神经网络数据样本

序号	电压/kV	速度/(m/s)	距离/m	单位面积沉积量/($\mu g/cm^2$)
1	23	1.25	0.4	2.225
2	30	0.9	0.4	3.488
3	37	0.55	0.4	5.839
4	40	0.9	0.4	3.7
5	20	0.9	0.4	2.55
6	30	0.4	0.4	7.359
7	32	0.9	0.4	3.256
8	36	0.9	0.4	3.665
9	32	0.4	0.4	6.293
10	32	0.6	0.4	5.248
11	32	0.8	0.4	4.387
12	32	1	0.4	3.947

序号	电压/kV	速度/(m/s)	距离/m	单位面积沉积量/($\mu g/cm^2$)
13	32	1.2	0.4	3.577
14	32	1.4	0.4	2.617
15	30	1.4	0.4	3.207
16	37	1.25	0.4	3.437
17	24	0.9	0.4	3.024
18	20	0.84	0.4	2.667
19	28	1.34	0.4	2.984
20	30	1.24	0.4	2.911
21	40	0.74	0.4	4.474
22	40	1.15	0.3	3.457
23	25	0.9	0.3	3.646
24	30	1.4	0.3	3.775
25	20	0.4	0.3	6.43
26	35	0.65	0.3	4.883
27	40	1.4	0.5	3.341
28	30	0.4	0.5	6.695
29	25	1.15	0.5	2.364
30	28	1.34	0.5	2.984
31	32	1.14	0.4	3.122
32	36	0.84	0.4	3.993
33	40	1.34	0.4	3.391
34	23	0.55	0.4	4.913
35	28	0.9	0.4	3.006
36	35	0.9	0.5	3.367
37	20	0.65	0.5	4.045
38	40	1	0.5	3.423
39	28	1	0.3	3.016

ANN 的样本一般都要进行数据预处理，这一过程对于网络的收敛性能起决定作用，如果预处理方法合适，可以大量节约网络收敛时间，并减小训练误差，有时直接决定了网络是否收敛。

通过正则化（normalization）矩阵函数进行样本标度化处理，使不同量纲的原始数据转换到[0, 1]区间以符合网络输入要求，而元素间的比例关系保持不变。事实证明该处理对于网络训练快速收敛十分有效。

15.4.1.2 ANN 网络设计

根据 Kolmogorov 神经网络映射存在定理，一个有足够多神经元的 3 层（即只包含一个隐含层）前馈型神经网络可以逼近任意有理函数。依此，本研究采用 3 层结构的前馈型神经网络。以工作电压、喷施速度和喷头到靶标的喷施距离为输入层，以单位面积沉积量为输出层，根据网络的训练结果选择适合的隐含层节点数。

15.4.1.3 基于 BP 算法的 ANN 训练方法

将数据样本随机分为训练样本和测试样本两部分，样本容量分别为 30 和 9。利用训练样本对网络进行训练，利用测试样本对模型进行评价。把训练样本作为输入数据形成一个 3×30 的矩阵，期望输出值为这 30 组试验的沉积量。这些数据都事先进行正则化处理使它们落在[0, 1]中。

（1）网络权值、阈值的初始化　　采用 Matlab 神经网络工具箱中的权值和阈值初始化函数 *initnw*，即 Nguyen-Widrow 初始化方法。该方法为 ANN 各层产生初始权值和阈值的基本指导思想是使每层神经元的活动区域大致平坦地分布在该层的输入空间，适用于传递函数为曲线函数（如 *logsig* 和 *tansig*）的情况。例如，传递函数 *tansig* 的活动区域为 $x \in [-2, 2]$。与单纯的给权值和阈值随机赋值的方法相比，initnw 方法的优点体现在：第一，所有神经元的活动区域都在输入空间内，减少了神经元的浪费；第二，输入空间的每个区域都在活动的神经元范围中，有更快的训练速度。因此可见 initnw 初始化方法比随机赋值初始化方法具有更高的效率。

（2）网络权值、阈值的训练　　借助 Matlab 神经网络工具箱的网络训练函数 *trainbr* 对网络权值和阈值进行训练。*trainbr* 函数采用 Levenberg-Marquardt 优化方法与贝叶斯规范化（Bayesian regularization，BR）方法相结合的 BP 算法函数：利用 Levenberg-Marquardt 优化方法能够进行网络权值和阈值的最优化搜索；利用贝叶斯规范化方法能够自适应地将多余的权值衰减至接近 0 的值。ANN 的性能函数为总平方和误差函数 SSE（sum squared error），即网络输出与期望输出之间的总平方和误差。

（3）隐含层节点数的选择　　目前，BP 神经网络隐含层的节点数（神经元数）的选取尚无理论依据，通常是根据实验或经验确定，因此这是神经网络结构设计中的一个难点，如果节点选取不当，可能会使网络具有很大的冗余性，影响拟合和泛化效果。因为隐含层节点数过多会导致学习时间过长，容错性差，泛化性能差，误差也不一定最佳，所以需要寻找一个比较合适的隐含层节点数。首先使隐含层节点数目可变，从小到大依次训练网络，在满足精度要求的前提下选取尽可能紧凑的网络结构。表 15-22 列出了 BP 隐含层节点数试算的典型结果。

表 15-22　具有不同隐含层节点数的 BP 网络比较

隐含层节点数	训练步数	误差平方和 SSE	网络权值平方和 SSW	有效网络参数	梯度	回归系数 R^2	
						训练样本	检验样本
4	89	0.649864	9.11472	1.38e+001/21	0.183	0.9888	0.9339
5	144	0.628911	9.33591	1.52e+001/26	0.211	0.9892	0.9528
6	186	0.643465	9.18618	1.43e+001/31	0.193	0.9889	0.9387
7	114	0.696035	8.48482	1.25e+001/36	0.171	0.988	0.9262
8	616	0.628309	9.34451	1.52e+001/41	0.211	0.9892	0.9528
9	121	0.694997	8.49512	1.25e+001/46	0.171	0.988	0.9268

表中隐含层节点数为 5 时训练效果最好，此后，误差平方和随训练次数的增加而增大，同时有效的网络参数随训练次数的增加而减小。在不同节点数训练样本的回归系数相差不大的条件下，检验样本的回归系数在节点数为 5 和 8 时的结果较佳，但是节点数为 5 时的训练步数小于节点为 8 的训练步数，收敛速度更快，因此这里将隐含层节点数设定为 5。

（4）网络泛化性能　应用 BP 模型进行非线性映射不仅需要一个训练样本，而且还要有一个评价训练效果如何的测试样本。训练样本用于训练网络，使网络能按照学习算法调节结构参数，以达到学习的目的；测试样本用于评价已训练好的网络性能，即网络的泛化能力（generalization）。一般来讲，即使用训练样本内所有模式对训练好了网络，也不能保证用其他模式对测试时都能得到满意的结果；如果用训练模式之外的一组典型模式对构成测试样本测试网络，所得结果均是满意的，那么就说明该训练网络泛化能力很强；否则就说明所选择的训练模式是不具代表性的，不能体现源数据样本的整体特征，或者网络结构不好，导致泛化能力较弱。本节利用贝叶斯规范化方法，通过修正 ANN 的训练性能函数来提高泛化能力，方法如下：

一般 BP 网络的性能函数为均方差：

$$\text{mse} = \frac{1}{QN} \sum_{q=1}^{Q} \sum_{n=1}^{N} [t_q(n) - a_q(n)]^2 \tag{15-14}$$

式中，Q 为训练样本输入-输出模式对个数；N 为输出层节点个数；$t_q(n)$、$a_q(n)$ 分别为对应 Q 个输入对中第 q 个输入对的输出层第 n 个节点的期望输出值与网络输出值。

如果将 BP 网络的性能函数改为式（15-15）的形式，则能在保证很好的训练精度的情况下同时确保泛化精度也能得到一满意值。

$$\text{msereg} = \gamma \frac{1}{QN} \sum_{q=1}^{Q} \sum_{n=1}^{N} [t_q(n) - a_q(n)]^2 + (1-\gamma) \frac{1}{M} \sum_{m=1}^{M} \omega_m^2 \tag{15-15}$$

式中，M 为所有权值、阈值个数和；γ 为一比例系数($\gamma=0\sim1$)，若 $\gamma=1$，则此算法的性能函数等同于一般 BP 算法的误差性能函数；若 $0<\gamma<1$，则此算法的性能函数等于均方差与 γ 之积再加上 BP 网络当时所有权值及阈值的平方和的平均值与$(1-\gamma)$之积，即通过 γ 的选取考虑网络当时的复杂程度和"状态"。

为此，利用贝叶斯规范化方法在网络训练过程中自适应地调节性能函数比例系数 γ 的大小，使其达到最优。通过采用新的性能函数，可以在保证网络训练误差在尽可能小的情况下使网络具有较小的权值，这相当于自动缩小网络的规模。

（5）基于 BP 算法的 ANN 模型计算流程　编制了 ANN 网络训练和分析程序，基于 BP 算法的 ANN 模型计算流程如图 15-21 所示。

15.4.2　荷电雾滴靶标背部沉积函数 ANN 模型

应用人工神经网络来描述荷电雾滴靶标背部沉积函数。模型输入为工作电压、喷施速度和喷头到靶标的喷施距离，输出为单位面积雾滴沉积量。首先随机抽取 30 组训练样本对 ANN 模型的权值和阈值进行训练，得到有关参数。然后利用其余样本进行模型验证。

根据试验数据的规模及样本训练情况，采用 3-5-1 的网络结构，即输入层有 3 个节点（工作电压、喷施速度和喷施距离）、隐含层有 5 个节点、输出层有 1 个节点（沉积量）。输入层到隐含层、隐含层到输出层的传递函数分别为 *tansig*、*purelin*；训练函数为 *trainbr*。训练结果如表 15-23 所示。

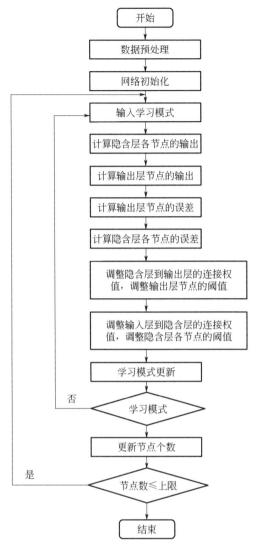

图 15-21　算法程序流程图

表 15-23　ANN 模型训练结果（权值及阈值）

输入层到隐含层权值			隐含层阈值	隐含层到输出层权值	阈值
0.13255	−0.1713	0.46284	−0.26907	0.33737	
0.028876	−1.1051	0.033652	−1.0527	1.6804	
0.55156	−0.050951	−0.031109	−0.35873	−0.61604	0.70329
−0.67710	0.30260	0.41344	−0.43858	−0.80310	
0.25336	0.53353	−0.21245	−0.5019	0.46757	

　　由图 15-22 可见，当训练迭代至 144 步时，网络训练收敛，此时误差平方和 SSE 与网络权值的平方和 SSW 均为恒值，当前有效网络的参数（有效权值和阈值）个数为 15.1727。

　　训练完成后，用所得模型预测 9 组靶标背部雾滴的沉积量，如图 15-23 所示。结果表明，2 组样本的相关性系数 R^2 分别达到 0.9892、0.9528，各组样本平均绝对误差均不到 3%，绝对误差小于 5%的样本比例分别为 100%、88%。虽然测试的数据不是很多，但通过测试该 ANN

网络对训练样本、评价样本均具有较高的拟合精度，人工神经网络用于描述荷电雾滴靶标背部沉积函数可以取得较好的效果。

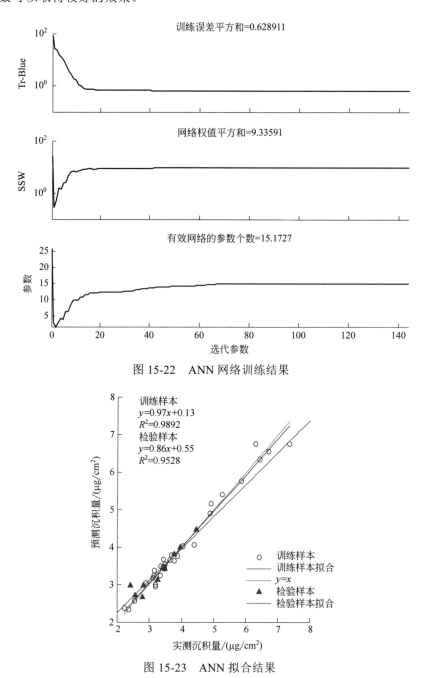

图 15-22　ANN 网络训练结果

图 15-23　ANN 拟合结果

15.4.3　ANN 模型与回归模型的比较

通过对荷电雾滴靶标背部沉积量进行了 BP 神经网络预测，并与 15.3 中的回归方法进行了对比，可得出如下结论：

（1）建立的基于响应面方法的多元回归模型和 ANN 模型都能较好地反映不同施药参数与单位面积雾滴沉积量间的关系，且二者反映的沉积规律较为一致。ANN 神经网络用于试验数据处理及沉积量预测方面有较大的优越性，它比回归方法有更高的预测精度。

（2）在研究中两个模型各有优缺点：多元回归模型为确定性模型，单位面积沉积量与工作电压、喷施速度的关系较为直观，因而模型各因素，即工作电压和喷施速度，对靶标背部单位面积沉积量的影响趋势具有比较明确的物理意义，表征单位面积沉积量对不同施药因素的敏感性，但这种确定的函数形式是否反映了普遍的沉积量与不同施药因素的关系有待进一步证实。

（3）在利用神经网络进行预测时，只要参数选择适当，迭代次数足够多，总可以得到满足精度的预测结果。但神经网络在训练过程中，各参数的变化对神经网络的收敛性及收敛速度有明显的影响。而 ANN 模型为非确定性模型，单位面积沉积量与工作电压、喷施速度、喷施距离的关系较为隐蔽，网络参数无明确的物理意义，ANN 模型用于荷电雾滴靶标背部沉积效果的研究还处于尝试阶段。

15.4.4　基于 BP 算法的荷电雾滴靶标背部沉积函数 ANN 模型简评

ANN 模型最大的优点在于事先不需要了解自变量和因变量之间的确切关系，只要隐含层节点数足够多，即可实现具有任意函数关系的两组变量之间的拟合。喷雾后雾滴荷电量的衰减对空间不同距离的靶标沉积量的影响不同，再加上静电场与雾滴气液两相流流场的耦合作用，使得预测雾滴在靶标上的沉积效果十分复杂，目前还很难确定它们之间到底是怎样的函数关系，因此，用 ANN 模型来模拟荷电雾滴在靶标背部沉积量具有较大的优越性。

基于正则化的预处理方法，可以加快训练速度；而基于 Levenberg-Marquardt 优化方法与贝叶斯规范化 BR 方法的 BP 算法用于 ANN 网络训练，可以大大提高网络泛化性能。因此，基于改进 BP 算法的 ANN 网络可以使训练样本的网络输出值和期望输出值达到很好的拟合效果。

但是，在建模过程中发现，所采用的 ANN 模型方法用于荷电雾滴靶标背部沉积函数的研究不够完善。主要有以下几方面的问题：

（1）模型参数不稳定　ANN 模型结构一旦确定，其本质上就是一个函数拟合问题，只不过因变量与自变量之间的函数关系不直接以数学关系式表达，而通过网络结构的形式表达。ANN 模型的待求参数一般较普通函数拟合问题的待定参数多，因而自由度较大。而 BP 算法的特点决定了经过有限次训练得到的 ANN 网络参数只能是近似全局最优解（或称较优解），而非绝对全局最优解。训练样本数越少，或节点数越多，自由度就越大，ANN 网络训练结果就越不稳定。

（2）适度训练的"度"较难掌握　评价一个模型的好坏需要多方面综合考虑，如：对训练样本有较高的拟合效果；具有较好的泛化能力，即对未参与训练的样本有同等的预测精度；模型所表现的规律与实际情况基本相符。此三点有时候会表现出冲突。

在荷电雾滴靶标背部沉积函数 ANN 模型的建模过程中，往往训练样本预测精度越高，检验样本的预测精度就越低。只能通过不断调整网络结构和网络训练参数使二者的差异减小。取一个中和结果，然后参照实际生产经验确定模型。在建模过程中，由于许多尺度都是人为控制的，人为因素对最终的建模影响较大。如何避免神经网络的"过度训练"，把握好"适度训练"的"度"，是神经网络研究与应用中一直致力解决的问题。

另外，本研究采用的 *trainbr* 函数，结合了 Levenberg-Marquardt 优化方法与贝叶斯规范化方法，具有较好的泛化能力，很好地再现了沉积量与其影响因子之间复杂的非线性函数关系。然而人工神经网络模型并不能完全取代有物理意义的模型，因此应考虑加入更多的物理影响因子以提高荷电雾滴沉积效果的预测精度。

（3）对"样本质量"要求高　ANN 模型的样本质量对模型预测精度及准确度影响极大。由于在不同月份的试验中，雾滴充电效果对环境条件（温、湿度及大气压等）的敏感性规律可能不同，同时系统误差的存在也会带来试验结果的波动，因此，若仅利用一次试验的数据建模，训练样本不存在模型所反映的环境条件敏感性的问题，沉积量的误差对 ANN 模型的影响相对较小，但样本容量不具备代表性；若对不同时间段的数据建模，训练样本自身的噪声干扰会降低模型的预测精度及准确度，从而使模型结果发生质的变化。从这个角度讲，由于研究中样本的沉积量可能存在误差，所以模型结果的可靠性有待进一步分析。

15.4.5　研究结论

（1）ANN 模型在解决多因素多重相关的问题上具有明显的优势：ANN 法较机理模型的建立更为简单、直观；参数的选取较线性方法更为灵活。本研究将 BP 算法用于 ANN 模型的训练，得到的荷电雾滴靶标背部沉积量的 ANN 模型，它可以较好地反映沉积量与工作电压、喷施速度、喷施距离之间的关系。

（2）采用基于正则化的数据预处理算法，可以加快训练速度；基于 Levenberg-Marquardt 优化方法与贝叶斯规范化方法用于 BP 算法，不但可以提高网络训练的收敛速度，而且还可以使网络具有较好的泛化性能，使 ANN 网络的训练性能和应用性能同时得到了提高。

（3）由于试验可能存在误差，有沉积量修正的建模方法较无沉积量修正的建模方法更为合理。ANN 网络具有很强的自学性、自适应性和容错性，它是解决复杂的多因素非线性问题的有效算法。

15.5　综合研究结论

本章在研制静电喷雾试验装置及其性能测试的基础上，开展了试验室内荷电雾滴在靶标背部沉积效果的试验。根据中心组合试验设计，建立了荷电雾滴沉积的 RSM 回归模型；利用 BP 算法，建立了基于 ANN 模型的荷电雾滴在靶标背部沉积的函数模型；并对两个模型进行了比较，得出如下结论：

（1）以常规喷雾为对照，正极性 30kV 的静电喷雾雾滴粒径与常规喷雾的雾滴粒径存在显著差异；有效的工作电压必须介于电晕起始电压和击穿电压之间，且较高的工作电压能提高雾滴的荷质比；雾滴在水敏纸上的沉积覆盖率测试结果表明，雾滴荷电后沉积量增加，尤其是靶标背面的沉积量显著提高。

（2）采用响应面方法对工作电压与喷施速度试验参数进行拟合，构造了基于响应面方法的荷电雾滴在靶标背部沉积的二次回归模型，并利用模型对荷电雾滴在靶标背部单位面积沉积量进行了模拟。拟合结果显示：选取的施药参数对单位面积雾滴沉积量有显著影响。荷电条件下，雾滴在靶标背部单位面积的沉积量随着喷施速度的增加而减小，随工作电压的增加而增大；喷施速度对沉积效果的影响比工作电压大；优化的喷施范围是工作电压为负极性23～40kV，喷施速度为 0.4～0.5m/s。

（3）将 Levenberg-Marquardt 优化方法与贝叶斯规范化方法用于 ANN 的网络权值和阈值的训练，建立了工作电压、喷施速度、喷施距离与荷电雾滴在靶标背部沉积函数的 ANN 模型，并利用 ANN 模型对不同施药参数与荷电雾滴在靶标背部单位面积沉积量的关系进行了模拟。

ANN 模型模拟结果显示：BP 算法用于网络的训练，得到的 ANN 模型可以较好地反映沉积量与工作电压、喷施速度、喷施距离之间的关系；采用正则化的数据预处理方法、Levenberg-Marquardt 优化方法与贝叶斯规范化方法相结合的 BP 算法可以有效提高网络的泛化性能。

参考文献

[1] 鲍重光. 静电技术原理. 北京：北京理工大学出版社, 1993.

[2] 蔡争昆. 人工神经网络在农业中的应用. 农业系统科学与综合研究, 2001, 17(1): 54-56.

[3] 储金宇, 吴春笃, 何雄奎, 等. 等离子体荷电喷雾装置的研制与应用. 农业机械学报, 2004, 35(6): 98-101.

[4] 辞海(农业分册). 上海：上海辞书出版社, 1978.

[5] 戴奋奋, 袁会珠, 何雄奎, 等. 植保机械与施药技术规范. 北京：中国农业科学技术出版社, 2002.

[6] 方开泰, 王元. 均匀设计与均匀设计表. 北京：科学出版社, 1994.

[7] 飞思科技产品研发中心. Matlab 6.5 辅助神经网络分析与设计. 北京：电子工业出版社, 2003.

[8] 冯旭东, 陈方. 神经网络在病虫害诊断中的应用. 系统工程理论与实践, 1998, 18(1): 72-76.

[9] 傅泽田, 祁力钧, 王秀. 农药喷施技术的优化. 北京：中国农业科学技术出版社, 2001.

[10] 高国峰, 许学军, 刘庄. 26Cr2Ni4MoV 钢高温热变形的 BP 神经网络预测. 塑性工程学报, 2000, 7(2): 1-4.

[11] 高良润, 冼福生. 静电喷雾理论及其测试技术的研究. 江苏工学院学报, 1986, 7(2): 1-14.

[12] 高良润, 冼福生, 朱和平, 等. 静电喷雾治虫实验. 农业机械学报, 1994, 25(2): 30-38.

[13] 葛自良, 毛骏健, 陆汝杰. 液体静电雾化现象及其应用. 自然杂志, 2000, 22(1): 37-40.

[14] 何雄奎, 吴罗罗. 动力学因素和药箱充满程度对喷雾机液力搅拌器搅拌效果的影响. 农业工程学报, 1999, 15(4): 131-34.

[15] 何雄奎, 严苛荣, 储金宇, 等. 果园自动对靶静电喷雾机设计与试验研究. 农业工程学报, 2003, 19(6): 78-80.

[16] 何雄奎. 改变我国植保机械和施药技术严重落后的现状. 农业工程学报, 2004, 20(1): 13-15.

[17] 胡建新, 夏智勋, 赵建民, 等. 固体火箭冲压发动机补燃室的响应面法优化设计. 推进技术, 2004, 25(6): 491-494.

[18] 华小梅, 江希流. 我国农药环境污染与危害的特点及控制对策. 环境科学研究, 2000, 13(3): 40-43.

[19] 蒋宗礼. 人工神经网络导论. 北京：高等教育出版社, 2001.

[20] 金晗辉, 王军锋, 王泽, 等. 静电喷雾研究与应用综述. 江苏理工大学学报, 1999, 20(3): 16-19.

[21] 金菊良, 杨晓华, 丁晶. 基于神经网络的年径流预测模型. 人民长江, 1999, 30(增刊): 58-59.

[22] 马伟, 王秀, 齐永胜, 等. 温室静电农药喷洒机在设施园艺生产中的研究与应用[J]. 农业工程技术(温室园艺), 2009(3): 15-16.

[23] 康绍忠, 蔡焕杰, 冯绍元. 现代农业与生态节水的技术创新与未来研究重点. 农业工程学报, 2004, 20(1): 1-4.

[24] 李鹏, 何雄奎, 李烜, 等. 荧光示踪法评价农药沉积质量中环境因素的影响//江树人. "第二届农药与环境安全"国际会议. 北京：中国农业大学出版社, 2005: 420-425.

[25] 李烜, 何雄奎, 曾爱军, 等. 农药施用过程对施药者体表农药沉积污染状况的研究. 农业环境科学学报, 2005, 24(5): 937-942.

[26] 梁曦东, 陈昌渔, 周远翔. 高压电工程. 北京：清华大学出版社, 2003.

[27] 林惠强, 肖磊, 刘才兴, 等. 果树施药仿形喷雾神经网络模型及其应用. 农业工程学报, 2005, 21(10): 95-99.

[28] 刘同光. 气助静电喷雾器和气助静电喷雾. 农药译丛, 1995, 17(35): 59-62.

[29] 罗宏昌, 毕载俊, 武学正. 静电实用技术手册. 上海：上海科学普及出版社, 1990.

[30] 罗惕乾, 王泽, 杨诗通, 等. 静电喷雾植保机具环状电极充电场的模型与计算. 农业工程学报, 1994, 10(4): 91-95.

[31] 茆诗松. 统计手册. 北京: 科学出版社, 2003.

[32] 裴鑫德. 多元统计分析及其应用. 北京: 北京农业大学出版社, 1991.

[33] 祁力钧, 傅泽田, 史岩. 化学农药施用技术与粮食安全. 农业工程学报, 2002, 18(6): 203-206.

[34] 茹煜, 郑加强, 周宏平. 风送式静电喷雾技术防治林木病虫害研究与展望. 世界林业研究, 2005, 18(3): 39-43.

[35] 尚鹤言. 静电感应充电喷头及其用途. 中国专利, 91205913.3, 1992. 3. 11.

[36] 尚鹤言. 农药静电喷雾油剂的配方. 中国专利, 91108827.X, 1992. 2. 12.

[37] 盛茁. 静电喷雾研究现状(上). 植保机械动态, 1989, 31(3): 1-19.

[38] 盛茁. 静电喷雾研究现状(下). 植保机械动态, 1989, 32(4): 1-14.

[39] 舒朝然, 熊惠龙, 陈国龙, 等. 静电喷药技术应用研究的现状与发展. 沈阳农业大学学报, 2001, 33(3): 211-214.

[40] 宋哲和. 农药药效试验的设计与分析. 北京: 科学出版社, 1975.

[41] 孙功星, 戴长江, 戴贵亮. 训练样本的选取对网络性能的影响. 核电子学与探测技术, 1996, (6): 401-404.

[42] 孙剑锋. 高压静电场在水分蒸发和物料干燥方面的应用研究. 北京: 中国农业大学, 2003.

[43] 唐恒. 高效低污染施药技术及设备. 江苏大学学报, 2004, 25(1): 20-20.

[44] 屠豫钦. 化学防治技术研究进展. 新疆: 新疆科技卫生出版社, 1992.

[45] 屠豫钦. 农药使用技术原理. 上海: 上海科学技术出版社, 1986.

[46] 屠豫钦. 农药使用技术标准化. 北京: 中国标准出版社, 2001.

[47] 王军锋, 金晗辉, 王泽, 等. 微量静电喷洒灭蝗车的开发. 江苏大学学报, 2001, 22(1): 16-18.

[48] 王军锋, 闻建龙, 罗惕乾. 荷电喷雾两相湍流流场的数值计算. 江苏大学学报, 2004, 25(1): 13-16.

[49] 王蔷, 李国定, 龚克. 电磁场理论基础. 北京: 清华大学出版社, 2001.

[50] 王荣. 植保机械学. 北京: 机械工业出版社, 1990.

[51] 王少波, 柴艳丽, 梁醒培. 神经网络学习样本点的选取方法比较. 郑州大学学报(工学版), 2003, 24(1): 63-69.

[52] 王亚伟, 朱拓. 静电喷雾无敌的模态分析与荷质比测定. //梁运章, 于永芳. 静电研究与进展·中国物理学会第六届静电学术年会. 呼和浩特: 内蒙古大学出版社, 1992.

[53] 王泽. 荷电气固两相流及在植保工程中的应用. 镇江: 江苏大学, 1994.

[54] 魏远莉. 冬小麦水分生产函数建模方法研究. 北京: 清华大学, 2004.

[55] 文荆江. 静电及其应用. 北京: 科学出版社, 1978.

[56] 文新辉, 陈开周. 一种新的昆虫神经网络预测预报方法. 系统科学与数学, 1995, 13(2): 9-131.

[57] 闻建龙, 王军锋, 陈松山, 等. 荷电改善喷雾均匀性的实验研究. 排灌机械, 2000, 18(5): 45-47.

[58] 吴金花. 酶制剂静电喷雾机理及试验研究. 北京: 中国农业大学, 2003.

[59] 冼福生, 吴春笃. 雾化过程中的静电作用及喷液物理特性影响的研究. 农业机械学报, 1987, 22(1): 60-68.

[60] 熊雪梅, 姬长英. 基于参数化遗传神经网络的植物病害预测方法. 农业机械学报, 2004, 35(6): 110-114.

[61] 杨建刚. 人工神经网络实用教程. 杭州: 浙江大学出版社, 2001.

[62] 杨琴, 谢淑云. BP神经网络在洞庭湖氨氮浓度预测中的应用. 水资源与水工程学报, 2006, 17(1): 65-70.

[63] 杨文雄, 高彦祥. 响应面法及其在食品工业中的应用. 中国食品添加剂, 2005, (2): 93-96.

[64] 杨学昌, 戴先鬼, 刘寒松. 高效带电农药喷雾技术的研究. 高电压技术, 1995, 21(3): 19-22.

[65] 余登苑, 冼福生. 植株带电对微量静电喷雾影响的初步研究. 江苏工学院学报, 1985, 6(1): 10-20.

[66] 余永昌, 王保华. 静电喷雾技术综述. 农业与技术, 2004, 24(4): 190-193.

[67] 袁洪印. 食品表面静电涂敷技术的基础研究. 长春: 吉林大学, 2001.

[68] 袁会珠, 何雄奎. 手动喷雾器摆动喷施除草剂药剂分布均匀性探讨. 植物保护, 1998, 24(3): 41-42.

[69] 曾士迈. 植保系统工程导论. 北京: 北京农业大学出版社, 1994.

[70] 张宝峰, 张连洪, 李双义, 等. 法拉第杯直接测量颗粒荷电量的屏蔽问题. 物理测试, 2003, (3): 19-21.

[71] 张宝峰, 张连洪, 李双义. 颗粒人工荷电带电量测量的研究. 天津大学学报(自然科学与工程技术版), 2002, 35(6): 21-23.

[72] 张小平. 化学农药对农业生态环境的污染及防治. 生态经济, 2003, 18(10): 168-170.

[73] 章梓雄, 董曾南. 非粘性流体力学. 北京: 清华大学出版社, 1998.

[74] 郑加强, 冼福生, 高良润, 等. 电晕充电过程研究. 排灌机械, 1993, 增刊: 44-46.

[75] 郑加强, 冼福生, 高良润, 等. 荷电雾滴电荷衰减规律研究. 农业机械学报, 1993, 24(4): 33-36.

[76] 郑加强, 冼福生, 高良润. 静电喷雾雾滴荷质比测定研究综述. 江苏工学院学报, 1992, 13(1): 1-6.

[77] 郑加强, 冼福生. 风动转笼式静电喷雾技术的研究. 农业机械学报, 1990, 21(1): 55-61.

[78] 郑加强, 徐幼林. 静电喷雾防治病虫害综述和展望. 世界林业研究, 1994, (3): 31-35.

[79] 郑加强, 徐幼林. 农药静电喷雾技术. 静电, 1994, 9(2): 8-11.

[80] 郑加强. 静电喷雾减轻农药环境污染的研究. //江苏省首届青年学术年会, 1992, 北京: 中国科学技术出版社(理科分册): 93-97.

[81] 周浩生, 郑加强, 冼福生. 静电喷雾灭蝗试验与应用. 农牧与食品机械, 1993, (5): 7-10.

[82] 周智伟, 尚松浩, 雷志栋. 冬小麦水肥生产函数的 Jensen 模型和人工神经网络模型及其应用. 水科学进展, 2003, 14(3): 281-284.

[83] 朱和平, 冼福生, 高良润. 静电喷雾技术的理论与应用研究综述. 农业机械学报, 1989, 20(2): 24-26.

第 **16** 章

农药雾滴飘移与防飘技术

农药喷施过程中，从药械喷出的雾滴有三个去向：沉积在靶标上、飘失到空气中及流失到地面上。大雾滴动能大，容易积聚流失，沉积效果差且容易被作物枝叶截留导致沉积分布不均匀；小雾滴穿透性好，具有很好的弥漫性，可以提高靶标附着率，防治效果好，可以使农药利用率提高到 50% 以上，但是小雾滴粒径小，容易受到冠层气象条件影响而飘失到环境中，有 20%～30% 以上的细小农药雾滴会被气流携带向非靶标区域飘移。农药飘移到非靶标区域，不仅造成农药浪费、削弱防治效果，还可能引起非靶标区域作物药害以及环境污染等问题。农药造成环境污染主要有三个途径：细小雾滴/粉尘颗粒的飘移进入大气环境；农药施药过程中，农药雾滴/粉尘颗粒形成的"雾云"没有降落在靶标上而直接流失；农药雾滴反弹/聚并造成药液流失进入土壤或附近的水源中。由于雾滴运动受自然环境的影响，完全避免雾滴飘移是不可能的，但是在合适的天气条件下合理使用施药机具与技术喷施农药可以有效降低飘移的风险。

20 世纪 80 年代开始，欧洲国家着眼因农药雾滴飘失产生的负面影响而研发防飘喷雾技术及产品，从 80 年代早期丹麦 Hardi 公司研发出用强大风机产生的气流经风囊出口形成的风幕来截留阻止细小雾滴飘失的大田防飘喷杆喷雾机，到 80 年代中期德国 Lechler 公司研发出防飘喷头至今，防飘喷雾技术及其新产品研发一直是药械与施药技术领域的研究热点与重点。

16.1　雾滴飘移与防飘模型

农药雾滴飘移受药液特性、施药机具和使用技术、气象条件等多种因素影响，其中造成农药飘移的两个最重要的因素是雾滴大小和速度。较大的雾滴可以在较长时间内保持其动量，从喷头到靶标的运行时间短，因此不易受到侧风的干扰、不易形成飘移。理想的喷雾是雾滴谱较窄，既没有很粗的雾滴、又没有过细的雾滴。喷头雾滴谱受喷头类型、喷口大小、喷雾压力、风速和药液性质的影响。朱和平等研究结果表明，雾滴在空中停留时间越长，其被周围的风吹走的可能性越大。

16.1.1　雾滴在流场中的受力与分布

16.1.1.1　无风条件

在喷雾过程中，喷雾扇面内雾滴的运动分布情况十分复杂，雾滴的运动状态与雾滴初速度、其在空间中的受力状态、温湿度、气流以及雾滴间碰撞等因素相关。早期研究主要针对单个雾滴的受力状态进行分析。雾滴在运动过程中主要受到空气阻力、重力及浮力这三个力的作用影响。由于雾滴的密度远大于空气密度，因此浮力因素可以忽略。根据牛顿第二定律，即：

$$m\frac{\mathrm{d}v}{\mathrm{d}t}=-\frac{\pi}{8}C_D\rho_a d^2\left|v-u\right|(v-u)+\frac{\pi}{6}\rho d^3 \mathrm{g}k \qquad (16\text{-}1)$$

式中，m 为雾滴质量；v 为运动速度；ρ 为密度；d 为直径；ρ_a 为雾滴周围空气的密度；u 为空气速度；C_D 为曳力系数，主要跟雷诺数有关。根据 Perry 的公式，雷诺数的表达式为：

当 $Re<1000$，$$C_D=\frac{24}{Re}(1+0.14Re^{0.7}) \qquad (16\text{-}2)$$

当 $Re>1000$，$$C_D=0.447 \qquad (16\text{-}3)$$

对于农业上的常用雾滴粒径及运动速度，雷诺数满足公式（16-2）。

Mercer 的研究发现，通过对雾滴运动轨迹方程求解，可以计算得到雾滴碰撞植物靶标的速度，若雾滴初速度为 15m/s，运动距离为 50cm，则对于不同的雾滴，碰撞靶标的速度见图 16-1 所示。

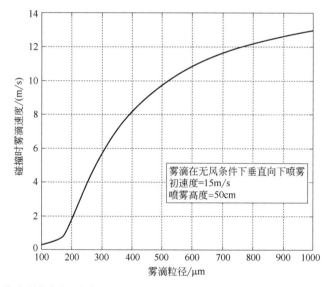

图 16-1   雾滴碰撞靶标速度（雾滴粒径范围为 100～1000μm，靶标距离为 50cm）

由图 16-1 可知，当雾滴粒径小于 160μm 时，雾滴在碰撞靶标时就已达到极限速度，因此曲线斜率较小；而当雾滴大于 160μm 时，雾滴运动时间过短，则来不及达到极限速度。Mercer 等对喷雾角 80°的常用喷头进行模拟，结果表明，当雾滴粒径为 100μm 时，雾滴以极限速度沉积到叶片表面，雾滴运动轨迹见图 16-2。

而当雾滴粒径大于 160μm 时，雾滴运动的轨迹模拟图见图 16-3。

由图 16-2、图 16-3 可知，小雾滴垂直运动落在叶片表面上，而大雾滴则以一定角度以更快的运动速度撞击叶片表面。通过上述研究理论分析可知，小雾滴动能较小，沉降在到叶片表面，而大雾滴动能较大，可以穿透冠层。防治不同的作物时，如喷施触杀型农药，则选择大雾滴较好；若喷施内吸性农药，则是小雾滴较好。总之，施药时应综合考虑作物种类、农药类型、防治对象等因素，而选择合适的雾滴粒径范围进行作业。

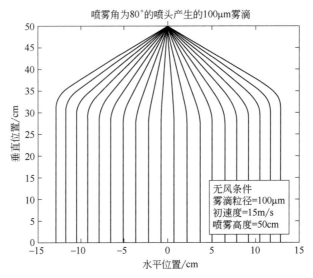

图 16-2　对雾滴沉降速度的二维模拟（条件如图中所示）

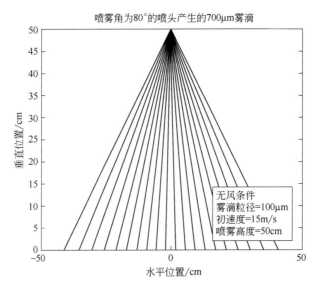

图 16-3　大雾滴的二维模拟图（条件如图中所示）

16.1.1.2　有风条件

目前建立飘移模型是研究雾滴飘移的主要手段之一。飘移模型不受时间和空间因素的限制，能够模拟不同施药机具及施药参数情况下的雾滴飘移情况，由于其成本较低、运算速度快，因此受到越来越多的关注和研究。目前研究雾滴运动的手段主要运用计算流体力学 CFD 技术，所用的计算模型主要包括雾滴运动模型、雾滴蒸发模型以及雾滴在气流中运动时的受力模型等。其中，雾滴运动模型主要包括弹道轨迹模型和随机游动模型。当雾滴受气流影响较小、动能较大的情况下使用弹道轨迹模型；当雾滴受空气流场影响较大时使用随机游动模型。

早期研究中常用随机游动模型来模拟预测单个雾滴在靠近喷头附近和下风向的运动轨迹和飘移情况。研究表明，雾滴运动是一个非常复杂的三维运动，雾滴群中雾滴之间的相互作用会对单个雾滴的受力产生影响，因此基于理论分析单个雾滴运动结果与实际测试得到的雾滴运动速度结果不一致。当喷头处于静止状态，雾滴在运动中除了受夹带气流影响之外，还受雾滴间的相互作用影响，因此雾滴实际的运动速度比基于单个雾滴运动建立的模型计算所得的理论速度要大。在后期的研究中，夹带气流并列入影响雾滴运动的影响因素。Miller等利用传统曳力公式来验证 Briffa 等建立的夹带气流公式。Smith 和 Miller 将喷头附近的区域划分，针对不同位置建立不同公式预测飘移：靠近喷头位置使用三维夹带气流速度公式；远离喷头位置则使用随机游动模型来模拟雾滴飘移，不同位置的模拟结果均与风洞试验结果相吻合。Sidahmed 在公式中加入有效曳力系数，分析曳力、夹带气流、雾滴间相互作用的综合因素对飘移的影响，并在后续研究中将公式应用于计算流体力学 CFD 模拟分析雾滴飘移。

图 16-4 中模型设计了一个"箱体"结构包围每一个喷头，对这些复杂的气流进行了描述并使液滴的运动完全由这些气流驱动。在"箱体"以外，假定喷雾扇面不影响雾滴运动，液滴运动仅受风以及随机产生卷流的影响。

包围每个喷头"箱体"的宽度定义为喷头间距，不同模型中"箱体"的深度是一个变量，因此需要足够大、能包括临近喷头产生的雾滴。

Tuck 进行试验研究了喷雾扇面内的气流并建立了比 Miller 和 Hadfield 等建立的更复杂的空气速度二维方程。然而这些公式都是基于单个喷头，多个喷头在喷雾时邻近喷头产生的气流互相之间会产生影响，因此仅研究单喷头附近夹带气流并不能适用于多喷头喷雾（图 16-5）。

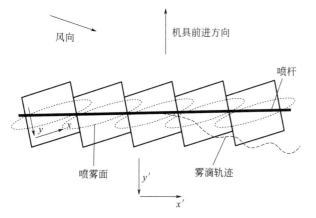

图 16-4　喷杆的平面模型结构示意图

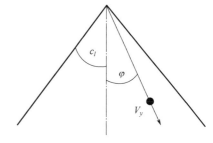

图 16-5　喷雾夹带气流

$$w_{i+1}=\alpha(w_i+v_{s_i})+\eta_{i+1}\sigma_w(1-\alpha^2)^{\frac{1}{2}}-V_{s_{i+1}} \tag{16-4}$$

式中，w_i 为雾滴在第 i 处的速度；w_{i+1} 为雾滴在第 $i+1$ 处的速度，m/s；此处 $\alpha=\exp(-\Delta t/\tau_L)$，$\Delta t$ 为极小时间差，τ_L 为拉格朗日时间尺度，s；

v_s 为雾滴运动初速度，m/s；

v_{s_i} 为雾滴在经过 $i-1$ 计算后下一次计算时的初速度，m/s；

$d>100\mu m$ 时，
$$V_{s_i}=4.47\times10^{-3}d-0.191 \tag{16-5}$$

$d<100\mu m$ 时，
$$V_{s_i}=3.2\times10^{-5}d^2-6.4\times10^{-8}d^3 \tag{16-6}$$

雾滴运动水平速度 u，m/s；通过下式计算

$$u_{i+1}=\alpha u_i+\overline{u_{z_{i+1}}}(1-\alpha)+\gamma\sigma_u(1-\alpha^2)^{\frac{1}{2}} \tag{16-7}$$

此处

$$\gamma=0.5r\eta_{i+1}+(1-1.25r^2)^{\frac{1}{2}}\varepsilon_{i+1} \tag{16-8}$$

且

$$r=\frac{u_*^2}{\sigma_u\sigma_w} \tag{16-9}$$

式中，α 为速度相关性损失的因子；ε_i 为第 i 处的高斯随机变量；η_i 为第 i 处的平均值为 0、标准差为 1 的 1-0 分布；σ_u 为水平速度波动的均方根值，m/s；σ_w 为垂直速度波动的均方根值，m/s。

雾滴蒸发通过雾滴粒径变化进行计算：

$$\Delta d=-\left(\frac{0.358\Delta p}{d}\right)[2+0.124(V_s\cdot d)^{\frac{1}{2}}]\Delta t \tag{16-10}$$

式中，Δp 为蒸汽压差；d 为雾滴粒径，μm。

Briffa 和 Dombrowski 首先建立了喷雾扇面雾滴特定位置的夹带气流速度的方程，Miller 和 Hanfield 在此基础上进行了修改，详见公式：

$$V_r=V_I\left(\frac{r}{r_0}\right)^{0.57}\cos\theta \tag{16-11}$$

$$\theta=\frac{\pi\varphi}{2c_1} \tag{16-12}$$

Tuck 等描述喷雾扇面中心区域的空气速度最大而边缘则降为 0。雾滴在三维坐标中的运动变化通过下式计算：

$$\Delta V_x=\frac{(V_{a_x}-V_x)\Delta t}{tp} \tag{16-13}$$

$$\Delta V_y=\frac{(V_{a_y}-V_y)\Delta t}{tp} \tag{16-14}$$

$$\Delta V_z=\left(g+\frac{V_{a_z}-V_z}{tp}\right)\Delta t \tag{16-15}$$

其中 $\Delta t\ll Ts$，tp 定义为：

$$tp=Ts/\sqrt{1+\frac{3Re}{16}+0.0026Re^2} \tag{16-16}$$

Ts 定义为：

$$Ts=\rho_1 D^2/18\mu_{air} \tag{16-17}$$

式中，D 为雾滴粒径，m；ρ_1 为液体密度，kg/m³；μ_{air} 为空气黏度，Pa·s。

$$\Delta V_u = \alpha V_u + V a_u (1-\alpha) - V_u + \varepsilon \sigma_u \sqrt{1-\alpha^2} \tag{16-18}$$

$$\Delta V_z = \alpha (V_z - V_s) + V_s - V_z + \varepsilon \sigma_w \sqrt{1-\alpha^2} \tag{16-19}$$

式中，角标 u 为风方向；α 通过下式进行计算：

$$\alpha = \exp^{\left(\frac{\Delta t}{Tl}\right)} \tag{16-20}$$

其中 Tl 为拉格朗日时间刻度，通过下式计算：

$$Tl = [ku^*(z-d_0)/\sigma_w^2]\sqrt{[1-16(z-d_0)/L]} \tag{16-21}$$

$$\sigma_w = 1.3u^*\sqrt{[1-3(z-d_0)/L]} \tag{16-22}$$

$$\sigma_u = 3u^* \tag{16-23}$$

无论是有风还是无风条件，雾滴受风的影响取决于其在喷雾扇面中的位置。风通过喷雾扇面的能力，即孔隙率，取决于喷雾结构。这一模型的建立假设前提是在喷头下方短距离喷雾是无孔的，雾滴不会受到任何侧风的影响。在喷头更下方的位置，喷雾将会产生多个孔隙并且雾滴会受到风速的影响。从喷头的垂直距离，孔隙率长度用从 0 到 100%的孔隙率表示。L_{px} 在 X 方向流动（喷雾扇面长轴）和 L_{py} 在 Y 方向流动（喷雾扇面的短轴）。

Murphy 等研究了在气流平稳情况下影响孔隙率的因素，得出孔隙率与空气速度增加而增大。然而实际喷雾中，模型中孔隙率的长度应随风速和喷雾机的前进速度改变。

无孔阻挡的结果是需要气流（无论是风或向前运动喷杆产生的风）绕过周围的障碍，这需要增加空气速度，然而很少有数据描述喷头周围空气流速。Murphy 使用 CFD 分析表明，在风洞中的固定喷头周围的空气速度可以是逆风风速的 1.4 倍。因此在模型中加入另外两个参数：S_{Fx} 和 S_{Fy} 分别描述 X 和 Y 方向为喷头附近气流的比例因子。雾滴在"箱体"中每个喷头附近横流的示意图见图 16-6。

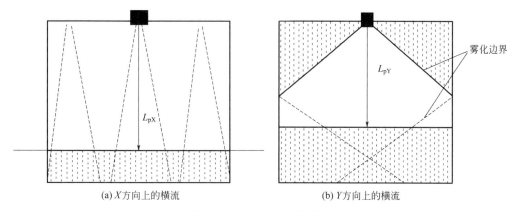

(a) X方向上的横流　　　　　　　(b) Y方向上的横流

图 16-6　X,Y 方向上的横流

$$\frac{\mathrm{d}\overline{u_{p,s}}}{\mathrm{d}t} = mg + \frac{\overline{u_{a,s}} - \overline{u_{p,s}}}{T'_p} \tag{16-24}$$

其中 T'_p 和 Re 通过下式计算：

$$T'_p = T_p \left(1 + \frac{3Re}{16} + 0.00026Re^2 \right)^{1/2} \qquad (16\text{-}25)$$

$$Re = \frac{\overline{|u_{a,s} - u_{p,s}|}}{V_a} \qquad (16\text{-}26)$$

式中，u 为水平速度分量，m/s；其中角标 a 为和空气相关，p 为和雾滴或颗粒相关，s 为一般速度方向；V_a 为夹带气流速度，m/s；T_p 为颗粒时间常数，s，定义为：

$$T_p = \frac{D^2 \rho_p}{18 V_a P_a} \qquad (16\text{-}27)$$

式中，ρ 为密度，kg/m³；D 为雾滴粒径，μm。随机变量通过下式计算：

水平方向：

$$u'_{p,(n+1)} = r_u u'_{p,n} + (1-r_u^2)^{1/2} \sigma_{a,u} \varepsilon_u + (1-r_u) T_{L,u} \frac{\partial t_{uw}^2}{\partial z} \qquad (16\text{-}28)$$

垂直方向：

$$w'_{p,(n+1)} = r_w w'_{p,n} + (1-r_w^2)^{1/2} \sigma_{a,w} \varepsilon_w + (1-r_w) T_{L,w} \frac{\partial \sigma_w^2}{\partial z} \qquad (16\text{-}29)$$

其中 r_s 定义为：

$$r_s = \exp\{(\Delta t / T_{L,s})[1 + 0.7(u_{a,s} / \sigma_{a,s})^{2/3}]\} \qquad (16\text{-}30)$$

式中，w 为垂直速度分量，m/s；r 为速度分量相关系数；ε 为高斯随机变量；T_L 为拉格朗日时间尺度，s；σ 为速度波动的均方根值，m/s。

16.1.2 雾滴飘移潜在指数与能量模型建立

雾滴飘移与雾滴大小和运动速度等因素的关系密不可分。Farooq 测试了三种扇形雾喷头的雾滴谱和雾滴运动速度，并根据能量平衡原理建立了雾滴大小-速度关系式，试验结果和预测值拟合得很好。曾爱军等在风洞中测试了五种典型液力式喷头的雾滴飘移特性，结果表明雾滴大小和风速是影响雾滴飘移最主要的两个因素；在其他条件相同的情况下，喷雾压力从 0.2MPa 增大到 0.5MPa 后，Lechler ST110-015 和 Lechler ST110-03 号喷头的雾滴粒径减小，但雾滴飘移潜力并没有呈现增大的趋势。杨希娃等测试了四种喷头在距喷头不同高度条件下的雾滴谱以及雾滴运动速度，结果表明雾滴的平均速度随着测量距离的增加而降低。喷雾扇面不同位置的雾滴粒径和运动速度都不相同，仅用平均雾滴粒径和平均运动速度分析雾滴飘移情况不能很好地描述二者的关系。这里建立了雾滴飘移潜在指数与能量模型，从能量的角度出发，研究雾滴的动能与飘移潜在指数之间的关系，在无法使用风洞的试验条件下预测雾滴飘移潜力。

16.1.2.1 雾滴飘移潜在指数

风洞试验通过测量下风向 2m 处的纵向雾滴飘移量计算飘移潜在指数 DIX 模拟飘移过程，并使用 DIX 来评估喷头实际使用时的雾滴飘移潜力。通过水平收集丝上获得的数据，可以拟合得到测试垂直面内飘移量分布曲线图，再通过积分即可计算出测试平面内的雾滴体积总通量 $\dot{V}$。

$$\dot{V} = \int_0^{h_N} \int_0^\infty \dot{v}(y,z)\,\mathrm{d}y\mathrm{d}z \qquad (16\text{-}31)$$

式中，$\dot{v}$ 为通过测试截面内任意一点的体积通量为此，相对体积飘移量可以计算出：

$$V = \frac{\dot{V}}{\dot{V}_N} \qquad (16\text{-}32)$$

式中，$\dot{V}_N$ 为喷头喷液量。

飘移量分布的特征高度 h 定义为：

$$h = \frac{\int_0^{h_N} \dot{v}(z)z\mathrm{d}z}{\int_0^{h_N} \dot{v}(z)\mathrm{d}z} \qquad (16\text{-}33)$$

则飘移潜在指数 DIX（drift potential index）定义为：

$$\mathrm{DIX} = \frac{h^a V^b}{h_{St}^a V_{St}^b}100\% \qquad (16\text{-}34)$$

式中，h_{St}、V_{St} 为参考喷头 Lurmark F110-03（生产厂家 Hypro，英国）在喷雾压力为 0.3MPa 时的特征高度和相对体积飘移量；a、b 为回归系数，通过大量室内风洞试验和田间测试计算，a、b 分别取值为 0.88 和 0.78。国际标准委员会制定的飘移测试准则中规定喷雾压力为 0.3MPa 时，参考喷头的 DIX 为 100，其他待测试喷头的 DIX 与之比较。

16.1.2.2　雾滴飘移潜在指数 DIX 与飘移能量模型

喷杆喷雾机在田间施药过程中，喷雾液的雾滴飘移产生主要可以分为两个阶段，第一阶段（图 16-7 中，1）由于行驶过程中喷雾参数的影响，产生的气流胁迫细小雾滴从喷头喷出的雾滴群中脱离出来，第二阶段（图 16-7 中 1，2）由于风速、温湿度等气象因素影响，被侧风携带出靶标区。1971 年 Brauer 以侧风无湍流且飘移雾滴无蒸发为假设前提，提出雾滴飘移模型来描述上述两个阶段的关系。由于第一阶段受喷头特性、喷雾高度及喷雾速度等因素影响可控，因此将上述两个过程综合起来，可通过在可控环境条件如风洞中测量下风向 2m 处的纵向飘移量建立喷雾飘移模型并计算飘移潜在指数（DIX）来模拟飘移过程，并使用 DIX 来评估喷头实际使用时的雾滴飘移潜力，如图 16-8 所示。

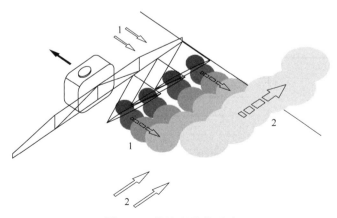

图 16-7　雾滴飘移的形成

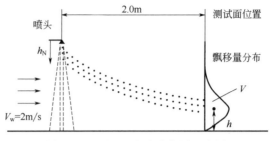

图 16-8　风洞评估试验布置示意图

注：V_W 为风速，$\dot{V}$ 为测试平面内的雾滴体积总通量，h 为飘移量分布的特征高度，h_N 为喷雾高度

对于每个喷头和其对应的喷雾压力，雾滴动能根据雾滴粒径 d 和运动速度 V 计算，计算方法如下：

$$E_k = \frac{1}{2} m V^2 \qquad (16\text{-}35)$$

$$m = \frac{1}{6} \pi d^3 \rho \qquad (16\text{-}36)$$

式中，ρ 为喷液密度，试验中喷液为水，故 $\rho = 1 \text{g/cm}^3$。

$$\overline{E_k} = \sum E_k \cdot Q = \sum_0^\infty \frac{1}{2} m_i V_i^2 \cdot Q = \sum_0^\infty \frac{1}{12} \pi d_i^3 V_i^2 \cdot Q \qquad (16\text{-}37)$$

式中，E_k 为雾滴动能，J；Q 为喷量，L/min。

由图 16-8 中将飘移量分布与上述质量、能量方程相结合，得出的飘移能量模型，即 DIX 和雾滴动能之间满足如下平衡关系：

$$\text{DIX} = a \ln E_k + b \qquad (6\text{-}38)$$

16.1.3　雾滴飘移能量模型验证

试验在德国联邦农作物研究中心施药技术研究所（JKI）进行，风洞试验条件为风速 2m/s，温度 30℃，相对湿度 40%。选取扇形雾喷头 Lechler LU 120-02 和防飘喷头 Lechler IDK 120-02，分别利用激光衍射粒度分析仪（PDIA）测试了两种型号喷头在 0.2MPa、0.3MPa、0.4MPa、0.5MPa 四种喷雾压力下的雾滴谱和运动速度，喷头和流量详见表 16-1。

表 16-1　喷头的选择和流量测定

喷头类型	喷雾压力/MPa	流量/(L/min)
Lechler LU 120-02	0.2	0.65
	0.3	0.80
	0.4	0.92
	0.5	1.03
Lechler IDK 120-02	0.2	0.64
	0.3	0.82
	0.4	0.91
	0.5	1.05

将 LU 120-02 号喷头和 IDK 120-02 号喷头在 4 种喷雾压力下的动能值和其雾滴飘移潜在指数 DIX 进行回归分析建立雾滴飘移能量模型，如图 16-9。

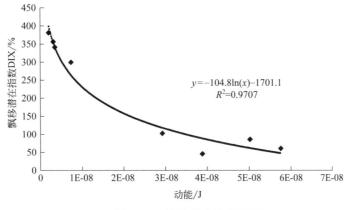

图 16-9　雾滴飘移能量模型

由图 16-9 可知，飘移潜在指数 DIX 与雾滴动能之间拟合较好（$r=0.985$），DIX 随雾滴动能的增大而呈减小趋势。此前的研究中大多依靠雾滴体积中径作为衡量雾滴飘移潜力的标准，而并未考虑雾滴运动速度的因素。但是 VMD 是指雾滴累计分布为 50% 的雾滴直径，即小于此雾滴直径的雾滴体积占全部雾滴体积的 50%，因此并不具有代表性。此外，在之前的风洞试验研究中结果表明，平面扇形雾喷头 ST110-015 和圆锥雾喷头 TR 80-015 VMD 分别为137.57μm 和 137.33μm 时，DIX 分别为 257.4 和 199，由此说明 VMD 不是影响雾滴飘移唯一的因素。相比于这一个单因素模型，同时把雾滴运动速度和雾滴尺寸纳入考虑的能量模型应该更合理也更准确。

16.2　大型喷杆喷雾机田间作业过程中农药雾滴飘移

大田大型喷杆喷雾机是一种将喷头安装在横向喷杆或竖向喷杆上的液力机动喷雾机。由于其工作效率高、喷雾效果好，适合针对大田作物进行大面积作业，因此被作为施药机具广泛使用。该机具的特点是工作效率高、农药喷施分布均匀，是一种理想的大田作物用植保装备。可应用于小麦、玉米、水稻和棉花等作物，防治播种前期、苗前土壤处理期间以及作物生长前期的病虫草害。喷杆喷雾机喷施农药过程中，农药沉积不均匀与雾滴飘移是造成药害和污染环境的主要因素。科学安全高效的施用方法则可以增加靶标沉积量，提高穿透性，以最小的经济成本达到最佳防效。

喷头型号、雾滴粒径的选择是影响施药效果的重要因素。使用地面植保机具如喷杆喷雾机进行施药时常用液力式雾化喷头，其结构比较简单，雾滴粒径范围较大（一般为 150～500μm），流量通常在 1～2L/min 范围内，很难实现低量施药。国内外对喷头的研究主要集中于单喷头研究，对于双扇面的喷头研究很少。常规单喷头的研究中，离心雾化喷头雾滴粒径细小，覆盖度大，靶标接触面积大，直径小于100μm的雾滴蒸发快，受气流影响严重；液力雾化喷头粒径较粗，但随着雾滴粒径增大，大雾滴与靶标的接触面小，很难达到有效的防治效果。然而很少有喷头能产生范围较宽的雾滴谱。

雾滴飘移测试试验大多数在风洞中进行。喷头在静止状态下喷雾，试验对于环境要求严格、试验操作较为复杂且成本较高。风洞试验测试了雾滴飘移的累积值，不能实时监测雾滴的飘移量及飘移分布规律。喷杆喷雾机雾滴测试系统可以对不同喷头在不同喷雾条件下评估其雾滴飘移风险，也可以接收并分析大田作物实际作业喷雾时产生的飘移雾滴，可以节省大量的劳动力和时间。测试系统的研发与试验结果对指导农户正确施药、提高农药有效利用率及减轻农药对环境的影响具有重要意义。

这里用雾滴测试系统，按照ISO 22369-2-2010测试准则，在室内无风条件下测试和比较了喷杆喷雾机在不同喷雾压力条件下，XR110-04、IDK120-03、IDK120-04、ID120-015、ID120-025、ID120-05六种单喷头及喷头组合的雾滴飘移情况；对ST03、IDK03、ST015+ST015、IDK015+IDK015、ST015+IDK015、IDK015+ST015这六种喷头组合及防飘移助剂Break-thru Vibrant、Silwet DRS-60、Greenwet 360进行了小麦田间雾滴沉积与飘移测试。结果可为喷杆喷雾机小麦田间实际作业时施药参数的优化及减少雾滴飘移的施药技术研究提供理论基础与数据支持。

16.2.1 喷杆喷雾机雾滴飘移测试系统

16.2.1.1 系统设计及原理

在使用风洞测试分析雾滴飘移量时，测试喷头位于风洞中间风速较为均匀的区域，喷头距离风洞地面高度0.7m，风向与喷雾扇面方向。在距离测试喷头下风向2m的位置，平行于喷雾扇面方向的平面内水平布置5根直径为1.98mm的聚乙烯塑料丝收集飘移的雾滴 [图16-10（a）]，每两根聚乙烯塑料丝之间的垂直距离为0.1m，第一根距地面0.2m。该方法收集的是喷头下风向2m处与气流方向垂直平面内飘移雾滴的累积值。

喷杆喷雾机雾滴飘移测试系统工作原理与风洞原理相似，该方法收集的是与气流方向平行水平面上实时的雾滴飘移量，根据ISO 22369-2-2010测试标准分析测试室内外条件下雾滴的飘移情况及分布规律。测试系统长度为11m，共计22个间距为0.5m带有滑盖的雾滴收集单元，每个单元内部可放置1~3个培养皿收集飘移的雾滴。测试过程中喷杆喷雾机沿图16-10（b）箭头所示方向运动，喷雾过程中雾滴分为两部分。其中一部分雾滴沉积在喷雾扇面内 [如图16-10（b），A]，另一部分雾滴在空中悬浮一段时间后沉降，即飘移雾滴 [如图16-10（b），B]。系统前端的2个凹槽没有滑盖，培养皿暴露于空气中所收集的雾滴一部分为直接沉积在喷雾扇面内的雾滴，另一部分为空中悬浮后沉降下来的雾滴 [图16-10（b），A+B]。两部分雾滴的总和即为雾滴总沉积量。后20个单元上方有滑盖，在测试时滑盖会关闭，当喷杆喷雾机触碰垂直杆时滑盖被打开，因此收集单元内培养皿收集的雾滴为在空中悬浮后沉降的雾滴，即飘移雾滴 [图16-10（b），B]。根据ISO测试标准，系统收集到的雾滴飘移量与沉积量的比值定义为飘移潜力，作为评价雾滴飘移特性的指标。

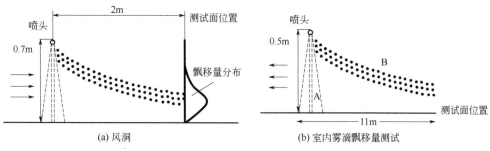

图 16-10　雾滴飘移量评估试验布置示意图

注：A 为喷雾扇面内沉积的雾滴，B 为飘移雾滴

16.2.1.2　系统结构和组成

雾滴飘移测试系统由垂直杆（自动收集开关）、雾滴收集系统、控制单元组成。

垂直杆高度可调，以适应不同生长时期、不同高度的作物喷雾时使用；垂直杆长度为 0.8～1.5m（如图 16-11 所示）。试验时，喷杆喷雾机以正常工作速度行驶。当喷雾机的喷杆触碰垂直杆，垂直杆做以底端为支点的圆周运动，喷杆越过垂直杆上端时，控制单元接收电信号，气动阀自动打开雾滴收集系统上方的滑盖（图 16-12）。

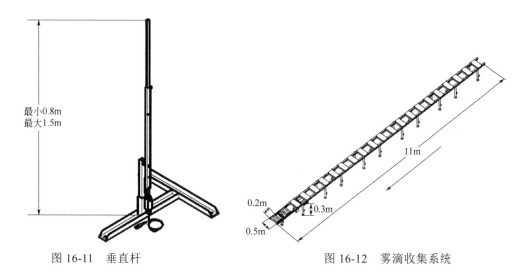

图 16-11　垂直杆　　　　　　　　图 16-12　雾滴收集系统

雾滴收集系统长 11m，宽 0.5m，距地面高度 0.3m（图 16-12），由控制单元自动控制开启的 22 个组装的雾滴收集单元组成，试验时可根据实际情况和试验要求加长或缩短。每个雾滴收集单元规格为 0.5m×0.2m，其凹槽内可以并列放置 1～3 个雾滴收集皿，用于收集飘移和沉积的雾滴。

控制单元由 3 部分组成，上方为电控系统，下方为气泵（TONGYI，型号：TYW-2，工作压力 0.1～0.8MPa）和 12V 的电池。电池、气压系统与电控系统集成在一个极为方便移动的小车上（如图 16-13 所示）；气动控制装置由 12V 的电池提供动力与能源，电控系统的开关通过电信号与气动系统联动开启闭合雾滴收集系统上方的滑盖。

图 16-13　控制单元

16.2.2　雾滴飘移测试系统评估 6 种喷头飘移潜力

16.2.2.1　多种喷头飘移潜力研究

（1）测试喷头及参数　使用英国 Malvern 公司 Spraytec（Malvern particle sizer，英国）测定 6 种喷头的雾滴谱。每种喷头随机选定 5 个，雾滴测试数量大于等于 10 万个，统计计算得到喷头雾滴体积中径 VMD。试验测试喷头为 XR110-04（Teejet，美国）喷头、ID120-015、ID120-025、ID120-05 以及防飘喷头 IDK120-03，IDK120-04（Lechler，德国）。喷雾压力分别为 0.3MPa 和 0.5MPa，VMD 和喷头流量见表 16-2。

表 16-2　测试喷头及试验参数

喷头类型	压力/MPa	雾滴体积中径/μm	喷头流量/(L/min)
XR110-04	0.3	244.0	1.33
IDK120-03	0.3	365.6	1.17
IDK120-04	0.3	430.1	1.55
ID120-015	0.3	550.9	0.59
ID120-015	0.5	379.8	0.76
ID120-025	0.3	604.6	0.99
ID120-025	0.5	425.2	1.28
ID120-05	0.3	654.5	1.97

（2）研究方法　使用 16.2.1 中雾滴飘移测试系统接收飘移的雾滴。试验区面积为 1000m² （50m×20m）。喷雾测试环境温度为 28.1～29.1℃，相对湿度为 52.4%～55.8%。喷雾机采用东方红 3W-400E 喷杆式喷雾机，喷幅 12m，喷头间距 0.5m，每个喷雾机装有 24 个喷头。在喷杆喷雾机运动速度为 2m/s，喷雾压力为 0.3MPa 的同一作业条件下比较 6 种喷头的飘移特性。选用 2 种典型喷头 Lechler ID120-015 和 ID120-025，在喷杆喷雾机运动速度为 2m/s 的条件下

比较 2 种喷头在喷雾压力为 0.3MPa 和 0.5MPa 时喷雾机喷雾作业的雾滴飘移情况。试验采用完全随机试验设计，每个处理重复 3 次。

首先按照 ISO 22369-2-2010 测试规程及依据调节喷雾参数，由喷杆喷雾机调压阀来改变喷雾压力，调整喷杆上的测试喷头距地面垂直距离为 0.8m。喷杆喷雾机轴线方向平行于雾滴收集系统，与其中心距离 2m。垂直杆与雾滴收集系统最前端距离为 1 m，与喷杆喷雾机中心轴线距离为 1.8m（图 16-14）。然后在每个雾滴收集单元内放置 2 个雾滴收集皿，左右各 1 个（分别标记 L，R），放置好后通过控制单元关闭雾滴测试系统上方滑盖。测试时喷杆喷雾机沿图 3-5 所示方向，以 2m/s 的作业速度作业并触碰垂直杆后，通过电信号与气动系统联动自动打开滑盖。雾滴收集皿即可实时、定点收集飘移在空中的雾滴。喷雾作业后等待 30s 直至空气中所有雾滴沉降后盖上收集皿的盖子并按顺序依次做好标记，待雾滴干燥后转移收集皿至黑暗、低温环境下保存。试验采用荧光测定法，用质量分数 1‰ 的荧光剂磺基四羟酮醇 BSF（brillant sulfoflavin）水溶液代替农药进行喷雾试验。测试时在收集皿中加入 20mL 去离子水，振荡 2min 后洗脱，再用 SFM-25 荧光仪（Kontron，Germany）测定液体中的荧光值。

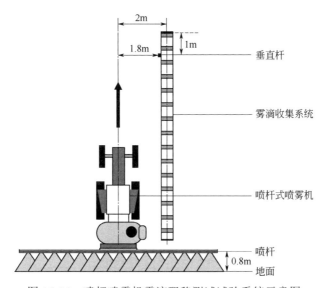

图 16-14 喷杆喷雾机雾滴飘移测试试验系统示意图

16.2.2.2 飘移评价指标计算方法

按照国际飘移分级标准 ISO 22369-2-2010，计算单位面积飘移量公式如下：

$$D_i=[(P_{smpl}-P_{blk}) \cdot V_{dil}]/(P_{spray} \cdot A_{col}) \tag{16-39}$$

式中，D_i 为单位面积飘移量，$\mu L/cm^2$；P_{smpl} 为洗脱液测得的荧光值；P_{blk} 为去离子水测得的荧光值（空白）；V_{dil} 为所加的洗脱液的体积，μL；P_{spray} 为标定液的荧光值；A_{col} 为培养皿面积，cm^2。

通过以下公式计算飘移潜力（d_{PV}）

$$d_{PV}(\%)=\sum D_i/d_{RS}\times100\% \tag{16-40}$$

式中，d_{PV} 是飘移潜力值，%；d_{RS} 是单位面积总沉积量，$\mu L/cm^2$。

16.2.2.3　研究结果与分析

（1）喷头对飘移量及飘移潜力的影响　按照上述评价标准，对 XR110-04、IDK120-03、IDK120-04、ID120-015、ID120-025、ID120-05 喷头测定其单位面积飘移量并分析其飘移潜力。图 16-15 为测试环境温度为 28.1～29.1℃，相对湿度为 52.4%～55.8%，喷杆喷雾机行进速度为 2m/s 的条件下，6 种喷头喷雾压力为 0.3MPa 时的飘移特性曲线（曲线拟合公式见表 16-3）。由图可知，不同类型喷头单位面积雾滴飘移量都随水平距离增大而减小。经方差分析可知，试验条件下 XR110-04 喷头的单位面积飘移量远远大于其余 5 种喷头（$P<0.05$）。通过表 16-2 可知，XR110-04 喷头的 VMD 小于其余 5 种喷头，由此推断 VMD 是影响雾滴飘移的因素之一，粒径小雾滴相较于粒径大的雾滴更容易发生飘移。IDK120-03、IDK120-04、ID120-015、ID120-025、ID120-05 这 5 种喷头均为防飘喷头，每种喷头单位面积飘移量均小于 0.03μL/cm^2。其中 ID120-015 和 ID120-025 喷头单位面积飘移量明显小于其他 3 种防飘喷头（P 为 0.00＜0.05）。

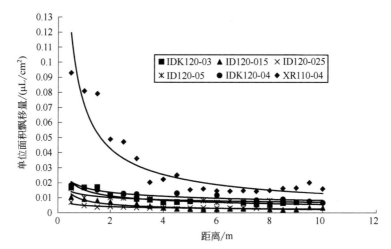

图 16-15　6 种喷头在 0.3MPa 压力下飘移特性曲线

表 16-3　测试喷头及飘移趋势拟合公式

喷头类型	压力/MPa	飘移趋势拟合公式	决定系数（R^2）
XR110-04	0.3	$y=0.0714x-0.7453$	0.8417
IDK120-03	0.3	$y=0.0151x-0.4333$	0.8309
IDK120-04	0.3	$y=0.0167x-0.3077$	0.8701
ID120-015	0.3	$y=0.0049x-0.2777$	0.8472
ID120-015	0.5	$y=0.0117x-0.4362$	0.9290
ID120-025	0.3	$y=0.0083x-0.5737$	0.8499
ID120-025	0.5	$y=0.0217x-0.5913$	0.8278
ID120-05	0.3	$y=0.0119x-0.2314$	0.8338

注：y 为单位面积飘移量，μL/cm^2；x 为距离，m。

由图 16-16 可知，在温度为 28.1～29.1℃，相对湿度为 52.4%～55.8%，喷杆喷雾机行进速度为 2m/s 的条件下，6 种喷头喷雾压力为 0.3MPa 时的飘移潜力。其中，喷头 XR110-04 的飘移潜力为 33%，是其他 5 种喷头飘移潜力的 2～5 倍。经方差分析（ANOYA）发现，按

0.05 检验水平，IDK120-03 与 ID120-05（P 为 0.76＞0.05）、ID120-015 与 ID120-025（P 为 0.63＞0.05）喷头之间飘移潜力无显著差异。ID120-025 喷头的飘移潜力最小，为 6%。由表 3-1 可知，喷头 ID120-05 的 VMD 是喷头 IDK120-03 的 1.8 倍，但是两种喷头的飘移潜力无显著差异（P 为 0.76＞0.05）。因为 IDK120-03 喷头在喷头内部将水和空气混合形成二相流。喷孔附近高速流动的液体将周围的空气压出形成真空，被吸入的空气与液体混合，产生带有气泡、雾滴粒径更大的雾滴，从而减少小雾滴的数量和比例。

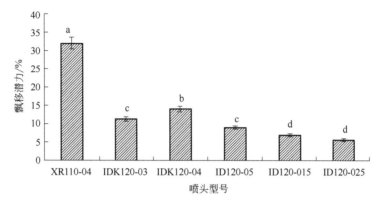

图 16-16　6 种喷头在 0.3MPa 压力下的飘移潜力比较

注：相同字母代表差异不显著，$P=0.05$

　　（2）压力对飘移潜力的影响　由图 16-17 可比较 ID120-015 和 ID120-025 这 2 种喷头在环境温度为 28.1～29.1℃，相对湿度为 52.4～55.8%，喷雾压力分别为 0.3MPa、0.5MPa 条件下的飘移潜力。由图分析可知，在喷雾压力分别为 0.3MPa、0.5MPa 条件下，喷头 ID120-015 的雾滴飘移潜力大于喷头 ID120-025。经方差分析可知，工作压力对飘移潜力影响显著（$P<0.05$）。当喷雾压力增大 67% 时，ID120-015 喷头飘移潜力增大 170%，ID120-025 喷头飘移潜力增大 150%。说明喷雾压力是影响雾滴飘移潜力的重要因素之一。

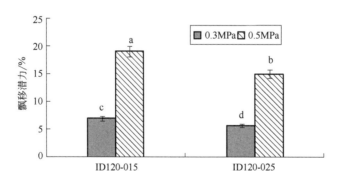

图 16-17　ID120-015 与 ID120-025 喷头分别在 0.3MPa、0.5MPa 压力下飘移潜力比较

注：相同字母代表差异不显著，$P=0.05$

16.2.3　雾滴飘移测试系统评估双喷头组合雾滴飘移潜力

16.2.3.1　双喷头组合雾滴飘移潜力研究

　　使用 16.2.1 中雾滴飘移测试系统接收飘移的雾滴。试验区面积为 500m² （50m×10m），

喷雾测试环境温度为 12～15℃，相对湿度为 45%～52%。试验用自走式喷杆喷雾机（型号为 3WX-280G）喷幅为 8m，共 16 个喷头，每两个喷头间距为 0.5m。喷杆喷雾机行进速度为 1.2m/s，喷雾压力 0.3MPa，选用 ST110-02+IDK120-02、IDK120-02+ST110-02、ST110-02+ST110-02、IDK120-02+IDK120-02、ST110-04、IDK120-04 六种喷头测试其雾滴飘移情况，试验随机设计，每个处理重复 3 次。

16.2.3.2 双喷头组合雾滴飘移潜力研究方法

研究方法同 16.2.2.1（2），喷雾喷液为质量浓度 1%的柠檬黄水溶液，喷雾结束后利用 721 型分光光度计测量每个样品的吸光度。

16.2.3.3 研究结果与分析

由图 16-18、图 16-19 可知，试验测试环境温度为 12～15℃，相对湿度为 45%～52%，风速 0.5～0.8m/s，自走式喷杆喷雾机行进速度为 1.2m/s，喷雾压力为 0.3MPa 时，6 种喷头组合单位面积的飘移量均随距离的增加呈减小趋势，其中 ST110-02+ST110-02 喷头的飘移潜力最高为 12.40%，IDK120-02+IDK120-02 飘移潜力最低为 4.09%。经方差分析可知，除 ST110-02+IDK120-02 和 IDK120-02+ST110-02（P 为 0.96＞0.05）之间无显著性差异，其他几组组合喷头之间的飘移潜力差异显著（$P<0.05$）。ST110-02+IDK120-02、IDK120-02+ST110-02、IDK120-02+IDK120-02 飘移潜力远远小于 ST110-02+ST110-02，有

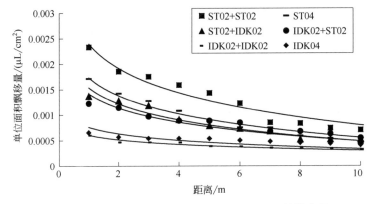

图 16-18　0.3MPa 下测试 6 种喷头组合的飘移特性曲线

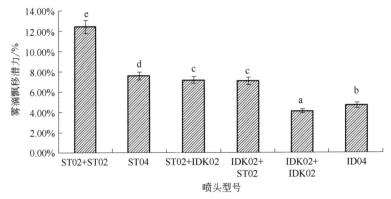

图 16-19　0.3MPa 下 6 种组合飘移潜力比较

注：相同字母代表差异不显著，$P=0.05$

较好的防飘能力，是因为喷头组合中的 IDK 喷头利用射流技术可以将空气和水混合形成二相流。喷孔附近高速流动的液体将周围的空气压出形成真空，被吸入的空气与液体混合，产生带有气泡、雾滴粒径更大的雾滴，减少了小雾滴的数量和比例，从而增强防飘作用。ST110-02+IDK120-02 喷头组合气流相互辅助，细小雾滴能以较大的速度沿液流方向喷洒，从而降低雾滴飘移潜力。

16.2.4 喷杆喷雾机小麦田间雾滴沉积与飘移

16.2.4.1 雾滴在小麦沉积与飘移研究

在山东省临沂市河东区进行了小麦施药试验（图 16-20），对比了不同喷头型号和组合及助剂条件下，喷杆喷雾机的雾滴沉积及飘移分布状态。试验区面积为 10000m²（200m×50m），喷雾测试环境温度为 23.5～27.8℃，相对湿度为 46.3%～60.7%，喷雾机采用 3WSH-1000 喷杆喷雾机，喷幅 8m，喷头间距 0.5m，行驶速度为 2m/s，喷雾压力 0.3MPa。试验喷洒液体为质量分数 1‰的荧光剂磺基四羟酮醇 BSF（brillant sulfoflavin）水溶液。试验分为两部分：第一部分喷头组合情况如下：ST03、IDK03、ST015+ST015、IDK015+IDK015、ST015+IDK015、IDK015+ST015，测试六种喷头组合雾滴沉积与飘移分布情况。第二部分测试 ST120-03 号喷头使用助剂后雾滴飘移情况，助剂使用防飘移喷雾助剂同 16.2.2 风洞试验，根据测试结果分别使用最佳防飘浓度即体积浓度 0.4%的 Break-thru Vibrant；体积浓度为 0.8%的 Silwet DRS-60 和体积浓度为 0.3%的 Greenwet 360。试验采用完全随机试验设计，每个处理重复 3 次。

图 16-20　小麦田间喷杆喷雾机雾滴飘移测试

16.2.4.2 沉积与飘移研究方法

雾滴沉积测试用麦拉片作为雾滴接收装置，雾滴飘移测试分别使用等动量雾滴收集器 rotary iMPactor 接收空中飘移雾滴和用培养皿接收地面飘移雾滴。据作业区域边缘下风向 5m、10m、15m 处分别放置 3 个 rotary iMPactor，距离地面高度 1.5m。每个收集器上有两个玻璃棒作为收集装置，电源为 6V 直流，确保收集装置在测试中匀速转动；根据 ISO（International Organization for Standardization，国际标准化组织）22866 标准，在距离雾滴飘移测试框架边缘下风向 1m、3m、5m、10m、15m 和 20m 的位置分别放置 5 个培养皿（共计 30 个）。

利用 ZENO-3200 型号农业自动气象站获取环境风速、风向等信息，利用 Testo 350-XL 型号环境分析仪获取试验时田间温度、湿度等气象信息（见表 16-4）。测试前，在喷雾液中加入质量分数 0.1%的 BSF 作为荧光示踪剂。测试后，采用 SFM25 荧光分析仪测定样品示踪剂含量。

表 16-4 飘移测试时环境参数

喷头（助剂）名称	温度/℃	湿度/%	侧风风速/(m/s)
IDK015+ST015	27.8	46.3	3.12
ST015+IDK015	27.8	46.3	2
IDK015+IDK015	26.6	51.8	3.01
ST015+ST015	26.2	58.3	4.39
IDK03	27.8	46.3	3.76
ST03	27.8	46.3	3.82
DRS-60	23.5	60.7	2.52
Vibrant	24.2	57	4
Greenwet 360	27.8	46.3	3.12

收集 rotary iMPactor 上的玻璃棒，装入自封袋中标记待测，依次收集地面上的培养皿并盖上盖子。试验结束后，将试验收集的待测样品玻璃棒、培养皿分别以一定体积去离子水洗脱，使用 SFM25 荧光光谱仪检测洗脱液荧光值。设置一个空白对照组以去除试验材料等因素对测试结果的干扰。

16.2.4.3 研究结果与分析

双喷头组合雾滴沉积测试结果如下：由图 16-21 和图 16-22 可知，ST015+ST015 与 ST015+IDK015 组合相比，沉积量相同，但双 ST015 在冠层中下层沉积量明显低于 ST015+IDK015 组合，但冠层上中下层覆盖率均明显高于 ST015+IDK015 组合，这是由于单 ST015 喷头雾化效果好，雾滴粒径较小，因此分布覆盖情况较好，但是由于气温比较高，很多小雾滴在没有到达底部就会蒸发损失，只有部分细小的雾滴能够穿透冠层到达底部，而 IDK015 喷头雾滴粒径较大，动能较大，不易蒸发损失；IDK015+IDK015 与 IDK015+ST015 相比，可以得到同

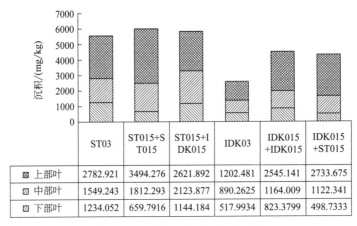

图 16-21 农药沉积分布柱形图

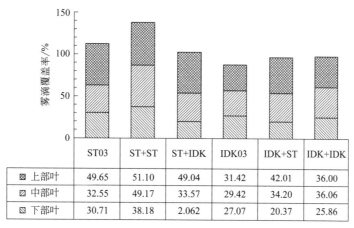

	ST03	ST+ST	ST+IDK	IDK03	IDK+ST	IDK+IDK
⊠ 上部叶	49.65	51.10	49.04	31.42	42.01	36.00
▨ 中部叶	32.55	49.17	33.57	29.42	34.20	36.06
▥ 下部叶	30.71	38.18	2.062	27.07	20.37	25.86

图 16-22　雾滴分布覆盖率

样结论；对于 IDK 喷头而言，双喷头组合能够显著改善沉积能力，提高穿透性；所有喷头组合中，ST015 与 IDK015 的喷头组合且 ST015 喷头在前时沉积量更大，为 5889mg/kg，穿透性更好；单 IDK03 沉积量最小，仅 2610mg/kg，这是由于单 IDK03 喷头雾滴粒径大，药液的表面张力使雾滴收缩，液滴不能很好地在叶片沉积分布，与叶片碰撞时，会发生明显的弹跳，容易滚落，导致农药流失。

喷杆喷雾机小麦雾滴飘移测试将 ST03 号喷头作为参照，将结果归一化进行比较分析。由图 16-23 可知：培养皿接收的地面飘移雾滴和 Rotary iMPactor 接收的空中飘移雾滴飘移分布规律相同；在喷量相同的条件下，双喷头组合相对于单喷头雾滴飘移潜力较大，并没有很好的防飘效果；ST015 与 IDK015 组合时，ST015 喷头在前雾滴飘移潜力大于 IDK015 喷头在前，该结果与沉积结果一致，可能由于喷杆喷雾机在作业时雾滴会向与其行进相反方向运动，由于 IDK015 喷头雾滴粒径较大，雾滴在运动过程中会携带后面的部分细小雾滴共同运动，同时也阻止了部分小雾滴的蒸发和飘移，因此飘移潜力较小。体积浓度为 0.8%的助剂 Silwet DRS-60 防飘效果最好，与对照相比地面飘移可减少 50%，空中飘移可减少 22%；体积浓度为 0.3%的助剂 Greenwet 360 防飘效果次之，与对照相比地面飘移可减少 12%，空中飘移可减少 15%；体积浓度为 0.4%的助剂 Break-thru Vibrant 防飘效果最差，与对照相比空中飘移可减少 9%，地面飘移增加 4%。

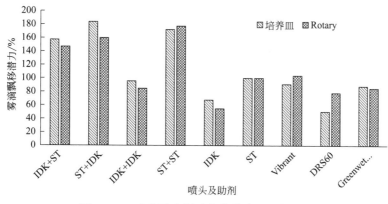

图 16-23　喷头及助剂对农药雾滴飘移的影响

16.2.5　研究结论

利用雾滴测试系统分析并测试了单喷头（XR110-04，IDK120-03，IDK120-04，ID120-015，ID120-025，ID120-05）及多喷头组合（ST、IDK、双 ST、双 IDK、ST+IDK、IDK+ST）的雾滴飘移特性并对其进行了喷杆喷雾机小麦雾滴沉积与飘移田间测试。加入三种防飘移助剂 Break-thru Vibrant、Silwet DRS-60、Greenwet 360 分别测试其雾滴飘移潜力并与 3.2 风洞测试结果进行对比，结果如下：

喷杆喷雾机雾滴测试系统可以对不同喷头在不同喷雾条件下评估其雾滴飘移风险，按照 ISO22369-2-2010 测试准则，利用 d_{PV}（potential drift）作为评价雾滴飘移特性的指标。测试系统可以实时接收飘移的雾滴并分析实际作业喷雾时雾滴飘移的分布规律，可为喷头雾滴飘移分级标准的制定提供数据支撑，为实际田间作业减少农药雾滴飘移使用技术提供参考。试验结果表明：雾滴体积中径 VMD 和喷雾压力都是影响农药雾滴飘移的重要因素之一。双 IDK 喷头组合相比于其他喷头组合雾滴飘移潜力较小是因为 IDK 喷头利用射流技术可以将空气和水混合形成二相流。喷孔附近高速流动的液体将周围的空气压出形成真空，被吸入的空气与液体混合，产生带有气泡、雾滴粒径更大的雾滴，从而减少小雾滴的数量和比例，增强防飘作用。

喷杆喷雾机小麦雾滴沉积与飘移测试结果表明，ST015+ST015 与 ST015+IDK015 组合相比，沉积量相同，但双 ST015 在冠层中下层沉积量明显低于 ST015+IDK015 组合，但冠层上中下层覆盖率均明显高于 ST015+IDK015 组合，这是由于单 ST015 喷头雾化效果好，雾滴粒径较小，因此分布覆盖情况较好，但是由于气温比较高，很多小雾滴在没有到达底部就会蒸发损失，只有部分细小的雾滴能够穿透冠层到达底部，而 IDK015 喷头雾滴粒径较大，动能较大，不易蒸发损失；单 IDK03 沉积量最小，由于雾滴粒径大，药液的表面张力使雾滴收缩，液滴不能很好地在叶片沉积分布，与叶片碰撞时，会发生明显的弹跳，容易滚落，导致农药流失。雾滴飘移测试结果表明，对于喷头相同的双喷头组合，喷头的前后位置会影响飘移潜力；助剂 Silwet DRS-60 防飘效果最好，与对照相比地面飘移可减少 50%，空中飘移可减少22%，Greenwet 360 防飘效果次之，Break-thru Vibrant 防飘效果较差。

16.3　综合研究结论

针对如何减少施药过程中农药雾滴飘移，提高农药有效利用率，首先以理论推导计算，分析雾滴粒径、雾滴运动速度、助剂溶液特性、施药机具等因素对雾滴飘移的影响，建立雾滴飘移能量模型；继而通过风洞室内测试研究雾滴粒径、雾滴运动特性及飘移特性，为降低雾滴飘移潜力提供数据支持；然后针对喷杆喷雾机和典型植保无人机两类施药机具分别建立雾滴飘移测试手段与方法，并进行小麦田间雾滴沉积飘移测试；最后综合室内和田间试验结果分析影响农药飘失的因素，主要结论如下：

（1）通过分析室内实验数据，得到以雾滴动能为自变量，雾滴飘移潜在指数 DIX 为因变量的数学函数，结合雾滴飘移理论和动能定律，建立雾滴飘移潜在指数与能量模型，经 PDIA 和风洞试验验证，可依据雾滴粒径和运动速度有效预测出雾滴飘移潜力。

（2）利用 Spraytec 和 PDIA 测试研究雾滴粒径和雾滴运动速度对雾滴飘移特性的影响，结果表明：小雾滴所占总量的体积百分比显著影响雾滴的飘移量，雾滴 VMD 增大，粒径小于 75μm 体积百分比减小，喷头 DIX 越小，防飘作用越明显。喷雾雾化后产生的雾滴主体部分的运动速度与雾滴粒径成正相关，喷雾压力增加，雾滴的运动初速度随之增大。喷雾扇面组合应用时，喷雾扇面叠加不会对雾滴运动速度产生影响，但是会对雾滴粒径产生显著影响，因此可以减少雾滴飘移。双喷头纵向排列使喷雾扇面前后重合叠加能够增加雾滴粒径，从而增加雾滴的运动动能防飘效果最佳。双喷头不同组合能够减少雾滴飘移，在一定程度上解决充分利用细小雾滴与飘移之间的矛盾，其中双喷头纵向排列防飘效果最明显。

（3）通过喷杆喷雾机雾滴飘移测试系统分析单喷头及喷头组合在不同喷雾压力下的雾滴飘移情况，结果表明：雾滴飘移测试系统可以遵循 ISO 22369-2-2010 标准，在室内测试不同喷头的雾滴飘移潜力，实时分析雾滴的飘移情况及飘移分布规律，采用飘移潜力 d_{PV} 反映喷头的飘移特性；雾滴大小和工作压力均为影响飘移的主要因素；喷头组合中双 IDK 喷头组合雾滴飘移潜力较小是因为 IDK 喷头利用射流技术可以将空气和水混合形成二相流，产生雾滴粒径较大，减少了易飘移小雾滴的量，从而增强防飘作用。

（4）喷杆喷雾机小麦田间雾滴沉积与飘移测试研究结果表明：双喷头组合在沉积量相同的情况下，雾滴穿透性和覆盖率不同；双 ST015 与 ST015+IDK015 相比，冠层中下层沉积量较低，但冠层上中下层覆盖率高，由此说明 ST015 喷头雾化效果好，雾滴粒径较小，穿透性好，因此分布覆盖情况较好，但是小雾滴易在运动过程中蒸发损失。IDK015 喷头沉积量最小，由于雾滴粒径大，雾滴动能较大，易被叶片截留、穿透性较差，与叶片碰撞时液滴易聚积流失或弹跳，因此不能很好地在叶片沉积分布；对于喷头相同的双喷头组合，喷头的前后位置会影响飘移潜力；对于扇形雾 ST 喷头，助剂 Silwet DRS-60 防飘效果最好，可减少地面飘移 50%，空中飘移 22%，其结果与风洞测试结果一致。

参考文献

[1] Ec O. Crop losses to pests. Journal of Agricultural Science, 2006, 144(1): 31-43.

[2] 屠豫钦, 袁会珠, 齐淑华, 等. 我国农药的有效利用率与农药的负面影响问题. 世界农药, 2003, 25(6): 1-4.

[3] 何雄奎. 改变我国植保机械和施药技术严重落后的现状. 农业工程学报, 2004, 20(1): 13-15.

[4] 袁会珠, 齐淑华, 杨代斌. 农药使用技术的发展趋势. 中国植保导刊, 2001, 21(2): 37-38.

[5] 李炬, 何雄奎, 曾爱军, 等. 农药施用过程对施药者体表农药沉积污染状况的研究. 农业环境科学学报, 2005, 24(5): 957-961.

[6] Elliott J G, Wilson B J. Influence of weather on the efficiency and safety of pesticide application. 1983.

[7] 祁力钧, 傅泽田, 史岩. 化学农药施用技术与粮食安全. 农业工程学报, 2002, 18(6): 203-206.

[8] 袁会珠, 杨代斌, 闫晓静, 等. 农药有效利用率与喷雾技术优化. 植物保护, 2011, 37(5): 14-20.

[9] 陆泳平. 植保机械技术现状与发展趋势. 湖南农机, 2001(5): 9-11.

[10] 刘丰乐, 张晓辉, 马伟伟, 等. 国外大型植保机械及施药技术发展现状. 农机化研究, 2010, 32(3): 246-248.

[11] 耿爱军, 李法德, 李陆星. 国内外植保机械及植保技术研究现状. 农机化研究, 2007(4): 189-191.

[12] 张玲, 戴奋奋. 我国植保机械及施药技术现状与发展趋势. 中国农机化学报, 2002(6): 34-35.

[13] 郭辉, 韩长杰. 精准施药技术的研究与应用现状. 农业科技与装备, 2009(4): 42-43.

[14] 邵振润, 赵清. 更新药械改进技术努力提高农药利用率. 中国植保导刊, 2004, 24(1): 36-38.

[15] 夏敬源. 公共植保、绿色植保的发展与展望. 中国植保导刊, 2010, 30(1): 4-7.

[16] 屠豫钦. 农药使用技术图解: 技术决策. 北京: 中国农业出版社, 2004.

[17] 何雄奎, 吴罗罗. 喷雾机液力搅拌理论与运用研究. 农药科学使用与植保机械的发展研讨会. 1996.

[18] 摩泽尔. 植保机械化. 农业部教育局, 1982.

[19] 陈宗懋, 易齐. 瑞士的农药施用技术. 世界农业, 1982(6): 33-36.

[20] 喻子牛. 微生物农药及其产业化. 北京: 科学出版社, 2000.

[21] 刘秀娟, 周宏平, 郑加强. 农药雾滴飘移控制技术研究进展. 农业工程学报, 2005, 21(1): 186-190.

[22] Wolf R E. Strategies to Reduce Spray Drift. 2000.

[23] 宋坚利, 刘亚佳, 张京, 等. 扇形雾喷头雾滴飘失机理. 农业机械学报, 2011, 42(6): 63-69.

[24] 曾爱军. 减少农药雾滴飘移的技术研究. 北京: 中国农业大学, 2005.

[25] Akesson N B, Yates W E. Problems Relating to Application of Agricultural Chemicals and Resulting Drift Residues. Annual Review of Entomology, 2003, 9(1): 285-318.

[26] Gradish A E, Scott-Dupree C D, Shipp L, et al. Effect of reduced risk pesticides on greenhouse vegetable arthropod biological control agents. Pest Management Science, 2011, 67(1): 82-86.

[27] Yoshida K. Droplet and Vapor Drift from Butyl Ester and Dimethylamine Salt of 2,4-D. Weed Science, 1972, 20(4): 320-324.

[28] Berg F Van Den, Kubiak R, Benjey W G, et al. Emission of Pesticides into the Air. Water, Air, & Soil Pollution, 1999, 115(1): 195-218.

[29] Bucheli T D, Müller S R, Siegrun H, et al. Occurrence and Behavior of Pesticides in Rainwater, Roof Runoff, and Artificial Stormwater Infiltration. Environmental Science & Technology, 2015, 32(22): 3457-3464.

[30] Ellis M C B, Miller P C H. The Silsoe Spray Drift Model: A model of spray drift for the assessment of non-target exposures to pesticides. Biosystems Engineering, 2010, 107(3): 169-177.

[31] Vol N. Spray Deposition on Citrus Canopies under Different Meteorological Conditions. Transactions of the Asae, 1996, 39(1): 17-22.

[32] Hilz E, Awp V. Spray drift review: The extent to which a formulation can contribute to spray drift reduction. Crop Protection, 2013, 44(1): 75-83.

[33] Franz E, Bouse L F, Carlton J B, et al. Aerial spray deposit relations with plant canopy and weather parameters. Transactions of the Asae, 1998, 41(4): 959-966.

[34] Hillocks R J. Farming with fewer pesticides: EU pesticide review and resulting challenges for UK agriculture. Crop Protection, 2012, 31(1): 85-93.

[35] Miller D R, Stoughton T E, Steinke W E, et al. Atmospheric stability effects on pesticide drift from an irrigated orchard. Transactions of the Asae, 2000, 43(5): 1057-1066.

[36] Hilz E, Vermeer A W P. Effect of formulation on spray drift: a case study for commercial imidacloprid products. Aspects of Applied Biology, 2011.

[37] Murphy S D, Miller P C H, Parkin C S. The Effect of Boom Section and Nozzle Configuration on the Risk of Spray Drift. Journal of Agricultural Engineering Research, 2000, 75(2): 127-137.

[38] Ozkan H E, Miralles A, Sinfort C, et al. Shields to Reduce Spray Drift. Journal of Agricultural Engineering Research, 1997, 67(4): 311-322.

[39] Nuyttens D, Schampheleire M De, Baetens K, et al. The Influence of Operator-Controlled Variables on Spray Drift from Field Crop Sprayers. Transactions of the Asabe, 2007, 50(4): 1129-1140.

[40] Combellack J H, Westen N M, Richardson R G. A coMParison of the drift potential of a novel twin fluid nozzle with conventional low volume flat fan nozzles when using a range of adjuvants. Crop Protection, 1996, 15(2): 147-152.

[41] Baetens K, Nuyttens D, Verboven P, et al. Predicting drift from field spraying by means of a 3D computational fluid dynamics model. Computers & Electronics in Agriculture, 2007, 56(2): 161-173.

[42] Holterman H J. Kinetics and evaporation of water drops in air. 2003.

[43] Qin K, Tank H, Wilson S A, et al. Controlling Droplet-Size Distribution Using Oil Emulsions In Agricultural Sprays. Atomization & Sprays, 2010, 20(3): 227-239.

[44] Hewitt A J. Droplet size and agricultural spraying, Part I: Atomization, spray transport, deposition, drift, and droplet size

measurement techniques. Atomization & Sprays, 1997, 7(3): 235-244.

[45] Miller P, Tuck C R. Factors Influencing the Performance of Spray Delivery Systems: A Review of Recent Developments. Journal of Astm International, 2006(2): 13.

[46] Stainier C, Destain M F, Schiffers B, et al. Droplet size spectra and drift effect of two phenmedipham formulations and four adjuvants mixtures. Crop Protection, 2006, 25(12): 1238-1243.

[47] Hilz E, Vermeer A W P, Leermakers F A M, et al. Spray drift: how emulsions influence the performance of agricultural sprays produced through a conventional flat fan nozzle. Aspects of Applied Biology, 2011.

[48] Ruiter H De. Influence of adjuvants and formulations on the emission of pesticides to the atmosphere : a literature study for the Dutch Research Programme Pesticides and the Environment (DWK) theme C-2. 2003.

[49] Hobson P A, Miller P C H, Walklate P J, et al. Spray Drift from Hydraulic Spray Nozzles: the Use of a Computer Simulation Model to Examine Factors Influencing Drift. Journal of Agricultural Engineering Research, 1993, 54(4): 293-305.

[50] Nuyttens D, Zwertvaegher I K A, Dekeyser D. Spray drift assessment of different application techniques using a drift test bench and coMParison with other assessment methods. Biosystems Engineering, Elsevier Ltd, 2016: 1-11.

[51] Wolf R E. Drift-Reducing Strategies and Practices for Ground Applications. Technology & Health Care Official Journal of the European Society for Engineering & Medicine, 2013, 19(1): 1-20.

[52] Arnold A C. A Comparative Study of Drop Sizing Equipment for Agricultural Fan-Spray Atomizers. Aerosol Science and Technology, 1990, 12(2): 431-445.

[53] Permin O, Jørgensen L N, Persson K. Deposition characteristics and biological effectiveness of fungicides applied to winter wheat and the hazards of drift when using different types of hydraulic nozzles. Crop Protection, 1992, 11(6): 541-546.

[54] Combellack J H, Westen N M, Richardson R G. A coMParison of the drift potential of a novel twin fluid nozzle with conventional low volume flat fan nozzles when using a range of adjuvants. Crop Protection, 1996, 15(2): 147-152.

[55] Zhu H, Dexter R W, Fox R D, et al. Effects of Polymer Composition and Viscosity on Droplet Size of Recirculated Spray Solutions. Journal of Agricultural Engineering Research, 1997, 67(1): 35-45.

[56] 茹煜, 朱传银, 包瑞. 风洞条件下雾滴飘移模型与其影响因素分析. 农业机械学报, 2014, 45(10): 66-72.

[57] Ellis M C B, Tuck C R, Miller P C H. The effect of some adjuvants on sprays produced by agricultural flat fan nozzles. Crop Protection, 1997, 16(1): 41-50.

[58] Wise J C, Jenkins P E, Schilder A M C, et al. Sprayer type and water volume influence pesticide deposition and control of insect pests and diseases in juice grapes. Crop Protection, 2010, 29(4): 378-385.

[59] Frank R, Ripley B D, Lampman W. CoMParative spray drift studies of aerial and ground applications 1983-1985. Environmental Monitoring and Assessment, 1994, 29(2): 167-181.

[60] 张京, 李伟, 宋坚利, 等. 挡板导流式喷雾机的防飘性能试验. 农业工程学报, 2008, 24(5): 140-142.

[61] Snoo G R De, Wit P J De. Buffer Zones for Reducing Pesticide Drift to Ditches and Risks to Aquatic Organisms. Ecotoxicology & Environmental Safety, 1998, 41(1): 112-118.

[62] Downer R A, Hall F R, Thompson R S, et al. Temperature effects on atomization by flat-fan nozzles: Implications for drift management and evidence for surfactant concentration gradients. Atomization & Sprays, 1998, 8(3): 241-254.

[63] Holterman H J, Zande J C Van De, Porskamp H A J, et al. Modelling spray drift from boom sprayers. Computers & Electronics in Agriculture, 1997, 19(1): 1-22.

[64] Sharp R B. CoMParison of drift from charged and uncharged hydraulic nozzles. 1984.

[65] Wolters A, Linnemann V, Jc V D Z, et al. Field experiment on spray drift: deposition and airborne drift during application to a winter wheat crop. Science of the Total Environment, 2008, 405(1-3): 269-277.

[66] GBT24681. 植物保护机械 喷雾飘移的田间测量方法, 2009.

[67] ISO 22866. Equipment for crop protection — Methods for field measurement of spray drift. English, 2005.

[68] Fox R D, Reichard D L, Brazee R D. A model study of the effect of wind on air sprayer jets. Transactions of the Asae, 1985, 28(1): 83-88.

[69] Tian L, Zheng J. Dynamic deposition pattern simulation of modulated spraying. Transactions of the Asae, 2000, 43(1): 5-11.

[70] Holterman H J, Zande J C Van De, Porskamp H A J, et al. Modelling spray drift from boom sprayers. Computers &

Electronics in Agriculture, 1997, 19(1): 1-22.

[71] Teske M E, Bowers J F, Rafferty J E, et al. Fscbg: An aerial spray dispersion model for predicting the fate of released material behind aircraft. Environmental Toxicology & Chemistry, 1993, 12(3): 453-464.

[72] Teske M E, Thistle H W. Aerial Application Model Extension into the Far Field. Biosystems Engineering, 2004, 89(1): 29-36.

[73] 董祥, 杨学军, 严荷荣, 等. 气流辅助防飘移流场三维数值模拟. 农机化研究, 2012, 34(9): 44-48.

[74] Thomson S J, Smith L A, Hanks J E. Evaluation of application accuracy and performance of a hydraulically operated variable-rate aerial application system. . Transactions of the Asabe, 2009, 52(3): 715-722.

[75] Kirk I W, Hoffmann W C, Fritz B K. Aerial Application Methods for Increasing Spray Deposition on Wheat Heads. Applied Engineering in Agriculture, 2007, 23(6): 357-364.

[76] Nuyttens D, Taylor W A, Mde S, et al. Influence of nozzle type and size on drift potential by means of different wind tunnel evaluation methods. Biosystems Engineering, 2009, 103(3): 271-280.

[77] Dorr G J, Hewitt A J, Adkins S W, et al. A coMParison of initial spray characteristics produced by agricultural nozzles. Crop Protection, Elsevier Ltd, 2013, 53: 109-117.

[78] Butler E M C, Lane Ag, Sullivan C M O, et al. Bystander and resident exposure to spray drift from orchard applications: field measurements, including a coMParison of spray drift collectors. Aspects of Applied Biology, 2014, 122: 187-194.

[79] Fritz B K. Meteorological Effects On Deposition And Drift Of Aerially Applied Sprays. Transactions of the Asabe, 2006, 49(5): 1295-1301.

[80] Vol N. Pesticide Tracers for Measuring Orchard Spray Drift. Applied Engineering in Agriculture, 1993, 9(9): 501-505.

[81] Richardson B, Thistle H W. Measured and Predicted Aerial Spray Interception by a Young Pinus Radiata Canopy. 2006, 49(1): 15-23.

[82] Bonds J A, Greer M J, Fritz B K, et al. Aerosol sampling: coMParison of two rotating iMPactors for field droplet sizing and volumetric measurements. Journal of the American Mosquito Control Association, 2009, 25(4): 474-479.

[83] Ould-Dada Z, Baghini N M. Resuspension of small particles from tree surfaces. Atmospheric Environment, 2001, 35(22): 3799-3809.

[84] Fritz B K, Hoffmann W C, Lan Y B. Evaluation Of The EPA Drift Reduction Technology (DRT) low-speed wind tunnel protocol. Journal of Astm International, 2009, 6(4): 12.

[85] Martin D E, Carlton J B. Airspeed And Orifice Size Affect Spray Droplet Spectrum from an Aerial Electrostatic Nozzle for Fixed-wing Applications. Atomization & Sprays, 2012, 22(12): 997-1010.

[86] 曾爱军, 何雄奎, 陈青云, 等. 典型液力喷头在风洞环境中的飘移特性试验与评价. 农业工程学报, 2005, 15: 78-81.

[87] 张慧春, Gary D, 郑加强, 等. 扇形喷头雾滴粒径分布风洞试验. 农业机械学报, 2012, 43(6): 53-57.

[88] Gil E, Balsari P, Gallart M, et al. Determination of drift potential of different flat fan nozzles on a boom sprayer using a test bench. Crop Protection, Elsevier Ltd, 2014, 56: 58-68.

[89] Zande J C Van De, Michielsen J M G P, Stallinga H, et al. Spray drift of drift reducing nozzle types spraying a bare soil surface with a boom sprayer. International Advances in Pesticide Application Oxford Uk, 2014.

[90] Nuyttens D, Zwertvaegher I, Dekeyser D, et al. CoMParison between drift test bench results and other drift assessment techniques. Aspects of Applied Biology, 2014, 122: 293-301.

[91] Vanella G, Salyani M, Balsari P, et al. A method for assessing drift potential of a citrus herbicide applicator. Horttechnology, 2011, 21(6): 745-751.

[92] 唐辉宇. 国外植保机械的发展方向. 南方农机, 2004(6): 43.

[93] Combellack J H. Herbicide application: a review of ground application techniques. Crop Protection, 1984, 3(1): 9-34.

[94] Cross J V, Berrie A M, Murray R A, et al. Effect of drop size and spray volume on deposits and efficacy of strawberry spraying. Aspects of Applied Biology, 2000.

[95] Cunningham G P, Harden J. Reducing spray volumes applied to mature citrus trees. Crop Protection, 1998, 17(4): 289-292.

[96] Göhlich H. Assessment of spray drift in sloping vineyards. Crop Protection, 1983, 2(1): 37-49.

[97] Knoche M. Effect of droplet size and carrier volume on performance of foliage-applied herbicides. Crop Protection, 1994,

13(3): 163-178.

[98] Early studies on spray drift, deposit manipulation and weed control in sugar beet with two air-assisted boom sprayers. BCPC Monograph, 1991.

[99] Nordbo E. The effect of air assistance and spray quality (drop size) on the availability, uniformity and deposition of spray on contrasting targets. Bcpc Monograph, 1991.

[100] 祁力钧, 赵亚青, 王俊, 等. 基于 CFD 的果园风送式喷雾机雾滴分布特性分析. 农业机械学报, 2010, 41(2): 62-67.

[101] 刘雪美, 苑进, 张晓辉, 等. 3MQ-600 型导流式气流辅助喷杆弥雾机研制与试验. 农业工程学报, 2012, 28(10): 8-12.

[102] Vol N. Evaluation Of An Air-Assisted Boom Spraying System Under A No-Canopy Condition Using Cfd Simulation. Transactions of the Asae American Society of Agricultural Engineers, 2004, 47(6): 1887-1897.

[103] 贾卫东, 陈龙, 薛新宇, 等. 风幕式喷杆喷雾雾滴特性试验. 中国农机化学报, 2015, 36(3): 91-97.

[104] 刘青, 傅泽田, 祁力钧, 等. 9WZCD-25 型风送式超低量喷雾机性能优化试验. 农业机械学报, 2005, 36(9): 44-47.

[105] 彭军, 李睿远, 柴苍修. 风送液力式超低量喷雾装置内流场的模拟分析. 机械工程与自动化, 2007(2): 53-55.

第 **17** 章

防飘喷头防飘性能研究与应用

根据国际标准 ISO22866:2005，农药飘移被定义为"在农药施用过程中，由于空气气流的作用而被带出喷雾靶标区域的农药雾滴量"。农药飘移包括随风飘移和蒸发飘移。随风飘移是指雾滴飞离喷雾靶标的雾滴运动过程，主要受环境中自然风、农药的使用方法和使用技术参数有关。较小的雾滴可能飘移到距靶标几米到数十米距离处的非预定区域，更小的雾滴可能会飘移的更远。蒸发飘移是农药雾滴中的有效成分由于外界条件的影响，从喷头喷出之后的运动过程中或黏附在植物、落到土壤或其他表面蒸发变成烟雾颗粒，然后 飘浮到空气中随风运动。在作业过程中或作业之后一段时间内都会发生蒸发飘移，主要是受到环境中温度、湿度和农药本身挥发性质的影响。

17.1 飘移及防飘技术研究进展

17.1.1 影响飘移的因素

农药在施用过程中，药液从药箱最终到达靶标需要经过喷头的雾化、空中飞行、靶标撞击、沉积黏附、传导吸收等过程。在每个过程中都要受到药液理化性质、喷雾机械、施药技术、外界天气状况、界面化学、生物靶标行为等因素的影响。药液雾滴的飘移受多方因素的影响，但总的来说可以归为 4 类：①药械与施药技术，如喷雾机械的型号类型、工作参数、雾化方式以及喷雾高度、速度等。降低雾滴到达生物靶标的距离，加快雾滴在空中的运动速度或增大雾滴的粒径大小等都可以减少雾滴飘移的机率。②药液特性，包括有效成分、农药剂型、雾滴大小、挥发快慢等。其中，雾滴粒径大小是最为重要的因素。雾滴的飘移量、飞溅量、沉积量的多少都与雾滴粒径有关系。小雾滴能够均匀的覆盖在靶标生物上取得良好的防治效果，但小雾滴容易受外界环境的影响发生飘移；而大雾滴虽然不易飘移，但容易从靶标生物上滚落、飞溅，起不到良好的防治效果。③操作者的职业感和操作技能。④环境和气象条件，如温度、湿度、风力大小和方向、地形地貌等。

17.1.2 防飘喷头

为减少农药飘移污染及农药飘移对邻近作物产生药害等问题，德国率先在 20 世纪 80 年代研制出了一系列可以防止农药雾滴飘移的喷头称之为防飘喷头，其基本原理是减少喷头喷出的细小雾滴的数量，使雾滴粒径相对较大。这是因为大直径的雾滴在运动过程中不易受到外界因素的影响，喷头雾化的雾滴较大，雾滴谱较窄，特别是采用射流原理的防飘、低飘喷头，在喷头体的气室内药液与进入的空气充分混合，喷出的雾滴为一个个液包气的"小气泡"，当这样的"小气泡"到达靶标时，经过与靶标的撞击或是作物叶面上纤毛的刺破，"小气泡"破裂进行二次雾化，破碎的"气泡"变成更加细小的雾滴。美国喷雾系统公司、Lechler 公司以及 Lurmark 公司都是世界上专业生产制造喷头的企业，近年来，这些企业都相继制造出了一些可以较少产生易于飘移的细小雾滴的低飘或防飘喷头，并已在农业实际生产中大量应用。例如德国 Lechler 公司生产的防飘喷头 AD 和射流扇形雾喷头 IDK 等。AD 喷头因在其内部增加了前置小孔口及混合室，减少喷头喷出之前的药液流速和压力，并且喷头喷孔也较大，从而减少了小雾滴产生的可能性。IDK 射流扇形雾喷头利用了文丘里原理，药液在经过喷头之后产生气泡，符合防飘喷头的基本原理。IDKT 喷头是 Lechler 公司在 IDK 喷头的基础上研制的一种新型双扇面射流扇形雾喷头，不仅具有良好的防飘能力，而且与正常的射流扇形雾喷头相比，增加了雾滴数量，同时喷雾扇面具有一定的角度增加了雾滴穿透冠层的能力，效果更明显。

喷头是植保机械和喷雾系统的重要组成部分之一，其性能对植保机械与喷雾系统运作的可靠性、经济性以及对环境友好性都有很大的影响。目前，发达国家的植保机械已经走上了专业化的道路，设计和开发了许多专用喷雾机，来适应多种条件下的防治要求。喷头虽然只是植保机械的一部分，但在研究和生产上都是独立进行的。例如在美国，制造喷头的厂家基本上都是以生产喷头为主，而将喷雾系统的其他产品作为"附加"产品。美国喷雾系统公司旗下的 Teejet 就是一家以生产喷头为主的企业。在喷头的用材上基本上选用一些耐磨损耐腐蚀的材料，像陶瓷材料、聚合材料、不锈钢等；按照喷头的用途，进行不同的分类，即根据防治对象和病虫草害发生的严重程度以及外界环境因素不同而选用不同的喷头，从而满足了不同作物在不同条件下的喷洒要求。德国 Lechler 公司是一家专业喷头制造企业，其生产制造的喷头在世界上享有其名。Lechler 喷头公司生产的扇形雾喷头有 ID/IDN、IDK/IDKN、IDKT/DF、LU/ST、AD、ES、FD、FT、IS/IDKS/OC 等多种类型，空心锥形雾喷头有 TR/ITR，全锥形喷头有 FC 等。其中 ID/IDK/IDKT 喷头为防飘射流式喷头，雾滴覆盖较为均匀并且飘移量低，在 3～4 级风下防飘效果可以达到 95%以上，5 级风防飘效果仍可以达到 70%以上。

17.2 防飘扇形雾喷头雾化

喷头的优劣，不仅要看喷施药液之后的药效，还要看飘移危害性。影响农药沉积和飘移的因素有很多，但最重要的因素是雾滴大小和雾滴速度，较大的雾滴受外界气流的影响较小，可以较长时间保持其动量，从喷头到靶标所用时间短，不易飘移，但沉积时容易发生飞溅；而较小的雾滴动量变化很快，速度迅速减慢，容易发生飘移。雾滴大小和速度受喷头雾化的影响，与喷头不同的雾化形式有关。农药雾化的实质是药液在外力的作用下克服自身的表面张力做功，外力所做的功越大，药液的比表面积也就越大，雾滴粒径就会越小。雾滴在叶面上的沉积状态很大程度上影响着药液的防治效果，理想的喷头包括较窄的雾滴谱宽度，即雾滴粒径范围较小，既没有较大的雾滴也没有较小的雾滴。

17.2.1　射流扇形雾喷头雾化过程分析

雾化过程是指喷雾液在喷口处形成不稳定的液膜，液膜因波动或穿孔形成液丝，液丝进一步破碎成雾滴。该部分主要对普通扇形雾喷头 LU、射流扇形雾喷头 IDK 和双扇面射流扇形雾喷头 IDKT 等 6 种喷头（LU120-03、LU120-05、IDK120-03、IDK120-05、IDKT120-03、IDKT120-05）的雾化情况进行研究，首先使用高速摄影仪研究这 6 种喷头在不同喷雾压力条件下分别喷施自来水和除草剂药液时的扇面液膜长度、扇面角和液膜面积，然后利用动态表面张力仪（JB99B）和旋转黏度计（NDJ-1）测定供试药液的表面张力和黏度。

17.2.2　喷头雾化研究平台构建

扇形雾喷头（LU120-03、LU120-05、DIK120-03、IDK120-05、IDKT120-03、IDKT120-05）各 3 个，JK99B 动态表面张力仪，旋转黏度计，高度摄影仪、Hid Light HL-250，高速摄影分析软件，AutoCAD，TYW-2 型无油低噪声空气压缩机，匀光板，喷雾天车，试验所喷洒的水为实验室内水，所施用的除草剂为乙·莠·滴丁酯，总有效成分含量为 70%，其中 2,4-滴丁酯含量为 8%，乙草胺含量为 34%，莠去津含量为 28%，剂型为悬乳剂。

17.2.3　喷头雾化研究方法

根据除草剂的推荐剂量，将除草剂稀释 250 倍待测。使用高速摄影仪对上述水和药液分别进行整体动态视频拍摄，由 Hid Light HL-250 提供光源，压力设定为 0.3MPa，高速摄影仪拍摄参数：帧数为 10000fps，快门速度为 1/20000。利用高速摄影分析软件将整体喷雾扇面视频解帧为图片，并使用 AutoCAD 对图片中的液膜长度和雾化扇面角进行测量。由于雾化区域形状近似于扇形，所以液膜的面积用扇形面积来计算。使用直尺量得喷头的宽度 l_1，在图片上量得喷头的宽度 l_2，则计算照片被放大的倍数 m，再用直尺量得液膜的半径 R，用 r 表示实际液膜半径，S 表示液膜的面积，n 表示扇面角。

液膜面积计算公式：

$$m = \frac{l_2}{l_1} \tag{17-1}$$

$$r = \frac{R}{m} \tag{17-2}$$

$$S = \frac{n\pi r^2}{360} \tag{17-3}$$

将农药稀释到与上述浓度相同条件下测定药液理化性质，使用 NDJ-1 型旋转黏度计来测定药液的黏度，使用 JK99B 动态表面张力仪来测定药液的动态表面张力。

17.2.4　研究结果与分析

使用高速摄影仪对喷头的雾化过程进行拍摄，并利用高速摄影分析软件将整体喷雾扇面视频解帧为图片，其结果如图 17-1 所示。使用 AutoCAD 对喷头雾化扇面的液膜长度和雾化扇面角进行测量并计算其液膜面积，结果见表 17-1。当喷头类型相同时，随着喷头型号增加，所有喷头雾滴的液膜长度均在增加。当喷头型号相同时，LU 类型喷头的液膜长度和雾化扇面角均大于 IDK 和 IDKT 类型喷头。对于 LU 类型喷头，当喷施的药液为自来水时，其液膜中基本没有气孔，只在边缘处出现少量的气孔；当加入不均一液体（悬乳剂）时，喷头的液膜长度减短而雾化扇面角增大，边缘破碎增加。这是因为 LU 类型喷头属于标准扇形雾喷头，当喷施的药液为不均一液体时，其表面张力下降（表 17-2），雾化扇面液膜区的液膜长度减短，边缘破碎加剧，液膜中出现孔洞，破碎后的雾滴粒径增加。对于 IDK 类型和 IDKT 类型喷头，因其属于空气注入式射流扇形雾喷头，在喷施自来水时因有空气进入，所以其液膜内有许多的气孔，气孔逐渐增大，最后破碎成雾滴；当喷施药液时，因表面张力下降，其液膜面积减小，气孔数目增加，雾滴粒径增大。

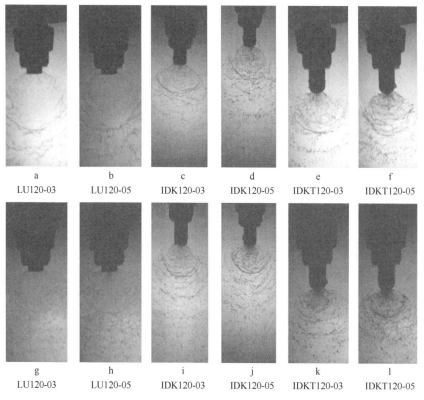

| a | b | c | d | e | f |
| LU120-03 | LU120-05 | IDK120-03 | IDK120-05 | IDKT120-03 | IDKT120-05 |

| g | h | i | j | k | l |
| LU120-03 | LU120-05 | IDK120-03 | IDK120-05 | IDKT120-03 | IDKT120-05 |

图 17-1　6 种喷头喷施不同液体的雾化效果

注：a～f 为喷施水时的雾化效果，g～l 为喷施药液时的雾化效果

表 17-1　各喷头的液膜长度、雾化扇面角和液膜面积

喷头类型	纯水			药液		
	液膜长度 /cm	雾化扇面角 /(°)	雾化面积 /cm²	液膜长度 /cm	雾化扇面角 /(°)	雾化面积 /cm²
LU120-03	3.28	123.1	11.55	2.10	135.0	5.19
LU120-05	3.41	119.6	11.93	2.41	135.6	6.87
IDK120-03	2.28	116.2	5.27	1.85	111.2	3.59
IDK120-05	2.29	117.4	5.37	2.03	115.4	4.15
IDKT120-03	2.37	109.1	5.35	1.38	122.4	2.03
IDKT120-05	2.56	113.2	6.47	1.66	129.3	3.10

表 17-2　不同测试液的表面张力与黏度

药液性质	水	药液
动态表面张力/(mN/m)	73.24	41.42
黏度/MPa·s	1.00	1.21

17.3　防飘射流扇形雾喷头雾滴沉积分布与飘移

雾滴粒径是衡量药液雾化程度和比较各类喷头雾化质量的主要指标之一，决定了农药雾滴的覆盖密度和飘失性能，是选用喷头的主要参数。这里对射流扇形雾喷头 IDK、IDKT 以及标准扇形雾喷头 ST、LU 进行雾滴粒径的测试，并使用雾滴沉积飘移测试平台对上述喷头进行雾滴沉积分布以及飘移状况的研究。

17.3.1　雾滴粒径的测定

17.3.1.1　雾滴粒径测定仪器工作原理

使用的雾滴粒径测试仪器为 OMEC DP-02 型雾滴粒径仪，是一种操作简便、测量精准的激光雾滴粒径测试仪器。该粒径仪测试粒径范围是 $1.00\sim1500.00\mu m$，显示的特征值有 D_{V10}、D_{V25}、D_{V50}、D_{V75} 以及 D_{V90}，并可以根据需要来设置超声时间以及平行测试次数。

17.3.1.2　雾滴粒径测定方法

（1）材料与仪器　喷头：LU120-03、LU120-05、ST120-03、ST120-05、IDK120-03、IDK120-05、IDKT120-03、IDKT120-05；喷雾天车；TYW-2 型无油低噪声空气压缩机；8L 喷雾液罐；雾滴粒径测试系统（OMEC DP-2 型雾滴粒径仪以及分析软件）；自来水。

（2）研究方法　将雾滴粒径仪的主机和辅机分别固定在一条直线上，使主机和辅机的间距为 1m，如图 17-2 所示。打开仪器，使用分析软件对仪器进行对焦。将喷雾天车的喷杆放在主机和辅机的中间位置，并使喷头距测定激光的高度定位 0.5m，固定喷杆的位置。分别在

图 17-2　激光雾滴粒径仪

0.2MPa、0.3MPa 和 0.4MPa 下测定上述 8 种喷头喷施自来水的雾滴粒径，每个喷头重复测定 3 次，最后，从分析软件中得到每种喷头的 D_{V10}、D_{V50}、D_{V90}、V_{100}、雾滴谱等结果，并记录相关数据待分析。D_{V10} 指累积体积分数为 10% 时的雾滴粒径，D_{V50} 指累积体积分数为 50% 时的雾滴粒径，D_{V90} 指累积体积分数为 90% 时的雾滴粒径，V_{100} 指小于 100μm 的雾滴数占雾滴总数的比例，并计算雾滴谱相对宽度（RS）。计算公式为：

$$RS = (D_{V90} - D_{V10})/D_{V50} \tag{17-4}$$

17.3.1.3 研究结果与分析

雾滴粒径及分布测试结果见表 17-3，所测标准扇形雾喷头和射流扇形雾喷头的雾滴粒径均随喷雾压力的增大而减小，雾滴谱相对宽度随喷雾压力增大而增大，射流扇形雾喷头雾滴粒径大于标准扇形雾喷头。根据 ASABE standard S-572 雾滴分级标准，ST110-03 和 LU120-03 喷头在 0.2MPa 和 0.3MPa 喷雾压力条件下雾滴为细雾，在 0.4MPa 喷雾压力条件下，为非常细雾，ST110-05 和 LU120-05 喷头在所测三种喷雾压力条件下雾滴均为细雾，LU 型喷头与 ST 型喷头相比，雾滴谱相对宽度较窄，雾滴粒径分布相对均匀。在表 17-3 中三种喷雾压力条件下 IDK120-03 喷头雾滴为中等雾，IDK120-05 为粗雾和中等雾，IDKT120-03 为粗雾，IDKT120-05 为粗雾和中等雾。IDK 型喷头与 IDKT 喷头相比，雾滴谱相对宽度较窄。

表 17-3 不同喷雾压力条件下喷头雾滴粒径分

压力	喷头类型	喷头流量/(L/min)	D_{V10}/μm	D_{V50}/μm	雾滴分类	D_{V90}/μm	RS	V_{100}/μm
0.2MPa	ST110-03	0.97	89.01	171.40	细	310.83	1.29	15.70
	LU120-03	0.97	85.79	173.81	细	306.46	1.27	16.89
	IDK120-03	0.97	147.28	363.72	中等	650.16	1.38	2.58
	IDKT120-03	0.97	178.32	546.60	非常粗	941.88	1.40	1.39
0.3MPa	ST110-03	1.19	77.95	151.97	细	276.99	1.51	22.09
	LU120-03	1.19	74.20	154.09	细	276.51	1.51	23.38
	IDK120-03	1.19	130.43	307.25	中等	575.24	1.45	4.35
	IDKT120-03	1.19	129.05	415.82	粗	901.84	1.46	2.30
0.4MPa	ST110-03	1.37	72.70	142.84	非常细	265.24	1.55	25.80
	LU120-03	1.37	71.14	144.38	非常细	262.47	1.53	26.46
	IDK120-03	1.37	116.33	267.21	中等	517.16	1.50	5.28
	IDKT120-03	1.37	122.54	355.03	粗	848.68	2.05	2.77
0.2MPa	ST110-05	1.61	103.38	208.89	细	450.52	1.66	9.92
	LU120-05	1.61	95.49	195.06	细	374.06	1.43	12.60
	IDK120-05	1.61	158.49	404.62	粗	700.60	1.34	1.34
	IDKT120-05	1.61	134.46	395.41	粗	1041.46	2.29	2.00
0.3MPa	ST110-05	1.97	89.96	186.74	细	404.28	1.68	14.52
	LU120-05	1.97	87.73	174.17	细	343.37	1.47	17.93
	IDK120-05	1.97	140.15	361.91	粗	663.08	1.45	1.95
	IDKT120-05	1.97	113.48	329.10	中等	984.75	2.65	2.45
0.4MPa	ST110-05	2.28	81.84	167.29	细	369.73	1.72	18.94
	LU120-05	2.28	78.84	168.36	细	351.71	1.62	19.95
	IDK120-05	2.28	123.07	319.01	中等	602.50	1.50	2.40
	IDKT120-05	2.28	101.33	287.90	中等	956.46	2.97	2.94

ST、LU、IDK 喷头，在相同压力条件下，随喷头型号和流量增大，雾滴粒径增大，但双扇面 IDKT 喷头，随型号和流量增大，雾滴粒径减小。IDK 和 IDKT 同属于射流扇形雾喷头，射流扇形雾喷头采用文丘里原理，当高压药液进入喷头，空气亦经空气孔被吸进喷头，气液混合，经喷孔喷出后，形成液包气的雾滴，雾滴体积变大。

17.3.1.4 雾滴谱特性曲线

使用激光粒径仪分别对 LU120-03、LU120-05、ST120-03、ST120-05、IDK120-03、IDK120-05、IDKT120-03、IDKT120-05 这 8 种喷头在 0.2MPa、0.3MPa、0.4MPa 等喷雾压力条件的雾滴谱图进行比较分析，其结果显示：

当喷头型号不变时，随着压力的增加，喷头的雾滴谱宽增大并向左移动，移动的大小与喷头的类型有关。当压力相同时，同种类型喷头的型号增大时，雾滴谱宽也随之增大。

17.3.2 雾滴沉积分布与飘失潜力

17.3.2.1 沉积与飘失研究平台构建

采用喷头类型为 IDK120-03、IDK120-05、IDKT120-03、IDKT120-05、LU120-03、LU120-05、ST110-03 和 ST110-05。农药雾滴沉积飘移测试平台（见图 17-3）是由比利时 Advanced Agricultural Mesurement System 公司（AAMS）生产的农药雾滴飘移潜力测试平台上改进加装雾滴沉积收集装置，农药雾滴飘移潜力测试平台由雾滴飘移收集装置和控制系统两部分组成。雾滴飘移收集装置由 11m×0.5m 的铝型材台架结构组成，每隔 0.5m 有 0.5m×0.2m 大小的凹槽，凹槽中可并列放置 2～3 个 Ø9cm 培养皿，作为飘移雾滴的收集单元。

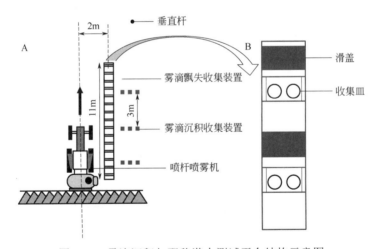

图 17-3　雾滴沉积与飘移潜力测试平台结构示意图

每个凹槽上面均有滑盖，控制系统可同时打开或关闭所有滑盖。雾滴沉积收集装置是在雾滴飘移装置台架一侧每隔 3m 安装雾滴沉积收集平台，平台上放置 100cm² 大小的镁拉片，用于测量沉积分布雾滴的收集。

17.3.2.2 沉积与飘失研究方法

（1）雾滴沉积与飘移潜力测试　使用环境探测仪测试并记录环境平均温度为 23℃，相对湿度范围在 50%～65% 之间，风速范围为 0～0.6m/s，平均风速为 0.45m/s。试验使用 3WX-400

型喷杆喷雾机，喷幅为 10m，喷头间距为 0.5m，工作压力范围是 0.2M～0.4MPa。调整喷头高度距离雾滴沉积与飘移潜力测试平台收集装置为 0.5m，工作压力分别为 0.2MPa、0.3MPa 和 0.4MPa，每个处理重复 3 次。依据 ISO24253-1 田间喷雾沉积试验测试标准和 ISO 22369-3 农药飘移潜力测试平台标准，测试平台放置在喷杆喷雾机一侧，并与喷杆喷雾机作业方向平行，与拖拉机中心距离为 2m（见图 17-11）。在每个凹槽中并列放入 2 个 Ø9cm 培养皿收集飘移雾滴，在沉积收集平台每隔 0.5m 放置一面积为 100cm² 的镁拉片收集沉积雾滴。喷雾机行走作业长度 51m，起步正常喷洒到测试平台为 20m，经过所有的收集装置后继续行走喷雾作业 20m。试验前，将无盖培养皿放入凹槽，关闭滑盖，当喷杆喷雾机行驶至其上喷头距平台末端的凹槽 2m 时，控制系统打开滑盖，凹槽内培养皿实时定点收集飘移雾滴，在滑盖打开时开始计时，收集时间为 60s，60s 后多人同时迅速盖上培养皿盖子，按顺序标号并收集，同时用自封袋收集测试雾滴沉积分布的镁拉片。试验时，使用 5%柠檬黄作为示踪物，配制水溶液进行测试。将收集的样品用去离子水洗脱后，使用可见分光光度计测定洗脱液吸光度。

（2）雾滴沉积和飘移潜力计算　根据 ISO 24253-1 田间喷雾沉积试验测试标准和 ISO22369-3 农药飘移潜力测试平台标准，雾滴沉积量和雾滴飘移量计算公式如下：

$$\beta_{\text{dep}} \text{ 或 } D_i = [(\rho_{\text{smpl}} - \rho_{\text{blk}}) \times V_{\text{dil}})]/[\rho_{\text{spray}} \times A_{\text{col}}] \tag{17-5}$$

其中，β_{dep} 为单位面积雾滴沉积量，$\mu\text{L/cm}^2$；D_i 为单位面积雾滴飘移量，$\mu\text{L/cm}^2$；ρ_{smpl} 为洗脱液吸光度；ρ_{blk} 为去离子水吸光度；V_{dil} 为加入的洗脱液体积，μL；ρ_{spray} 为标定液吸光度；A_{col} 为收集器面积，cm^2。

飘移潜力（d_{PV}）计算公式为：

$$d_{\text{PV}} = \sum D_i / d_{\text{RS}} \times 100\% \tag{17-6}$$

其中，d_{PV} 为飘移潜力，%；d_{RS} 为理论喷量单位面积沉积量，$\mu\text{L/cm}^2$。

17.3.2.3　结果与分析

（1）雾滴沉积分布　所测喷头雾滴沉积分布特点见表 17-4。从表 17-4 可知，在相同喷雾压力条件下，型号相同的喷头雾滴沉积量 IDKT120＞IDK120＞LU120＞ST110，经单因素方差分析，在 0.2MPa 喷雾压力较低条件下，4 种 03 号喷头雾滴沉积量无显著性差异，但压力升高到 0.3MPa 和 0.4MPa 时，03 号喷头中，两种射流扇形雾喷头雾滴沉积量显著高于两种标准扇形雾喷头（$P<0.05$）。05 号喷头中，IDKT120 喷头雾滴沉积量在 0.2MPa 和 0.3MPa 时显著高于其他三种喷头，在 0.4MPa 时与 IDK120 无显著性差异，但显著高于 ST110 和 LU120（$P<0.05$）。雾滴粒径大小影响雾滴沉积量，随着压力升高，标准扇形雾喷头 V_{100} 显著增大，导致雾滴飘移量增加，沉积量减少。采用变异系数衡量雾滴沉积分布均匀性，所测喷头雾滴分布变异系数均小于 8.5%，分布均匀性较好。射流扇形雾喷头均随喷雾压力的增大，雾滴粒径减小，雾滴分布变异系数减小，均匀性提高。

表 17-4　不同喷雾压力条件下喷头雾滴沉积量及分布

喷头类型	0.2MPa		0.3MPa		0.4MPa	
	沉积量	变异系数（CV）/%	沉积量	变异系数（CV）/%	沉积量	变异系数（CV）/%
ST110-03	1.34a	2.3	1.57b	2.6	1.74c	4.8
LU120-03	1.35a	8.2	1.67ab	2.6	1.85bc	3.7
IDK120-03	1.37a	6.4	1.72a	1.2	1.95ab	0.9

喷头类型	0.2MPa		0.3MPa		0.4MPa	
	沉积量	变异系数（CV）/%	沉积量	变异系数（CV）/%	沉积量	变异系数（CV）/%
IDKT120-03	1.39a	6.1	1.76a	2.1	2.00a	1.6
ST110-05	1.73c	2.2	2.21b	2.5	2.50b	6.1
LU120-05	1.78bc	4.8	2.32b	2.1	2.53b	1.8
IDK120-05	1.90b	5.0	2.36b	4.4	2.82a	0.6
IDKT120-05	2.26a	4.0	2.51a	3.0	2.90a	2.7

（2）不同喷头雾滴飘移量　使用农药雾滴飘移测试系统，对不同喷头农药雾滴飘移特性进行测试，测试结果显示，相同喷雾压力条件下，标准扇形雾喷头雾滴飘移量远大于射流扇形雾喷头，射流扇形雾喷头单位面积上的最大飘移量均在 $0.05\mu L/cm^2$ 以下，而普通扇形雾喷头单位面积上的最大飘移量均达到 $0.05\mu L/cm^2$ 以上。各喷头雾滴飘移量均随雾滴收集距离增大而呈现减小趋势，而且飘移均主要集中在前 5m，尤其是标准扇形雾，在 0～5m 处的每个雾滴飘移收集点处单位面积的飘移量之和远大于 5～10m 处。随着喷雾压力增加，喷头雾滴的飘移量均增加，压力对标准扇形雾喷头雾滴飘移影响来说更加明显。除 IDKT 喷头外，其他 05 喷头和相应型号的 03 喷头对比，可以看出随着喷头型号增加，单位面积上的飘失量相应减小。这是因为在相同压力条件下，型号越大，其 D_{V50} 也就越大，V_{100} 所占的比例也就越小。小雾滴量减少，所以飘失所占的比例也就变了。总的来说，IDK 和 IDKT 2 类防飘喷头无论型号大小，单位面积的飘失量都很小，单位面积飘失最大的是 2 类标准扇形雾喷头（ST、LU）。

（3）不同喷头雾滴飘移潜力　由式（17-6）可计算出各喷头雾滴飘移潜力（DPV），结果见表 17-5，可以看出所测喷头飘移潜力均随喷雾压力增大而增大，标准扇形雾喷头随喷雾压力增大飘移潜力显著性增大（$P<0.05$），而射流扇形雾喷头飘移潜力增加不显著（$P>0.05$）。ST、LU 和 IDK 均随着型号的增加其飘移潜力相对减小，IDKT 相反，IDKT120-05 的雾滴粒径小于 IDKT120-03，因此其 DPV 大于 IDKT120-03。所测标准扇形雾喷头 DPV 显著高于射流扇形雾喷头（$P<0.05$），标准扇形雾喷头 ST 和 LU 之间 DPV 无显著性差异，射流扇形雾喷头 IDK 和 IDKT 之间 DPV 无显著性差异（$P>0.05$）。分别以 LU120-03 和 LU120-05 在 0.3MPa 下的 DPV 为标准来计算相应型号射流扇形雾喷头的防飘效果（见表 17-6），可以看出，射流扇形雾喷头与 LU 喷头相比，相对防飘能力均在 53%以上。

表 17-5　不同喷雾压力条件下喷头雾滴飘移潜力 DPV　　　　　单位：%

喷头类型	0.2MPa	0.3MPa	0.4MPa
ST110-03	23.7cde	41.8b	62.7a
LU120-03	19.7de	40.7b	65.1a
IDK120-03	6.2ghi	8.3hi	16.2efg
IDKT120-03	4.0i	7.7ghi	12.7fghi
ST110-05	14.7efgh	29.8c	45.4b
LU120-05	18.7def	27.1cd	48.5b
IDK120-05	5.4hi	6.1ghi	8.1ghi
IDKT120-05	7.5ghi	12.7fghi	10.7fghi

表 17-6　不同喷雾压力条件下射流扇形雾喷头相对 LU 型喷头防飘能力值　　单位：%

喷头类型	0.2MPa	0.3MPa	0.4MPa
LU120-0303	—	0.0	—
IDK120-03	84.8	79.6	60.2
IDKT120-03	90.2	81.1	68.8
LU120-05	—	0.0	—
IDK120-05	80.1	77.5	70.1
IDKT120-05	72.3	53.1	60.5

17.3.3　研究结论

针对大田喷杆喷雾机常用标准扇形雾喷头 ST110-03、ST110-05、LU120-03、LU120-05 和射流扇形雾喷头 IDK120-03、IDK120-05，双扇面射流扇形雾喷头 IDKT120-03、IDKT120-05，在 0.2MPa、0.3MPa、0.4MPa 喷雾压力条件下的雾滴粒径及分布、雾滴沉积及分布和雾滴飘移特性，进行了测试比较研究。

（1）标准扇形雾喷头和射流扇形雾喷头均随喷雾压力增大，雾滴粒径减小，RS 值增大，V_{100} 增大。标准扇形雾喷头雾滴为细雾和非常细雾，V_{100} 最高值为 26.46%，LU 型喷头与 ST 型喷头相比，雾滴谱相对宽度较窄，雾滴粒径分布相对均匀；射流扇形雾喷头雾滴为中等雾和粗雾，V_{100} 最高值仅为 5.28%，IDK 型喷头与 IDKT 喷头相比，雾滴谱相对宽度较窄。

（2）在相同喷雾压力条件下，相同型号喷头在裸地雾滴沉积量 IDKT120>IDK120>LU120>ST110，双扇面射流扇形雾喷头雾滴沉积量最高。随着喷雾压力升高，标准扇形雾喷头 V_{100} 增高，雾滴飘移增加，射流扇形雾喷头雾滴沉积量显著高于标准扇形雾喷头（$P<0.05$），小型号喷头变化更为显著。所有喷头的雾滴沉积分布均匀性均较好，变异系数低于 8.5%。

（3）标准扇形雾喷头和射流扇形雾喷头均随喷雾压力增大，雾滴飘移量增加，飘移潜力值 DPV 增大，飘移均主要集中在测试平台雾滴收集距离前 5m 处。标准扇形雾喷头 DPV 显著高于射流扇形雾喷头（$P<0.05$），射流扇形雾喷头与 LU 喷头相比，相对防飘能力均在 53% 以上。

17.4　防飘喷头在小麦玉米田杂草防除上的实际应用

小麦和玉米都是我国主要的粮食作物，其种植面积也位居粮食种植前列，因此，对于麦田和玉米田除草具有重要意义。这里使用 IDK、IDKT 和 LU 喷头分别在冬小麦返青前以及春玉米种植前喷施除草剂，并对喷头的性能做出评价。

17.4.1　防飘喷头小麦田间杂草防治应用

使用 IDK120-03、IDK120-05、IDKT120-03、IDKT120-05、LU120-03、LU120-05 在冬小麦返青前喷施麦田除草剂，并对防效做出评价。

17.4.1.1　防飘喷头杂草防治研究

材料：喷头（LU120-03、LU120-05、IDK120-03、IDK120-05、IDKT120-03、IDKT120-05），喷杆喷雾机，量杯（2L）3 个，玻璃棒，地签，卷尺（50m），米尺（5m），秒表，2,4-滴丁酯乳油（有效成分含量57%），苯磺隆（有效成分含量为75%，干悬浮剂），除草剂专用增效剂（除草剂增效王，有效成分为乙氧基改性三硅聚氧烷）。

17.4.1.2　防飘喷头杂草防治研究方法

试验田为房山区窦店村冬小麦种植地，主要杂草为荠菜、播娘蒿、野燕麦等。在喷药之前对试验田进行小区划分，将每个喷头喷洒区域为一个小区，各小区随机排列，并外加一个不喷药的对照小区，共 7 个小区。每个小区随机选取 5 个点，每点的面积为 0.5m×0.5m，调查杂草种类及基数。每亩施药量设定为 20L，测量每种喷头在 0.3MPa 喷雾压力下的流量，并根据式（17-7）计算出 03 型号喷头喷药时的速度为 4.8km/h，05 喷头喷药时的速度为 7.9km/h。2,4-滴丁酯、苯磺隆以及除草剂专用增效剂均按照说明中标定的量使用，将药液在量杯中初次配制，然后倒入药箱中二次稀释。按照小区划分更换相应的喷头进行喷雾作业，在施药 14d 时观察每个小区的杂草的生长状况以及是否对小麦产生药害，在施药 30d 时调查每种杂草的存活状况并计算其株防效。

每亩施药量 M（L）表示如下：

$$M=\frac{40\times V}{A\times v}\tag{17-7}$$

式中，V 表示总流量/单个喷头流量，L/min；A 表示横向喷头间距，m；v 表示机车行进速度。

$$株防效（\%）=\frac{处理区防治前株数\times对照区防治后株数-处理区防治后株数\times对照区防治前株数}{处理区防治前株数\times对照区防治后株数}\times100\%$$

$$\tag{17-8}$$

17.4.1.3　结果与分析

在施药 14d 后对小麦的生长状况进行调查发现，小麦生长良好，没有药害产生。对杂草防治状况调查发现，杂草生长缓慢，叶片变黄，有些已经整株枯黄，但根部尚未枯死。在施药 30d 时，对各小区内杂草株数进行调查，并与对照组进行对比，计算各喷头株防效，结果如表 17-7 所示。其中 LU120-03 的防效最好，达到了 90%以上，其次为 IDK120-03、IDKT120-05、LU120-05，防效均达到了 85%以上，IDK120-05 和 IDKT120-03 的防效相对较差，但防效也在 84%以上。对 6 种喷头的防效做显著差异性分析可知，6 种喷头的防效并没有显著性差异，这说明射流喷头 IDK 和 IDKT 在小麦田中喷施除草剂也具有良好的防治效果。

表 17-7　不同喷头对小麦田杂草的防治效果

喷头类型	防治前平均株数	防治后平均株数	株防效/%
LU120-03	12.8	1.0	91.1a
LU120-05	15.0	1.8	86.9a
IDK120-03	22.6	2.2	89.4a
IDK120-05	10.0	1.4	84.7a

喷头类型	防治前平均株数	防治后平均株数	株防效/%
IDKT120-03	8.6	1.2	84.8a
IDKT120-05	13.6	1.6	87.2a
对照组	16.0	14.7	—

注：相同字母代表数字之间差异不显著（$P>0.05$）。

17.4.2 防飘喷头玉米田间杂草防治应用

17.4.2.1 室内除草试验研究

室内除草试验供试杂草为玉米田常见的禾本科杂草马唐和阔叶类杂草鸭拓草，选用 IDKT120-03 和 LU120-03 两种喷头，使用德国巴斯夫（BASF）公司研发的一种新型吡唑啉酮类苗后茎叶处理内吸传导型除草剂 30%苯吡唑啉酮 SC（苞卫）+专用助剂和常用的除草剂 90%莠去津 WG 两种药剂进行试验。

17.4.2.2 室内除草试验研究方法

① 首先将滤纸放入培养皿中并加入适当的去离子水使滤纸全部湿润但没有积水，然后把适量的杂草种子放在培养皿中（鸭拓草种子先用 25～27℃温水浸种 8～10h），盖上培养皿盖子，最后将培养皿放入人工培养箱中（培养箱的温度设为 25℃、湿度为 66%，白天与黑夜的比例为 14：10）。

② 将有机土与蛭石按照 2：1 的比例进行混合并加入适当的清水，然后将混合土装入花盆中。等到培养皿中的杂草种子发芽生根并长到一定的长度时，用镊子小心将种子转移到花盆中，最后将花盆放到温室中（温室的温度为 20℃左右，湿度为 50%）。

③ 当花盆中的杂草长到 3 叶时，将除草剂莠去津和苯吡唑啉酮+专用助剂分别按一定的比例进行稀释，每种农药设置 5 个浓度梯度，并加一个喷施清水的对照组，在喷施时按照每亩喷施 20L 药液为标准调节喷雾天车的行驶速度进行试验，喷药之后一周内观察杂草的生长状况并记录，在施药两周后剪去杂草地上部分并称量其鲜重，计算鲜重防效。

$$鲜重防效（\%）=\frac{对照组杂草鲜重-处理组杂草鲜重}{对照组杂草鲜重}\times100\% \qquad (17-9)$$

17.4.2.3 结果与分析

（1）禾本科杂草的防治效果　LU120-03 和 IDKT120-03 两种喷头在使用不同浓度的莠去津对马唐进行药效试验的防效如表 17-8 所示，从表中可以看出当增加药液的浓度时，鲜重防效也是在逐渐增加的。将鲜重防效和药剂剂量进行转换，得到回归方程：$y=b+kx$，式中的 y 表示概率（将地上部分的鲜重防效转换成概率），b 为截距，k 为斜率，x 为以 10 为底的药剂剂量的对数。根据上述公式计算两种喷头在喷施莠去津的 ED_{90} 分别为 11.71g/L、13.50g/L。表 17-9 表示两种喷头在喷施不同浓度的苯吡唑啉酮时的防效。同样，当药剂增加时其防效也是在增加。计算该两种喷头喷施苯吡唑啉酮的 ED_{90} 分别为 1.11g/L、1.20g/L。对比两种喷头表明，无论是喷施莠去津还是苯吡唑啉酮，LU120-03 喷头的防效均要好于 IDKT120-03，但无显著差异（$P<0.05$）。这是因为马唐是一种禾本科杂草，当其处于 3 叶时期时，其叶表面积

较小，不利于较大雾滴的附着。由表 17-3 可知 IDKT120-03 喷头产生的雾滴要大于 LU120-03 喷头，所以 LU120-03 所产生的雾滴更容易附着在马唐的叶片上，所以其防治效果相对好于 IDKT120-03。

表 17-8　两种喷头喷施不同浓度莠去津对马唐的药效对比

防效　药液浓度　喷头	莠去津				
	0.625g/L	1.25g/L	2.5g/L	5.0g/L	10.0g/L
LU120-03	37.4%	45.7%	64.3%	73.4%	90.7%
IDKT120-03	21.3%	42.0%	60.3%	66.0%	87.9%

表 17-9　两种喷头在喷施不同浓度苯吡唑啉酮的药效对比

防效　药液浓度　喷头	苯吡唑啉酮+助剂				
	0.0625mL/L +0.375mL/L	0.125mL/L +0.75mL/L	0.25mL/L +1.50mL/L	0.50mL/L +3.0mL/L	0.10mL/L +6mL/L
LU120-03	27.6%	53.7%	69.1%	78.9%	87.0%
IDKT120-03	21.6%	38.9%	58.3%	73.7%	87.8%

（2）阔叶类杂草的防治效果　表 17-10 为 LU120-03 和 IDKT120-03 两种喷头在喷施一定浓度梯度的莠去津时对阔叶杂草鸭拓草的防效。根据回归方程可计算出两种喷头对鸭拓草的 ED_{90} 分别为 22.39g/L，18.20g/L。在喷施苯吡唑啉酮加助剂时，见表 17-11，两种喷头的 ED_{90} 分别为 0.93g/L，0.94g/L。对比两种喷头可知，喷施莠去津时 LU120-03 喷头的 ED_{90} 大于 IDKT120-03 喷头；喷施苯吡唑啉酮时两喷头的 ED_{90} 基本相同。主要因为鸭拓草为阔叶类杂草，在 3 叶时，其叶面积相对较大，LU120-03 喷头产生的雾滴粒径较小，IDKT120-03 喷头属于空气注入式射流扇形雾喷头，其产生的"气泡"雾滴可在叶片上进行二次雾化，有利于雾滴的沉积，因此，两种喷头均具有良好的防治效果。

表 17-10　两种喷头在喷施不同浓度莠去津对鸭拓草的药效

防效　药液浓度　喷头	莠去津				
	0.625g/L	1.25g/L	2.5g/L	5.0g/L	10.0g/L
LU120-03	31.5%	53.7%	60.5%	70.0%	81.9%
IDKT120-03	23.7%	49.8%	59.3%	71.8%	81.0%

表 17-11　两种喷头在喷施不同浓度苯吡唑啉酮对鸭拓草的药效

防效　药液浓度　喷头	苯吡唑啉酮+助剂				
	0.0625mL/L +0.375mL/L	0.125mL/L +0.75mL/L	0.25mL/L +1.50mL/L	0.50mL/L +3.0mL/L	0.10mL/L +6mL/L
LU120-03	48.1%	59.0%	71.1%	82.3%	91.6%
IDKT120-03	58.1%	68.0%	73.0%	84.2%	91.1%

17.4.2.4　防飘喷头大田除草实际生产应用

本试验选用 LU120-03、LU120-05、IDKT120-03、IDKT120-05 等 4 种喷头，使用大田喷

杆喷雾机进行春玉米田除草实验。通过测得的 4 种喷头实际的沉积、飘移以及除草效果对上述喷头做出客观的评价。

（1）材料与仪器　喷头（LU120-03、LU120-05、IDKT120-03、IDKT120-05），OMEC DP-2 型雾滴粒径仪，喷杆喷雾机，风速仪（可测定风速、温度、湿度等），地签，6m 高的样品收集杆，雾滴沉积收集器（镁拉片），HPLC，柠檬黄，除草剂71%乙·莠·滴丁酯悬乳剂（施尔封），米尺（50m），卷尺（5m），秒表，冰袋，贮存箱，自封袋，天车，水敏纸，水。

（2）研究方法

① 雾滴粒径的测定。首先在实验室内使用天车测试 4 种喷头分别喷洒水和药液时雾滴在水敏纸上的沉积状况。药液的浓度为 71%乙·莠·滴丁酯悬乳剂稀释 250 倍（与大田作业时喷洒的浓度相同）后的浓度。测试 03 喷头时，设置喷雾天车的速度为 0.8m/s，测试 05 喷头时设置喷雾天车的速度为 1.3m/s。然后，将 OMEC DP-2 型雾滴粒径仪打开调整到工作状态，并预热 10min，然后将稀释的药液倒入压力罐中，打开气泵并使用调压阀将喷雾的压力设定为 0.3MPa，最后根据 OMEC DP-2 型雾滴粒径仪的操作步骤分别测定 4 种喷头喷施药液时的雾滴粒径参数。

② 雾滴沉积与飘失试验设计。试验地点为北京市密云区高岭镇瑶亭村试验田，喷雾时间为春玉米种植时期，温度为 26~30℃，相对湿度为 30%~50%，风速为 1.1~3.2m/s。作业时保持喷雾机的行驶速度为 1.1m/s，调节喷雾压力为 0.3MPs。试验所喷施的除草剂为施尔封悬乳剂，将药液浓度稀释 250 倍并在药液中加入了 5%的柠檬黄，作为示踪剂。试验场地与试验具体安排如图 17-4 所示，大田喷杆喷雾机作业的方向与风向垂直，其喷幅为 8m，喷杆上每隔 0.5m 安装一个喷头，共有 16 个喷头。以喷杆喷雾机第一次喷雾的边界为临界线，沿着风向的区域为下风向区域，反之为上风向区域。喷雾区域位于上风向，以临界线为起点，每种喷头要喷施 3 个喷幅（分别为 A、B 和 C）。在喷杆喷雾机作业时喷杆的两侧分别布置 3 个雾滴沉积收集器，使收集器排列方向与作业方向相同。飘移采样区在下风向，根据 ISO 22866—2005 标准，以临界线为起点，分别在距临界线 1m、3m、5m、7m、10m、20m、30m、40m、50m 处地面布置水平雾滴飘移收集器来测定地面飘移量；以临界线为起点，分别在距临界线 5m、10m 处的空中布置水平雾滴飘移收集器来测定空中飘移量。测定空中飘移量的雾滴飘移收集器设定高度分别为距地面 1m、2m、3m、4m、5m、6m，相邻高度的收集器成垂直关系。

③ 试验样品与数据分析。试验过程中，将收集的雾滴沉积样品和飘移样品迅速放到实验前标记好的自封袋中密封，并放到加入冰块的储存箱中，试验后一并拿回实验室放在 -20℃ 的环境中贮藏，以待检测。使用 722S 型紫外分光光度计对试验所得的雾滴沉积样品测定。

首先，对得到的飘移样品进行前处理，再进行 HPLC 分析，流动相乙腈和水体积比为 7：3，检测波长为 220nm，进样量为 20μL，柱温保持在 30℃，莠去津的保留时间为 3.43min。

④ 除草药效大田研究方案设计与方法。春玉米试验田中的阔叶类杂草主要有鸭拓草、藜、反枝苋、牵牛、播娘蒿、苘麻等，禾本科杂草有马唐、牛筋草、稗草等。将每种喷头的喷施区域设为一个小区，各小区之间随机排列，并外加一个对照区，共 5 个小区。施药之前每个小区随机取 4 点，每点的大小为 1m×1m，调查每点的杂草种类及基数，在施药 7d、14d 时分别查看每个小区的杂草的生长状况以及是否对玉米苗产生药害。在 20d、30d 时分别调查

每点的杂草存活种类及株数，计算株防效，在最后一次调查完后收取每点内所有杂草地上部分并称量其鲜重，与对照区的进行对比计算每个试验小区的鲜重防效。

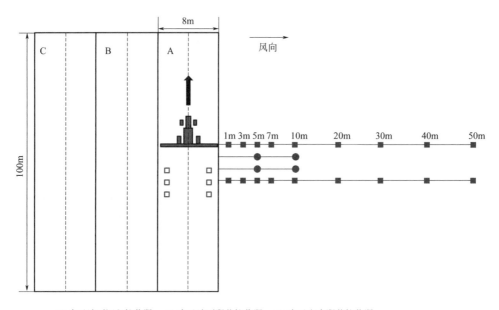

□ 表示地面沉积接收器，■ 表示地面飘移接收器，● 表示空中飘移接收器

图 17-4　大田雾滴沉积与飘失测试示意图

17.4.2.5　结果与分析

（1）不同喷头在喷施水和药液时的比较　图 17-5 和图 17-6 分别表示 4 种喷头分别喷洒水和药液时的雾滴沉积状况。从图中可以看出，当喷洒的液体为药液时雾滴粒径是大于喷洒水时的雾滴粒径，并且喷洒药液时的覆盖面积也是大于喷洒水的覆盖面积。尤其是对于 LU120-03 喷头，其覆盖面积得到了显著增加。

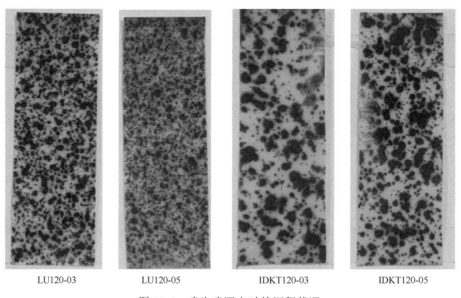

图 17-5　喷头喷洒水时的沉积状况

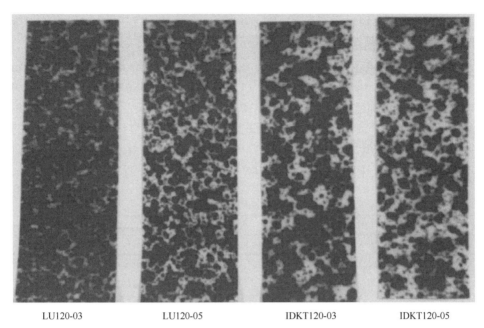

| LU120-03 | LU120-05 | IDKT120-03 | IDKT120-05 |

图 17-6 喷头喷洒药液时的沉积状况

设定 OMEC DP-2 型雾滴粒径仪的超声时间为 15s，即背景采样持续时间为 10s，样品采样持续时间为 5s，测试次数设定为 3 次，最终结果取 3 次的平均值。测试结果如表 17-12 所示，将表 17-12 与表 17-3 中的 LU120-03、LU120-05、IDKT120-03 和 IDKT120-05 进行比较可以看出，测试液体不同时，其 D_{V10}、D_{V50}、D_{V90}、V_{100} 和 RS 值都发生了明显变化，当测试液由水变成药液时，D_{V10}、D_{V50}、D_{V90} 值均在增大，这与使用水敏纸测试喷头直接沉积雾滴结果相对应，V_{100} 和 RS 值在减小。V_{100} 和 RS 值都是用来评估飘移潜力的重要参数，V_{100} 和 RS 值减小说明喷施该剂型药液具有一定的防飘能力。

表 17-12 不同喷头在喷施药液时的雾滴粒径参数 单位：μm

喷头类型	药液				
	D_{V10}	D_{V50}	D_{V90}	V_{100}	RS
LU120-03	100.07	213.23	389.19	11.76	1.36
LU120-05	120.32	266.04	463.66	6.48	1.29
IDKT120-03	172.99	389.15	699.53	3.86	1.31
IDKT120-05	159.70	342.99	629.52	3.60	1.33

（2）沉积结果与分析 按照 17.4.2.4（2）的要求测试不同喷头的沉积量，将试验后的雾滴沉积收集器装入自封袋中，放到加入冰块的储存箱中进行测试。结果如表 17-13 所示，4 种喷头中，LU120-03 和 LU120-05 的沉积量分别低于 IDKT120-03 和 IDKT120-05，但 LU120-03 和 IDKT120-03 的沉积量也没有显著性差异，LU120-05 和 IDKT120-05 的沉积量也没有显著性差异，这说明在型号相同的条件下，双扇面防飘射流扇形雾喷头 IDKT 和标准扇形雾喷头 LU 的沉积并没有显著差别。

（3）飘移结果与分析 按照 17.4.2.4（2）的要求对 4 种不同喷头的地面飘移沉积情况进行测试，结果见图 17-7，从图中可以看出 4 种喷头的飘移量具有明显的不同。飘移量最多的是 LU120-03，其整个飘移曲线都在其他三种喷头之上；其次是 LU120-05 和 IDKT120-05，LU120-05 在前 5m 处的飘移量远大于 IDKT120-05，但到了 5m 之后与 IDKT120-05 的基本相同；最少的是 IDKT120-03，其飘移曲线基本成水平直线关系，最大值也不超过 0.01μg/cm²。10m 处是飘移量转变的一个拐点，尤其是对 LU120-03 和 LU120-05 更加明显。在 10m 之前的飘移量随着距离的增加迅速减少，而到了 10m 之后其飘移量变化不大。IDKT 类喷头是一种射流防飘喷头，在整个测试样点飘移量都很小且变化不大。通过计算可知，在整个过程中，LU120-03 的飘移量是 IDKT120-03 的 12.2 倍，LU120-05 的飘移量是 IDKT120-03 的 4.2 倍，IDKT120-05 的飘移量是 IDKT120-03 的 2.5 倍。

表 17-13   不同喷头直接地面沉积药液量

喷头类型	LU120-03	LU120-05	IDKT120-03	IDKT120-05
地面沉积量/(μL/cm²)	3.62b	4.90a	3.69b	4.95a

注：同种字母代表差异不显著（P>0.05）。

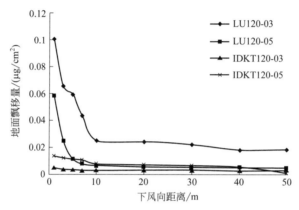

图 17-7   地面飘移雾滴沉积量

同样按照 17.4.2.4（2）的要求对 4 种不同喷头的空中飘移情况进行测试，图 17-8 和图 17-9 分别表示的是 4 种喷头在距临界线 5m 和 10m 处距地面 1m、2m、3m、4m、5m 和 6m 的空中飘移量，每个高度的飘移量都是两个试验样点的平均值。从图中曲线可以看出，无论是 5m 还是 10m 处，随着高度的增加，4 种喷头的飘移量都在减少。由图 17-8 可知，4 种喷头的飘移量变化基本上集中在 4m 高度以下：在 4m 以下时，随着高度变化，飘移量变化较大，到了 4m 以上时基本无变化。飘移量从大到小依次为 LU120-03>LU120-05>IDKT120-05>IDKT120-03，其中 LU120-03 是 IDKT120-03 的 2.3 倍，LU120-05 是 IDKT120-03 的 1.3 倍，IDKT120-05 是 IDKT120-03 的 1.1 倍。由图 17-9 可知，在 10m 处距离时 4 种喷头的飘移量变化集中在 5m 以下，在到 5m 高度时，4 种喷头的飘移量都降到了 0.01μg/cm² 以下。飘移量从大到小依然为 LU120-03>LU120-05>IDKT120-05>IDKT120-03，LU120-03 的飘移量是 IDKT120-03 的 2.4 倍，LU120-05 是 IDKT120-03 的 1.4 倍，IDKT120-05 是 IDKT120-03 的 1.2 倍。由 5m 到 10m，随着距离的增远，4 种喷头的空中飘移量在减小但变化并不大。LU120-03、LU120-05、IDKT120-05、IDKT120-03 在 5m 处的飘移量分别是在 10m 处的 1.08 倍、1.10 倍、1.17 倍、1.07 倍。但集中高度在增加，在 5m 处时集中在 4m 高度以下，在 10m 处时集中在 5m 高度以下。

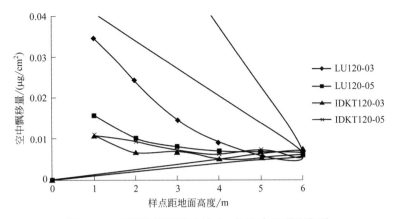

图 17-8　距离直接喷雾区域 5m 处空中飘移沉积量

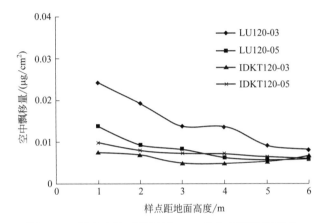

图 17-9　距离直接喷雾区域 10m 处空中飘移沉积量

表 17-14 表示 LU120-05、IDKT120-03、IDKT20-05 在田间试验中相对 LU120-03 的防飘能力值。从表中可以看出，在地面飘移中 3 种喷头相对 LU120-03 都具有良好的防飘能力，尤其是 IDKT120-03 喷头，其防飘能力值在 90% 以上。在空中飘移中，无论是 5m 处还是 10m 处，IDKT 类型喷头的防飘能力值基本在 50% 以上。总结地面飘移和空中飘移可知，3 种喷头的防飘能力由大到小依次为 IDKT120-03> IDKT20-05> LU120-05。

表 17-14　不同喷头相对 LU120-03 的防飘能力值　　　　　　单位：m

喷头型号	地面飘移	5m 处飘移	10m 处飘移
LU120-03	—	—	—
LU120-05	65.7	41.1	45.4
IDKT120-03	91.7	55.7	59.5
IDKT120-05	79.7	50.3	49.8

（4）不同类型喷头除草效果比较与分析　按照 17.4.2.4（2）④的要求对不同喷头除草效果进行比较。首先，在施药后一周时对杂草进行药效目测，部分杂草表现出轻微的畸形，生长点褪绿，叶片边缘变黄，茎秆浓绿发黑，生长缓慢。随后，分别调查了不同喷头在施药 20d 和 30d 后的杂草株数和鲜重，并和空白对照组进行比较，其结果如表 17-15 所示。由表中数据可以看出，在 20d 时 4 种喷头的防治效果均达到了 85% 以后，其中 LU120-03 和 IDKT120-05

的防效达到 90%以上,但 4 种喷头之间并没有显著性差异。到 30d 时,4 种喷头的防效都有一定的下降,只有 IDKT120-05 防效仍旧在 85%以上,其他 3 种喷头的防效也在 80%以上,4 种喷头的防效仍没有显著性差异。在 30d 测完株数之后将每点杂草地上部分剪下来测量其鲜重,并与空白对照比较发现,4 种喷头的鲜重防效都在 85%以上,IDKT120-03 鲜重防效显著大于其他 3 种喷头,LU120-03 的鲜重防效也显著大于 LU120-05 和 IDKT120-05,LU120-05 和 IDKT120-05 之间没有显著性差异。

表 17-15   不同类型喷头防治杂草效果

喷头类型	药前株数	株防效				鲜重防效	
		20d		30d		30d	
		药后株数	防效/%	药后株数	防效/%	药后鲜重/g	防效/%
LU120-03	76.5	11.0	90.9a	15.2	82.9a	3.2	92.3b
LU120-05	95.0	13.5	85.0a	18.0	83.1a	5.3	87.3c
IDKT120-03	62.0	9.5	86.3a	13.5	80.5a	1.9	95.4a
IDKT120-05	119.2	13.2	90.1a	19.5	85.4a	5.0	88.0c
空白对照	109.0	122.0	—	127.0	—	41.6	—

注:表中所有实验组数据均为 4 点的平均值,数字后相同字母代表处理之间差异不显著($P>0.05$),不同字母表示处理之间差异显著($P<0.05$)。

17.4.3   研究结论

使用防飘扇形雾喷头和标准扇形雾喷头分别在小麦返青前期以及春玉米播种前期进行除草试验,并对喷头的性能做出评价,得到以下结论:

(1)在小麦田除草试验中,LU120-03 的防治效果最好达到 90%以上,其余喷头的防效也在 84%以上。对 6 种喷头的防效做显著性差异分析表明,6 种喷头防效之间没有显著性差异,这说明射流喷头 IDK 和 IDKT 在小麦田中喷施除草剂也具有良好的防治效果。

(2)LU120-03、IDKT120-03 两种喷头在对禾本科杂草马唐的防治中,喷施莠去津的 ED_{90} 为 11.71g/L、13.50g/L,喷施苯吡唑啉酮的 ED_{90} 为 1.11g/L、1.20g/L。由数据可知莠去津的 ED_{90} 是苯吡唑啉酮的 10 倍多,说明在相同的防效时苯吡唑啉酮的药剂用量是莠去津的十分之一。两种喷头对阔叶类杂草鸭拓草的防治中,使用莠去津和苯吡唑啉酮的 ED_{90} 分别为 22.39g/L、18.20g/L,0.93g/L、0.94g/L,苯吡唑啉酮的 ED_{90} 是莠去津的十几分之一。对禾本科杂草马唐,IDKT120-03 的防效差于 LU120-03,但无显著性差异($P>0.05$);对阔叶类杂草鸭拓草,IDKT120-03 表现出良好的防治效果。

(3)对 LU120-03、LU120-05、IDKT120-03 以及 IDKT120-05 4 种扇形雾喷头在水和药液条件下雾滴粒径进行了比较,当测试液体变成药液时,D_{V10}、D_{V50}、D_{V90} 值都在变大,V_{100} 和 RS 值在减小。对 4 种喷头进行沉积量的检测,其结果是同型号喷头的沉积量之间并没有显著性差异。在测定的地面飘移量中,飘移量最多的是 LU120-03 喷头,其次是 LU120-05 和 IDKT120-05,最少的是 IDKT120-03。距临界线 5m 和 10m 处的空中飘移量从大到小均为 LU120-03>LU120-05>IDKT120-05>IDKT120-03,在施药后 20d 时 4 种喷头的株防效均达到了 85%以后,其中 LU120-03 和 IDKT120-05 的防效达到 90%以上,但 4 种喷头之间并没有显著性差异。到 30d 时,4 种喷头的防效都有一定的下降,只有 IDKT120-05 防效仍旧在 85%以上，其他 3 种喷头的株防效也在 80% 以上，4 种喷头的鲜重防效均在 85% 以上。IDKT 类型喷头在显著减少农药飘移的同时具有良好的防效，可以用在玉米田进行杂草防治。

17.5　综合研究结论

针对除草剂使用过程中因农药雾滴飘移引起的农作物药害和环境污染等问题，本研究开展了防飘射流扇形雾喷头喷施除草剂性能研究，通过分析农药雾滴雾化和沉积过程、雾滴粒径分布、沉积分布特点、飘移潜力、室内和大田药效试验，确定了射流扇形雾喷头喷施除草剂性能。主要结论如下：

（1）在 0.3MPa 压力条件下，利用高速摄影仪对 LU、IDK、IDKT 三种类型的喷头进行雾化液膜长度、雾化角度和液膜面积以及雾滴沉积在靶标上时的雾滴粒径、速度和在靶标上黏附-破碎状况进行分析，结果表明：

① 喷头型号相同时，IDK、IDKT 类型喷头的液膜长度和雾化扇面角均小于 LU 类型喷头。对于 LU 类型喷头，当喷施液为水时，其液膜中基本没有气孔，只在边缘处出现少量的气孔；当加入不均一液体（悬乳剂）时，喷头的液膜长度减短而雾化扇面角均增大，气孔数目也在增加。对于 IDK、IDKT 类型喷头，在喷施水时有空气进入，所以其液膜内有许多的气孔，气孔逐渐增大最后破碎成雾滴，当加入不均一药液之后，其液膜长度显著减小，破碎区提前，雾滴粒径增加。

② 运用张文君建立的雾滴黏附-破碎临界点的数学模型研究了三类喷头的沉积特性，对于 LU、IDK 类型喷头，当喷头型号增大时，其黏附-破碎临界能量值增加，而 IDKT 类型喷头，随着喷头型号增加，黏附-破碎临界能量值减小。将 3 种喷头进行对比可知，IDKT 喷头的临界能量大于 LU 和 IDK 喷头的临界能量。

（2）应用雾滴粒径测试仪器 OMEC DP-2 型雾滴粒径仪对标准扇形雾喷头 ST110-03、ST110-05、LU120-03、LU120-05 和新型射流扇形雾喷头 IDK120-03、IDK120-05，新型射流双扇面喷头 IDKT120-03、IDKT120-05，在 0.2MPa、0.3MPa、0.4MPa 喷雾压力条件下的雾滴粒径及分布、雾滴沉积及分布和雾滴飘移特性，进行了测试比较研究。

① 标准扇形雾喷头和射流扇形雾喷头均随喷雾压力增大，雾滴粒径减小，雾滴谱宽增大，V_{100} 增大。射流扇形雾喷头的 V_{100} 最高值仅为 5.28%，IDK 型喷头与 IDKT 喷头相比，雾滴谱相对宽度较窄。

② 在相同喷雾压力条件下，相同型号喷头在裸地雾滴沉积量 IDKT120＞IDK120＞LU120，升高喷雾压力，标准扇形雾喷头 V_{100} 增高更加明显，雾滴飘移增加，射流扇形雾喷头雾滴沉积量显著高于标准扇形雾喷头雾滴沉积量。

③ 随着喷雾压力的增大，标准扇形雾喷头和射流扇形雾喷头的飘移潜力值 DPV 增大，飘移均主要集中在测试平台雾滴收集距离前 5m 处。标准扇形雾喷头 DPV 显著高于射流扇形雾喷头（$P<0.05$），射流扇形雾喷头与 LU 喷头相比，相对防飘能力均在 53% 以上。

（3）使用射流扇形雾喷头和标准扇形雾喷头对小麦、玉米田喷施除草剂试验研究。在麦田杂草防治中，分析了 IDK120-03、IDK120-05、IDKT120-03、IDKT120-05、LU120-03、LU120-05 等喷头对杂草的防治效果；在玉米田试验中进行了室内的杂草药效试验以及实际大田施药过程中的沉积与飘移情况的测定和对杂草的防治效果。

① 在对麦田除草试验中，LU120-03 的防治效果最好，为 91.1%，其余喷头的防效也在 84%以上。对 6 种喷头的防效做显著性差异分析表明，6 种喷头防效之间没有显著性差异，这说明射流喷头 IDK 和 IDKT 在小麦田中喷施除草剂也具有良好的防治效果。

② 选取常见的禾本科杂草马唐和阔叶类杂草鸭拓草为试验材料，利用室内培养，当杂草处于 3 叶期时进行喷雾处理，一周内观察喷药后杂草变化情况，两周时测定其鲜重防效。结果表明：对马唐的防治中，喷施莠去津的 ED_{90} 是喷施苯吡唑啉酮的 ED_{90} 的 10 倍多，这说明在起到相同防治效果的基础上使用苯吡唑啉酮的药剂剂量是莠去津的十分之一，对比两种喷头表明，LU120-03 喷头的防效好于 IDKT120-03，但没有显著性差异（$P>0.05$）；对鸭拓草的防治中，喷施莠去津的 ED_{90} 是喷施苯吡唑啉酮的 20 多倍，苯吡唑啉酮对禾本科杂草和阔叶类杂草都具有良好的防治效果，并减少了农药使用量，符合国家对农药减量增效的要求，对比两种喷头，IDKT120-03 表现出良好的防治效果。

③ 对玉米田播后苗前的除草试验表明：在型号相同的条件下，双扇面防飘射流扇形雾喷头 IDKT 和标准扇形雾喷头 LU 的地面沉积没有显著性差异（$P>0.05$）；在田间实际飘移测定中，IDKT 类型喷头表现出优异的防飘性能，包括空中飘移和地面飘移，其飘移量都远小于 LU 类喷头，与室内飘移测定结果一致；对两类喷头的大田除草效果显示，在 30d 时两类喷头的株防效都在 80%以上，鲜重防效也在 88%以上，均具有良好的防治效果。IDKT 类型喷头在显著减少农药飘移的同时具有良好的防效，可以用在玉米田进行杂草防治。

参考文献

[1] 刘萍. 苜蓿种子田杂草发生特点与防除方法的研究. 乌鲁木齐: 新疆农业大学, 2002.

[2] 肖维. 美国除草剂的发展和杂草防除市场化. 农药译丛, 1993, 15(1): 20-24.

[3] 亢秀丽. 除草剂在夏大豆田的安全性及药效研究. 太原: 山西农业大学, 2003.

[4] 薛光等. 化学除草实用手册. 北京: 中国农业科学技术出版社, 1995.

[5] 张宗涛, 王岩. 磺酰脲类除草剂研究进展. 农药, 1998, 27(3): 40-45.

[6] 刘兴林, 孙涛, 付声姣, 等. 水稻田除草剂的应用及杂草抗药性现状. 西北农林科技大学学报(自然科学版), 2015, 43: 115-126.

[7] 曾爱军. 减少农药雾滴飘移的技术研究. 北京: 中国农业大学, 2005.

[8] 何雄奎. 药械与施药技术. 北京：中国农业大学出版社, 2013.

[9] Negeed E S R, Hidaka S, Kohno M, et al. Experimental and analytical investigation of liquid sheetbreakup characteristics. International Journal of Heat and Fluid Flow, 2011, 32(1): 95-106.

[10] Miller P C H, Butler E M C. Effect of formulation on spray nozzle performance for applications from ground-based boom spray. Crop Protection, 2000, 19(8-10): 609-615.

[11] 谢晨, 何雄奎, 宋坚利, 等. 两类扇形雾喷头雾化过程比较研究. 农业工程学报, 2013, 29(5): 25-30.

[12] 张文君. 农药雾滴雾化与在玉米植株上的沉积特性研究. 北京: 中国农业大学, 2014.

[13] 陆军, 贾卫东, 邱白晶, 等. 黄瓜叶片喷雾药液持留量试验. 农业机械学报, 2010, 41(4): 60-64.

[14] 韩志武, 邱兆美, 王淑杰. 植物表面非光滑形态与湿润性的关系. 吉林大学学报（工学版）, 2008, 38(1): 42-48.

[15] Edward B. Progress in understanding wetting transitions on rough ssurfaces. Advantances in collid and interface science, 2014, 222: 92-103.

[16] Holloway. Effects of some agricultural tank-mix adjuvants on the deposition of aqueous sprays on foliage. Crop Protection, 2002, 19: 27-37.

[17] 石伶俐. 提高农药沉积量的助剂增效技术研究. 北京: 中国农业科学院, 2006.

[18] Connor F J, Chris C. O'Donnell, et al. Determining the uniformity and consistency of droplet size across spray drift reducing nozzles in a wind tunnel. Crop Protection, 2015, 76: 1-6.

[19] 袁会珠, 王国宾. 雾滴大小和覆盖密度与农药防治效果的关系. 植物保护, 2015, (6): 9-16.

[20] UK S. Tracing insecticide spray droplets by size on natural surfaces. The state of the art and its value. Pesticede science, 1977, 8(5): 501-529.

[21] Peters K, Eiden R. Modelling the dry deposition velocity of aerosol particles to spruceforesee. Atomspheric Environment, 1992, 26A: 2555-2564.

[22] Mercer G, Sweatman W, Forster W A. A model for spray froplet adhesion, bounce or shatter at a crop leaf surface, in: Fitt A D, Norbury J, Ockendon H, Wilson E, eds. Progress in Industrial Mathematics at ECMI 2008. Springer Berlin Heidelberg, 2010: 945-951.

[23] 董祥. 植保机械喷头雾滴撞击植物叶面过程试验测试及仿真研究. 北京：中国农业机械化科学研究院, 2013.

[24] 朱金文, 周国军, 曹亚波, 等. 氟虫腈药液在水稻叶片上的沉积特性研究. 农药学学报, 2009, 11(2): 250-254.

[25] ISO, International Organization for standardization, 2005b, ISO22866: 2005, Crop protection equipment – Methods for field measurement of spray drift. Geneva, Switzerland.

[26] 赵辉, 宋坚利, 曾爱军, 等. 喷雾液动态表面张力与雾滴粒径关系. 农业机械学报, 2009, 40(8): 74-79.

[27] Nordby A, Skuterud R. The effect of boom height, working pressure and wind speed drift. Weed research, 1974, 14(6): 385-395.

[28] GB/T 24681—2009, 植物保护机械　喷雾飘移的田间测量方法.

[29] Murphy S D, Miller P C H, Parkin C S. The effect of boom section and nozzle configuration on the risk of spray drift. Agricultural Engineering, 2000, 75(2): 127-137.

[30] Emilio Gil, Paolo B, Montserrat G, et al. Determination of drift potential of different flat fan nozzle on a boom sprayer using a test bench. Crop Protection, 2014, 56: 58-68.

[31] Fox R D, Brazee R D. A model study of the effect of wind on air sprayer jets. Transactions of the ASAE, 1985, 28(1): 83-88.

[32] Hobson P A, Miller P C H, Walklate P J, et al. Spray from hydranlic spray nozzles: the use of a computer simulation modle to examine factors inflencing drift. Journal of Agricultural Engineering Research, 1993, 54(4): 293-305.

[33] Tian L, Zheng J. Dynamic deposition pattern simulation of modulated spraying. Transactions of the ASAE, 2002, 43(1): 5-11.

[34] Hewitt A J. Spray drift: impact of requirements to protect the environment. Crop Protection, 2000, 19(8-10): 623-627.

[35] 邓巍, 何雄奎, 丁为民. 用大喷头脉宽调制间歇喷雾提高沉积率试验研究. 农业工程学报, 2009, 25(1): 104-108.

[36] ISO 22369-1-2006, Crop Protection Equipment Drift, Classification of spraying equipment part1: Classes.

[37] ISO 22369-2-2010, Crop protection equipment drift classification of spraying equipment part2: Classification of field crop sprayers by field measurement.

[38] Balsari P, Marucco M, Tamagnone M. A test bench for the classification of boom sprayers according to drift risk. Crop Protection, 2007, 26(10): 1482-1489.

[39] ISO 22369-3-2010, Crop protection equipment-Drift classification of spraying equipment-Part 3: Potential sptay drift measurement for field crop sprayers by the use of a test bench.

[40] 王潇楠, 何雄奎, Andreas H, 等. 喷杆式喷雾机雾滴飘移测试系统研制及性能试验. 农业工程学报, 2014, 30(18): 55-62.

[41] 张京, 杨雪玲, 何雄奎, 等. 改进双圆弧罩盖减少雾滴飘失试验. 农业机械学报, 2009, 40(7): 67-71.

[42] 张京, 李伟, 宋坚利, 等. 挡板导流式喷雾机的防飘性能试验. 农业工程学报, 2008, 24(5): 140-142.

[43] 张京. 挡板导流式喷雾机及其防飘性能研究. 北京：中国农业大学, 2008.

[44] 何雄奎. 改变我国植保机械和施药技术严重落后的现状. 农业工程学报, 2004, 20(1): 13-15.

[45] 谷祖瑜. 异恶草酮飘移对小麦的生理影响及解决对策. 哈尔滨：东北农业大学, 2012.

[46] 刘雪美. 喷杆喷雾机风助风筒多目标优化设计. 泰安：山东农业大学, 2010.

[47] Dexter R W. The effect of fluid properties on the spray quatity from a flat fan nozzle. Pesticide formulation and application systems, 2001, 1400(20): 27-43.

[48] Butler E M C, Turk C R, Miller P C H. The effect of some adjuvants on sprays produced by agricultural flat fan nozzles. Crop Protection, 1997, 1(16): 41-50.

[49] 王潇楠, 何雄奎, 宋坚利, 等. 助剂类型及浓度对不同喷头雾滴飘移的影响. 农业工程学报, 2015, 31(22): 49-55.

[50] 陶雷. 弧型罩盖减少药液雾滴飘失的理论与试验研究. 北京：中国农业大学, 2004.

[51] 王立军, 姜明海, 孙文峰, 等. 气流辅助喷雾技术的试验分析. 农机化研究, 2005, (4): 174-175.

[52] 刘丰乐. 气流辅助式喷杆弥雾机的研制. 泰安: 山东农业大学, 2010.

[53] 蒋超峰. 气助式静电喷雾雾化及沉积特性研究. 镇江: 江苏大学, 2009.

[54] 杨雪玲. 双圆弧罩盖减少雾滴飘失的机理与试验研究. 北京: 中国农业大学, 2005.

[55] 王俊, 祁力钧, 孙小华. 基于 CFD 的罩盖防飘移机理模拟及防飘移效果量化研究. 中国农业大学学报, 2007, 12(4): 95-100.

[56] 樊荣, 师帅兵, 杨福增, 等. 我国植保机械常用喷头的研究现状及发展趋势. 农机化研究, 2017, (11), 33.

[57] 刘年喜. 美国植保体系建设与植保施药机械及施药技术. 湖南农业 2008, (7): 15.

[58] Ternce J, Centner G C, Ariell L. Assigning liability for pesticide spray drift. Land Use Policy, 2014, (36): 83-88.

[59] 王卫国. 德国的植保机械和植保机械的管理. 植保技术与推广, 1998, (4): 45-46.

[60] 钟明春. 德国 LECHLER 喷头的分类及性能指标. 吉林农业, 2011, (6): 184.

[61] Nayttens D, Baetens K, De Schampheleire M, Sonck B. Effect of nozzle type, size and pressure on spray droplet characteristics. Biosystems Engineering, 2007, 3(97): 333-345.

[62] Vallet A, Tinet C. Characteristics of droplets from single and twin jet air incluction nozzles: A preliminatary investigation. Crop protection, 2013, 48: 63-68.

[63] Andre W, Volker L, Jan C. van de Zande, et al. Field experiment on spray drift: Deposition and airborne drift during application to a wheat crop. Science of the Total Environment, 2008, 405(1-3): 269-277.

[64] Gary J D, Andrew J H, Stive W A, et al. A comparision of initial spray characteristics produced by agricultural nozzles. Crop Protection, 2013, 53: 109-117.

[65] 杨希娃, 周继中, 何雄奎, 等. 喷头类型对药液沉积和麦蚜防效的影响. 农业工程学报, 2012, 28(7): 46-50.

[66] 张慧春, 郑加强, 周宏平, 等. 转笼式生物农药雾化喷头的性能试验. 农业工程学报, 2013, (4): 63-70, 295.

[67] 贾卫东, 胡化超, 陈龙, 等. 风幕式静电喷杆喷雾喷头雾化与雾滴沉积性能试验. 农业工程学报, 2015, (7): 53-59.

[68] Zhao H Y, Xie C, Liu F M, et al. Effects of sprayers and nozzles on spray drift and terminal residues of imidacloprid on wheat. Crop Protection, 2014, 60: 78-82.

[69] Bird S L, Esterly D M, Perry S G. Off-target deposition of pesticides from agricultural aerial spray applications. Journal of Environmental Quality, 1996, 2(5); 1095-1104.

[70] Reichard D L, Zhu H, Fox R D, et al. Computer simulation of variables that influence spray drift. Transactions of The ASAE, 1992, 35(5): 1401-1407.

[71] Nuyttens D. deSchampheleire M, Baetens K. et al. The influence of operator-controlled variables on spray drift from field crop sprayers. Transactions of The ASABE, 2007, 50(4): 1129-1140.

[72] Derksen R C, Zhu H, Ozkan H E, et al. Determining the influence of spray quality, nozzle type, spray volume, and air-assisted application strategies on deposition of pesticides insoybean canopy. Transactions of the ASABE, 2008, 51 (5): 1529-1537.

[73] 邓巍, 孟志军, 陈立平, 等. 农药喷雾液滴尺寸和速度测量方法. 农机化研究, 2011, 33(5): 26-30.

[74] ISO 24253-1, Crop protection equipment-Spray deposition tests of field crop sprayers-Part1: Field deposit measurement.

第 18 章

导流防飘技术与应用

我国尽管拥有植保机具数量庞大,但在农药使用的技术理论和技术措施上的研究严重不足,且品种单一、性能不稳定、制造质量较低,农药使用技术仍停留在大容量、大雾滴喷雾技术水平上,由此造成我国农药有效利用率只有 35%左右,远低于发达国家 50%的平均水平,另外 60%~70%流失到土壤和飘失到环境中,这不但影响防治效果、浪费药剂、增加成本和污染环境,而且由此引发的人畜中毒事件、诉讼索赔与纠纷案件,近年来也显著增加。

农药飘失是指在喷雾作业过程中,农药雾滴或颗粒被气流携带向非靶标区域的物理运动,是造成农药危害的主要途径之一。农药飘失包括蒸发飘失和随风飘失。蒸发飘失是药液雾滴的活性物质从植物、土壤或其他表面蒸发变成烟雾颗粒,悬浮在大气中作无规则扩散或顺风运动,有时甚至会笼罩大片区域,直至降雨淋落而沉积到地面。在喷雾中和喷雾后都会发生蒸发飘失,主要受环境因素如温度、农药的挥发性影响。随风飘失是指农药雾滴飞离目标的物理运动过程,主要与环境因素如自然风速、农药使用方法和使用技术参数有关。随风飘失的农药雾滴可能仅仅飘移到离喷雾设备数十米的非预定目标,但是小的农药雾滴在沉降到非预定目标之前可能要飞行更远的距离。农药的飘失,不仅影响防治效果、降低农药的利用率,而且严重影响非靶标区敏感作物的生长,污染生态环境,甚至引发人畜中毒。国外很早就认识到飘失带来的危害,并开始相应的研究。美国环境保护署(Environmental Protection Agency,EPA)认为农药飘失影响人类健康及生存环境,会对农场工人、户外活动的人员及野生植物带来危害,污染菜园或农作物,导致杀虫剂残留超标。为此,自 20 世纪 40 年代以来,西方发达国家把植保机械以及减少飘失技术的研究作为重要的课题之一,并制定出一系列的法律法规。近年来在我国,随着施药量的不断增加及人们对食品安全、生态环境等的关注,对农药飘失产生的影响越来越重视。很多研究者也开始对飘失产生的各种影响因素及防止飘失产生的方法进行了深入研究。因此,开展对农药飘失问题的深入研究和防飘喷雾技术与机具的研发,对于提高我国农药使用水平、解决因施用化学农药过程中造成的环境问题和提高整个环境的质量具有十分重要的科学和实际意义。

18.1 导流防飘及循环喷雾技术研究现状

18.1.1 辅助气流喷雾技术

辅助气流喷雾于 20 世纪末在欧洲兴起，利用气流的动能把药液雾滴吹送到靶标上，并改善药液雾化、雾滴穿透性和靶标上的沉积分布，现在主要应用于果园和大田作物的农药喷施中。果园风送式喷雾机根据风筒数量分类，有单风筒式、多风筒式等，根据风扇结构分类有轴流式和离心式等，而大田作物主要使用喷杆型风送式喷雾机。喷雾时，在喷头上方沿喷雾方向增强送风，形成风幕，利用风罩产生的下行气流把农药雾滴强制喷入作物冠层中，可大幅度降低农药飘移量，增加雾滴的沉积及分布的均匀性，这样不仅增大了雾滴的穿透力，大幅度降低农药飘失量，而且在有风力(小于四级风)的天气下工作，也不会发生雾滴飘移现象。但如果是针对裸露的地表或作物生长初期，反而因气流撞击地面后的反弹会增大雾滴的飘移，造成损失。

Hislop（1991）指出，气力辅助喷雾于 1885 年第一次在法国的葡萄园得到应用。在这种气助式喷雾概念下，一种能携带并提供用于喷射的辅助气流的喷雾系统被特别设计出来应用于喷雾器上。现在用于商业的气力辅助喷雾系统根据气流进入雾滴射流的方式分为两类：一类为 Hardi Twin 风幕式系统，雾滴出口在气流的外部，气流以一定的角度直接射入液流，喷雾器喷出的雾滴在冠层上某处被气流拦截并带入冠层。可以分别调节出气口和出液口参数以获得不同的雾化效果；另一类为气力喷头喷雾系统，喷雾器安装在气流内部，气流速度的设置是得到所需雾滴直径的关键。

风幕式气力辅助喷雾系统中，被气流捕获并传送的雾滴，在有一定外界风速的条件下也能达到靶标而不被吹走。因此，风幕式气力辅助喷雾系统能在很大程度上减少飘失。在这些研究中，Taylor 和 Andersen（1989）指出 Hardi Twin 系统的风幕与扇形雾喷头沿前进方向偏移一定的角度能在短茬作物中减少飘失达到 60%。如果不应用气助式喷雾系统，增大喷雾速度会增加飘失，但如果在喷头处安装气力辅助系统，增大喷雾速度后的飘失量与增大喷雾速度前几乎是一样的。然而，Young(1991)的报告指出，Twin 系统中风幕的优势随着雾滴尺寸的增大而减弱。即使大量实验显示风幕式气助喷雾系统能减少喷雾飘失，但一些研究者报告却得出相反的结论。Cooke（1990）比较了液力喷头喷雾与一款风幕式气助喷雾（Degania）在作物中的雾滴飘失情况。即使有更好的雾滴谱和相同的喷雾沉积，风幕式气力辅助喷雾器通常比液力喷雾器产生更多的飘失。他们得出这样的结论：风幕式气力辅助喷雾的飘失可能会增大，除非优化气流速度、作物冠层上的喷雾释放高度等参数。Hislop（1993）报告气力辅助喷雾在风速为 4m/s 的风洞试验中能大量的减少飘失，但是当气流方向沿机器前进速度方向向前和向后 45°，风速为 1m/s 和 2m/s 时，细小雾滴的飘失却显著的增加了。Howard 和 Mulrooney（1995）讨论了关于对雾滴脱离靶标飘失的担忧并指出风幕式气助喷雾机在裸露的地面上喷雾比传统的喷雾机具更具有潜在的飘失可能性，特别是在低的液体流率和高的气流速度的情况下。

相似的，Ringel 和 Anderson 利用 Hardi Twin 系统喷雾研究了在气流释放角向前 20°、垂直的、向后 30°三种情况，气流速度分别为 0m/s、16m/s 和 28m/s 条件下雾滴在空气中的飘失以及在冬小麦叶片和地面的沉积量，发现当在最高的气流速度下，气流释放角向前 20°时，雾滴在空气中的飘失以及地面的流失得到最有效的减少。这个结果与 Taylor 和 Andersen（1989），May（1991）得出的喷杆喷雾机向后喷雾比垂直喷雾的喷杆喷雾产生更多的飘失的结果一致。

为了模拟喷雾机的工作状况，Rocamora（2002）用普遍的线性模型来分析气助喷雾机在洋蓟上的喷施效率。研究指出，气助喷雾时扇形雾喷头具有最好效果，具有最高的沉积量，特别是在矮的叶片以及叶子的背面。气力喷头的不同的数量和结构对喷雾的覆盖也有显著影响。

在前人的基础上，Tsay 和 Liang（2004）用计算机模拟在无冠层的条件下，对空气出口宽 15cm，风速 4m/s，机器前进速度 0.9m/s 的条件下的喷杆喷雾。二维模拟结果表明：气液出口之间的夹角对减少飘失没有显著影响；顺风喷雾和逆风喷雾参数的最佳指标超出了观测范围，但在观测范围内减少飘失的最佳工作参数定为：逆风时：气流速度大于 30m/s，向前的气流角度；顺风时：气流速度小于 41.55m/s，喷雾角 4.3°。得出结论：气助喷雾的逆风喷射比顺风喷射对喷雾飘失的减少效果好，且气流速度与气流角越大，减少飘失效果越好。自然风速增大，飘失的可能性也会增大。自然风速较低，没有过多喷射气流速度的情况下，飘失可能性就会减少。他们虽然利用计算机对一定喷雾参数进行了模拟，但模拟的结果仍需要田间试验证明。

引起雾量分布不均匀的原因很多。国外较早开展了喷杆喷雾的研究，并采用计算机辅助技术研究动、静态下雾量分布的均匀性。国内对喷杆喷雾的研究较少，仅有中国农业大学药械与施药技术研究室研制的水田风送低量喷杆喷雾机，在相同条件下，风送喷雾雾滴在作物上的沉积分布效果明显优于没有风送的情况。叶连民等提出过喷杆式喷雾机在不同高度下喷雾雾量分布均匀性的分析方法以求取最佳喷雾高度；宋坚利等研究喷杆式喷雾机的雾流方向角对靶标上药液沉积量的影响，拟针对喷杆喷雾机喷杆高度、喷头安装倾角、喷头间距、喷杆水平转动角度等配置参量变化以及喷杆在振动状态下对雾量分布变异系数的影响进行研究，以改善喷杆喷雾分布均匀性，增加农药利用率，提高我国施药技术水平。

研究也表明，通过对风送式喷雾机进行系统改进和参数优化研究，可使药液沉积损失和分布均匀性等指标得到不同程度的提高；通过对不同类型风送式喷雾机的气流场速度分布特性和药液沉积分布特性进行标定试验，可以深入认识其工作机理和适用范围；通过对不同类型风送式喷雾机的飘移率进行测试，可对其抗飘移性进行标准化和分级。但是，试验过程中无法排除枝冠层、测试仪采集效率和气候条件等因素的干扰，对风送施药技术的工作机理得不到更深入的认识，对喷雾机气流速度场和药液分布特性的标定结果并不完全可信，飘移性分级也不精确，同时，试验研究还存在着过程繁杂、成本高和效率低的问题，无法实现重复次数较多的试验研究。

18.1.2 罩盖喷雾技术

与昂贵的气流辅助喷雾机相比，采用罩盖技术被认为将是一种有效而经济的选择。罩盖喷雾通过在喷头附近安装导流装置来改变喷头周围气流的速度和方向，使气流的运动更利于雾滴的沉降，增加雾滴在作物冠层的沉积，减少雾滴向非靶标区域飘移，达到减少雾滴飘移的目的。Fumess(1991)在喷杆式喷雾机常规喷头的前方垂直悬挂安装一个简单的罩盖，与带有轴流风机的气力辅助式喷雾机进行对比试验，得出结论：罩盖简单、价廉和可靠，无复杂的运动部件和动力需求，同时也指出，罩盖需要进一步研究。

农药的使用效果与药液雾滴的直径紧密相关。小雾滴在病虫害防治上有独特效果，其附着性好，覆盖均匀，但极容易飘失，如果采用增大雾滴直径的方法来达到减少雾滴飘移的目的，在病虫害防治上是不合适的。因此，采用改变雾滴的运动轨迹来减少雾滴飘移是一个很好的办法。辅助气流和静电喷雾在一定程度上是通过改变雾滴运动轨迹来减少飘移的，因其结构复杂和价格昂贵，但使用上存在一定的局限性。而罩盖喷雾结构简单、投入少，值得进一步研究。国外对罩盖喷雾技术的研究早于国内，目前为止国内很多应用领域需要罩盖喷雾技术:如玉米地行间喷施除草剂、间套作种植模式的病虫害防治、高尔夫球场以及城市绿地的病虫害防治等。罩盖不仅可以引导气流增加雾滴沉积，同时可以隔离靶标和周围作物，减少农药对周围敏感作物的药害，所以对罩盖喷雾技术的研究具有很重要的实际意义。

1953 年，Edward 和 Ripper 最早提出利用保护性罩盖喷雾减少雾滴飘失，研究的"Nodif"喷杆喷雾方法可以减少飘失 42%～100%。在此后的半个世纪里，人们开始对罩盖喷雾进行研究，虽然研究结论不尽相同，但罩盖喷雾在减少雾滴飘失方面具有积极作用，已得到人们的普遍认同。

（1）气力式罩盖喷雾　气力式罩盖有风帘、风幕、气囊等形式。它是通过外加风机产生的气流来改变雾滴的运动轨迹，达到减少雾滴飘失的效果。Smith 等（1982）对气力式罩盖进行研究，得出射流速度为 7.1m/s 的气力式罩盖只在环境风速小于 2m/s 时才是有效的，这一结果使他们中断了对气力式罩盖的研究工作，也影响了其他人员对这种罩盖的研究，同时在应用上也被忽视。直到 Brown(1995)试验证明了气力式罩盖的一些优点，气力式罩盖有效性的进一步研究也因此得到保证。Tsay 等（2002）运用计算机模拟方法研究气力式罩盖减少飘失的性能，指出并不是在所有的操作条件下，气力式罩盖都能够有效地减少雾滴飘失，在某些情况下，还比不上使用常规喷雾方法；但是在最优的参数条件下，当气体射流速度为 40m/s，流量为 1.7m³/(s·m)和气体射流释放角为 15°时，能够 100%地控制雾滴飘失，但是还需要田间试验验证。研究者认为即使田间试验能够验证模拟，但是 40m/s 的流速，对作物的毁坏，以及经济上的投入也需要进一步研究。

（2）机械式罩盖喷雾　Fehringer 等(1990)对如图 18-1 所示的机械式罩盖进行研究，分别比较了四种喷雾方法：

① 标准的喷杆喷雾，8002 喷头，工作压力 276kPa；

② Renn-Vertec 喷雾器，8002 喷头，工作压力 276kPa，没有风翼；

③ Renn-Vertec 喷雾器，8002 喷头，工作压力 276kPa，有风翼；

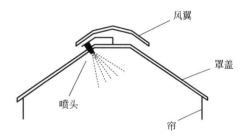

图 18-1　封闭型机械式罩盖
（Fehringer，1990）

④ Renn-Vertec 喷雾器，8002 喷头，工作压力 414kPa，有风翼。

经过试验，指出在大多数情况下，罩盖喷雾都能有效地减少雾滴飘失，但是需要进一步改进罩盖及其和作物冠层之间的接触，以达到更好地减少飘失，并且指出风翼没有起到明显的作用，减小雾滴的体积中径从 320μm（8002 喷头，276kPa）到 100μm（8002 喷头，414kPa）时，雾滴的飘失增大 3 倍；由于小雾滴主要决定了药液的飘失性，鉴于小雾滴具有较好的附着性和均匀性，因此 Fehringer 建议后面的研究重点在改进罩盖结构利于减少小雾滴的飘失。

Furness（1991）采用田间试验，对比了在喷头前安装挡板的喷雾方法和在封闭轴流风扇中心安装套式喷雾器的喷雾方法：工作速度 5.6～11.1m/s，低容量 11～15L/hm²。结果表明：轴流风扇对提高雾滴沉积没有多少影响，而挡板加辅助气流喷雾在 0.5m 高的小麦和向日葵上的沉积量分别是只有挡板喷雾的 4 倍和 2.5 倍。在向日葵上，使用挡板喷雾方法，约 60% 的雾滴沉积在底部的叶面上，而使用常规喷杆喷雾，只有少量甚至没有药液沉积在底部叶面。Furness 最后建议在挡板形状结构、挡板后方的气流运动状态、挡板和喷头的相对位置、雾滴的大小和数量以及作业速度等方面进行深入研究。

王欣（1996）研究了挡板减少雾滴飘失的效果（图 18-2），通过计算机模拟流场，分析挡板对气流的导流作用，找出挡板安装位置，进行风洞试验论证。试验结果指出，在喷头附近安装导流板可以增加雾滴在地面上的沉积，减少农药飘失，但是位置必须合适，并指出试验中，导流板前置，H 为 5cm，θ 为 45°，X 值约为 10cm，Y 约为 0cm 时，效果最好。

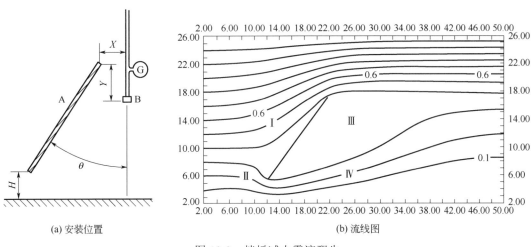

(a) 安装位置　　　　　　　　　　(b) 流线图

图 18-2　挡板减少雾滴飘失

Ozkan 等（1997）在风洞里分别试验了 9 种机械式罩盖（图 18-3）减少雾滴飘失的能力，喷雾压力分别取 0.15、0.3MPa，气流速度分别取 2.75、4.8m/s，指标为下风向收集的沉积在地面的药液量到喷头的质量中心距。试验结果表明 9 种罩盖都能有效地减少雾滴的飘失，其中双圆弧罩盖效果最好，提高雾滴地面沉积率为 59%。但是其没有对减少飘失的原因进行理论分析，以及分析罩盖的设计原理。

图 18-3　九种半封闭型机械式罩盖（Ozkan，1997）

图 18-4（a）、（b）为六种罩盖结构和模拟的 6m/s 风速下雾滴运动轨迹，可以看出:#4 罩盖优于其他 5 种罩盖，小雾滴在#3 和#6 罩盖中随气流旋转，必定有大量雾滴沉积在罩盖内壁，形成药液滴，造成药害。图 18-4（c）、图 18-4（d）为双圆弧罩盖在 6m/s 速度下的流场分布。两圆弧板之间的气流大约 9m/s，促使雾滴向地面沉积，但是罩盖下方气流速度达 18m/s，Y 方向（雾滴的垂直运动方向）速度矢量很小，因此一部分较大雾滴在这种强劲

气流作用下，没有足够的时间沉积下来，原本应挥发掉的较小雾滴在这种气流作用下也只能形成飘失。

　　小雾滴在释放的瞬间就失去动能，只能在气流的携带作用下运动。由于雾滴在气流中的分层运动，上层的小雾滴很快挥发，而本应挥发的雾滴在罩盖下方18m/s的气流速度下形成飘失。同样本应该沉积下来的部分较大的雾滴在这种强劲的气流作用下，也成为了飘失的一部分。

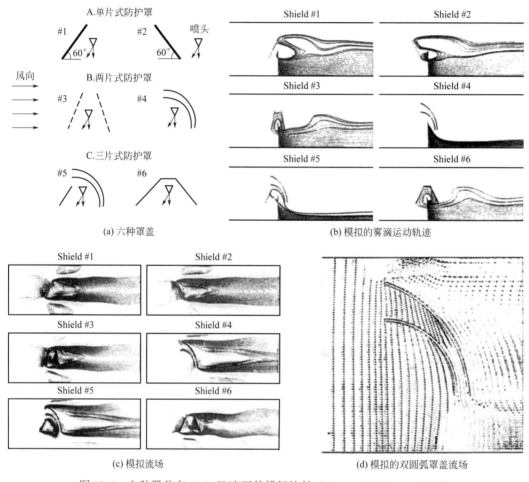

图 18-4　六种罩盖在 6m/s 风速下的模拟比较（Tsay and Ozkan，2002）

　　Sidahmed 等（2004）分析图 18-4（a）中#4 双圆弧罩盖，认为#4 罩盖只有安装在拖拉机前进方向的上风向时才起到对气流导流的作用，才能有效地减少雾滴飘失，并在此基础上试验研究了两种对称的多圆弧结构，这样无论罩盖安装在拖拉机前进方向的上风向还是下风向时，都能很好地减少雾滴飘失。图 18-5（a）中对称的双圆弧结构中，进入外圆弧与内圆弧之间的气流在喷头正上方形成风送方式，抑制雾滴的飘失，挡板是为了防止一侧的气流从另一侧出去。图 18-5（b）是在图 18-5（a）中内圆弧的下方再加一层对称的圆弧，这时最里面的圆弧与中间的圆弧形成风幕，继续抑制雾滴飘失。试验结果表明：对称的三圆弧罩盖防飘效果最好，减少飘失 61%，其次是对称的双圆弧，最后是#4 双圆弧罩盖，分别减少飘失 55% 和 48%。但是这种对称式的罩盖结构比较复杂，削弱了罩盖防飘结构简单的优越性。

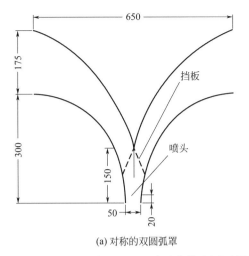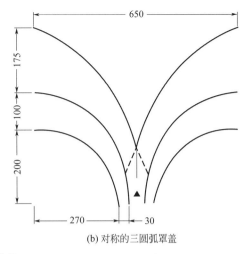

(a) 对称的双圆弧罩　　　　　　　　　　　(b) 对称的三圆弧罩盖

图 18-5　两种对称的多圆弧罩盖（单位：mm）（Sidahmed，2004）

陶雷（2004）在图 18-4（a）中的#4 双圆弧罩盖基础上，研究了双圆弧罩盖流场中的尾流。采用导流法结合计算机流场模拟来研究罩盖后方的涡流对雾滴飘失的影响，并对双圆弧结构进行了改进，在外圆弧上开了一个 130mm 的口（见图 18-6），用来削弱涡流对雾滴的卷吸作用。模拟结果表明：在风速为 1.4m/s、2m/s 和 3m/s 时开口罩盖比未开口罩盖的防飘效果好，并在风洞试验中验证了 1.4m/s 风速下开口比未开口雾滴飘失量减少了。

但是由于雾滴运动的分层，罩盖后方的涡流只能影响雾流上层的细小雾滴，而这部分雾滴的质量比例较小，并且要使其中极细小的雾滴沉积下来也是非常困难的；同时从开口处要分流掉一部分气流，两个圆弧板之间的气流就会减弱，胁迫雾滴向地面沉降的效果也就减弱了，所以用这种方法来改善防飘效果是有限的。

杨雪玲（2005）在图 18-4（a）中的#4 双圆弧罩盖基础上进行结构改进（图 18-7）。将两个圆弧的圆心定义在同一水平线上；保持内圆弧的半径和喷头的安装位置不变，内圆弧半径仍然是 300mm；增大进风口和出风口的尺寸。将进风口尺寸定义为 300mm，出风口为 150mm，此时外圆弧的半径为 625mm。在外圆弧的底端加上一个长 150mm 的导流板，导流板安装时

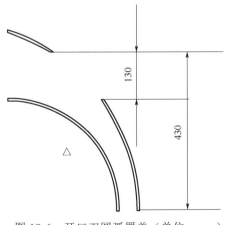

图 18-6　开口双圆弧罩盖（单位：mm）
（陶雷，2004）

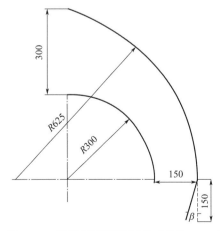

图 18-7　改进后双圆弧罩盖（单位：mm）
（杨雪玲，2005）

与垂直于地面方向形成一夹角 β，通过仿真试验确定了 β 的最佳值为 15°。试验结果表明改进后的双圆弧罩盖的防飘效果要明显优于常规喷雾和改进前的罩盖，雾滴沉积率为 73.35%，较改进前罩盖喷雾的 66.90% 提高了 9.64%。

根据文献资料，罩盖结构可以分为前挡型、后挡型、封闭型、气流输送型四类结构。图 18-2 中的罩盖属于前挡型，图 18-3 Ozkan 所列罩盖 1～6 属于后挡型，7～9 属于封闭型。双圆弧以及陶雷、杨雪玲研制的双圆弧的改进型都属于后挡型。Sidahmed 是通过罩盖形成风道，而对雾滴风送，防飘原理类似于气力式罩盖，所以属于气流输送型。前挡型和封闭型防飘机理相同，都是通过罩盖结构减弱气流上游对雾流的作用，减小雾流前方气流速度，而达到减少飘失的效果。前挡型罩盖使得罩盖后方或者内部形成一低压区域，在此区域内气流紊流强度很高，容易形成乱流，细小雾滴会因为紊流作用而附着在罩盖壁面上流失到地面，造成局部药害，同时也容易被罩盖底部的快速气流卷吸出罩盖而形成飘失。后挡型罩盖主要是对气流引导，使水平来流朝向靶标运动，胁迫气流中的雾滴沉积，同时因为罩盖的阻挡作用使得罩盖前方的气流速度减小，进一步增强防飘效果。后挡型罩盖虽然减弱了作用于雾流的速度，但是气流还是有足够的能量将雾流中的细小雾滴吹出，因此后挡型罩盖所引导的气流中夹带着大量的细小雾滴，由于罩盖阻挡作用使气流在罩盖周围绕流，结果造成在罩盖底部与靶标之间区域的水平气流速度很大，消弱了罩盖对气流的胁迫作用，所以还是会有部分雾滴飘失。双圆弧罩盖主要是通过双圆弧结构形成一风道，进一步增加气流的胁迫作用，因此较单圆弧结构能够提高罩盖的防飘性能。陶雷设计的开口型双圆弧罩盖虽然消弱了罩盖后部的低压涡流区，但是由于雾滴运动的分层，罩盖后方的涡流只能影响雾流上层的细小雾滴，而这部分雾滴的质量比例较小，并且要使其中极细小的雾滴沉积下来也是非常困难的；同时从开口处要分流掉一部分气流，两个圆弧板之间的气流就会减弱，胁迫雾滴向地面沉降的效果也就减弱了，所以用这种方法来改善防飘效果是有限的。杨雪玲在罩盖的尾部增加了导板，消弱了罩盖下方的水平气流速度，同时进一步增强了气流的胁迫作用，所以其改进罩盖比 Ozkan 的双圆弧罩盖的防飘性能高。虽然双圆弧罩盖能够有效减少飘失，但是气流还是先将雾流中的细小雾滴吹出，然后再被罩盖引导，所以防飘效果还不是最优。理想的罩盖应该与气力式罩盖类似，使作用于喷雾扇面上的气流向靶标运动，输送雾滴沉积，Sidahmed 研制的罩盖实现了这一原理，但是由于其结构庞大、复杂而丧失了实用性。综上分析，一个防飘效果优秀的罩盖应该是气流输送型，并且结构简单、经济实用。

18.1.3 循环喷雾技术

为了安全有效的喷施农药，喷雾机必须保证靶标上沉积足够药液的同时，使农药损失降到最低。"Π"型循环喷雾机（tunnel sprayer）是目前最能满足这种"环境友好喷雾"作业要求的技术之一。经德国农林生物研究中心（BBA）测试，"Π"型循环喷雾机能够减少飘失 90%，被列为低飘喷雾机，并享受政府补贴政策。

"Π"型循环喷雾机是应用罩盖防飘喷雾技术的循环喷雾机，其最大的特征是具有"Π"型罩盖，作业时果树冠层被罩盖横跨罩住，药液在罩盖内部喷施到靶标上，没有沉积到叶丛或枝条的以及叶面上滴落的雾滴可以被罩盖收集，这些药液汇集到承液槽中，经循环再利用，喷雾机也因其罩盖形状而得名。"Π"型循环喷雾机的概念最终出现在 20 世纪 70 年代早期，而后在 90 年代被大量研究并逐步形成商业化产品销售。国内对循环喷雾技术有过介绍，但是对于"∏"型循环喷雾机的研究还是空白，研究的国家主要集中于欧美等发达地区，目前市场上比较常见的是 LIPCO 和 MUNCKHOF 公司生产的各种型号的隧道型循环喷雾机，主要适用于葡萄、矮化半矮化果树、灌木类等冠层尺寸较小的果树病虫害防治。

根据技术进化特点，每一个技术系统的发展都遵循四个阶段：①选择系统的各个部分；②改善各个部分；③系统的动态化；④系统的自我发展。为了减少气流对喷雾的影响，1976年当低量喷雾机 Mantis 被设计出来的时候，一个希望让喷雾机拥有一个"∏"型罩盖保护喷雾的想法被提了出来。1979～1980 年在波兰果树花卉研究所研制出第一台用于超低量喷雾的"∏"型循环喷雾机。"∏"型循环喷雾机进入第一发展阶段，随后马上进入了第二发展阶段，在这阶段发展的初期（1980～1990），由于对传统果园风送喷雾机改进是研究的主流，所以对于"∏"型循环喷雾鲜有人研究。进入 20 世纪 90 年代，传统果园喷雾机的改进基本完成，其提高农药利用率的潜力已被挖掘完全，若想进一步提高农药利用率必须研制新型喷雾机，在这种情况下"∏"型循环喷雾机得到迅速发展。许多研究致力于改善系统的不良部分，进一步提高喷雾机的工作性能。目前许多新型"∏"型喷雾机已经可以根据冠层特点调整罩盖宽度、喷头位姿、气流方向等参数，实现了部分装置的动态化，部分机构进入系统发展的第三阶段。

"∏"型循环喷雾机主要有两个特殊的系统：药液回收循环系统和"∏"型罩盖防飘系统。其中"∏"型罩盖既能防飘，又作为拦截雾滴的收集装置。药液循环形式有两种：泵循环和射流循环。使用泵循环液路简单、回收稳定但是需要额外配备液泵，增加了装置复杂性；而采用射流循环方式不需要更换额外装置，所以很容易在原来喷雾机的基础上进行改进，但是对泵的排量要求高，液泵不但要满足喷量和搅拌的要求，而且要有足够的药液通过射流收集器，才能吸取药液，所以两种循环方式各有特点，在商品化循环喷雾机上都有应用，目前市场上 MUNCKHOF 公司生产的一款"∏"型循环喷雾机采用泵循环，而 LIPCO 公司生产的则采用射流原理收集承液槽中的药液。不同"∏"型循环喷雾机的"∏"防飘系统结构相似，有的罩盖内部安装出风口对药液风送，当果树的冠层密度小，如对葡萄施药时多采用无风送喷施系统，LIPCO 公司生产的针对葡萄作业的隧道型循环喷雾机多为无风送喷雾系统（如型号TSG-A1/A2，TSG-S1～S3，TSG-N1/N2 等）；当对矮化苹果等冠层较大的果树施药时多采用风送喷雾，风机产生的风携带雾滴穿透果树冠层，并且扰动树叶，使雾滴能够沉积到树叶的正反两面，改善雾滴的沉积特性。

针对"∏"型循环喷雾机的研究主要集中于四个方面：药液沉积、农药损失、回收率和生物防治效果。

研究主要是将循环喷雾机样机同传统果园喷雾机对比，测试"∏"型循环喷雾机的工作性能。通过测试证明使用"∏"型循环喷雾机药液在冠层中的沉积与传统果园喷雾机效果相似，生物防治效果证明"∏"型循环喷雾机能满足生产作业要求，而且能够大大减少农药损失。Siegfried 等（1991）的研究结果显示"∏"型循环喷雾机在冠层疏密不同情况下能够节药 40%～50%。Baraldi 等（1993）的研究结果也证明"∏"型循环喷雾机能够减少飘失和药液流失到地面的量。Siegfried 等（1993）的田间测试发现在果树花期前和全盛生产期的药液回收率分别为 40%～50%和 25%～30%，并且在冠层中的药液分布和覆盖效果良好。

通过研究发现，罩盖内部的气流流场对雾滴沉积和回收、飘失起决定作用，随着研究的深入，改善罩盖中的空气流动特性，进一步提高机具性能成为研究的重点。在 1992～1995

年期间 Peterson 和 Hogmire 对研制的两台"Ⅱ"型循环喷雾机做了大量的研究，通过试验改变风送方式，得到相对比较好的风机配置方案。初期研制的两台喷雾机一台是四个轴流风机风送，两个轴流风机安装在罩盖的上部，另外两个安装在罩盖的下部，气流出口方向朝向罩盖中间位置，结果显示冠层中药液沉积效果很差，大部分药液沉积在果树冠层外围，在果树的内部基本没有药液沉积，分析原因可能是由于四个轴流风机的气流都朝向中间，因此气流在冠层中间位置相遇而使气流速度很小，不能够携带雾滴穿透冠层。在随后的试验中，Peterson 和 Hogmire 将轴流风机的出风口方向进行调节使气流不再相聚在罩盖中间，结果显示雾滴的沉积效果大为提高。而后的试验中他们又将轴流风机的布局改变成六个轴流风机风送，三个一组分别安装在罩盖的两侧，顶部和底部的风机根据冠层形状分别向下和向上偏转20°，试验数据显示这种布局相对初期的布局能够很大程度上提高沉积量和沉积均匀性。Ade 等设计了一种能够使罩盖内部空气循环的"Ⅱ"型循环喷雾机，利用安装在罩盖两侧转向相反的四台轴流风机使罩盖内部的气流旋转循环，同传统喷雾机相比较能够减少 50%～60% 的药液流失到土壤中，在冠层竖直方向上的药液沉积分布非常均匀，而且雾滴在冠层中的穿透性很好，这种方法能够提高冠层中间部分的药液沉积，提高冠层中药液沉积均匀性。同 Ade 的目的相同，LIPCO 公司生产的一种"Ⅱ"型循环喷雾机，将罩盖两侧的横流风机交错安装，一侧安装在罩盖前端，一侧安装在罩盖后端，这样也使罩盖内部的气流循环起来。另外一种"封闭循环系统"（closed loop system）也能够将罩盖内部的气流循环，同前面介绍的空气循环技术不同，这项技术是利用风机抽吸罩盖内部的空气，然后通过罩盖中的空气导管输送到罩盖中的出风口对雾滴进行风送。2000 年 Grzegorz Doruchowski 和 Ryszard Holownichi 介绍了采用了封闭循环系统的两种"Ⅱ"型循环喷雾机，MUNCKHOF 公司生产的"Ⅱ"型循环喷雾机也采用了该系统。

"Ⅱ"型循环喷雾机的结构复杂，影响其作业性能的因素众多，在研究初期，设计具有一定的盲目性，现在借助计算机数值动态仿真方法，可动态的模拟不同影响因素对机具效果的影响，设计快速、准确、高效，大大加快了"Ⅱ"型循环喷雾机的发展。Molari 等分析了目前"Ⅱ"型循环喷雾机的不足之处，利用流体模拟技术（CFD）设计了一台"Ⅱ"型循环喷雾机，经实验验证能够提高农药利用率高达 95%，并进一步提高了药液沉积均匀性。

18.2　导流防飘机理研究

18.2.1　气流对雾滴飘失的影响

18.2.1.1　雾滴尺寸分布和运动特性

雾滴越小，随风飘移就越远，飘失的危险性就越大。小雾滴由于质量轻，在空气阻力下，下降速度不断降低，常常没有足够的向下动量到达靶标，更易受温度和相对湿度的影响，蒸发后变小，可随风飘移很远。雾滴中所含的小雾滴的直径是影响农药飘失量的最主要因素，一般认为小于 100μm 的雾滴最容易飘移。研究表明，当用喷杆式喷雾机喷雾时，小于 100μm 的雾滴往往飘移至喷幅以外，而小于 50μm 的雾滴则在达到靶标之前就已完全蒸发。Yates（1985）等在风洞中测定了扇形雾和圆锥雾喷头的雾滴谱，认为大小为 400μm 的雾滴也有飘移的可能，但通常造成严重飘移的是小于 150μm 的雾滴。

宋坚利等（2006）测定了雾滴尺寸分布和运动速度参数。图 18-8 是喷头 LU120-03 在喷雾压力为 0.3MPa 下的 VMD 空间分布，随着与喷孔距离增加，雾滴 VMD 逐渐增大，边缘雾滴尺寸大于中间位置的雾滴尺寸，在扇面横向上雾滴间的尺寸差异逐渐减小，而在扇面纵向上，雾滴尺寸由原来中间部分大于边缘部分而变化成小于边缘部分并且尺寸差异逐渐增大。扇面边缘雾滴大于扇面中间部分的雾滴，在喷雾扇面中央上存在一个细小雾滴核心区，位置距离喷头 200～300mm 之间。

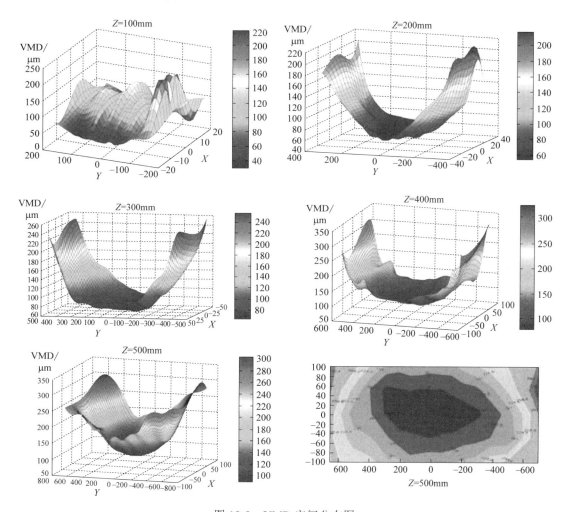

图 18-8　VMD 空间分布图

图 18-9 为对称面上易飘失雾滴的流量分布图，可知易飘失雾滴主要存在于扇面的中心位置，在扇面横向对称面上随着与喷头距离的增加，并且在整个喷雾扇面中心位置易飘失雾滴的含量是最多的，这也意味着如果气流能够将这个区域内的雾滴吹出雾流，将造成严重的飘失。

在喷雾过程中，雾滴在扇面中的运动分布情况相当复杂，除受到雾滴初速度包括大小、方向的影响外，还与其在空间中的受力状态、雾流中的气流运动、温度、雾滴间碰撞等诸多方面的因素均有很大关系。图 18-10 显示的是喷头 LU120-03 在喷雾压力 0.3MPa 情况下距离喷头 400mm 测试面上 100μm 雾滴的运动速度分布情况，由图可知在喷雾扇面中心位置雾滴的运动速度大于扇面边缘位置的速度，所以扇面边缘位置的细小雾滴比扇面中心位置的更易飘失。

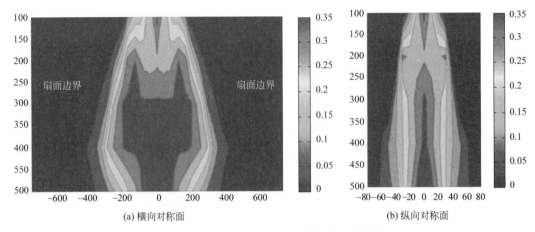

(a) 横向对称面　　　　　　　　　　　　　　(b) 纵向对称面

图 18-9　扇面对称面易飘失雾滴流量分布图

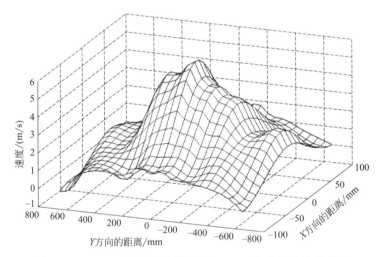

图 18-10　100μm 的雾滴在测试面 400mm 上的运动速度分布

18.2.1.2　气流流场对雾滴运动的影响

气象因素尤其是自然风是产生和加剧飘失的重要因素。自然风越大，能携带的雾滴的尺寸也越大。也就是说，随着风速增大，易被携带走的"小"雾滴尺寸也变大了，因此农药的飘失量也变多。一般来说，风速大时风的方向性相对稳定，农药向下风向飘移的方向性强。风速小时，如小于 2m/s，风向瞬间即变，农药飘移也不定向。空气沿地面运动时，由于摩擦力而使下层气流流速降低形成旋涡运动。在大气不稳定状态时，由于上升气流，加强了旋涡运动在垂直方向的作用强度，不利于雾滴的沉降。总之，风速大，飘失量大，所以风速过大时（>5m/s），不宜喷雾作业。

雾流是一个气液两相混合射流，夹带气流类似淹没空气射流主体段，所以在气流中喷头喷雾的状态可以认为是横流环境中射流现象，由于雾流成扇形，所以确切地说是横流中有限宽窄缝射流流动。在以往对于动水环境中湍射流的研究，大多集中在单圆孔射流的研究上，对于有限宽窄缝的研究形式较少，主要是通过试验研究和数值模拟的方法。图 18-11 为姜国强等使用 PIV 流速测量系统对横流中有限宽窄缝射流研究时使用的试验装置。

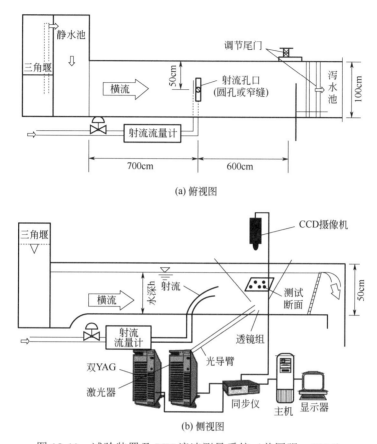

图 18-11　试验装置及 PIV 流速测量系统（姜国强，2004）

　　试验研究证明：射流以大于横流平均流速的速度垂直射入横流中，射流上升高度沿对称面向两侧逐渐降低，相邻的横流流体被射流卷吸进入射流主体，主体的流速沿程减小，而其断面逐渐扩大；断面形状也由扁椭圆形沿流逐渐变为弯曲的扁肾形，在肾形断面内有一对反向旋转涡对。同时，射流对横流的阻抗和横流的绕流作用，形成射流迎流面压力大于背流面压力。在此压力差作用下射流主体沿流向逐渐弯曲，最终其流向与横流流向一致，其流速大小也逐渐与横流当地流速相同。由于射流主体的这一发展特性，为便于分析，一般将射流主体沿程分为起始段、最大弯曲段和顺流贯穿段。

　　上游环境流体因射流迎流面对其的阻挡作用而出现的向上抬升。射流初始段后方及弯曲段下方存在着逆流向的流动，由此，把从喷口后缘至两侧绕流环境流体在对称面上的交会点（即环境流体绕流的分离形成较稳定的旋涡的后缘）的区域称为逆流区。小流速比时，射流侵入环境流体的距离较短，逆流区发生的位置低且影响范围也较小。整个涡量场中的涡量分布较为均匀。较大流速比时，射流流动方向垂直向上明显地侵入环境流体中，达到一定高度后才开始发生弯曲。由于环境流体与射流的剪切作用加剧，在射流与环境流体的交界面上出现大小远大于流场中的背景涡量的集中涡量。在背流面由于射流卷吸作用的增强，在射流喷口下游所形成逆流区的大小在垂向和流向上均有所增加，逆流区内的流动出现明显地朝向射流主体的流动。绕流环境流体交会于对称面上并在射流卷吸作用的影响下，沿垂向方向向上运动，如同该处存在一个"质量源"向上喷射。

由于射流和横流的流速在方向和大小上都有差异，在射流主体边缘就存在剪切层，就形成剪切型旋涡（见图18-12）。流速的差异在射流主体发展的各段上也不同，相应的剪切型旋涡的发展也将不同。射流的阻抗，使横流形成绕流分离旋涡，其存在于射流下缘与底板间的空间，将这一空间称为逆流区。由于流向沿射流主体各段不同，分离旋涡的发展也不同。在逆流区的下游，存在一尾迹。横流近壁区的剪切流动遇到射流的阻抗，在射流喷口附近形成马蹄涡。由于剪切层旋涡的卷起和涡流的形成，而产生的沿流向和展向的交变力作用，使射流主体产生准周期性摆动和主体周缘呈不规则的波状。

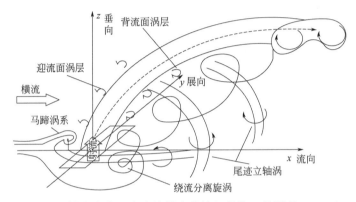

图 18-12　横流中有限宽窄缝射流的旋涡结构（姜国强，2004）

同上面有限宽窄缝射流一样，扇形喷头雾化产生的雾流在横向气流中由于射流阻挡和横流绕流作用，使得雾流主体向流向弯曲，并且在扇面下游方向出现方向相反的绕流分离涡旋，见图18-13所示。横流中射流主体弯曲程度与流速比有关，所以雾流中气流的初始速度与气流的速度比决定了雾流的弯曲程度，即决定了药液飘失程度。由于喷雾产生的扇形雾流是气液两相流，所以在研究过程中还要考虑到液相存在对于射流的影响。雾流中的液相由一个个雾滴组成，所以在研究中常常将其看作多孔介质研究，孔隙率小意味着外界气流不易将内部的细小雾滴吹出而形成飘失。多孔介质的孔隙率与雾滴密度和扇面的厚度有关，由于扇形喷头的横向流量分布呈正态分布，并且中间部分雾滴 VMD 小，所以形成的多孔结构为中间孔隙率小于边缘孔隙率的结构。由于横流的绕流作用使得射流边缘的横流速度增加，使得扇面雾流横向边缘区域的细小雾滴被吹离雾流进入绕流分离涡流而形成飘失，同时由于射流与雾流的剪切作用和迎流面涡层的存在使得雾流迎流面外层的细小雾滴也容易被横流卷吸入分离涡流。综上分析，雾流中易造成飘失的区域有三个：①雾流末端，此处气流速度减小，雾滴的动能也衰减到一定程度，在横流中处于最大弯曲段末期和顺流贯穿段；②喷雾扇面横向边缘；③喷雾扇面迎流面外层。

通过上面横流中射流理论分析可知，气流速度改变会改变流速比，从而能够影响飘失。改变喷雾高度会改变雾流在横流中受影响的范围，降低喷雾高度可能会减小最大弯曲段和顺流贯穿段，从而减少飘失。喷头位姿变化会改变雾流入射方向与横流方向的夹角，从而改变射流在横流中的受力情况，也可能影响飘失。

图 18-13 横流中雾流弯曲和绕流分离涡旋现象

18.2.2 冠层对雾滴沉积飘失的影响

18.2.2.1 作物冠层结构

作物冠层结构最早由 Monsi 和 Saeki 提出，并很快受到作物科技工作者的关注与重视。所谓作物冠层结构是指作物地上部分各器官的数量及其空间分布状态，由群体几何形态、数量和空间散布三方面性状组成。株型是指植株个体在空间的几何分布，是构成冠层结构的重要因素之一。植物群体冠层结构参数主要包括叶面积指数（LAI）、透光率（DIFN）、叶倾角（MLIA）、叶片分布（LD）、消光系数（K）和直接辐射透过系数（TCRP）等。叶面积指数是指单位面积上的叶面积总数，它是反映作物长势和预报产量的重要参数之一。

在影响作物冠层结构的诸多因素中，种植密度对其影响较大。Verhagen 等提出，理想的叶群体结构是不断改变其倾角分布而获得最有效叶面积。行株距配置即是小麦植株在田间的分布问题，调整行株距配置是实现高密度与新技术结合的重要手段。

因此，选择调整种植密度来改变冠层结构，来测定冠层结构对雾滴穿透性、沉积性的影响。

18.2.2.2 雾滴的穿透性

根据雾滴的产生方式不同，其穿透能力也不同，应用范围也不同。由液力喷头产生的雾滴其穿透性能与雾滴的初始动能有关。雾滴运动时，把一部分动能转移到周围的空气中去。在空气的阻力下，雾滴本身的速度不断降低，直至为零，雾滴飘荡干涸缩小，浮力减小，最后在重力作用下降落。

对于液力喷头根据理论分析，一个直径为 d，初始速度为 v_0 运动的雾滴，在密度为 ρ_a 的空气中所受的阻力为：

$$R = \frac{\pi}{8} C \rho_a v_0^{\ 2} d^2 \qquad (18-1)$$

C 是由试验确定的雾滴阻力系数，它的数值由雷诺数决定。一般来说，雾滴离开喷头的初速度相当高，雷诺数也较大。

当雾滴离开喷孔的时间已知时，对于紊流情况，雾滴所具有的最终速度可由下式计算：

$$v = \frac{v_0}{1 + \dfrac{0.33\rho_a}{d\rho_c} \cdot v_0 t} \qquad (18-2)$$

此时，雾滴离喷孔的理论穿透距离为：

$$S = \frac{d\rho_c}{0.33\rho_a} \ln\left(1 + \frac{0.33\rho_a}{d\rho_c} \cdot v_0 t\right)$$ （18-3）

式中　v_0——雾滴的初始速度，m/s；

　　　v——雾滴的最终速度，m/s；

　　　S——雾滴的穿透距离，μm；

　　　d——雾滴的直径，μm；

　　　t——雾滴的穿透时间，s；

　　　ρ_a——空气的密度，g/cm³；

　　　ρ_c——液体的密度，g/cm³。

实际上，液力式喷头产生的小雾滴的理论穿透距离非常小。例如，直径 50μm、初速 55m/s 的雾滴，在空气中由惯性力获得的理论穿透距离仅为几分之一毫米。因此冠层的拦截会更加减弱雾滴的穿透性，使其在冠层中的分布不均匀，大部分的雾滴被冠层截留，无法到达冠层的中下部。

18.2.2.3 冠层穿透性研究方法

为了测定冠层对药液沉积的影响，以 6～7 叶期小麦作为靶标，人为设置 5 种不同的种植密度，对其冠层结构以及在不同冠层结构下喷雾雾滴的分布进行了测定。

（1）研究平台建立　应用喷雾天车作为研究平台，天车轨道高 2.5m，长 9m，匀速区长 6m，一台调速电机驱动轨道车，调节电机转速可调节轨道车的前进速度，从而模拟不同作业速度。轨道车上安装喷杆，高度可调，管路与喷杆连接处安装有稳压调压装置，试验喷头采用德国 Lechler 公司生产的标准扇形雾喷头 ST110-015、ST110-03，喷雾高度为 0.5m，喷雾压力 0.3MPa，行进速度为 1.2m/s。

（2）研究方法

① 将鲜小麦植株裁剪为 45cm 高，制作 20cm×25cm 泡沫板为鲜小麦秸秆载体托盘，小麦以不同的密度均匀插在泡沫板上，见图 18-14，人工设置 5 种密度，分别是 200 株/m²、400 株/m²、800 株/m²、1200 株/m²、1600 株/m²。

② 在室外日光条件下，对 5 种不同密度的小麦冠层 20cm、30cm、40cm 处作为冠层的上、中、下部进行分析。LAI-2000 冠层分析仪每次观测时，先将探头放置于冠层上方，保持探头上水平泡水平，按下测定按钮，听到两声蜂鸣后将探头放入群体内地面上，仍需保持水平，按下测定按钮，听到两声蜂鸣声后选择冠层内地面不同位置测量，重复测量 5 次，然后仪器自动测定出群体叶面积系数 LAI，统计并给出冠层的开度、平均叶倾角。

③ 在小麦冠层 200mm、300mm、400mm 处作为冠层的上、中、下部和地面布置滤纸，放置于天车下（图 18-15），试验采用荧光测定法，用 0.1% 的 BSF 水溶液代替农药进行喷雾试验，根据喷量、喷雾时间，喷雾过后 10～30min 后滤纸变干，用镊子将滤纸收集到自封袋中，然后在每个瓶中加一定量的蒸馏水（含酒精 5%），然后放在震荡仪上震荡 15min，使沉积在滤纸上的 BSF 洗脱下来，最后测定液体中的荧光值。为减小误差，每次试验重复 3 次，取平均值。变换两种喷头进行试验。

图 18-14　小麦（靶标）密度设置

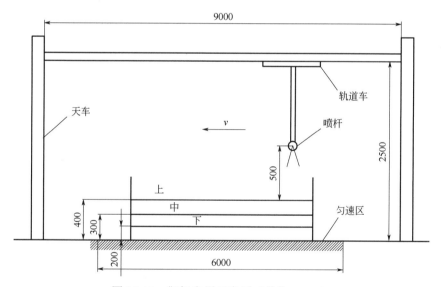

图 18-15　靶标布置示意图（单位：mm）

18.2.2.4　研究结果与分析

对 5 种不同密度的小麦冠层结构分析，其叶面积指数 LAI、透光率 DIFN 如图 18-16 所示。其在喷头 ST110-015、ST110-03 作业下的雾滴沉积分布如图 18-17 所示。

从图 18-16 显示表明，随着小麦株距的增加，冠层的叶面积指数在增加，其透光率在减少，而且叶面积指数越大，透光率越小，但两者并不是呈简单的线性关系，可见种植密度对冠层结构有一定的影响；而且在冠层中从上到下其叶面积指数在减小，透光率在增加，这表明上部冠层将会对雾滴的拦截作用明显，逐层减少。

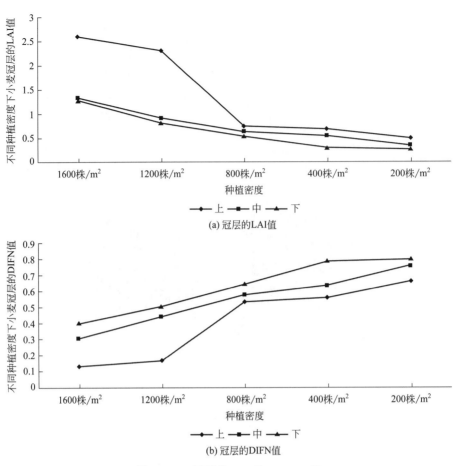

(a) 冠层的LAI值

(b) 冠层的DIFN值

图 18-16 冠层的 LAI 值、DIFN 值

图 18-17 表明，随着小麦株距的增加，雾滴在小麦冠层的总沉积量减少，从冠层上部到地面其沉积量在逐层减少，从两种喷头的作业情况显示，小雾滴在冠层中的穿透性较大雾滴好，更容易在冠层内部沉积。由雾滴在冠层中的分布规律来看，冠层的对雾滴的拦截作用明显，有无冠层及冠层结构都直接影响着雾滴的穿透性和沉积分布，而且试验结果表明，常规

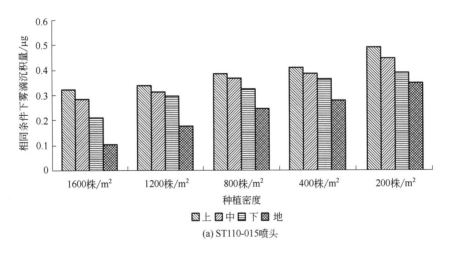

(a) ST110-015喷头

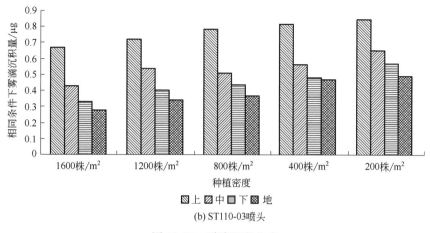

图 18-17 雾滴沉积分布

喷雾时，雾滴在上部冠层的沉积量较多，在中、下部逐层减少，所以其不利于从作物根部发生的病虫害的防治。

18.2.3 导流喷雾的防飘机理

研究表明，尺寸小的雾滴易飘失，且易飘失雾滴主要集中在喷雾扇面中间区域，在喷雾扇面中心位置雾滴的运动速度大于扇面边缘位置的速度，扇面边缘位置的细小雾滴比扇面中心位置的更易飘失，在距离喷头 300mm 处的雾滴最易飘失，气流的流场对飘失也有一定的影响。冠层的拦截作用同时也影响了雾滴的沉积分布与飘失，在前人研究的基础上，采用罩盖喷雾技术可以简单有效地减少飘失，既改变了雾滴的流场而利于雾滴沉积，又减少了冠层对雾滴的拦截，使其在作物中、下部的沉积量增加，从而有效减少飘失，并有利于从作物根本发生的病虫害的防治。因此，在此基础上，选择采用导流挡板来实现上述目标，在喷头的上风向处安装倾斜的挡板，改变流场，同时在作业时可以拨开冠层，使雾滴更好地穿透，到达靶标的中、下部。

随着计算流体技术(CFD)及其相关流体模拟软件的不断发展，针对流体问题的研究提供了一种新的方法。由于自然环境中的气象条件不稳定、不可控制，田间试验的限制很多且不易重复，各影响因素的交互作用也使得在研究中量化某一因素对结果的影响非常困难。而利用数学模型进行计算，在模拟试验中控制试验条件的设置，可以全面分析各因素的影响程度。研究者可以根据仿真试验结果近似选择最佳设计，降低试验成本，减小田间试验中的人力、物力消耗，节约能源。因此，利用仿真模拟试验来研究导流挡板的防飘机理。

18.2.3.1 仿真试验条件假设

仿真试验应该尽量与实际情况相同，但同时也要考虑到计算时间问题，即效果与效率的平衡，为了兼顾这二者，这里做了如下的假设：

（1）Lagrangian 离散相模型的基本假设 喷雾时雾滴在气流作用下的运动，是一个气液两相流的问题。由于液相体积与气相体积相比较，液相的体积很小，符合计算流体力学软件 Fluent 中的 Lagrangian 离散相模型的基本假设，即作为离散的第二相的体积比率应很低。因此可以将气流相作为连续相，雾滴相作为离散相，经过模拟运算就可以得到雾滴在连续相中的运动轨迹。

（2）二维模型假设　由于喷杆和罩盖较长，对雾滴运动影响较大的是与喷杆垂直的二维流场，因此把罩盖流场简化为一个二维问题。

（3）无滑条件假设　喷雾过程中的气流流动是黏性流动。壁面速度与壁面速度梯度和分子平均自由程成正比。所以，固体边界上流体的速度等于固体表面的速度，当固体表面静止时，有：

$$u = v = w = 0 \tag{18-4}$$

式中　u——壁面速度在 x 轴方向的分量；

v——壁面速度在 y 轴方向的分量；

w——壁面速度在 z 轴方向的分量。

本研究中假设罩盖及风洞表面的风速为零。

（4）流场源水平进入假设　假设流场入口风速为水平方向，无垂直分量。这是因为实际应用中虽有侧向风的影响，但是机具前进方向的风是始终存在的，为了引入气流对罩盖防飘的作用效果，这里只考虑流场入口仅为水平方向的风。

（5）流场源稳定假设　假设流场入口风速大小稳定不变。

（6）雾滴分布规律假设　为了便于与激光粒子仪测量结果匹配，假设雾滴直径分布函数满足 Rosin-Ramler 分布规律。雾滴的全部尺寸被分成足够多的离散尺寸组，每个尺寸组由组射流源中的单个平均直径来表示，雾滴的轨迹就依据此代表直径来计算。Fluent 使用线性插值方法对第 i 个射流源在最小直径和最大直径之间进行插值，插值公式如下：

$$d_i = d_{\min} + \frac{d_{\max} - d_{\min}}{N-1}(i-1) \tag{18-5}$$

式中　$d_{\min}$——最小的雾滴直径；

$d_{\max}$——最大的雾滴直径；

N——射流源的总数；

i——射流源的顺序数。

（7）气流流态的假设　雷诺数代表惯性力和黏性力之比。雷诺数不同，这两种力的比值也不同，由此产生对内部结构和运动性质完全不同的两种流动状态。大量的雷诺试验表明，随着雷诺数的增长，流动将由层流状态转变为湍流状态。当雷诺数小于 200 时，流动始终呈层流状态，不论边界（管壁、进口、出口）扰动如何剧烈，一旦扰动取消，流动仍能恢复到层流状态，这种状态称为绝对稳定层流状态。能保持这种状态的最大雷诺数称为第一临界雷诺数，以 Re_{cr1} 表示之，其数值大致为 $Re_{cr1}=2000$；当雷诺数大于第一临界雷诺数，而又小于 10^5 时，流动可能呈现下列现象:在雷诺数较小时，流动虽然可能呈层流状态，但边界扰动可以使流线产生振荡，而当边界扰动消失后，这种振荡并不消失，但流体各层并不掺混。故从整体来看，流体仍处于稳定状态，因而又称为整体稳定状态；在雷诺数较大时，流动对于低频、小振幅的扰动能保持整体稳定状态，但对高频、大振幅的扰动，流动不能保持整体稳定状态，故称为有条件稳定状态。把整体稳定状态和有条件稳定状态总称为过渡状态，这种状态发生在 $Re=2000\sim10^5$ 的范围内。有条件稳定状态的最大雷诺数以 Re_{cr2} 表示，可称其为第二临界雷诺数，$Re\approx10^5$；当雷诺数大于 Re_{cr2} 时，任何微弱的扰动都能使流动失稳，此时，流动处于湍流状态。雷诺数的表达公式为：

$$Re = \frac{\rho VD}{\mu} \qquad (18-6)$$

式中 ρ ——流体密度；

$\quad V$ ——平均流速；

$\quad D$ ——圆管直径；

$\quad \mu$ ——流体黏度。

对于非圆管流动，在计算雷诺数时，可用水力半径 R 代替上式中的 D。这里，

$$R = A/x \qquad (18-7)$$

式中 A ——通流截面积；

$\quad x$ ——湿周。

对于气体来说，x 等于通流截面的周界长度。

由式（18-6）、式（18-7）计算可得本研究中的雷诺数大于 10^5，即大于第二临界雷诺数，因此，流场中的气流流动为湍流。

（8）雾滴三种终结方式假设 假设雾滴最终只有三种终结方式：沉积、飘失和蒸发，无其他不可预知终结方式。因为雾滴要与气流接触，要发生传热、传质和能量守恒等物理过程，所以要考虑雾滴的蒸发现象。当雾滴到达靶标位置时认为雾滴沉积，当雾滴到达其他出口时认为雾滴飘移。

（9）接触沉积假设 假设只要是接触到地面的雾滴就为沉积雾滴，雾滴不发生反弹。

18.2.3.2 仿真试验流场区域

为了使仿真试验条件与实际试验条件相符，以验证试验的风洞尺寸为依据确定仿真试验的流场区域。如图 18-18 所示，仿真试验的流场区域为一个 4m×1.2m 的二维区域，喷头离地面高度 0.7m，挡板上边缘距流场源入口 1m，挡板安装在喷头的上风向处。

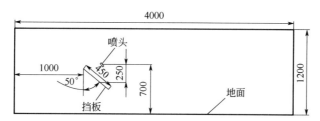

图 18-18 模拟的流场区域（单位：mm）

18.2.3.3 数学模型

仿真试验的模拟计算中选用了以下的计算流体力学数学模型：

（1）气体流动按稳态处理，考虑空气的黏性，选择标准 k-ε 双方程湍流模型；

（2）考虑热交换，选择能量方程；

（3）物质输运方程；

（4）离散相的流动按非稳态处理，选择 Lagrangian 离散模型和热质传递模型；

（5）考虑到雾滴在运动过程中的挥发、碰撞、破碎，选择不稳定模型，其中雾滴破碎模型为泰勒比拟破碎模型（TAB）；

（6）雾滴随机游动模型。

18.2.3.4 流体参数的确定

（1）流体基本参数　仿真试验中流体的主要参数见表 18-1。

表 18-1　模拟的流体参数

空气		雾滴(水)	
温度/K	288	温度/K	285
密度/(kg/m³)	1.225	密度/(kg/m³)	998.2
光强/cd	1006.43	光强/cd	4182
热传导率/[W/(m·K)]	0.0242	热传导率/[W/(m·K)]	0.6
黏度/(Pa·s)	$1.22×10^{-5}$	黏度/(Pa·s)	0.001003
摩尔质量/(kg/mol)	28.966	摩尔质量/(kg/mol)	18.0152
紊流强度/%	10	挥发点/K	273
流速/(m/s)	2	沸腾点/K	373
相对湿度/%	15	表面张力/(N/m)	0.0719404

注：表中数据，除空气的温、湿度和流速及雾滴的温度为试验时测量数据，其他均为计算数值和软件系统默认数值。

（2）雾滴直径分布参数的计算　为了能更好地研究挡板的防飘效果，需要试验用喷头能产生较多直径较小的雾滴，在风洞验证试验中选用德国 Lechler 公司的标准扇形雾喷头 ST110-015。工作压力为 0.4MPa 时，用激光可视图像/颗粒大小测试系统（VisiSizer DP Particle Sizing System Model 6401）测得 Lechler ST110-015 喷头的雾滴谱，其中雾滴的最小直径为 17.5μm，最大直径为 340.5μm，体积中径为 150.4μm。仿真试验中按照该喷头的雾化参数设置射流源参数。

计算雾滴的运动时，采用随机方法（由于雾滴数量很多，不可能计算每一个雾滴的运动）。其基本思想是，假设雾滴遵循某种分布规律，$f = f(d_i, v_i, x_i, T_i)$，这里 $f(d_i, v_i, x_i, T_i)$ 表示直径为 d_i、速度为 v_i、位置为 x_i、温度为 T_i 的雾滴所出现的概率，在仿真试验中只需要给出雾滴在初始时刻的分布。雾滴的初始速度一般为常数，根据相关文献，本研究中定义为 20m/s；雾滴的初始位置在喷头处；温度也是一个常数，所以分布函数只是雾滴直径的函数。在多数情况下，雾滴的分布函数 f 满足 Rosin-Ramler 分布规律，其分布假定在雾滴直径与大于此直径的雾滴的质量分数 Y_d 之间存在指数关系：

$$Y_d = e^{-\left(\frac{d}{\bar{d}}\right)^n} \tag{18-8}$$

式中　Y_d——直径大于 d 的雾滴的质量百分率，%；

d——雾滴直径，μm；

$\bar{d}$——雾滴平均直径，μm；

n——分散系数，雾滴谱内雾滴分布情况。

为了确定这些参数，必须把测得的雾滴参数 d 与 Y_d 拟合或者插值成 Rosin-Ramler 指数方程形式（式 18-8）。这里采用插值的方法，插值后雾滴直径分布如图 18-19。

当 $d = \bar{d}$，$Y_d = e^{-1} \approx 0.368$ 时的 d 为 $\bar{d}$，由插值得到 $\bar{d} = 171.7$μm。再将测得的雾滴参数 d 和 Y_d 按照 Rosin-Ramler 分布的格式排列，计算出分散系数 n，最后取其平均值。n 可以按下式进行计算：

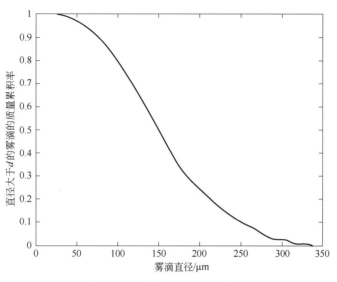

图 18-19　雾滴分布插值曲线

$$n = \frac{\ln(-\ln Y_d)}{\ln(d/\overline{d})} \qquad (18\text{-}9)$$

由式（18-9）和表 18-2 中的数值计算得到 n 的值（见表 18-2），$\overline{n} = 2.762$。

表 18-2　雾滴分散系数

$d/\mu m$	$Y_d/\%$	n	$d/\mu m$	$Y_d/\%$	n	$\overline{n}$
17.5	100		79.4	88.72	2.753	
18.2	99.98	3.795	83.2	87.42	2.770	2.762
19.1	99.96	3.563	87.1	85.51	2.732	
20	99.93	3.379	91.2	83.81	2.740	
20.9	99.89	3.235	95.5	81.59	2.714	
21.9	99.85	3.157	100	79.3	2.703	
22.9	99.81	3.110	104.7	77.09	2.722	
24	99.76	3.065	109.6	74.92	2.767	
25.1	99.71	3.038	114.8	71.9	2.755	
26.3	99.65	3.013	120.2	68.98	2.778	
27.5	99.58	2.987	125.9	65.57	2.780	
28.8	99.51	2.978	131.8	61.79	2.764	
30.2	99.41	2.952	138	57.75	2.744	
31.6	99.3	2.929	144.5	53.94	2.797	
33.1	99.19	2.923	151.4	49.34	2.762	
34.7	99.05	2.909	158.5	45.24	2.896	
36.3	98.9	2.899	166	39.97	2.565	
38	98.76	2.907	173.8	35.63	2.590	
39.8	98.53	2.882	182	31.31	2.566	
41.7	98.3	2.873	190.5	27.95	2.336	
43.7	98.02	2.859	199.5	23.86	2.397	
45.7	97.7	2.841	208.9	21.33	2.218	
47.9	97.3	2.819	218.8	18.18	2.201	

$d/\mu m$	$Y_d/\%$	n	$d/\mu m$	$Y_d/\%$	n	$\bar{n}$
50.1	96.95	2.821	229.1	15.44	2.167	
52.5	96.46	2.804	239.9	12.11	2.234	
55	95.96	2.801	251.2	10.21	2.168	
57.5	95.38	2.789	263	8.23	2.146	
60.3	94.77	2.794	275.4	4.96	2.328	
63.1	93.86	2.756	288.4	2.71	2.474	
66.1	93.03	2.753	302	2.71	2.272	
69.2	92.09	2.747	316.2	0.68	2.633	
72.4	91.02	2.737	331.1	0.68	2.448	
75.9	89.9	2.744	340.5	0		

18.2.3.5 喷头参数的确定

由于雾流中气流流场会影响雾滴飘失,所以在仿真模拟时必须考虑雾流中夹带气流对空气流场的影响。风洞试验中选用 ST110-015 喷头,喷雾压力 0.3MPa,在此工作条件下雾流中气流运动可以用喷口直径 6mm,出口气流速度 16m/s 的空气射流代替,所以在仿真试验中确定喷头直径 5mm,空气流速 16m/s。应用 DPM 模型研究雾滴在流场中的轨迹时需要设定射流源,射流源参数见表 18-3。

表 18-3 射流源设定参数

参数	值
雾滴初速度	20m/s
温度	285K
流量	0.68L/min
最小雾滴尺寸	17.5μm
最大雾滴尺寸	340.5μm
平均雾滴尺寸	150.4μm
分散系数	2.762

18.2.3.6 仿真试验的步骤

仿真试验的求解过程分三步:

(1)在前处理器 gambit 2.0 中建立几何模型并定义仿真试验流场区域的边界,然后用自适应非结构化三角形网格划分仿真试验流场区域,单位网格边长为 0.01m,生成网格文件。

(2)在 Fluent 模块中选择 2D 解算器、读入并检查网格、进行网格的平滑和移动,这样可以改善网格质量,提高求解精度;选择解的形式为稳态隐式解;选择相应的模型;设定边界条件:气流入口选择速度进口,出口为出流口,地面、喷头的喷嘴为壁面,两个计算区域的交界为交界面,并将该交界面定义为飘失边界,通过的雾滴视为飘失,其余边界均为系统默认的壁面,所有壁面处默认为无滑移边界条件;初始化流场,进行迭代计算得到收敛的或者部分收敛的连续相流场。

(3)在收敛的或部分收敛的连续相流场中加入离散相,选择相应的模型;创建射流源,定义射流源的属性,给定雾滴在初始时刻的分布;进行离散相的计算,可以得到雾滴在流场中的运动轨迹及雾滴的沉积、飘失情况。

18.2.3.7 喷雾效果的评价指标

为了量化喷雾时雾滴的飘失，在喷头下风向 2m 的位置设置飘失边界，将通过该界面的雾滴视为飘失，在 2m 之内沉积下来的雾滴视为沉积量。评价的指标为：

$$DP = \frac{D}{Q} \times 100\% \qquad (18\text{-}10)$$

式中 D——雾滴沉积量，g；

$\quad Q$——喷液量，g；

$\quad DP$——雾滴沉积率，%。

因为雾滴的沉积与飘失呈负相关，所以 DP 值越大说明飘失越少，挡板的防飘效果越好。每组试验重复 10 次，取平均值。

18.2.3.8 研究结果与分析

（1）均匀直径雾滴沉积率　假设喷雾雾滴的直径相同时，仿真试验中两种喷雾方式下雾滴沉积率 DP 如表 18-4 所示。

表 18-4　2m/s 风速下不同直径雾滴的沉积率　　　　单位：%

雾滴直径/μm		≤50	75	100	105	110	115	120	125	≥130
喷雾方式	常规喷雾	0	0	0	0	0	0	23	29	100
	防飘喷雾机	0	26	47	56	74	100	100	100	100

从表 18-4 中可以看出：

① 常规喷雾时，沉积雾滴的临界直径为 120μm，且仅有 23%可以沉积下来，而直径≤120μm 的雾滴全部飘失；

② 防飘喷雾机喷雾时，沉积雾滴的临界直径为 75μm，只有 26%可以沉积下来，但较改进前沉积雾滴的临界直径减小了，而直径≤75μm 的雾滴全部飘失；

③ 常规喷雾时，直径为 130μm 时雾滴才全部沉积，而防飘喷雾机喷雾时直径为 115μm 时就全部沉积了。

由此可知，防飘喷雾机较常规喷雾有利于小雾滴的沉积，且在相同条件下增加了雾滴的沉积率。

（2）流场 X 方向速度矢量图分析　图 18-20 是两种喷雾方式下气流的 X 方向速度矢量图。

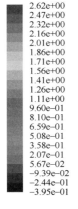

2.62e+00
2.47e+00
2.32e+00
2.16e+00
2.01e+00
1.86e+00
1.71e+00
1.56e+00
1.41e+00
1.26e+00
1.11e+00
9.60e-01
8.10e-01
6.59e-01
5.08e-01
3.58e-01
2.07e-01
5.67e-02
-9.39e-02
-2.44e-01
-3.95e-01

(a) 常规喷雾

图 18-20

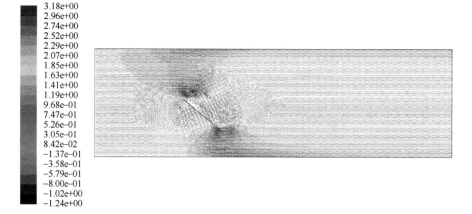

(b) 防飘喷雾机

图 18-20　两种作业方式下气流 X 方向速度矢量图

图 18-21 是经过 FLUENT 后处理的两种作业方式下气流 X 方向的速度图。

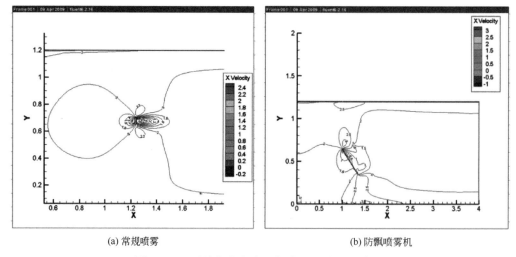

(a) 常规喷雾　　　　　　　　　　　　　　　(b) 防飘喷雾机

图 18-21　两种作业方式下气流 X 方向的速度图

如图 18-20、图 18-21 所示：

① 常规喷雾时气流的运动方向不会变化，初始时的水平气流最后仍然是水平的，速度大小也不发生变化；

② 由于挡板的导流作用，整个模拟流场中气流 X 方向速度 V_x 发生了变化。对雾滴沉积影响较大的喷头附近，尤其是喷头下方的 V_{+x} 减小了，甚至出现 V_{-x}。同时在罩盖上方和下方，V_{+x} 的最大值较常规喷雾时有所增大，出现了两个高速区，其中挡板上方的高速区对雾滴沉积几乎没有影响，而挡板下方的高速区对雾滴沉积有一定影响，加速了雾滴向靶标的沉积，将更多的雾滴输送到会胁迫气流迅速沉积在作业靶标范围内。

（3）流场 Y 方向速度矢量图分析　图 18-22 是两种喷雾方式下气流的 Y 方向速度矢量图。

图 18-23 是经过 FLUENT 后处理的两种作业方式下气流 Y 方向的速度图。

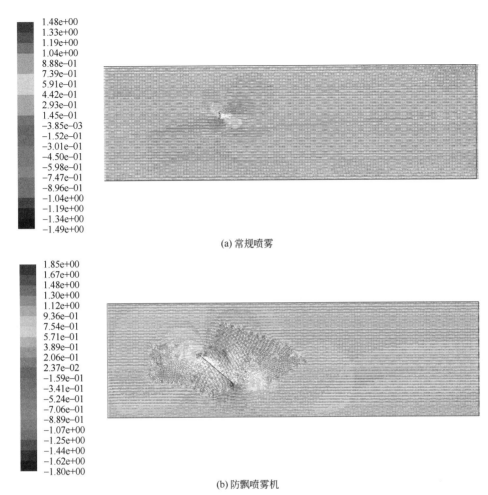

(a) 常规喷雾

(b) 防飘喷雾机

图 18-22　两种喷雾方式下气流的 Y 方向速度矢量图

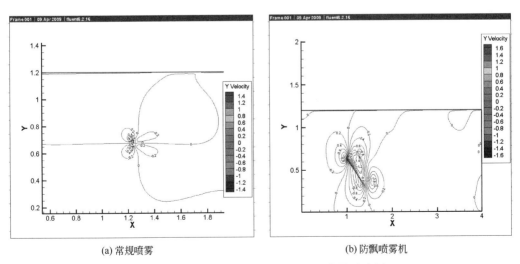

(a) 常规喷雾

(b) 防飘喷雾机

图 18-23　两种作业方式下气流 Y 方向的速度图

如图 18-22、图 18-23 所示：

① 常规喷雾时，喷雾流场大部分区域气流 Y 方向速度 V_y 为零，雾滴只能在水平气流的作用下运动，而防飘喷雾机喷雾时气流的 V_y 不为零，且为 V_{-y}，将有利于胁迫雾滴向靶标沉降；

② 在喷头下方 V_{-y} 明显增大，且高于挡板下方的速度，有利于雾滴快速地向靶标沉降。

（4）流场静压势量图分析　图 18-24 是两种作业方式下流场静压势量图。从流场静压势量图可以看出，常规喷雾时在喷头周围空气静压几乎没有什么变化，对雾滴的运动没有太大的影响；防飘喷雾机作业时，挡板前方空气静压高，在挡板后部存在一低压区，由于挡板的阻挡作用，使前方空气从挡板的上、下边缘绕行，使得挡板底部气流 X 方向上的速度很大，此现象类似空气附壁射流，有利于雾滴的快速沉降，但是由于低压区的存在，使部分小雾滴在压力差的作用下进入涡旋低压区，附着在挡板上。

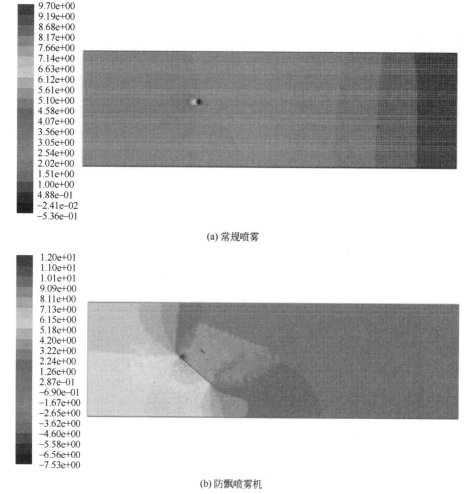

(a) 常规喷雾

(b) 防飘喷雾机

图 18-24　两种作业方式下流场静压势量图

（5）雾滴运动轨迹图分析　雾滴的运动轨迹在三维流场中进行模拟，模拟区域为 $2m \times 2m \times 4m$，试验参数设置同前面一致。

图 18-25 为两种作业方式下的雾滴运动轨迹图。

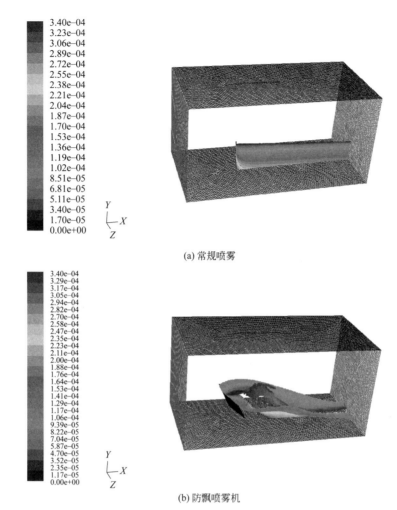

(a) 常规喷雾

(b) 防飘喷雾机

图 18-25　两种作业方式下雾滴轨迹图

如图 18-25 所示，雾滴轨迹图由雾滴直径表征，在模拟区域内，常规喷雾作业方式下，雾滴在水平 X 方向气流下在向靶标区运动，运动轨迹不发生变化，且大雾滴在喷头下方沉积，细小雾滴随风飘失。由于挡板的导流作用，雾滴的运动轨迹发生了变化，经过导流后的气流将雾滴压向地面，胁迫雾滴运动从而增强了雾滴沉降，同时也缩短了雾滴运动的时间，减少了雾滴的挥发，进一步减少了雾滴飘失的潜能。并且从雾滴的运动轨迹看，经挡板导流后的雾滴增加了在冠层中的穿透性，从而能增加在冠层中的沉积量。

18.2.4　研究结论

通过对雾滴的尺寸分布、运动特性、气流流场对雾滴运动影响的分析，确定雾流中易飘失区域为雾流末端、喷雾扇面横向边缘、喷雾扇面迎风面外边缘，为导流挡板的设计提供了理论依据；通过对冠层结构和雾滴在冠层中的分布规律的分析，可知冠层对雾滴的拦截作用明显，因此利用挡板来减少冠层对雾滴的拦截，使雾滴更好地在冠层中穿透，减少飘失。

在理论分析的基础上，提出了在喷头的上风向处安装倾斜的挡板来实现其导流的作用，通过仿真模拟试验验证了该方案，试验结果表明：

（1）常规喷雾时，沉积雾滴的临界直径为120μm，且仅有23%可以沉积下来，直径为130μm时雾滴全部沉积；安装挡板喷雾，沉积雾滴的临界直径为75μm，而防飘喷雾机喷雾时直径为115μm时就全部沉积了。

（2）常规喷雾时初始时的水平气流最后仍然是水平的，速度大小也不发生变化；由于挡板的导流作用，对雾滴沉积影响较大的喷头附近，尤其是喷头下方的 V_{+x} 减小了，甚至出现 V_{-x}。同时，在罩盖上方和下方，V_{+x} 的最大值较常规喷雾时有所增大，出现了两个高速区，挡板下方的高速区加速了雾滴向靶标的沉积，将更多的雾滴输送到会胁迫气流迅速沉积在作业靶标范围内。

（3）常规喷雾时，喷雾流场大部分区域气流 Y 方向速度 V_y 为零，雾滴只能在水平气流的作用下运动，而防飘喷雾机喷雾时气流的 V_y 不为零，且为 V_{-y}，将有利于胁迫雾滴向靶标沉降；在喷头下方 V_{-y} 明显增大，且高于挡板下方的速度，有利于雾滴快速地向靶标沉降。

（4）常规喷雾作业方式下，雾滴在水平 X 方向气流下在向靶标区运动，运动轨迹不发生变化；由于挡板的导流作用，雾滴的运动轨迹发生了变化，经过导流后的气流将雾滴压向地面，胁迫雾滴运动从而增强了雾滴沉降，同时也缩短了雾滴运动的时间，减少了雾滴的挥发，也减少了雾滴飘失的潜能。

18.3　导流喷雾机的研制

18.3.1　挡板导流式喷雾机的设计

挡板导流式喷雾机作为一种新型防飘喷雾机，同传统大田喷雾机相比，挡板导流式喷雾机应具有独特的符合农艺要求的设计要求：

（1）由挡板的防飘机理可知，需要在喷头的上风向加装挡板，并由一个平行四边形机构来连接挡板、喷杆和喷头，而其位姿参数直接影响着喷雾机的防飘效果，必须对其进行最优作业参数的确定，以实现最好的防飘效果；

（2）由于挡板导流式喷雾机的挡板要接触作物并要拨开作物冠层，首先挡板的倾角和作业高度即挡板最下边缘在冠层中的深度要保证对作物冠层没有损伤，在保证没有损伤的基础上最大限度地拨开冠层，因此需要对其临界深度进行确定；

（3）由于喷幅为6m，为了方便在运输状态下行走，需要设计折叠机构，操作简单方便；

（4）不同时期不同的作物其冠层特性不同，由于受挡板在冠层中临界深度的限制，需要根据不同的作业情况，调节作业高度。

18.3.2　导流喷雾系统的设计

由于喷雾机的结构参数及最优作业参数需要通过试验进行确定，便于试验操作，首先研制该喷雾机的试验机具。

18.3.2.1　结构参数

轮距：100～200cm（可调节）；

轮高：70cm；

喷头距地面高度：30~100cm（可调节）；

挡板长度：200cm；

挡板宽度：40cm、45cm、55cm、60cm（可换）；

药箱容量：20L。

18.3.2.2 轮距调节方式

要保证机具适合田间作业并对作物不造成损伤，因此需要根据作物行距间隙进行轮距的调节以适应大田作业。

考虑到机具的结构简单、操作方便的设计要求，采用了如图 18-26 的轮距调节方式，即在长为 1m 的 30cm×30cm×3cm 的方管内分别插入长为 50cm 的 20cm×20cm×2cm 的方管，用内部方管连接车轮，在外部方管两端打上螺纹孔，将内部的方管调节到所需位置后，用螺钉从两个方向将方管顶紧，以此来调节轮距。

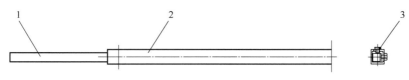

图 18-26　轮距调节装置

1—20cm×20cm×2cm 方管；2—30cm×30cm×3cm 方管；3—普通螺钉

18.3.2.3 高度调节方式

作物在不同的生长期喷施不同农药，但在不同生长期，其冠层高度不同，为了能适应作物不同生长期的作业需要，要求挡板和喷头的高度可以调节。

考虑到机具结构简单、操作方便的设计要求，采用了如图 18-27 的高度调节方式，即在支架上铣槽形成导轨，将滑块置于槽中，调节到所需位置，用螺栓固定即可。

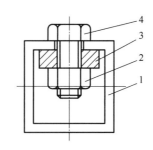

图 18-27　滑块机构

1—导轨槽；2—螺母；3—滑块；4—螺栓

18.3.2.4 整体机架的设计

为了避免喷施农药对操作者造成的危害，方便其能看到田间状况和仪表显示情况，选择了手拉式的方案。将机架上固定药箱和泵，在机架的后方有高度调节机构，并由此连接喷雾系统，即由平行四边形机构连接的挡板、喷杆、喷头，该平行四边形可调，由此来变换挡板倾角、喷头释放角，从而满足试验要求。试验机具结构如图 18-28 所示，实物图如图 18-29 所示。

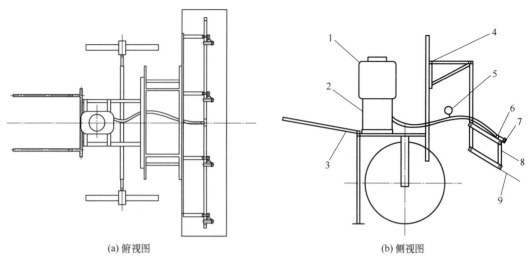

(a) 俯视图　　　　　　　　　　　　　　　　(b) 侧视图

图 18-28　试验机具结构简图

1—药箱；2—泵；3—拉杆；4—高度调节机构；5—压力表和调压阀；
6—喷杆；7—喷头；8—平行四边形机构；9—挡板

图 18-29　试验机具实物图

18.3.3　结构参数的确定

18.3.3.1　作业高度的确定

由于喷雾机挡板在作业过程中要拨开作物冠层，为了在对作物不造成损伤的基础上最大限度地拨开作物冠层，需要对作业高度进行确定。不同生长期作物的高度不同，而作物冠层的开度由挡板最下边缘深入冠层中的高度来决定。该机具的试验选择小麦作为靶标，所以选择小麦茎秆进行力学分析来确定作业高度。

作物的茎秆通常假设为垂直生长。当重力较小时，横向作用力(如侧风雨等)使茎秆发生弯曲，作用力消除后，恢复直线生长状态，即茎秆直线形式的平衡是稳定的。随着茎秆重力的增加，横向作用力虽消失，但茎秆仍呈弯曲，而不能恢复直线形式，使直线平衡变为不稳定，即进入倒伏的临界状态。根据总势能 II^0 及 $\mathrm{II}^0+\Delta I$ 的能量原理，$\Delta I<0$ 为不稳定平衡，$\Delta I>0$ 为稳定平衡，$\Delta I=0$ 为临界状态。图 18-30 表明：茎秆作为一端固定根系，一端自由的长细杆，自重作用在小的干扰下，使杆微弯变形。

此时 ΔI 包含由于弯曲而增加的变曲变形能 ΔU 和由于载荷下降使势能减小 ΔT，按公式：

$$\Delta U = \frac{EJ}{2}\int_0^L \left(\frac{\mathrm{d}^2 W}{\mathrm{d}x^2}\right)^2 \mathrm{d}x \tag{18-11}$$

$$\Delta T = \int_0^\lambda q\lambda_x \mathrm{d}x \tag{18-12}$$

式中，E 是杆材料的弹性模量；J 是截面惯性矩；$W(x)$ 是杆弯曲的挠度曲线方程；q 是杆单位长度的自重；L 是杆的长度；λ_x 是载荷 $q \cdot dx$ 的位移量。

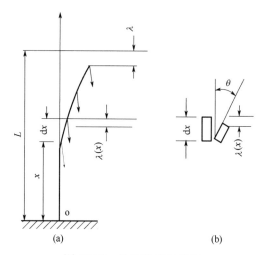

$$\lambda_x = \int_0^x d\lambda = \int_0^x (dx - dx\cos\theta) = \frac{1}{2}\int_0^x \left(\frac{dW}{dx}\right)^2 dx$$

（18-13）

将式（18-13）代入式（18-12）中得：

$$\Delta T = \int_0^L q\lambda_x \cdot dx = \frac{q}{2}\int_0^L dx \int_0^x \left(\frac{dW}{dx}\right)^2 dx$$

（18-14）

根据临界状态 $\Delta I = 0$，即 $\Delta U = \Delta T$，由式（18-11）和式（18-14）得：

图 18-30　茎秆的弯曲变形

$$q = \frac{EJ\int_0^L \left(\frac{d^2 W}{dx^2}\right)^2 dx}{\int_0^L dx \int_0^x \left(\frac{dW}{dx}\right)^2 dx}$$

（18-15）

根据边界条件 $x=0$，$W=0$；$x=0$，$\dfrac{dW}{dx}=0$ 及失稳时变曲变形的挠度曲线方程：

$$W(x) = C\left(1 - \cos\frac{\pi x}{2L}\right)$$

（18-16）

其中 C 为常数，将其对 x 求导数得：

$$\frac{dW}{dx} = \frac{\pi}{2L} \cdot C \cdot \sin\frac{\pi x}{2L}$$

$$\frac{d^2 W}{dx^2} = \left(\frac{\pi}{2L}\right)^2 \cdot C \cdot \cos\frac{\pi x}{2L}$$

（18-17）

代入式（18-15），积分后得：

$$q = \frac{EJ\int_0^l \left(\frac{\pi}{2L}\right)^4 C^2 \cos^2\frac{\pi x}{2L} dx}{\int_0^L dx \int_0^x \left(\frac{\pi}{2L}\right)^2 C^2 \sin^2\frac{\pi x}{2L} dx} = \frac{8.29EJ}{L^3}$$

（18-18）

设茎秆匀质等粗，则 $q = 1 \cdot \pi r^2 \cdot \rho g$，$J = \dfrac{\pi r^4}{4}$，代入式（18-18）得：

$$L^3 = \frac{8.29E}{4\rho g} r^2$$

（18-19）

$$L \propto r^{\frac{2}{3}}$$

此为由平衡理论得到的临界高度。

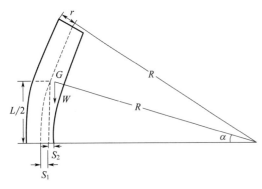

图 18-31　茎秆抗弯折的临界高度

茎秆可简化为竖立的长圆柱体，有抗弯折的临界值（L_c），它与材料的弹性模量（E）和柱的半径（r）有关。图 18-31 表明，当圆柱体由于外力侧向作用时，在自身重力的作用下而发生弯曲。

设其曲率半径为 R，重心侧向横移的距离为 S，S 由 S_1 和 S_2 两部分组成，其中：

$$S_1 = R(1-\cos\alpha) \approx \frac{R\alpha^2}{2} \qquad (18\text{-}20)$$

$$S_2 = R\left(1-\frac{\sin\alpha}{\alpha}\right) \approx \frac{R\alpha^2}{6} \qquad (18\text{-}21)$$

所以，

$$S = S_1 + S_2 = \frac{2R\alpha^2}{3} = \frac{L^2}{6R} \qquad (18\text{-}22)$$

$$\alpha \approx \frac{L}{2R}$$

圆柱体的重力为：

$$W = \pi r^2 L \rho \text{g} \qquad (18\text{-}23)$$

式中，ρ 是材料的密度，重力产生的力矩为：

$$M_{重} = W \cdot S = \pi r^2 L \rho \text{g} \cdot \frac{L^2}{6R} = \frac{\pi r^2 L^3 \rho \text{g}}{6R} \qquad (18\text{-}24)$$

弯曲圆柱体内部产生的恢复力矩为：

$$M_{内} = \frac{E\pi r^2}{4R} \qquad (18\text{-}25)$$

当 $M_{重} > M_{内}$ 时，圆柱体将不能直立。因此用 $M_{重} = M_{内}$ 作为计算其临界高度的条件，即：

$$\frac{\pi r^2 L_c^{\,3} \rho \text{g}}{6R} = \frac{E\pi r^2}{4R} \qquad (18\text{-}26)$$

由此得：

$$L_c = \left(\frac{3E}{2\rho \text{g}}\right)^{\frac{1}{3}} \cdot r^{\frac{2}{3}} \propto r^{\frac{2}{3}} \qquad (18\text{-}27)$$

因此，由平衡理论得到的结果与弹性稳定理论得到的结果一致。上述为茎秆抗倒伏力学模型，即在外力作用下茎秆产生横向位移，外力消失后，其重力力矩如果大于茎秆内部的恢复力矩，则茎秆产生倒伏。

当使用挡板导流式喷雾机时，倾斜的挡板切入冠层，挡板下边缘在冠层中的切入点决定了茎秆产生的横向位移，如图 18-32 所示，λ 为茎秆弯曲前的高度，$\lambda-b$ 为弯曲后的高度，P 为挡板对茎秆施加的外力，b 即为所需确定的挡板下边缘在冠层中的深度。

结合图 18-31 可知，茎秆弯曲的曲率半径 R 与 b 有关，即

$$\lambda - b = R \cdot tg2\alpha \qquad (18\text{-}28)$$

选择抽穗期的小麦作为靶标，将小麦茎秆参数代入式（18-27），并由式（18-28）可得 $b = 0.31m$，即使小麦茎秆不产生倒伏的挡板下边缘在冠层中的临界深度。

因此，确定并调节机具的作业高度，使挡板下边缘在冠层中深度为 0.3m。

18.3.3.2 最优作业参数的确定

由于挡板的宽度、倾角直接影响着挡板的导流作用，而喷头释放角决定了雾滴的运动轨迹以及雾滴在冠层中的穿透与沉积，且与挡板的导流有着交互影响，需要对这 3 个参数进行最优化确定，设计正交试验分别在仿真试验和田间试验中进行。

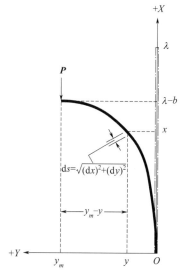

图 18-32　茎秆弯曲模型

（1）挡板宽度对流场的影响　设定挡板倾角为 45°，取挡板宽度为 20cm、30cm、40cm、50cm、60cm 5 个水平进行仿真试验模拟，试验方法和参数设置与 18.2.3 中所述一致。

试验结果显示，挡板越宽，其导流作用的区域越大。随着挡板宽度的增加，对前方气流的阻挡作用更加明显，使气流急速地从挡板上、下边缘绕行，而形成两个高速区，在挡板的后方形成低速区，而挡板的宽度直接影响着高速区、低速区的流场。高速区的最大速度和低速区的最低速度都随着宽度的变化而变化，而气流的速度直接影响着雾滴的飘失，并且在挡板后方的涡流区域大小以及涡流离挡板的距离也有明显的变化，因此影响着低速区对细小雾滴的卷吸作用，必须选择合适的宽度，利于雾滴在靶标的沉降。

（2）挡板倾角对流场的影响　设定挡板宽度为 45cm，取挡板倾角（挡板与竖直方向夹角）为 20°、30°、40°、50°、60° 5 个水平进行仿真试验模拟，试验方法和参数设置与 18.2.3 中所述一致。试验结果显示，当挡板倾角偏小或者偏大时，都会使气流在挡板的后方形成较大的涡流区，使细小的雾滴极易被卷吸到挡板上，不利于雾滴的沉积。倾角的变化也使气流的流速发生明显的增减，对雾滴的飘失有很大的影响。因此，要选择适当的挡板倾角。

（3）喷头释放角对雾滴飘失的影响　设定挡板宽度为 45cm，挡板倾角为 45°，喷头释放角（喷头与竖直方向夹角）取 20°、30°、40°、50°、60° 5 个水平进行仿真试验模拟，试验方法和参数设置与 18.2.3 中所述一致。以雾滴的飘失率作为评价指标。图 18-33 为不同喷头释放角下雾滴的飘失率。

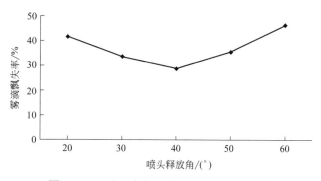

图 18-33　不同喷头释放角下雾滴的飘失率

由图 18-33 可知，喷头释放角对雾滴飘失率影响明显，且随着喷头释放角的增加，雾滴飘失率先降低后增加，因此，需要选择适当的喷头释放角来最大限度地减小雾滴的飘失率。

（4）正交试验　影响因素有挡板宽度、挡板倾角和喷头释放角三个因素，每个因素取 4 个水平，表 18-5 为试验因素水平。

表 18-5　试验的因素水平

水平 \ 因素	A 挡板宽度/cm	B 挡板倾角/(°)	C 喷头释放角/(°)
1	40	30	30
2	45	40	40
3	55	50	50
4	60	60	60

采用正交试验分析法，根据正交表把试验设计为 16 组，如表 18-6 所示。

表 18-6　正交试验数据组

试验号	1	2	3	4	5	6	7	8	9	10	11	12	13	14	15	16
挡板宽度/cm	40	40	40	40	45	45	45	45	55	55	55	55	60	60	60	60
挡板倾角/(°)	30	40	50	60	30	40	50	60	30	40	50	60	30	40	50	60
喷头释放角/(°)	30	40	50	60	40	30	60	50	50	60	30	40	60	50	40	30

（1）仿真试验

试验方法和试验参数与 18.2.3 中所述一致，按照表 18-6 中的因素水平设置 16 组试验。以飘失率作为评价指标，试验结果如表 18-7 所示。

表 18-7　雾滴飘失率

试验号	A	B	C	飘失率/%
1	40	30	30	33.9
2	40	40	40	30.9
3	40	50	50	28.9
4	40	60	60	27.2
5	45	30	40	32.9
6	45	40	30	34.8
7	45	50	60	26.2
8	45	60	50	20.3
9	55	30	50	31.5
10	55	40	60	30.6
11	55	50	30	29.7
12	55	60	40	31.7
13	60	30	60	46.3
14	60	40	50	35.2
15	60	50	40	33.6
16	60	60	30	43.8

通过计算可以得出最佳的作业组合为 A2B3C3，即挡板宽度 45cm、挡板倾角 50°、喷头释放角 50°。

此为在理想状态且为无冠层条件下进行的试验，为了验证试验结果进行了田间试验。

（2）田间试验

① 试验准备。调试喷雾装置，喷雾装置制作完成后进行调试，以保证其压力基本稳定，喷头能正常喷雾，并保证机具喷雾过程中不漏液，根据田间作业情况和小麦冠层高度，调节轮距和作业高度。配制 1‰浓度的 BSF 溶液代替药液喷雾。

② 试验步骤

a．田间气候条件记录：每次田间试验前准确记录当时的风向风速，温度和相对湿度；

b．田间小区的选取：选取小麦高度适中约 50cm，冠层合适，高低稀疏基本一致，而且适于所制的喷雾机具田间行进的 1.2m×4m 的小区进行田间试验；

c．布点：在小麦冠层上离地面 30cm 处均匀分行式布点 15 个，将滤纸夹在小麦叶片上；

d．按照表 18-6 正交试验设计的试验组调整机具的作业参数；

e．喷药：用 1‰浓度的 BSF 溶液代替药液喷雾，喷药时行进速度 0.8m/s，作业压力 0.3MPa，行进过程保证匀速；

f．取样：等滤纸干后，将滤纸采集收好，每一片滤纸装在一个自封袋中，标号收好；

g．重复 c～f 步，进行其他几组数据参数的试验，收集好滤纸。每组试验重复 3 次。用 25mL 蒸馏水把每一组的滤纸进行洗脱，用荧光仪测量荧光值，记录并分析；

h．在小麦冠层离地面高度为 20cm、30cm、40cm 处作为上、中、下三层均匀分行式布点 15 个，将滤纸夹在小麦叶片上；重复 e～g 步试验操作。

③ 试验结果与分析。以相同作业条件下 15 个试验点的雾滴沉积总量作为评价指标，试验结果与方差分析表如表 18-8、表 18-9 所示。

表 18-8　雾滴沉积量

试验号	A/cm	B/(°)	C/(°)	相同条件下取样点上的沉积总量/μg			
				1	2	3	平均值
1	40	30	30	13.25	12.28	12.05	12.53
2	40	40	40	14.78	14.38	14.65	14.60
3	40	50	50	14.98	15.70	15.50	15.40
4	40	60	60	15.83	16.83	17.00	16.55
5	45	30	40	13.50	13.20	12.90	13.20
6	45	40	30	12.08	12.45	12.68	12.40
7	45	50	60	18.70	19.68	19.08	19.15
8	45	60	50	21.00	21.80	22.38	21.73
9	55	30	50	13.33	13.53	13.98	13.60
10	55	40	60	13.10	13.53	14.00	13.55
11	55	50	30	13.80	13.93	13.68	13.80
12	55	60	40	12.95	13.25	13.23	13.15
13	60	30	60	9.55	9.13	9.78	9.48
14	60	40	50	11.88	12.33	11.95	12.05
15	60	50	40	12.78	13.28	13.05	13.03
16	60	60	30	8.85	9.38	9.98	9.40

表 18-9　方差分析表

方差来源	平方和	自由度	均方和	F 值	显著性
A	200.65	3	66.88	16.8	**
B	86.45	3	28.8	7.2	**
C	89.55	3	29.85	7.5	**
e1	66.75	3			
e2	72.34	32			
e	139.09	35	3.974		

　　通过计算可以得出最佳的作业组合为 A2B3C3，即挡板宽度 45cm、挡板倾角是 50°、喷头释放角是 50°。试验结果与仿真试验一致，且从方差分析表看出，三因素影响显著。

　　在得到的最佳作业参数的条件下，对雾滴的分布均匀性与常规喷雾进行了比较。试验结果如表 18-10 所示。

表 18-10　变异系数

冠层 试验点	试验机具/µg			常规喷雾/µg		
	上	中	下	上	中	下
1	2.525	1.725	0.85	3.525	0.675	0.200
2	2.425	1.625	0.775	2.425	1.025	0.525
3	2.800	1.675	0.875	2.875	1.125	0.500
4	2.700	1.600	0.800	3.225	0.525	0.475
5	3.025	1.700	0.725	3.75	0.475	0.550
6	2.825	1.725	0.825	2.525	1.075	0.300
7	2.650	1.650	0.925	2.625	0.400	0.225
8	3.125	1.725	0.750	3.975	1.000	0.400
9	2.975	1.575	0.700	3.525	0.425	0.325
10	2.725	1.425	0.875	3.35	1.100	0.700
11	3.075	1.475	0.900	2.675	0.475	0.600
12	2.850	1.450	0.775	3.500	0.825	0.325
13	2.475	1.600	0.950	3.825	0.550	0.525
14	2.525	1.725	0.800	3.675	0.950	0.350
15	2.625	1.750	0.775	2.975	0.700	0.375
变异系数（CV）/%	7.85	6.37	8.71	15.3	34.71	32.43

　　从表 18-10 可以看出，在得到的最佳作业参数喷雾下，雾滴在冠层中的沉积量变异系数较常规喷雾小很多，该组合使雾滴在冠层中分布均匀。

　　通过上述分析，确定了喷雾机挡板最下边缘在冠层中的深度为 0.3m，即根据作业期冠层高度来确定作业高度，挡板的宽度为 45cm、挡板倾角为 50°、喷头释放角为 50°，因此确定了挡板导流式喷雾机的喷雾系统参数。

18.3.4　导流式喷杆喷雾机结构设计

　　挡板导流式喷雾机由机架、液泵、药液箱、管路系统、喷雾系统等主要部分组成，为保证喷雾机在作业过程中稳定，采用拖拉机牵引式作业方式。在对试验机具研究的基础上，将喷幅增加为 6m，并在运输状态下可将挡板折叠为 2m 宽，以便于运输。液泵安装在拖拉机后部，通过侧动力输出轴皮带传输动力。

根据总体设计方案，喷雾机共有 12 个喷头，每个喷头的喷雾量为 0.5～2.48L/min（0.5MPa 压力下），总喷雾量为 6～30L/min。考虑到药箱内药液搅拌的需要，一般搅拌流量为药箱容量的 5%～10%。由于所选的药箱底部为方形，不利于搅拌，因此确定搅拌流量为药箱容积的 10%。药箱容积为 300L，所需的搅拌流量为 30L/min。按照上述两部分流量的要求，所需隔膜泵排量是 36～60L/min，因此选用额定排量为 80L/min 的双缸活塞式隔膜泵。

连接后部喷雾系统的机架可以整体进行高度调节，根据作业情况调节高度，挡板、喷杆和喷头以平行四边形连接，在试验机具的基础上调节最佳作业参数固定不变。样机如图 18-34 所示。

图 18-34　样机实物图

18.3.5　研究结论

本部分内容根据导流板的防飘机理提出了导流式防飘喷雾机的设计要求，通过茎秆力学模型确定了在小麦起身期挡板下边缘在冠层中的临界深度为 0.3m，以保证在不损伤作物冠层的前提下最大限度地拨开冠层，使冠层有最好的穿透性和沉积均匀性。分析了喷雾机结构参数挡板宽度、挡板倾角和喷头释放角对流场及雾滴飘失的影响，并通过仿真试验和田间试验确定了喷雾机的最佳结构参数，即挡板宽度为 45cm、挡板倾角为 50°、喷头释放角为 50°。在试验机具的基础上完成了喷幅为 6m 的挡板导流式喷雾机的研制，确定了其技术参数，实现了运输状态时喷杆的折叠，作业高度的调节。

18.4　导流式喷雾机的防飘性能研究

18.4.1　防飘性能的风洞试验

风洞模拟外界条件，其优越性在于能够方便地控制风速和风向，避免因外界条件的不确定造成评估比较的困难。因此在完成的试验装置以及测定的最佳作业参数的基础上，在较理想状态下，在不同风速下进行挡板导流式喷雾机的防飘性能的风洞试验，并与常规喷雾进行了比较。

18.4.1.1　风洞研究平台构建

试验风洞尺寸为 1m×1m×3m（图 18-35）。风洞的进风口有梳风栅引导风向，另一端是一个直径为 0.7m 的轴流风机，由变频器控制可形成 0～8m/s 的风速。为了防止雾滴飞溅，在风洞底面上铺盖了人造仿草地毯。由于风洞的密封和紊流等问题，在风洞整个长度上各个点的风速略有不同，需要确定气流稳定的工作区。试验采用 TESTO 环境测试仪对距离进风口 35cm、85cm、135cm、185cm、235cm 处的截面上均匀设置 9 个测试点，利用支架固定探头并移动位置（图 18-36），在 2m/s、4m/s、6m/s、8m/s 风速下进行测量，设置间隔 10s 读取 20 次数据，取平均值，试验结果如图 18-37 所示。

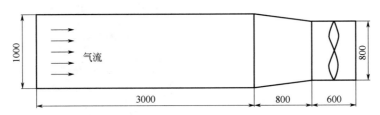

图 18-35　风洞尺寸（单位：mm）

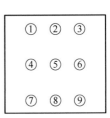

(a) TESTO环境测试仪　　　　(b) 探头的布置　　　　(c) 测试点的布置

图 18-36　测试仪器及测试点的布置

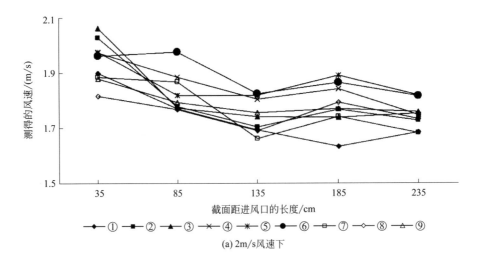

(a) 2m/s风速下

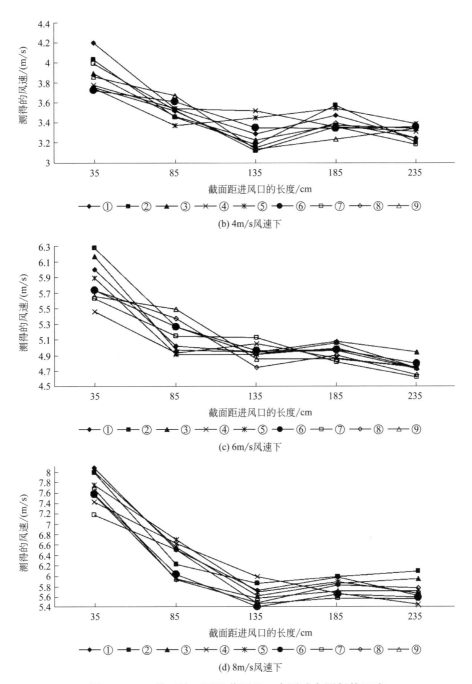

图 18-37　4 种风速下不同截面处 9 个测试点测得的风速

如图 18-37 所示，在 4 种风速条件下，在距进风口 35cm 处的截面上，由于风机产生的流场不稳定，风速在该截面上的波动比较大，随着距进风口长度的增加，风速会略微减小，在 85cm 的截面处尤为明显，在之后的 135cm、185cm、235cm 处风速趋于稳定，所以选择距离进风口 1～2.5m 为风洞试验工作区。

18.4.1.2　风洞研究方法

在距进风口 1m 处安装试验装置，喷头离地面高度为 0.5m，在喷头和挡板的后方设置环境测试仪，用三个探头同时测量风速，以此调节试验所需的风速，并记录环境条件。在距喷头下风向 1.5m 处悬挂球形雾滴收集器，布置四层，分别距地面高度为 0.2m、0.4m、0.6m、0.8m，每个尼龙球间隔 0.2m（图 18-38）。分别在 2m/s、4m/s 风速下，用 Lechler ST110-015 和 ST110-03 喷头，工作压力为 0.3MPa，用 1‰BSF 水溶液代替农药进行喷雾试验。开动风机，运转 2min，待风洞内的风速稳定后，喷雾 30s，1min 后关闭风机，收集雾滴收集器，分别装自封袋并标记，每组试验重复 3 次。把雾滴收集器用含 3%酒精的蒸馏水洗脱，振荡，用 LS-2 型荧光仪测定洗脱溶液的荧光值浓度，记录数据。

环境条件为：温度 14～16℃，相对湿度 35%～40%。

图 18-38　风洞试验布置

18.4.1.3　研究结果与分析

如图 18-39 所示，在（a）、（b）两图中可以看出，在常规作业风速 2m/s 时，使用两种喷头在两种作业方式下都是在距地面高度 60cm、80cm 处的雾滴收集器收集的雾滴量较少，而且使用防飘喷雾机的要略小于常规喷雾，而且小雾滴相对于大雾滴飘失量要多。在距地面高度 20cm、40cm 处收集的雾滴量明显增多，可见雾滴在喷头下风向 1.5m 内的运动轨迹集中于距地面 40cm 左右的范围内，雾滴的飘失也集中在此范围内，防飘喷雾机的挡板改变了雾滴的运动轨迹，使其利于在此范围内沉积，所以收集的雾滴飘失量要小于常规喷雾。

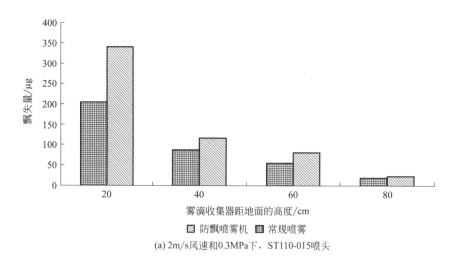

(a) 2m/s风速和0.3MPa下，ST110-015喷头

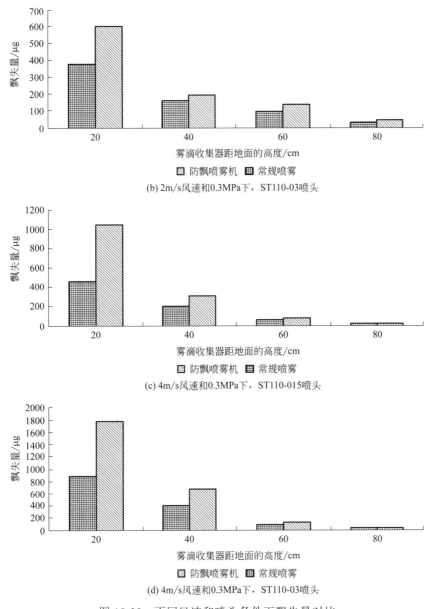

(b) 2m/s风速和0.3MPa下，ST110-03喷头

(c) 4m/s风速和0.3MPa下，ST110-015喷头

(d) 4m/s风速和0.3MPa下，ST110-03喷头

图 18-39　不同风速和喷头条件下飘失量对比

在图 18-39（c）、（d）两图中，在喷雾作业极限风速 4m/s 时，从收集的雾滴飘失量来看，其规律和 2m/s 时的一致，但是飘失量明显增加，尤其是小雾滴的易飘失性受风速影响更大。

综上所述，在不同风速、不同类型喷头条件下，不同高度收集的雾滴飘失量都是防飘喷雾机小于常规喷雾，可见在风洞模拟的理想作业条件下，挡板的导流作用明显。

18.4.2　防飘性能的田间试验

由于风洞试验是在较理想状态下完成的，并不能足够表明大田实际作业中，侧向风与作物冠层对雾滴沉积、飘失的影响，因此有必要针对完成的样机进行大田试验。本试验选择小麦作为喷雾靶标，由于小麦于 4 月初的起身期要喷施除草剂以及 5 月初的抽穗期喷施杀虫剂，所以选择这两个时期在小麦田进行大田试验。在试验中，防飘喷雾机的挡板宽度、挡板倾角和喷头释放角按照最佳工作参数设置，通过比较防飘喷雾机与常规喷雾作业下的沉积量以及侧下风向的飘失量来测试该喷雾机的防飘性能，并使用 ST110-015 喷头和 ST110-03 喷头分别进行了对比试验。并在收获小麦免耕播种玉米后，对使用该喷雾机喷施封土除草剂的防治效果进行了对比试验。

18.4.2.1　冬小麦起身期的田间试验

（1）试验条件

环境条件：温度为 13～16℃，相对湿度为 21%～27%，平均风速为 2m/s；

作业条件：工作压力为 0.3MPa，拖拉机行驶速度为 1.25m/s；

田间试验条件：小麦株高 20cm，叶面积指数为 0.77，试验田面积足够，随机选取其中一块生长良好，株距均匀，行列整齐，适宜喷雾机作业的小区作为试验小区。防飘喷雾机在冬小麦起身期喷雾作业图见图 18-40。

图 18-40　冬小麦起身期作业中的防飘喷雾机

（2）试验材料及设备

试验材料：用来代替药液的 1g/L 的 BSF 溶液。

试验设备：TESTO 环境测试仪，1cm×5cm 滤纸片，尼龙球，大头针，曲别针，天平，量杯，水桶，自封带，记号笔等。

（3）试验准备

配置溶液：配置 150L 1g/L 的 BSF 溶液（绝对误差≤1%）；

准备滤纸：用剪刀自制 1cm×5cm 滤纸片；

调试喷雾装置：喷雾机进入大田前，先进行前期调试工作，确认动力部分的拖拉机状况良好，保证喷头端的压力输出稳定，各个喷头能正常喷雾，没有阻塞、滴漏等现象。

（4）测定沉积量的步骤

① 布点。根据小麦的生长情况，决定在小麦离地表 10cm 处布点。选取 3m×3m 的小麦地块，以 4×4 的方式均匀布下 16 个点，每个点上都在指定位置用大头针将滤纸片固定于小麦叶片表面，并且尽量保证滤纸片在叶片的上方。

② 喷药。喷药前换上 ST110-015 喷头。用 1g/L 的 BSF 溶液代替药液喷雾，喷药时行进

速度 1.25m/s，工作压力为 0.3MPa，行进过程中尽量保持匀速。

③ 取样。喷药完成后，等待滤纸片干燥后回收滤纸片，每片滤纸片单独装入自封带中，标记，备用。

④ 重复以上步骤 3 次，收集好滤纸并记录。

⑤ 将 ST110-015 喷头更换为 ST110-03 喷头，重复步骤①～③3 次。

⑥ 拆掉喷雾机挡板，并且将喷头释放角调整为垂直于地面，模拟常规喷雾机的情况下，重复步骤①～⑤，作为 2 种喷头各自的对照组数据来记录。

⑦ 将收集到的滤纸条灌入 25mL 蒸馏水（含有少量酒精），充分振荡，用荧光分析仪分析 BSF 含量。

（5）测定飘失量的步骤

① 布点。根据喷雾机工作时的风向，在离喷杆末端喷头侧下风向 2m 处布置接收飘失的尼龙球，在与地面垂直的平面上布长 3m、高 2m 的尼龙球阵列，分别于 50cm、100cm、150cm、200cm 处布置四层，每层 7 个尼龙球，并且保持层与层之间的尼龙球位置相同。

② 喷药。喷药前换上 ST110-015 喷头。用 1g/L 的 BSF 溶液代替药液喷雾，工作压力为 0.3MPa，喷雾机静止作业 1min。

③ 取样。喷药完成后，稍等片刻收集尼龙球，每个尼龙球单独装入自封带中，标记。

④ 重复以上步骤 3 次，收集好尼龙球并记录。

⑤ 将 ST110-015 喷头更换为 ST110-03 喷头，重复步骤③～⑤3 次。

⑥ 拆掉喷雾机挡板，并且将喷头释放角调整为垂直于地面，模拟常规喷雾机的情况下，重复步骤①～⑤，作为 2 种喷头各自的对照组数据来记录。

⑦ 将收集到的尼龙球灌入 25mL 蒸馏水（含有少量酒精），充分振荡，用荧光分析仪分析 BSF 含量。

（6）试验结果　从图 18-41 中可知：当使用 ST110-015 喷头时，用防飘喷雾机作业比常规喷雾药液沉积总量增加了 35.1%；使用 ST110-03 喷头时，防飘喷雾机作业比常规喷雾药液沉积总量增加了 24.37%。当使用小号喷头时，防飘喷雾机的沉积增量更加明显。

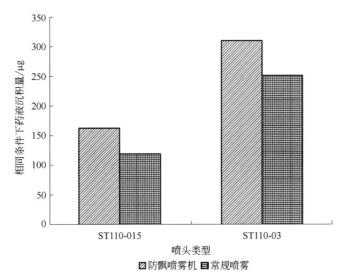

图 18-41　冬小麦起身期沉积性能试验结果图

从图 18-42 中可知：当使用 ST110-015 喷头时，用防飘喷雾机作业比常规喷雾药液飘失量减少了 36.1%；使用 ST110-03 喷头时，防飘喷雾机作业比常规喷雾药液飘失量减少了 26.51%。依然表明，使用小号喷头的时候，防飘喷雾机的防飘性能更强。

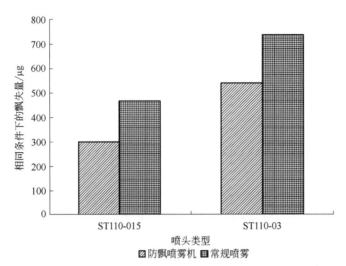

图 18-42　冬小麦起身期防飘失性能试验结果图

18.4.2.2　冬小麦抽穗期的田间试验

（1）试验条件

环境条件：温度为 18～21℃，相对湿度为 33%～42%，平均风速为 2m/s；

作业条件：工作压力为 0.3MPa，拖拉机行驶速度为 1.25m/s；

田间试验条件：小麦株高 60cm，叶面积指数为 3.46，试验田面积足够，随机选取其中一块生长良好，株距均匀，行列整齐，适宜喷雾机作业的小区作为试验小区。防飘喷雾机在冬小麦抽穗期喷雾作业见图 18-43。

图 18-43　冬小麦抽穗期作业中的防飘喷雾机

（2）试验材料与设备　试验中所使用材料与设备与 18.4.2.1 中所述相同。

（3）测定沉积量与飘失量的步骤可参考 18.4.2.1 内容。

（4）试验结果

从表 18-11 与表 18-12 的比较中可知：不管使用 ST110-015 喷头还是 ST110-03 喷头，都会导致小麦冠层上层沉积量比常规喷雾有所减少。但是都大大增加了中、层的药液沉积量，尤以下层的沉积量增加的最多。从整体上看，无论哪种喷头，在防飘喷雾机作业下对小麦冠层的药液沉积的增加都比较明显。

表 18-11　冬小麦抽穗期 ST110-015 喷头在不同作业方式下的沉积量比较　　单位：μg

作业方式	上	中	下	地	总量
防飘喷雾机	280.1	211.375	138.525	43.375	673.375
常规喷雾	316.9	109.55	63.375	26.375	516.2
增加百分比	−11.62%	92.95%	118.58%	64.45%	30.45%

表 18-12　冬小麦抽穗期 ST110-03 喷头在不同作业方式下的沉积量比较　　单位：μg

作业方式	上	中	下	地	总量
防飘喷雾机	381.925	292.3	204.525	68.325	947.075
常规喷雾	406.9	173.425	115.425	47.8	743.55
增加百分比	−6.14%	68.55%	77.19%	42.94%	27.37%

从图 18-44 中可知：当使用 ST110-015 喷头时，用防飘喷雾机作业比常规喷雾药液飘失量减少了 44.66%；使用 ST110-03 喷头时，防飘喷雾机作业比常规喷雾药液飘失量减少了 31.72%。证明了防飘喷雾机与常规喷雾机相比其防飘性能有很大的提高。

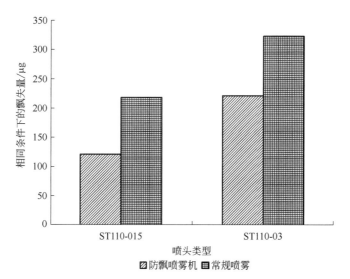

图 18-44　冬小麦抽穗期防飘失性能试验结果图

18.4.3　喷施除草剂药效对比试验

由于风洞试验和田间试验都是用 BSF 溶液代替农药喷施作业，其沉积飘失结果从客观上并不能完全表明其防治效果，因此有必要进行在防飘喷雾机和常规喷雾两种作业方式下喷施药液药效对比的田间试验。本试验选择了收获小麦免耕播种玉米大田作为靶标区，喷施苗前封土除草剂。

18.4.3.1　药效对比研究方法

在试验田选择 3 块 200m×50m 的小区，分别作为空白对照区、防飘喷雾机作业区、常规喷雾作业区。作业条件：风速为 1.2～1.8m/s、温度为 24～25℃、相对湿度为 79%～83%、麦茬高为 30～40cm、作业压力为 0.3MPa。每亩使用 0.5L 的草甘膦、0.2L 的去莠津、0.14L 的乙草胺，在两种作业方式下进行常量喷雾。施药后在小区对角线随机取 5 点，每点在 0.25m^2 内取样。在施药后 7d、14d、30d 进行观察，记录其杂草种类和株数后，全部拔除称取地上部鲜重，计算株数防效和鲜重防效。计算公式如下：

株数防除效果(%) = (对照区杂草株数−处理区杂草株数)/对照区杂草株数×100%

鲜重防除效果(%) = (对照区杂草鲜重−处理区杂草鲜重)/对照区杂草鲜重×100%

18.4.3.2　研究结果与分析

试验区的杂草种类主要有：小旋花、马齿苋、落藜、苘麻、葎草。其 7d、14d、30d 的株数防效、鲜重防效如表 18-13 所示。

表 18-13　两种作业方式下的除草剂株数防效、鲜重防效

日期/d	常规喷雾		防飘喷雾机	
	株数防效/%	鲜重防效/%	株数防效/%	鲜重防效/%
7	79.7	17.1	87.9	99.8
14	22.2	78.4	92.2	99.8
30	13.6	72.7	96.9	97.5

从表 18-13 可以看出，在施药 7d 后，由于时间较短，两种作业方式的株数防效相差不大，分别达到了 79.7%、87.9%，鲜重防效相差明显，分别为 17.1%、99.8%；在作业 14d、30d 后，两种作业方式的株数防效和鲜重防效有明显的差异，表明防飘喷雾机减少了麦茬对雾滴的拦截，增强了雾滴的穿透性，到达地面的药液量较多，使其抑制杂草出苗的效果明显。

18.4.4　研究结论

通过对防飘喷雾机和常规喷雾两种作业方式的风洞试验、田间试验、喷施除草剂的药效田间试验的对比，评价了挡板导流式喷雾机的防飘性能。试验结果表明：

（1）在理想状态下的风洞试验中，在风速为 2m/s、4m/s 时，使用小雾滴的 ST110-015 喷头和常用的 ST110-03 喷头作业，在喷头下风向 1.5m 处收集的雾滴飘失量均为防飘喷雾机明显少于常规喷雾。

（2）小麦起身期田间试验表明：当使用 ST110-015 喷头时，用防飘喷雾机作业比常规喷雾药液沉积总量增加了 35.1%，飘失量减少了 36.1%；使用 ST110-03 喷头时，防飘喷雾机作业比常规喷雾药液沉积总量增加了24.37%，飘失量减少了26.51%。

（3）小麦抽穗期间试验表明：不管使用 ST110-015 喷头还是 ST110-03 喷头，都会导致小麦冠层上层沉积量比常规喷雾有所减少，但是都大大增加了中、下层药液沉积量，其中尤以下层的沉积量增加的最多。当使用 ST110-015 喷头时，用防飘喷雾机作业比常规喷雾药液沉积总量增加了30.45%，飘失量减少了44.66%；使用 ST110-03 喷头时，防飘喷雾机作业比常规喷雾药液沉积总量增加了27.37%，飘失量减少了31.72%。

与起身期试验相比，飘失量明显减少，可见冠层对雾滴的拦截作用明显。

（4）喷施除草剂药效田间试验结果表明：在施药 7d 后，两种作业方式的株数防效相差不大，分别达到了79.7%、87.9%，鲜重防效相差明显，分别为17.1%、99.8%；在作业 14d、30d 后，两种作业方式的株数防效和鲜重防效有明显的差异，表明防飘喷雾机减少了麦茬对雾滴的拦截，增强了雾滴的穿透性，到达地面的药液量较多，使其抑制杂草出苗的效果明显。

18.5　循环喷雾机系统设计

18.5.1　"∏"型循环喷雾机设计要求

"∏"型循环喷雾机作为一种新型果园喷雾机，具有独特的特点，其设计首先应该满足一般果园喷雾机的总体设计要求：

（1）工作可靠　作为喷雾机，首先需要满足的最基本条件是工作可靠，要求能够完成供药、喷药、液路开关等基本动作，在果园中通过顺利、转弯方便。

（2）作业效果好　要求有良好的工作效果，能够根据防治要求在叶子、花果、枝干等部分保证有足够的药液沉积，冠层上下、内外等各个部分的药液沉积要均匀。

（3）高效　高效意味着能够根据病虫害发展特点及时、快速地完成药液喷施，在第一时间内完成病虫害防治工作，控制病虫害发展。因此要求喷雾机机动性强，对环境因素要求小，作业效率高。

（4）操作简单、安全、易于维护　由于操作人员知识技能水平限制，所以喷雾机的操作不能过于复杂，控制调节等动作应简单易上手，作业过程中要尽可能减少操作者接触药液的机会，避免中毒。病虫害防治时工作强度很大，喷雾机常常是长时间连续作业，所以要求性能可靠并便于维修维护。

同传统果园喷雾机相比，"∏"型循环喷雾机还具有独特的设计要求：

（1）由于"∏"型循环喷雾机作业时通过"∏"型罩盖骑跨在果树冠层上作业，所以雾化装置距离冠层很近，同传统果园喷雾机使用风送作业，喷头与冠层距离较远的情况相比属于近距离喷雾。当喷头近距离作业时，冠层中的药液沉积分布对喷头的位姿很敏感，所以要求雾化装置的布置应能使药液在冠层上沉积均匀，并且能够根据不同冠层形状和冠层密度调整雾化装置的姿态。

（2）为保证药液沉积效果，要求罩盖能够根据冠层特点调整罩盖开度等结构参数。

（3）由于"∏"型循环喷雾机需要对未沉积药液回收，所以其回收系统的回收量要大于收集系统所能收集的最大药液量。

18.5.2 "∏"型循环喷雾机结构与工作原理

18.5.2.1 "∏"型循环喷雾机设计要求

根据研究目标以及设计要求，"∏"型循环喷雾机要求能够满足以下条件：

（1）能够满足单篱架葡萄植保作业要求；

（2）最大作业高度大于2m；

（3）罩盖开度0.5～1.5m可调；

（4）可通过行距大于3m；

（5）雾化装置位置可调。

18.5.2.2 "∏"型循环喷雾机整体结构设计

"∏"型循环喷雾机由机架、液泵、药液箱、管路系统、喷洒部件、防飘罩盖、回收装置等主要部分组成，单行作业，为保证喷雾机在作业过程中稳定，采用牵引式作业方式。"∏"型循环喷雾机结构示意图见图18-45。喷雾机"∏"型罩盖高2.2m，宽1.2m，开度0.5～1.6m可调，底端距地面高度0.3m；如果葡萄冠层宽0.7m，则喷雾机最小通过行距2.9m；药箱容量350L，配套动力12马力（1马力≈0.735kW）以上拖拉机。液泵安装在拖拉机后部，通过侧动力输出轴皮带传输动力。为即保证罩盖坚固又结构轻巧，罩盖壁面材料采用0.5mm厚镀锌板，机架其他部分采用方管型材。

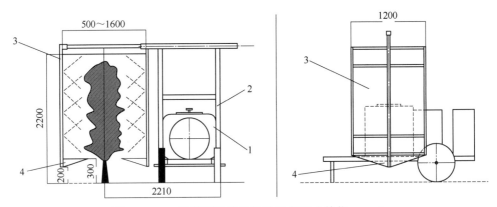

图18-45 ∏型循环喷雾机结构示意图（单位：mm）

1—药箱；2—机架；3—"∏"型罩盖；4—收集槽

（1）隔膜泵的选择 根据总体设计方案，"∏"型循环喷雾机共有8个喷头，每个喷头的喷雾量为0.5～2.48L/min（0.5MPa压力下），总喷雾量为6～20L/min。

考虑到药箱内药液搅拌的需要，一般搅拌流量为药箱容量的5%～10%。由于所选的药箱底部为方形，不利于搅拌，因此确定搅拌流量为药箱容积的10%。药箱容积为350L，所需的搅拌流量为35L/min。

按照上述两部分流量的要求，所需隔膜泵排量是41～55L/min，因此选用额定排量为80L/min的双缸活塞式隔膜泵。

（2）药液回收器选择 根据总体设计方案，总喷雾量为6～20L/min，假设最多能够回收总喷雾量的80%，则药液回收器最大回收药液量为16L/min。选择的药液回收器应用射流自吸原理，具有结构简单、性能稳定、体积小等特点。药液回收器通过回流药液提供自吸动力，由于液泵额定排量 80L/min，能够给药液回收器提供最少药液量 60L/min，药液回收器的回收药液量为 18L/min，能够满足设计要求。

（3）罩盖开度控制部分设计　根据设计要求，罩盖开度要求能够在 0.5~1.5m 范围可调。罩盖靠近机身一侧的墙面固定，另一侧与齿条连接，通过转动齿轮控制齿条位置，达到调整罩盖开度的目的，结构示意图见图 18-46。罩盖顶部安装弹性遮挡，能够防止药液从罩盖顶部逃逸。

（4）雾化装置设计　根据设计要求，雾化装置应该能够根据冠层调节位姿。雾化装置的位姿

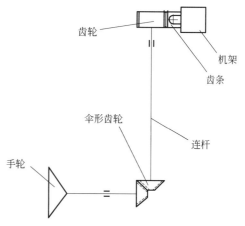

图 18-46　罩盖开度调节机构结构示意图

变化主要有两种，一种是喷杆在罩盖中的安装位置，另一种是喷头的前后上下偏转角度。为实现喷杆位置可调，在罩盖壁面上开槽，喷杆通过螺母和槽内夹板固定，松动螺母，固定喷杆的托板及槽内夹板能够在槽中滑动，以此达到调节喷杆位置的目的，结构示意图见图 18-47。为实现喷头偏转角度可调，喷头体与喷杆连接处有两活动关节，关节内有"O"形圈密封，防止漏水，松动关节螺母可以调整喷头的偏转（图 18-48）。

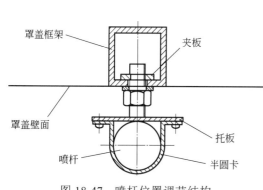

图 18-47　喷杆位置调节结构

图 18-48　喷头偏转角度调节

（5）液路系统设计　图 18-49 所示"Π"型循环喷雾机液路系统示意图，药液从药箱流出，经液泵加压供液，通过调压阀调压分流，一部分药液进入喷杆喷雾，回流部分通过药液回收器，在药液回收器中形成压力差，吸入收集槽中的回收药液，重新回到药箱，同时对药箱中的药液进行搅拌。

18.5.3　喷雾系统

根据设计要求，设计的"Π"型循环喷雾机针对单篱架葡萄植保作业。对于采用篱架种植方式的葡萄冠层其形状是一墙体，冠层从根部到顶部宽度均匀，所以可以将葡萄冠层看作

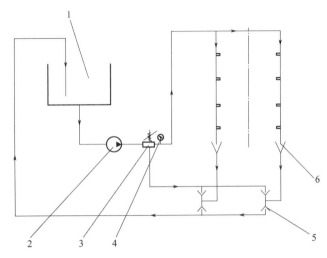

图 18-49 "Π"型循环喷雾机液路系统示意图

1—药箱；2—液泵；3—调压阀；4—压力表；5—药液回收器；6—收集槽

是竖直平面作物，根据葡萄冠层结构特点决定采用喷杆喷雾系统。喷杆喷雾系统大多应用于大田平面作物植保机械，喷头类型、喷头之间的间隔、喷雾高度、喷雾压力等是影响雾滴分布均匀的重要因素。在"Π"型循环喷雾机采用喷杆喷雾系统需要将喷杆竖直安装，这样喷头间的高度差也会造成喷头间压力存在差别，从而影响喷头喷量，并且在"Π"型循环喷雾机中，两侧喷杆相对喷雾，雾流会相互干涉，所以喷杆的相对位置可能会影响药液回收和沉积。因此，这里测试喷杆竖直安装对喷头喷量分布的影响，确定最佳喷杆安装方案。

18.5.3.1　垂直喷杆喷量分布

（1）材料与方法　为确定喷杆竖直安装的可行性以及供液位置对喷量分布的影响，首先利用计算流体软件对喷杆中的流场进行模拟，计算理想状态时的各喷头喷量分布。因为喷杆与喷头的内部结构复杂，直接模拟实际结构比较困难，而喷杆喷雾系统实际上是一个孔口出流问题，喷杆内部流场的变化主要是因为供液位置不同引起的，所以将喷杆喷雾系统简化成孔口出流系统。模拟系统中，设定喷杆长 1600mm，直径 130mm，喷头高 10mm，喷头 4 个，喷头间距 500mm，喷孔直径分别为 1mm、1.5mm、1.9mm。喷孔在不同压力时的质量流量见表 18-14。喷杆进液位置分为中间进液与端面进液两种，如果在模拟中不考虑重力加速度则认为喷杆水平配置，反之喷杆竖直配置。通过在模拟软件中改变重力加速度的方向可以模拟出竖直喷杆顶端进液和底端进液两种情况，试验处理见表 18-15。模拟中使用的流场数值计算方法为 SIMPLE 算法，利用三维非耦合、隐式求解器、标准 k-ε 方程对喷杆中的流场进行计算。在四个喷头的出口处设置监控喷头喷量的监测面，模拟结束后可以输出每个喷头的质量流量以及总流量，如果喷头的总喷量与总流量偏差 0.5%就认为模拟失败，需要重新模拟。

表 18-14　模拟喷孔喷量　　　　　　　　　　　　　单位：L/min

喷孔直径/mm	0.2MPa	0.3MPa	0.5MPa
1	2.2	2.7	3.5
1.5	5.7	7	9.1
1.9	9.3	11.4	14.7

表 18-15　模拟试验参数

参数	数值
喷雾压力/MPa	0.1、0.2、0.3、0.4、0.5、0.6
喷杆状态与进液位置	水平端面、水平中间、竖直顶端、竖直中间、竖直底端
喷孔直径/mm	1、1.5、1.9

根据模拟试验结果确定供液方式，然后测试喷杆上各个喷头的喷量。由于两侧喷杆供液管路的长度不同，可能会造成两侧喷雾压力不同，所以首先测试单一喷杆上的喷量分布，然后测量双喷杆上的喷量分布。试验选用四种喷头，它们是德国 LECHLER 公司生产的标准扇形雾喷头 ST110-02、ST110-04、ST110-06、ST110-08，分别测量在三种不同压力 0.3MPa、0.4MPa、0.5MPa 时喷杆上的喷量分布。每种喷头选择 8 个作为测试喷头。喷头选择方法如下：随机选择同一批号喷头 10 个，分别重复三次测定每个喷头的流量，并计算每个喷头流量平均值及总体平均值，选择与平均值偏差最小的喷头作为被测试喷头。测试过程中室温恒定，试验介质为清水。

试验平台如图 18-50 所示。从各个喷头喷出的药液通过管路收集到药液收集装置中的量筒中，量筒上标有刻度，可以直接读出量筒中药液量。控制操纵杆能够使量筒开始或停止收集药液，也可以使量筒翻转清除量筒中的药液准备下一次测试。试验时开启液泵喷雾，工作平稳后调节压力值，待各个收集管路中的药液流动稳定后，控制操纵杆开始收集药液，经过一段时间后停止收集，读取各个量筒中的药液量，计算喷头流量。

图 18-50　喷量分布试验装置

（2）试验结果与分析　根据 BBA 标准，当喷头喷量与总体平均值的最大偏差超过 5%，则说明喷量分布不合格。依据标准计算每个喷头的流量、总体流量平均值及流量最大偏差。分析模拟计算结果和数据发现，喷雾压力、喷孔大小、供液位置对流量最大偏差都有影响。端面供液时，随着喷孔直径增加，压力对流量偏差的影响程度增加。当喷孔为 1mm 时，流量最大偏差随喷雾压力变化的趋势并不明显，当喷孔增加到 1.5mm 时，流量最大偏差与喷雾压力的关系开始呈现正相关关系，当喷孔增加到 1.9mm 时，这种正相关关系最为明显。喷孔大小对于流量最大偏差的影响非常显著，流量最大偏差随着喷孔直径增加而增加。这说明在理想状态下，如果不考虑喷头个体之间的喷量差异性，使用小喷头能够增加喷雾均匀性。从图像能够发现，不论喷杆是水平安装还是竖直安装，从中间供液时的流量最大偏差均小于端面供液，竖直喷杆无论从顶端供液还是从底端供液，其流量最大偏差都与喷杆水平从端面供液的情况相近，当喷孔直径为 1mm 时，供液位置对流量偏差的影响不再显著，说明使用小喷头时，供液位置已经不是影响喷头流量分布均匀性的因素了。由表 18-14 中数据可知，当喷孔直径 1mm，喷雾压力 0.2MPa 时的喷量为 2.2L/min，实际应用中的最大 08 号喷头在喷雾压力 0.2MPa 时的喷量为 2.5L/min，与模拟试验中的喷头相比属于小喷头，所以实际应用时喷头大小、喷雾压力、喷杆状态、供液方式对喷头间的喷量分布没有显著影响。因此，喷杆竖直安装是可行的，不会对喷量分布产生影响。为便于安装喷杆、布置管路，确定喷杆的供液方式为顶部供液，采用喷雾角为 110°或 120°的扇形雾喷头，喷头间隔 50cm，每侧 4 个喷头。为检验模拟试验的正确性，对设计好的喷雾系统进行喷量分布测试。

喷头喷量测试结果见表 18-16、表 18-17，从表中数据能够得出，不同处理时喷头喷量偏差均小于标准 5%，能够满足要求。这也说明了喷杆由水平改为竖直布置，喷头间高度差不会对喷头的喷雾压力产生显著影响，喷杆供液管路的长度差异也不会对喷头造成影响。同 CFD 模拟结果相比，喷头大小并没有对喷量分布产生显著影响，这可能是由于试验选择的喷头之间喷量有差异造成的。试验结果表明，设计的竖直喷杆喷雾系统符合设计标准。

表 18-16 单喷杆喷量分布　　　　　　单位：mL/min

喷头	喷雾压力/MPa	1	2	3	4	平均	最大偏差/%
ST110-02	0.3	637.5	648.3	664.0	654.2	651.0	2.1
	0.4	970.0	968.9	993.9	981.1	978.5	1.6
	0.5	1006.7	1010.0	1036.7	1025.0	1019.6	1.7
ST110-04	0.3	1590.0	1603.3	1628.3	1585.0	1601.7	1.7
	0.4	1876.7	1880.0	1903.3	1880.0	1885.0	1
	0.5	2273.3	2273.3	2260.0	2246.7	2263.3	0.7
ST110-06	0.3	2242.2	2353.3	2344.4	2317.8	2314.4	3.1
	0.4	2626.7	2733.3	2710.0	2686.7	2689.2	2.3
	0.5	2946.7	3043.3	3010.0	2986.7	2996.7	1.7
ST110-08	0.3	2843.3	2876.7	2836.7	2766.7	2830.8	2.3
	0.4	3483.3	3496.7	3453.3	3390.0	3455.8	1.9
	0.5	3900.0	3904.0	3860.0	3788.0	3863.0	1.9

表 18-17 双喷杆喷量分布　　　　　　单位：mL/min

喷头	喷雾压力	喷杆 1				喷杆 2				平均	最大偏差/%
ST110-02	0.3MPa	735	715	738	741	738	765	713	749	737	3.9
	0.5MPa	1050	1030	1060	1050	1053	1070	1036	1064	1052	2.0
ST110-08	0.3MPa	2817	2893	2847	2800	2927	2957	2990	2980	2901	3.5
	0.5MPa	4068	4020	4104	3924	3840	3856	3940	4024	3972	3.3

18.5.3.2　喷杆安装位置的确定

"Π"型循环喷雾机中喷杆的安装位置会影响罩盖中流场，改变雾滴运动轨迹和沉积状态，因此会对喷雾机影响药液回收率、药液沉积效果、药液飘失量、生物效果等，所以确定喷杆的安装位置十分重要。

设定在忽略气流、作物冠层、机组前进速度等条件的状态下，喷雾是喷雾机作业的理想状态。此时

$$Q_s = Q_r \qquad (18\text{-}29)$$

但是，由于设计、加工等因素的影响，喷雾机不可能将所有的喷施药液都收集回收，式（18-29）是不可能实现的，所以喷雾量与回收药液量的关系应如式（18-30）所示。

$$Q_s = Q_r + \Delta \qquad (18\text{-}30)$$

从式（18-30）中可知，Δ 越小则循环喷雾机的回收性能越高。在上述理想状态下计算的药液回收率为最大药液回收率 R_{max}，计算方法见式（18-31），这是衡量循环喷雾机性能的一项重要指标。实际作业时药液回收量与喷雾量的比值为实际药液回收率 R，可由式（18-32）计算所得。实际工作状态时，喷雾量与沉积量、损失量、回收量的关系见式（18-33）。

$$R_{max} = \frac{Q_s - \Delta}{Q_s} \times 100\% \qquad (18\text{-}31)$$

$$R = \frac{Q_r}{Q_s} \times 100\% \qquad (18\text{-}32)$$

$$Q_s = Q_r + Q_d + Q_l \qquad (18\text{-}33)$$

由于喷杆的安装位置会对 Δ 造成影响，所以选用 R_{max} 作为衡量喷杆安装方案优劣的主要标准，同时综合对沉积产生的影响来确定喷杆的最终安装方案。

"Π"型循环喷雾机沉积和飘失试验在北京长阳果园中进行，喷杆的安装方案针对长阳果园中的葡萄冠层特点确定。果园中葡萄行距 3m，冠层高 2m，冠层宽度 50cm，距离地面 30cm以下没有枝叶不需要喷雾。所以根据罩盖结构，确定喷杆底端喷头距离地面 45cm。为避免外界气流对喷雾的影响，测定 R_{max} 的试验在一空旷封闭的空间中进行，使用 ST110-03 喷头，喷雾压力 0.5MPa，罩盖壁面间宽度 1.5m。在喷杆供液管路上安装电子流量计测试试验过程中的喷雾量 Q_s，用两个自吸泵吸取药液收集槽中的药液作为理论状态时的药液回收量 Q_r，两者之差即为 Δ，以此计算 R_{max}。测试时启动拖拉机，调整压力，先喷雾一段时间，将罩盖和收集槽润湿，然后当收集槽内没有药液时，开始喷雾，同时开动自吸泵吸液，喷雾结束后记录流量计流量，并用量筒测量收集药液的量，计算 R_{max}。试验分两阶段进行，首先确定单喷杆在罩盖中的最佳安装位置，然后确定双喷杆在罩盖中的安装位置，由于喷雾机设计要求喷雾机具有良好的药液沉积性能，所以在确定双喷杆的安装位置时进行药液沉积测试，综合药液回收和沉积效果确定喷杆最优安装方案。

在果园中选择地势平坦，土壤类型及施肥等栽培条件一致，葡萄长势均匀的地块进行沉积测试试验。由于只是研究不同喷杆安装方案对沉积的影响，所以选择无风的情况下进行，消除自然风对沉积的影响。试验区域长度 50m，为防治处理间相互影响，每个处理区间隔两行。试验时正值葡萄成熟期，叶片宽大，冠层稠密。使用浓度为 0.1%的 BSF 荧光溶液代替农药喷雾，在每个处理行上间隔 10m 选择一个布点区域。每个区域的布点示意见图 18-51。葡萄冠层从上到下分为 4 层，每层又分外层和中间共三部分，总共 12 个点。每点选择 3 片叶子在正反两面布置直径为 7cm 的圆盘滤纸，用以收集沉积在叶子正反两面的药液。待滤纸干后收集，用含酒精 6%的去离子水洗脱，然后用荧光仪测试溶液中的 BSF 含量，计算滤纸上

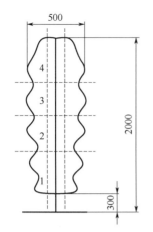

图 18-51　沉积布点示意图
（单位：mm）

单位面积药液沉积量。喷头型号 ST110-05，喷雾压力 0.5MPa，机组前进速度 0.98m/s，喷量 1124L/hm²。

18.5.3.3　试验结果与分析

首先保持喷雾轴线与罩盖壁面垂直，改变喷头与罩盖壁面边缘的距离 L（图 18-52），研究雾流在罩盖壁面上的撞击位置对 R_{max} 的影响。试验结果见图 18-53。

图 18-53 中横坐标为喷头与罩盖壁面边缘的距离 L，纵坐标为 R_{max}。从图像上能够看出随着 L 增加，R_{max} 直线递增。

根据上述结论，在安装喷杆的时候应尽可能地让喷雾雾流撞击到壁面中间位置，但是如果两侧喷杆都安装在壁面中央正对壁面中间喷雾，喷雾雾流会在罩盖中央相互撞击，从而可能会降低药液回收率，所以应该将两股射流尽可能地错开。要同时满足这两个条件就需要在安装喷杆的时候将喷杆安装在罩盖边缘位置，偏转喷头，使喷雾对准壁面中间。试验中将喷头偏转，保持喷雾轴线始终对准壁面中轴线，通过改变喷头与罩盖壁面边缘的距离 L（图 18-54），测试 R_{max} 来确定喷杆最佳安装位置，试验结果见图 18-55。

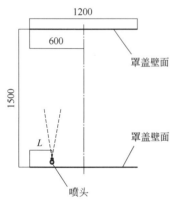

图 18-52　喷杆安装位置示意图
（单位：mm）

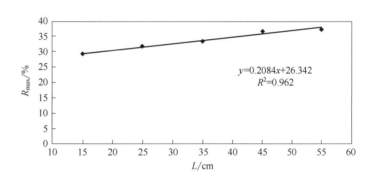

$$y=0.2084x+26.342$$
$$R^2=0.962$$

图 18-53　喷雾轴线与壁面垂直时 L 与 R_{max} 的关系

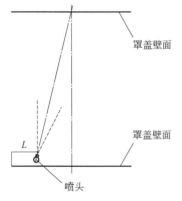

图 18-54　喷头偏转对中喷雾
示意图（单位：mm）

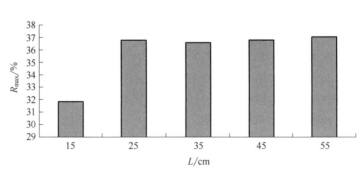

图 18-55　喷头偏转时 L 与 R_{max} 的关系

根据结果，发现当喷杆与墙体边缘的距离 L 逐渐减小，L 从 25cm 到 55cm 之间 R_{max} 变化不大（36.8%左右），当距离 L 减小到 15cm 的时候 R_{max} 突然降低到 31.84%，分析原因有两个，一是随着距离的减小，喷头偏角逐渐增大，喷头到墙体中心位置的位移逐渐增加，雾滴的运动时间增加。在重力的作用下，一部分雾滴将沉积到地面上，减少了回收率，另一个原因，由于射流撞击到墙体上后反弹，其原理类似光线的反射，L 为 15cm 时雾滴逃逸出墙体范围的量增加，也减少了药液回收率。根据数据决定将喷杆固定在距离墙体边缘 25cm 处最好。

依据喷头对准壁面中间喷雾的条件，双喷杆的安装状态有两种，见图 18-56。一种是两侧喷杆安装在罩盖壁面中央，喷雾轴线重合，如图 18-56（a），另一种是两侧喷杆安装位置距离壁面边缘 25cm，喷头偏转使喷雾轴线对准壁面中央，两喷杆交错喷雾，如图 18-56（b）。在上面试验中已经推测，双喷杆相对喷雾的安装方式可能会因为雾流在罩盖中央相互撞击而使 R_{max} 减小，但是雾流撞击会使得冠层中间的空气流场紊流强度增强，可能会改善沉积效果，所以在确定双喷杆的安装方案的试验中分别测试两种安装方案下的 R_{max}，以及冠层中的药液沉积量。

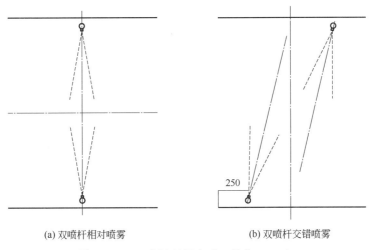

(a) 双喷杆相对喷雾　　　　　　　(b) 双喷杆交错喷雾

图 18-56　双喷杆配置方式（单位：mm）

经试验测定当双喷杆相对喷雾时，R_{max} 为 15.63%，而双喷杆交错喷雾情况下的 R_{max} 为 37.59%，较相对喷雾相比提高了 140.5%，结果与试验前的猜测一致，证明雾流相互撞击能够大大减少回收率。在试验中发现，当双喷杆交错喷雾时，由于射流的作用罩盖中央会形成旋转气流流场，如图 18-57 所示。旋转气流与 Ade 设计的循环喷雾机形成的空气流场相似，根据其试验结果，罩盖内部旋转流场能够提高回收率和药液沉积量，证明了交错喷雾是比较好的方案。双喷杆交错喷雾和同等安装状态下单喷杆喷雾相比，双喷杆喷雾的 R_{max} 要略高于单喷杆喷雾时所得到的 R_{max}36.79%，这可能是由于旋转流场能够卷吸罩盖中间悬浮的细小雾滴，胁迫其沉积到壁面上，从而增加了药液回收率。

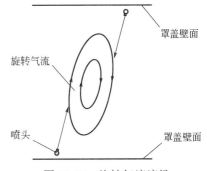

图 18-57　旋转气流流场

表 18-18　冠层中药液沉积量　　　　　　　　　　　单位：μL/cm²

项目	双喷杆交错喷雾			双喷杆相对喷雾		
	左	中	右	左	中	右
	叶子正面					
水平 1	12.9	10.7	16.5	17.0	18.2	16.8
水平 2	16.0	10.9	13.3	18.8	11.7	16.3
水平 3	11.7	10.6	12.5	16.0	7.0	13.8
水平 4	5.4	3.4	8.7	3.5	6.2	5.4
合计	46.1	35.6	50.9	55.4	43.0	52.2
CV	34.7%			44.4%		
	叶子背面					
水平 1	4.9	7.7	5.4	8.0	5.7	5.5
水平 2	5.0	6.5	4.0	4.3	5.8	6.3
水平 3	3.9	4.0	3.9	3.2	2.9	4.6
水平 4	4.2	3.8	5.1	4.5	2.2	3.0
合计	18.0	22.1	18.4	20.0	16.5	19.5
CV	24.7%			35.9%		
总计	191.2			206.7		

注：条件为风速 0m/s，温度 16.9℃，相对湿度 81.7%。

双喷杆相对喷雾和交错喷雾时冠层中的药液沉积情况见表 18-18。从表中数据能够发现不论是哪种安装方案，叶子正面的药液沉积都大于叶子方面的沉积量，冠层外侧叶子正面的沉积大于冠层内层叶子正面上的沉积，冠层下部的沉积大于冠层上部的沉积。水平 4 为冠层最上层，在这个水平上的药液沉积比其他三层的沉积量显著减少，而水平 1 和水平 2 上的药液沉积最多，主要有两方面原因，一是因为重力作用使大雾滴的运动轨迹向地面偏转，从而使得冠层下部的沉积量增加，另外一个原因是因为冠层上部的药液滴落到冠层下部的叶面上，也造成冠层下部药液沉积量大于冠层上部。

对比喷杆相对喷雾和交错喷雾得到的药液沉积总量，发现喷杆相对喷雾时冠层上药液沉积总量略高于交错喷雾所得到的，尤其是在外侧叶子正面的药液沉积量要显著高于交错喷雾。这是由于相对喷雾时雾流相互撞击，大部分药液处于罩盖中部，所以有较多的药液沉积到冠层上。交错喷雾时雾流交错不碰撞，在旋转气流的作用下使得部分雾滴能够穿透冠层，被对面罩盖壁面拦截，所以造成了相对喷雾时药液沉积量略高。数据显示，交错喷雾能够明显改善冠层内部叶子背面的沉积效果，冠层内部叶子背面的沉积量合计为 $22.1\mu L/cm^2$，高于两侧沉积量 $18.0\mu L/cm^2$ 和 $18.4\mu L/cm^2$，这是因为喷杆交错喷雾改变了雾流方向角，改变雾流方向角能够提高药液在冠层内部的沉积量，而且相对喷雾时，雾流在罩盖中间相撞，削弱了雾滴向内部冠层中的运动能力，使冠层内部沉积较少。比较两种喷雾方案时冠层叶子正面和叶子背面的沉积量的变异系数 CV，发现交错喷雾时的 CV 值小于相对喷雾的，也就说明了交错喷雾时冠层中药液沉积均匀性要好于相对喷雾。进行沉积试验的同时，还测试了在有冠层情况下的实际药液回收率 R，交错喷雾和相对喷雾的回收率分别是 12.4% 和 8.6%。

比较双喷杆交错喷雾和相对喷雾时的药液回收和药液沉积效果，虽然交错喷雾时冠层上药液沉积总量略小于相对喷雾，但是差距不大，而交错喷雾较相对喷雾能够显著提高回收率，并且能够增加冠层中药液沉积均匀性，改善冠层内部叶子背面沉积效果，所以综合分析确定双喷杆交错喷雾的方案最优。最终确定"Π"型循环喷雾机喷雾系统安装方案为双喷杆交错配置，喷杆距罩盖边缘25cm。

18.5.4 防飘罩盖

根据上述的结论和18.5.3中确定的喷杆安装最佳方案，设计了两款防飘罩盖，一种是平板罩盖，另一种是栅格罩盖，具体结构参数如下所述。

18.5.4.1 平板罩盖

平板罩盖结构基于风洞试验中采用的垂直平板罩盖设计改进而成。葡萄冠层宽度0.5m，喷头与壁面安装距离0.1m，作业时罩盖开度1.5m，所以每侧喷头距离冠层40cm。由于喷头与靶标间距对于飘失影响显著，所以设计平板罩盖宽度0.5m，紧靠壁面垂直安装，能够遮挡从喷头到冠层之间的所有空间。平板罩盖采用带有弹性的透明PVC薄板材制成，高1.9m，为了既能阻挡气流又不对枝叶造成损害，将平板罩盖外边缘设计为宽5cm、长20cm的柔性指状结构，见图18-58。

图 18-58　平板罩盖

18.5.4.2 栅格罩盖

栅格罩盖基于风洞试验中使用的栅格罩盖设计，罩盖高1.9m，采用铝合金型材制成，由栅格部分和同平板罩盖结构相同的柔性指状遮挡组成，总宽度50cm，栅格区域30cm。栅格部分由6片宽7cm的铝合金板材组成，栅格间距5cm，与框架夹角30°。罩盖整体紧靠壁面垂直安装，见图18-59。

平板罩盖和栅格罩盖在喷雾机上的安装形式有多种，如图18-60所示。图18-60（a）中罩盖前后都安装平板罩盖，这是目前商品化"Π"型循环喷雾机普遍采用的方式。（b）中迎风面安装栅格罩盖，背风面安装平板罩盖，栅格罩盖导流方向相对。（c）中安装方式与（b）类似，不同的是栅格罩盖导风方向一致，与雾流运动方向相同。（d）中迎风面和背风面安装形式相同，靠近喷头一侧安装栅格罩盖，栅格导风方向与雾流运动方向相同，另一侧安装平板罩盖。选定回收率 R 作为评价标准以确定罩盖安装的最佳形式。为了消除冠层对结果的影响，回收率测试在一空旷无作物、遮挡地区进行。喷头110-03，喷雾压力0.5MPa，罩盖壁面间距1.5m，机组前进速度0.98m/s，喷雾机运动方向与风向相同，分别测试顺风和逆风时的回收率。

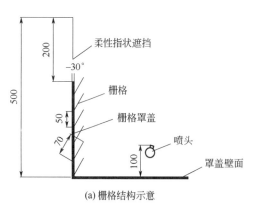

(a) 栅格结构示意   (b) 栅格罩盖安装

图 18-59　栅格罩盖（单位：mm）

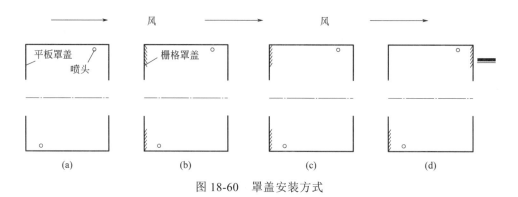

图 18-60　罩盖安装方式

表 18-19 显示的是四种安装方式以及无罩盖喷雾时的药液回收率。测试时风速 2.3m/s，温度 18℃，相对湿度 72%。数据显示增加罩盖后能够显著提高药液回收率，在四种罩盖安装方式中 d 方案防飘效果最好，b 方案防飘效果最差。分析原因，b 方案中栅格导风方向相对，使引导气流在罩盖中部相遇，不但消除了栅格对雾流的输送作用，而且削弱了雾滴的沉积动能。a 方案只是对气流起阻挡作用，所以其防飘效果比 b 好。c 方案虽然与 b 方案相似，但是栅格的导风方向与雾流方向同向，所以能够加快雾滴运动，提高药液回收率，但是由于远离喷头一侧的栅格罩盖的导风方向有壁面阻挡，所以这一侧栅格罩盖对雾滴的输运作用不明显，只相当于一个平板罩盖，所以同 d 方案相比，在逆风时药液回收率相差不大。d 方案迎风面和背风面罩盖结构一致，所以不论在逆风还是顺风时，栅格罩盖都能够起到对雾滴的输运作用，所以回收率最大。由于 c 方案和 d 方案都能够对雾滴起到气流输送作用，所以回收率比 a 好。值得注意的是，在风洞试验结果显示，垂直平板罩盖的防飘效果要好于栅格罩盖的防飘效果，与田间回收率测试结果相反。这是因为回收药液量不等于罩盖减少的飘失量，在风洞试验中测试的是下风向 5m 处的药液飘失，并没有测试流失在地面上的药液量，实际喷雾时，由于平板罩盖后部存在低压涡旋区，所以许多雾滴进入该区域失去动能而沉积到地面上，栅格罩盖由于能够对雾滴进行输送，雾滴具有足够的动能运动到对面罩盖壁面上，被拦截收集，所以使用 d 方案能够收集到比方案 a 更多的药液，药液回收率就高。综上分析，方案 d 是最佳罩盖安装方案，至此"Π"型罩盖防飘喷雾系统已经确定。

表 18-19　不同罩盖安装形式时的药液回收率　　　　　　　单位：%

风向	方案 a	方案 b	方案 c	方案 d	无罩盖
逆风	26.57	23.78	28.86	29.27	2.07
顺风	45.04	43.28	47.18	50.57	3.50

为了研究测试作业条件对"Π"型循环喷雾机药液回收率的影响，分别测试了喷雾机在使用不同喷头大小、不同喷雾压力、不同作业速度时的药液回收率。测试同样在空旷场地中进行，试验时风速为 0，测试结果如表 18-20～表 18-22 所示。数据显示，喷头型号增大、更换防飘喷头、增加喷雾压力、降低作业速度都能够增加药液回收率。

表 18-20　喷头型号大小与回收率

喷头	回收率/%
ST110-03	51.12
ST110-04	60.21
ST110-05	67.53
IDK120-03	54.91
IDK120-05	73.50

* 喷雾压力 0.5MPa，作业速度 0.98m/s。

表 18-21　喷雾压力与回收率

喷雾压力/MPa	回收率/%
0.3	35.75
0.4	39.62
0.5	51.12

* 喷头 ST110-03
作业速度 0.98m/s

表 18-22　作业速度与回收率

作业速度/(m/s)	回收率/%
0.41	58.43
0.98	51.12
1.54	35.66

喷雾压力 0.5MPa
喷头 ST110-03

18.5.5　喷头上仰角度对回收率和药液沉积的影响

喷头上仰角度是指在竖直平面内，喷头朝向顶端或底端偏转的角度 θ，见图 18-61。喷头上仰角度的变化会影响喷头雾化雾滴运动初速度方向，使雾滴运动轨迹、雾滴与靶标撞击角度等发生变化，从而影响药液回收和沉积，这里研究喷头上仰角度对药液回收率和冠层中药液沉积效果的影响。

18.5.5.1　喷头上仰角度变化影响研究

设定喷头水平喷雾时 θ 为 0°，向顶端偏转为"+"，向底端偏转为"−"。试验主要测试喷头上仰角度分别为 0°、±15°时的 R_{max}、冠层中药液沉积量、药液回收率。R_{max} 测试方法同 18.5.3.2，机组不运动，防飘罩盖以及喷雾系统按照已经确定的最优化方案安装，喷头 ST110-03，喷雾压力 0.5MPa。冠层药液沉积测试方法同 18.5.3.2，布点方式相同，喷头型号 ST110-03，喷雾压力 0.5MPa，机组前进速度 0.98m/s，喷量 690L/hm²。

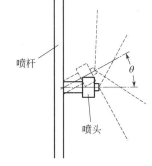

图 18-61　喷头上仰角示意图

18.5.5.2　研究结果与分析

图 18-62 为不同喷头仰角时的 R_{max} 以及实际作业时的药液回收率 R。结果显示，喷头仰角增加能够同时增加 R_{max} 和 R，原因是喷头向上偏转能够使雾滴运动轨迹上移，削弱重力对雾滴的影响，所以能够提高收集雾滴的量。试验时冠层茂盛，枝叶密度较大，使用 3 号喷头时药液回收率为 28%，当在发芽初期和落叶期时，枝叶密度较小，药液回收率 R 的值与 R_{max} 接近，根据表 18-20 的数据可以推测，使用大流量喷头，药液回收率将达到 70%以上，也就是说设计的"Π"型循环喷雾机药液回收率最高可达 70%以上。

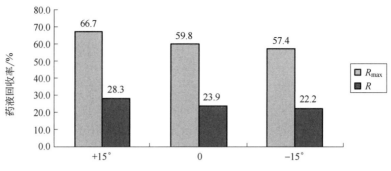

图 18-62　不同喷头仰角时 R_{max} 与 R

表 18-23 显示的是喷头仰角不同时冠层中的药液沉积量。从表中数据能够发现，随着 θ 增加，冠层中药液沉积总量、叶子正面沉积量和叶子背面沉积量都随之增加。叶子正面沉积均匀性随 θ 增加而逐渐改善。叶子背面沉积均匀性在 $\theta=15°$ 和 0°时基本相同，$\theta=-15°$ 时均匀性最差，所以综合分析，当 $\theta=15°$ 时冠层中药液沉积均匀性最好。将喷头向上偏转后，冠层上部的药液沉积情况被改善，$\theta=15°$ 时水平 4 中叶子正面和背面沉积总量分别是 $8.8\mu L/cm^2$ 和 $3.3\mu L/cm^2$，都高于其他两种情况。对比冠层外侧和中间部分的沉积量能够发现当 $\theta=15°$ 时冠层中间部分的叶子背面药液沉积大于两侧沉积，证明将喷头向上偏转能够改变冠层内部的沉积量。分析原因如图 18-63 所示，由于在葡萄冠层中，叶片与竖直面之间有一定夹角，当喷头向下偏转时外侧叶片对雾流的阻挡最大，随着喷头向上偏转，阻挡作用逐渐减小，喷雾形成的气流夹带这细小雾滴进入冠层内部，所以能够提高冠层内部的药液沉积量。

表 18-23　喷头仰角不同时冠层中药液沉积量　　　　单位：$\mu L/cm^2$

项目	$\theta=+15°$				$\theta=0°$				$\theta=-15°$			
	左	中	右	合计	左	中	右	合计	左	中	右	合计
叶子正面												
水平 1	4.5	2.8	8.0	15.4	6.2	3.8	5.5	15.4	3.0	2.7	3.9	9.6
水平 2	4.8	2.6	4.8	12.2	3.6	2.6	4.8	11.1	5.1	2.8	6.0	13.9
水平 3	2.9	3.1	5.0	10.9	2.6	3.0	4.8	10.4	3.2	0.8	3.8	7.9
水平 4	2.4	2.1	4.3	8.8	1.6	1.4	2.0	5.0	1.5	1.0	2.0	4.6
合计	14.7	10.6	22.1	47.3	14.0	10.8	17.2	41.9	12.9	7.3	15.8	36
CV	42.2%				44.8%				52.4%			
叶子背面												
水平 1	2.0	1.8	1.7	5.5	1.2	1.4	1.4	4.0	2.4	1.3	2.2	5.9
水平 2	1.8	2.3	2.3	6.4	1.7	1.4	2.5	5.6	1.1	0.9	1.4	3.4
水平 3	1.8	3.1	2.0	6.9	2.1	1.5	1.9	5.5	1.3	1.5	1.5	4.3
水平 4	1.4	0.9	1.0	3.3	1.1	0.8	1.1	3.0	0.4	0.6	0.5	1.6
合计	7.0	8.1	7.0	22.1	6.1	5.1	6.9	18.1	5.3	4.3	5.6	15.2
CV	32.1%				31.5%				48.2%			
总计	69.4				60				51.2			

综上所述，当喷头向顶端偏转 15°时，药液回收和沉积效果最好。至此，"Π"型循环喷雾机最优化结构已经完全确定：牵引方式作业，液泵为排量为 80L/min 的双缸膜片活塞式隔膜泵，采用射流原理回吸药液，"Π"型罩盖高2.2m，宽1.2m，开度 0.5～1.6m 可调，底端距地面高度 0.3m，罩盖两侧交错布置竖直喷杆，喷杆距罩盖壁面边缘 25cm，每侧安装 4 个喷头，喷头上仰角度 15°，间隔 50cm，使用喷雾角 110°或 120°的扇形雾喷头，靠近喷头一侧罩盖安装栅格罩盖，另一侧为平板罩盖，栅格导流方向与雾流运动方向一致，经试验检测"Π"型循环喷雾机通行顺畅，转弯灵活、工作稳定、效果良好。

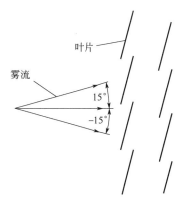

图 18-63　雾流偏转与叶片

18.5.6　研究结论

（1）CFD 仿真试验结果证明实际应用时喷头大小、喷雾压力、喷杆状态、供液方式对于喷头间的喷量分布没有显著影响。喷杆竖直安装方案可行，确定喷杆供液方式为顶端供液。通过对喷杆上喷头喷量测试，证明竖直喷杆喷雾系统符合设计标准。

（2）喷杆交错喷雾能够避免两侧雾流相撞，使罩盖中央会形成旋转气流流场，提高药液回收率，改善冠层内沉积。通过测试 R_{max} 和研究冠层中药液沉积状况证明，交错喷雾能够比相对喷雾提高药液回收率 140.5%，增加冠层中药液沉积均匀性，改善冠层内部叶子背面沉积效果，最终确定最佳喷杆安装方案为双喷杆交错喷雾，喷杆距罩盖边缘 25cm。

（3）通过测试药液回收率，最终确定"Π"型罩盖结构：罩盖两端安装形式相同，靠近喷头一侧安装栅格罩盖，栅格导风方向与雾流运动方向相同，另一侧安装平板罩盖。试验证明喷头型号增大、更换防飘喷头、增加喷雾压力、降低作业速度都能够增加药液回收率。

（4）将喷头上仰能够提高药液回收率，改善冠层中药液沉积均匀性，提高冠层内部药液沉积量。通过试验确定，喷头上仰角度为 15°。

（5）"Π"型循环喷雾机最优化结构：牵引方式作业，液泵为排量为 80L/min 的双缸膜片活塞式隔膜泵，采用射流原理回吸药液，"Π"型罩盖高 2.2m，宽 1.2m，开度 0.5～1.6m 可调，底端距地面高度 0.3m，罩盖两侧交错布置竖直喷杆，喷杆距罩盖壁面边缘 25cm，每侧安装 4 个喷头，喷头上仰角度 15°，间隔 50cm，使用喷雾角 110°或 120°的扇形雾喷头，作业时喷头距离冠层 40cm，靠近喷头一侧罩盖选用栅格罩盖，另一侧为平板罩盖，栅格导流方向与雾流运动方向一致，经试验检测后通行顺畅，转弯灵活、工作稳定、效果良好。

18.6　循环喷雾机防飘性能研究

循环喷雾机最大的优点是能够大量减少药液飘失，所以防飘效果是衡量循环喷雾机性能的最重要的指标之一，通过测试药液飘失可以确定飘失距离，为确定缓冲区范围提供数据。

将一台牵引式单行"∏"型循环喷雾机与一台采用轴流风机风送的传统果园风送喷雾机进行飘失对比，如图 18-64。

(a)"∏"型循环喷雾机

(b) 传统果园风送喷雾机

图 18-64　防飘性能对比

18.6.1　循环喷雾机防飘性能研究场地构建

18.6.1.1　机具防飘性能研究方法

测试所用葡萄园面积 3hm²，行距 3m，叶片大部分脱落，透风性好，试验地块长 50m。测试方法参照标准 ISO22866 进行，试验布置示意图见图 18-65。"∏"型循环喷雾机喷头型号 ST110-03，喷雾压力 0.5MPa，罩盖宽度 1.5m，机组前进速度 0.8m/s，喷量 845L/hm²。果园风送喷雾机喷头型号空心圆锥雾喷头 TR80-03，喷雾压力 0.5MPa，机组前进速度 1.2m/s，喷量 845L/hm²。为了消除不稳定风速对飘失的影响，果园喷雾机和"∏"型循环喷雾机同时进行测试，两个测试区域间隔 30m 以消除相互间干扰。测试同时记录风速、风向、温度、湿度等气象条件。使用浓度为 0.1%的 BSF 荧光溶液代替农药喷雾，待雾滴收集器和滤纸干后收集，用含酒精 6%的去离子水洗脱，然后用荧光仪测试溶液中的 BSF 含量。按照标准规定，测试单行喷雾，喷雾机行进方法见图 18-66。

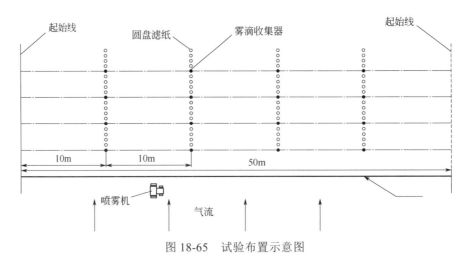

图 18-65　试验布置示意图

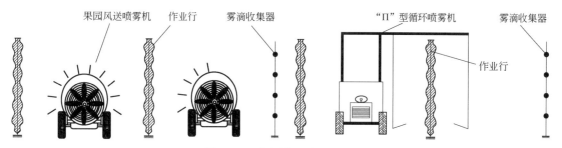

图 18-66　测试机具行进方式

18.6.1.2　布点方式

选择一行作为作业行，在作业行下风向选择 4 行悬挂雾滴收集器收集空中飘失的雾滴，从喷雾机起始线间距 10m 处开始布置，共布置 4 处，每处间距 10m，见图 18-67。在每个悬挂点悬挂 4 个直径 0.1m 的雾滴收集器，每个收集器高度间隔 0.35m，最底端一个距离地面 0.35m。在两行中间间距 0.6m 布置 4 片直径 12.5cm 的圆盘滤纸收集沉积到地面的药液。从作业行开始计算，飘失收集区域共长 50m，宽 15m，共布置雾滴收集器 64 个，圆盘滤纸 64 个。

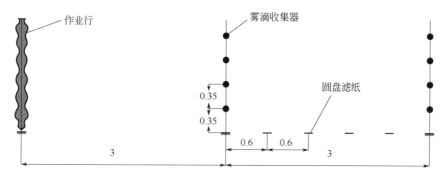

图 18-67　布点示意图（单位：m）

18.6.2　飘失量测定

飘失量测定按照 ISO 22866 中规定的方法进行。图 18-68 为飘失量测定方法图像解释，X 轴为下风向距离，Y 轴为测得的飘失量，Z 轴为占飘失量的百分数，a 为测得的累计飘失量百分数，b 表示飘失量的 90%，c 为在每测试点测试的飘失量。在此处飘失量均指药液飘失量占喷施量的百分数，单位%。标准中规定 b 值所处的 X 坐标则为飘失距离，图中的飘失距离为 20m，飘失距离内的飘失总量为飘失量。

当计算出下风向不同距离处的药液飘失量 c 后，将 c 值拟合得到飘失量与下风向距离的函数关系式 $f(x)$，假设飘失距离为 x_{90}，可以根据式（18-34）计算得出。式中 x_1 为下风向第一个测试点距离，x_n 为下风向最后一个测试点距离。因此在飘失距离内的飘失量等于 $\int_{x_1}^{x_{90}} f(x)\mathrm{d}x$。

$$\int_{x_1}^{x_{90}} f(x)\mathrm{d}x = 0.9 \int_{x_1}^{x_n} f(x)\mathrm{d}x \tag{18-34}$$

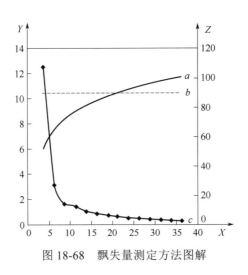

图 18-68　飘失量测定方法图解

18.6.3　循环喷雾机与果园风送喷雾机药液飘失情况比较

18.6.3.1　空中飘失

测试时风向风速稳定，风速 2m/s，温度 18℃，相对湿度 51%。图 18-69 为果园风送喷雾机和"Π"型循环喷雾机分别作业时空中雾滴收集器收集的 BSF 含量，由于两种作业机具喷量一致，喷施药液浓度相同，雾滴收集器都是直径为 0.1m 的丝球，所以能够用 BSF 含量来描述飘失的药液量。比较果园风送喷雾机和"Π"型循环喷雾机的空中飘失结果可以发现，"Π"型循环喷雾机空中飘失的药液量要远远小于果园风送喷雾机。在距离作业行 3m 处"Π"型循环喷雾机飘失的药液只有传统喷雾机的 1.7%。空中飘失测试能够衡量人畜吸入飘失药液的危险程度。假设喷雾机飘失药液能够飘失 12m，当进行全面积作业时，距离边界作业行下风向 3m 处飘失的药液为前面四行飘失量的叠加总和。高度 1.4m 大约是人口鼻所在高度，此处收集到的药液相当于在此位置人体吸入的药液量。通过计算距离，如果进行全面积喷洒，使用传统果园风送喷雾机，在最后一行下风向 3m 处的人将吸入 0.7mL 的药液，而使用"Π"型循环喷雾机在相同位置的人吸入药液量仅为 0.0148mL（表 18-24）。假设人体身高 170cm 的成年人正面投影面积估计为 4800cm^2，通过计算单位面积 BSF 含量就能够估算出距离作业行下风向 3m 处的一个人体被污染的药液量。表 18-24 数据显示，使用果园风送喷雾机全面积作业时人体被 41.6mL 的药液污染，而使用"Π"型循环喷雾机人仅被 1mL 的药液污染，较传统果园风送喷雾机减少了 97.6%。

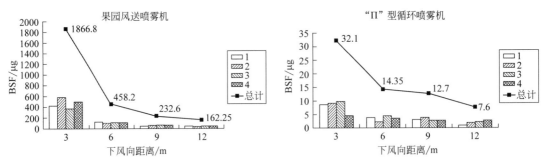

图 18-69　空中药液飘失量

表 18-24 全面积作业下风向 3m 处人体污染药液量

a：传统果园风送喷雾机

悬挂高度/m	下风向距离/m				合计
	3	6	9	12	
1.4	496.45	109.95	65.15	40.3	713.25
1.05	368.45	116.25	66.85	42.5	
0.7	579.9	107.2	57.5	35.15	
0.35	422	124.8	43.1	44.3	
平均	466.7	114.55	58.15	40.56	
单位面积 BSF 含量/μg	5.942	1.458	0.740	0.516	
人体污染药液量/mL	28.5	7.0	3.6	2.5	41.6

b："Π"型循环喷雾机

悬挂高度/m	下风向距离/m				合计
	3	6	9	12	
1.4	4.5	3.65	2.7	2.55	14.8
1.05	9.7	4.4	2.9	2.25	
0.7	9.15	2.45	3.95	1.9	
0.35	8.75	3.85	3.15	0.9	
均值	8.025	3.5875	3.175	1.9	
单位面积 BSF 含量/μg	0.102	0.046	0.040	0.024	
人体污染药液量/mL	0.5	0.2	0.2	0.1	1.0

18.6.3.2 地面沉积

按照标准 ISO 22866 中规定的方法计算使用果园风送喷雾机和"Π"型循环喷雾机时的飘失距离 x_{90}。首先对数据进行拟合，拟合曲线公式为式（18-35），各参数见表 18-25。

$$y = A_1 + \frac{A_1 - A_2}{1 + e^{\frac{x - x_0}{dx}}} \qquad (18\text{-}35)$$

表 18-25 拟合公式（18-35）参数值

	A_1	A_2	x_0	dx	R^2
果园风送喷雾机	24.67	1.22	4.79	0.86	0.98
"Π"型循环喷雾机	0.1	0.02	3.31	1.63	0.94

根据式（18-34）对拟合公式进行定积分，然后求飘失距离 x_{90} 以及飘失距离内的飘失量，计算结果见表 18-26。对比表 18-26 中的数据，"Π"型循环喷雾机在飘失距离内的飘失量比果园风送喷雾机减少了 99.3%，可以认为是没有药液飘失。数据证明，"Π"型循环喷雾机具有良好的防飘效果。

表 18-26 飘失距离与飘失量

	x_{90}/m	飘失量/%
果园风送喷雾机	9.84	41.0
"Π"型循环喷雾机	12.89	0.26

18.6.4　研究结果与分析

通过对比循环喷雾机和传统果园风送喷雾机作业时的药液飘失，评价了循环喷雾机的防飘能力。同传统果园风送喷雾机相比，使用循环喷雾机能够大量减少药液飘失，在飘失距离内的药液飘失量比使用果园风送喷雾机减少了99.3%。

18.7　综合研究结论

（1）通过对雾滴的尺寸分布、运动特性、气流流场对雾滴运动的影响的分析，确定了雾流中易飘失区域为：雾流末端、喷雾扇面横向边缘、喷雾扇面迎风面外边缘，为导流挡板的设计提供了理论依据。通过对冠层结构和雾滴在冠层中的分布规律的分析，得出了冠层上部对雾滴的拦截作用明显，从而需要利用挡板来减少冠层上部对雾滴的拦截，使雾滴更好地在冠层中穿透，来增加雾滴在冠层中的沉积量，从而减少飘失。

（2）导流式防飘喷雾机喷雾机结构参数挡板宽度、挡板倾角和喷头释放角对流场及雾滴飘失的影响较大，并通过仿真试验和田间试验确定了喷雾机的最佳结构参数，即导流板宽度为45cm、倾角为50°、喷头释放角为50°。试验结果表明：在理想状态下的风洞试验中，在风速分别为2m/s、4m/s时，使用小雾滴的ST110-015喷头和常用的ST110-03喷头作业，在喷头下风向1.5m处收集的雾滴飘失量均为防飘喷雾机明显少于常规喷雾。小麦起身期田间试验表明：当使用ST110-015喷头时，用防飘喷雾机作业比常规喷雾药液沉积总量增加了35.1%，飘失量减少了36.1%；使用ST110-03喷头时，防飘喷雾机作业比常规喷雾药液沉积总量增加了24.37%，飘失量减少了26.51%。小麦抽穗期田间试验表明：不管使用ST110-015喷头还是ST110-03喷头，都会导致小麦冠层上层沉积量比常规喷雾有所减少，但是都大大的增加了中、下层药液沉积量，其中尤以下层的沉积量增加的最多。当使用ST110-015喷头时，用防飘喷雾机作业比常规喷雾药液沉积总量增加了30.45%，飘失量减少了44.66%；使用ST110-03喷头时，防飘喷雾机作业比常规喷雾药液沉积总量增加了27.37%，飘失量减少了31.72%。药效田间试验结果表明：在施药7d后，两种作业方式的株数防效相差不大，分别达到了79.7%、87.9%，鲜重防效相差明显，分别为17.1%、99.8%；在作业14d、30d后，两种作业方式的株数防效和鲜重防效有明显的差异，表明防飘喷雾机减少了麦苗对雾滴的拦截，增强了雾滴的穿透性，到达地面的药液量较多，使其封土抑制杂草出苗的效果明显。

（3）循环喷雾机的最优化结构为：牵引作业，液泵为排量为80L/min的双缸膜片活塞式隔膜泵，采用射流原理回吸药液，"Π"型罩盖高2.2m，宽1.2m，开度0.5～1.6m可调，底端距地面高度0.3m，罩盖两侧交错布置竖直喷杆，喷杆距罩盖壁面边缘25cm，每侧安装4个喷头，喷头上仰角度15°，间隔50cm，使用喷雾角110°或120°的扇形雾喷头，喷雾时喷头距冠层边缘40cm。靠近喷头一侧罩盖选用栅格罩盖，另一侧为平板罩盖，栅格导流方向与雾流运动方向一致，经试验检测后通行顺畅，转弯灵活、工作稳定、效果良好。在发芽期或落叶期枝叶密度较小，使用大流量喷头作业时药液回收率可达70%。与果园风送喷雾机对比，测试了研制的"Π"型循环喷雾机的防飘特性。

参考文献

[1] 戴奋奋，袁会珠. 植保机械与施药技术规范化. 北京: 中国农业科学技术出版社，2002.

[2] 杨学军，严荷荣，徐赛章，等. 植保机械与施药技术的研究现状及发展趋势. 农业机械学报，2002. 11, 33(6): 129-132.

[3] 傅泽田，祁力钧. 国内外农药使用状况及解决农药超量使用问题的途径. 农业工程学报，1998. 6, 14(2): 7-12.

[4] 何雄奎. 植保机械与施药技术. 植保机械与清洗机械动态，2002(4): 5-8.

[5] 何雄奎. 改变我国植保机械和施药技术严重落后的现状. 农业工程学报，2004. 1, 20(1): 13-15.

[6] 何雄奎. "机械施药技术规范"对果园风送式喷雾机的使用效果探讨. 植保机械与清洗机械动态，2001(4): 7-10.

[7] 张晓辉，郭清南，李法德，等. 3MG-30型果园弥雾机的研制与试验. 农业机械学报，2002, 5: 30-33.

[8] 陈松年，吴刚，万培荪，等. 喷雾机轴流风机设计. 农业机械学报，1990, 01: 48-54.

[9] 欧亚明，刘青. 轴流式风机在风送式喷雾机上的选型与计算. 中国农机化，2004, 02: 24-25.

[10] 何雄奎，何娟. 果园喷雾机风速对雾滴的沉积分布影响研究. 农业工程学报，2002, 4: 75-77.

[11] 赵东，张晓辉，蔡东梅，等. 梯度风对雾滴穿透性影响的研究及试验. 农业工程学报，2004, 7: 21-25.

[12] 何雄奎，严荷荣，储金宇，等. 果园自动对靶静电喷雾机设计与试验研究. 农业工程学报，2003, 6: 78-80.

[13] 邹建军. 果园自动对靶喷雾机红外探测系统的研制. 北京: 中国农业大学，2006.

[14] 肖健. 果树对靶喷雾系统中图像识别技术. 北京: 中国农业大学，2005.

[15] 宋晓光. 多路喷头并行开闭控制器的设计与实现. 北京: 中国农业大学，2006.

[16] 王贵恩，洪添胜，李捷，等. 果树施药仿形喷雾的位置控制系统. 农业工程学报，2004, 5: 81-84.

[17] 洪添胜，王贵恩，陈羽白，等. 果树施药仿形喷雾关键参数的模拟试验研究. 农业工程学报，2004, 7: 104-107.

[18] 林惠强，肖磊，刘才兴，等. 果树施药仿形喷雾神经网络模型及其应用. 农业工程学报，2005, 10: 95-99.

[19] 肖磊，洪添胜，林惠强，等. 虚拟样机技术及其在果树仿形喷雾装置研制中的应用. 农机化研究，2005, 5: 206-208, 211.

[20] 张富贵，洪添胜，王万章，等. 数据融合技术在果树仿形喷雾中的应用. 农业工程学报，2006, 7: 119-122.

[21] Heijne B, Doruchowski G, Holownicki R, et al. The developments in spray application techniques in European pome fruit growing. Bulletin OILB/SROP, 1997, 20(9): 119-129.

[22] Grzegorz D, Ryszard H. Environmentally friendly spray techniques for tree crops. Crop protection, 2000, 19: 617-622.

[23] Ipach R. Reducing drift by way of recycling techniques. KTBL-SCHrift, 1992: 258, 353.

[24] Ganzelmeier H, Osteroth H J. Sprayers for fruit crops-loss reducing equipment. Gesunde Pflanzen, 1994, 6: 225-233.

[25] Ade G, Molari G, Rondelli V. Vineyard evaluation of a recycling tunnel sprayer. Transaction of the ASAE, 2005, 48: 2105-2112.

[26] Molari G, Benini L, Ade G. Design of a recycling tunnel sprayer using CFD simulations. Transactions of the ASAE. American Society of Agricultural Engineers, St Joseph, USA: 2005, 48: 2, 463-468.

[27] Ade G, Balloni S, Pezzi F. Field tests on a tunnel sprayer in vineyard. Gruppo Calderini Edagricole Srl, Bologna, Italy, 2005, 55: 37-43.

[28] Viret O, Siegfried W, Holliger E. CoMParison of spray deposits and efficacy against powdery mildew of aerial and ground-based spraying equipment in viticulture. Crop Protection, 2003, 22: 1023-1032.

[29] Planas S, Solanelles F, Fillat A. Assessment of recycling tunnel sprayers in Mediterranean vineyards and apple orchards. Biosystems Engineering, 2002, 82: 45-52.

[30] Theriault R, Salyani M, Panneton B. Spray distribution and recovery in citrus application with a recycling sprayer. Transactions of the ASAE, 2001, 44: 1083-1088.

[31] Siegfried W, Holliger E, Raisigl, U. Tunnel recycling equipment-the new spray technology for orchards and vineyards. Schweizerische Zeitschrift fur Obst-und Weinbau, 1993, 129: 36-43.

[32] McFadden-Smith W, Ker K, Walker G. Evaluation of vineyard sprayers for coverage and drift. Paper-American Society of Agricultural Engineers, 1993, 93: 1079.

[33] Ganzelmeier H. Drift of plant protection products in field crops, vineyards, orchards and hops. International symposium on pesticides application techniques, 1993: 125-132.

[34] Baraldi G, Bovolenta S, Pezzi F. Air-assisted tunnel sprayers for orchard and vineyard: first results. International symposium

on pesticides application techniques, 1993: 265-272.

[35] Theriault R, Salyani M, Panneton B. Development of a recycling sprayer for efficient orchard pesticide application. Applied Engineering in Agriculture, 2001, 17: 143-150.

[36] Peterson D L, Hogmire H W. Tunnel sprayer for dwarf fruit trees. Transactions of the ASAE, 1994, 37: 709-715.

[37] Peterson D L, Hogmire H W. Evaluation of tunnel sprayer systems for dwarf fruit trees. Transactions of the ASAE, 1995 , 11(6): 817-821.

[38] Ade G, Pezzi F. Results of field tests on a recycling air-assisted tunnel sprayer in a peach orchard. Journal of Agricultural and Engineering Research, 2001, 80 (2): 147-152.

[39] Hogmire H W, Peterson D L. Pest control on dwarf apples with a tunnel sprayer. Crop protection, 1997, 16 (4): 365-369.

[40] Hulls J. Tunnel sprayer for applying pesticides and other agents to agricultural crops-has saturation chamber containing fog of spraying agent which flows into deposition chamber where droplets coalesce on plant surfaces. Patent Number(s): EP830213-A;WO9640442-A; WO9640442-A1; AU9661627-A; ZA9604857-A; US5662267-A; EP830213-A1; AU703847-B.

[41] Franz E, Bouse L F, Carlton J B, et al. Aerial spray deposit relations with plant canopy and weather parameters. Transactions of the ASAE 1998, 41(4): 959-966.

[42] Hoffmann W C, M Salyani. Spray deposition on citrus canopies under different. meteorological conditions. Transactions of the ASAE, 1996, 39(1): 17-22.

[43] Horst G. Assessment of spray drift in sloping vineyards. Crop Protection, 1983, 2: 37-49.

[44] Miller D R, Stoughton T E. Atmospheric stability effects on pesticide drift from an irrigated orchard, Transactions of the ASAE 2000, 43(5): 1057-1066.

[45] Murphy S D. The effect of boom section and nozzle configuration on the risk of spray drift. J. agric. Engng Res, 2000, 75: 127-137.

[46] Ozkan H E, Miralles A, Sinfort C, et al. Shields to Reduce Spray Drift. J. agric. Engng Res, 1997, 67: 311-322.

第 19 章

植保无人机防飘防蒸发剂型的研发应用

　　20 世纪 50 年代后国际上开始喷施超低容量制剂（ultra low volume，ULV），ULV 为直接喷施到靶标上无需稀释的特制油剂，它具有黏度较低、稳定性高、挥发率低等特点。我国使用超低容量油剂喷雾始于 1975 年，在安徽省使用 ULV 防治小麦黏虫并取得了理想的效果，1976 年在唐山丰南地区抗震救灾中，超低容量制剂在灾区蚊蝇防治中也起到了突出的作用。此外，静电喷雾技术在超低容量喷雾的基础上发展起来，在超低容量制剂中加入静电剂而增加制剂的电导率使其成为静电油剂，静电油剂与 ULV 性质相似，主要用于超低容量下静电施药。到 20 世纪 80 年代以后，许多科研工作者开始研发水基化制剂用于航空喷雾。近几年，航空施药技术迅速发展，对航空施药专用药剂的研发又提出了新的要求。

　　我国目前专业用于低容量与超低容量施药的专用制剂很少，因此当前植保无人机超低空低容量与超低容量施药作业时选用的剂型仍然以参考地面机械为主。但航空植保所需的喷雾用药和常规地面喷雾存在明显的区别，尤其是植保无人机由于其载荷量有限，为了确保农业航空施药的喷洒效率，必须降低单位面积的施药体积，由此在增加了喷雾药剂的农药有效成分含量的同时，降低喷雾雾滴的粒径以确保施药效果。这也导致航空喷洒过程中出现喷雾药剂的结块、分层、沉淀、磨损或堵塞喷头，尤其是一些含有固体填料的剂型问题更加严重。对此，日本在植保无人机航空喷雾专用药剂上积累的大量经验值得学习，例如在常规农药登记的同时需要额外增加航空喷雾专用药剂的登记，从程序上讲可能比较复杂，但这一方法很大程度上解决了航空施药过程中喷雾药液不稳定和喷头堵塞等问题。

　　经过近数十年的摸索，人们也总结出了一定的经验，在作业中主要选择粒径较小的制剂，如悬浮剂、乳油、水乳剂、微乳剂等，避免使用可湿性粉剂和水分散粒剂等固定制剂。同时，一些纳米制剂等新剂型也被开发并应用到航空喷雾上。但航空施药作业高度高，这些药剂在沉降过程中产生严重的蒸发和飘移现象，导致大量药剂飘移到靶标区域以外而造成环境危害，同时降低了防治效果。尤其是在喷施除草剂过程中，药剂的飘移往往会对周边作物产生严重的伤害，为解决这一问题，日本规定用于飞防的除草剂必须是颗粒剂。目前，药液的蒸发性能也越来越受到研究人员的关注，但主要集中于药液在靶标叶片上的蒸发特点，也有一些科研人员开始关注喷雾药剂在沉降过程中的雾滴的挥发。此外，制剂对药剂的飘失也有较大的影响，研究发现药液的黏度、表面张力和雾滴粒径的大小都会影响喷雾药液的飘失性能。因此，在航空喷施水基化药剂时需要加入一些飞防专用的喷雾助剂用于减少喷雾药液的蒸发和飘移。飞防助剂可以改变喷雾药液的理化特性，因而引起雾化药液雾滴谱的变化，Fritz 等在风洞中对四种喷雾助剂的研究也证明了其对雾滴分布的影响，王潇楠、Lan Y 和 Krik 等也分别在各自的研究中证明了飞防助剂的加入有利于降低飘移。目前国内外已经有多家科研单位和公司致力于航空施药专用喷雾助剂的研发，随着一些优秀产品的出现，飞防专用助剂也受到越来越多的关注。

总体而言，低容量与超低容量专用的药剂和助剂已经成为了我国高效施药技术发展的重要瓶颈，而药剂恰恰是低容量与超低容量作业的灵魂，其在有/无人机植保行业的发展中起到重要的作用。关于理想的低容量与超低容量喷雾专用药剂和助剂，研发适用于低量和超低容量施药的安全高效型产品，同时增加喷雾药剂的热力学稳定性、抗蒸发和飘移、促沉降和渗透、增效减量的广谱高效制剂或助剂。除此之外，低容量与超低容量喷施药剂也要考虑使用的便利性，做到施药前不需稀释或稀释简单，采用利于运输或可再次利用的大包装来提高低容量与超低容量作业时的喷洒效率。

19.1　3%吡虫啉·三唑酮超低容量剂的研制

当大田施药量在 5L/hm² 以下的喷雾方法为超低容量喷雾，而植保无人机低容量与超低容量作业飞行高度高、雾滴粒径小、药液的比表面积大，因而增加了药液沉降过程中的蒸发时间和蒸发面积。为了避免因雾滴蒸发引起的粒径收缩而导致药液随风飘移到作用靶标区以外，超低容量喷雾使用的超低容量液剂是以油为溶剂的均相液体，也称为油剂。超低容量剂与常规喷施用的农药剂型相比，其沸点高、农药有效成分含量高、对作用植物安全、不需要稀释或加入少量的油稀释后即可直接喷雾作业。

这里针对小麦常见的病虫害，如以蚜虫和锈病为防治对象，选取吡虫啉和三唑酮两种农药有效成分，确定制备超低容量液剂的溶剂和助溶剂的种类和用量，制备了 3%吡虫啉·三唑酮超低容量液剂。并对该超低容量液剂的物理、化学稳定性、各项理化性质、植物安全性等参数进行了测定。

19.1.1　溶剂与助溶剂的筛选

根据吡虫啉和三唑酮常规制剂分别在小麦蚜虫和锈病防治中有效成分的推荐剂量，植保无人机 5L/hm² 的超低容量喷雾量，确定吡虫啉和三唑酮原药的含量分别为 0.5%和 2.5%，以此来制备 3%吡虫啉·三唑酮超低容量剂，用于低容量或超低容量喷雾作业。

19.1.1.1　样品筛选方法

供试原药：94.7%吡虫啉原药，98.2%三唑酮原药。

供试溶剂：菜籽油，花生油，大豆油，玉米油，棉籽油，油酸甲酯，煤油，二线油。

供试助溶剂：乙酸乙酯、N,N-二甲基甲酰胺、乙基溶纤剂、乙腈、二甲亚砜、苯乙酮、甲基异丁基酮、环己酮、N-甲基吡咯烷酮、异佛尔酮、二乙二醇。

19.1.1.2　溶解度的测定

（1）试验方法　选择适宜的溶剂是配制超低容量液剂的关键技术问题。溶剂的选择必须要参考其挥发性、黏度、闪点、对植物的安全性和对农药有效成分的溶解性。因此首先对供试溶剂对吡虫啉和三唑酮原药的溶解性进行了测定。通过对比供试溶剂对两种原药的溶解性来确定配置 3%吡虫啉·三唑酮超低容量剂所需要的溶剂。

在配置超低容量喷雾剂时，由于溶剂的溶解力有限，因此必须加入适量的助溶剂。分别对供试的助溶剂对两种原药的溶解度进行了测定，并根据助溶剂对原药的溶解度确定配置 3%吡虫啉·三唑酮超低容量剂时所需助溶剂的种类。

溶解度的测定方法如下：对于每种待测的溶剂或助溶剂分别取 5 支试管，每支试管中分别加入吡虫啉原药（0.2g±0.02g）或三唑酮原药（0.5g±0.02g），准确移取 0.2mL 供试溶剂于各试管中，同时用玻璃棒不断搅拌，若不能全部溶解，再加入 0.2mL 溶剂，再次搅拌溶解，若还不能完全溶解，再加 0.2mL，溶解度的测试过程中，为了提高溶解速度可使用 HH-6 数显电热恒温水浴锅对试管进行水浴加热，待溶剂冷却至室温（约 25℃）时观察溶解情况。反复上述操作，直到吡虫啉加至 5mL 或三唑酮加至 10mL 溶剂还不能溶解时，则弃去。记录实验结果，并计算溶解度。

（2）试验结果与分析　吡虫啉和三唑酮原药在各供试溶剂中的溶解度见表 19-1，试验结果显示菜籽油、花生油、大豆油、玉米油和棉籽油对吡虫啉原药和三唑酮原药的溶解性均较低，几种植物油对吡虫啉原药的溶解度均低于 2.0%，对三唑酮原药的溶解性低于 5.0%。与植物油相比，油酸甲酯对两种农药原药的溶解度较好，其对吡虫啉和三唑酮原药的溶解度分别为 4.4%和 10.0%。煤油对吡虫啉原药的溶解度低于 2.0%，其对三唑酮的溶解性为难溶，C10 芳烃对吡虫啉原药的溶解性为难溶，但其对三唑酮原药的溶解性较好，溶解度达到了 30.0%。

表 19-1　吡虫啉和三唑酮原药在溶剂中的溶解度

溶剂	吡虫啉		三唑酮	
	溶解度/(mg/mL)	质量分数/%	溶解度/(mg/mL)	质量分数/%
菜籽油	<20	<2.0	<50	<5.0
花生油	<20	<2.0	<50	<5.0
大豆油	<20	<2.0	<50	<5.0
玉米油	<20	<2.0	<50	<5.0
棉籽油	<20	<2.0	<50	<5.0
油酸甲酯	40	4.4	100	10.0
煤油	<20	<2.0	难溶	—
C10 芳烃	难溶	—	330	30.0

除溶剂对原药的溶解度以外，为保证喷雾药液的雾化效果，一般要求超低容量液剂的黏度不高于 10mPa·s，而超低容量液剂的黏度主要取决于其溶剂。同时，飞机在高空中喷雾作业时，经常会喷出火花或者放电，为保证施药安全性，一般要求超低容量液剂的闪点在 70℃以上。表 19-2 显示各助剂的黏度和闪点：从表中可知各种植物油的黏度均在 40mPa·s 以上，煤油和 C10 芳烃的黏度均小于 10mPa·s，但其闪点分别为 65～80℃和 42℃，不能满足飞机超低容量喷雾的要求。结合各种溶剂对吡虫啉和三唑酮原药的溶解度以及各种溶剂的黏度和闪点，最终确定选取油酸甲酯为溶剂用于制备 3%吡虫啉·三唑酮超低容量剂。

表 19-2 各溶剂的黏度和闪点

溶剂	黏度/mPa·s	闪点/℃
菜籽油	49.5	>100
花生油	52.1	>100
大豆油	41.5	>100
玉米油	47.8	>100
棉籽油	46.9	>100
油酸甲酯	5.3	>100
煤油	1.9	65-80
C10 芳烃	2.22	42

吡虫啉和三唑酮原药在各种助溶剂中的溶解度见表 19-3,从表中可知各种助溶剂对两种农药原药的溶解度存在较大的差异。相比较而言,*N*,*N*-二甲基甲酰胺、二甲亚砜、*N*-甲基吡咯烷酮、乙腈、苯乙酮和环己酮这几种助溶剂与溶剂油酸甲酯相比,可以明显提高对吡虫啉和三唑酮两种原药的溶解性,因此选取这几种助溶剂用于配制 3%吡虫啉·三唑酮超低容量剂。

表 19-3 吡虫啉和三唑酮原药在各种助溶剂中的溶解度

溶剂	吡虫啉		三唑酮	
	溶解度/(mg/mL)	质量分数/%	溶解度/(mg/mL)	质量分数/%
乙酸乙酯	<20	<2.0	1000	50.0
N,*N*-二甲基甲酰胺	330	25.0	1250	55.6
乙基溶纤剂	<20	<2.0	710	41.5
乙腈	80	7.4	1000	50.0
二甲亚砜	500	33.3	1670	62.6
苯乙酮	50	5.0	625	38.5
甲基异丁基酮	<20	<2.0	500	33.3
环己酮	50	5.0	625	38.5
N-甲基吡咯烷酮	330	25.0	830	45.4
异佛尔酮	35	3.2	500	33.3
二乙二醇	<20	<2.0	80	7.4
乙二醇	<20	<2.0	50	4.8

19.1.2 配方组分确定

为了确定 3%吡虫啉·三唑酮超低容量剂的具体配方组成,分别将 *N*,*N*-二甲基甲酰胺、二甲亚砜、*N*-甲基吡咯烷酮、乙腈、苯乙酮和环己酮中对吡虫啉和三唑酮原药溶解性较好的一种或几种助溶剂分别与油酸甲酯一起配制超低容量液剂。病根据所制备超低容量液剂的物理稳定性确定 3%吡虫啉·三唑酮超低容量剂的组成。

19.1.2.1 组分确定研究方法

以油酸甲酯为溶剂,分别将质量分数为 2%、5%、10%、15%和 20%的 *N*,*N*-二甲基甲酰胺、二甲亚砜、*N*-甲基吡咯烷酮、乙腈、苯乙酮和环己酮的单一助溶剂,与 0.5%吡虫啉原药和 2.5%三唑酮原药配制 3%吡虫啉·三唑酮超低容量剂。

为了验证各添加浓度助溶剂所制备超低容量剂的稳定性，分别观察超低容量液剂常温（25℃）静置稳定性和低温稳定性。低温稳定性的测定为每种试样取 10mL 用具塞试管封存置于−5℃±1℃条件下贮存 48h，观察其外观变化。

19.1.2.2　研究结果与分析

使用单一组分的助溶剂与油酸甲酯配制的 3%吡虫啉·三唑酮超低容量剂在常温和低温条件下的稳定性结果见表 19-4。从表中可知，乙腈和二甲亚砜两种强极性助溶剂在添加浓度为 2%时常温下会有晶体析出，而当这两种助溶剂含量超过 5%时便会出现分层现象；苯乙酮作为助溶剂时，其含量低于 10%时常温下也会有晶体析出，而当其含量超过 10%时低温贮存后超低容量液剂会凝固且有晶体析出；环己酮和 N-甲基吡咯烷酮两者作为助溶剂时，当含量低于 10%时常温下会有晶体析出，而当含量为 15%~20%时常温下间均一稳定液体，但低温贮存后会有晶体析出；而 N,N-二甲基甲酰胺作为助溶剂时，当其含量为 2%~5%时常温下会有晶体析出，其含量为 15%~20%时常温下会发生分层，其含量为 10%时常温下为均一稳定液体，但低温贮藏后会有少量晶体析出。

表 19-4　不同组分下超低容量剂的稳定性

助溶剂	含量/%	常温（25℃）	低温（−5℃±1℃）
N,N-二甲基甲酰胺（DMF）	2	很快析出晶体	
	5	数小时后析晶	
	10	无分层，无析晶	析出少量晶体
	15	分层	
	20	分层	
乙腈	2	析出晶体	
	5	分层	
	10	分层	
	15	分层	
	20	分层	
二甲亚砜	2	析出晶体	
	5	分层	
	10	分层	
	15	分层	
	20	分层	
苯乙酮	2	析出晶体	
	5	析出晶体	
	10	析出晶体	
	15	无分层，无析晶	很快凝固，有结晶析出
	20	无分层，无析晶	很快凝固，有结晶析出
环己酮	2	析出晶体	
	5	析出晶体	
	10	析出晶体	
	15	无分层，无析晶	析出晶体
	20	无分层，无析晶	析出晶体

助溶剂	含量/%	常温（25℃）	低温（−5℃±1℃）
N-甲基吡咯烷酮	2	析出晶体	
	5	析出晶体	
	10	析出晶体	
	15	无分层，无析晶	析出晶体
	20	无分层，无析晶	析出晶体

19.1.2.3 助溶剂复配试验

综合 6 种助溶剂与油酸甲酯制备的 3%吡虫啉·三唑酮超低容量剂的稳定性发现，使用单一成分的助溶剂均无法制备出贮存稳定的超低容量剂。结合六种助溶剂对两种农药原药的溶解性、与溶剂油酸甲酯的相溶性和凝固点，选取 N,N-二甲基甲酰胺、N-甲基吡咯烷酮和环己酮三种助溶剂进行复配与油酸甲酯制备 3%吡虫啉·三唑酮超低容量剂。

在多种助溶剂复配中限制 N,N-二甲基甲酰胺的用量为 2%，N-甲基吡咯烷酮的用量为 5%，在此基础上添加不同浓度的环己酮与油酸甲酯制备 3%吡虫啉·三唑酮超低容量剂，并测定各组成成分下超低容量液剂的常温和低温贮存稳定性。

不同助溶剂复配下制备的超低容量剂的稳定性结果见表 19-5。可知，当 N,N-二甲基甲酰胺的含量为 2%，N-甲基吡咯烷酮的含量为 5%的条件下，当环己酮含量低于 2%时会有晶体析出，而当环己酮含量为 4%～8%时在常温下制剂稳定，但低温贮存后会有晶体析出，而当环己酮含量为 10%时，制剂在常温和低温下均为均一稳定的液体。因此确定 3%吡虫啉·三唑酮超低容量剂的最终配方见表 19-6，并对该配方组成下的超低容量液剂的理化性质进行测定，确定其在无人机航空施药上应用的可行性。

表 19-5 不同助溶剂复配下超低容量剂的稳定性

助溶剂含量/%			常温（25℃）	低温（−5℃±1℃）
N,N-二甲基甲酰胺	N-甲基吡咯烷酮	环己酮		
2	5	0	析出晶体	
2	5	2	析出晶体	
2	5	4	无分层，无析晶	析出晶体
2	5	6	无分层，无析晶	析出晶体
2	5	8	无分层，无析晶	析出晶体
2	5	10	无分层，无析晶	无分层，无析晶

表 19-6 3%吡虫啉·三唑酮超低容量剂配方组成

组成	质量分数/%
吡虫啉	0.5
三唑酮	2.5
N,N-二甲基甲酰胺	2
N-甲基吡咯烷酮	5
环己酮	10
油酸甲酯	补足余量

19.1.3 理化性质的测定

一个合格的航空喷雾施用超低容量液剂需满足多方面的性能要求，如外观、挥发率、闪点、黏度、植物安全性、低温和热贮稳定性等。为验证该 3%吡虫啉·三唑酮超低容量剂是否适用于航空喷雾施用，这里对该制剂的各项理化性质进行了测定。

19.1.3.1 理化性质测定方法

（1）热贮稳定性　将待测超低容量液剂分别装入三个 10mL 具塞试管编号密封，并置于 54℃±2℃恒温箱中贮存 14d，测定待测超低容量液剂试样中热贮前后吡虫啉和三唑酮有效成分的含量并观察热贮后试样的外观变化。试样无分层、无浑浊，农药有效成分的分解率低于 5%视为合格。待测试样中吡虫啉和三唑酮两种有效成分使用 FL2200-2 高效液相色谱仪进行定量，高效液相色谱仪同时配紫外吸收（UV）检测器和美国 RHEODUNE 7725i 进样阀（20μL）。

标准溶液的配制：分别准确称取（精确至 0.0002g）质量为 0.01g 的吡虫啉标样与 0.05g 的三唑酮标样，将两种农药有效成分经适量甲醇超声振荡溶解后转移至 250mL 容量瓶定容，取定容后的标准溶液经 0.22μm 滤膜过滤后进高效液相色谱仪进样测定。

待测试样溶液的配制：分别将热贮前后的 3%吡虫啉·三唑酮油剂加入甲醇稀释 100 倍，充分超声振荡 2min，经 0.22μm 滤膜过滤后等待进样分析。

液相色谱仪的色谱柱为极限 XB-C18 色谱柱（250mm×4.6mm，5μm）；流动相：甲醇：乙腈：水=68：17：15（其中流动相 A 为甲醇：乙腈=80：20；流动相 B 为水，A：B=85：15，体积比），流速：1.0mL/min，柱温：30℃，检测波长：276nm，进样体积：20μL。吡虫啉和三唑酮标准溶液和试样溶液的液相色谱图分别见图 19-1 和图 19-2，吡虫啉的保留时间为 3.410min，三唑酮保留时间为 5.382min。

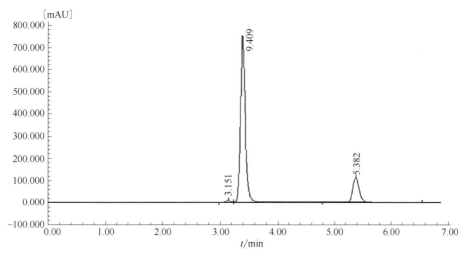

图 19-1　吡虫啉和三唑酮标样液相色谱图

待测试样中吡虫啉和三唑酮有效成分的质量分数 x_i（%）按式（19-1）计算，吡虫啉和三唑酮有效成分的分解率按式（19-2）计算。

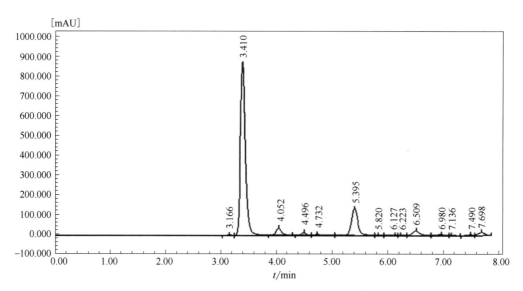

图 19-2　吡虫啉和三唑酮试样液相色谱图

$$x_i = \frac{A_2}{A_1} \times n \times P \qquad (19\text{-}1)$$

式中　A_1——标样溶液中吡虫啉或三唑酮农药有效成分液相色谱峰面积的平均值；

　　　　A_2——超低容量液剂的试样溶液中吡虫啉或三唑酮峰面积的平均值；

　　　　n——试样溶液中有效成分吡虫啉或三唑酮的稀释倍数；

　　　　P——标样中有效成分吡虫啉或三唑酮的质量百分含量，%。

分解率：

$$x = \frac{x_1 - x_2}{x_1} \times 100\% \qquad (19\text{-}2)$$

（2）pH 值的测定　参照 GB/T 1601—1993 使用 PH 计对吡虫啉·三唑酮油剂的 pH 值进行测定。测试前以 pH 为 4.01 和 9.18 的标准液对 pH 计进行校正，测定值与标准值的绝对差不大于 0.02 为校正合格。用移液管移取 1mL 试样于 100mL 烧杯中，加入 99mL 蒸馏水，剧烈搅拌 1min，静置 1min，将校正的电极插入待测试样溶液中测其 pH 值，分别测定三次取测量的平均值即为其 pH。

（3）黏度的测定　黏度的测定参照标准 NY/T 1860.21—2010 进行，使用 NDJ-1 旋转式黏度计测定，并配备 0 号转子。试验前先将 0 号转子安装在黏度计的连接螺杆上，取待测试样20～25mL 装入有底外试筒并用螺钉固定拧紧外试筒。将黏度计转子的转速设定为 60r/min，待指针与示数盘稳定后按下控制杆，并使示数指针旋转至显示窗内关闭旋转开关读取示数。指针在刻度盘上的读数乘上使用转子在该转速下对应的黏度系数则为所测试样的实际黏度。平行测定五次取其均值，待测试样黏度 η 按下列公式计算：

$$\eta = k\alpha \qquad (19\text{-}3)$$

式中　η——试样黏度，mPa·s；

　　　　k——旋转黏度仪黏度系数（0 号转子在 60r/min 时为 0.1）；

　　　　α——旋转黏度仪刻度表盘中的读数。

（4）挥发率的测定　挥发率的测定采用滤纸悬挂法，把 3%吡虫啉·三唑酮超低容量剂滴加在已知质量的直径为 11cm 的滤纸上使滤纸湿透（以没有油滴滴下为止），立即用天平称量出加入试样与滤纸的总质量，然后将湿润的滤纸悬挂于气候箱中进行挥发，气候箱温度为 30℃±1℃，湿度为 40%±5%，20min 后称量挥发后滤纸的质量，计算出挥发率。3%吡虫啉·三唑酮超低容量剂的挥发率取三次测量的平均值。挥发率的计算方法如下：

$$挥发率 = \frac{W_2 - W_0}{W_2 - W_1} \times 100\% \tag{19-4}$$

式中　W_0——农药挥发后的滤纸质量；

　　　W_1——滤纸质量；

　　　W_2——滴上农药后立即称出的滤纸质量。

（5）闪点的测定　航空喷雾对超低容量液剂的闪点要求较高，为了确保航空施药过程中的安全性，选用 SYD-3536 克利夫兰开口闪点测试仪进行测定。将闪电仪的内坩埚放入装有细砂的外坩埚中，确保内外坩埚间细砂层厚度约为 5~8mm，且细砂表面距内坩埚上口约为 12mm，将待测试样缓慢转移到坩埚中至液面到上口约 12mm 处，同时确保试样液面以上无附着试样。将温度计的水银球固定在内坩埚的中央，使其与坩埚底部和试样表面的长度相近。使用电热炉以每分钟约(10±2)℃的速度加热升温，当温度升至预期闪点前 40℃时，升温速度调整为每分钟约(4±1)℃；待试样温度升至预期闪点约前 10℃时，将点火器的火焰放到内坩埚的上口附近，点火器的火焰长度应预先调整到 3~4mm，并沿着该处的水平面在坩埚内做直线移动。待试样温度每升高约 2℃应重复一次点火试验。当试样液面上最初出现蓝色火焰时，立即读取温度计上的温度示数，该温度即为闪点。取三次测量的平均值为 3%吡虫啉·三唑酮超低容量剂的最终闪点值。

（6）表面张力的测定　试样表面张力的测定采用 JYW-200A 自动界面张力仪。测试前取出吊环挂在挂钩上，让仪器保持平稳，调零。首先使用待测试样品将试样皿清洗三次，再倒入约试样皿体积的 2/3 的待测试样。调整升降台的高度，将吊环完全浸入待测样品叶面下 5~7mm，点击"试验"按键，此时托盘的高度开始下降，同时表面张力仪的液晶显示屏的示数逐渐增大，当铂金吊环脱离液面后按"停止"键，此时表面张力仪液晶显示屏的示数则为试样的表面张力值，试样的最终表面张力为重复三次的平均值。

（7）植物安全性的测定　3%吡虫啉·三唑酮超低容量剂对小麦植株的安全性使用 Potter 喷雾塔进行喷雾，喷雾量为 3%吡虫啉·三唑酮超低容量剂的推荐剂量（5L/hm²）。将三盆三叶期的小麦植株置于 Potter 喷雾塔内进行喷雾，喷雾结束后待喷雾液药液充分沉降到小麦植株后取出小麦。将喷雾后的小麦植株放入气候箱内，于施药后 1d、3d、5d、7d 和 14d 分别观察喷雾后的小麦植株生长状况、小麦叶片形状和颜色变化等，并与未处理小麦植株进行对比。

19.1.3.2　研究结果与分析

对该 3%吡虫啉·三唑酮超低容量剂的各项质量技术指标测定结果如表 19-7 所示，试验结果显示制剂的外观为均一稳定的液体，闪点为 76℃，黏度为 8.3mPa·s，pH 值为 6.32，药剂挥发率为 12.49%，表面张力为 31.76mN/m，对小麦植株并没有药害产生，有效成分吡虫啉和三唑酮的热贮分解率分别为 3.865%和 4.29%，均低于 5%。各项质量指标均符合航空超低容量喷雾液剂要求，该 3%吡虫啉·三唑酮超低容量剂可用于植保无人机航空超低容量喷雾防治小麦病虫害。

表 19-7　3%吡虫啉·三唑酮超低容量剂质量技术指标测定结果

项目	测定结果	指标要求
外观	均一透明的液体	均一透明的液体
闪点/℃	76	>70
黏度/mPa·s	8.3	≤10
pH	6.32	
挥发率/%	12.49	<30
植物安全性	合格	推荐剂量下不产生药害
吡虫啉热贮分解率/%	3.86	54℃±2℃，14d，外观无变化，分解率小于5%
三唑酮热贮分解率/%	4.29	
表面张力/(mN/m)	31.76	
低温稳定性	合格	−5℃±1℃，48h，无结晶析出，无分层

19.1.4　研究结论

通过对各种植物油、油酸甲酯、煤油、C10芳烃等溶剂对吡虫啉和三唑酮原药的溶剂性，结合各溶剂各自的黏度、闪点等参数确定了制备 3%吡虫啉·三唑酮超低容量剂的溶剂。又通过测定多种助溶剂对吡虫啉和三唑酮原药的溶解性，并结合各种助溶剂对农药原药的溶解能力以及与溶剂的相溶性和凝固点等确定了助溶剂的种类。通过分析不同助溶剂配比组分条件下制备超低容量液剂的低温稳定性确定了 3%吡虫啉·三唑酮超低容量剂的配方组成。对制备的该 3%吡虫啉·三唑酮超低容量剂的热贮稳定性、pH 值、黏度、挥发率、闪点、表面张力和对小麦植株的安全性进行了测定。测试结果显示 3%吡虫啉·三唑酮超低容量剂的各种理化性质均符合喷施超低容量液剂的指标要求，该 3%吡虫啉·三唑酮超低容量剂可以用于低容量与超低容量喷雾。

19.2　植保无人机静电喷雾系统的研制

航空静电喷雾技术是在地面静电喷雾技术上发展而来，其是对地面静电喷雾技术的创新应用。航空静电喷雾是指经航空静电喷雾系统而喷出的药液雾滴和喷洒作物之间建立静电场，从而在喷洒作物上产生显著静电环保吸附效果。航空静电喷雾与传统的非静电喷雾相比，航空静电喷雾的雾滴不仅能吸附到植物叶片的正面，同时可以吸附到作物植株的下部和叶片的背面。

但是由于航空静电喷雾技术并不等同于地面静电喷雾技术，飞机在空中飞行，整个喷雾机具的载体包括静电高压发生装置均脱离大地悬浮于空中，这对航空静电喷雾系统荷电性能带来了极大的挑战。因此，多年来我国航空静电喷雾技术主要靠引进国外航空静电喷雾系统，但价格十分昂贵，且其航空静电喷雾系统在我国的植保无人机上的适配性并不理想，而导致静电喷雾效果也不理想。

这里针对我国现有的植保无人机设计了一款双极性接触式静电喷雾系统，该系统含有两个输出端，一个输出端使喷雾药液充上正电荷，另一个输出端使喷雾药液充上负电荷。并将该航空静电喷雾系统分别安装在两种植保无人机上，分别测试了对该静电喷雾系统施药在梨树叶片正面的沉积效果和叶片背面的吸附效果，并与两种植保无人机其自带的原始非静电喷雾系统的施药效果进行了对比。

航空静电喷雾技术同样属于超低容量喷雾范畴，由静电喷雾系统喷出的静电液滴粒径小，比表面积大，若喷雾药液使用水质载体极易挥发失重，难以有效的沉积到靶标上。因此，航空静电喷雾需采用航空静电油剂。在 3%吡虫啉·三唑酮超低容量液剂的基础上，通过筛选静电剂制备了适用于植保无人机航空静电喷雾系统的 3%吡虫啉·三唑酮静电油剂，并测定了该静电油剂的理化性质。

此外，分别测定了该静电喷雾系统喷施水和静电油剂时正、负静电输出端的雾滴谱和喷雾液的荷质比。分析了电荷性质、静电电压大小和喷雾液药液对雾化和荷电效果的影响，为该静电喷雾系统在大田的应用提供了支持。

19.2.1　航空静电喷雾系统设计

19.2.1.1　系统设计依据及原理

静电喷雾主要有 3 种充电方法，分别为电晕充电法、感应充电法和接触充电法。相比而言，接触式充电法充电最充分、充电效果最好，因此，为了达到更好的充电效果而选用接触式充电法设计航空机载静电喷雾系统。接触式充电法是将静电高压发生器的电极直接置于药液中使其带电，带电的喷雾药液输送至喷头处雾化而形成具有电荷的雾滴。

现有的地面静电喷雾装置中，均设有一个充电电极和一个感应电极，充电电极设置于喷雾药液中或喷头上为喷雾药液充电，感应电极直接接地或者通过人体或其他导体完成接地，从而与地面形成闭合回路。航空静电喷雾装置与地面静电喷雾装置不同，航空静电喷雾系统需搭载于飞行器上于空中作业，受到现有技术的限制，航空静电喷雾装置难以形成有效的接地而引起电荷在机体积累，甚至会造成飞机表面电荷产生电晕放电。电荷在飞机上的累计不仅存在安全隐患，也极大地影响喷雾药液的荷电性能，在一定程度上也影响了喷雾雾滴在作物叶片背面的吸附效果。

为有效释放机体累积的残留电荷，较早研制的航空静电喷雾喷雾系统常携带一条较长的导线用于接地。接地导线严重影响了操作人员对植保无人机的操控，与此同时无人机旋翼产生的气流很有可能会扬起导线造成极大的安全隐患。

对此，借鉴了双极性荷电的方式设计了适用于小型植保无人机的双极性接触式静电喷雾系统。静电高压发生装置为该系统的关键部件，其高压静电发生原理图见图 19-3。该高压静电发生装置由电源、滤波电容器、缓冲电感器、静电发生器、正输出电极和负输出电极组成。

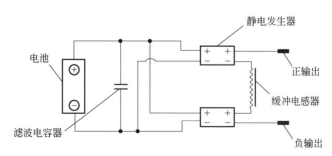

图 19-3　静电喷雾系统高压静电发生器原理图

静电发生器由两个电压相同，极性相反的静电高压电源串联组成，其中正极性静电电压电源的负极与负极性静电电压电源的正极之间通过一个缓冲电感器相连，而中正极性静电电压电源的正极极为正输出电极，其可以为喷雾药液充上正电荷；负极性静电电压电源的负极为负输出电极，它可以为喷雾药液充上负电荷。因此，正负高压电源、空气、大地之间形成一个电荷转移的闭合回路，确保在飞机上的静电平衡，进而减少了对植保无人机飞控系统的影响，保证植保无人机的安全运行。

19.2.1.2 系统组成和技术参数

该双极性接触式航空机载静电喷雾系统由静电发生器电源、静电发生装置、电压表、调压旋钮、静电发生器开关、药箱、正输出电极、负输出电极、输液管、离心泵、喷杆、喷雾单元电源、控制器、电机、喷头、电磁隔离开关（遥控器）、充电器等组成。该静电喷雾系统的外观图和具体结构组成示意图见图 19-4 和图 19-5。

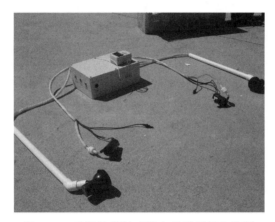

图 19-4　双极性接触式静电喷雾系统实物图

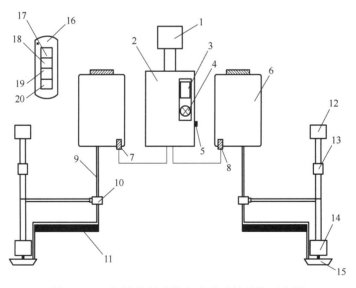

图 19-5　双极性接触式静电喷雾系统结构示意图

1—静电发生器电源；2—静电发生装置；3—电压表；4—调压旋钮；5—静电发生器开关；6—药箱；7—正输出电极；
8—负输出电极；9—输液管；10—离心泵；11—喷杆；12—喷雾单元电源；13—控制器；14—电机；15—离心雾化盘；
16—电磁隔离型开关；17—静电开关；18—正输出喷雾单元开关；19—负输出喷雾单元开关；20—总开关

该静电喷雾系统将药液装于两个独立的药箱中并分别与高压静电发生装置的正、负输出电极相连，高压静电发生装置的正、负输出电极分别伸入各自对应的药箱底部与药液相连组成正极和负极储液装置。使两组独立的储液装置中喷出的液体带有不同极性的电荷，其中与正输出电极相连的药液被充上正电荷，与负输出电极相连的药液被充上负电荷。

药箱中的喷雾液药液在离心泵的作用分别将喷雾液药液输送至正输出雾化单元和负输出雾化单元，正负输出雾化单元的喷头数量可根据喷洒作物的种类和单位面积施药量进行调整。由于静电喷雾需要对作物叶片背面产生吸附包抄，因此雾滴粒径应该足够小且均匀，因此正、负雾化单元的喷头配备了雾化效果更细、更均匀的离心喷头。

为了防止喷雾动力装置的电源对高压静电发生器发生装置的电源产生干扰，提高静电喷雾系统工作的可靠性，因此高压静电发生装置和雾化单元的电源相互独立。静电喷雾系统的正输出喷雾单元（含泵和离心喷头）和负输出喷雾单元分别由各自的电源独立供电，同一喷雾单元的电源同时给其对应的离心泵和离心喷头的电机供电。带有正电荷或负电荷的药液分别在各自对应的离心泵作用下被输送至电机驱动的离心雾化盘，从而在离心力的作用下雾化成细小的雾滴后沉降，当带电雾滴沉降至作物冠层的附近时受作物表面感应电荷吸附而沉积到作物叶片各个位置。

接触式静电喷雾法对喷雾系统的绝缘性要求较高，为了防止在喷雾液管路运输和雾化的过程中产生漏电，因此该静电喷雾系统所选用的药箱、输液管、喷杆和雾化盘均为绝缘材料。静电喷雾系统的静电高压发生器和正、负输出雾化单元的开关由电磁隔离型开关控制，该开关共含 4 个控制键，分别为：静电喷雾系统总开关、静电高压发生器开关、负输出雾化单元开关和正输出雾化单元开关。这样植保无人机的飞控系统和静电喷雾系统的控制完全独立，因此可在不改变植保无人机自身飞控的条件下把该静电喷雾系统直接安装到植保无人机进行航空静电施药，这也在一定程度上确保该静电喷雾系统与植保无人机的适用性。

此外，为了适应不同的作物和喷洒量，该静电喷雾系统的静电电压和流量均可调整，静电喷雾系统的各部件的基本参数见表 19-8。

表 19-8 静电喷雾系统基本参数

项目	参数	项目	参数
离心泵和喷头工作电压/V	7.4	离心泵压力/MPa	0.02~0.1
离心泵和喷头工作电流/mA	1900	遥控距离/m	10
静电发生器工作电压/V	12.0	静电输出电压/kV	15~35
静电发生器工作电流/mA	300	续航时间/h	4~6
雾化盘空载转速/（r/min）	9600	系统重量/kg	3.5

19.2.2 航空静电喷雾系统的吸附性

19.2.2.1 试验材料与方法

在某梨园进行实际生产应用，测试静电喷雾系统在梨树叶片上的吸附效果。将梨树冠层划分为上、中、下三层，每一层选三个点进行布样，试验所用梨树冠层结构和布样点见图 19-6 所示。雾滴在梨树叶片上的吸附效果使用水敏纸测定，使用曲别针将水敏纸分别固定在布样点的梨树叶片的正反面，水敏纸在梨树叶片正反面的布样示意图见图 19-7。

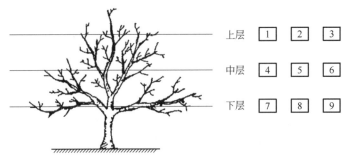

图 19-6　梨树冠层结构和布样位置划分示意图

图 19-7　水敏纸在梨树叶片正、背面布样示意图

　　该静电喷雾系统的正、负输出雾化单元分别安装两个离心喷头，将该静电喷雾系统分别搭载于电动多旋翼植保无人机和电动单旋翼植保无人机，两种植保无人机的外观示意图见图 19-8，搭载了静电喷雾系统后的各植保无人机见图 19-9，搭载静电喷雾系统的植保无人机作业见图 19-10。试验共设四个处理，分别测定两种植保无人机及分别使用其自身非静电喷雾

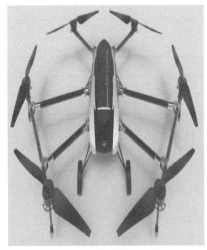 

(a) 电动多旋翼植保无人机　　　　　　　　(b) 电动单旋翼植保无人机

图 19-8　植保无人机外观图示意图

图 19-9 搭载静电喷雾系统的植保无人机

图 19-10 搭载静电喷雾系统的无人机空中作业

系统和静电喷雾系统的雾滴的沉积效果。在每一个处理的测试区域内随机选取三株梨树作为布样株,对比静电喷雾系统和非静电喷雾系统对雾滴在梨树冠层不同高度和叶片正、背两面的沉积覆盖情况,评价静电喷雾系统的施药效果。

各处理的植保无人机在梨园的作业参数见表 19-9,当各处理的植保无人机作业完毕且水敏纸充分干燥后,将水敏纸收集于做好标记的干燥信封中密封保存。将田间收集的水敏纸带回实验室,于实验室内使用扫描仪在 600dpi 分辨率下进行灰度扫描,将扫描所得图片使用 Depositsan 软件进行分析,获取冠层各布样点处沉积雾滴的粒径大小、雾滴密度和覆盖率等并计算平均值。

表 19-9　植保无人机的作业参数

处理方式	飞行高度/m	速度/(m/s)	幅宽/m	流量/(L/min)	名义亩施药量/L
多旋翼静电作业	1.5～2.0	2.0	3.0	0.50	0.9
多旋翼非静电作业	1.5～2.0	2.0	3.0	1.8	3.3
单旋翼静电作业	1.5～2.0	1.5	3.0	0.50	1.2
单旋翼非静电作业	1.5～2.0	1.5	3.0	1.40	3.4

19.2.2.2　试验结果

四个处理在梨树冠层叶片正、背面的雾滴沉积分布结果分别见表 19-10 和表 19-11 所示，雾滴在水敏纸上的沉积效果见图 19-11。从表 19-10 中四个处理在梨树冠层叶片正面的沉积效果来看，多旋翼植保无人机采用静电作业的处理在梨树冠层上中、下三层的覆盖率分别为 1.72%、1.01% 和 1.50%，而多旋翼植保无人机自带非静电喷雾系统的处理三层的覆盖率分别为 3.36%、1.87% 和 1.39%。同样，单旋翼植保无人机使用静电喷雾系统的处理在梨树冠层上、中、下层的药液覆盖率分别为 1.84%、0.97% 和 0.45%，而单旋翼植保无人机自带非静电喷雾系统在三层的覆盖率分别为 7.96%、3.28% 和 0.78%。相比而言，无论是多旋翼植保无人机还是单旋翼植保无人机使用其自带非静电喷雾系统的雾滴覆盖率均大于使用静电喷雾系统的处理。由于多旋翼电动植保无人机静电喷雾和非静电喷雾的亩喷雾量分别为 0.9L 和 3.3L，而单旋翼电动植保无人机静电喷雾和非静电喷雾的亩喷雾量分别为 1.2L 和 3.4L，两种植保无人机使用静电喷雾的单位面积用药量均明显低于对应的非静电喷雾的处理。而喷雾药液的沉积效果受单位面积的喷雾量影响严重，因此其在梨树冠层不同部位的药液覆盖率明显低于非静电喷雾的两个处理。

表 19-10　各处理在梨树冠层上叶片正面的雾滴分布结果

处理方式	处理层	覆盖率/%	雾滴密度/(个/cm²)	VMD/μm
多旋翼静电作业	上	1.72±1.56	98.27±1.86	145.83±13.73
	中	1.01±0.30	36.7±6.96	150.8±12.28
	下	1.50±0.99	48.15±26.29	145.4±13.58
多旋翼非静电作业	上	3.36±2.55	48.03±35.75	256.33±30.57
	中	1.87±0.68	30.73±20.04	222.67±37.98
	下	1.39±1.01	27.3±27.19	242.33±52.94
单旋翼静电作业	上	1.84±1.02	86.9±17.96	140.33±8.85
	中	0.97±0.45	31.54±18.86	132.50±27.65
	下	0.45±0.46	20.55±16.76	129.00±18.34
单旋翼非静电作业	上	7.96±2.04	83.4±37.62	378.5±75.66
	中	3.28±2.76	28.93±16.66	267.67±28.71
	下	0.78±0.16	29.63±29.67	312.80±47.39

采用静电作业的两个处理在梨树冠层上、中、下三层雾滴的覆盖率结果变化较小，而使用非静电喷雾的两个处理雾滴在上、中、下三层的覆盖率变化明显，覆盖率由冠层上部到下部依次降低。这说明静电喷雾系统增加了喷雾药液的穿透性，有利于雾滴向梨树冠层的中、下部运输。

表 19-11　各处理在梨树冠层上叶片反面的雾滴分布结果

处理方式	处理层	覆盖率/%	雾滴密度/(个/cm²)	VMD/μm
多旋翼静电作业	上	0.50±0.20	21.75±5.78	129.17±18.21
	中	0.31±0.22	13.76±5.63	115.00±24.98
	下	0.11±0.04	6.10±1.11	117.00±30.51
多旋翼非静电作业	上	0.09±0.06	2.60±0.57	204.00±46.67
	中	0.28±0.30	7.00±3.90	214.00±39.95
	下	0.12±0.01	2.70±0.57	160.50±13.44
单旋翼静电作业	上	1.02±0.72	37.18±29.03	147.25±4.50
	中	0.18±0.05	9.83±3.75	119.33±33.45
	下	0.11±0.09	11.27±13.54	117.00±22.35
单旋翼非静电作业	上	0.07±0.03	4.13±1.85	113.33±17.04
	中	0.06±0.02	2.40±1.49	90.00±31.55
	下	0.08±0.03	4.33±1.18	103.75±34.99

对比四个处理在梨树冠层不同位置叶片正面的雾滴覆盖密度：多旋翼植保无人机使用静电喷雾系统的处理在梨树冠层上、中、下层的单位面积雾滴个数分别为 98.27、36.7 和 48.15，使用多旋翼植保无人机自带非静电喷雾系统的处理在上、中、下层的单位面积雾滴个数分别为 48.03、30.73 和 27.3；单旋翼植保无人机使用静电喷雾系统的处理在三层的单位面积雾滴个数分别为 86.9、31.54 和 20.55，单旋翼植保无人机自带非静电喷雾系统的处理在三层的单位面积雾滴个数分别为 83.4、28.93 和 29.63。可知使用静电喷雾系统的单位面积的雾滴个数并不像雾滴的覆盖率一样低于其对应的非静电喷雾的处理。四个处理在梨树叶片正面的水敏纸上的雾滴粒径的结果可知，使用静电喷雾系统的两个处理的雾滴平均粒径分别为 147.3μm 和 133.9μm，均小于 150μm，而多旋翼植保无人机和单旋翼植保无人机自带喷雾系统的雾滴平均粒径分别为 240.4μm 和 319.7μm，均明显大于静电喷雾系统的雾滴。静电喷雾系统采用的离心喷雾雾化效果更好，产生更多细小的雾滴，在一定程度上增大了雾滴在梨树上的单位面积沉积个数。

从表 19-11 中四个处理在梨树叶片反面的沉积结果来看，四个处理在叶片反面的覆盖率和雾滴密度均明显低于同一个处理在叶片正面的结果。虽然使用静电喷雾系统的两个处理的单位面积喷雾量低于植保无人机自带喷雾系统的处理，但其在叶片背面的雾滴覆盖率和单位面积的雾滴个数均明显高于对应的非静电喷雾的处理。

用静电喷雾系统的多旋翼植保无人机的处理在梨树冠层上、中、下三层叶片背面的雾滴覆盖率分别为 0.50%、0.31% 和 0.11%，而使用多旋翼自带非静电喷雾系统的处理在上、中、下三层的覆盖率分别为 0.09%、0.28% 和 0.12%。使用静电喷雾系统的单旋翼植保无人机的处理在梨树冠层上、中、下三层叶片背面的雾滴覆盖率分别为 1.02%、0.18% 和 0.11%，而使用单旋翼植保无人机自带非静电喷雾系统的处理在上、中、下层的雾滴覆盖率分别为 0.07%、0.06% 和 0.08%。

与雾滴的覆盖率结果相似，当多旋翼植保无人机采用静电施药时喷雾药液在梨树冠层上、中、下层叶片背面的单位面积雾滴覆盖个数分别为 21.75、13.76 和 6.10，其自带的喷雾系统的处理在梨树冠层上、中、下层的单位面积雾滴个数分别为 2.60、7.00 和 2.70。当单旋翼植保无人机采用静电施药时的处理在梨树冠层上、中、下层叶片背面的单位面积雾滴覆盖个数分别为 37.18、9.83 和 11.27，该植保无人机自带的喷雾系统在梨树冠层上、中、下层单位面积上雾滴的覆盖个数分别为 4.13、2.40 和 4.33。

对比四个处理在梨树叶片背面雾滴的平均粒径可知，使用静电喷雾系统的多旋翼植保无人机和单旋翼植保无人机在上、中、下三层总的平均粒径分别为 120.4μm 和 127.4μm，而使用自带非静电喷雾系统的多旋翼植保无人机和单旋翼植保无人机在梨树上、中、下三层总的平均粒径分别为 192.8μm 和 102.4μm。与在梨树正面叶片雾滴粒径的平均值相比，使用静电喷雾系统的两个处理在叶片正反面的雾滴粒径没有太大的差异，而使用非静电喷雾的两个处理的雾滴粒径差异较大，其在叶片背面的雾滴平均粒径均明显低于其在叶片正面的平均粒径。由此推测，使用静电喷雾系统的两个处理在叶片背面吸附的雾滴主要是在静电力的作用下产生；而使用非静电喷雾的两个处理在叶片背面的吸附雾滴较少，主要为植保无人机下旋气流的扰动引起。

图 19-11 静电喷雾后梨树叶片正、背面布沉积效果

使用静电喷雾系统的两个处理在叶片背面的覆盖率均随着梨树冠层高度的降低而减少，而进行非静电喷雾的两个处理并无此趋势，非静电喷雾的多旋翼植保无人机雾滴的覆盖率呈现出了冠层中层最高，下层次之，上层最低的不规则状态，使用非静电喷雾的单旋翼植保无人机在冠层三层的覆盖率相对平均在 0.06%～0.08% 范围内。由静电喷雾系统喷雾的雾滴带有电荷，雾滴在沉降过程中损失了一部分电量，且沉降距离越长电量损失越严重。因此，在梨树冠层的上部，雾滴带电量较多，叶片背面的吸附性较强，而当雾滴降落到冠层下部时，由于电荷的损失其吸附性降低导致覆盖率的降低。

通过对比两种类型的植保无人机分别使用该双极性接触式航空静电喷雾系统与其自带的喷雾系统在梨树冠层叶片上的喷雾效果试验，结果表明：将该双极性接触式航空静电喷雾系统搭载于两种类型的植保无人机上进行航空施药均可以有效增加喷雾药液向梨树冠层下方的穿透性，提高喷雾药液在梨树冠层的纵向沉积分布均匀性。该静电喷雾系统的离心喷头雾化出的雾滴与常规液力式喷头相比粒径更小、更均匀，有利于提高雾滴在叶片上的沉积密度。静电喷雾系统雾化出的带电雾滴可以在梨树叶片的背面产生吸附包抄效应，有利于雾滴在梨树叶片背面的附着，随着梨树冠层高度的降低，吸附效应减弱。

19.2.3 航空喷施静电油剂的制备

航空静电喷雾技术是航空喷雾的重要组成部分，它是在航空超低容量喷雾的基础上发展起来的一种新型农药使用技术。静电喷头所喷出的荷电雾滴受到重力、浮力、空气黏滞阻力、风力和静电力的作用。空气浮力与雾滴的重力方向相反，它和空气黏滞阻力一样可以忽略不计。荷电雾滴沉降过程中受力主要为重力、风力和静电力，三个力的合力决定了荷电雾滴的运动轨迹。而风力对荷电雾滴的作用是随机的，所以雾滴所受重力和静电力才是决定其最终沉积结果的因素，只有当其所受的静电力远大于自身重力时荷电雾滴才能沿着电场线防线运动，从而产生包抄效应而全方位地沉积到靶标的正、背面。

研究人员将雾滴的荷质比作为衡量静电喷雾效果的极为重要的指标，荷质比越大雾滴的静电效应就越强。雾滴荷质比的大小可以通过增加静电充电电压或减小雾滴的粒径获得。因此，在充电电压一定的条件下，小雾滴可以减小雾滴质量，增大比表面积（增加载电荷量的面积）。所以，航空静电喷雾的雾滴粒径比航空超低容量液剂喷雾所用的雾滴更小，通常低于100μm。而小雾滴在航空喷雾沉降过程中蒸发和飘移的几率大大增加，因此水质载体药剂不被用于航空静电喷雾，而是采用专用的超低容量静电油剂。

19.2.3.1 静电油剂的制备

静电油剂与超低容量油剂具有很多相同特点，低挥发性、低黏度、为油状液体、对植物安全等，两种制剂的加工制备方法也一致。但静电油剂也具有其独特之处，与超低容量油剂相比，静电油剂应具备一定的电导率，只有这样静电油剂在静电喷雾系统的作用下才能带有电荷从而对靶标产生包抄吸附效果；为保证吸附效果，静电油剂的雾滴粒径还应比超低容量油剂喷雾时的雾滴粒径小 1/3~1/2。

为了研制适用于航空静电喷雾施用的静电油剂，在 3%吡虫啉·三唑酮超低容量液剂的基础上测定添加不同含量、不同类型静电剂时的电导率，确定了静电剂的种类和添加浓度，并对制备的3%吡虫啉·三唑酮静电油剂的理化性质进行了测定。

（1）材料方法　分别将不同浓度的十二烷基苯磺酸钙、十二烷基苯磺酸三乙醇铵盐、聚乙二醇400、乳化剂0201b、月桂醇醚磷酸酯钾盐、烷基胺与环氧乙烷的缩合物、二甲基十八烷基羟乙基硝酸铵和烷基酚聚氧乙烯醚作为静电剂加入到 3%吡虫啉·三唑酮静电油剂中制备静电油剂，静电油剂的制备方法和超低容量液剂相同。测定每种静电剂在不同添加浓度下制剂的电导率，根据电导率的值筛选制备 3%吡虫啉·三唑酮静电油剂的静电剂。

所制备的不同试样的电导率的测定采用 DDS-307 型电导率仪并配备 DJS-1T 铂黑（带温度探头）电极。试验前需配置不同浓度的氯化钾标准溶液，把电极浸入标准溶液中，通过调整"电极常数"使仪器所显示的电导率值和氯化钾标准溶液的标准值一致，确定电导电极常数值。然后在确定的电导电极常数下测定待测溶液的电导率值，每个溶液测定三次取平均值。

（2）试验结果　通过对以上 8 种待测静电剂在不同添加浓度下电导率的测定结果可知，十二烷基苯磺酸三乙醇铵盐、聚乙二醇 400 和二甲基十八烷基羟乙基硝酸铵三种物质在极少量的添加浓度下就会与以油酸甲酯为溶剂制备的 3%吡虫啉·三唑酮超低容量油剂分层，因此这三种物质无法作为制备该静电油剂的静电剂。而在 10%添加浓度以内，乳化剂 0201b 和烷基酚聚氧乙烯醚均不能提高 3%吡虫啉·三唑酮超低容量油剂的电导率，因此这两种物质也无法作为 3%吡虫啉·三唑酮静电油剂的静电剂使用。实验结果显示十二烷基苯磺酸钙（农乳 500#）、月桂醇醚磷酸酯钾盐（MAEPK）和烷基胺与环氧乙烷的缩合物（B2）三种物质可以提高 3%吡虫啉·三唑酮超低容量油剂的电导率。

十二烷基苯磺酸钙（农乳 500#）、月桂醇醚磷酸酯钾盐（MAEPK）和烷基胺与环氧乙烷的缩合物（B2）三种物质在不同添加浓度下制备静电油剂的电导率见表 19-12。试验结果显示：当十二烷基苯磺酸钙添加浓度大于 10%时，静电油剂会分层，当其添加浓度在 0.5%～5%时，随着添加浓度的增大，电导率增大，十二烷基苯磺酸钙添加浓度为 5%时静电油剂的电导率达到最大值为 0.058μS/cm；月桂醇醚磷酸酯钾盐（MAEPK）在该 3%吡虫啉·三唑酮超低容量液剂中的溶解度为 3%，在该范围内随着其添加浓度的增大所制备的静电油剂的电导率增大，在 3%添加浓度下电导率为 0.086μS/cm；烷基胺与环氧乙烷的缩合物（B2）在该 3%吡虫啉·三唑酮超低容量液剂中的溶解度为 5%，在该范围内随着其添加浓度的增大所制备的静电油剂的电导率增大，在 3%添加浓度下电导率为 0.017μS/cm。

表 19-12　不同静电剂添加浓度下的电导率　　　　单位：μS/cm

静电剂	添加浓度/%						
	0.5%	1%	2%	3%	5%	7%	10%
农乳 500#	<0.005	<0.005	0.008	0.012	0.058	0.058	分层
MAEPK	<0.005	0.022	0.037	0.086	—	—	—
B2	<0.005	<0.005	0.015	0.017	0.018	—	—

月桂醇醚磷酸酯钾盐（MAEPK）为膏状物，烷基胺与环氧乙烷的缩合物（B2）为固体，两种物质在 3%吡虫啉·三唑酮超低容量液剂中的溶解困难且不易获得。而十二烷基苯磺酸钙（农乳 500#）作为一种常见的农药乳化剂，其价格便宜且容易获得，在 10%添加浓度以下可以及其简便的通过搅拌加入到 3%吡虫啉·三唑酮超低容量液剂中制备静电油剂。接触静电喷雾系统一般对喷雾药液的电导率要求为 10^{-4}～1μS/cm 之间，结合三种静电剂在各添加浓度下的电导率，最终确定 3%吡虫啉·三唑酮超低容量液剂中添加 5%的十二烷基苯磺酸钙（农乳 500#）制备静电油剂，因此制备的 3%吡虫啉·三唑酮静电油剂的配方组成见表 19-13。

表 19-13　3%吡虫啉·三唑酮静电油剂配方组成

组成	质量分数/%
吡虫啉	0.5
三唑酮	2.5
N,N-二甲基甲酰胺	2
N-甲基吡咯烷酮	5
环己酮	10
十二烷基苯磺酸钙	5
油酸甲酯	补足余量

19.2.3.2　静电油剂的理化性质

将按照表 19-13 配方组成制备的 3%吡虫啉·三唑酮静电油剂的热贮稳定性、低温稳定性、pH 值、黏度、闪点、挥发率、表面张力和植物安全性等性质进行了测定，各项理化性质的测定方法参考 3%吡虫啉·三唑酮超低容量液剂的方法。

3%吡虫啉·三唑酮静电油剂的各项理化性质的测定结果见表 19-14，试验结果显示所制备的静电油剂的各项理化性质与质量指标均符合航空喷施超低容量静电油剂的要求。该 3%吡虫啉·三唑酮静电油剂可用于植保无人机航空静电超低容量喷施用于小麦病虫害的防治。

表 19-14　3%吡虫啉·三唑酮静电油剂理化性质测定结果

项目	测定结果	指标要求
外观	均一透明的液体	均一透明的液体
闪点/℃	72	>70
黏度/mPa·s	9.6	≤10
pH	6.97	
挥发率/%	9.56	<30
植物安全性	合格	推荐剂量下不产生药害
热贮稳定性	合格	54℃±2℃，14d，外观无变化，分解率小于 5%
表面张力/(mN/m)	32.12	
电导率/(μS/cm)	0.058	$10^{-4} \sim 1 \mu S/cm$
低温稳定性	合格	-5℃±1℃，48h，无结晶析出，无分层

19.2.4　航空喷施静电油剂的雾化与荷电效果

19.2.4.1　雾化效果

（1）测试方法　采用英国 Malvern 激光粒径仪测试该双极性接触式静电喷雾系统在不同的静电电压下，其正、负输出雾化单元分别喷施自来水和 3%吡虫啉·三唑酮静电油剂的雾化效果，测试过程中静电喷雾系统的正、负输出喷雾单元的喷雾流量均为 180mL/min。测试静电电压为 0kV、15kV、20kV、25kV、30kV 和 35kV。试验中每个测试重复 3 次，并计算平均值。

静电喷雾系统的雾化效果采用雾滴体积中值中径（VMD）和对粒谱宽度（relative span，RS）表示，VMD 用于评价雾滴粒径的大小，RS 越小代表雾化越均匀。测试前将静电喷雾系统绝缘固定于激光粒径分析仪旁，待测雾化单元的离心喷头水平固定于激光粒径分析仪测试区域正上方 50cm 处，分别测定不同静电电压下正、负输出喷雾单元喷施自来水和 3%吡虫啉·三唑酮静电油剂的 VMD，并计算 RS，RS 的计算方法见方式如下：

$$RS = \frac{D_{V90} - D_{V10}}{VMD} \tag{19-5}$$

式中，D_{V90} 为雾滴体积由小至大累加至体积之和 90%时雾滴的粒径，μm；同理，D_{V10} 为雾滴体积累加至总体积 10%时的雾滴粒径，μm；VMD 为雾滴的体积中值中径，为雾滴体积累加至总体积 50%时的雾滴粒径，μm。

（2）雾化测试结果　静电喷雾系统的正输出雾化单元和负输出雾化单元的雾滴谱测试结果见表 19-15。在没有静电电压的情况下，可知正、负输出雾化单元喷施静电油剂时产生雾滴的 VMD 分别为 65.57μm 和 46.30μm，而喷施自来水时正、负输出雾化单元产生雾滴的 VMD 分别为 86.84μm 和 81.39μm，正、负输出雾化单元喷施静电油剂的 VMD 均小于水。同样地，当静电电压为 15～35kV 范围内，喷施静电油剂的雾滴粒径也小于喷施水时的雾滴粒径。雾滴在雾化的过程中要克服表面张力，该静电油剂的表面张力为 32.17mN/m，远小于水的 72mN/m。因此在雾化的过程中静电油剂克服其自身表面张力做的功远远小于水克服其表面张力所做的功，因此静电油剂雾化出的雾滴粒径更小。

表 19-15　静电电压对雾滴谱的影响

静电电压（EV）/kV	正输出				负输出			
	水		静电油剂（ED）		水		静电油剂（ED）	
	VMD	RS	VMD	RS	VMD	RS	VMD	RS
0	86.84a	0.64a	65.57a	0.66bc	81.39a	0.54a	46.30b	0.71bc
15	87.25a	0.66a	66.29a	0.65c	83.27a	0.56a	50.85a	0.67c
20	88.11a	0.64a	61.42b	0.67bc	83.57a	0.53a	50.09a	0.75bc
25	88.80a	0.69a	62.75b	0.70ab	84.04a	0.55a	51.58a	0.78ab
30	87.54a	0.65a	63.78b	0.71a	82.66a	0.56a	50.94a	0.83a
35	88.09a	0.69a	62.71b	0.69ab	83.45a	0.56a	50.04a	0.82a

注：表中数值为三次测量的平均值，同列不同字母表示差异显著（$P<0.05$）。

当雾化单元为正极性输出时：静电喷雾系统喷施自来水时产生雾滴体积中值中径为 86.84～88.80μm，其相对粒谱宽度 0.64～0.69，都没有出现显著差异，说明喷施水时的雾滴谱没有发生改变，由此可知静电喷雾系统的静电电压并不能改变水的雾化特点；而当静电喷雾系统喷施静电油剂时，静电电压为零时和 15kV 时雾滴的体积中值中径没有差异，但当静电电压超过 20kV 时雾滴的体积中值中径明显减小，同时雾滴的相对粒谱宽度也发生了变化，总的来说，喷施静电油剂时雾滴的相对粒谱宽度随着静电电压的增大也呈现出增大的趋势。

当喷雾单元为负极性输出时：喷雾液为水时产生雾滴谱的体积中值中径和相对粒谱宽度与正输出喷雾单元的结果相同也不受静电电压大小的影响。当喷雾药液为静电油剂时，在 15～35kV 范围内产生雾滴的体积中值中径没有显著性差异，但均明显大于静电电压为零时的雾滴粒径，这说明静电电压的存在可以增大雾滴的粒径，但静电电压的大小不会改变雾滴的粒径；与正输出喷雾单元结果相似，在 15～35kV 的静电电压范围内雾滴的相对粒谱宽度随着静电电压的增大呈现出增大趋势。

19.2.4.2　荷电效果

（1）测试方法　荷质比的测量方法有法拉第筒法和金属网状目标法，该双极性接触式航空静电喷雾采用离心喷头形成的雾滴群落较分散，不适用于法拉第筒法测定。为了增加对喷雾药液的收集效率，采用网状目标法测定该静电喷雾系统在不同的静电电压下喷施静电油剂和水的荷质比（charge-mass ratio，CMR）。金属网状目标法测量该双极性接触式航空静电喷雾系统的荷质比的方法见图 19-12：金属筛网共有三层，各层筛网之间由导体相连，整个筛网被绝缘支架悬挂于空中，使用微电流表一极与金属筛网进行连接，微电流表的另一极用于接地；静电喷雾系统同样使用绝缘支架固定，其整体高度略高于筛网，静电喷雾系统的正输出喷雾单元和负输出喷雾单元分别水平固定于绝缘支架两侧，可通过移动静电喷雾系统的绝缘支架将待测输出电极的离心喷头置于金属筛网正上方 0.5m 处，当静电喷雾系统的喷雾单元喷出药液时，雾化后的雾滴沉降到金属筛网上，由于沉降的雾滴上面带有电荷而引起电荷在金属晒网上进行转移通过微电流表而形成闭合的回路，从而引起微电流表产生示数电流（*I*），测试过程中同时记录喷雾的时间（*t*）和被药液收集槽液体的质量（*m*），由此计算喷雾药液的荷质比（*Q/m*），每个测试设三次重复并计算其平均值，荷质比的计算公式如下：

$$Q/m = \frac{It}{m} \tag{19-6}$$

式中，*Q* 为药液的带电量，C；*I* 为微电流表示数，A；*t* 为喷雾时间，s；*m* 为喷出雾液的质量，kg。

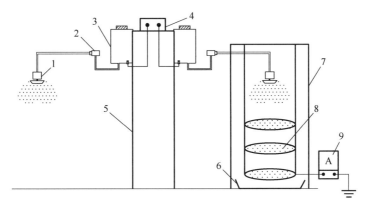

图 19-12　荷质比测量示意图

1—离心喷头；2—离心泵；3—药箱；4—静电发生装置；5—绝缘支架；
6—药液收集槽；7—绝缘支架；8—金属筛网；9—精密电流表

（2）荷电测试结果　带电雾滴的荷质比的大小是评价静电喷雾中雾滴充电效果的主要参数，荷质比越大说明静电发生装置的充电效果越好。图 19-13 显示不同静电电压下，正输出雾化单元和负输出雾化单元分别喷 3% 吡虫啉·三唑酮静电油剂和自来水时雾滴的荷质比。无论是 3% 吡虫啉·三唑酮静电油剂还是自来水，随着静电电压的增大，正输出雾化单元和负输出雾化单元喷出雾滴的荷质比均呈现出增大趋势。在同一个静电电压下，正输出雾化单元和负输出雾化单元喷施自来水时雾滴的荷质比均高于喷施静电油剂时雾滴的荷质比。喷雾药液的电导率和极化程度是衡量其充电性能的关键参数，作为强极性的电介质，水的相对介电常数约是 81，而静电油剂的介电常数相对较小，一般情况下均低于 5。除此之外，水的电导率约为 110μS/cm，但静电油剂的电导率为 0.058μS/cm，也明显低于水的电导率。所以当喷雾液为水时更容易被充上电荷，而静电油剂的电荷积聚相对困难，而导致相同条件下水的荷质比明显高于静电油剂的荷质比。对比正输出喷雾单元和负输出喷雾单元的雾滴的荷电效果可知，当喷雾液为水或者静电油剂时，正输出雾化单元雾滴的荷质比均低于负输出喷雾单元雾滴的荷质比。这是由于正、负输出雾化单元的充电方式不同决定的，静电喷雾系统的负输出电极含有过量的电子，这些电子可以直接从静电喷雾系统的负输出电极直接转移到药箱内对药箱内的喷雾药液进行充电，而静电喷雾系统的正输出电极含有过量的质子，但这些质子在原子核内无法直接完成转移，只有原子核外的电子才可以转移，因此正输出电极过量的质子通过吸引与其相连药箱内药液的电子而使药液带有正电荷，但这一电子的转移为被动过程，其转移速率和效率相对缓慢。所以，相同条件下正输出电极对喷雾药液的充电效果低于负输出电极对喷雾药液的充电效果。

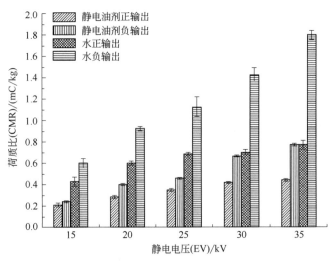

图 19-13　不同静电电压下喷雾液的荷质比

19.2.5　研究结论

本节研制并开发了双极性接触式静电喷雾系统，将该静电喷雾系统搭载于单旋翼电动植保无人机和多旋翼电动植保无人机上对梨树进行喷雾作业，测定了该静电喷雾系统的沉积效果和包抄效果。结果表明该静电喷雾系统可以增加雾滴向作物冠层下方运输的能力，提高雾滴在冠层纵向上的沉积分布均匀性，静电喷雾系统喷雾的带电雾滴可以产生包抄效应，使雾滴沉降到叶子的背面。为了减少航空静电喷雾过程中喷雾药液的蒸发与飘失，在3%吡虫啉·三唑酮超低容量液剂的基础上通过添加静电剂制备了 3%吡虫啉·三唑酮静电油剂，并对该静电油剂的理化性质进行了测定，结果表明该静电油剂各项指标合格，可用于该植保无人机进行田间喷雾作业。

测试了该航空静电喷雾系统分别喷施静电油剂和水的雾化与荷电效果，结果发现同一个电极的喷雾单元下喷施静电油剂的雾滴粒径明显低于水，不同的静电电压下静电喷雾系统对水的雾化效果没有显著影响；喷施静电油剂时，正输出雾化单元使雾滴粒径变小，而负输出使雾滴粒径增大，且随着静电电压的增大，正、负输出电极下雾滴谱宽度均增大。雾滴的荷质比与静电电压成正相关，相同静电电压和喷雾液时负输出雾化单元喷雾雾滴的荷质比高于正输出雾化单元。

19.3　飞防助剂对喷雾液性质的影响

目前我国登记的超低容量油剂仅有十几种，加之航空静电喷雾技术还不够成熟。目前我国植保无人机的飞防作业主要是以常规制剂通过低倍数的兑水稀释进行喷雾，使用这些水基化的喷雾药液存在严重的蒸发和飘失现象而导致农药沉积效果和防治效果下降。为了有效地解决植保无人机航空喷雾水基化药液存在的问题，一些可以减少雾滴蒸发、降低飘移、促进农药沉降和铺展的助剂被使用在植保无人机航空喷雾中。这些航空喷雾助剂包括改性植物油类、高分子材料和一些表面活性剂，但这些助剂的作用效果和作用机理暂时还没有深入研究。

为了研究飞防助剂对喷雾液性质的影响，这里选取多种不同类型的飞防助剂，并对其润湿、蒸发、雾化和飘失特性进行了试验分析，为飞防助剂的作用机理和新型飞防助剂的研发提供了参考。

19.3.1　供试飞防助剂

试验选取了目前应用于植保无人机航空喷雾的多种植保无人机飞防专用助剂，所选的飞防助剂分别为：AS 100、AS A+B、Breakthru、Momentive、ND 500、ND700 和 QF-LY，各种飞防助剂的主要成分、生产厂家、推荐剂量等信息见表 19-16。

表 19-16　飞防助剂商品信息

助剂名称	主要成分	生产厂家	推荐浓度/%
AS 100	甲酯化植物油	合肥爱尚农业技术有限公司	0.5
AS A+B	甲酯化植物油、有机硅	合肥爱尚农业技术有限公司	1.0
Breakthru	脂肪酸酯混合物	德国赢创工业集团	0.5
Momentive	高分子聚合物、有机硅	美国迈图高新材料集团	0.5
ND500	超支化聚合物	诺农(北京)国际生物技术有限公司	0.5
ND700	超支化聚合物	诺农(北京)国际生物技术有限公司	0.5
QF-LY	有机硅	安阳全丰生物科技有限公司	0.5

将以上七种不同类型的飞防助剂按照推荐浓度分别添加到自来水中，并使用 NDJ-1 型旋转式黏度计（配 0 号转子）和 JYW-200A 自动界面张力仪分别对各种飞防助剂的黏度和表面张力进行测定（方法参考 19.1.3），并与测定的自来水黏度和表面张力值进行对比，每个试样重复测定三次并取其平均值，表 19-17 为所测推荐剂量下各种飞防助剂的黏度和表面张力值。

表 19-17　推荐浓度下助剂溶液的黏度和表面张力

助剂名称	黏度/mPa·s	表面张力/(mN/m)
水	1.44	73.10
AS 100	1.36	29.44
AS A+B	1.49	30.67
Breakthru	1.24	31.20
Momentive	1.41	22.99
ND500	1.37	25.72
ND700	1.36	29.78
QF-LY	1.43	20.80

测试结果显示这几种飞防助剂对喷雾液的黏度影响不大，Breakthru 的黏度最低，为 1.24mPa·s，AS A+B 的黏度最大，为 1.49mPa·s，而水的黏度为 1.44mPa·s。但这几种飞防助剂对喷雾液的表面张力均具有十分显著的影响，其中添加飞防助剂之后 Breakthru 溶液的表面张力相对最高，为 31.20mN/m，QF-LY 的表面张力相对最低，为 20.80mN/m，在不添加飞防助剂的条件下自来水的表面张力为 73.10mN/m，加入飞防助剂以后喷雾液的表面张力大大降低。

19.3.2　飞防助剂对蒸发速率的影响

19.3.2.1　飞防助剂对蒸发速率影响研究方法

试验将七种不同类型的飞防助剂按照推荐浓度添加到自来水中。为了消除因靶标界面因素引起喷雾液铺展性质引起的差异，分别取20mL七种飞防助剂溶液和自来水置于直径为9cm的培养皿中确保各处理的蒸发表面积相同，每种试样设5个培养皿作为重复。

将待测试样分别置于设定为不同温、湿度的气候箱中，将加入待测液的培养皿提前进行编号并称重后开盖放入气候箱中，气候箱温度误差范围不高于 1℃，相对湿度误差范围不高于 5%。待喷雾液蒸发 30min 后将培养皿盖上取出，称量蒸发后质量并计算待测试样的蒸发质量，并由此计算出各种待测试样的蒸发速率。气候箱共设 7 个温湿度条件，其具体设置参数见表 19-18。

表 19-18　助剂蒸发速率的测试条件

温度/℃	相对湿度/%		
	40	60	80
25	√		√
30	√	√	√
35	√		√

19.3.2.2　研究结果与分析

表 19-19 显示各种飞防助剂在不同温湿度的条件下的蒸发速率测试结果。道尔顿蒸发定律中指出，在特定的大气压下，蒸发速率与饱和差成正比，而温度越高、相对湿度越低的气象条件下饱和差值越大。因此在相对湿度为 40%时，各试样在 25℃、30℃和 35℃下的蒸发速率均呈增大趋势。同理，当相对湿度为 80%时各试样在 25℃、30℃和 35℃下的蒸发速率均呈增大趋势，但各温度梯度之间蒸发速率的增加值小于相对湿度为 40%时各温度梯度间的增大值。这是由于与相对湿度为 40%相比，相对湿度为 80%时水的蒸汽压与其饱和蒸汽压更为接近，饱和差更小，各温度梯度间饱和差变化不明显。这一试验结果也说明在相对湿度较低的条件下雾滴蒸发严重，应谨慎施药。

表 19-19　不同温湿度的条件下各助剂蒸发速率　　单位：mg/(cm² · min)

助剂	相对湿度						
	40%			80%			60%
	25℃	30℃	35℃	25℃	30℃	35℃	30℃
水	0.052a	0.059a	0.197a	0.020a	0.020a	0.034ab	0.035b
AS 100	0.044a	0.058a	0.202a	0.018a	0.018a	0.031ab	0.029a
AS A+B	0.047a	0.057a	0.195a	0.018a	0.022a	0.027ab	0.059c
Breakthru	0.039a	0.061a	0.195a	0.020a	0.022a	0.030ab	0.027a
Momentive	0.050a	0.059a	0.204a	0.019a	0.019a	0.030ab	0.041b
ND500	0.049a	0.057a	0.210a	0.019a	0.202a	0.026a	0.026a
ND700	0.044a	0.054a	0.200a	0.019a	0.021a	0.036b	0.061c
QF-LY	0.047a	0.053a	0.205a	0.019a	0.023a	0.048bc	0.053bc

注：表中数值为五次测量的平均值，同列不同字母表示差异显著（$P<0.05$）。

当相对湿度为 40%时，温度为 25℃时水的蒸发速率为 0.052mg/(cm^2·min)，各助剂的蒸发速率在 0.039～0.050mg/(cm^2·min)范围内；温度为 30℃时水的蒸发速率为 0.059mg/(cm^2·min)，各助剂的蒸发速率在 0.053～0.061mg/(cm^2·min)范围内；温度为 35℃时水的蒸发速率为 0.197mg/(cm^2·min)，各助剂的蒸发速率在 0.195～0.210mg/(cm^2·min)范围内。通过差异显著性分析可知，当相对湿度为 40%时，同一温度下（25～35℃范围内）添加各种助剂的溶液的蒸发速率与水均没有显著性差异。试验结果表明在相对湿度较低的 40%时，以上几种飞防助剂并不能改变药液的蒸发速率。

当性对湿度为 80%时，温度为 25℃时水的蒸发速率为 0.020mg/(cm^2·min)，各助剂的蒸发速率在 0.018～0.020mg/(cm^2·min)之间，温度为 30℃时蒸发速率与 25℃相近，水的蒸发速率为 0.020mg/(cm^2·min)，各助剂的蒸发速率在 0.018～0.023mg/(cm^2·min)之间，同一温度下各试样之间没有显著性差异；当温度为 35℃时，水的蒸发速率为 0.034mg/(cm^2·min)，相比较而言，添加 QF-LY 的溶液蒸发速率最快，为 0.048mg/(cm^2·min)，添加 ND700 的溶液蒸发速率次之，为 0.036mg/(cm^2·min)，而添加 ND500 的溶液蒸发速率最低，为 0.026mg/(cm^2·min)，与前两者相比蒸发速率明显降低。

在最接近田间施药的条件的 30℃，相对湿度为 60%时，不同喷雾药液的蒸发速率出现了较大的差异，水的蒸发速率为 0.035mg/(cm^2·min)，添加 AS 100、Breakthru、ND500 的溶液蒸发速率在 0.026～0.029mg/(cm^2·min)范围内，与水相比具有显著的降低蒸发的作用，而添加 AS A+B 和 ND700 助剂的溶液的蒸发速率分别为 0.059mg/(cm^2·min)和 0.061mg/(cm^2·min)，明显地提高了蒸发速率。

19.3.3　飞防助剂对雾化效果的影响

19.3.3.1　飞防助剂对雾化效果影响研究方法

各种飞防助剂对喷雾液雾化效果的试验中，喷雾系统采用标准扇形雾 LU120-01 喷头，喷头的喷雾压力为 0.3MPa，使用英国 Malvern 激光粒径仪分别测定喷施添加推荐剂量下各助剂和自来水时喷雾液的雾滴谱，试验前将喷头固定于激光粒径仪检测激光正上方 50cm 处，喷头的喷雾扇面与检测激光方向垂直，每个试样重复测定三次，每次测量时间为 10s，以确保单次测量雾滴数量不少于 10 万个。并根据激光粒径仪所测各喷雾液的雾滴谱选取雾滴的 D_{V10}、D_{V50}（VMD）和 D_{V90} 计算各喷雾液的相对粒谱宽度（RS），由此分析添加不同类型飞防助剂喷雾液雾化特性进行分析。

19.3.3.2　研究结果与分析

表 19-20 显示在 0.3MPa 作业压力下使用 LU120-01 喷头喷施自来水（CK）和添加各种飞防助剂情况下喷雾液的雾滴谱。在不添加任何的飞防助剂的情况下，喷施自来水的 D_{V10}、D_{V50}、D_{V90} 分别为 76.1μm、151.6μm 和 272.4μm，其相对粒谱宽度为 1.29。

当喷雾液中加入 ND500 时，雾滴的 D_{V10}、D_{V50}、D_{V90} 分别为 65.9μm、127.5μm 和 239.6μm；当喷雾液中加入 ND700 时，雾滴的 D_{V10}、D_{V50}、D_{V90} 分别为 68.1μm、130.7μm 和 243.0μm。添加以上两种助剂产生雾滴的 D_{V10}、D_{V50}、D_{V90} 均明显小于喷施自来水所产生雾滴的值，但这两种助剂产生雾滴的相对粒谱宽度与水相比均没有显著性差异，由此可知与喷施自来水相比，添加 ND500 和 ND700 这两种助剂可以减小雾滴粒径的大小，但是对雾滴的相对粒谱宽度没有影响。与加入 ND500 和 ND700 的结果相似，当喷雾液中加入 AS 100 时，喷雾所产生雾滴的 D_{V10} 和 D_{V50} 分别为 68.7μm 和 140.9μm，明显低于单独喷施自来水时的值，但其 D_{V90} 和相对粒谱宽度分别为 264.5μm 和 1.39，与喷施水的结果没有显著性差异。

表 19-20　不同助剂溶液的雾滴粒径

助剂名称	D_{V10}/μm	D_{V50}/μm	D_{V90}/μm	相对粒谱宽度
水	76.1b	151.6c	272.4ab	1.29ab
AS 100	68.7a	140.9b	264.5ab	1.39b
AS A+B	96.1c	166.5d	297.2b	1.21a
Breakthru	109.1d	207.4e	452.3c	1.65c
Momentive	104.0d	206.6e	479.6c	1.82d
ND500	65.9a	127.5a	239.6a	1.39b
ND700	68.1a	130.7ab	243.0a	1.35ab
QF-LY	94.3c	167.4d	297.8b	1.22a

加入 AS A+B 和 QF-LY 两种助剂的雾滴谱相同，两者在 D_{V10}、D_{V50}、D_{V90} 和相对粒谱宽度上均没有显著性差异，其中添加助剂 AS A+B 时雾滴的 D_{V10}、D_{V50}、D_{V90} 分别为 96.1μm、166.5μm 和 297.2μm，添加助剂 QF-LY 时雾滴的 D_{V10}、D_{V50}、D_{V90} 分别为 94.3μm、167.4μm 和 297.8μm，均明显大于喷雾液为水时的值，添加 AS A+B 和 QF-LY 两种助剂时雾滴的相对粒谱宽度分别为 1.21 和 1.22，与喷雾液为水相比均没有显著性差异。由此可知，AS A+B 和 QF-LY 两种助剂可以增加雾滴度粒径的大小，但不会影响雾滴的相对粒谱宽度。

相比而言，Breakthru 和 Momentive 两种助剂对喷雾液雾滴谱的影响最大，添加 Breakthru 时产生雾滴的 D_{V10}、D_{V50}、D_{V90} 分别为 109.1μm、207.4μm 和 452.3μm，添加 Momentive 时雾滴的 D_{V10}、D_{V50}、D_{V90} 分别为 104.0μm、206.6μm 和 479.6μm，均明显大于喷施其他助剂溶液和自来水时的值，添加 Breakthru 和 Momentive 两种助剂时雾滴的相对粒谱宽度分别为 1.65 和 1.82，也明显高于其他测试组。因此，Breakthru 和 Momentive 两种助剂能够增大雾滴粒径，同时也增加了雾滴的相对粒谱宽度。

19.3.4　飞防助剂对雾滴飘移的影响

19.3.4.1　风洞条件

试验所用风洞为开口直流式低速风洞，风洞总长 7.5m，其中工作段长度为 4.0m，风洞横截面为 1.0m×1.0m 的矩形，作业风速范围为 0～8m/s。风洞中气流速度的局部变化率和整个风洞的紊流度分别低于 5% 和 8%，符合对风洞中喷雾飘移的测量要求。

风洞飘移测试时风洞中风速为喷头下风口 2m 处横截面上进行测定，分别对该横截面上的 9 个点进行测定（图 19-14），每个测试点的测试时间不低于 10s，取截面上 9 个测试点的平均值为风洞的名义风速。风洞中温湿度的测定为在风洞下风口 2m 处，距离风洞顶部 20cm 的下方安装一个 Testo 手持温湿仪，对风洞内温湿度进行测定。

19.3.4.2　喷雾系统

风洞飘失测定中为了更准确地计算喷雾飘移量，要求对单次喷雾参数，如喷雾时间、喷雾压力等准确测量。图 19-15 显示风洞中喷雾系统，药箱中的药液过滤后在液泵的作用下输送至调压阀，在调压阀的设定的压力下喷雾液经电磁阀输送至喷头，而过量的喷雾液经回流管回流至药箱底部。

电磁阀的开闭由精准电子定时开关控制，电子定时开关精度为 1s，在接近喷头的位置安装一个压力表，可实时显示喷雾过程中喷雾压力。喷雾系统的液泵和电磁阀共用一个 12V 的电源，彼此并联。

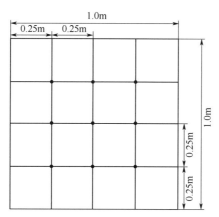

图 19-14　风洞截面上风速测定点

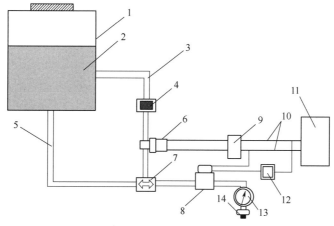

图 19-15　喷雾控制系统结果示意图

1—药箱；2—喷雾液；3—输液管；4—过滤器；5—回流管；6—液泵；7—调压阀；8—电磁阀；
9—液泵控制器；10—电源线；11—电源；12—定时开关；13—压力表；14—喷头体

19.3.4.3　飞防助剂对雾滴飘移影响研究方法

图 19-16、图 19-17 为风洞中飘失测定的布样示意图，为了降低风洞底部对喷雾效果的干扰设定了一个虚拟地面，虚拟地面与风洞底部的间距为 0.05m，喷头距离地面的高度 h_N=0.85m（距离虚拟地面 0.80m），风洞的侧风风向与喷雾扇面方向垂直。飘失的测定包括地面飘失和空中飘失两部分，空中飘失的测定为在喷头下风口 2.0m 处平行于喷雾扇面的方向的平面内以 0.10m 为间距水平悬挂 9 根长度为 1.0m 的聚四氟乙烯线（直径 2.0mm），最下方线与虚拟

地面相等，最上方高度与喷头高度相等。地面飘失的测定使用 5cm×9cm 的覆膜铜版纸水平固定在距离喷头下风口 1.0m、1.5m、2.0m、2.5m、3.0m 和 3.5m 处的虚拟地面上，每个距离固定两片。

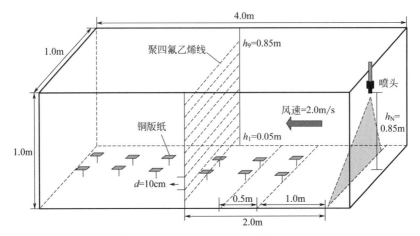

图 19-16　风洞飘失测量示意图

图 19-17　风洞布样示意图

试验期间风洞中风速为 2.0m/s，温度为 18.3～21.9℃，相对湿度为 45%～56%。试验选用标准扇形雾 LU-120-01 喷头，喷雾压力为 0.3MPa，单次测量喷雾时间为 7s，分别测试喷施自来水和添加推荐剂量下各种飞防助剂时风洞中的地面飘失和空中飘失量，每个处理测试三层并计算平均值。

为了对空中飘失样品聚四氟乙烯线和地面飘失覆膜铜版纸上喷雾液的飘失进行定量，在各处理的喷雾液中加入质量分数为 0.1% 的 BSF 荧光剂作为示踪剂。喷雾完成待喷雾液完全干燥后将试样分别装入做好标记的自封袋中低温密封保存。

将装有聚四氟乙烯线和覆膜铜版纸样品的自封袋中分别准确加入 100mL 的去离子水震荡洗脱 1min，将洗脱液进 LS55 型荧光分析仪，在 465nm 激发波长下测定 501nm 处洗脱液荧光值。另外对各处理的喷雾母液稀释 1000 倍并测定稀释液的荧光值，由此来计算各样品上的飘失量，具体计算方法见式（19-7）。

$$V_S = \frac{V_W \times FL_S}{N \times FL_a} \times 10^3 \qquad (19\text{-}7)$$

式中，V_S 为待测样品上喷雾液的体积，μL；V_W 为样品中加入洗脱液的体积，mL；FL_S 为所测样品洗脱液的荧光值；FL_a 为喷雾母液稀释后的荧光值；N 为喷雾母液的稀释倍数。

下风向 2m 处横截面上的聚四氟乙烯用于测定空中飘失量并由此计算喷雾的飘移潜在值，并使用 DIX 来评估不同喷雾液体的雾滴飘移潜力值。通过分析不同高度下聚四氟乙烯线上收集的药液飘移量可以拟合得到整个测试横截面上的雾滴飘移曲线图，通过对各个高度下的聚四氟乙烯线上的飘失量进行积分可以得到整个测试横截面上喷雾液滴总飘失的通量 $\dot{V}$。

$$\dot{V} = \int_0^{h_N} \int_0^{\infty} \dot{v}(y,z)\,\mathrm{d}y\,\mathrm{d}z \qquad (19\text{-}8)$$

式中，$\dot{v}$ 为通过测试横截面内任意一点的飘移体积通量。

由此可以计算出喷雾液的相对体积飘移量：

$$V = \frac{\dot{V}}{\dot{V}_N} \qquad (19\text{-}9)$$

式中，$\dot{V}_N$ 为测试中喷头的喷雾总体积。

飘移量分布的特征高度 h 定义为：

$$h = \frac{\int_0^{h_N} \dot{v}(z)z\,\mathrm{d}z}{\int_0^{h_N} \dot{v}(z)\,\mathrm{d}z} \qquad (19\text{-}10)$$

综上所述，可将飘移潜在指数（drift potential index，DIX）规定为：

$$DIX = \frac{h^a V^b}{h_{St}^a V_{St}^b} \times 100\% \qquad (19\text{-}11)$$

式中，h_{St}、V_{St} 为在喷雾压力为 0.3MPa 时参考参考溶液（喷施自来水）的特征高度和相对体积飘移量；其中 a、b 为是通过大量的室内风洞飘失试验和田间飘失测试计算所得为回归系数，a、b 分别取值为 0.88 和 0.78。由 DIX 计算公式可知，喷施自来水时雾滴的潜在飘移指数 DIX 为 100%，将其他喷雾溶液的 DIX 值与喷施自来水的值进行对比，分析不同成分的飞防助剂对空中喷雾飘移的影响。

在喷头下方方向不同距离布样的覆膜铜版纸用于测定地面沉积飘失，并参考计算空中飘移量的方法对地面沉积飘移量进行分析，由此计算出地面沉积飘移的总飘移率、飘移特征距离和地面沉积飘移潜在指数。同理，喷施自来水的地面飘移潜在指数为 100%，并分别对比喷施添加不同类型的飞防助剂喷雾液时的地面沉积飘移结果。

19.3.4.4　研究结果与分析

整体而言，当高度低于 40cm 时飘移量随着高度的增加而增加；当高度大于 40cm 时，飘移量随着喷雾高度的增加而降低；当高度为 75cm 和 85cm 时，由于其接近喷头的喷雾高度，因此飘移量较少且各种喷雾液体之间差异不大。

当高度低于 20cm 时，喷施 QF-LY、ND500、ND700 和 Breakthru 助剂溶液时飘移量与喷施水时接近，与喷施以上几种喷雾液相比而言，添加助剂 AS 100 的飘移量最高，添加助剂 AS A+B 的飘移量次之，而添加助剂 Momentive 的飘移量最少。

综合对比不同高度下各种喷雾液的飘移分布，可知添加助剂 AS 100 和助剂 ND700 的两种喷雾液飘移量较多，AS 100 在高度低于 30cm 飘移量最多，且飘移量随高度的增大而增加，当高度大于 30cm 时其飘移量随着高度的增加而降低，当高度分别为 45cm 和 55cm 时，添加助剂 ND700 的喷雾液的飘移量明显高于其他喷雾液。而添加助剂 Momentive 的喷雾液的飘移量低于其他喷雾液，尤其是在高度低于 60cm 时其飘移量明显低于其他喷雾液，具有较好的减飘作用。

表 19-21　不同助剂溶液的空中飘移结果

助剂名称	飘移率/%	特征高度/cm	飘移指数/%
水	64.33b	35.77a	100.0b
AS 100	74.78a	34.17b	107.9a
AS A+B	56.57c	32.78c	83.80c
Breakthru	44.16d	32.47c	68.48d
Momentive	30.80e	35.09ab	55.36e
ND500	63.85b	34.29b	95.78b
ND700	72.72a	35.76a	110.0a
QF-LY	63.04b	34.68ab	95.80b

注：表中数值为三次测量的平均值，同列不同字母表示差异显著（$P < 0.05$）。

表 19-21 显示根据不同高度下各种喷雾液飘移量计算得出的飘移率、特征高度和飘移指数结果。结果显示喷雾液为水时的飘移率为 64.33%，喷施添加助剂 ND500 和 QF-LY 时的飘移率分别为 63.85% 和 63.04%，与喷施水的飘移量没有显著性差异。当添加助剂 AS100 和 ND700 时，两种喷雾液的飘移率分别为 74.78% 和 72.72%，其飘移率明显地高于喷施水的结果，说明两种喷雾助剂在一定程度上增加了喷雾液飘失的可能性。添加助剂 AS A+B、Breakthru 和 Momentive 的三种喷雾液的飘移率分别为 56.57%、44.16% 和 30.80%，均明显低于喷施水的飘移率，三种助剂具有降低飘移的作用。三种具有减飘作用的助剂作用效果存在较大的差异，相比而言 Momentive 的减飘效果最好，明显高于另外两种助剂，而 Breakthru 的减飘效果次之。

对比各种喷雾液飘移的特征高度可知，喷雾液为水时的特征高度为 35.77cm，而添加助剂 Momentive、ND700 和 QF-LY 的特征高度分别为 35.09cm、35.76cm 和 34.68cm 与水没有显著性差异。添加 AS 100 和 ND500 两种助剂飘移的特征高度分别为 34.17cm 和 34.29cm，低于水的结果。添加 AS A+B 和 Breakthru 两种助剂的特征高度最低分别为 32.78cm 和 32.47cm。

添加不同助剂的喷雾液与喷施水时的飘移指数与其对应的飘移率的差异性相同，与喷施水的飘移指数相比，添加助剂 AS 100 和 ND700 两种助剂的飘移指数分别为 107.9% 和 110.0%，在一定程度上增大了飘移潜力值，而添加助剂 ND500 和 QF-LY 两种助剂的飘移指数分别为 95.78% 和 95.80%，与喷施水的飘移指数没有显著性差异。同样，添加 AS A+B、Breakthru 和 Momentive 三种助剂的飘移指数分别为 83.80%、68.48% 和 55.36%，具有明显减少飘失的效果。

图 19-18 显示在喷头下风口方向 1.0~3.5m 处各种喷雾液的地面飘移量。对于所有的喷雾液整体而言，随着距离喷头下风口方向的距离增大地面飘失量降低。各种助剂在地面飘失量的结果与空中飘失结果相似，添加助剂 AS 100 的喷雾液在喷头下风口处不同距离下的飘失量均较高，但空中飘失量较多的添加助剂 ND700 的喷雾液在下风口 1.0m 和 1.5m 处的地面飘失量较低，但当其距离增加到 2.0m 以后，与其他喷雾液相比其飘失量有所增加。与其他喷雾液相比，添加助剂 Momentive 的喷雾液在各个距离下的飘移量均较少，减少飘失的效果最明显。

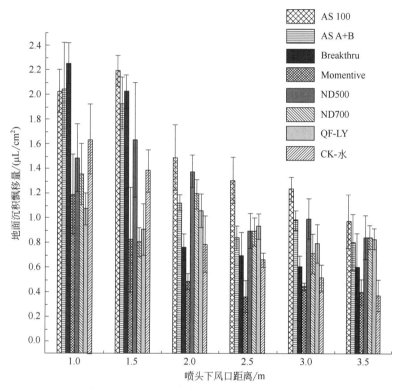

图 19-18　不同距离下各助剂溶液的飘移量

表 19-22 显示根据下风口不同距离下各种喷雾液飘移量计算得出的飘移率、特征距离和飘移指数结果。结果显示喷雾液为水时的地面沉积飘移率为 39.30%，喷施添加助剂 AS A+B、Breakthru、ND500 和 QF-LY 时的地面飘移率分别为 42.39%、36.60%、41.36% 和 36.73%，与喷施水的飘移量没有显著性差异；当喷施添加助剂 AS 100 时的地面飘移率为 52.08%，明显高于水的飘移率，其在一定程度上增大了飘移率；添加助剂 Momentive 和 ND700 的飘移率分别为 22.14% 和 33.16%，飘移率明显低于水，说明两种助剂能够降低喷雾液的地面飘移率。

表 19-22　不同助剂溶液的地面沉积飘移结果

助剂名称	飘移率/%	特征距离/cm	飘移指数（DIX）/%
水	39.30b	442.8cd	100.0b
AS 100	52.08a	455.2c	127.2a
AS A+B	42.39b	448.3c	107.2b

助剂名称	飘移率/%	特征距离/cm	飘移指数（DIX）/%
Breakthru	36.60b	422.6e	90.8b
Momentive	22.14d	436.0d	63.1c
ND500	41.36b	464.6b	108.5b
ND700	33.16c	471.6a	92.6b
QF-LY	36.73b	475.2a	92.3b

注：表中数值为三次测量的平均值，同列不同字母表示差异显著（$P<0.05$）。

对比各种喷雾液飘移的特征距离可知，喷雾液为水时的特征距离为 442.8cm，而添加助剂 AS 100、AS A+B 和 Momentive 的特征距离分别为 455.2cm、448.3cm 和 436.0cm，与水没有显著性差异。添加 ND500、ND700 和 QF-LY 三种助剂飘移的特征距离分别为 464.6cm 和 471.6cm 和 475.2cm，均大于水的结果。添加助剂 Breakthru 的特征距离最低为 422.6cm。对比各种喷雾液的地面飘移指数可知，添加助剂 AS 100 的飘移指数为 127.2%，明显高于喷施水时的测试结果；而添加助剂 Momentive 的飘移指数为 63.1%，明显低于喷施水时的结果，说明助剂 Momentive 具有较好的降低地面沉积飘移的效果。

19.3.5　研究结论

本节选取多种不同组分的航空专用飞防喷雾助剂，测定了在推荐剂量下各种飞防喷雾助剂对喷雾液的黏度和表面张力的影响，结果发现添加各种类型的飞防助剂对喷雾液的黏度影响较小，但所选飞防助剂均可以大大降低喷雾液的表面张力。同时对添加各种助剂溶液在不同温湿度条件下的蒸发速率进行了测定，试验结果表明：当相对湿度为 40% 时，同一温度下（25～35℃范围内）添加各种助剂的溶液的蒸发速率与水均没有显著性差异。当性对湿度为 80% 时，温度为 25℃ 或者 30℃ 条件下，各种喷雾助剂对蒸发速率没有影响，但在 35℃ 条件下，助剂 ND500 可以有效降低喷雾液的蒸发速率。在最接近田间施药的条件的 30℃，相对湿度为 60% 时，不同喷雾药液的蒸发速率差异较大，水的蒸发速率为 $0.035mg/(cm^2 \cdot min)$，添加 AS 100、Breakthru、ND500 的溶液蒸发速率在 $0.026\sim0.029mg/(cm^2 \cdot min)$ 范围内明显地降低了蒸发的速率，而添加 AS A+B 和 ND700 助剂的溶液的蒸发速率分别为 $0.059mg/(cm^2 \cdot min)$ 和 $0.061mg/(cm^2 \cdot min)$，明显地提高了蒸发速率。

在 0.3MPa 作业压力下使用 LU120-01 喷头对喷施自来水（CK）和添加各种飞防助剂情况下喷雾液的雾化特性进行了测定，研究发现 Breakthru 和 Momentive 两种助剂对喷雾液雾滴谱的影响最大，添加这两种助剂喷雾液的雾滴粒径和相对粒谱宽度均大于喷施自来水时的值，而添加助剂 AS 100、ND500 和 ND700 三种助剂可以降低雾滴的体积中值中径，但对相对粒谱宽度无影响，助剂 AS A+B 和 QF-LY 也可以增大雾滴的体积中值中径，但是对雾滴的相对粒谱宽度无影响。

在风洞中对喷施自来水和添加各种飞防助剂溶液的空中和地面沉积飘失特性进行了测定。在喷头下风口 2m 处截面上的空中飘失结果表明：当高度低于 40cm 时飘移量随着高度的增加而增加；当高度大于 40cm 时，飘移量随着喷雾高度的增加而降低；当高度为 75cm 和 85cm 时，由于其接近喷头的喷雾高度，因此飘移量较少且各种喷雾液体之间差异不大，对比空中飘失率和飘移指数可知，助剂 AS 100 和 ND700 在一定程度上增加了空中飘失量，而助剂 ND500 和 QF-LY 对空中飘移结果无影响，助剂 AS A+B、Breakthru 和 Momentive 可以有效的降低喷雾液的空中飘移；在喷头下风口 1.0～3.5m 的地面沉积飘移结果显示随着距离的增加飘移量降低，对比添加不同助剂溶液的地面沉积飘移率和飘移指数可知，AS 100 在一定程度上增加了地面飘失量，而助剂 Momentive 可以降低地面飘移量，喷雾助剂 AS A+B、Breakthru、ND500、ND700 和 QF-LY 对地面飘移量影响不大。

19.4 低空低量航空喷雾沉积和防治效果研究

航空施药的最终目的是获得良好的喷雾药液沉积效果，以达到对目标病虫害的有效防治目的。这里使用 3WQF120-12 型单旋翼无人机喷施 3%吡虫啉·三唑酮超低容量液剂，同时将其装配双极性接触式航空喷雾系统喷施 3%吡虫啉·三唑酮静电油剂，并与常规喷雾方法相对比，测试了不同喷雾方式喷雾药液的沉积量、变异系数和对小麦蚜虫、锈病的防治效果。

此外，使用该 3WQF120-12 型单旋翼植保无人机喷施添加推荐剂量下各种飞防助剂后药液的沉积效果和对小麦蚜虫与锈病的防治效果，并与不添加飞防助剂施药条件下的作用效果进行了对比，对不同飞防助剂的作用效果特点进行了综合性的对比。这为植保无人机低空低量喷雾的药剂和飞防助剂的研发与选择提供了参考依据，为改善植保无人机航空喷雾作业的沉积特性和提高防治效果具有重要的意义。

19.4.1 低空低量航空喷雾沉积和防治效果研究方法

低空低量航空喷雾田间试验分两部分进行：第一部分为植保无人机喷施 3%吡虫啉·三唑酮超低容量液剂和 3%吡虫啉·三唑酮静电油剂沉积和防治效果的研究。第二部分为飞防助剂对植保无人机航空喷施常规水基化药剂沉积和防治效果的研究。两部分试验均采用油动单旋翼型植保无人机 3WQF120-12 进行作业，该植保无人机的主要参数见表 19-23。

表 19-23 3WQF120-12 型植保无人机主要参数

机身长度/mm	旋翼直径/mm	喷杆宽度/mm	机身高度/mm	整机重量/kg
2130	2410	1250	670	30
喷头数量/个	喷头间距/mm	喷头类型	喷雾流量/(L/min)	药箱容积/L
2	1100	LU 120-01	0.6-1.6	12

第一部分试验使用搭载于 3WQF120-12 型油动单旋翼无人机上的双极性接触式航空静电喷雾系统喷施 3%吡虫啉·三唑酮静电油剂，同时使用 3WQF120-12 型植保无人机自带喷雾系统（配备两个 LU120-01 喷头）喷施静电油剂，并与该植保无人机使用自带喷雾系统喷施常规水基化制剂的作业效果对比。试验中选用的常规制剂为20%吡虫啉可溶性液剂和25%三唑酮可湿性粉剂，使用自来水将两种制剂稀释为吡虫啉和三唑酮有效成分的质量比为 1∶5，吡虫啉和三唑酮质量分数为3%的水基化喷雾药液。规定各处理的单位面积喷雾量为 5 L/hm^2，航空静电喷雾系统的静电电压为30kV，分别对三个处理进行编号，且各编号的处理的具体喷雾作业方式和植保无人机的具体作业参数见表 19-24。

表 19-24 田间测试无人机的飞行参数

测试编号	1	2	3
喷雾系统	航空静电喷雾系统	无人机自带喷雾系统	无人机自带喷雾系统
喷雾液	静电油剂	超低容量油剂	水基化药液
喷头流量/(L/min)	0.36	0.70	0.70
飞行速度/(m/s)	3.0	5.0	5.0
高度/m	1.5	1.5	1.5
喷幅/m	4.0	4.5	4.5

三个处理分别在一个 40m×70m 的开花期小麦田内进行。在各个处理的测试小区中间区域水平布置三行直径为 70mm 的中速定性滤纸用于测定各处理喷雾液的沉积效果,滤纸的布样高度与小麦植株相同。每个布样行内布置 5 片滤纸,布样滤纸行内间距为 1.0m,布样行间距为 10m。待植保无人机喷雾作业完成后且滤纸充分干燥后收集并分别装入自封袋低温密封保存。由于喷施的 3%吡虫啉·三唑酮超低容量液剂和静电油剂对荧光剂或染色剂等示踪剂溶解性差,因此选用吡虫啉作为待测物质确定不同滤纸上喷雾药液的沉积量。

同时对三个测试小区内小麦蚜虫和叶锈病的防治效果进行测试,分别测定施药后 7d、14d 统计三个处理下小麦蚜虫和小麦锈病的防治效果。小麦蚜虫防效的测定分别于三个处理区和对照区随机选取 5 个调查点,各选取 20 株小麦分别统计施药前和施药后 7d 与 14d 的小麦蚜虫的数量,并计算各处理区小麦蚜虫的防效,麦蚜的防效计算方法参考式(19-12)和式(19-13)。小麦锈病的防治效果调查为施药前和施药后 7d、14d 分别在处理区和对照区随机选 5 个调查点,每个调查点选取 50 株并统计各株小麦顶部三片叶。根据 GB/T 17980.23—2000 的方法确定小麦叶片的病害等级和病情指数,由此计算出各处理区的小麦锈病的最终防治效果。

$$虫口减退率 = \frac{药前活虫数 - 药后活数虫}{药前活虫数} \times 100\% \qquad (19\text{-}12)$$

$$防治效果 = \frac{处理区虫口减退率 - 对照区虫减退率口照}{1 - 对照区虫减率退口} \times 100\% \qquad (19\text{-}13)$$

第二部分试验小区和滤纸的布样方式与第一部分试验相同。由于喷施的常规水基化药剂,喷雾液的抗蒸发和飘移性较差而导致雾滴沉降困难,因此将 3WQF120-12 型油动单旋翼植保无人机的喷雾系统配备 LU120-02 喷头。试验用药为 20%吡虫啉可溶性液剂 [60g(a.i.)/hm²] 和 40%戊唑醇悬浮剂 [480g(a.i.)/hm²]。3WQF120-12 型油动单旋翼植保无人机作业时飞行高度为距离小麦植株顶部 1.5m,飞行速度为 5.0m/s,作业幅宽 4.5m,植保无人机的喷雾量为 12L/hm²。为了对沉积药液进行定量,在各处理的喷雾液中加入 2g/L 的荧光剂 BSF 用于定量,待各处理小区喷雾作业完成后,迅速将滤纸收集到自封袋中低温避光保存。在整个施药的过程中利用 Testo 350-454 多功能测量仪记录气象条件,测试期间的气象条件为:温度 28.5～30.9℃,相对湿度为 41.4%～54.7%,风速为 1.63～1.73m/s。分别测试在不添加飞防助剂和添加推荐剂量下(见表 19-16)的各种飞防助剂时植保无人机作业的喷雾液沉积效果和对小麦蚜虫与锈病的防治效果,其防治效果统计方法与第一部分试验相同。蚜虫的防治效果的统计时期为施药后 1d、3d、7d 和 14d,小麦锈病为施药后 7d 和 14d。

对于第一部分试验所收集的滤纸选取吡虫啉为待测物质测定滤纸上的喷雾液的沉积量,

将自封袋中的滤纸于实验室内加入 10mL 乙腈超声洗脱，经 0.22μm 有机膜过滤后使用安捷伦 1200LC-6410 三重四级杆液质联用仪分析各滤纸洗脱液中吡虫啉的峰面积，通过峰面积计算单位面积吡虫啉的沉积量和分布均匀性。

安捷伦 1200LC-6410 三重四级杆液质联用仪的色谱条件为：安捷伦 ZORBAX Eclipse Plus C18 色谱柱（2.1mm×50mm，3.5μm）；柱温 30℃；进样量 5μL；流动相：流动相 A 相为乙腈，流动相 B 相为 0.1%的甲酸水，A：B=70：30，流速 0.2mL/min。其质谱条件为：电喷雾离子源 ESI+；雾化气、碰撞气：氮气；鞘气流速：6L/min；离子源温度：298℃；毛细管电压：4000V。雾化气压力：15psi。检测模式：选用多重反应检测（MRM）模式。定性离子对 256/208.9（碎裂电压：110V 碰撞能量 10eV）；定量离子对 256/175（碎裂电压：110V 碰撞能量 15eV）；吡虫啉保留时间：0.919min。

吡虫啉的含量分析采用外标法绘制标准曲线来定量：准确称取 0.01g 的吡虫啉标准品，用乙腈定容至 100mL，配制成 100mg/L 的标准储备液。用乙腈将标准储备液分别稀释为 0.01mg/L、0.02mg/L、0.05mg/L、0.10mg/L、0.20mg/L、0.50mg/L 的系列标准工作溶液，经 0.22μm 滤膜过滤后进样分析。以进样标准工作溶液质量浓度(mg/L) 为横坐标，定量离子对的色谱峰面积为纵坐标绘制吡虫啉标准曲线。为了验证该检测方法的准确性与可行性对其做添加回收试验，向空白滤纸上分别添加洗脱浓度为 0.05mg/L、0.10mg/L、0.50mg/L 的 3 个水平的吡虫啉溶液，每个添加浓度样品溶液经过 0.22μm 滤膜过滤后进样分析，每个添加水平重复 3 次，计算各添加水平的回收率和相对标准偏差。

最终确定在 0.01～0.50mg/L 的浓度范围内，吡虫啉的峰面积（y）与其质量浓度（x）之间存在较好的线性关系，吡虫啉标准曲线的方程为：$y=76831x-444.83$，$R^2=0.9954$。在选定的滤纸样品处理方法和检测条件下，吡虫啉的定量限（LOQ）为 0.01mg/L。在不同的添加浓度下吡虫啉在滤纸上的添加回收率及标准偏差结果见表 19-25，结果表明：在 0.05mg/L、0.10mg/L 和 0.50mg/L 的 3 个添加水平下，吡虫啉在滤纸上的平均回收率为 85.9%～105.8%，其相对标准偏差（RSD）为 1.99%～7.39%，符合分析检测要求。因此该方法可用于对沉积到滤纸上的喷雾药液进行定量检测，以此来评价不同施药方式下喷雾液的沉积量和分布均匀特性结果。

表 19-25　吡虫啉在滤纸上的回收率和相对标准偏差

添加水平/(mg/L)	平均回收率/%	相对标准偏差/%
0.05	94.0	7.39
0.10	105.8	1.99
0.50	85.9	3.57

使用 SFM25 型荧光分析仪对第二部分试验的滤纸样品上的荧光剂 BSF 进行定量测定。将荧光分析仪的激发波长设置为 465nm，接收波长设置为 500nm。将各处理的喷雾药液稀释一定的倍数后，调整检测电压值（200～900V）使母液的稀释液测量值在 100 左右，固定此电压值并用去离子水清洗，使去离子水的测量值接近零。

田间低温避光条件下带回的滤纸样品需在 48h 内测定完成，将装有滤纸的自封袋中加入定量体积的去离子水充分洗脱，使用荧光仪测定洗脱液的荧光值，并根据稀释后母液的荧光值、去离子水的荧光值、母液稀释倍数、样品洗脱体积等数值计算滤纸单位面积上喷雾药液的沉积体积，试样的具体计算方法见式（19-14）。

$$\beta_{dep} = \frac{(\rho_{smpl} - \rho_{blk}) \cdot V_{dil}}{\rho_{spray} \cdot n \cdot A} \tag{19-14}$$

式中，β_{dep} 为喷雾药液的单位面积沉积量，$\mu L/cm^2$；V_{dil} 为样品的洗脱体积，μL；ρ_{smpl} 为样品洗脱液的荧光值；ρ_{blk} 为去离子水的荧光值；ρ_{spray} 为喷雾母液稀释液的荧光值；n 为喷雾母液的稀释倍数；A 为试样滤纸的面积，cm^2。

为验证检测方法的可行性，在滤纸上添加 0.5mg/L、1.0mg/L、5mg/L、10mg/L 和 20mg/L 的已知提取浓度 BSF 荧光剂，每个添加浓度设置三个重复。不同添加浓度下 BSF 的回收率和相对标准偏差结果见表 19-26，结果显示在 0.5～20.0mg/L 的添加浓度范围内，BSF 的回收率范围为 85.32%～93.95%，回收率的相对标准偏差为 0.49%～6.59%，说明使用荧光剂 BSF 作为田间沉积效果测量的示踪剂方法可行。

表 19-26　BSF 在滤纸上的回收率和相对标准偏差

添加水平/(mg/L)	平均回收率/%	相对标准偏差（RSD）/%
0.5	85.37	0.49
1.0	93.95	4.75
5.0	85.32	5.36
10.0	87.30	6.59
20.0	87.47	1.78

植保无人机航空喷雾的沉积效果以喷雾液的平均沉积量、沉积量的标准偏差和变异系数表示。分别将第一部分田间施药试验和第二部分田间施药试验的每一个处理的各个布样点的药液沉积量进行平均，并对各个处理小区内的所有布样点求其沉积量的标准偏差（式 19-15），并根据所求各试验小区的平均沉积量和标准偏差的求得其变异系数（coefficient of variation，CV）。变异系数用于反映单个试验小区内各布样点沉积量的离散程度，变异系数越小代表喷雾药液的沉积分布均匀性越好，变异系数的计算见式（19-16）。

$$S = \sqrt{\frac{\sum_{i=1}^{n}(X_i - \overline{X})^2}{n-1}} \tag{19-15}$$

$$CV = \frac{S}{\overline{X}} \times 100\% \tag{19-16}$$

式中，S 为测试小区内所有布样点沉积量的标准差；$\overline{X}$ 为测试小区内所有试样点沉积量的平均值；n 为测试小区内样本点的数目；X_i 为第 i 个布样点上喷雾药液的沉积量。

19.4.2　研究结果与分析

19.4.2.1　药液沉积效果

第一部分研究内容由吡虫啉标准曲线方程计算所得到的三个处理小区内各布样点沉积量的平均值、沉积量的标准偏差和变异系数结果见表 19-27。从试验结果可知使用双极性接触式航空机载静喷雾系统喷施静电油剂的测试 1 和使用 3WQF120-12 型单旋翼植保无人机自带喷雾系统喷施超低容量液剂的测试 2 的平均沉积量分别为 0.0486$\mu g/cm^2$ 和 0.0513$\mu g/cm^2$，均明显大于该单旋翼植保无人机喷施自带喷雾系统喷施水基化药剂测试 3 的 0.0356$\mu g/cm^2$。

这一结果是由于水基化药剂雾化后的雾滴在沉降过程中产生严重的蒸发，而静电油剂由低挥发、高闪点的油酸甲酯和有机试剂组成，大大降低了药液蒸发的可能性，因而提高了喷雾药液的有效沉积率。同样，喷施静电油剂的测试 2 的沉积量大于测试 1，主要原因在于测试 2 中使用的单旋翼无人机自带喷雾系统的喷头为液力式喷头，其产生的雾化粒径明显大于测试 1 静电喷雾系统的离心喷头产生的雾滴粒径，较大的雾滴粒径受侧风影响较小而导致飘移量的降低，因此测试 2 的平均沉积量大于测试 1 的结果。

对比三个测试组沉积量的标准偏差，使用静电喷雾的测试 1 标准偏差最小为 $0.015\mu g/cm^2$，因为雾化后的带电雾滴在静电力的作业下相互排斥致使雾滴相互分散而提高沉积均匀性。同样代表喷雾均匀性的变异系数结果方面，使用静电喷雾系统的测试 1 的变异系数最小为 30.43%，而使用植保无人机自带喷雾系统的测试 2 和测试 3 的变异系数分别为 42.57% 和 45.54%，明显大于测试 1 的变异系数，这也说明该静电喷雾系统可以提高药液沉积分布的均匀性。

表 19-27　不同施药方式喷雾液的沉积分布结果

测试组编号	平均沉积量/$(\mu g/cm^2)$	标准偏差	变异系数/%
1	0.0486	0.015	30.43
2	0.0513	0.019	42.57
3	0.0356	0.016	45.54

第二部分试验中添加不同类型的飞防助剂施药作业的各小区内布样点沉积量的平均值、沉积量的标准偏差和变异系数结果见表 19-28。试验结果显示在不添加飞防助剂的条件下，测试小区内喷雾药液的平均沉积量为 $0.151\mu L/cm^2$，标准偏差为 $0.066\mu L/cm^2$，沉积药液的变异系数为 43.84%。与不添加飞防助剂处理小区内的沉积效果相比，添加飞防助剂 AS 100、AS A+B 和 ND700 的处理小区内喷雾液的平均沉积量分别为 $0.140\mu L/cm^2$、$0.143\mu L/cm^2$ 和 $0.143\mu L/cm^2$，低于不添加助剂的对照小区的平均沉积量；而添加助剂 Breakthru、Momentive、ND500 和 QF-LY 的几个处理小区内喷雾液的平均沉积量在 $0.153\sim0.160\mu L/cm^2$ 范围内，高于不添加助剂的对照小区的平均沉积量。

表 19-28　助剂对喷雾液沉积效果的影响

助剂名称	平均沉积量/$(\mu L/cm^2)$	标准偏差	变异系数/%
水	0.151	0.066	43.84
AS 100	0.140	0.063	44.65
AS A+B	0.143	0.046	32.33
Breakthru	0.157	0.069	43.94
Momentive	0.160	0.065	40.64
ND500	0.153	0.059	38.56
ND700	0.143	0.056	39.04
QF-LY	0.159	0.058	36.56

各处理小区内代表喷雾液沉积分布均匀性效果的变异系数均大于 30%，相比而言添加助剂 AS A+B 处理的变异系数最低，为 32.33%，添加助剂 ND500、ND700 和 QF-LY 相对较高，为 38.56%、39.04% 和 36.65%，而添加助剂 AS 100、Breakthru 和 Momentive 的三个处理沉积量的变异系数与不添加助剂的处理结果相似均在 40% 以上。由于各个处理小区沉积量的变异

系数较大，因而其在各个小区沉积量的平均值上没有显著性的差异，因此难以断定添加以上几种飞防喷雾助剂能否提高喷雾药液的沉积量。但结合各种助剂在风洞中飘失性能的试验结果，助剂 AS 100 和 ND700 的空中飘移指数分别为 107.9% 和 110.0%，同时 AS 100、AS A+B 和 ND500 的地面飘移指数分别为 127.2%、107.2% 和 108.5%，三种助剂有增加飘失的趋势，恰巧与其田间试验沉积量的平均值较低具有相同的趋势，而风洞试验中空中和地面飘失指数均较低的助剂 Momentive 的单位面积平均沉积量也最高，也在一定程度上反映出添加飞防助剂对喷雾沉积效果的影响。与喷杆喷雾机田间施药变异系数应低于 15% 的要求相比，植保无人机航空施药雾沉积的变异系数远大于该值，说明植保无人机航空施药在药液沉积分布均匀性方面还需要做出巨大的改进，而添加飞防喷雾助剂对药液沉积分布均匀性这方面的改进效果有限。因此建议对植保无人机的喷雾系统、飞控系统、航线规划和抵抗环境干扰等方面进行改进，以提高植保无人机航空施药的均匀性。

19.4.2.2 生物防治效果

第一部分试验中三个测试组的施药方式对小麦蚜虫和锈病的防治效果见表 19-29。对于小麦锈病的防效结果：使用双极性航空机载静电喷雾系统喷施静电油剂的测试 1 和使用 3WQF120-12 植保无人机再带喷雾系统喷施超低容量液剂的测试 2 对小麦锈病在药后 7d 的防治效果没有出现显著性差异，其防治效果分别为 67.90% 和 69.40%，测试 1 和测试 2 的两个处理药后 7d 对小麦叶锈病的防治效果均明显高于喷施普通水基化药剂的测试 3 的 52.11% 的防治效果；在施药后 14d 测试 1 和测试 2 的两个处理对小麦叶锈病的防治效果同样明显高于测试 3，三个测试组的防治效果分别为 48.74%、42.05% 和 24.56%。对比三种施药方式对对小麦蚜虫在药后 7d 和药后 14d 的防治效果可知：在施药后 7d 试用静电喷雾系统喷施静电油剂的处理小区对小麦蚜虫的防治效果最好，其防治效果为 87.92%，明显高于两外两个实验小区的防治效果；药后 7d 试用 3WQF120-12 型电动单旋翼植保无人机自带喷雾系统喷施超低容量液剂对小麦蚜虫的防治效果次之为 76.43%，明显高于使用其自带喷雾系统喷施常规药剂的对小麦蚜虫 66.47% 的防治效果；在施药后 14d 测试 1 和测试 2 的两个处理小区对小麦蚜虫的防治效果没有显著性差异，分别为 46.88% 和 45.02%，明显高于测试 3 的 33.58% 的防治效果。

表 19-29   不同施药方式小麦锈病和蚜虫的防治效果

测试组编号	生物防治效果/%			
	药后 7d		药后 14d	
	锈病	蚜虫	锈病	蚜虫
1	67.90a	87.92a	48.74a	46.88a
2	69.40a	76.43b	42.05a	45.02a
3	52.11b	66.47c	24.56b	33.58b

注：表中为 5 点防效的平均值，同列不同字母表示差异显著（$P < 0.05$）。

综合三种施药方式在药后 7d 和药后 14d 对小麦蚜虫和叶锈病的防治效果可知，使用静电喷雾系统喷施静电油剂和无人机自带喷雾系统喷施超低容量液剂的两种施药方式的防治效果明显优于无人机喷施传统药剂的施药方式，这是由于静电油剂和超低容量液剂在沉降过程中雾滴蒸发速度慢，沉降效果好，表面张力更低，在作物叶面上的铺展更充分，干燥时间长有利于作物对药液的吸收和药效的发挥（图 19-19）。同时，静电油剂和超低容量液剂相比于传统的水基化药剂其耐雨水冲刷能力和渗透能力更强，因此其防治效果的持效期也更长。使用静电喷雾系统喷施静电油剂的处理和无人机自带喷雾系统喷施超低容量液剂的两个处理的防治效果相似，但在药后 7d 喷施静电油剂的防治效果优于喷施超低容量液剂的处理，这是由于测试 1 所使用的双极性接触式航空静电喷雾系统采用了离心雾化的方式，其雾化雾滴的粒径更小，更均匀，沉降到小麦植株附件时同时受静电力的作用吸附到小麦植株的各个部位，能够提高喷雾药液在小麦叶片上覆盖的均匀性和雾滴的覆盖密度。由此可知，喷施油基型的药剂可以改善雾滴的沉降效果和在作物叶片上的铺展性能，对于植保无人机航空施药过程中提高药液的生物防治效果和减量用药能够发挥重要的作用。

(a) 超低容量油剂 (b) 静电油剂

图 19-19 药剂在小麦叶片上的沉积效果

第二部分试验中添加不同飞防助剂在喷洒后不同时期对小麦叶锈病的防治效果见表 19-30。在施药后 7d 的试验结果显示：在不添加飞防助剂的条件下对小麦锈病的防治效果为 44.76%，而加入飞防助剂的几个处理对小麦锈病的防治效果明显高于不添加助剂的结果。其中添加助剂 QF-LY 的处理的防治效果最好，为 69.65%；而添加助剂 ND700 的处理对小麦叶锈病的防治效果为 56.81%，其对防治效果的增效作用相对最小，但也明显高于不添加助剂的时的防治效果；其他几种助剂对小麦叶锈病的防治效果在 59.87%～65.99%之间，增效作用明显且与添加助剂 QF-LY 的增效作用没有显著性差异。在施药后 14d 添加各种助剂施药对小麦锈病的防治结果显示：在喷雾液中不添加飞防助剂时对小麦叶锈病的防治效果为 23.95%，而添加各种飞防助剂的处理小区内对小麦叶锈病的防治效果也明显高于不添加助剂的小区内的防治效果，添加各种飞防助剂的作业小区内对叶锈病的防治效果在 31.32%～38.01%之间，且不同的助剂对叶锈病的防治效果的增效作用没有显著差异。

表 19-30 助剂对小麦锈病防治效果的影响

助剂	生物防治效果/%	
	药后 7d	药后 14d
CK	44.76c	23.95b
AS 100	62.26a	35.10a
AS A+B	65.99a	35.60a
Breakthru	64.41a	35.61a
Momentive	59.87ab	31.32a

助剂	生物防治效果/%	
	药后 7d	药后 14d
ND500	64.37a	38.01a
ND700	56.81b	34.72a
QF-LY	69.65a	32.20a

注：表中为 5 点防效的平均值，同列不同字母表示差异显著（$P<0.05$）。

第二部分试验中添加不同飞防助剂在施药后不同时期对小麦蚜虫的防治结果见表 19-31。试验结果显示：在施药后 1d 不添加助剂的处理对小麦蚜虫的防治效果为 26.74%，而添加助剂 ND500 的小区对小麦蚜虫的防治效果最好，为 60.04%，添加助剂 AS A+B 和助剂 Breakthru 的防治效果分别为 53.44% 和 52.31%，与添加助剂 ND500 的处理没有显著性差异；而添加助剂 AS 100、Momentive、ND700 和 QF-LY 的四个作业小区的防治效果略低，在 40.23%～45.84% 之间，仍然明显优于不添加助剂处理小区的防治效果。在施药后 3 天：不添加助剂的对照组的防治效果有所提升为 45.06%，但仍低于添加助剂的几个小区对小麦蚜虫的防治效果；此时添加助剂 Breakthru 的小区的防治效果达到最大，为 75.36%，添加助剂 AS A+B、ND500 和 ND700 的三个处理小区的防治效果分别为 66.99%、68.00 和 64.10%；而添加助剂 AS 100、Momentive 和 QF-LY 的三个处理对防治效果的增效作用相对较低，其防治效果分别为 54.71%、54.06% 和 51.80%。在施药后 7d：不添加助剂的对照组对麦蚜虫的防治效果为 40.77%，而添加助剂 ND700 的小区内对麦蚜虫的防治效果明显高于其他处理小区，其防治效果为 81.77%，添加助剂 ND500 的小区对麦蚜虫的防治效果次之，为 68.08%；添加其他种助剂的测试小区的防治效果也明显优于对照组，其防治范围为 51.55%～58.54%。在施药后 14d：各个处理小区对小麦蚜虫的防治效果均有所降低，不添加助剂的对照组防治效果为 25.44%，而添加助剂 ND500 的处理对小麦蚜虫的防治效果最高，为 63.46%，而添加助剂 QF-LY 的处理对小麦蚜虫的防治效果最低，为 32.37%。

表 19-31　助剂对小麦蚜虫防治效果的影响

助剂	药后 1d	药后 3d	药后 7d	药后 14d
CK	26.74c	45.06c	40.77d	25.44d
AS 100	45.84b	54.71b	54.09c	50.06b
AS A+B	53.44a	66.99ab	58.54c	53.64b
Breakthru	52.31a	75.36a	54.13c	47.05bc
Momentive	40.23b	54.06b	57.57c	40.23c
ND500	60.04a	68.00ab	68.08b	63.46a
ND700	42.96b	64.10ab	81.17a	45.02c
QF-LY	42.22b	51.80b	51.55c	32.37cd

注：表中为 5 点防效的平均值，同列不同字母表示差异显著（$P<0.05$）。

综合对比几种飞防助剂在施药后不同时期对小麦叶锈病和蚜虫的防治效果可知，飞防助剂的加入可以极大的提高植保无人机飞防作业的防治效果，同时飞防助剂有利于延长喷雾药液的作用时间，因此在植保无人机航空喷雾作业中很有必要加入专用飞防助剂。而添加不同助剂的增效效应与其室内蒸发飘移和田间平均沉积量结果存在一定的差异，这主要是由于农药药效的发挥受多种因素的影响，其不仅仅与沉积量有关，还与作业时的气象条件，以及药液在作用靶标上的铺展状态、吸收和渗透传导速率有关，因此还需对这些方面进行进一步的研究，分析其作用效果与机理。

19.4.3　研究结论

使用 3WQF120-12 型油动单旋翼植保无人机搭载双极性接触式航空机载静电喷雾系统喷施 3%吡虫啉·三唑酮静电油剂，使用 3WQF120-12 型油动单旋翼植保无人机再带喷雾系统喷施 3%吡虫啉·三唑酮超低容量液剂和添加不同种类飞防助剂喷施常规药剂，并对各种施药方式下喷雾药液的沉积分布特性以及对施药后不同时期小麦蚜虫和叶锈病的防治效果进行了测定。

喷施 3%吡虫啉·三唑酮静电油剂和超低容量液剂的试验结果表明：与喷施水基型药剂相比，喷施静电油剂和超低容量液剂可以提高喷雾药液的沉积率，而采用离心喷头的静电喷雾系统有利于提高喷雾药液在作物上沉积分布的均匀性。同时，喷施静电油剂和超低容量液剂的两个处理在施药后不同时间对小麦蚜虫和叶锈病的防治效果和药效持效期也明显优于喷施水基型药剂的效果。喷施油基型的药剂可以改善雾滴的沉降效果和在作物叶片上的铺展性能，对于植保无人机航空施药过程中提高药液的生物防治效果和减量用药能够发挥重要的作用。

对于添加不同飞防助剂的植保无人机航空施药田间沉积分布特性表明：添加助剂对于试验小区内各测试点沉积量的变异系数影响不大。由于各处理的沉积量的变异系数较大，因而各处理田间沉积量的平均值没有显著性差异。但添加不同助剂的喷雾药液在田间沉积量的平均值与其风洞测试的飘失性能具有较强的相关性。与传统施药方式相比（尤其是喷杆喷雾机），植保无人机航空施药雾滴的沉积分布存在较大的不均匀性，需要从植保无人机的喷雾系统、飞控系统、航线规划和抵抗环境干扰等方面进一步改进。在施药后不同时期对小麦蚜虫和叶锈病的生物防治效果表明：飞防助剂的加入可以极大的提高植保无人机飞防作业的防治效果，同时飞防助剂有利于延长喷雾药液的作用时间，因此在植保无人机航空喷雾作业中很有必要加入专用飞防助剂。但与传统的常规容量喷雾相比，低容量喷雾的航空施药方式对病虫害的防治效果存在较大的不足，即便是在专用飞防助剂加入时，其防治效果也低于传统的施药方式。因此，植保无人机航空施药技术和专用药剂与助剂还需进一步加强，以提高飞防作业的生物防治效果。

19.5　综合研究结论

随着科学技术的进步和规模化种植方式的快速发展，植保无人机航空施药在我国取得了飞速的发展。由于植保无人机受其载药量的限制，为确保作业效率其航空喷雾不得不采取低容量或超低容量喷雾的方式进行，因此植保无人机在飞防作业时喷雾药液浓度较大，经常出现喷头、输液管和液泵的堵塞等问题。为了改善植保无人机航空施药的稳定性，提高其航空喷雾的效果。本章研制了 3%吡虫啉·三唑酮超低容量液剂和 3%吡虫啉·三唑酮静电油剂，并设计了双极性接触式航空静电喷雾系统并对其作业性能进行了测定；同时，对航空喷雾的飞防助剂的性能进行了室内和田间实验，研究结果发现：

（1）制备3%吡虫啉·三唑酮超低容量液剂时，通过测定不同溶剂对吡虫啉原药和三唑酮原药的溶解性，确定了制备该超低容量液剂的溶剂为油酸甲酯，同时根据各种油溶剂对两种农药原药的溶解性和与溶剂油酸甲酯构成制剂的稳定性确定了3%吡虫啉·三唑酮的配方组成，并对其各项理化性质及植物安全性等进行了测定，结果说明所制备的 3%吡虫啉·三唑酮超低容量液剂可用于植保无人机田间航空施药。

（2）通过向3%吡虫啉·三唑酮超低容量液剂中添加不同类型和浓度的静电剂后的药剂的电导率，最终确定向该超低容量液剂中添加5%的十二烷基苯磺酸钙制备3%吡虫啉·三唑酮静电油剂。同时对该静电油剂的理化性质进行了测定，验证了该静电油剂在植保无人机田间航空静电施药的可行性。

（3）借鉴国外有人驾驶航空飞机静电喷雾采用的双极性充电方法，研制了双极性接触式航空静电喷雾系统，并将该喷雾系统分别搭载于两种不同类型的植保无人机上并在梨树上进行喷雾作业，测试了该航空静电喷雾系统的吸附性，结果发现该静电喷雾系统可以在梨树叶片的背面产生吸附包抄效应，同时增加雾滴在梨树冠层上下部分布的均匀性。

（4）分析了双极性接触式航空静电喷雾系统分别喷施 3%吡虫啉·三唑酮静电油剂和自来水时的荷电效果和雾化效果。结果发现：同一个电极的喷雾单元下喷施 3%吡虫啉·三唑酮静电油剂的雾滴粒径明显低于水，不同的静电电压下静电喷雾系统对水的雾化效果没有显著影响；当喷施静电油剂时，正输出雾化单元使雾滴粒径变小，而负输出使雾滴粒径增大，且随着静电电压的增大，正、负输出电极下雾滴谱宽度均呈增大趋势。雾滴的荷质比与静电电压成正相关，相同静电电压和喷雾液时负输出雾化单元喷雾雾滴的荷质比高于正输出雾化单元。

（5）在室内对七种不同类型的飞防喷雾助剂在推荐使用剂量下对喷雾液黏度、表面张力、蒸发速率和雾化特性进行了测定，研究发现：各种飞防助剂在推荐剂量下对喷雾液的黏度影响不大，但均可以降低喷雾液的表面张力。当相对湿度为 40%和 80%时，同一温度下（25～35℃）添加各种助剂对溶液的蒸发速率影响不大。当温度为 30℃，相对湿度为 60%时，水的蒸发速率为 0.035mg/(cm^2·min)，添加 AS 100、Breakthru、ND500 的溶液蒸发速率在 0.026～0.029mg/(cm^2·min)范围内明显地降低了蒸发的速率，而添加 AS A+B 和 ND700 助剂的溶液的蒸发速率分别为 0.059mg/(cm^2·min)和 0.061mg/(cm^2·min)，明显地提高了蒸发速率。在 0.3MPa 压力下标准扇形雾喷头 LU120-01 的雾化结果显示 Breakthru 和 Momentive 两种助剂对喷雾液雾滴谱的影响最大，添加这两种助剂喷雾液的雾滴粒径和相对粒谱宽度均大于喷施自来水时的值，而添加助剂 AS 100、ND500 和 ND700 三种助剂可以降低雾滴的体积中值中径，但对相对粒谱宽度无影响，助剂 AS A+B 和 QF-LY 也可以增大雾滴的体积中值中径，但是对雾滴的相对粒谱宽度无影响。

（6）在风洞中对添加各种助剂的喷雾液的飘失特性进行了测定，空中飘失结果显示助剂 AS 100 和 ND700 在一定程度上增加了空中飘失量，而助剂 ND500 和 QF-LY 对空中飘移结果无影响，助剂 AS A+B、Breakthru 和 Momentive 可以有效降低喷雾液的空中飘移；地面沉积飘移结果显示 AS 100 在一定程度上增加了地面飘失量，而助剂 Momentive 可以降低地面飘移量，喷雾助剂 AS A+B、Breakthru、ND500、ND700 和 QF-LY 对地面飘移量影响不大。

（7）对比了使用 3WQF120-12 型油动单旋翼植保无人机喷施 3%吡虫啉·三唑酮超低容量液剂和常规药剂，以及该无人机搭载静电喷雾系统喷施 3%吡虫啉·三唑酮静电油剂在小麦上的沉积分布和对麦蚜虫以及小麦锈病的防治效果。试验结果表明：与喷施常规水基型药剂相比，喷施静电油剂和超低容量液剂可以提高喷雾药液的沉积率，而采用离心喷头的静电喷雾系统有利于提高喷雾药液在作物上沉积分布的均匀性。同时，喷施静电油剂和超低容量液剂的两个处理在施药后不同时间对小麦蚜虫和叶锈病的防治效果和药效的持效期也明显优于喷施水基型药剂的效果。

（8）对于添加不同飞防助剂的植保无人机航空施药田间沉积分布特性结果显示，添加助剂对于试验小区内各测试点沉积量的变异系数影响不大。在施药后不同时期对小麦蚜虫和叶锈病的生物防治效果表明：飞防助剂的加入可以极大地提高植保无人机飞防作业的防治效果，同时飞防助剂有利于延长喷雾药液的作用时间，但与传统的常规容量喷雾相比，低容量喷雾的航空施药方式对病虫害的防治效果还存在较大的不足，即便是在专用飞防助剂加入时其防治效果也低于传统的施药方式。

参考文献

[1] 许丹琳. 供给侧改革背景下农业可持续发展的法律保障. 山西农业大学学报(社会科学版), 2018, 17(02): 7-12.

[2] 梁秀芳. 农作物病虫害的危害及防治方法. 南方农业, 2016(32): 10-11.

[3] 何雄奎. 改变我国植保机械和施药技术严重落后的现状. 农业工程学报, 2004, 20(1): 13-15.

[4] 杨希娃, 代美灵, 宋坚利, 等. 雾滴大小、叶片表面特性与倾角对农药沉积量的影响. 农业工程学报, 2012, 28(3): 70-73.

[5] 屠豫钦, 李秉礼. 农药应用工艺学导论. 北京: 化学工业出版社, 2006.

[6] 何雄奎. 药械与施药技术. 北京: 中国农业大学出版社, 2013.

[7] 何雄奎, 曾爱军, 刘亚佳, 等. 水田风送低量喷杆喷雾机设计及其参数研究. 农业工程学报, 2005, 21(9): 76-79.

[8] 刘丰乐, 张晓辉, 马伟伟, 等. 国外大型植保机械及施药技术发展现状. 农机化研究, 2010, 32(3): 246-248.

[9] 高贝贝. 农药职业背负式喷雾场景暴露风险评估. 北京: 中国农业科学院, 2014.

[10] 解涵. 农药喷雾作业人体负荷疲劳特征评价方法研究. 北京: 中国农业大学, 2017.

[11] 郑庆伟. 农业部南京农业机械化研究所创制 GPS 导航的无人机施药作业自动系统成效显著. 农药市场信息, 2016(15): 49.

[12] 何雄奎, 曾爱军, 刘亚佳, 等. 水田风送低量喷杆喷雾机设计及其参数研究. 农业工程学报, 2005, 21(9): 76-79.

[13] 宋坚利, 何雄奎, 曾爱军, 等. 罩盖喷杆喷雾机的设计与防飘试验. 农业机械学报, 2007, 38(8): 74-77.

[14] 张京, 何雄奎, 宋坚利, 等. 挡板导流式罩盖喷雾机结构优化与性能试验. 农业机械学报, 2011, 42(10): 101-104.

[15] 魏新华, 邵菁, 解禄观, 等. 棉花分行冠内冠上组合风送式喷杆喷雾机设计与试验. 农业机械学报, 2016, 47(1): 101-107.

[16] 陈刚, 陈树人, 杨八康. 水田高地隙喷杆喷雾机的设计与试验研究. 农机化研究, 2013, 35(9): 177-180.

[17] 许超. 高地隙喷杆喷雾机自走式底盘机架的设计研究. 石河子: 石河子大学, 2015.

[18] 薛凯喜. 极端降雨诱发山地公路地质灾害风险评价及应用研究. 重庆: 重庆大学, 2011.

[19] 薛新宇, 梁建, 傅锡敏. 我国航空植保技术的发展前景. 农业技术与装备, 2008(5): 72-74.

[20] 茹煜, 金兰, 贾志成, 等. 无人机静电喷雾系统设计及试验. 农业工程学报, 2015, 31(8): 42-47.

[21] Huang Y D, Hoffmann W C, Lan Y B, et al. Development of a spray system for an unmanned aerial vehicle platform. Transactions of the ASABE, 2009, 25(6): 803-809.

[22] 张东彦, 兰玉彬, 陈立平, 等. 中国航空施药技术研究进展与展望. 农业机械学报, 2014, 45(10): 53-59.

[23] Faiçal B S, Costa F G, Pessin G, et al. The use of unmanned aerial vehicles and wireless sensor networks for spraying pesticides. Journal of Systems Architecture, 2014, 60(4): 393-404.

[24] 薛新宇, 兰玉彬. 美国农业航空技术现状和发展趋势分析. 农业机械学报, 2013, 44(5): 194-201.

[25] 张国庆. 农业航空技术研究述评与新型农业航空技术研究. 江西林业科技, 2011(1): 25-31.

[26] 无人机首次纳入国家农机补贴. 农药, 2017, 56(02): 121.

[27] Wang S L, Song J L, He X K, et al. Performances evaluation of four typical unmanned aerial vehicles used for pesticide application in China. International Journal of Agricultural & Biological Engineering, 2017, 10(4): 22-31.

[28] Estey R H. Canadian use of aircraft for plant protection. Phytoprotection-Quebec-, 2004, 85(1): 7-12.

[29] Thomson S J, Smith L A. Dynamic Testing of GPS Receivers on Agricultural Aircraft for Remote Sensing and Variable-Rate Aerial Application. In Proceedings of IEEE/ION PLANS 2006, 1067-1070.

[30] Kirk I W. Measurement and prediction of helicopter spray nozzle atomization. Transactions of the Asae, 2002, 45(1): 27-37.

[31] 罗锡文. 对加快发展我国农业航空技术的思考. 农业技术与装备, 2014, (5): 7-15.

[32] 周志艳, 臧英, 罗锡文, 等. 中国农业航空植保产业技术创新发展战略. 农业工程学报, 2013, 29(24): 19-25.

[33] 王虹. 美国通用航空的发展现状. 中国民用航空, 2003(8): 45-47.

[34] 杜江, 王雅鹏. 我国农业机械化发展影响因素分析. 农业经济, 2005(3): 17-19.

[35] ASAE Standards S386. 2 Calibration and distribution pattern testing of agricultural aerial application equipment[S]. ASABE, 2009.

[36] 郭永旺, 袁会珠, 何雄奎, 等. 我国农业航空植保发展概况与前景分析. 中国植保导刊, 2014, 34(10): 78-82.

[37] Prentice S P. FAR review: the rules we live and suffer by. (Staying Legal)(Federal Aviation Regulations). Aircraft Maintenance Technology, 2005.

[38] Lan Y, Thomson S J, Huang Y, et al. Current status and future directions of precision agriculture for aerial application in the USA. Computers and Electronics in Agriculture, 2010, 74: 34-38.

[39] 林蔚红, 孙雪钢, 刘飞, 等. 我国农用航空植保发展现状和趋势. 农业装备技术, 2014(1): 6-11.

[40] Matthews G A. Pesticide application methods. // Pesticide application methods. Longman, 2014.

[41] 何雄奎. 亚洲小型无人施药技术及其应用. //何雄奎邵振润. 第三届植保机械与施药技术国际学术研讨会论文集. 北京: 中国农业大学出版社, 2014: 268-279.

[42] Qin W C, Qiu B J, Xue X Y, et al. Droplet deposition and control effect of insecticides sprayed with an unmanned aerial vehicle against plant hoppers. Crop Protection, 2016; 85: 79-88.

[43] Xue X Y, Tu K, Qin W C, et al. Drift and deposition of ultra-low altitude and low volume application in paddy field. Int J Agric & Biol Eng, 2014; 7(4): 23-28.

[44] Faiçal B S, Costa F G, Pessin G, et al. The use of unmanned aerial vehicles and wireless sensor networks for spraying pesticides. Journal of Systems Architecture, 2014, 60(4): 393-404.

[45] 张国庆. 农业航空技术研究述评与新型农业航空技术研究. 江西林业科技, 2011(1): 25-31.

[46] Yasushi K. International Programs Review-UAV Activity in Japan Overview[R]. Utsunomiya, Tochigi Prefecture, Japan: Japan UAV Association, 2005.

[47] Peter V B. RPAS (Remotely Piloted Aircraft Systems) Yearbook 2013: The Global Perspective (11th Edition). Paris, France: Blyenburgh & Co, 2013.

[48] 沈建平. 日本雅马哈农药喷洒无人直升机技术简介. 第三届植保机械与施药技术国际学术研讨会论文集, 北京: 中国农业大学出版社, 2014: 292.

[49] Peter V. B. UAS (Unmanned Aircaft Systems) Yearbook 2010-2011: the Global Perspective (8th Edition). Paris, France: Blyenburgh & Co, 2011.

[50] Huang Y B, Hoffmann C, Fritz B, et al. Development of an unmanned aerial vehicle-based spray system for highly accurate site-specific application. ASABE Meeting Presentation. 2008.

[51] Giles D K, Billing R, Singh W. Performance results, economic viability and outlook for remotely piloted aircraft for agricultural spraying. Aspects of Applied Biology, 2016; (132): 15-21.

[52] He X K, Bonds J, Herbst A, Langenakens J. Recent development of unmanned aerial vehicle for plant protection in East Asia. Int J Agric & Biol Eng, 2017; 10(3): 18-30.

[53] 秦维彩, 薛新宇, 周立新, 等. 无人直升机喷雾参数对玉米冠层雾滴沉积分布的影响. 农业工程学报, 2014, 30(05): 50-56.

[54] Zhang P, Deng L, Lyu Q, et al. Effects of citrus tree-shape and spraying height of small unmanned aerial vehicle on droplet distribution. Int J Agric & Biol Eng, 2016; 9(4): 45-52.

[55] 薛新宇, 秦维彩, 孙竹, 等. N-3 型无人直升机施药方式对稻飞虱和稻纵卷叶螟防治效果的影响. 植物保护学报, 2013, 40(03): 273-278.

[56] 高圆圆, 张玉涛, 赵酉城, 等. 小型无人机低空喷洒在玉米田的雾滴沉积分布及对玉米螟的防治效果初探. 植物保护, 2013, 39(02): 152-157.

[57] 娄尚易, 薛新宇, 顾伟, 等. 农用植保无人机的研究现状及趋势. 农机化研究, 2017, 39(12): 1-6.

[58] 周志艳, 明锐, 臧禹, 何新刚, 罗锡文, 兰玉彬. 中国农业航空发展现状及对策建议. 农业工程学报, 2017, 33(20): 1-13.

[59] 郭勇, 王楠, 金保兴. 农用无人植保飞机发展现状. 农业工程, 2017(2): 24-25.

[60] Bill K. Aerial application equipment guide 2003[M]. Washington, D. C.: USDA Forest Service, 2003: 59-62, 143-147.

[61] Thomson S J, Huang Y B, Smith L A. Portable device to assess dynamic accuracy of global positioning system (GPS) receivers used in agricultural aircraft. Int J Agric & Bio Eng, 2014; 7(2): 68-74.

[62] 张逊逊, 许宏科, 朱旭. 低空低速植保无人直升机避障控制系统设计. 农业工程学报, 2016, 32(02): 43-50.

[63] 彭孝东, 张铁民, 李继宇, 等. 基于目视遥控的无人机直线飞行与航线作业试验. 农业机械学报, 2014, 45(11): 258-263.

[64] 徐博, 陈立平, 谭彧, 徐旻. 多架次作业植保无人机最小能耗航迹规划算法研究. 农业机械学报, 2015, 46(11): 36-42.

[65] Huang Y B, Hoffmann W C, Lan Y B, Wu W, Fritz B K. Development of a spray system for an unmanned aerial vehicle platform. Applied Engineering in Agriculture, 2009; 25(6): 803-809.

[66] Xue X Y, Lan Y B, Sun Z, Chang C, Hoffmann W C. Development an unmanned aerial vehicle based automatic aerial spraying system. Computers and electronics in agriculture, 2016; 128: 58-66.

[67] 茹煜, 贾志成, 范庆妮, 车军. 无人直升机远程控制喷雾系统. 农业机械学报, 2012, 43(06): 47-52.

[68] Yang Y, Jing W, Kang Z, et al. An equivalent mechanical model for Liquid sloshing on spacecraft. Journal of Aeronautics Astronautics & Aviation, 2016, 48(2): 75-81.

[69] Chen K H, Kelecy F J, Pletcher R H. Numerical and experimental study of three-dimensional liquid sloshing flows. Journal of Thermophysics & Heat Transfer, 2015, 8(3): 507-513.

[70] 李熙, 张俊雄, 曲峰, 等. 农用无人机药箱防晃内腔结构优化设计. 农业工程学报, 2017, 33(18): 72-79.

[71] 何勇, 肖宇钊. 一种减轻药液倾荡的农用植保无人机药箱: CN201520086118. 0. 2015-08-05.

[72] 陈博. 具有防荡功能的植保无人机药箱: CN201330630812. 0. 2014-06-25.

[73] 王大伟, 高库丰. 植保无人机药箱建模与姿态控制器设计. 排灌机械工程学报, 2015(11): 1006-1012.

[74] 姜锐, 周志艳, 徐岩, 等. 植保无人机药箱液量监测装置的设计与试验. 农业工程学报, 2017, 33(12): 107-115.

[75] Hoffmann W C. Operation and setup of aerial application equipment. 2013 年全国农业航空技术研讨会, 2013.

[76] 薛新宇. 航空施药技术应用及对水稻品质影响研究. 南京: 南京农业大学, 2013.

[77] 王浩. 调速无刷涡轮离心式气雾喷头: 201520035237: 2015-01-20.

[78] 范庆妮. 小型无人直升机农药雾化系统的研究. 南京: 南京林业大学, 2011.

[79] 茹煜, 金兰, 周宏平, 等. 航空施药旋转液力雾化喷头性能试验. 农业工程学报, 2014, 30(3): 50-55.

[80] 周立新, 薛新宇, 孙竹, 等. 航空喷雾用电动离心喷头试验研究. 中国农机化, 2011(01): 107-111.

[81] 王玲, 兰玉彬, Hoffmann W C, et al. 微型无人机低空变量喷药系统设计与雾滴沉积规律研究. 农业机械学报, 2016, 47(01): 15-22.

[82] 王大帅, 张俊雄, 李伟, 等. 植保无人机动态变量施药系统设计与试验. 农业机械学报, 2017, 48(05): 86-93.

[83] 王林惠, 甘海明, 岳学军, 等. 基于图像识别的无人机精准喷雾控制系统的研究. 华南农业大学学报, 2016, 37(06): 23-30.

[84] Hoffmann W C, Fritz B. Development of a PWM Precision Spraying Controller for Unmanned Aerial Vehicles. Journal of Bionic Engineering, 2010, 7(3): 276-283.

[85] 李烜. 荷电雾滴靶标背部沉积效果及其模型构建. 北京: 中国农业大学, 2006.

[86] Law S E. Agricultural electrostatic spray application: a review of significant research and development during the 20th century. Journal of Electrostatics, 2001, 51: 25-42.

[87] Tavares R M, Cunha J P A R, Alves T C, et al. Electrostatic spraying in the chemical control of Triozoida limbata (Enderlein)(Hemiptera: Triozidae) in guava trees (Psidium guajava L.). Pest management science, 2017, 73(6): 1148-1153.

[88] Splinter W E. Electrostatic charging of agricultural sprays. Transactions of the ASAE, 1968, 11(4): 491-495.

[89] Matthews G A. Electrostatic spraying of pesticides: A review. Crop Protection, 1989, 8(1): 3-15.

[90] Law S E. Embedded-electrode electrostatic-induction spray-charging nozzle: theoretical and engineering design. Transactions of the ASAE, 1978, 21(6): 1096-1104.

[91] Castle G S P, Inculet I I. Space charge effects in orchard spraying. IEEE transactions on Industry Applications, 1983 (3): 476-480.

[92] Marchant J A, Green R. An electrostatic charging system for hydraulic spray nozzles. Journal of Agricultural Engineering Research, 1982, 27(4): 309-319.

[93] Pay C C, System E S. An Electrostatic Spraying System-1984 UK Trials. BCPC Mono., 1985, 28: 113-119.

[94] Dobbins T. Electrostatic spray heads convert knapack mistblowers to electrostatic operation. International pest control, 1995, 37: 155-158.

[95] Marchant J A. An electrostatic spinning disc atomiser. Transactions of the ASAE, 1985, 28(2): 386-392.

[96] Laryea G N, No S Y. Development of electrostatic pressure-swirl nozzle for agricultural applications. Journal of electrostatics, 2003, 57(2): 129-142.

[97] Moser E, Ganzelmeier H, Schmidt K. Anlagerungsverhalten elektrostatisch geladener Spritzflussigkeitsteilchen in Flachen-und Raumkulturen. Nachrichtenblatt des Deutschen Pflanzenschutzdienstes, 1982.

[98] Coffee R A. Electrodynamic energy-a new approach to pesticide application Proceedings 1979 British Crop Protection Conference-Pests and Diseases. 1980 (3): 777-789.

[99] Western N M, Hislop E C, Dalton W J. Experimental air-assisted electrohydrodynamic spraying. Crop Protection, 1994, 13(3): 179-188.

[100] Adams A J, Palmer A. Air-assisted electrostatic application of permethrin to glasshouse tomatoes: droplet distribution and its effect upon whiteflies (Trialeurodes vaporariorum) in the presence of Encarsia Formosa. Crop Protection, 1989, 8(1): 40-48.

[101] Cooper J F, Jones K A, Moawad G. Low volume spraying on cotton: a coMParison between spray distribution using charged and uncharged droplets applied by two spinning disc sprayers. Crop protection, 1998, 17(9): 711-715.

[102] Arnold A J, Pye B J. Spray application with charged rotary atomisers. Monograph, British Crop Protection Council, 1980: 109-117.

[103] Asano K. Electrostatic spraying of liquid pesticide. Journal of Electrostatics, 1986, 18(1): 63-81.

[104] Ganzelmeier H, Moser E. Elektrostatische aufladung von spritzflüssigkeiten zur verbesserung der applikationstechnik. Grundlagen der Landtechnik, 1980, 30(4).

[105] Bechar A, Gan-Mor S, Ronen B. A method for increasing the electrostatic deposition of pollen and powder. Journal of Electrostatics, 2008, 66(7-8): 375-380.

[106] Carlton J B, Isler D A. Development of a device to charge aerial sprays electrostatically. Agricultural aviation, 1966.

[107] Carlton J B, Bouse L F. Distribution of the electric-field for an electrostatic spray charging aircraft. Transactions of the ASAE, 1977, 20(2): 248-252.

[108] Inculet I I, Fischer J K. Electrostatic aerial spraying. IEEE Transactions on Industry Applications, 1989, 25(3): 558-562.

[109] 陈成功, 邱白晶, 石硕, 等. 静电喷雾技术国内外研究综述. 农业装备技术, 2017, 43(3): 4-9.

[110] 张亚莉, 兰玉彬, 薛新宇. 美国航空静电喷雾系统的发展历史与中国应用现状. 农业工程学报, 2016, 32(10): 1-7.

[111] Carlton J B, Bouse L F, Kirk I W. Electrostatic charging of aerial spray over cotton. Transactions of the ASAE, 1995, 38(6): 1641-1645.

[112] Kirk I W, Hoffmann W C, Carlton J B. Aerial Electrostatic SpraySystem Performance . Transactions of the ASAE, 2001, 44(5): 1089-1092.

第**20**章

植保无人机防飘技术与应用

无人驾驶飞机简称"无人机"（unmanned aerial vehicle，UAV），植保无人机是利用无人机进行施药作业的机械，具有作业时效率高、操作灵活和对操作者安全等优点。目前，国内70%植保作业还采用落后的人工施药方式，因此，变革传统的施药方式，由农用植保无人机进行植保作业，是我国施药技术发展的重要方向。未来，我国将形成空中和地面优势互补的立体植保模式。农用植保无人机和大型地面机械化植保装备相结合，同时达到提高作业效率和农药利用率的目标。

农业航空始于1920年，发展于第二次世界大战之后，至今已成为亚洲各国农业领域的重要技术之一。小型农用植保无人机速度快、作业效率高，且无需专门的起降机场，非常适合地面机具无法到达或无法进行地面作业的区域。由于无人机植保作业可以有效应对如突发性大面积病虫害的应急处理等突发事件，受到了国内方面的重视。在日本的实践表明，无人机植保作业，在提高作业效率、保护作物、减轻对土壤的重复碾压、农药有效利用率和减少劳动力等方面，具有地面机械无法替代的优越性。

植保无人机作业过程中，控制灵活、机动性强、喷洒效率高；人机分离作业，避免了农药中毒等恶性事件的发生；采用低量或超低量喷雾，在降低农药使用量的同时提高农药利用率。为了推广植保无人机，很多无人机生产企业，积极建立飞行培训机构或飞防服务平台，帮助农户完成植保作业，直接推动了我国农用植保无人机的推广。

由于农村土地流转和农业合作社等大量出现，现代农业出现集约化和规模化等趋势，使农民对农业航空的需求更加迫切。机型多样化、载重量、滞空时间和智能程度提升是植保无人机未来的发展趋势；同时植保作业范围将向多元化、作业精准化和智能化的方向发展。

农用植保无人机采用低容量及超低容量喷雾方式，作业效率高，并可以节约50%的农药和90%的用水。目前，农用植保无人机作业对象几乎覆盖了全部农作物，但在施药过程中，旋翼产生的下洗气流和环境风速对确定农用植保无人机的施药效果和雾滴沉积效果增加了难度。近年来，许多研究机构和学者对影响农用植保无人机作业效果的因素进行了一系列研究；同时部分农用植保无人机生产服务企业也进行了大量的田间测试试验与喷雾实践。

20.1　国内外无人机研究现状

（1）国外农用植保无人机发展概况

日本：目前拥有 2400 多架已注册农用无人直升机，应用范围十分广泛。

韩国：在户均耕地面积较少的大背景下，将农用植保无人机应用于农业生产，正逐渐被韩国越来越多的农户所认可并采纳。

（2）我国农用植保无人机发展概况　我国对植保无人机的研究始于 1950 年，但随着国家对农用航空的重视，农用植保无人机的研究及发展进入了新阶段，其中发展最快的是小型农用植保无人机。

（3）我国农用植保无人机喷雾效果研究与发展　植保无人机旋翼产生的下洗气流是一种非定常流场，具有周期脉动和时空分布不均匀的特性，在超低空飞行植保作业时，雾滴的沉积和飘失受到下洗气流的影响很大。一直以来，农用植保无人机的飘失和大田沉积效果一直受到广泛关注，所以找到一种较为直观且有效的研究植保无人机产生的下洗气流和风速条件对作业过程中雾滴的影响的方法十分重要。科研人员从多种角度采用不同方法对农用植保无人机的相关特性进行了深入的探索和研究。

在评价植保无人机喷雾质量时，常使用相同高度平面上雾滴分布均匀性变异系数（coefficient of variation，CV）指标来描述无人机喷雾沉积质量，目前国内大部分无人机喷雾沉积分布均匀性变异系数都在 30% 以上，远高于喷杆喷雾机国际标准中变异系数≤10% 的要求。但应用效果表明，无人机低空低量施药仍可以达到有效防治病虫草害的效果，所以仅通过同一平面上的喷雾均匀性变异系数来判别无人机施药质量的方法并不完全可靠。

王昌陵等提出了一种植保无人机施药雾滴空间质量平衡测试方法，构建雾滴空间质量平衡收集装置并测量无人机下洗气流风场，首次得到了精准作业参数下雾滴在空间不同方向上的分布。利用雾滴空间质量平衡方法分别将无人机喷雾雾滴的空间质量平衡分布、沉积分布趋势、均匀性与旋翼向下气流场分布结合进行研究，从多方面评价其施药效果。

20.2　无人机流场模拟

20.2.1　无人机流场模拟

大量学者使用单旋翼直升机进行了田间实验和模拟实验，对雾滴在下洗气流的作用下的运动、分布、沉积情况和喷雾效果进行了一系列的研究，提出描述无人机作业性能、技术特征的主要参数、探索评价喷雾作业质量和效果的方法。但由于大田条件的复杂性及风力条件的不稳定性，在分析植保无人机下洗流场时，通常采用的理论分析方法都较为理想化，这样的分析势必会给计算带来较大的误差。

计算流体动力学（computational fluid dynamics，CFD）方法是一种模拟仿真技术，尽管在对实际问题的可算性方面还存在些许问题，但在软件进步之后得到了发展和解决，受到了很多科研工作者的青睐。CFD 方法可以对空气流场分布进行模拟和预测，从而得到流场内部的压力、速度等物理量的详细分布。在模拟过程中，将空气看做不可压缩流体，所以其运动可以看做是不可压缩流体流动。

20.2.2　模拟计划

模拟实验过程中包含两个部分：预实验和正式实验。

考虑到多旋翼无人机在模拟下洗气流流场过程中模型建立及网格划分的难度和计算量及耗时问题，在预实验时选用四旋翼无人机模型对下洗气流流场进行模拟。

正式实验通过对多旋翼植保无人机的下洗气流流场的模拟，得出通过旋翼产生的气流对喷头产生雾滴的影响；通过在模拟过程中加入外来气流，模拟植保无人机在不同的前进速度下对雾滴产生的影响。

预实验：对悬停状态下四旋翼无人机空气流场进行模拟（1 次模拟）。

正式实验：共进行 9 次模拟，具体测试如下：

对悬停状态下六旋翼无人机的空气流场进行模拟（1 次模拟）；

对六旋翼无人机在悬停状态下加入离散相后的空气流场模拟，确定流场对喷雾作业的影响（2 次模拟）；

对六旋翼无人机在加入离散相并且有风的情况下的流场情况进行模拟，确定在前进过程中流场对喷雾的影响（6 次模拟）。

20.2.3　四旋翼植保无人机的模拟预试验

20.2.3.1　模型假设

由于无人机下洗气流流场的复杂性，为了提高计算效率，对计算模型做出如下假设：

（1）空气为理想流体，忽略黏度和温度的变化；

（2）设置地面为平面；

（3）根据等效旋翼理论，旋翼锥度角可以忽略不计。

20.2.3.2　物理模型

以某多旋翼植保无人机的旋翼为模型，使用 SolidWorks 软件建立如图 20-1 和图 20-2 所示无人机旋翼模型。四个旋转中心呈正方形分布，考虑到计算量问题，在建立模型时设置每个旋转中心上只设置一片旋翼。具体参数如下：桨叶半径 250mm、弦长 64mm、桨距 45°、负扭转 0°、桨叶片数 4 片、满载起飞质量 5kg、转速为 314rad/s。

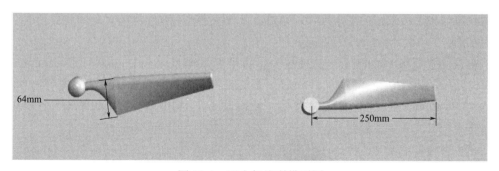

图 20-1　无人机旋翼模型图

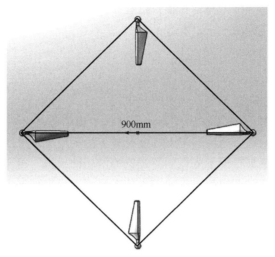

900mm

图 20-2　无人机旋翼分布模型图

考虑到模拟计算中的计算量，在模拟时不将无人机的机身算入考虑范围之内。在本次模拟实验中，拟进行四旋翼的植保无人机的下洗流场的预实验。

20.2.3.3　外流场建立

外流场的参数：设置圆柱形外流场直径为 2000mm，旋翼入流流场高度为 3500mm，最终计算域范围为 2000mm×3500mm。为了划分旋转域和静止域，外流场设置为内外两层，内层流场直径为 1400mm，外层流场厚度为 300mm；同时将流场设置为上下两段，旋翼至外流场底部 3500mm。

20.2.3.4　网格划分

使用 Meshing 软件对多旋翼植保无人机表面和外流场进行网格划分。由于多旋翼植保无人机旋翼形状复杂，对旋翼流场进行非结构化网格划分。

为保证网格质量，对流场之间的接触面进行网格加密处理。旋翼外流场范围为 250mm×250mm×50mm，设置旋翼表面最大网格尺寸为 2mm；无人机圆柱形外流场范围为 2000mm×3500mm，设置旋翼外流场最大网格尺寸为 40mm；对交界面进行加密处理设置最大网格尺寸为 20mm；网格划分后得到网格数约为 1783696 个。网格划分结果见图 20-3。

20.2.3.5　边界条件

假设空气为不可压缩的理想流体，通过质量守恒定律可知：无穷远处和旋翼处的空气质量流量相同。

多旋翼无人机旋翼的转动区域使用多参考坐标系模型（multiphase reference frame，MRF），并且设置转动域的转速为 314rad/s；多旋翼无人机外流场设置为静止域。外流场入口模型为 Mass-Flow-Inlet；旋翼下方的圆柱形壁面设置为 Outflow；底面设置为静止壁面。在模拟过程中，气流从多旋翼无人机旋翼上部流入，从圆柱形壁面流出。

在模拟中使用了两种边界条件，即底部封闭、侧面不封闭，底部和侧面都不封闭，模拟四旋翼无人机空气流场。

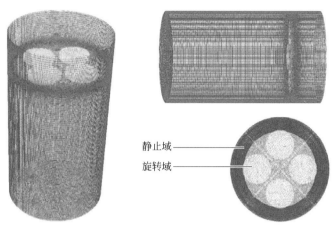

静止域 ——

旋转域 ——

图 20-3　网格划分结果

20.2.3.6　求解设置

因剪切压力传输（SST）k-ω 模型在预测近壁区的绕流和旋流过程中有较好的效果，采用剪切压力传输（SST）k-ω 模型作为湍流模型。使用 SIMPLE 算法对速度和压力进行耦合运算，使用二阶迎风差分格式离散对控制方程中的扩散项和对流项进行控制，模拟计算过程中的收敛残差设置为 0.001。

20.2.3.7　模拟结果

（1）底部封闭、侧面不封闭　底面封闭的流场情况如图 20-4 所示：可以看出，转速在 314rad/s 时，由于地面对气流的阻挡，无人机产生的下洗气流并不能到达底面。原因可能是：单片旋翼在旋转过程中与两片旋翼旋转过程有一定不同，同时单片旋翼会相应降低转速，所以下洗气流不能到达地面，在进行正式试验时应将转速进行进一步调整。

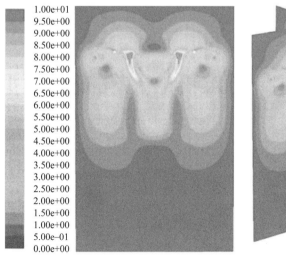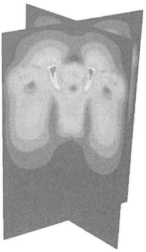

1.00e+01
9.50e+00
9.00e+00
8.50e+00
8.00e+00
7.50e+00
7.00e+00
6.50e+00
6.00e+00
5.50e+00
5.00e+00
4.50e+00
4.00e+00
3.50e+00
3.00e+00
2.50e+00
2.00e+00
1.50e+00
1.00e+00
5.00e−01
0.00e+00

图 20-4　速度云图（单位：m/s）

（2）底部和侧面都不封闭　底部和侧面不封闭的速度云图如图 20-5 所示：在没有地面阻挡作用时，无人机产生的下洗气流呈现出垂直向下运动的状态，说明造成底面封闭时气流不能到达地面的原因是单片旋翼转速比两片旋翼的有效转速低。

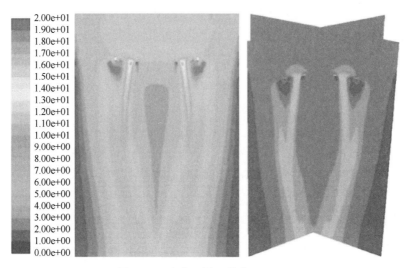

图 20-5　速度云图（单位：m/s）

20.2.3.8　研究结论

在 314rad/s 转速下，多旋翼无人机产生的下洗气流流场在没有底面阻止的情况下顺利发展成了流线垂直向下的情形；也从另一方面印证了在底面封闭的情况下，由于转速不够而导致第一次的模拟情况不理想。

在预实验过程中，考虑到多旋翼无人机模型在计算过程中的运算量及收敛时间问题，采用了四旋翼无人机模型进行模拟。经过模拟计算之后发现在没有地面影响下，四旋翼无人机产生的下洗气流为垂直向下，并且旋翼下方产生的气流速度在 14m/s 左右；在有底面边界条件约束的状态下，314rad/s 的转速已经不能达到相应的气体流速，所以在接下来的六旋翼植保无人机流畅模拟实验中需要将每个旋转中心设置为两片旋翼，达到与现实条件相符的模拟条件。

20.3　六旋翼植保无人机的空气流场模拟

20.3.1　模型建立

（1）模型假设　做出与 20.2.3.1 相同的模型假设。

（2）物理模型　参考 20.2.3.2，以某多旋翼无人机的旋翼为模型，使用 SolidWorks 软件建立如图 20-1、图 20-6、图 20-7 所示无人机旋翼模型。

本次模拟进行六旋翼的植保无人机的向下气流流场的正式试验。建立了如图 20-1 所示的无人机旋翼模型。具体参数见 20.2.3.2，同时每个旋转中心设置两片旋翼，旋翼呈正六边形分布，旋翼间距 500mm。

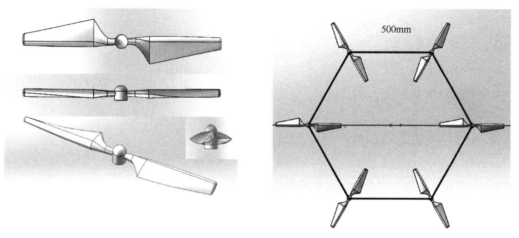

图 20-6　单组无人机旋翼模型图　　　　　　图 20-7　无人机旋翼模型图

（3）外流场建立　由于在模拟过程中旋翼周围的流场性质非常复杂，需要更高精度的网格，使用 SolidWorks 软件建立六组旋翼外的旋翼流场和六旋翼植保无人机的圆柱形外流场（图 20-8）。外流场的参数：外流场直径为 2500mm，旋翼入流流场高度为 2500mm。为了划分旋转域和静止域，外流场设置为内外两层，内层流场直径为 2000mm，外层流场厚度为 250mm；同时将流场设置为上下两段，旋翼至外流场底部 2500mm。最终计算域范围为 2500mm（D）×2500mm（h）。

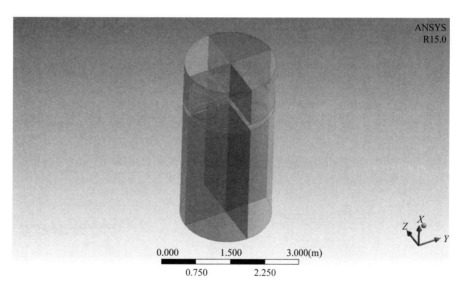

图 20-8　旋翼及外流场模型

（4）网格划分　使用 Meshing 软件对多旋翼植保无人机表面和外流场进行网格划分。与 20.2.3.4 中网格划分情况相同，对旋翼处流场进行非结构化网格划分（图 20-9）。无人机外流场范围为 2500mm（D）×2500mm（h）的圆柱体网格，设置最大网格尺寸为 500mm，对交界面进行加密处理设置最大网格尺寸为 20mm；网格划分完成后得到网格总数约为 4865258 个。

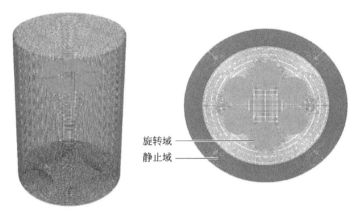

图 20-9　网格划分结果

20.3.2　边界条件设置

（1）边界条件　设定与 20.2.3.5 相同的边界条件。

（2）求解设置　做出与 20.2.3.6 相同的求解设置。

20.3.3　模拟结果及分析

（1）模拟结果　从速度流线云图（图 20-10）可以看出，空气流场的分布情况大致为：在旋翼处收缩，气流主要分布在各旋翼的正下方；在气流向下的过程中，各旋翼产生的向下气流逐渐汇聚，气流在旋翼下方 2m 处受到地面的阻挡作用改变方向，到地面后产生以植保无人机为中心至四周扩散的气流。

从速度矢量图（图 20-11）中可以看出，在旋翼下方 0.5m 处的流体速度方向已经基本向下并且速度较高。同时，在无人机以及旋翼的中心位置均出现气流速度相对较小的情况。

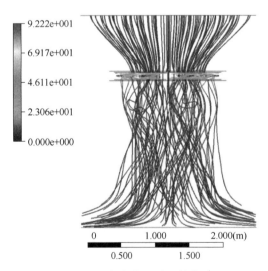

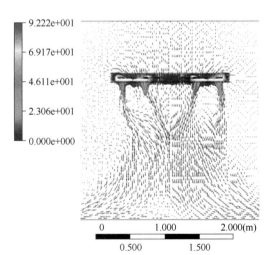

图 20-10　速度流线云图（单位：m/s）　　　图 20-11　速度矢量图（单位：m/s）

旋翼处的速度分布云图和压力分布云图如图 20-12、图 20-13 所示，每一个旋翼都在圆周方向产生一个速度逐渐降低的尾迹。在越靠近旋转轴的位置，旋翼产生的流体速度越小且变化程度也越小，同时旋翼受到的压力也越小。

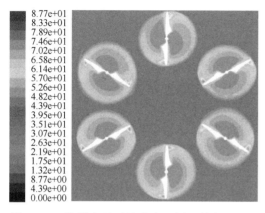

图 20-12　旋翼交界面处速度云图（单位：m/s）

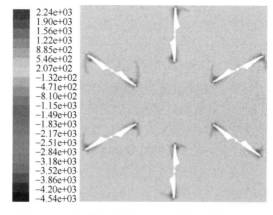

图 20-13　旋翼交界面处压力云图（单位：Pa）

图 20-14 分别表示距无人机下方 0.25m、0.5m、0.75m 和 1m 处的速度分布曲线，由于图片只能反映二维情况，所以图表中实际只展现了两个旋翼下方的速度流场，两个旋翼转轴的位置分别为无人机中心两侧 0.5m 处。

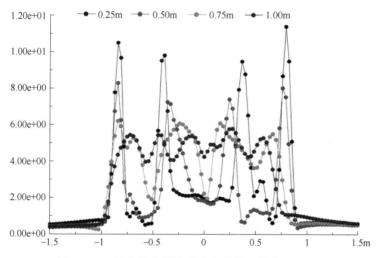

图 20-14　无人机中部速度分布曲线（单位：m/s）

在距旋翼 1m 处的速度较小，并且速度分布较其他几个位置的速度变化程度较小，流速在 5m/s 上下波动；而在 0.25m 处，在距离无人机中心两侧 0.35m、0.85m 处出现了气流速度较高（分别达 10m/s、11m/s 左右），而其他位置的气体流速较低的情况，速度较高的点与无人机旋翼下方的位置重合，也进一步印证了速度矢量云图中在无人机旋翼下方气流速度较大而在中心处气体流速较小的情况。

观察四个位置 0.25m、0.5m、0.75m 和 1m 处的速度可以发现，随着高度的下降，多旋翼植保无人机产生的流场逐渐均匀，空气流速逐渐降低且分布逐渐均匀，但是在旋翼下方 1m 处的气流速度依然呈现波动性，但是波动幅度较 0.25m 处已大幅下降。

（2）小结　通过模拟六旋翼植保无人机的空气流场得到以下结论：

① 六旋翼植保无人机在工作过程中，旋翼旋转产生的下洗气流使旋翼上部气流呈收缩状，且气流主要产生于每个旋翼下方。竖直方向上：无人机中心位置下方的气流速度随着高度的下降逐渐升高，植保无人机旋翼下方的气流速度随着高度的下降而下降。下洗气流在受到地面影响之前主要呈现垂直向下的运动状态，并且伴随着一定程度的轴向旋转和径向收缩运动；在距离地面 0.5m 处受到地面的阻挡开始出现较为不规律的流线，并且随着地面改变运动方向，向四周扩散。

② 六旋翼植保无人机在工作过程中，旋翼下方的流体速度在旋转中心左右呈对称分布，气流分布逐渐均匀且速度逐渐降低。

③ 在六旋翼无人机的旋翼正下方下洗气流的速度剧烈波动并出现峰值，随高度的逐渐降低，下洗气流流场的分布逐渐均匀，流速保持在 5m/s 左右并呈现一定的波动性。

④ 对六旋翼植保无人机的喷雾场进行数值模拟，选择空气流速较小的位置放置喷头，考虑到在现实操作中的情况，将喷头安置在旋翼中心下方的 0.25m 附近。

20.4　六旋翼植保无人机喷雾的数值模拟

20.4.1　模型建立

（1）模型假设　做出与 20.2.3.1 相同的模型假设。

（2）物理模型　建立与 20.2.3.2 相同的单片旋翼模型。在本次模拟实验中，拟进行六旋翼的植保无人机的喷雾场的模拟实验。

建立了如图 20-1、图 20-6、图 20-7 所示的无人机旋翼模型。具体参数见 20.2.3.2。如图 20-15 所示，对两种喷头位置进行设置：ST110-01 喷头设置于与前进方向平行的四个旋翼的正下方，共四个喷头，简称四喷头；TR80-0067 喷头设置于与前进方向相垂直的两个旋翼和无人机中心的下方，共三个喷头，简称三喷头。

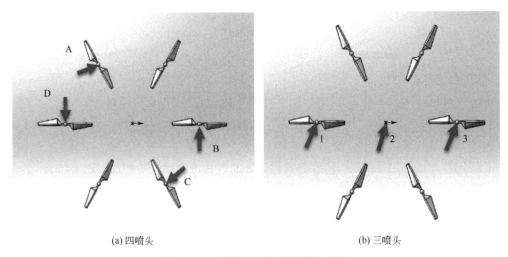

(a) 四喷头　　　　　　　　　　　　(b) 三喷头

图 20-15　两种不同的喷头排布方式

为了便于后续讨论，将四喷头分布的各个喷头如图分别标记为：A、B、C 和 D。将三喷头分布的各个喷头标记为：1、2 和 3。

（3）外流场建立　建立与 20.2.3.3 相同的外流场（图 20-16）。

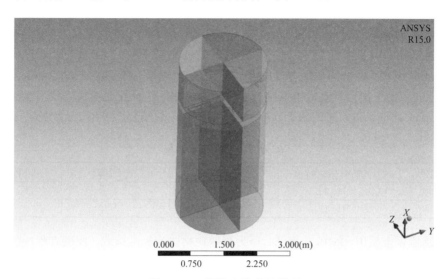

图 20-16　旋翼及外流场模型

（4）网格划分　使用 Meshing 软件对六旋翼植保无人机及其外流场进行网格划分，具体划分情况见 20.2.3.4（见图 20-17）。

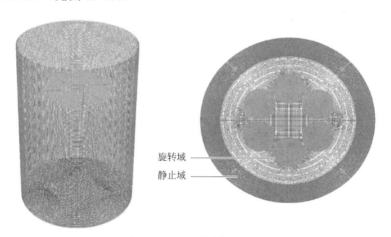

图 20-17　网格划分结果

20.4.2　边界条件设置

（1）边界条件　设置与 20.2.3.5 相同的边界条件。

（2）求解设置　做出与 20.2.3.6 相同的湍流模型设置。

使用 Fluent 中的离散相模型（discrete phase model，DPM）对实验中的喷雾过程进行模拟。离散相模型在不考虑离散相即雾滴之间的相互作用以及雾滴体积分数对连续相的影响情况下，对涉及离散相的问题进行模拟。在多旋翼植保无人机进行喷雾过程中，经不同喷头产生的雾滴在重力、空气流场和自身惯性的各因素影响下，会快速地通过流场；由于采用了每分钟总流量为1L左右的喷雾系统，所以在运动过程中，离散相即雾滴所占的体积小于10%，所以可以使用Fluent软件中的离散相模型（DPM），对喷雾情况进行模拟。

在稳态求解过程中使用压力基求解器，并在流场运算收敛后添加离散相。由于雾滴喷射是非稳态流动，离散相求解器设置为非稳态、隐式求解。

由于连续相和离散相之间相对速度较低，破碎模型选择 TAB 模型，曳力定律选择 Schiller-Naumann 模型。分别选用 ST110-01 型号的平面扇形雾喷头和 TR80-0067 型号的空心圆锥雾喷头的 VMD 作为离散相模拟过程中使用的参数，选择孔式喷嘴模型，雾滴大小符合 Rosin-Rammler 分布，初始速度为 15m/s，雾化角 30°。试验选用的喷头参数见表 20-1。

表 20-1　两种喷头参数

喷头型号	粒径 $D_{V50}/\mu m$	压力/MPa	喷头个数	流量/(L/min)
ST 110-01	118.27	0.3	4	1.08
TR 80-0067	131.17	0.2	3	0.96

压力-速度耦合采用 SIMPLE 算法，压力离散化格式为标准格式，控制方程中的对流项和扩散项均采用一阶迎风差分格式离散。设置求解步长为 0.001s，时间步数为 4000 步。连续相迭代 20 次进行 1 次离散相与连续相的耦合计算，交替求解连续相和离散相控制方程，直至得到最终的结果。

20.4.3　模拟结果及分析

20.4.3.1　模拟结果

比较加入离散相后的三维流线图（图 20-18）和空气流场三维流线图（图 20-10）后发现，

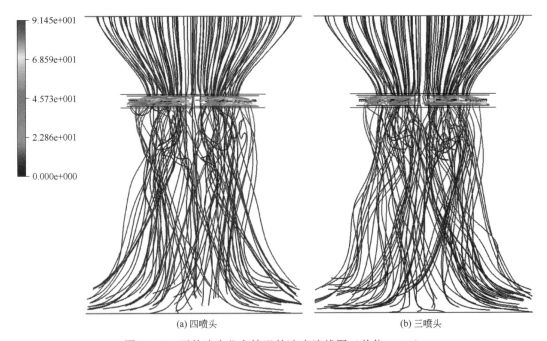

9.145e+001
6.859e+001
4.573e+001
2.286e+001
0.000e+000

(a) 四喷头　　　　　　　　　　(b) 三喷头

图 20-18　两种喷头分布情况的速度流线图（单位：m/s）

在旋翼转速不变的情况下，旋翼上方的气流依然处于收缩向下的状态，整体流场较单纯空气流场无明显变化。从旋翼上方进入的气体通过旋翼的加速进行垂直向下运动，在靠近地面时速度方向改变，由垂直向下变为侧向运动。

比较两种不同喷头排列方式的速度矢量云图（图 20-19）与单独空气矢量图（图 20-11）发现，气流速度在方向和大小上没有显著差异，这也说明在喷雾过程中，喷头产生的雾滴对流场的影响非常小，可以在模拟过程中采用离散相模型进行模拟。

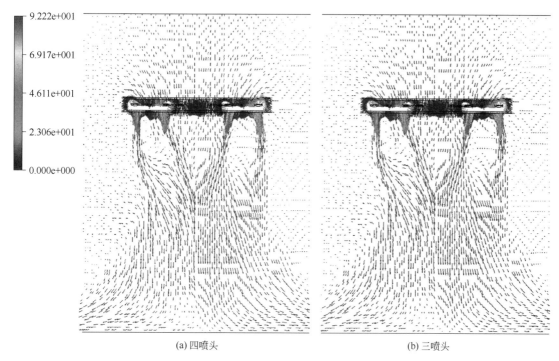

(a) 四喷头   (b) 三喷头

图 20-19　两种喷头分布情况的速度矢量云图（单位：m/s）

对比两种喷头不同排列方式的旋翼处的速度场（图 20-20）可以发现，旋翼所在平面的速度场与没有加入离散相时的速度场基本相同。在旋翼后方的高速气流变得较为细长，并在旋翼外侧产生了环状的高速气流区。同时，在越靠近旋转中心的位置，气体流速越低。

观察无人机旋翼的桨盘静压力场（图 20-21）可以看出，压力的峰值出现在旋翼旋转前进的位置上，并且与速度场的流速相对应，在旋翼以外的位置上，速度较高的位置压力较大。在旋翼靠近旋转中心的运动方向后方出现了压力较小的区域。

通过对比已有的三种模拟结果可以看出：离散相的加入以及喷头位置的不同，对无人机旋翼周围的速度场和压力场的影响均不明显，因此需要继续考虑多旋翼植保无人机的旋翼在工作过程中对雾滴的影响。

通过观察设置了四个喷头的多旋翼无人机诱导速度场（图 20-22）发现：每个旋翼周围的速度分布较为对称，但是受到周围旋翼的影响，整体速度分布随着高度下降，呈现出逐渐扩张的趋势。在靠近旋翼外侧的位置下方出现了下洗流场中的速度最大值（22.5m/s）。距离旋翼越远，气体流场的速度越低并且分布逐渐均匀，在靠近地面的位置气体流速已降至 4.5m/s 以下。由于喷头的加入，每个旋翼下方及三喷头分布中无人机的中心位置下方都出现了一定程度的颗粒速度分布。这些颗粒在距离无人机旋翼较近的位置上的运动情况为垂直向下，并且随着无人机旋翼产生的下洗气流速度变化而变得难以观察。

图 20-23 为四喷头模型和三喷头模型中，喷头产生的雾滴分布情况主视图。从四喷头模型可以看出，受到上方旋翼的影响，雾滴在刚产生部位呈垂直向下运动。同时由于受到前进方向两喷头前侧没有设置喷头的旋翼的气流影响，雾滴逐渐向无人机外侧飘移。同时，植保无人机中心位置没有设置喷头，所以在中间地面位置没有雾滴出现。

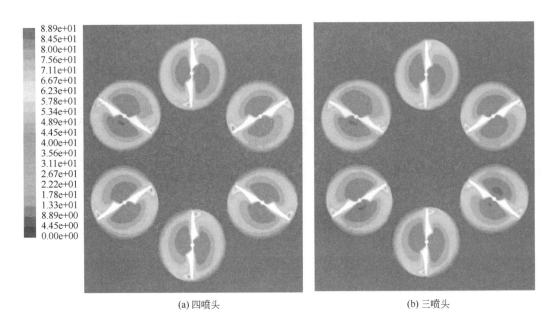

(a) 四喷头　　　　　　　　　　　　　　(b) 三喷头

图 20-20　两种喷头分布情况的旋翼处速度场（单位：m/s）

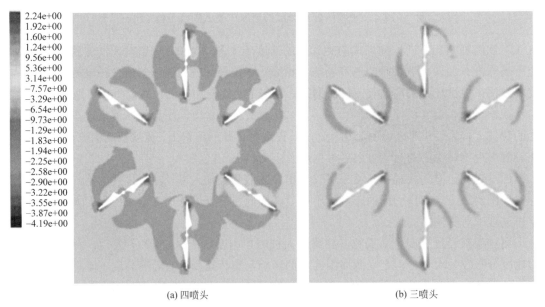

(a) 四喷头　　　　　　　　　　　　　　(b) 三喷头

图 20-21　两种喷头分布情况下旋翼处静态压力场（单位：m/s）

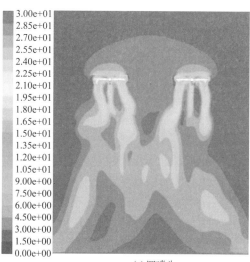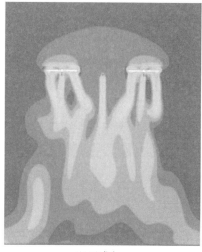

(a) 四喷头   (b) 三喷头

图 20-22 两种喷头分布情况下 XY 平面速度场（单位：m/s）

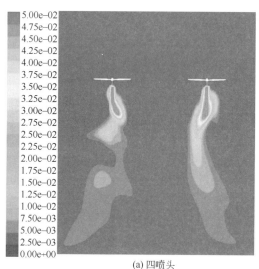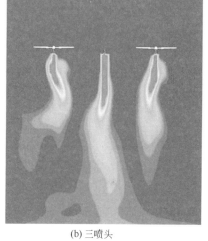

(a) 四喷头   (b) 三喷头

图 20-23 两种喷头分布情况的雾滴质量浓度云图（单位：kg/m^3）

  观察三喷头的颗粒浓度云图可以看出，外侧两喷头产生的雾滴，其运动情况以及气体流动情况与四喷头的雾滴运动情况基本相同，但是由于在无人机的中心位置加入了喷头，所以在颗粒浓度云图中间部位出现了相应的速度分布。三喷头的粒子质量浓度明显高于四喷头的粒子质量浓度，这与实验设置的雾滴粒径和喷雾压力相对应；并且六旋翼植保无人机的中心位置气流速度较低且较为稳定，所以中间喷头产生的雾滴的下降过程较为稳定，同时中间喷头产生的雾滴在受到自身重力、惯性和气流这几个因素的影响下顺利地到达地面。

  此外，为了更好地观察雾滴在各个侧面的分布情况，在后处理的过程中，分别截取了喷头在两种不同分布情况下的几个截面在不同方向上的颗粒浓度云图。具体的截取面为：四喷头的排列方式中，设四个喷头序号分别为：A、B、C 和 D（图 20-15），则截取的截面分别为

AB、AC 和 AD（图 20-24）；三喷头的排列方式中分别截取了与三个喷头连线相垂直方向上的三个喷头的颗粒云浓度图（图 20-25）。得到的结果如下：

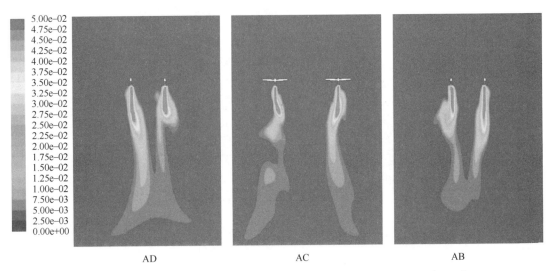

图 20-24　四喷头分布情况下不同平面的雾滴质量浓度云图（单位：kg/m^3）

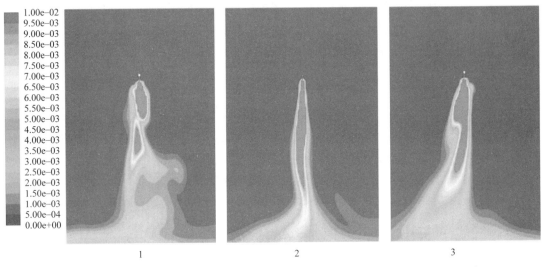

图 20-25　三喷头分布情况下不同喷头的雾滴质量浓度云图侧视图（单位：kg/m^3）

通过观察截取的截面可以看出：设置四个喷头的喷雾分布条件在中间位置喷雾量较小，两侧的雾滴受到上方和斜上方的旋翼产生的下洗气流的影响，在喷出后呈现向下并在靠近地面的位置出现了向外扩散的趋势。在雾滴运动过程中受到侧方旋翼的影响，出现了一定程度上的偏移，造成了在实际操作过程中飘失增加的结果。

设置三个喷头分布条件下，每个喷头在侧面的雾滴分布情况相对于四喷头分布情况的雾滴分布较好，没有出现明显的飘移。在多旋翼植保无人机中心位置的喷头无论在正视图还是侧视图中的雾滴都在地面附近出现了较多的分布，出现了部分的飘移。由于侧面两个喷头虽然受到了斜上方旋翼产生的气流的影响，但是由于受到的两方合力向下，并且在初始设置中，选择了可以产生较大粒径的喷头，所以喷头产生的雾滴在向下运动的过程中较为稳定。最后，在粒子质量浓度图中显示的地面附近都出现了较高浓度的颗粒，这与四喷头分布情况下的雾滴浓度有显著差异。三喷头分布的多旋翼植保无人机可以更有效地将喷头产生的雾滴运送至地面。

20.4.3.2　研究结论

通过本次模拟实验可以得出以下结论：

流场情况：与上一节的空气流场对比发现，在加入离散相之后，多旋翼植保无人机产生的流场变化非常小，说明雾滴的加入对六旋翼植保无人机产生的下洗气流影响非常小。

喷雾情况：

（1）四喷头分布情形，喷头产生的雾滴受到上方所在旋翼的影响最初呈现垂直向下的运动状态，且受斜上方旋翼产生的下洗气流的影响，产生了一定程度的偏移。在靠近地面附近的位置，雾滴浓度较小，且呈现出中间少两边多的状态。产生这样状态的原因主要是：无人机中心位置没有设置喷头，喷头斜上方旋翼产生的气流将雾滴吹散至无人机外侧。

（2）三喷头分布情形，喷头产生的雾滴受到旋翼产生的下洗气流影响而向下运动，由于喷头分布在无人机旋翼的对称轴上，因此没有设置喷头的旋翼产生的下洗气流分别在喷头的两侧。而这样的流场使喷头产生的雾滴可以较为集中，并且均匀稳定地运动到地面附近，使喷雾作业更为有效。

（3）对比两种喷头分布条件下的喷雾情况可以发现，三喷头分布条件下的雾滴运动情况更为稳定，雾滴分布较为集中。在地面附近的雾滴密度更高且分布更为均匀。

20.5　六旋翼植保无人机喷雾作业的数值模拟

20.5.1　模型建立

（1）模型假设　做出与 20.2.3.1 相同的模型假设。

（2）物理模型　建立与 20.2.3.2 相同的单片旋翼模型，以某多旋翼无人机的旋翼为模型，使用 SolidWorks 软件建立如图 20-1、图 20-6、图 20-7 所示无人机旋翼模型。本次模拟进行六旋翼植保无人机的下洗气流流场的正式试验，建立了如图 20-1 所示的无人机旋翼模型，具体参数见 20.2.3.2。

分别设置两种喷头位置（图 20-26）：ST110-01 喷头设置于与前进方向平行的四个旋翼的正下方，共四个喷头，在使用 ST 型号喷头时，多旋翼植保无人机的前进方向与两个连续喷头的连线方向平行。TR80-0067 喷头设置于与前进方向相垂直的两个旋翼和无人机中心的下方，共三个喷头，在使用 TR 型号喷头时，多旋翼植保无人机的前进方向与三个喷头的连线相垂直。为了便于后续讨论，将四喷头分布的各个喷头如图分别标记为 A、B、C 和 D，将三喷头分布的各个喷头标记为 1、2 和 3。

在本次模拟实验中，模拟了六旋翼的植保无人机在前进过程中的喷雾情况。选择了三种运动速度：1m/s、3m/s 和 5m/s，两种喷头在使用过程中的参数，在得到上一模拟实验结果的基础上，在无人机前进方向加入风源，用来模拟多旋翼植保无人机在前进过程中的喷雾运动情况。

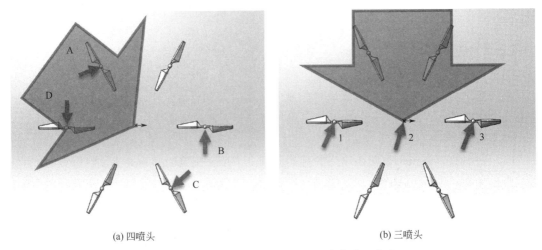

(a) 四喷头   (b) 三喷头

图 20-26　两种不同的喷头排布方式的进风方向

（3）外流场建立　使用 SolidWorks 软件建立六组旋翼外的旋翼流场和六旋翼植保无人机的圆柱形外流场，如图 20-27 所示。外流场的参数：外流场直径 4000mm，旋翼入流流场高度为 2500mm。为了划分旋转域、静止域和外加风场区域，外流场设置为内、中、外三层，内层流场直径为 2000mm，中层流场厚度为 250mm，外加风场区域厚度为 750mm；同时将流场设置为上下两段，旋翼至外流场底部 2500mm。最终计算域范围为 4000mm（D）×2500mm（h）。

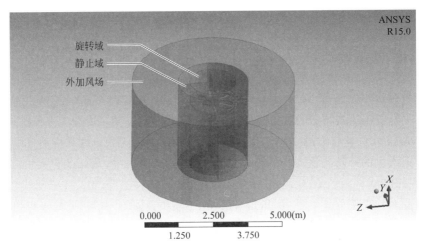

图 20-27　旋翼及外流场模型

（4）网格划分　使用 Meshing 软件对多旋翼植保无人机表面和外流场进行网格划分（图 20-28）。对除了外加风场的内部模型进行与 20.3.1(4)相同的网格划分，无人机外流场范围为 4000mm（D）×2500mm（h），设置最大网格尺寸为 500mm，对交界面进行加密处理设置最大网格尺寸为 20mm；网格划分成后得到网格数约为 5167098 个。

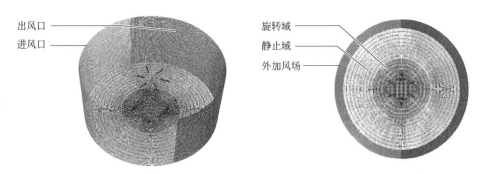

图 20-28　网格划分结果

20.5.2　边界条件设置

（1）边界条件　设定与 20.2.3.5 相同的边界条件。

风向及风速选择：选择 1m/s、3m/s 和 5m/s 三种风速；四喷头模型中风向设置为与没有喷头的旋翼连线方向相垂直，即模拟以没有喷头的两旋翼连线的垂线为前进方向的多旋翼植保无人机的喷雾情况；三喷头模型中风向设置为与三喷头连线相垂直的方向，即模拟以喷头连线垂直方向前进的多旋翼植保无人机的喷雾情况（图 20-26）。内层流场外壁面设置为 Outflow；中层流场内侧圆形壁面的外侧设置为 Inflow；外侧设置为 Outflow；外层流场内壁面设置为 Inflow，外侧圆形壁面一半设置为 Inflow 以模拟风向进入的情况；另一半设置为 Outflow 以模拟风向流出的情况。

（2）求解设置　做出与 20.2.3.6 相同的求解设置。

20.5.3　模拟结果及分析

20.5.3.1　模拟结果

图 20-29 为两种喷头不同排列方式下，不同风速情况时的速度流线图，通过观察流线图可以看到：在前进速度为 1m/s 时，六旋翼植保无人机旋翼产生的下洗气流虽然受到外来风场的影响，但是在无人机后方依然会有一部分气流会到达地面；在 3m/s 时，外加风场对六旋翼植保无人机产生的下洗气流影响明显，在计算范围内已经难以观察到到达地面的部分；在 5m/s 时，两种喷头排列方式的多旋翼植保无人机产生的下洗气流已经被外加风场吹到旋翼上方，整个计算范围之内观察不到下降至地面的气流，同时也难以观察到流线出现下降的趋势。此外，通过图 20-29 中 6 组图片颜色对比，随着风速的提高，图片中的流线颜色逐渐变浅，说明整体计算范围内的流体运动速度随着外加风速的提高而逐渐升高。

图 20-30 为四喷头六旋翼植保无人机在不同风速情况下，旋翼桨盘处的速度场和静态压力场。随着外加风场的风速逐渐提高，六旋翼植保无人机在迎风方向出现了对无人机产生的下洗气流的扰动，在风速为 5m/s 时，六旋翼植保无人机旋翼后方出现了 9m/s 左右的气流层，说明通过六旋翼植保无人机旋翼的加速后，气流的速度得到了提高，但是气流的方向却由垂直向下变为了向后移动，使喷头产生的雾滴也随之受到影响。同时，随着外加风场速度的逐渐升高，六旋翼植保无人机旋翼周围的静态压力也随之升高，并且在旋翼周围出现了与周围压力相比较大范围的高压区域。

图 20-31 为三喷头情况下的六旋翼植保无人机旋翼在不同风速情况下的速度场和静态压

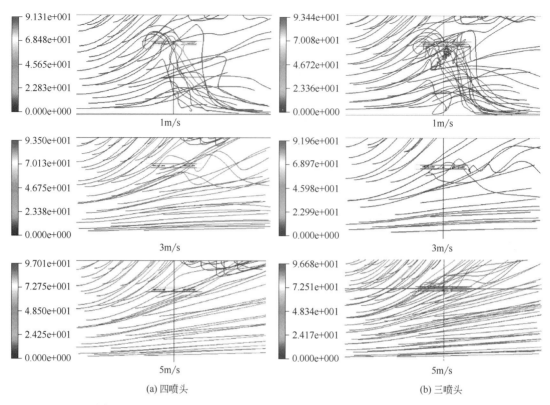

(a) 四喷头   (b) 三喷头

图 20-29　不同风速下两种喷头分布情况的速度流线图（单位：m/s）

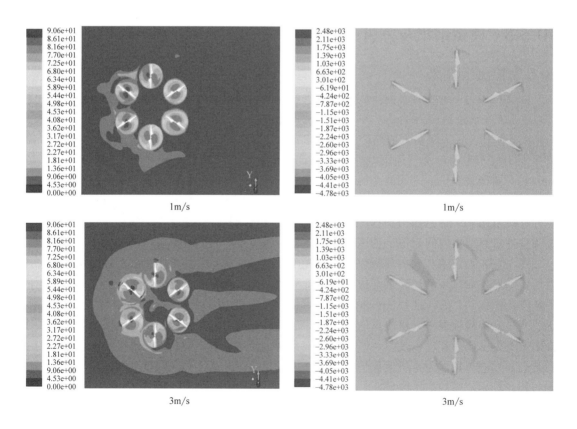

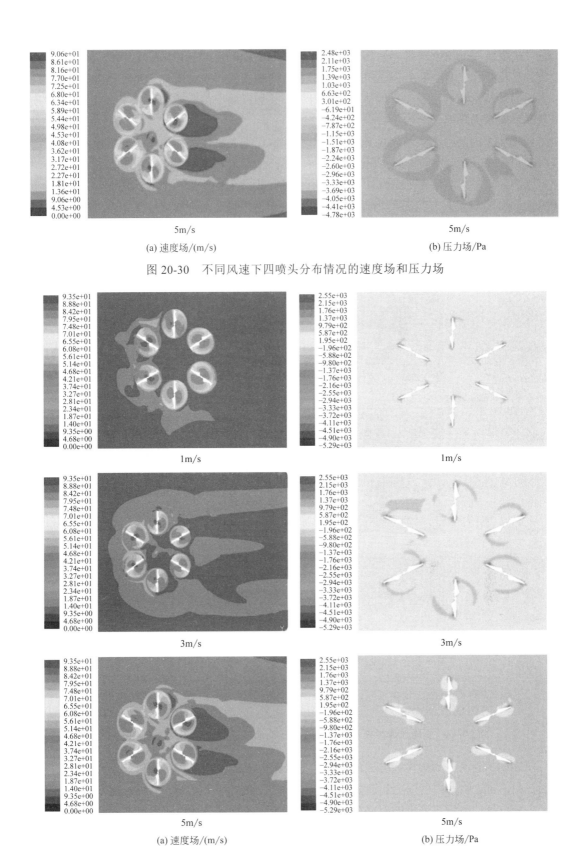

(a) 速度场/(m/s)　　　　　　　　　　　(b) 压力场/Pa

图 20-30　不同风速下四喷头分布情况的速度场和压力场

1m/s　　　　　　　　　　　1m/s

3m/s　　　　　　　　　　　3m/s

(a) 速度场/(m/s)　　　　　　　　　　　(b) 压力场/Pa

图 20-31　不同风速下三喷头分布情况的速度场和压力场

力场。随着外加风场风速的升高，在多旋翼无人机周围出现了风速较高的区域，在 5m/s 的风速下，无人机后方出现了 9m/s 左右的气流范围。两种喷头排布情况在旋翼处产生的速度场和静态压力场基本相同，说明不同排列情况对处于外加风场中的六旋翼植保无人机旋翼处的速度场和静态压力场的影响较小。

图 20-32 为两种喷头不同排列方式的六旋翼植保无人机在外加风场不同风速条件下的速度矢量正视图。在风速较小时（1m/s），外加风场已经对六旋翼植保无人机旋翼的下洗气流产生了影响；随着风速提高（3m/s），六旋翼植保无人机产生的下洗气流逐渐被吹高，并且在风速为 5m/s 时，已经在模拟范围内观察不到相应的下洗气流，在六旋翼植保无人机下方的气流方向大部分与外加风场的方向相同。

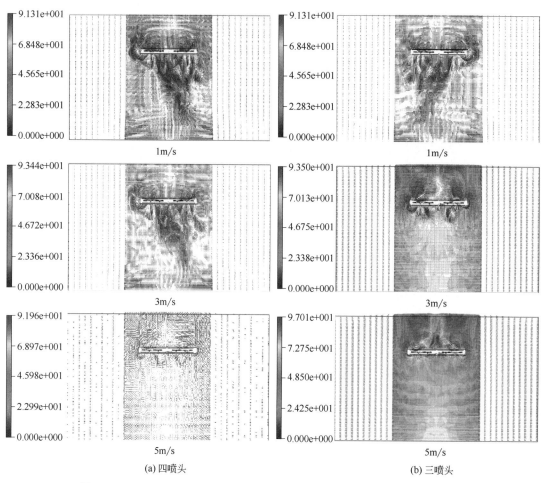

(a) 四喷头   (b) 三喷头

图 20-32　不同风速下两种喷头分布情况的速度矢量正视图（单位：m/s）

图 20-33 为两种喷头排列方式的六旋翼植保无人机在外加风场不同风速条件下的速度矢量侧视图。通过侧视图可以更加清楚地观察到：在风速较小时（1m/s），外加流场对六旋翼植保无人机自身的下洗气流影响有限，使气流到达地面的位置拖后；随着风速的升高（3m/s），六旋翼植保无人机产生的下洗气流产生了严重的气流向后拖尾现象。由于模型外侧网格密度变化，速度矢量出现了变稀的情况，但是根据现有的速度矢量，依然可以看到：四喷头排列

情况的六旋翼植保无人机在外加风场风速为 5m/s 时，受外界风速的影响，已观察不到其自身的下洗流场；而三喷头分布情况的六旋翼植保无人机在 5m/s 的风速下，虽然受到的影响较大，但在其后方依然可以观察到一定的下洗气流，说明在 5m/s 时三喷头分布的六旋翼植保无人机的流场情况比四喷头分布的流场情况好。

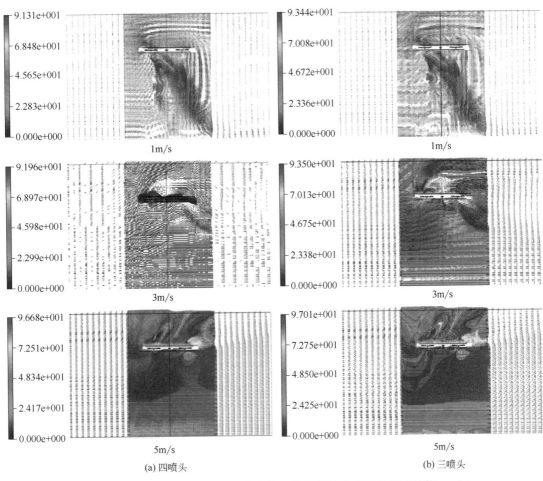

(a) 四喷头   (b) 三喷头

图 20-33   不同风速下两种喷头分布情况的侧视的速度矢量图（单位：m/s）

图 20-34 为四喷头分布情况下六旋翼植保无人机在外加风场不同风速条件下，三个方向的喷头所在截面的雾滴质量浓度云图。对比同一截面不同风速下的喷头产生的雾滴质量浓度可以发现，随着风速的逐渐提高，雾滴的质量浓度变化程度逐渐增大，雾滴密度较高的区域面积逐渐减小，且位置随外加风场速度的提高而升高。

观察 AD 面可以明显看出，随着外加风场风速的逐渐增大，很大一部分雾滴飘移至旋翼上方，这对雾滴的沉积十分不利。

图 20-35 为三喷头分布情况下六旋翼植保无人机产生的雾滴浓度的主视图及中间喷头的雾滴质量浓度俯视图。随着外加风速的逐渐提高，六旋翼植保无人机产生的雾滴下降的趋势越来越不明显，更多在六旋翼植保无人机运动路径上拖尾，这种现象对施药效果有很大的影响。此外，在风速为 5m/s 时，雾滴飘移至无人机旋翼上方。

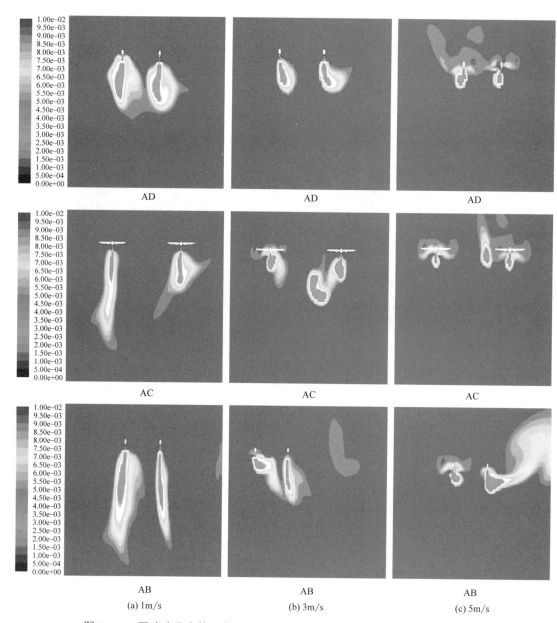

图 20-34　四喷头分布情况的不同风速下雾滴质量浓度云图（单位：kg/m³）

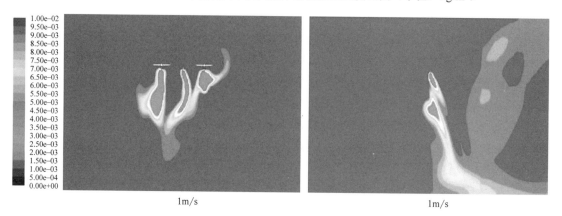

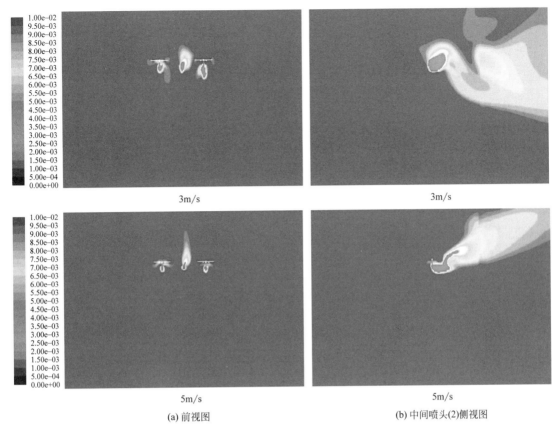

3m/s	3m/s
5m/s	5m/s
(a) 前视图	(b) 中间喷头(2)侧视图

图 20-35　不同风速下三喷头分布情况的雾滴质量浓度云图（单位：km/m³）

从图 20-35 侧视图可以看出，即便是在地面沉积量较大的中间喷头在 5m/s 的外加风场干扰下也表现出了严重的拖尾现象；虽然在 1m/s 时雾滴还可以在相当的程度上到达地面，但是风速增大之后其沉降效果在计算范围内也变得较差。

图 20-36 显示了在不同风速时三喷头分布条件下，外侧两喷头侧向的雾滴分布浓度图。在风速为 1m/s 时，两个侧面的喷头都有大部分的雾滴沉降在地面，但是在风速加大之后都出现了严重的拖尾现象，不利于植保作业，但优于四喷头分布的六旋翼植保无人机的喷雾作业。

20.5.3.2　研究结论

通过使用外加风场来模拟多旋翼植保无人机在运动过程中的喷雾情况可以得到以下结论：

（1）整体计算范围内的流体运动速度随着外加风场风速的提高而逐渐升高。

（2）四喷头六旋翼植保无人机在外加风场作用下，迎风方向出现了下洗气流的扰动。在外加风场风速为 5m/s 时，六旋翼植保无人机旋翼后方出现了 9m/s 左右的气流层，说明通过六旋翼植保无人机旋翼的加速后，气流的速度得到了提高，但是气流的方向却由垂直向下变为了向后移动，裹挟喷头产生的雾滴向后飘移。同时随着外加风场速度增大，六旋翼植保无人机旋翼周围的静态压力也随之升高，并且在旋翼周围出现了与周围压力相比较大范围的高压区域。

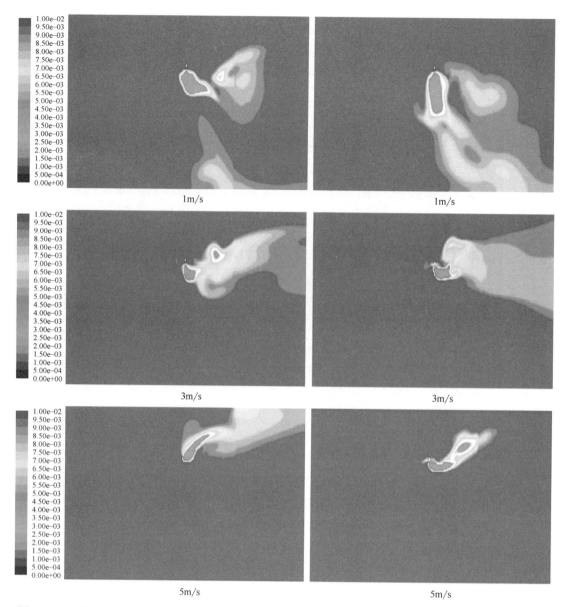

图 20-36　不同风速下三喷头分布情况的外侧两喷头（1、3）的粒子质量浓度侧视图（单位：kg/m³）

三喷头情况下的六旋翼植保无人机旋翼在不同风速情况下的风场速度等参数与四喷头分布条件下的情况基本相同。两种喷头排布情况在旋翼处产生的速度场和静态压力场基本相同，说明不同排列的喷头对旋翼处产生的速度场和静态压力场的影响较小。

（3）风速较小时，在外加风场的影响下，六旋翼植保无人机旋翼的下洗气流产生的影响有限；随着风速提高，六旋翼植保无人机产生的下洗气流逐渐被吹高，并且在风速为 5m/s 的情况下，六旋翼植保无人机下方的气流方向大部分与外加气流的方向相同。

风速较小（1m/s）时，在外加流场的影响下，六旋翼植保无人机自身的下洗流场到达底面的位置延后；随着风速的升高（3m/s），气流拖尾现象越发严重。风速为 5m/s 时，已观察不到六旋翼植保无人机自身的下洗流场；但是在三喷头分布的六旋翼植保无人机在 5m/s 的风速下，在其后方依然可以观察到一定的下洗气流。

（4）四喷头分布条件下，随着风速的逐渐提高，雾滴的质量浓度变化程度逐渐增大，雾滴密度较高的区域面积逐渐减小，且位置随外加风场风速的提高而升高。随着风速的逐渐升高，雾滴出现了明显向旋翼上方飘移的迹象，不利于雾滴在靶标上的沉积。

三喷头分布条件下，在1m/s时喷雾还可以在相当的程度上到达地面，但随着外加风场风速的逐渐提高，六旋翼植保无人机产生的雾滴在运动路径上的拖尾现象愈发严重，这样的情况对作业过程中的施药效果有很大的影响。即便是在地面沉积量较大的中间喷头在风速为5m/s的外加风场下也表现出了严重的拖尾现象。

（5）三喷头分布条件下，在风速为1m/s时，两个侧面的喷头都有大部分的雾滴沉降在地面，在风速加大之后都出现了严重的拖尾现象，但是仍然优于四喷头分布情况的六旋翼植保无人机的喷雾分布。

20.6 八旋翼植保机农药雾化系统田间试验

本研究使用八旋翼电动型遥控飞行植保机进行水稻病虫害防治，电动离心雾化喷头2个，安装在药箱两侧，如图20-37所示。

图20-37 电动八旋翼植保机

20.6.1 田间试验内容

（1）对八旋翼植保机施药在水稻冠层中雾滴沉积分布、飘失、穿透性进行试验研究；

（2）八旋翼植保机施药在水稻土、稻穗、水稻壳、水稻茎秆上农药消解动态、最终残留以及在蚜虫防治药效进行试验测试，并与背负式电动喷雾器进行对比；

（3）八旋翼植保机防治小麦蚜虫田间药效试验。

20.6.2 水稻田间试验条件

（1）环境温度：18～21.5℃；

（2）环境湿度：50%～70.2%；

（3）喷头总流量：0.8L/min（2个）；

（4）对象：临旱1号水稻；

（5）水稻生长期：灌浆期（作物高度80～104cm）；

（6）区大小：50m（长）×15m（宽）；

（7）水稻栽培状况：行宽15cm；

（8）八旋翼植保机作业参数：

① 飞行高度：2m、3m

② 作业速度：3m/s；

（9）防治对象：水稻蚜虫；

（10）每个测试区水肥条件、水稻品种相同，水稻长势没有明显区别；

（11）试验地点周围无树木、电线杆等障碍物危及飞行安全，测试区地块平整便于飞机的起飞与降落。

20.6.3 水稻冠层雾滴沉积分布、穿透性

20.6.3.1 雾滴沉积分布、穿透性研究

供试药剂：25%吡虫啉可湿性粉剂

施药机具：安装有两个电动离心雾化喷头的八旋翼植保机，3WBS-16A2 背负式电动喷雾器（空心圆锥雾喷头，1 个）；

湿度仪；雾滴沉积指示器（水敏纸 72mm×26mm）；农药沉积收集器（麦拉片 10cm×5cm）；双头夹；秒表；自封袋信封；收集瓶；穿透性塑料杆；量筒；剪刀；地签；指示红旗；镊子；盒尺；皮尺；宽胶带。

20.6.3.2 雾滴沉积分布、穿透性研究方法

沉积穿透性方法：机具有八旋翼电动植保机和背负式电动喷雾器，两种机具作业参数见表 20-2，施药期间无降水影响。

表 20-2 八旋翼植保机与背负式电动喷雾器作业参数

机具	背负式电动喷雾器	八旋翼电动植保机
型号	3WBS-16A2	3WQFDXY-10
喷幅/m	2	5
喷头类型	空心圆锥雾	电动离心雾化喷头
所有喷头流量/(L/min)	1.6	0.8
作业电压	—	DC6V～14V
速度/(m/s)	0.32	3
药箱体积/L	16	5
作业高度/m	0.5	2-3
施药液量/(L/hm^2)	416.7	11.1

设置小区面积为 750m^2（50m×15m），在规定的喷幅范围内雾滴沉积分布以及穿透性使用水敏纸和麦拉片进行采集，横向每隔 30cm 布置一个样点，连续布样 6 点，共布置 2 行，每行间隔 10m，纵向方向上，对应横向上每个样点距离地面 20cm、40cm、60cm 处布置水敏纸和麦拉片，共布置 36 个点（详见图 20-38）。不同机具小区之间设置间隔缓冲区，缓冲区域为 15m，每次重复 3 次。施药结束后，待水敏纸和麦拉片晾干，带一次性橡胶手套，收集不同处的雾滴收集卡，将水敏纸放入信封中，麦拉片放入 6 号自封袋中保存，带回实验室进行分析测试。水敏纸采用实验室仪器 Deposition Scan 进行雾滴覆盖率分析。

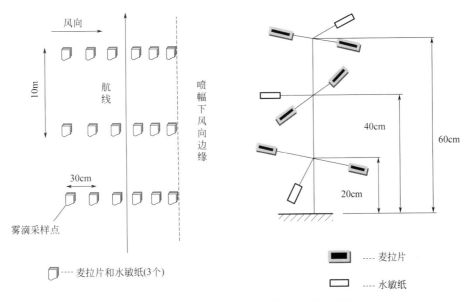

风向

航线

喷幅下风向边缘

10m

30cm

雾滴采样点

□ ···· 麦拉片和水敏纸(3个)

40cm

60cm

20cm

■ ···· 麦拉片

□ ···· 水敏纸

图 20-38　雾滴沉积、穿透性样点布置示意图

20.6.3.3　施药液量分析

八旋翼植保机作业时飞行速度为 3m/s，作业喷幅为 5m，喷头总流量为 0.8L/min，则八旋翼植保机施药液量为：

$$M_{\text{无}} = \frac{0.8\text{L} \times 600}{3 \times 3.6\text{km/h} \times 5\text{m}} = 8.89\text{L/hm}^2 = 0.593\text{L/亩} \tag{20-1}$$

背负式电动喷雾器作业时速度为 0.32m/s，作业喷幅为 2m，喷头总流量为 1.6L/min，则背负式电动喷雾器施药液量为：

$$M_{\text{手}} = \frac{1.6\text{L} \times 600}{0.32 \times 3.6\text{km/h} \times 2\text{m}} = 416.7\text{L/hm}^2 = 27.8\text{L/亩} \tag{20-2}$$

$$\text{八旋翼植保机工作效率} = \frac{M}{V_{\text{L}}} = \frac{0.593\text{L/亩}}{0.8\text{L/min}} = 0.741\text{min/亩} \tag{20-3}$$

$$\text{背负式电动喷雾器工作效率} = \frac{M}{V_{\text{L}}} = \frac{27.8\text{L/亩}}{1.6\text{L/min}} = 17.4\text{min/亩} \tag{20-4}$$

20.6.4　水稻田雾滴沉积飘失

八旋翼植保机农药飘失对环境造成的污染问题备受关注，尽管对航空施药中的农药飘失进行了一些研究，但是要真正地解决农药飘失仍极具挑战性。影响飘失的因素主要有：

（1）气象条件：风速、温度、湿度、气流；

（2）施药机具和作业参数：机具类型、喷头型号、雾滴大小、作业高度、作业速度、施药角度；

（3）药液理化性质：农药机械、添加助剂、黏附性等。研究表明雾滴大小是影响飘失的最主要的因素。

20.6.4.1 水稻田雾滴沉积飘失研究

施药机具：八旋翼电动植保机；背负式电动喷雾器（空心圆锥雾喷头，1个）；风湿度仪；雾滴沉积指示器（水敏纸WSP）；农药沉积收集器（麦拉片）；6m高的样品收集杆；指示红旗；秒表；自封袋信封；收集瓶；穿透性塑料杆；量筒；剪刀；地签；镊子；盒尺；皮尺；宽胶带。

20.6.4.2 水稻田雾滴沉积飘失研究方法

八旋翼植保机飘失测试区域在施药小区下风向进行，小区大小为长×宽：50m×15m。实验布置如图20-39所示。选择喷幅中间位置作为八旋翼植保机作业航线，在距喷幅边缘下风向2m处设置5个6m高的长杆作为支架，间隔5m，布置一行，每个长杆上采用雾滴农药沉积收集器（麦拉片）和雾滴收集卡（WSP）收集空中飘失农药，设置5个样点，离地面0.5m、1.5m、2.5m、3.5m、4.5m、5.5m布置6层并固定在支架上，共设置农药沉积收集器（麦拉片）30片，雾滴收集卡（WSP）30张。

在距喷幅边缘下风向1m、3m、5m、7m、10m、20m、30m、50m处设置5列50cm高的塑料杆，每列距离5m，每个杆子上布置农药沉积收集器（麦拉片）和雾滴收集卡（WSP）收集地面农药的飘失量，共设置农药沉积收集器（麦拉片）40片，雾滴收集卡（WSP）40张；

分别计算雾滴在空中和地面的飘失率，计算公式如下：

$$\beta_{dep\%} = \frac{\beta_{dep}}{\beta_v} \times 100\% \tag{20-5}$$

式中　$\beta_{dep\%}$——样点飘失率，%；

　　　β_{dep}——飘失样点沉积量，$\mu L/cm^2$；

　　　β_v——沉积量，$\mu L/cm^2$。

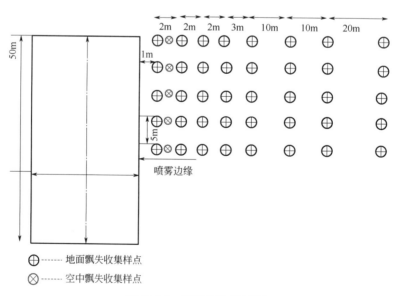

图 20-39　雾滴飘失测试图

20.6.5　小麦蚜虫防治药效试验

田间试验方法同水稻田，施药时期为小麦灌浆期。

试验条件：

风速：0.4～2.0m/s；

湿度：21%～36%；

温度：23～29℃

小麦栽培情况：1000 株/m^2，高度 60～65cm，行宽：15cm。

小麦蚜虫田间防治效果调查方法：

施药前调查蚜虫的虫口密度，药后 1d、3d、7d、14d 调查各小区蚜虫的活虫数，计算防治效果。

调查方法：随机取样法，各小区随机选取 10 点，每个取样点选取 5 丛，共 50 丛，记录蚜虫基数。

药效计算方法：

虫口减退率（%）=（施药前虫口基数-施药后虫口基数）/施药前虫口基数×100%

防治效果（%）=（处理区虫口减退率-对照区虫口减退率）/（1-对照区虫口减退率）×100%

20.6.6　研究结果与分析

20.6.6.1　水稻冠层雾滴沉积分布、穿透性结果分析

八旋翼植保机水稻冠层雾滴沉积分布均匀性测试结果显示，八旋翼植保机作业高度为 2～3m，雾滴沉积分布近似为双峰状，样点 4 和样点 9 的沉积量较大，雾滴沉积分布变异系数为 28%；背负式电动喷雾器在水稻上雾滴沉积分布结果显示：与八旋翼植保机相比，雾滴沉积分布更均匀，雾滴沉积变异系数为 23%；分析原因可能为：

（1）背负式电动喷雾器雾滴粒径大于八旋翼植保机雾滴粒径，不易受外界环境干扰；

（2）背负式电动喷雾器施药距靶标距离（0.5m）小于八旋翼植保机距靶标距离（2～3m），雾滴运动距离和时间均较短，受风等外界因素影响较小。

雾滴在水稻冠层沉积穿透性测试结果见表 20-3。八旋翼植保机在水稻冠层上层的沉积量显著高于中层和下层，而中、下层沉积量无显著性差异，变异系数为 42%；背负式电动喷雾器在水稻冠层上、中、下层雾滴沉积量分布均有显著差异性，上层沉积量约是中层的 2 倍，是下层的 3 倍，变异系数为 82%。两种机具雾滴都主要沉积在水稻冠层上部，沉积量分别为 2.23μg/cm^2 和 2.66μg/cm^2，无显著性差异；在冠层中部的沉积量分别为 1.42μg/cm^2 和 1.26μg/cm^2，差异也不明显；但在水稻冠层下部，八旋翼植保机的沉积量为 0.95μg/cm^2，远高于背负式喷雾器的 0.34μg/cm^2，差异显著，即八旋翼植保机在水稻冠层下部沉积量较高，具有更好的穿透性。

分析原因可能为：八旋翼植保机作业时具有下洗气流，上、中、下部风速分别为 5.3m/s、3.5m/s、1.0m/s，对下部冠层的扰动高于背负式喷雾器。

表 20-3　雾滴在水稻冠层穿透性

项目		八旋翼植保机	背负式电动喷雾器
冠层沉积/(μg/cm²)	上	2.23C	2.66C
	中	1.42B	1.26B
	下	0.95B	0.34A

注：在同一列的不同字母表示在 $P=0.01$ 的水平上存在显著差异。

20.6.6.2　水稻蚜虫药效试验结果分析

本次试验（吡虫啉）是预防性施药，防治前后，八旋翼植保机和背负式电动喷雾器施药小区均未出现蚜虫危害现象，防治效果无显著性差异。

20.6.6.3　水稻田雾滴飘失试验结果分析

（1）空中飘失结果分析　八旋翼植保机和背负式电动喷雾器空中飘失量结果见图 20-40，图 20-41。两种机具在空中的飘失量基本都是随着高度的上升而下降，且同高度下，八旋翼植保机空中飘失量大于背负式电动喷雾器空中飘失量，原因推测为：①八旋翼植保机作业高度是 2～3m，距靶标较远，雾滴达到靶标之前运动时间较长，易受外界影响；②雾滴的飘失与雾滴粒径的大小有关，八旋翼植保机雾滴小于背负式电动喷雾器雾滴粒径，更易受外界环境影响。由表 20-4 可知，八旋翼植保机空中飘失率大于手动飘失率，在高度为 2m 时，八旋翼植保机飘失率 1.7%，是背负式电动喷雾器飘失率 0.59%的 2.9 倍；八旋翼植保机在高度 2m 处飘失量突然增加，原因可能是八旋翼植保机的作业高度为 2～3m，距离空中飘失 2m 处的采样点较近。

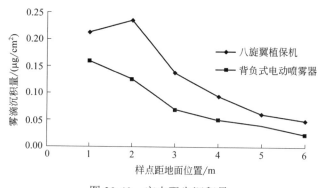

图 20-40　空中飘失沉积量

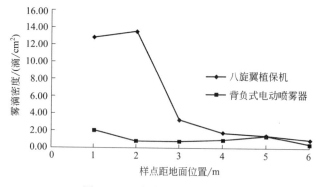

图 20-41　空中飘失雾滴密度

表 20-4　空中飘失率

样点		1	2	3	4	5	6	7
飘失率/%	八旋翼植保机	1.54	1.70	1.00	0.69	0.44	0.35	1.54
	背负式电动喷雾器	0.76	0.59	0.33	0.24	0.19	0.11	0.76

（2）地面飘失结果分析　八旋翼植保机和背负式电动喷雾器地面飘失量以及雾滴密度见图 20-42，图 20-43。两种机具在距离施药喷幅下风向边缘，随着距离的增大，飘失量和雾滴密度都逐渐降低，在 20m 和 30m 处，飘失量几乎为 0。八旋翼植保机在 1m 处飘失量最大，飘失率为 1.91%，而背负式电动喷雾器飘失率是 0.17%，两者差异显著（表 20-5）；八旋翼植保机地面飘失沉积率大于背负式电动喷雾器。影响雾滴飘失的主要因素有：

① 雾滴大小。如图 20-44 所示，在距离喷幅边缘 1m、3m、5m、7m 处八旋翼植保机雾滴粒径小于背负式电动喷雾器的雾滴粒径；

② 作业高度。八旋翼植保机作业高度是 2~3m，距靶标较远，易发生飘失。

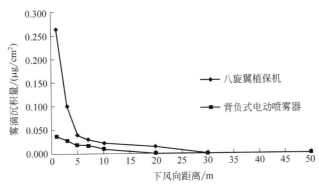

图 20-42　地面飘失沉积量

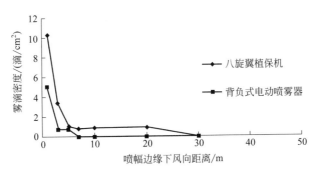

图 20-43　地面飘失雾滴密度

表 20-5　地面飘失率

样点	施药机具	1	3	5	7	10	20	30
飘失率/%	八旋翼植保机	1.91	0.73	0.28	0.22	0.16	0.09	0.00
	背负式电动喷雾器	0.17	0.13	0.09	0.08	0.05	0.00	0.00

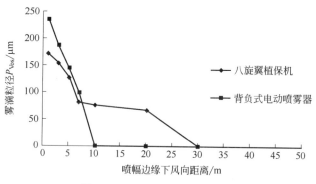

图 20-44　地面飘失雾滴粒径

20.6.6.4　八旋翼植保机施药在水稻上残留实验结果分析

（1）八旋翼植保机与背负式电动喷雾器在水稻上的消解动态结果分析　八旋翼植保机与背负式电动喷雾器在水稻上的消解动态结果见表 20-6～表 20-9。以施药后 1d 测得的残留量作为水稻植株以及水稻田的初始沉积量，八旋翼植保机的初始沉积量低于背负式电动喷雾器的初始沉积量，原因可能是受环境风速的影响，八旋翼植保机作业高度为 2m，农药飘失相对较多。两种机具在土壤和秆上的残留农药降解最快；原因为：①土壤位于靶标的下面，农药穿过冠层到达地面有一定的阻力；②水稻茎秆表面积很小，不利于农药的附着。农药在土壤和水稻茎秆上的沉积很少，故在施药后 30d，土壤和水稻茎秆上几乎检测不到农药残留。

表 20-6　八旋翼植保机施药吡虫啉在水稻粒、壳、秆以及土壤中的消解动态

时间间隔/d	土壤		水稻粒		水稻壳		茎秆	
	残留量	消解率/%	残留量	消解率/%	残留量	消解率/%	残留量	消解率/%
0	0.0344	—	0.3261	—	0.7638	—	0.0891	—
1	0.0294	1.97	0.1398	57.63	0.7321	3.67	0.0788	11.56
3	0.0197	34.39	0.1052	68.11	0.4814	36.66	0.0413	53.66
5	0.0050	83.40	0.0568	82.79	0.1458	80.82	0.0165	81.48
7	0.0043	85.81	0.0477	85.55	0.0853	88.78	0.0113	87.33
14	0.0033	89.05	0.0452	86.32	0.0565	92.57	0.0048	94.63
21	0.0009	97.11	0.0360	89.10	0.0508	93.32	0.0006	99.28
30	ND	ND	0.0227	93.14	0.0371	95.12	ND	ND

注："—"表示无数据，ND 表示低于方法最低检出浓度，0 表示施药后 1h。

表 20-7　背负式电动喷雾器施用吡虫啉在水稻粒、壳、秆以及土壤中的消解动态

时间间隔/d	土壤		水稻粒		水稻壳		茎秆	
	残留量	消解率/%	残留量	消解率/%	残留量	消解率/%	残留量	消解率/%
0	0.0309	—	2.6889	—	4.808	—	0.3688	—
1	0.0308	21.13	2.4932	7.32	3.1964	33.55	0.2931	20.52
3	0.026	33.38	1.6391	39.07	3.0641	36.30	0.2568	30.37
5	0.0077	80.25	0.4927	81.68	0.9394	80.47	0.069	81.29
7	0.0043	88.99	0.3693	86.27	0.7854	83.67	0.0415	88.74

时间间隔/d	土壤		水稻粒		水稻壳		茎秆	
	残留量	消解率/%	残留量	消解率/%	残留量	消解率/%	残留量	消解率/%
14	0.0024	93.75	0.107	96.02	0.5087	89.43	0.0145	96.06
21	0.0001	99.72	0.0584	97.83	0.4204	91.26	0.0097	97.38
30	ND	ND	0.011	99.58	0.0371	95.12	ND	ND

注："—"表示无数据，ND表示低于方法最低检出浓度，0表示施药后1h。

表 20-8 吡虫啉在水稻粒、壳、秆以及土壤中的消解动态

施药机具	土壤		水稻粒		水稻壳		茎秆	
	消解动态方程	相关系数	消解动态方程	相关系数	消解动态方程	相关系数	消解动态方程	相关系数
八旋翼植保机	$y=0.082e^{-0.60x}$	0.939	$y=0.309e^{-0.33x}$	0.924	$y=1.442e^{-0.49x}$	0.938	$y=0.337e^{-0.78x}$	0.915
背负式电动喷雾器	$y=0.178e^{-0.86x}$	0.821	$y=11.07e^{-0.78x}$	0.951	$y=10.47e^{-0.54x}$	0.914	$y=1.065e^{-0.67x}$	0.955

表 20-9 吡虫啉在水稻粒、壳、秆以及土壤中的消解动态

	施药机具	土壤	水稻粒	水稻壳	茎秆
半衰期/d	八旋翼植保机	2	2.6	2.7	2.7
	背负式电动喷雾器	2.3	2.7	3	2.6

使用两种机具施药21d后，土壤中吡虫啉的消解率都达到90%以上，水稻粒、壳和茎秆在施药后的第5天消解率都达80%以上，消解动态规律符合一级动力学模型。

（2）八旋翼植保机与背负式电动喷雾器在水稻上的最终残留结果分析　八旋翼植保机与背负式电动喷雾器在水稻土壤、粒、壳以及茎秆上的最终残留见表20-10。八旋翼植保机和背负式电动喷雾器施药后，收获时在土壤以及水稻茎秆上最终都检测不到吡虫啉残留，水稻粒和水稻壳在施药后30d可检测到吡虫啉，但都低于最大残留限量（欧洲最大残留限量是0.1mg/kg，中国最大残留限量是0.05mg/kg），说明此两种机具在试验条件下施药安全。

表 20-10 八旋翼植保机与背负式电动喷雾器在水稻上的最终残留

样品	茎秆	水稻粒	水稻壳	土壤
八旋翼植保机	ND	0.023±0.0001	0.037±0.0005	ND
背负式电动喷雾器	ND	0.011±0.0003	0.013±0.0002	ND

20.6.6.5 小麦蚜虫药效试验结果分析

八旋翼植保机与背负式电动喷雾器在小麦上蚜虫药效试验结果见表20-11，由表可以看出，两种机具在施药后第1天药效最好，八旋翼植保机防治效果为75.10%，背负式电动喷雾器防治效果为80.41%，防治效果无显著性差异；施药后第3天八旋翼植保机与背负式电动喷雾器防治效果分别为57.11%和59.14%；第7天防治效果分别为55.11%和56.50%，第3天与第7天防治效果都低于第1天的防治效果，但第3天与第7天防治效果无显著性差异。综合分析八旋翼植保机与背负式电动喷雾器对小麦蚜虫防治效果无显著性差异；第1

天效果好于第 3 天和第 7 天的原因可能为吡虫啉为内吸性杀虫剂，有一定的速效性但持续性不好。

表 20-11　小麦蚜虫药效试验

处理	药前基数/头	施药后第 1 天			施药后第 3 天			施药后第 7 天		
		残虫量/头	减退率/%	防效/%	残虫量/头	减退率/%	防效/%	残虫量/头	减退率/%	防效/%
八旋翼植保机	244	36	86.96	75.10 b	25	93.59	57.11 a	20	95.15	55.11 a
背负式电动喷雾器	251	19	93.12	80.41c	12	96.92	59.14 a	10	97.57	56.50 a
空白对照（CK）	237	276	—		390	—	—	412	—	—

注：1. 表中的数据是试验三次后的平均值。

2. 不同字母表示在 $P<0.05$ 水平的显著差异性。

20.7　研究结论

20.7.1　六旋翼植保无人机流场情况

六旋翼植保无人机的下洗气流流场在超低空飞行的过程中主要垂直向下运动，同时具有一定程度的周向旋转运动和径向收缩运动；在距离地面 0.5m 处受到地面的阻挡开始出现较为不规律的流线，并且随着地面改变运动方向，向四周扩散。下洗气流速度最大的位置出现在整个流场的旋翼最下方，且气流的速度随着高度的降低而逐渐减小，水平方向速度分布逐渐平均。旋翼旋转产生的下洗气流使旋翼上部气流呈收缩状，且气流主要处于每个旋翼下方。竖直方向上：无人机中心位置下方的气流速度随着高度的下降逐渐升高，植保无人机旋翼下方的气流速度随着高度的下降而下降。

作业过程中，旋翼下方的流体速度在旋转中心左右呈对称分布，随着气流向下运动，气流分布逐渐均匀且气流速度逐渐降低。在旋翼正下方会出现向下气流流场的速度最大值，并且速度分布差异很大；随着高度逐渐降低，下洗气流流场的速度保持在 5m/s 附近，且呈现一定的波动性。

通过比较悬停状态和前进状态的下洗流场，加入离散相对多旋翼无人机工作时的流场状态并无明显影响。

20.7.2　六旋翼植保无人机喷雾情况

（1）悬停状态　四喷头分布条件下，喷头产生的雾滴受到上方所在旋翼的影响最初呈现为垂直向下的运动状态。在向下运动的过程中，受到斜上方旋翼产生的下洗气流的影响，产生了一定程度的偏移。靠近地面时，雾滴浓度较小，且呈现出中间少两边多的状态。产生这样状态的主要原因是：无人机中心位置没有喷头，喷头斜上方旋翼产生的气流将雾滴吹散至无人机外侧。

三喷头分布条件下，喷头产生的雾滴受到旋翼产生的下洗气流影响而向下运动，由于喷头设置在无人机旋翼分布的对称轴上，所以没有设置喷头的旋翼产生的下洗气流分别在喷头的两侧。而这样的下洗气流使喷头产生的雾滴可以较为集中并且均匀稳定的运动到地面附近，提高雾滴在靶标上的沉积。

对比两种喷头分布条件下的喷雾情况可以发现，三喷头分布条件下的雾滴运动情况更为稳定，雾滴分布较为集中，且在地面附近的雾滴密度更高且分布更为均匀。

（2）前进状态　随着外加风场的风速逐渐提高，六旋翼植保无人机在迎风方向出现了对下洗气流的扰动，在风速为 5m/s 时，六旋翼植保无人机旋翼后方出现了 9m/s 左右的气流层，说明经旋翼加速后，气流的速度得到了提高，但是气流的方向却由垂直向下变为了向后移动，受其影响，喷头产生的雾滴出现拖尾。随着外加风场速度的逐渐升高，六旋翼植保无人机旋翼周围的静态压力也随之升高，并且在旋翼周围出现了与周围压力相比较大范围的高压区域。

在前进速度为 1m/s 时，六旋翼植保无人机旋翼产生的向下气流虽然受到外来风场的影响，但是在无人机后方依然会有一部分气流到达地面；在 3m/s 时，旋翼产生的气流被吹高，在计算范围内已经难以观察到到达地面的部分；在 5m/s 时，两种喷头排列方式的多旋翼植保无人机产生的下洗气流已经被外加风场吹到旋翼上方，整个计算范围之内观察不到下降至地面的气流，同时也难以观察到流场出现下降的趋势。此外，在六旋翼植保无人机下方的气流方向大部分与外加气流的方向相同。

四喷头排列情况的六旋翼植保无人机在风速为 5m/s 时，受外加风场的影响，观察不到自身的下洗气流；但三喷头分布的六旋翼植保无人机在 5m/s 的风速下，下洗流场虽受到了较大程度的干扰，但在其后方依然可以观察到一定的下洗气流，说明在 5m/s 时，三喷头分布的六旋翼植保无人机的流场分布情况优于四喷头分布。

同时，随着风速的提高，图 20-32、图 20-33 中的流线颜色逐渐变浅，说明整体计算范围内的流体运动速度随着外加风速的提高而逐渐升高。

四喷头分布条件下，对比同一截面不同风速下的喷头产生的雾滴质量浓度可以发现，随着风速的逐渐提高，雾滴的质量浓度变化程度逐渐增大，雾滴密度较高区域面积逐渐减小，且出现位置随着外加风场风速的增大而升高。同时，随着风速的逐渐升高，雾滴出现了明显向旋翼上方飘移的趋势，不利于雾滴在靶标上的沉积。

三喷头分布条件下，随着外加风速的逐渐提高，六旋翼植保无人机产生的雾滴下降的趋势越来越不明显，反而更多出现在无人机运动路径上形成拖尾，这样的情况对作业过程中的施药效果有很大的影响。同时，在风速为 5m/s 时，无人机旋翼上方出现了较大浓度的雾滴分布。虽然在 1m/s 时喷雾还可以在相当的程度上到达地面，但是风速增大之后其沉降效果在计算范围内也变得较差。

（3）八旋翼植保机飞行高度为 2～3m，背负式电动喷雾器作业高度为 0.5m，两种机具在水稻上雾滴沉积分布变异系数分别为 28% 和 23%，背负式电动喷雾器沉积分布相对更均匀。

① 水稻冠层穿透性实验结果：八旋翼植保机在水稻冠层上、中、下沉积量分别为 $2.23\mu g/cm^2$、$1.42\mu g/cm^2$ 和 $0.95\mu g/cm^2$，雾滴沉积变异系数为 42%。背负式电动喷雾器在水稻冠层不同位置的雾滴沉积量分别为 $2.66\mu g/cm^2$、$1.26\mu g/cm^2$ 和 $0.34\mu g/cm^2$，雾滴沉积变异系数为 82%，穿透性较差。但八旋翼植保机与背负式电动喷雾器在水稻上沉积总量无显著差异。

② 空中飘失结果：八旋翼植保机空中飘失量大于背负式电动喷雾器空中飘失量，两种机具在空中的飘失量均随高度的升高而减少；在高度为 2m 时，八旋翼植保机飘失率 1.7%，是背负式电动喷雾器飘失率 0.59% 的 2.9 倍。

③ 地面飘失结果：八旋翼植保机与背负式电动喷雾器在距离施药喷幅下风向边缘，随着距离的增大，飘失量和雾滴密度都逐渐降低，在 20m 和 30m 处，飘失量几乎为 0，八旋翼植保机在 1m 处飘失量最大，飘失率为 1.91%，是背负式电动喷雾器飘失量的 11 倍。

参考文献

[1] 王双双. 雾化过程与棉花冠层结构对雾滴沉积的影响. 北京：中国农业大学, 2015.

[2] Mmary S. Crop losses to pests . Journal of Agricultural Science, 2016, 144(1): 31-43.

[3] 高希武. 我国害虫化学防治现状与发展策略. 植物保护, 2010, 36(4): 19-22.

[4] Hilz E, Vermeer A W P. Spray drift review: The extent to which a formulation can contribute to spray drift reduction . Crop Protection, 2013, 44(1): 75-83.

[5] Maynagh M. Effect of electrostatic induction parameters on droplets charging for agricultural application. Journal of Agricultural Science & Technology, 2009, 11(3): 249-257.

[6] 郭永旺, 袁会珠, 何雄奎, 等. 我国农业航空植保发展概况与前景分析. 中国植保导刊, 2014, 34(10): 78-82.

[7] 邵振润, 郭永旺. 我国施药机械与施药技术现状及对策. 植物保护, 2006, 32(2): 5-8.

[8] 邓敏, 邢子辉, 李卫. 我国施药技术和施药机械的现状与问题. 农机化研究, 2014, (5): 235-238.

[9] 王昌陵, 何雄奎, 王潇楠, 等. 基于空间质量平衡法的植保无人机施药雾滴沉积分布特性测试. 农业工程学报, 2016, 32(24): 89-97.

[10] 李炬, 何雄奎, 曾爱军, 等. 农药施用过程对施药者体表农药沉积污染状况的研究. 农业环境科学学报, 2005, 24(5): 957-961.

[11] 宋坚利. "Π"型循环喷雾机及其药液循环利用与飘失研究. 北京：中国农业大学, 2007.

[12] 杨希娃, 代美灵, 宋坚利, 等. 雾滴大小、叶片表面特性与倾角对农药沉积量的影响. 农业工程学报, 2012, 28(3): 70-73.

[13] 袁会珠, 齐淑华, 杨代斌. 药液在作物叶片的流失点和最大稳定持留量研究. 农药学学报, 2000, 2(4): 66-71.

[14] 袁会珠, 杨代斌, 闫晓静, 等. 农药有效利用率与喷雾技术优化. 植物保护, 2011, 37(5): 14-20.

[15] 周海燕, 杨炳南, 严荷荣, 等. 我国高效植保机械应用现状及发展展望. 农业工程, 2014, 4(6): 4-6.

[16] 宋永科. 玉米病虫害的发生与防治技术. 吉林农业, 2017(1): 82.

[17] 祁力钧, 傅泽田, 史岩. 化学农药施用技术与粮食安全. 农业工程学报, 2002, 18(6): 203-206.

[18] 邱德文. 我国生物农药产业现状分析及发展战略的思考. 生物产业技术, 2011(5): 40-43.

[19] 郑文钟, 应霞芳. 我国植保机械和施药技术的现状、问题及对策. 农机化研究, 2008, (5): 219-21.

[20] 何雄奎, 刘亚佳. 农业机械化. 北京：化学工业出版社, 2006.

[21] 何雄奎. 药械与施药技术. 北京：中国农业大学出版社, 2013.

[22] 李宝筏. 农业机械学. 北京：中国农业出版社, 2003.

[23] 邓继忠, 任高生, 兰玉彬, 等. 基于可见光波段的无人机超低空遥感图像处理. 华南农业大学学报, 2016, 37(6): 16-22.

[24] 温源, 张向东, 沈建文, 等. 中国植保无人机发展技术路线及行业趋势. 农业技术与装备, 2014(5): 35-38.

[25] 杨陆强, 果霖, 朱加繁, 等. 我国农用无人机发展概况与展望. 农机化研究, 2017, 39(8): 6-11.

[26] Huang Y, Hoffmann W C, Lan Y, et al. Development of a spray system for an Unmanned Aerial Vehicle platform . Applied Engineering in Agriculture, 2008, 25(6): 803-809.

[27] 马小艳, 王志国, 姜伟丽, 等. 无人机飞防技术现状及在我国棉田应用前景分析. 中国棉花, 2016, 43(6): 7-11.

[28] 茹煜, 金兰, 贾志成, 等. 无人机静电喷雾系统设计及试验. 农业工程学报, 2015, 31(8): 42-47.

[29] 张东彦, 兰玉彬, 陈立平, 等. 中国农业航空施药技术研究进展与展望. 农业机械学报, 2014, 45(10): 53-59.

[30] 张国庆. 我国农用航空发展瓶颈与对策. 中国民用航空, 2011(4): 31-33.

[31] 周志艳, 臧英, 罗锡文, 等. 中国农业航空植保产业技术创新发展战略. 农业工程学报, 2013, 29(24): 19-25.

[32] 冷志杰, 蒋天宇, 刘飞, 等. 植保无人机的农业服务公司推广模式研究. 农机化研究, 2017, 39(1): 6-9.